工业化建筑标准体系建设研究

中国建筑科学研究院有限公司
南京工业大学 编著

中国建筑工业出版社

图书在版编目（CIP）数据

工业化建筑标准体系建设研究/中国建筑科学研究院
有限公司，南京工业大学编著. —北京：中国建筑工
业出版社，2020.3
ISBN 978-7-112-24540-6

Ⅰ. ①工… Ⅱ. ①中… ②南… Ⅲ. ①工业建
筑-标准体系-体系建设-研究-中国 Ⅳ.①TU27

中国版本图书馆 CIP 数据核字（2019）第 281172 号

本书在总结提炼"十三五"国家重点研发计划课题"工业化建筑标准体系建
设方法与运行维护机制研究"成果基础上编写而成。本书共分五篇，二十章和五
个附录，其主要内容包括绪论、国内外工业化建筑产业链与标准规范体系、工业
化建筑标准体系构建理论与方法、典型工业化建筑标准体系研究和工业化建筑标
准体系运维保障机制等。

本书可作为我国工程建设标准化工作者的参考书，尤其适用于工业化建筑标
准研究、编制和管理者。

责任编辑：武晓涛
责任校对：赵　菲

工业化建筑标准体系建设研究

中国建筑科学研究院有限公司
　　　　　　　　　　　　　　编著
南京工业大学

*

中国建筑工业出版社出版、发行（北京海淀三里河路9号）
各地新华书店、建筑书店经销
霸州市顺浩图文科技发展有限公司制版
北京建筑工业印刷厂印刷

*

开本：787×1092毫米　1/16　印张：32　字数：797千字
2020年2月第一版　　2020年2月第一次印刷
定价：**108.00**元
ISBN 978-7-112-24540-6
（35158）

《工业化建筑标准体系建设研究》编委会

主　任：李小阳

副主任：王晓锋　付光辉　程　骐　赵彦革　姜　波

委　员：（按姓氏笔画排序）

马静越　文双玲　毕敏娜　刘雅芹　李　丹　李　征

李大伟　李子越　李伟兴　杨　浦　杨申武　苏义坤

吴玲玲　吴翔华　吴耀华　何敏娟　沈岐平　张　淼

张守健　张渤钰　张慧峰　陈宇嵚　陈俊岭　尚仁杰

罗丽姿　赵　勇　赵　霞　赵宪忠　姚　涛　贾良玖

唐如建　董　健　喻伟根　曾　宇　雷丽英　魏婷婷

前　　言

当今世界正面临百年未有之大变局。在新一轮大发展大变革大调整中，各国经济社会发展联系日益密切，同时国际经济竞争日趋激烈，标准既是人类经济活动和社会生活所普遍遵守的技术规则，更是国家核心竞争力的基本技术要素。标准化作为一种技术制度，是管理和规范国民经济与社会发展的技术保障，是社会主义现代化事业的重要组成部分，在全面建设小康社会、构建社会主义和谐社会的伟大进程中发挥着越来重要的作用。

建筑业是我国国民经济的重要支柱，与整个国家经济的发展、人民生活的改善有着密切的关系。改革开放以来我国经济飞速发展，建筑业持续高速发展，工程建设总量巨大，而绝大部分采用现浇混凝土结构等湿作业方式建造，存在能源资源消耗水平偏高、环境负面影响较大、工作条件与环境较差等方面的不足。近年来，随着劳动力成本逐渐上升，节能环保要求不断提高，这些现实需求和因素为工业化建筑提供了良好的发展机遇。

面对国内发展对建筑业提出的挑战与要求，建筑业的健康持续发展，特别是建筑工业化的发展，得到了党中央、国务院的高度重视。2011 年住房和城乡建设部印发《建筑业发展"十二五"规划》，明确提出"积极推进建筑工业化"。2013 年国务院办公厅出台《绿色建筑行动方案》，提出"推广适合工业化生产的预制装配式混凝土、钢结构等建筑体系，加快发展建设工程的预制和装配技术，提高建筑工业化技术集成水平"。2014 年中共中央、国务院印发《国家新型城镇化规划（2014—2020 年）》，明确提出"强力推进建筑工业化"。2016 年 2 月《中共中央　国务院关于进一步加强城市规划建设管理工作的若干意见》提出"力争用 10 年左右时间使装配式建筑占新建建筑的比例达到 30％"，对工业化建筑发展提出了更高的要求。2015 年国务院印发《深化标准化工作改革方案》，提出建立由政府主导制定的标准和市场自主制定的标准共同构成的新型标准体系。这一系列技术经济政策和要求，为工业化建筑技术研发、标准体系建设和工程实践的开展提供政策保障。

目前，我国尚未建立工业化建筑标准规范体系和定额体系，现行工程建设标准规范对工业化建筑发展支撑不足、关键技术标准缺位、关键技术和产品标准化程度不高等问题突出。为全面解决与工业化建筑标准有关的技术问题，为我国建筑工业化、规模化、高效益和可持续发展提供标准化保障，提升我国工业化建筑的标准化水平，科技部于 2016 年适时将"建筑工业化技术标准体系与标准化关键技术"列入"十三五国家重点研发计划项目"，由中国建筑科学研究院有限公司组织国内一流的科研机构、高校、设计单位、生产企业、施工企业共同实施。该项目围绕工业化建筑标准的现实需求，突破系列关键技术问题并取得诸多标准化重要成果：研究工业化建筑适宜技术体系、产品体系及管理体系，研发标准体系建设方法，创建覆盖工业化建筑全过程、主要产业链的标准规范体系和定额体系，建立标准规范体系运行维护机制；评估重要标准并提出系列标准的提升改进方案，研制建筑结构、围护系统、功能部品、设备管线等方面 20 多项填补领域空白或解决关键需求的标准规范；研发工业化建筑设计、施工标准化技术，形成系列标准模数与施工工艺体系；研发工业化建筑标准化部品分类编码方法与部品库构建规则，创建标准化部品库并实现信息交换与供需对接。最终突破制约工业化建筑规模化发展的标准化瓶颈，使我国工业化建筑的标准化水平达到国际先进水平，为我国全面推进建筑工业化、发展装配式建筑及加快建筑业产业升级提供标准化技术支撑。

本书分为五篇和附录等，其主要内容包括：

第一篇　绪论。主要介绍工业化建筑与标准化基本概念，工业化建筑标准体系建设研究背景与意义，工业化建筑标准体系建设研究实施方案等。

第二篇　国内外工业化建筑产业链与标准规范体系。主要介绍和分析美国、德国、英国、日本等经济发达国家，以及我国工程建设标准化发展的基本情况，工业化建筑产业链与相应的标准规范体系发展历程和现状，提出了我国工业化建筑标准体系发展愿景。

第三篇　工业化建筑标准体系构建理论与方法。主要介绍工业化建筑标准体系构建方法依据、构建目标、方法与程序和建设方案，通过分析我国工业化建筑标准化环境及需求，提出现行标准对工业化建筑适用性评估方法体系，构建了工业化建筑标准体系框架。

第四篇　典型工业化建筑标准体系研究。主要介绍装配式混凝土结构、钢结构、木结构和围护系统标准体系国内外发展现状，分析我国装配式建筑标准需求，从阶段维、属性维、级别维、类别维、功能维、专业维等多个维度构建了覆盖建筑全过程、主要产业链的装配式混凝土结构、钢结构、木结构和围护系统等对应的标准体系。

第五篇　工业化建筑标准体系运维保障机制。主要介绍标准编制管理与创新、标准体系运行管理及持续改进管理等内容。

附录　相关政策文件及标准规范体系表。主要介绍现行标准对工业化建筑适用性评估，国家工业化建筑（装配式建筑为主）及标准化改革政策，以及工业化建筑标准规范体系表。

本书是在中国建筑科学研究院有限公司承担十三五国家重点研发计划项目"建筑工业化技术标准体系与标准化关键技术"的基础上编撰而成。本书撰写过程中得到了工程建设和标准化主管部门有关领导、专家和学者的鼓励和支持。在研究报告付梓之际，我们诚挚地对各位领导、专家及有关人员表示感谢。

本书的编写凝聚了所有参编人员和专家的集体智慧，是大家辛苦付出的成果。由于编写时间紧，篇幅长，内容多，涉及面又很广，加之水平和经验所限，书中仍难免有疏漏和不妥之处，敬请同行专家和广大读者朋友不吝赐教，斧正批评。

本书编委会
2019 年 9 月

目　　录

第一篇　绪　　论

第二篇　国内外工业化建筑产业链与标准规范体系

第三篇　工业化建筑标准体系构建理论与方法

第四篇　典型工业化建筑标准体系研究

第一篇 绪 论

第一章

研究背景与实施方案

第一节　研　究　背　景

近年来，工业化建筑在我国得到了社会认可并逐步广泛应用，大力推进建筑工业化逐渐成为建筑业的发展趋势，并得到了一系列国家级、省部级政策文件的大力支持。

2013年1月《绿色建筑行动方案》发布，首次将建筑工业化融入了绿色建筑概念中，通过绿色建筑带动建筑工业化的发展。2014年3月《国家新型城镇化规划（2014－2020年)》明确提出，"通过推行建筑产业现代化工作，引导推动建筑产业现代化在全国范围内的发展"的要求。2014年7月《住房城乡建设部关于推进建筑业发展和改革的若干意见》提出，推动建筑产业现代化结构体系、建筑设计、部品构件配件生产、施工、主体装修集成等方面的关键技术研究与应用；制定完善有关设计、施工和验收标准，组织编制相应标准设计图集，指导建立标准化部品构件体系。

《中共中央　国务院关于进一步加强城市规划建设管理工作的若干意见》提出，大力推广装配式建筑等新型建造方式，提升城市建筑水平。要"加大政策支持力度，力争用10年左右时间，使装配式建筑占新建建筑的比例达到30%。积极稳妥推广钢结构建筑。在具备条件的地方，倡导发展现代木结构建筑。"

《国务院办公厅关于大力发展装配式建筑的指导意见》（国办发［2016］71号）（以下简称"《指导意见》"）指出，发展装配式建筑是建造方式的重大变革，是推进供给侧结构性改革和新型城镇化发展的重要举措，有利于节约资源能源、减少施工污染、提升劳动生产效率和质量安全水平，有利于促进建筑业与信息化工业化深度融合、培育新产业新动能、推动化解过剩产能。《指导意见》提出，推动建造方式创新，大力发展装配式混凝土建筑和钢结构建筑，在具备条件的地方倡导发展现代木结构建筑，不断提高装配式建筑在新建建筑中的比例。现阶段我国大力推广的工业化建筑，主要包括装配式混凝土结构建筑、钢结构、现代木结构三类。

同时，《指导意见》指出，健全标准规范体系是大力发展装配式建筑的重点任务。应"加快编制装配式建筑国家标准、行业标准和地方标准，支持企业编制标准、加强技术创新，鼓励社会组织编制团体标准，促进关键技术和成套技术研究成果转化为标准规范。强化建筑材料标准、部品部件标准、工程标准之间的衔接。制修订装配式建筑工程定额等计价依据。完善装配式建筑防火抗震防灾标准。研究建立装配式建筑评价标准和方法。逐步建立完善覆盖设计、生产、施工和使用维护全过程的装配式建筑标准规范体系。"

为科学建立和优化完善工业化建筑标准规范体系，指导工业化建筑标准化工作的开展，促进标准水平提升，2016年7月国家科学技术部批复立项国家重点研发计划项目"建筑工业化技术标准体系与标准化关键技术"，将研发"工业化建筑标准规范体系构建理论研究"作为重要研究任务，通过加快工业化建筑标准规范体系的建立实施，科学规划、合理引导工业化建筑标准的制定完善，提升标准实施效果，推动工业化建筑实现高效发展。

第二节 研 究 意 义

一、社会经济市场发展需求

1. 建筑行业节能减排的需要

中国面对新型城镇化、新农村和保障性住房建设的巨大任务，需要持续大量兴建房屋建筑。建筑业是我国最大的单项能耗行业，据统计，2016年，中国建筑能源消费总量为8.99亿吨标准煤，占全国能源消费总量的20.6%，建筑碳排放总量为19.6亿吨CO_2，占全国能源碳排放总量的19.4%。建筑业的节能减排问题已成为影响我国国民经济增长方式转变和国民经济可持续发展的主要矛盾。

建筑业也是我国最大的资源消耗行业。我国钢筋、水泥产量多年位居世界第一，其中水泥的用量占全世界的1/2，钢材的用量占1/3，大量的资源需求对环境产生很大的负荷。预制装配式建筑体系的应用可有效节约钢筋、混凝土两大主材用量，缓解原材料生产、加工、交通运输、电力供应等方面的巨大压力。

发展装配式建筑是解决目前我国建筑业能耗过高、粗放经营的重要途径，是解决住宅建筑需求，实现住宅工业化、产业化的关键。

2. 改变建筑设计模式和建造方式，提高建筑科技含量、性能和质量的需要

装配式建筑面临的重要工作是将施工阶段的问题提前至设计、生产阶段解决，将设计模式由"面向现场施工"转变为"面向工厂加工和现场施工"的新建造模式；构件的工业化生产和装配，便于实现设计模数化、标准化、集约化，从而实现资源节约、提高效率、降低建造成本；通过信息技术的支撑，新型工业化住宅设计手段将不再是传统的二维设计，而是通过建立建筑信息模型，实现各专业协同设计、构件数字化加工、模拟施工管理、全生命周期运行维护管理等，全面优化工业化建筑全生命周期资源配置，提高建筑设计的技术含量和科学性。

改变建筑建造方式的核心是标准化和工业化。建筑工业化和产业化在日本、美国、欧洲、新加坡等发达国家和地区起步较早，并且产业化程度也很高。我国装配式建筑尚处于初级阶段，与发达国家差距很大。学习国外先进的建造模式，结合中国国情研究开发装配式工业化建造技术，大力促进住宅部品的标准化、工业化生产和安装，促进我国建筑生产方式的根本转变。

3. 解决建筑市场劳动力资源短缺的需要

随着国民经济的持续快速发展，人们对劳动环境、待遇、生活环境和质量提出了更高要求。我国正在逐渐向老龄化社会发展，适龄劳动力的数量在逐渐减少，劳动力成本在不断上升；随着我国 90 后一代教育程度的提高，年轻人不再愿意从事建筑工地繁重的体力劳动，加速了建筑市场劳动力资源的短缺。"民工荒"、劳动力资源短缺和高额的劳动力成本即将威胁到传统的建造模式以及我国建筑行业的可持续健康发展。预制装配的工业化建筑，可有效缓解建筑工程建设与劳动力缺口之间的矛盾，有效降低劳动力需求。

4. 有效保证工程质量、节约资源和降低成本的需要

预制构配件在工厂标准化、大规模生产，模具可多次重复使用，水资源可循环利用；结构构件可方便地采用预应力技术和应用高强钢筋，减小构件截面尺寸，节约钢筋、混凝土材料用量；可完成结构、保温、装饰装修等一体化生产，真正实现"交钥匙工程"，有效缩短施工周期和投资回收周期，节省建设成本；可有效降低现场施工噪声及垃圾排放，减轻交通运输压力和垃圾处理成本；结构构件及建筑部品的工业化生产和安装，可有效提高建筑质量，减少安全隐患，降低全寿命周期的使用维护成本。

二、国外标准发展的经验借鉴

发达国家和国际标准化组织虽无明确的标准规范体系，但广泛运用系统工程方法开展标准化工作。德国、美国都通过发布战略文件提出"系统标准化"要求；一些国际标准，如 ISO9000、ISO14000 等，也是以系列标准形式出现的。同时，美国、欧盟、日本等发达国家和地区都针对建筑工业化过程中的问题进行了关键技术研究并提出了相应标准化解决方案，也编制了包括钢结构、装配式混凝土结构、木结构、构件部品等在内的工业化建筑标准。美国国会于 1976 年通过了国家工业化住宅建造及安全法案（National Manufactured Housing Construction and Safety Act），联邦政府住房和城市发展部颁布了《美国工业化住宅建设和安全标准》(National Manufactured Housing Construction and Safety Standards，简称 HUD 标准），美国预应力协会和美国混凝土协会分别制定 PCI 设计师系列手册和《预制蜂窝混凝土地板，屋顶和墙单元指南》ACI 523.2R 等系列标准。瑞典在完善的标准体系基础上发展通用部件，将模数协调的研究作为基础工作，形成"瑞典工业标准"（SIS），实现了部品尺寸、对接尺寸的标准化与系列化。日本制定了《工业化住宅性能认定规程》及配套的工业化住宅性能认定制度；目前日本各类住宅部件（构配件、制品设备）工业化、社会化生产的产品标准十分齐全，占标准总数的 80% 以上，部件尺寸和功能标准都已成体系，如在装配式混凝土结构方面，日本建筑学会（AIJ）编制了《预制钢筋混凝土结构规范》JASS 10、《预制钢筋混凝土外挂墙板》JASS 14 等标准。

三、国内标准发展的迫切需求

我国工业化建筑标准包括装配式混凝土结构、钢结构和木结构的设计、施工、验收等相关的主要技术标准和相关产品标准。目前，我国钢结构、木结构均已较为完善，装配式混凝土结构有关技术标准也正加快制修订。各省市也先后编制了住宅体系、装配式结构技术规程、剪力墙结构技术规程、外墙技术规程、构件制作及质量验收、施工及质量验收等标准。但相对我国建筑工业化发展而言，标准化还存在以下不足：第一，现有的标准基本

均为各类装配式混凝土结构领域的设计标准，对于建筑工业化生产全过程、全产业链而言，仍然不够完整；第二，部分针对传统建筑的标准规范也涉及了一些有关工业化建筑的内容，但涉及专业不全、规定分散，不成体系，与建筑工业化建造方式结合不够紧密，造成标准间协调性差，给工业化建筑的设计、施工、验收和维护等造成了巨大的阻碍；第三，虽然已有一些关于建筑部品的标准，但其通用性还不能满足新型工业化建筑的需求；第四，我国建筑工业化相关工程标准和产品标准之间衔接协调不足。因此，深入分析我国工业化建筑全产业链、全过程的标准化需求，以需求为导向，以创新为驱动，建立工业化建筑标准体系，对于促进我国建筑工业化的跨越式发展，充分发挥标准对于我国建筑业健康发展的技术支撑作用，具有非常重要的意义。

第三节 研究实施方案

一、研究目的

随着我国进入工业化建筑发展的快速时期，工业化建筑已经有比较成熟的单项技术，也逐步开展标准化工作，但尚需将其有效地集成和整合起来，进而形成标准体系。本节通过对国内外工业化建筑相关标准体系进行总结分析，提出工业化建筑标准规范体系构建的基本理论和方法，建立以现有标准为依托、以需求为导向的工业化建筑标准规范体系框架，探索基于综合集成研讨厅理论的工业化建筑子标准体系集成方法，对子标准体系成果进行集成，从而形成覆盖工业化建筑全过程、主要产业链的标准体系，保证我国工业化建筑标准规范制修订工作的科学性、前瞻性和计划性，明确标准制修订的优先度、关键技术内容、研究方向等，支撑工业化建筑标准规范科学、有序发展。

二、总体建设方案

1. 工业化建筑标准规范体系的总目标

建成层次清晰、内容合理、水平先进、与国际接轨的工业化建筑标准规范体系。标准体系对建筑工业化发展起到规范引领作用：

（1）建成标准体系。建成适应我国工业化建筑发展需求，具有系统性、协调性、先进性、适用性和前瞻性的覆盖工业化建筑全过程、主要产业链的标准体系。

（2）研制关键技术标准。建立现行标准对工业化建筑的适用性评估方法和机制，通过评估、研究并提出现行重要标准的改进提升方案；研制一批关键技术标准，标准对工业化建筑全过程、主要产业链的覆盖率明显提高。

（3）形成标准工作机制。政府与市场共谋、共建、共管、共享标准，政府主导制定标准和市场自主制定标准协同发展、协调配套的新型标准供给体系基本建立。

（4）构建标准保障机制。标准化技术机构能力进一步增强，标准信息化程度进一步提高，标准化人才队伍进一步发展壮大，技术标准创新基地的支撑作用充分显现。

2. 工业化建筑标准规范体系的总体架构和建设思路

工业化建筑标准规范体系结构包括"基础共性"、"关键技术"、"典型应用"三个部分。基础共性标准包括工程规范、基础标准、建筑功能标准、建筑性能标准、认证评价标准、管理标准等六大类，是关键技术标准和典型应用标准的支撑。关键技术标准是工业化建筑系统组成维度、关键特征维度在建筑全寿命期各阶段组成维度的平面投影。典型应用标准面向行业具体需求，对基础共性标准和关键技术标准进行细化和落地，指导各行业推进装配式建筑发展。因此，工业化建筑标准规范体系是一项重大而复杂的系统工程，需要确立整体推进、重点突破、稳步实施、确保实效的总体思路。

3. 工业化建筑标准规范体系研究的主要内容

全面分析国内外工业化建筑标准化现状研究与我国工业化建筑标准化需求，是工业化建筑标准规范体系建设的基础。研究提出我国工业化建筑标准规范体系构建目标、原则及基于全寿命期理论、霍尔三维结构理论的标准规范体系框架和构建方法，是工业化建筑标准体系建设的行动指南。研究提出基于综合集成研讨厅理论、综合评价法和复杂网络理论的工业化建筑标准体系集成与优化方法，以装配式混凝土结构、钢结构、木结构、围护系统、建筑设计、建筑部品、装饰装修、信息化技术等子标准体系为基础，集成、优化并形成覆盖工业化建筑全过程、主要产业链的工业化建筑标准规范体系，是工业化建筑标准体系建设的核心；最后，围绕标准体系运行维护，研究提出工业化建筑标准规范体系创新联动机制、实施保障机制、信息化管理技术与服务平台、国际输出政策与方法等系列标准规范体系运行维护机制，是工业化建筑标准体系建设的制度保障。

三、研究方法与技术路线

在整个研究过程中，具体采用了以下研究方法与技术路线（图1-1）：

1. 理论研究与实证分析相结合

标准体系建设是一项应用性和实践性很强的研究课题。我们在以全寿命期理论、霍尔三维结构理论、综合集成研讨厅理论、综合评价法和复杂网络理论等基本原理作为理论指导的同时，着重进行了国内外工业化建筑标准体系现状及其发展趋势研究，工业化建筑标准规范适宜技术体系、产品体系、管理体系研究，以期使我们的研究既具有理论的前瞻性，又具有现实的可行性，落实当前的改革，又给未来的发展留有空间。

2. 整体推进与分头突破相结合

工业化建筑标准体系建设是一个巨大的系统工程，涉及专业、门类较多，项目研究组织负责整体布局和规划，自上而下组织实施。各课题组分工负责，在统一的标准体系建设方法和规则下，分头研究、构建和完善，从而达到以点带面、点面结合、相互推进的作用。

3. 辩证继承与落实标准化改革相结合

工业化建筑标准体系建设，本不是对现有标准的推倒重来，课题开展现行标准对工业化建筑的适用性评估，提出适应工程应用需要的总体改进方案及可直接用于修订的主要技术内容，对现有行之有效的标准和技术规定都予以保留，对不适应的提出改进方案。

同时工业化建筑标准体系建设，坚持以《国务院关于印发深化标准化工作改革方案的通知》、《国家标准化体系建设发展规划（2016—2020年）》和住房城乡建设部《关于深化工程建设标准化工作改革的意见》为指导，遵循以政府主导制定的标准和市场自主制定的标准（团体标准）共同构成的新型标准体系的原则，贯彻强制性标准（工程规范）守底线、推荐性标准保基本、团体标准搞创新的总体要求。因此，工业化建筑标准规范体系在标准层级和类别属性维度上，将以全文强制性工程建设规范（以下简称"工程规范"）为约束准则、以基础通用标准为实施指导、以专用技术标准为落地支撑。积极推进建立一个适应标准化改革的工业化建筑标准体系，处理好新旧标准体制的交替和衔接，保证工业化建筑标准实施的科学性、可行性。

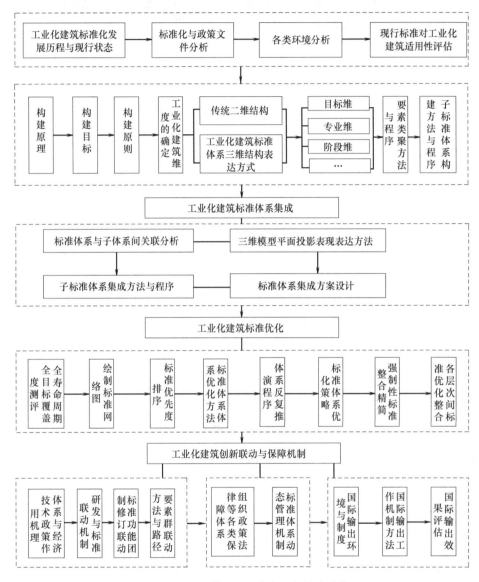

图 1-1 "标准体系"研究方法与技术路线

第二章

工业化建筑与标准化基本概念

第一节　工业化建筑的基本概念

一、建筑工业化

建筑工业化的概念起源于 18 世纪西方工业革命时期，是机械化大生产，工业水平飞速发展的必然趋势。建筑工业化是建筑业从分散的、落后的、大量现场人工湿作业的生产方式，逐步过渡到以现代技术为支撑、以现代机械化施工作业为特征、以工厂化生产制造为基础的大工业生产方式的全过程，是建筑业生产方式的变革。1974 年，联合国出版的《政府逐步实现建筑工业化的政策和措施指引》中定义"建筑工业化"：是指按照大工业生产方式改造建筑业，使之逐步从手工业生产转向社会化大生产的过程。它的基本途径是建筑标准化，构配件生产工厂化，施工机械化和组织管理科学化，并逐步采用现代科学技术的新成果，以提高劳动生产率，加快建设速度，降低工程成本，提高工程质量。

二、工业化建筑

以工业化的方式重新组织建筑业是提高劳动效率、提升建筑质量的重要方式，也是我国未来建筑业的发展方向。2015 年，我国出台的《工业化建筑评价标准》定义"工业化建筑"：是采用以标准化设计、工厂化生产、装配化施工、一体化装修和信息化管理等为主要特征的工业化生产方式建造的建筑。

工业化建筑是指采用现代的生产方式，实现生产运输工厂化、施工安装装配化和运营管理科学化的建筑，即梁、板等部品部件在厂房里生产，运输到工地现场再进行施工安装。在 20 世纪 20 年代的欧洲，由于第二次世界大战的影响，房屋建筑受损严重，众多人口面临无房可住的局面，为了应对巨大的住房需求，欧洲一些国家开始采用工厂化生产的模式。德国首先实行住宅工业化，大规模的建造工业化建筑，并形成混凝土预制板技术体系[1]。同样是在第二次世界大战中被战争摧毁的日本，也面临着迫切的房屋居住需求，随着战后经济的复苏，拉动了住宅产业化的发展，生产与管理的标准化让日本的建筑工业化程度达到了前所未有的高度。相比于国外，我国的建筑工业化起步比较迟，发挥相对缓慢，但是随着经济的迅速发展，国家对建筑行业的要求越来越严格，工业化建筑绿色环保的施工方式越来越受到人们的青睐。

三、工业化建筑的基本特征

传统的施工方式浪费资源、生产周期长、污染环境等弊端一直无法有效解决，不再满足可持续发展要求，工业化建筑将会成为未来建筑行业发展的趋势，而设计、生产和施工方面的研究会成为未来的热点[2]，所以工业化建筑具备以下特征：

1. 标准化设计

工业化建筑标准化设计贯穿整个生产过程，设计的依据不再是传统的现浇整合，而是对于预制构件的搭配拆分，大致可以分为模块化设计和模块化组合。模块化设计能够保证预制构件定制化生产，而模块化组合能够保证工艺流程标准化实施。标准化设计不但可以降低生产成本，节省建设周期，而且可以简化设计方案，提升设计资源利用率。

2. 工业化生产

相比于传统的现场施工，在工厂完成预制构件的生产，可以解决传统施工带来的很多问题。首先，部品构件在工厂里加工，可以定制化生产，制作器材和模板可以循环使用，减少资源不必要的浪费。同时，预制构件也能根据现场需求按量生产，避免了现场材料的积压。其次，施工现场的扬尘和噪声一直困扰着工地周边的居民。由于部品构件在工厂完成加工，避免了现场开凿浇筑，大大降低了施工期间的污染。最后，工厂的流水线生产，减少了劳动力配比要求，不再需要大量的人力，劳动强度也有所降低，改变了以往劳动力密集型施工方式。

3. 装配化施工

按照主体结构划分，工业化建筑可以分为装配式混凝土结构、钢结构和木结构。由于主体结构的类型不同，施工装配的方式也有较大的差异。装配式混凝土结构是工业化建筑主要表现形式，预制混凝土技术比较成熟，应用也比较广泛，通过预留洞口进行现场搭接。装配式钢结构建筑主要采用焊接的形式，易于工厂加工生产，但是防火、保温、隔声效果差。装配式木结构通过标准化部件、机械化手段实现现场组装，但是受木材的承受力限制，主要应用于低层建筑。

4. 科学化管理

科学化管理包括运营管理、质量管理、成本管理和综合管理，对应着工程项目管理的进度目标、质量目标和成本目标。综合管理则是信息管理、合同管理、安全管理和组织协调的体现。在信息技术的支持下，实现工业化建筑多目标集成科学管理控制，为工程建设项目带来良好的社会经济效益。

第二节　标准化的基本概念

一、标准化

标准化的基础工作是制定标准，标准是适用于公众的、由有关各方共同起草并一致同意的，以科学、技术和实践经验的综合成果为基础的技术规范和相关文件，它由国家、区域或国际公认的机构批准通过。为了在一定的范围内获得最佳秩序，对实际的或潜在的问题制定共同的和重复使用的规则的活动，即制定、发布及实施标准的过程，称为标准化。

关于"标准化"的完整定义最早是由美国的约翰·盖拉德在《工业标准化原理与应用》一书中提出的，书中他对标准的定义，明确地概括了当时标准化对象及其活动领域内产生的标准化效果，成为对于标准化研究的经典引用。

1972年英国的桑德斯在《标准化的目的与原理》一书中对"标准化"所作的定义"标准化是为了所有有关方面的利益，特别是为了促进最佳的经济并适当考虑到产品使用条件与安全要求，在所有有关方面的协作下，进行有秩序的特定活动所制订并实施各项规则的过程。"这一定义在国际上流传较广，有相当的影响力。他认为标准具有以下形式：一是文件形式，内容记录了一整套必须达到的条件；二是规定基本单位或者物理常数，如米、绝对零度等。

国际标准化组织 ISO 在 ISO/IEC 第 2 号指南《标准化与相关活动的基本术语及其定义（1991 年第 6 版）》分别对标准、标准体系及标准化等一些最基本的标准化概念做出明确解释。"标准"定义为"标准是由一个公认的机构制定和批准的文件，它对活动或者活动的结果规定了规则、导则或者特性值，供共同和反复使用，以实现在预订结果领域内最佳秩序的效益。"指南将"标准化"定义为"标准化主要是对科学、技术与经济领域内应用的问题给出解决办法的活动，其目的在于获得最佳秩序，一般来说包括制定、发布与实施标准的过程。"依据指南，中国国家标准《标准化工作指南》GB/T 20000.1—2014 中将标准化定义为"为了在一定范围内获得最佳秩序，对潜在问题或现实问题制定重复使用和共同使用的条款的活动[3]。"

二、标准化的目的和作用

标准化的目的是建立有利于人类社会和社会经济发展的最优秩序，研推标准化是组织现代化生产的重要手段和必要条件；是合理发展产品品种、组织专业化生产的前提；是国家资源合理利用、节约能源和节约原材料的有效途径；是推广新材料、新技术、新科研成果的桥梁。通过标准化以及相关技术政策的实施，可以整合和引导社会资源，激活科技要素，推动自主创新与开放创新，加速技术积累、科技进步、成果推广、创新扩散、产业升级以及经济、社会、环境的全面、协调、可持续发展。而实施与之相应的管理标准和工作标准，既是确保技术标准落实落地的关键，也是避免分工不明确、职责不清楚、影响工作效率的有效途径。标准化不局限于科学技术，更对现代管理产生更高的要求，具有自然科学与社会科学的双重属性，渗透到社会生产和生活的各个领域之中[4]。

第三节　标准与标准体系的基本概念

一、标准

标准是被作为规则、指南或特性界定反复使用，包含有技术性细节规定和其他精确规范的成文协议，以确保材料、产品、过程与服务符合特定的目的。因此，标准（standard）是为了在一定范围内获得最佳秩序，经协商一致制定并由公认机构批准，共同使用的和重复使用的一种规范性文件。

二、标准体系

标准体系（standard system）是一定范围内的标准按其内在联系形成的科学的有机整体。标准体系中标准既包括现行标准、在编标准，又包括待制订的标准。与实现一个国家的标准化目的有关的所有标准，可以形成一个国家的标准体系；与实现某种产品的标准化目的有关的标准，可以形成该种产品的标准体系。标准体系的组成单元是标准。标准体系应具有以下特性：一是目的性，即每一个标准体系都应该是围绕实现某一特定的标准化目的而形成的；二是层次性，即同一体系内的标准可分为若干个层次，它反映了标准体系的纵向结构；三是协调性，即体系内的各项标准在相关内容方面应衔接一致；四是配套性，即体系内的各种标准应互相补充、互相依存，共同构成一个完整整体；五是比例性，即体系内各类标准在数量上应保持一定的比例关系；六是动态性，即标准体系随着时间的推移和条件的改变应不断发展更新。建立标准体系，有利于了解一个系统内标准的全貌，从而指导标准化工作，提高标准化工作的科学性、全面性、系统性和预见性。

第三章

研究理论基础

第一节 公共产品理论

作为 20 世纪初发展起来的经济学理论，公共产品理论的核心是需求供给问题，研究如何根据需求将产品最大化分发给每个人。相对于私人产品，公共产品是由政府或公共行政组织所主导的，提供满足社会大众需求的产品[5]。Samuelson 在书中把公共产品的定义为："每个人在对这种产品消费的同时，并不会影响到他人消费该产品的产品[6]。"即公共产品具有非排他性和非竞争性两个重要的特征[7]。公共产品的产生源于社会公众的需求，是通过集体行动来提供且有利于整个社会发展的产品。

工业化建筑标准化由国家主导，根据社会大众对工业化建筑发展的需求制定颁布，使用者在使用时并不会对别人使用体系造成影响，符合公共产品的定义。同样，工业化建筑标准体系也具有公共产品的两大特征。所有的使用者都能享受到标准体系带来的好处，不能阻止别人享有，即非排他性；标准体系的供给者的边际生产成本几乎为零，不会因为体系使用者的增加而造成供给者生产成本的增加，也不会由此产生边际拥挤成本，即非竞争性。无论是工业化建筑标准还是标准体系，都是工业化建筑标准化的产物，是一种公共产品。如果不能及时掌握市场需求，容易造成标准内容缺乏针对性，专业技术覆盖不全面等问题。标准制定者理应面向需求，对工业化建筑标准体系进行优化，完善体系功效。

通过提供公共产品以解决公共事务，满足社会公共需要，维护和发展公共利益，是政府公共行政活动的核心。公共产品究竟由谁并以何种方式来生产和提供，这是关系到一个国家和地区社会经济安全发展的重大问题，也是确定政府职能和行政方式的基本问题。

公共政策制定是政府行为，是政府服务管理职能的主要体现和"产品"，而政策具有显著的公共品属性。在具体的行业、专业领域和社会经济活动中，政府通过政策制定、监督实施等途径增进公共利益，促进社会经济发展。在工程建设行业领域，工程建设标准可以说是特定形式的公共产品，它服务于所有工程建设有关主体，是所有工程建设单位遵照执行的规范，也是提高全社会公共利益水准的指令性体现。

工业化建筑标准作为工程建设标准是特定形式的公共产品，可以有效促进公共服务均等化，满足社会公共需要、维护和发展公共利益。我国工程建设标准按级别分为国家标准、行业标准、地方标准、团体标准和企业标准。除了执行工程建设国家标准和行业标准，还可根据省、自治区和直辖市各自的地域属性与经济特征，更好地从利于实施的角度制定地方标准，以期在贯彻实施国家政策的同时，更好地服务地方经济和社会发展，引导生产要素跨区域流动和多层次转移。

第二节　桑德斯标准化理论

英国标准化专家桑德斯根据实践经验，认真总结了标准化活动的过程，将其概括为制定—实施—修订—再实施标准的过程，同时提炼出了标准化的七项原理并进一步深入阐明了标准化的本质即有意识地努力实现简化，以减少当前和预防以后的复杂性。国际标准化组织1972年出版了桑德斯所著的《标准化的目的与原理》一书，列出了如下七项标准化原理[71]。

原理1：标准化从本质上来看，是社会有意识地努力达到简化的行为，也就是需要把某种事物的数量减少。标准化的目的不仅是为于减少目前的复杂性，而且也是为了预防将来产生不必要的复杂性。

原理2：标准化不仅仅是经济活动，而且也是社会活动。应该通过所有相关各方的互相协作来加以推动。标准的制定必须建立在全体协商一致的基础上。

原理3：出版的标准，如果未得到实施，就没有任何价值。

原理4：在实施标准的过程中，常常会发生为了多数利益而牺牲少数利益的情况。

标准化工作不能仅限于制定标准，在不同的情况和条件下，为了取得最广泛的社会效益，只有将企业标准、团体标准、国家标准、国际标准在各自的范围内得到应用，才符合标准化的本来目的。由于在制定标准的过程中要照顾各方利益，因此，当各方利益出现冲突时，只能以少数服从多数的方法加以解决。

原理5：在制定标准的过程中，最基本的活动是如何选择并将其固化。

原理6：标准要在适当的时间内进行复审，必要时，还应进行修订。修订的间隔时间根据每个标准的具体情况而定。

原理7：关于国家标准以法律形式强制实施的必要性，应根据该标准的性质、社会工业化的程度、现行的法律和客观情况等慎重地加以考虑。

桑德斯的上述原理，主要提出了标准化的目的和作用，并给出了标准从制定、修订到实施等过程中应掌握的原则。其中值得注意的是他在第1条原理中明确地提出了标准化的目的是为了减少社会日益增长的复杂性，这是对标准化工作的深刻概括，对后来的标准化理论建设具有重要的意义。

第三节　系统工程理论

由于标准化工作本身是一项系统工程，将系统工程的思想和方法融入标准化工作中，有利于标准化工作的顺利开展。通过总结标准化领域专家和学者在标准化工作中的研究成果，逐渐形成了标准化系统工程的理论。

系统分析的一般过程如图3-1所示。系统分析的主要环节是分析问题性质，选择目

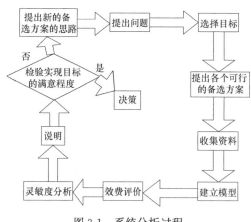

图 3-1　系统分析过程

标，提出备选方案，建立模型，评价与检验效费。上述的过程大致是按照图 3-1 所示的箭头方向反复迭代的过程，当目标的实现程度被检验认为满意时，可交付决策。如果目标实现程度被认为不满意，则需要按照新的条件重复迭代，直到满意为止。

图 3-1 所示的各环节的顺序并不是绝对的，其工作量也大小不等，因问题的性质而有所不同，但在整个分析过程中，任何一个环节也不能缺少。系统分析大致可分系统剖析、系统综合、系统说明三大步骤。系统剖析阶段应提出将要做什么，为什么，如何去做更好。这就需要弄清楚有关系统和它的子系统的范围，定义目标系统和有关的各个可行方案，这是系统剖析中最重要的、也是最困难的一步。系统综合首先要对所分析的系统的未来及其环境做出预测，建立数学模型，对不同的备选方案进行比较分析，然后按照评价标准选择优化方案。系统说明是对评选出的方案加以评价：是否满意，需要什么条件，实现可能性如何等。如果被评价的方案是可以通过试验验证的，则应在取得试验结果后再写出评价[8]。

标准化系统工程理论中一项重要的研究方法就是方法论空间，它是体系完整性的重要保障。将标准的不同属性视为系统工程方法论空间中的不同维度，可以得到标准化系统工程的方法论空间。应用到标准化工作中来，按照不同的分类方法对标准进行分类，以分类方法为维度，便形成了标准的属性空间，主要分类方法如下：

（1）级别分类法：顶层是国际标准和区域标准，指导多个国家和地区的生产活动；中层标准为国家标准和行业标准，指导本国范围内的生产活动；地方标准、团体标准、企业标准在基层。

（2）性质分类法：按照标准管理内容性质的不同，将标准划分为三类。技术标准规范生产中的技术活动，是标准制订的重点，在标准体系中占有较大比例；另外两类分别是工作标准和管理标准。

（3）对象分类法：每个标准都有其服务对象，不同的标准有不同的服务对象，例如，工业化建筑标准是为发展工业化建筑服务的标准。以此将标准分为基础、方法、技术标准等。以级别、性质、对象作为三个维度，形成标准的属性空间，如图 3-2 所示。标准根据自身在各个维度中的位置，在空间中分别对应。

标准化系统工程是指利用现代科学技术的一切成果，运用系统科学和标准化的原理和方法，在特定的社会过程和技术过

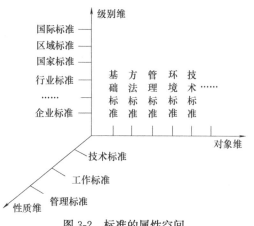

图 3-2　标准的属性空间

程中，对标准化活动进行规划、设计、组织、实施、管理和控制，以保证依存主体获得最佳的社会效果和经济效益的一门组织管理技术。

第四节 体系工程理论

体系工程理论来源于系统工程理论，可以看作"系统的系统"，它能解决系统工程无法解决的问题，是包含应用数学、经济学和管理学等学科的综合管理科学。20世纪80年代，以钱学森为代表的一些学者在复杂系统的基础上，衍生出开放的复杂巨系统概念。开放的复杂巨系统内子系统数量众多且错综复杂，还可以和外界环境进行物质、信息的交换。因为体系与复杂系统有很高的相似性，所以复杂系统分析方法可以作为指导分析方法，只不过体系问题更明确具体。综合集成方法是在开放系统的研究基础上概括总结出来的一种方法，本质就是专家组（与研究相关的专家）的经验性假设和数据资料的有机结合，是形象思维的体现，尽管这些经验性假设的科学性无法直接证明，但其正确与否，往往需要借助现代计算机技术，通过模拟逻辑思维，研究建立基于大量数据且对系统理解的模型[8]而得出结论。

工业化建筑标准体系构建与集成可以通过专家组沟通互动形成。专家作为知识和信息的主体，拥有着不同于一般人的丰富经验和博学知识，多个专家汇集的群体智慧可以消除一个专家智慧所带来的片面和局限。在标准之间的关联性分析、体系集成优化上，充分征求专家的建议，通过反馈的信息完成标准体系的集成优化。专家学术讨论的经验有限，有了大概的形象思维，还需要借助计算机技术实现逻辑思维。因此，工业化建筑标准体系的集成需要人和计算机之间共同合作完成。

体系（SOS，system of systems）是由多个系统或复杂系统组合而成的开放巨系统。在不同领域和应用背景中体系的定义也不完全相同。工业化建筑技术标准体系是建筑业现代化制造、运输、安装和科学管理的体现，标准化是工程实践获得最佳秩序和社会效益的手段。构建工业化建筑技术标准体系既是标准化的基础，是制定、修订工业化建筑技术标准规范的蓝图，也是一个"系统的系统"的体系工程建设。对于不同种类的、独立的、大型的复杂系统之间相互协调和操作问题，体系工程比传统的系统工程理论更加具有针对性。

工业化建筑标准体系可以看成是由一个个独立起作用的系统为了实现特定功能而组成的更大规模系统，是以工业化建筑技术标准为核心，其中涉及多种标准，由多个子标准系统集成的复杂联合体。组成工业化建筑技术标准体系的子标准系统大致可以分为混凝土结构子标准体系、钢结构子标准体系、木结构子标准体系、围护结构子标准体系、内装和机电子标准体系。

本研究将装配式建筑技术标准体系抽象为各个子系统的集成，体系的构建是基于对各个子系统内部复杂性的分析以及外部相互关联关系的界定，这一体系并不是各个子系统的简单组合，而是在结构和功能上具有复杂性的"系统中的系统"。在结构上，组成体系的各个子系统相对稳定，体系与子系统之间、子系统与子系统之间、标准与子系统之间的关系是复杂多元的。综上可见，由此得出的工业化建筑标准规范体系具有三方面的属性：一是层次性，体系可以分为不同层次的子系统且相对稳定；二是非线性，体系内不同子系统的组成所赋有的功能不正比于体系整体的功能；三是耦合性，体系内部的关系复杂且多元。

由此，以体系工程理论和方法为基础，结合我国工业化建筑发展的现状，探讨工业化建筑标准体系的构建集成和优化课题。

第五节　过程管理理论

过程管理指为了达到某种目的，对组织所涉及的过程，如生产过程、设计过程、商业过程、办公过程、后勤和分发过程等，进行设计、改进、监控、评估、控制和维护等各方面的工作。它包括过程描述、过程诊断、过程设计、过程实施和过程维护等步骤，见图3-3。

图 3-3　过程管理步骤

1. 过程描述，主要包括对过程的目标以及过程本身进行具体描述定义。

2. 过程诊断，根据过程出现的问题的征兆找出导致问题出现的原因，从而达到解决问题本身以及由此原因产生的一连串问题的目的。

3. 过程设计，包括理解过程的需求以及如何把需求转变成可能的过程设计、提出若干个候选的过程改进方案、对各候选方案进行分析评价、筛选出一个最合适的方案等工作内容。过程设计活动主要有应用过程科学建立过程设计策略，通过计算机仿真对候选的过程设计方案进行评价，运用决策分析方法解决复杂利弊权衡问题，选出一个适当的实施方案。

4. 过程实施，在整个组织中对过程进行最终确认，并进行受控分发传播。具体包括获得和安装过程中需要的工具和设备，为正确应用新的过程进行预备培训等活动。

5. 过程维护，对过程进行动态监控和定期改进完善，以保证过程在内部和外部条件经常发生变化的情况下仍能保持优良的性能。过程管理技术通常应用在组织治理方面，通过过程分析诊断和仿真优化，结合组织实际情况和特点，开展企业业务的要素重组。

过程管理技术有助于建立适应市场的新产品开发机制，并进行组织过程重组，以达到增强组织市场竞争能力的目的。参考以上的实践经验，过程管理的理论和方法能够使系统渐进地、动态地向着目标靠近，正是由于这样的特点，过程管理成为系统优化的重要工具，这为工业化建筑标准体系优化提供了思路。过程的描述能够获得系统信息的模型化描述，提供了过程诊断和过程设计的对象，然后通过诊断找到整个系统的薄弱环节，最后经过实施和维护环节完成对系统的重组和优化。

第六节　全寿命期理论

全寿命期的概念强调建筑在各个时间段的意义。建设项目全寿命期指从建设项目构思开始到建设工程报废（或建设项目结束）的全过程。在全寿命期中，建设项目经历前期策划、设计和计划、施工和运行、报废处置等多个阶段。

工业化建筑全寿命期包含两方面的含义：一是从商业和开拓市场的角度考虑产品的市场周期，包括产品从进入市场，发展市场，市场饱和，需求衰退到退出市场的全过程。二是从开发和使用的角度考虑个体产品存在的寿命时间，包括一个产品从研究目标客户的需求、抽象设计、工程设计、生产加工到售后服务的整个时间过程。

构建工业化建筑标准体系要基于全寿命期的理念，综合分析建筑整个寿命期各个阶段差异化的要求。工业化建筑全寿命期的标准体系包含各阶段特征、目标要求、经济社会评价和改进措施等内容。本次标准体系的构建将以全寿命期理念作为标准覆盖程度分析的重要准则，着力构建能够覆盖全寿命期，涵盖各专业领域的标准体系。

工业化建筑的全寿命期是从项目选址立项开始，经过规划设计、构配件生产与运输、建筑施工、管理运营，到最后的建筑拆除、垃圾无害化处理和资源的回收再利用。按照工业化建筑工程建设周期划分，可以分为建筑设计、部品部件生产、施工及验收、运营维护、拆除及再利用等阶段。

第七节 霍尔三维结构理论

一、理论概述

霍尔三维结构理论是美国系统工程专家霍尔（A·D·Hall）于 1969 年提出的一种系统工程方法论。霍尔三维结构又称霍尔的系统工程，后人与软系统方法论对比，称之为硬系统方法论（Hard System Methodology，HSM）。所谓系统工程，它是一门高度综合性的管理工程技术，是根据总体目标的需要，对系统的组成要素、组织结构、信息交换、动态控制等功能进行分析研究，从而实现设计最优化、管理最优化、控制最优化的目标。1969 年，美国系统工程学者霍尔在总结前人观点的基础上创新地提出了系统工程三维结构，为解决大型复杂系统的规划、组织、协调、控制提供了一种系统而全面的思想方法，至今得到了广泛的认可和使用。

霍尔三维结构构建了一种系统工程的研究体系框架，它将系统工程的整个活动划分为七个阶段和七个步骤。运用系统工程方法解决某一大型工程项目时，一般可分为七个步骤。它们紧密衔接，相互关联，同时该体系还包含了为完成每个步骤和阶段的各个专业的知识和能力，这样就形成了一个包含逻辑维、时间维、知识维的三维结构体系（图3-4），在该框架体系内，还可以对其中任意阶段任意步骤进行逐层展开，形成具有层次性的树状体系[9]。

霍尔三维结构中，人始终处于主导作用，只有发挥人的创造性和主观能动性，才能将程序和工具协调统一，体系框架的原理、观点、程序和手段才能发挥最大的作用。因此说霍尔三维结构作为系统工程的方法，运用的成功与否与人的关系是最为密切的。

1. 逻辑维。根据系统工程的方法论，将某一项目工程划分为七个先后的步骤。（1）确定问题。通过详细分析，尽可能多地搜集资料和数据，确定问题的实质。（2）确定评价指标。确定具体的评价系统功能的指标，用来评价待选的方案。（3）拟定待选方案。按照问题的种类和功能的需求，拟定若干个可行的系统方案，各个方案要确定其对应系统的结构和参数。（4）分析方案。对比分析各个方案的功能、特点、对预期目标的实现程度以及各个方案的评价体系上的好坏。（5）选择方案。根据上面的评价标准和指标，从待选方案中确定最优方案。（6）决策。通过分析、评价、优化、最后做出裁决，选定最终施行的方案。（7）实施。按照最后选择的方案，系统实施之。上述七个步骤是完成一项系统工程的大致步骤，步骤之间没有严格的先后顺序，每个步骤可能需要重复多次才能得到满意的方案。

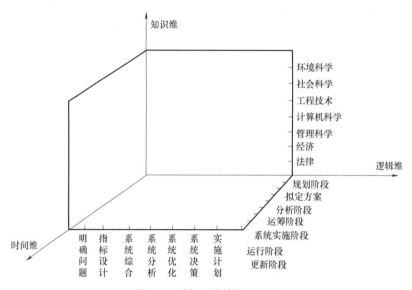

图 3-4　霍尔三维结构示意图

2. 时间维。一个系统工程项目，从最初的规划阶段到后期的更新维护，整个过程从时间上被分为七个阶段：（1）规划阶段。包括调研，设计程序，从而制定战略上的规划。（2）拟定方案。对计划的方案完成初步构想。（3）分析阶段。制定分析各个方案。（4）运筹阶段。完成系统所需的各种部分并且最终完成整个系统。（5）系统实施阶段。完成系统的任务，制定运行的计划。（6）运行阶段。按照预期的功能运行整个系统。（7）更新阶段。为了提高系统的性能，更好实现其目标功能，定期对系统的落后设计进行更新。

3. 知识维。知识维不仅包含了与完成上述步骤和阶段相关的知识之外，还需要各种关联学科的知识和专业技术，覆盖了工程、管理、法律、社会科学、艺术等。此外，还包括各类相关的系统工程，如各经济系统工程、信息系统工程等。

二、标准体系三维结构

标准体系的分类可以从若干不同的维度进行，比如从层次维、级别维、种类维、功能维、专业维、生命周期维等。当要表达标准体系的框架结构时，可将层次（或级别、种类、功能、专业、生命周期序列）看作已知项，其他项目为可变项，进行多维度的分析和研究。

工程建设标准数量众多、内容广泛，涉及工程建设领域的方方面面，且标准间相互协调、配套，科学、合理地对标准进行分类，能够有利掌握标准间的内在联系，确定标准的相互依存和制约关系。以往工程建设标准的分类方法，从不同的角度出发，有不同的分类形式，如按阶段进行划分、按专业进行划分、按目标进行划分、按级别进行划分、按属性进行划分、按层级进行划分等。

1. 按阶段进行划分

按阶段进行划分的方式是根据工程项目的基本建设程序，按每一项工程建设标准服务的阶段，将其划分为不同阶段类型的形式。一般地，可将工程建设标准划分为勘察、规划、设计、生产、施工、验收、管理、使用维护等生产管理阶段。

2. 按专业进行划分

工程建设项目需要多专业的共同配合，兼顾建筑全寿命周期的综合性能。将标准按专业维度进行划分，可分为建筑、结构、外围护、电气、暖通、给水排水、装饰装修等专业内容。

3. 按目标进行划分

按目标对标准进行分类的方式是一些新型的建筑形式所特有的属性，如绿色建筑标准要注重绿色建筑目标的实现，从而将标准划分为"四节一环保"的目标维度。而装配式混凝土建筑也有其特定的目标需求，即实现建筑的标准化设计、工厂化生产、装配化施工、一体化装修、科学化管理和智能化应用，从而，可将装配式混凝土建筑相关标准划分为"六化"的目标维度。

4. 按级别进行划分

按级别进行划分是指根据标准的使用范围，即标准的覆盖面对标准进行分类的方法。根据我国颁布的标准化法律法规，标准的级别分为国家标准、行业标准、地方标准、团体标准、企业标准五个等级。

5. 按属性进行划分

属性维度是为约束标准的法律属性而设定的。当前我国工程建设标准按属性维度进行划分可分为强制性标准和推荐性标准。强制性标准必须依照执行，推荐性标准自愿采用。自从我国加入 WTO 以来，为实现工程建设标准的国际化需求，我国会进一步将标准体系过渡发展为技术法规、技术标准的模式。

6. 按层级进行划分

标准体系中的标准之间存在着内在的联系，共性标准位于体系的上层，个性标准位于体系的下层，上层标准制约着下层标准，下层标准对上层标准进行补充，标准的层级就是描述这样的一种关系。当前，我国标准的层级结构包含基础标准、通用标准、专用标准三个层级。

工业化建筑标准也可以划分为六个维度，将标准按照目标维度、性质维度、对象维度、阶段维度、状态维度、属性维度进行划分。

第八节 复杂网络理论

一、理论概述

复杂系统理论是系统科学的分支，它将整体论与还原论相结合，以揭示现有科学无法解释的复杂系统，引领复杂性科学的研究。

20 世纪 80 年代，以钱学森为代表的学者在复杂系统的基础上，提出了开放的复杂巨系统概念。开放的复杂巨系统内子系统数量多且关系复杂，还可以和外界环境进行物质、信息的交换。钱学森院士为此提出从定性到定量的集成方法，需要借助计算机系统技术，来实现信息管理、综合集成等功能。在复杂系统中，平衡是持续状态，优化则是为了表达最佳状态。当巨系统处于开放性环境时，由于外界环境的作用达到极值，系统的稳定性处于非平衡的状态。优化是为了让系统回到能量最低的状态，采取策略性优化方法让系统达到最佳状态。工业化建筑标准体系的本质是复杂的，可以借鉴复杂系统的理论方法，对体系结构和各个子系统作关联性分析，并采用策略性优化方案对标准体系进行优化。

二、复杂网络拓扑结构

1. 复杂网络拓扑结构基本原理

复杂网络是对复杂系统的抽象和描述方式，任何包含大量组成单元（或子系统）的复杂系统，当把构成单元抽象成节点、单元之间的相互关系抽象为边时，都可以当作复杂网络来研究；复杂网络是研究复杂系统的一种角度和方法，它关注系统中个体相互关联作用的拓扑结构，是理解复杂系统性质和功能的基础[10]。

自然界中存在的大量复杂系统都可以通过形形色色的网络加以描述。一个典型的网络是由许多节点与连接两个节点之间的一些边组成的，其中节点用来代表真实系统中不同的个体，而边则用来表示个体间的关系，往往是两个节点之间具有某种特定的关系则连一条边，反之则不连边，有边相连的两个节点在网络中被看作是相邻的。例如，神经系统可以看作大量神经细胞通过神经纤维相互连接形成的网络；类似的还有电力网络、社会关系网络、交通网络等。

在研究复杂网络的时候，只关心节点之间有没有边相连，至于节点到底在什么位置，边是长还是短，是弯曲还是平直，有没有相交等都是他们不在意的。在这里，网络不依赖于节点的具体位置和边的具体形态就能表现出来的性质叫做网络的拓扑性质，相应的结构叫做网络的拓扑结构。

2. 复杂网络拓扑结构的引入

复杂网络是对复杂系统的抽象和描述方式，任何包含大量组成单元（或子系统）的复杂系统，当把构成单元抽象为节点、单元之间的相互关系抽象为边时，都可以当作复杂网络来研究；复杂网络是研究复杂系统的一种角度和方法，它关注系统中个体相互关联作用的拓扑结构，是理解复杂系统性质和功能的基础。网络拓扑结构是指用传输媒体互连各种设备的物理布局，主要有星形结构、树形结构、网状结构、蜂窝状结构等。

（1）节点：就是构成网络拓扑结构的许许多多的网络节点，把许多的网络节点用线路连接起来，形成一定的几何关系，这就是网络拓扑结构。

（2）节点的度：对于网络中的某个单一节点，"度"反映的是其简单而又最重要的特性。一般来说，"度"这一属性是指与某一节点相关联的边的总数目，主要用来表示该节点与其邻近节点之间的内在联系程度，即不同节点间的重要性依赖关系。因而，对于网络中的某一节点，我们可以认为其重要性在一定程度上与"度"这一属性有着内在的必然联系，度的值越大表示该节点相比其他的节点越重要。在这里，"重要"是相对的而非绝对的，因为对于同一网络而言，不同节点考虑的侧重点可能不同，即对于节点重要性的评判标准不同。

（3）节点的介数：对于网络中的一个待测节点而言，其对应的"介数"是指该待测节点所对应的全部节点对的累加贡献除以全部的节点对个数。"介数"一般用来反映待测节点在网络通信中提供可用最短路由的能力，同时也用于衡量该节点对于网络资源的控制能力。

按照拓扑学的观点，将每个标准抽象为"点"，网络中标准内容的关联抽象为"线"，标准功能团就变成了由点和线构成的集合图形，也就是所谓的网络拓扑结构。如施工管理标准体系所包含的所有标准就是一个复杂网络，见图 3-5。

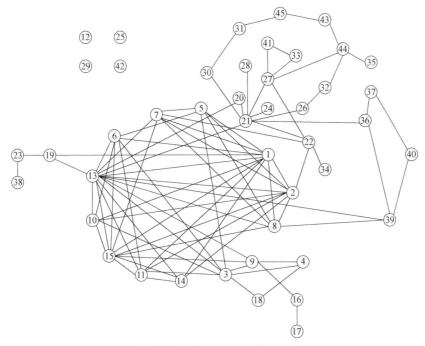

图 3-5 施工管理复杂网络示意

根据对每项标准内容的分析和比较，可以找到各项标准之间的内容关联关系，绘制成施工管理复杂网络图。网络中的节点和连线分别代表标准和标准之间内容的关联。

在确定了工业化建筑标准体系的三维结构及其覆盖度以后，为明确标准编制的优先度，可以引入复杂网络拓扑结构，利用网络节点重要性，对单个标准在标准体系中的重要性进行排序。即将优先度研究转化为网络节点重要性评价，通过"剥落"排序算法对节点重要性进行排序，进而得出修编标准的优先顺序。

第二篇 国内外工业化建筑产业链与标准规范体系

　　本篇通过分析研究美国、欧洲代表性国家、日本及我国标准化组织方式及装配式混凝土结构、钢结构、现代木结构等三类工业化建筑的标准体系（或重要标准）的发展形成过程，归纳总结了装配式建筑标准体系发展经验，并形成了对我国工业化建筑标准体系研发的建议，期望对我国工业化建筑标准体系发展起到一定的借鉴作用。

第四章

国内外工程建设标准化概述

第一节　美国标准化综述

一、美国标准体系概况

1. 美国标准化体制

美国政府在标准化方面的作用是：保证私立部门制作的涉及法规及政策的标准被最大限度地使用；保护美国国家利益；致力于标准的技术基础工作；保证任何一个人都有自由使用符合其要求的标准的权力；保证参与者自愿参加标准的制定等。另外，政府部门决定哪些标准能满足其需要；政府部门有责任确定是否有已存在的私营部门的标准适合其需要，如有适合其需要的，政府部门将使用该私营部门标准。如没有适合的，该政府部门会和相应的私营部门共同制定所需标准，然后将其引用在政府法规中（与《国家技术转让与促进法令》（NTTAA）要求一致）。产生自有标准的政府部门每年必须向国会报告这样做的理由。比如隶属于美国商务部的国际贸易管理局，其作用是关注在国际贸易中标准实施问题和标准对确保市场准入起到的作用。

美国标准化体制的主要特征是：

（1）自愿性，以市场为导向以及由私立部门引导。

（2）标准化工作是在以标准化组织，企业以及政府为主的受益者之间的合作与交流中共同完成的。

（3）各利益方对标准的要求是：保护人身安全及健康，环境保护；加强行业竞争力并有利于全球自由贸易。

美国的标准化体制与其他国家不太相同。其他国家是指定一个机构作为主要的标准制定者，该机构如果不是政府组成部门，也是与政府部门关系较密切的机构。在美国，标准化机构则由许多部门构成，其中包括政府机构及非政府机构，如美国国家标准学会（AN-SI）、美国国家标准技术研究院（NIST）、美国材料与实验学会（ASTM）、美国机械工程师协会（ASME）等 600 多个标准化组织。

1918 年，现在的美国国家标准化学会（ANSI）组建成立，作为一个非盈利、非政府机构的组织，其与政府的联系较为紧密，在标准制定工作中有主要发言权。ANSI 本身并不制定标准，但对标准制定组织进行认可，并根据它的协调一致程序，认可标准制定机构（SDOs）制定的标准成为美国国家标准（ANS）。它负责协调不同的标准机构，巩固和加强这些机构之间的合作关系，保证美国数以千计协调一致有效标准的制定，从而也减少和消除了标准的重复制定活动；帮助国家机构和民间机构的合作；ANSI 代表美国参加国际和区域性标准化活动，例如国际标准化组织（ISO）、国际电工委员会（CIE）、太平洋地区标准大会（PASC）、泛美技术标准委员会（COPANT）等，发挥美国在区域性、国际性标准化活动中利益的影响力。

美国的标准制定组织（SDOs）相互独立，相互竞争，但又相互联系。在各标准组织之间的有效协调，以避免不必要的重复工作，ANSI 凸显出不同于其他标准组织的特殊作用。政府机构，例如，美国商务部的美国国家标准与技术研究院（NIST）和国际贸易管理局（CITA）；美国国务院、美国贸易代表办公室（USTR）和其他管理机构相互之间以及与 ANSI 和其他民间机构之间在有关影响美国全球竞争性的问题上紧密合作。美国国家标准协会 ANSI 的垄断地位不是政府指定的，由其批准的标准也不由国家力量强制执行。实际上，各产业界联盟建立 ANSI 的最初目的之一，就在于以行业自律和产业自治的方式，通过标准协会先行制定自己的标准，以避免政府干预和管制的低效率。而以 ANSI 为代表，美国私营领域为主的自愿性标准体系，完全是以市场运作的方式逐步建立起来的。

同时，ANSI 与美国政府又具有密切的合作关系。在其创始之初，美国政府的商务部、陆军部和海军部三个部门就参与了筹备工作。随着 ANSI 的发展与权威的建立，美国政府对其帮助日益增加。ANSI 承担了越来越多的公共事业职能，协调并指导全国标准化活动，起到了联邦政府和私营领域标准化系统之间的

图 4-1 美国标准化组织体系

桥梁作用。有专家分析，现今的 ANSI 虽然在法律上仍是一个纯粹的民营团体，但事实上已具有相当程度的半官方色彩。美国标准化组织体系和美国政府在标准体系中的定位如图 4-1 和图 4-2 所示。

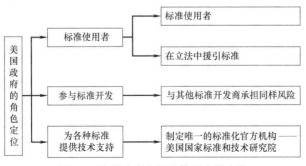

图 4-2 美国政府在标准体系中的定位

1995 年，美国颁布《国家技术转让与促进法令》（the U. S. National Technology and Advancement Act，NTTAA），明确了技术法规采用协商一致技术标准的工作原则，明确了私营领域主导、政府参与的标准体系及标准化工作方式的法律地位，通过立法的形式推

动标准化工作进程。

1998 年，美国政府发布《白宫预算办公室第 A-119 号行政通告》（OMB Circular A-119），成为 NTTAA 的实施准则，为政府部门从事标准化相关活动提供了政策指导。同时，政府各职能部门也颁布了一系列法律法规，以规范部门内的标准化管理体系。从此私营标准化团体组织制修订的自愿性标准开始在美国标准体系中占据重要地位，标准体系的质量与水平也由于充分的市场化竞争得到很大提高。同时，美国各级政府通过在制定法规时参照、引用已制定的自愿一致标准，赋予标准相应级别的法律地位与强制属性，达到技术法规与标准相结合的效果。

2. 美国标准种类

按照满足标准制定者及使用者需求的一致性程度，美国的标准可以分为以下几类：（1）公司标准：在一个组织的全体员工中协商一致使用的标准。（2）团体标准：在几个组织间协商一致共同使用的标准。通常是有共同利益关系的公司，并且从事的是任何一个个体成员无法完成的活动。如美国汽车研究会战略标准化委员会（USCARs）就是团体标准的例子，其任务是对涉及竞争的标准进行管理。（3）行业标准：存在于一个协会或职业团体内的多个公司中协商一致使用的标准。如美国石油学会（API），它是由许多不同的石油公司组成的贸易协会，是制定此类标准的一个例子。美国还有政府制定的标准，这类标准反映了不同层次的协商一致性。这类标准有些是由政府部门中的人员制定；有些则由民间机构制定，由于被引用到法规中而具有了强制性。在美国环保总署（EPA）及职业安全与健康管理局（OSHA）管理范畴中，标准与联邦法规的结合与运用就是此类标准的最好例子。

据统计，目前美国总标准数达到了 100000 个，民间机构制定的标准大约 50000 个。大约有 44000 多个技术法规、采购规范被政府机构所使用，各联邦机构确定使用何种标准，调查显示，越来越多的自愿性标准被政府部门和管理机构所采用。

二、美国国家标准学会（ANSI）

1. 组织机构

美国国家标准学会（ANSI）创立于 1918 年 10 月 19 日，是美国自愿性标准（国家标准）体系管理和协调机构，保持私营性质。主要任务[11] 是建立自愿一致标准体系和合格评定体系；组织协调国家标准制修订工作；协助制定美国技术法规及技术法规体系；作为美国的官方代表参与国际标准化活动。ANSI 由来自专业社团和行业协会、标准开发商、政府机构以及消费者和劳工组织等国内外近 1000 个单位的代表组成，代表了各自团体的标准化诉求。ANSI 组织机构如图 4-3 所示。

2. 国家标准学会制定

ANSI 通过委任团体法、美国国家标准委员会法、征求意见法等三种方法制定美国国家标准：

（1）委任团体法：这是目前 ANSI 使用最多的方法，由 ANSI 委任标准化工作团体在 ANSI 标准制定程序和准则的框架下制定某项国家标准。实际应用中，经常是标准制定团体（如美国测试及材料协会，ASTM）将自己的标准推荐给 ANSI，并在批准后在标准编号上冠以 ANSI 字样，从而成为国家标准。

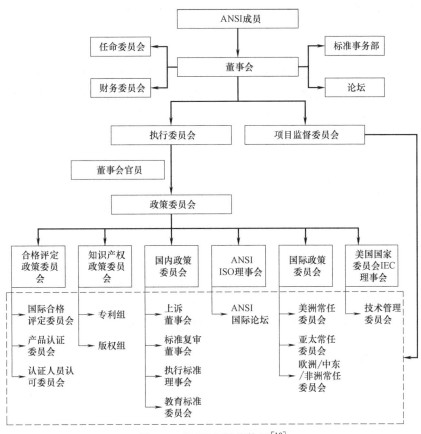

图 4-3　ANSI 组织机构图[12]

（2）美国国家标准委员会法：当没有任何标准制定团体适合编制某项待编国家标准时，就由 ANSI 建立一个由各方代表组成的特别委员会来负责制定，并经常由一个有能力有经验的团体作为秘书处组织各项工作。委员会对 ANSI 负责，严格按照 ANSI 标准制定程序来制定标准。

（3）征求意见法：在某些标准化组织有关方面希望使一项现有标准或标准草案成为美国国家标准时，可采用征求意见法。提出相关申请者向有关团体征求意见并连同标准文本一起提交 ANSI 审议。ANSI 审查意见处理情况后决定是否批准该标准为国家标准。

ANSI 拥有国家标准的版权和出版发行权，负责国家标准及有关出版物的出版发行和咨询服务，并由此获得标准化活动经费。

第二节　德国标准化综述

一、德国标准体系概况

1. 德国标准化体制

在德国，德国标准化学会（DIN）是唯一的国家权威标准制定机构，DIN 标准发布后，德国其他标准化组织制定的与之相关的标准一概废除，保障了国家标准的权威性与唯一性。同时，德国通过在法律法规中引用 DIN 标准的方式赋予了对应的 DIN 标准事实上的法律约束力。

德国的标准体系自成一体，但与欧盟标准化组织及国际标准化组织的合作也日益密切。作为德国参与国际标准化的代表，1951 年 DIN 就加入了国际标准化组织（ISO），同时，DIN 还积极参加欧洲标准化委员会（CEN）、欧洲电工标准化委员会（CENELEC）和欧洲电信标准委员会（ETSI）等欧盟标准化组织的有关活动，并发挥了重要作用。

2. 德国标准种类

德国标准分为国家标准、行业标准和企业标准。1918 年 3 月，德国工业标准委员会制定发布了第一个德国工业标准（DIN 1《锥形销》）。目前 DIN 制定的标准几乎涉及建筑工程、采矿、冶金、化工、电工、安全技术、环境保护、卫生、消防、运输、家政等各个领域。标准类别分为基础标准、产品标准、检验标准、服务标准和方法标准。

在德国，各类标准、技术法规、技术规程、技术条例、技术规格统称技术规范文件，包含"技术法规"、"技术规则"、"一般基准、标准和规范"三个层次。

德国标准又可分为正式标准、暂行标准、双号标准。暂行标准是指技术内容尚待实践检验和充实的标准；双号标准是指直接全文采用国际标准、欧洲标准或德国电气工程师协会（VDE）等其他德国标准化组织制定的团体标准的德国标准。

二、德国标准化学会（DIN）

1. 组织机构

德国标准化协会（DIN）是德国最大的具有广泛代表性的公益性标准化民间机构，总部设在首都柏林，2002 年有会员 1650 个。其组织机构包括：全体大会、主席团及其委员会、总办事处、标准委员会、信息中心以及下属的子公司与参股公司等。作为非营利性标准化机构，德国标准化学会（DIN）的主要任务是制定满足市场需求的协商一致标准。

1975 年 6 月 5 日，德国联邦政府承认 DIN 是联邦德国和西柏林的标准化主管机构，并代表德国参加非政府性的国际标准化活动。1990 年 4 月 3 日，东、西德统一，DIN 成为全德国标准化主管机构。

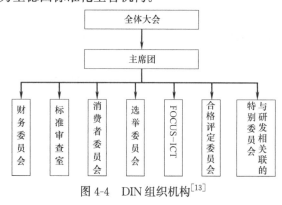

图 4-4　DIN 组织机构[13]

DIN 的最高权力机构为全体大会，设立主席团作为其常设机构，并建立财务委员会、消费者委员会、选举委员会、标准审查室等部门负责相关工作（图 4-4）。

DIN 按照职务范围将管理部门分为标准化部、创新及数字化技术部、信息化部、财务及行政管理中心、人力及法律事务中心，并根据不同领域分别设置了两个技术部门、数字技术管理部门、创新管理部门及德国电气信息化委员会（图 4-5）。

2. DIN 标准制定

DIN 将其标准制定工作下放给特定的标准委员会（NA）。DIN 标准制定组织体系见图 4-6。

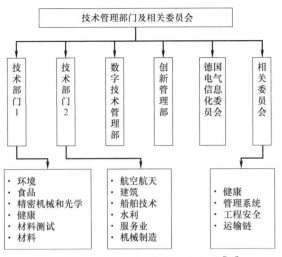

图 4-5 DIN 标准管理部门组织架构[14]

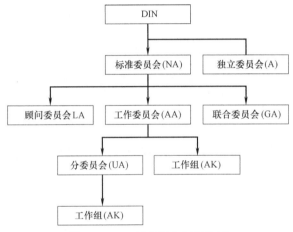

图 4-6 DIN 标准制定组织体系

标准委员会（NA）全面负责标准制修订工作，下设工作委员会（AA）。工作委员会的范围过大时，可设分委员会（UA），二者性质相同，只是 UA 是 AA 的分领域。工作委员会和分委员会通过设立工作组（AK）来负责具体某一项标准的制修订工作。

DIN 负责协调标准制定程序，并负责安排对标准委员会的资金划拨。标准制定程序遵循自愿一致原则，几乎每项标准均会公开征求意见，以便让有关各方及公众反馈修改意见。一般来说，DIN 标准项目制定周期为两年半，修订周期为五年。1994 年以来，德国开始广泛采用欧盟、ISO、IEC 等国际标准化组织的相关标准作为本国标准，而单独制定的、仅适用于德国国内的 DIN 标准数量在逐年减少。

DIN 标准化工作准则见表 4-1。

DIN 标准化工作准则

表 4-1

自愿性	在大多数情况下，参与标准化工作和使用标准都遵循自愿原则。
开放	所有标准提案和标准草案在最终版本发布之前都应公开征集意见。应与提出意见者进行充分讨论。

广泛参与	DIN标准由代表所有利益相关者的外聘专家在工作委员会的组织下制定。任何人都有权参与此过程。仲裁程序确保少数群体权益。
共识	标准工作原则确保所有有关各方采取公平的程序,其核心内容是保证在建立共识过程中平衡地考虑所有利益,并在相互理解和达成共识的基础上制定标准内容。
均匀性和一致性	DIN标准的收集涉及所有技术学科。标准工作中的程序规则确保了这些标准的一致性。
技术相关性	DIN标准反映现实。技术标准必须考虑到总体效益与社会认可度,而不仅仅是反映技术可行性。
最先进的	标准化考虑到当前的科学知识,并确保新发现、新技术的快速落地推广。DIN标准文件记录了现有技术。
市场相关性	只有市场需要才应开发标准,因为标准化本身并不是目的。
有利于社会	DIN标准总是考虑到整个社会的需要。对公众的利益优先于个人的利益。
国际相关性	DIN标准工作应有助于实现全球贸易自由和扫清欧洲单一市场的技术障碍。
遵守反垄断法	DIN的章程和议事规则确保我们的工作完全符合所有相关的反垄断法。
广泛认可	因为所有的利益相关者都参与其发展,而且由于它们是一致的,所以DIN标准不仅被行业和国家所接受,而且被消费者所接受。
民主合法化	公众意见调解和仲裁程序的协商一致过程使得DIN的工作成果具有民主合法性,受到用户高度重视,特别是在消费者保护,环境保护和职业健康与安全方面。

第三节　英国工程建设标准化综述

一、英国标准体系概况

1. 英国标准化体制

英国政府在标准体系中主要起到支持与监督作用,将制定标准的权利赋予英国的民间标准化团体,主要代表是英国标准学会(BSI)。1982年11月,英国政府与BSI签订了《联合王国政府和英国标准学会标准备忘录》,规定政府一律采用BSI制定的标准作为英国国家标准(BS);政府委派代表参加BSI各技术委员会的相关活动;同时政府在采购和技术立法活动中直接引用BS标准。随着英国的国际贸易不断发展,BS标准的国际地位不断提升,BSI在世界各地设立办事处,提供标准及认证服务。

英国也是ISO、IEC的创始成员国。BSI作为英国政府标准化机构代表,承担了大量的ISO、IEC技术委员会秘书处工作,同时,在CEN、CENELEC中也发挥了重要作用。

2. 英国标准种类

英国标准分三级:国家标准、专业标准和公司标准。英国标准和国际标准涵盖了几乎所有的产品、服务和程序,大到管理小到拉锁。BSI图书馆中收录了超过500000个不同的标准。其中有许多是国外标准。

(1) 所有的英国标准使用标识"BS";

(2) 所有英国采用欧洲的标准标识为"BS EN";

（3）所有国际标准使用"ISO"；

（4）所有被采用作为英国标准的国际标准被标识为"BS ISO"。

二、英国标准学会（BSI）

1. 发展历程

1901 年，由英国土木工程师学会（ICE）、机械工程师学会（IME）、造船工程师学会（INA）与钢铁协会（ISI）共同发起成立英国工程标准委员会（ESC 或 BESC），并于同年 4 月 26 日在伦敦召开第一次会议。这是世界上第一个全国性标准化机构，它的诞生标志着人类的标准化活动从此步入一个新的发展阶段。1902 年电气工程师学会（IEE）加入该委员会，英国政府也开始给予财政支持。1902 年 6 月又设立标准化总委员会及一系列专门委员会。总委员会的任务是在英联邦各国及其他一些国家筹建标准化地方委员会。这种地方委员会曾在阿根廷、巴西、智利、墨西哥、秘鲁、乌拉圭等国相继成立。专门委员会的任务是制定技术规格，如电机用异型钢材、钢轨、造船及铁路用金属材料等标准。1918 年，标准化总委员会改名为英国工程标准协会（BESA）。1929 年，BESA 被授予皇家宪章。颁发皇家宪章，是英国政府对那些自愿性、公益性组织予以特殊承认并赋予特殊地位的一种古老方法，直到今天，皇家宪章仍被认为是至高无上的荣誉。1931 年颁发了补充宪章，协会改为现在的英国标准学会（BSI）。BSI 总部设在伦敦。

2. 组织机构

英国标准学会是英国政府承认并支持的非营利性民间团体。目前共有捐款会员 2 万多个，委员会会员 2 万多个。英国标准学会已发展成为一个以标准相关业务为主的集团组织（BSI Group）。

BSI 组织结构包括全体会议大会、执行委员会、理事会、标准委员会和技术委员会。

执行委员会是 BSI 的最高权力机构，负责制定 BSI 的政策，但需要取得捐款会员的最后认可。执行委员会由政府部门、私营企业、国有企业、专业学会和劳工组织的代表组成，设主席 1 人，副主席 5 人。下设电工技术、自动化与信息技术、建筑与土木工程、化学与卫生、技术装备、综合技术等 6 个理事会。理事会下设标准委员会，标准委员会下设技术委员会（TC），技术委员会可设立分委员会（SC）和工作组（WG）。共有 3000 多个 TC 和 SC。

BSI 在全球的工作人员超过 5000 名，设标准部、市场部、管理体系部、产品服务部、检查部等业务部门。

英国电工委员会（British Electrotechnical Commission，BEC）是代表英国参加国际电工委员会（IEC）、欧洲电工标准化委员会（CENELEC）和欧洲电信标准学会（ETSI）的国家委员会，成立于 1906 年。该委员会在英国标准学会（BSI）领导下开展工作。

委员会由来自专业团体、学协会、科研机构、工业企业、政府部门等有关方面的大约 30 名代表组成。主要任务是研究讨论有关政策性问题。具体技术问题则由其下设的各技术委员会负责。

3. 业务模式

技术委员会负责国内、国际和欧洲的电工标准化工作，选派代表参加 IEC 、CEN-ELEC 和 ETSI 技术委员会会议；研究制定英国电工标准，尽量采用国际和欧洲电工标准。

BSI 集团目前业务包括：

（1）管理系统与验证；

（2）产品测试服务；

（3）企业、国家和国际标准开发；

（4）绩效管理软件方案；

（5）标准化教育训练；

（6）标准与国际贸易资讯服务。

BSI 标准化工作计划周期为三年，但每年均会进行一次调整，并制定详细的年度实施计划。

第四节　日本工程建设标准化综述

一、日本标准体系概况

1. 日本标准化体制

日本标准主要指日本工业标准（Japanese Industrial Standards，JIS）。JIS 由日本通商产业省（现经济产业省）下属的日本工业标准调查会（Japanese Industrial Standard Committee，JISC）制定，由日本标准协会负责发行。JIS 标准可分为基本标准、方法标准和产品标准三类，每年均会发行《日本工业标准目录》（JIS 目录，日文版，年刊）、《日本工业标准年鉴》（JIS Yearbook，英文版，年刊）。

日本标准化组织包括三类：官方机构（JISC，以及农村产品标准调查会 JASC）、民间团体（日本规格协会等）、企业标准化机构。三类组织的主要职能见图 4-7。

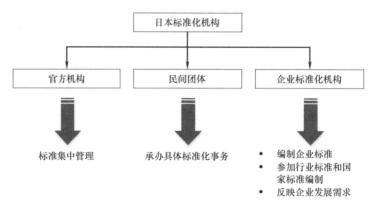

图 4-7　日本标准体系架构及功能

2. 日本标准体系

日本的标准体系包含国家级标准、专业团体标准、政府部门标准、企业标准四级。其中，国家级标准包括 JIS 标准、JAS 标准和日本医药标准；专业团体标准由受 JISC 委托的专业团体承担；政府部门标准一般为涉及军工、安全等重要领域的强制性标准。

国家级标准是日本标准体系的主体，JIS 标准又是最权威的国家级标准。

日本的标准化法律体系（图4-8），主要包括：

《工业标准化法》（以下简称JIS法）：1949年通过，其后多次修正，并发布了与之配套的省令和政令，如《工业标准化法实施规则》；

《与农林物资标准化和品质的正确标示相关的法律》（以下简称JAS法）：1950年通过，其后多次修正，并发布与之配套的省令和政令：如《关于农林物资标准化和品质正确表示的法律实施令》《关于农林物资标准化和品质正确表示的法律施行规则》《农林物资规格调查会令》等。

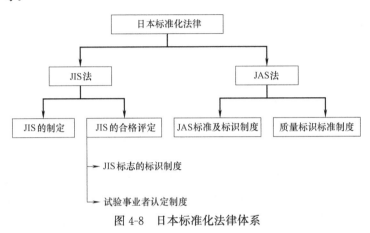

图4-8 日本标准化法律体系

二、日本工业标准调查会（JISC）

1. 组织机构

1921年4月，日本成立工业品规格统一调查会（JESC），开始系统性地制定发布国家标准。1949年7月1日开始实施JIS法，成立JISC代替JESC作为国家标准化管理机构。

JISC的主要任务是：组织制定和审议JIS标准；调查和审议JIS标志制定产品和技术项目；就促进工业标准化问题答复政府各省有关大臣的询问，并提出有关建议。

JISC的组织架构及职责见图4-9。

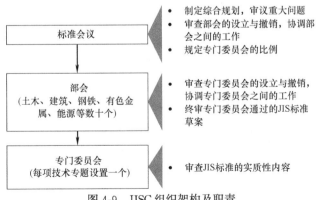

图4-9 JISC组织架构及职责

2. JIS标准制定

JIS是在有关各方协调一致的基础上制修订的自愿性国家标准，一般制定流程见图4-10。

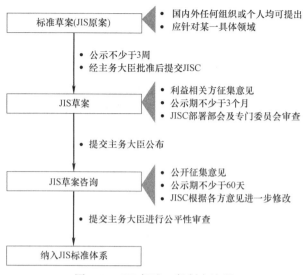

图 4-10　JIS 标准一般制定流程

JISC 建立了 JIS 标志制度来促进 JIS 标准体系的推广。JIS 标志制度是非强制性的自愿认证制度，但由于 JIS 标志产品和服务社会认可度高，企业从提高自身市场竞争力的角度出发，自愿申请的积极性很高，从而有力促进了 JIS 标准的市场应用。

第五节　中国工程建设标准化综述

一、我国工程建设标准化发展历程

我国工程建设标准的发展与我国经济体制的改革进程紧密相关。从我国国家工程建设技术标准体系和标准化管理体制演变的角度研究我国工程建设标准体系的发展历程，大致可以分为以下四个阶段。

1. 建立适应社会主义计划经济体制的国家标准体系阶段（1949—1989 年）

在计划经济体制下，国家管理经济的方式不仅是宏观管理，对于微观经济的管理也具有较强的计划性。为了使生产、建设和商品流通达到统一协调，我国政府一直将技术标准作为管理微观经济的手段之一。与此相联系，为了保证国家计划的有效落实，技术标准的应用被法律法规强制执行。新中国成立以来，党和国家一直非常重视标准化事业的建设和发展。1949 年 10 月成立中央技术管理局，内设标准化规格处，专门负责工业生产和工程建设标准化工作。从 1949 年到 1955 年间着手建立了企业标准和部门标准。1955 年中央制定的发展国民经济第一个五年计划中提出设立国家管理技术标准的机构和逐步制定国家统一技术标准的任务。1957 年在国家技术委员会内设标准局，开始对全国的标准化工作实行统一领导。1958 年国家技术委员会颁布第一号国家标准 GB 1《标准幅面与格式、首页、续页与封面的要求》。1962 年 11 月 10 日，国务院第 120 次会议通过了我国第一个标准化管理法规《工农业产品和工程建设技术标准管理办法》（以下简称《标准管理办法》）。其中第 18 条规定："各级生产、建设管理部门和各企业单位，都必须贯彻执行有关的国家标准、部标准。如果确有特殊情况，贯彻执行有困难的，应当说明理由，并且提出今后贯彻执行的步骤，报请国务院有关主管部门批准"，同时明确了技术标准的制定、分级原则。与《标准管理办法》相配套，原国家建委等有关部门颁布了一系列规范性实施文件，初步建立了与计划经济体制相配套的工程建设标准管理框架。

2. 建立适应有计划的社会主义商品经济的国家标准体系（1989—2000 年）

党的十一届三中全会以后，我国由计划经济体制转向有计划的社会主义商品经济体制。国家调整了管理经济的方式手段，将标准作为政府管理经济的强制手段转向了大部分标准由政府制定并向社会推荐的方式。1988 年和 1989 年先后发布的《中华人民共和国标准化法》《中华人民共和国标准化法实施条例》以及随后颁布的一系列部门规章和规范性管理性文件是这一阶段标准化工作的法律依据和标志性成就。

这一阶段的我国标准分为国家标准、行业标准、地方标准和企业标准，并将标准分为强制性标准和推荐性标准两类。在标准的制定方面，更多的通过由专家组成的专业标准化技术委员会负责起草和审议，并鼓励采用国际标准和国外先进标准。在标准的实施方面，国家鼓励企业自愿采用推荐性标准，同时推行产品认证制度，认证合格的准许使用认证标志。这些举措是参照 ISO 工作制度和我国国情所进行的国家标准化管理体制和国家技术标准体系的重大变革，为我国标准化工作的国际接轨和今后的发展奠定了基础。当然，由于受客观条件的限制以及管理体制和运行机制的制约，这一阶段的国家技术标准体系仍然没有摆脱计划经济体制的束缚，以计划为主导、以政府为主体的标准化管理模式等因素使我国标准化工作的潜力没有得到应有的发挥。

3. 建立适用社会主义市场经济体制的国家标准体系（2000—2015 年）

随着社会主义市场经济体制的逐步确立完善，我国市场更加开放，经济逐步融入世界潮流。特别是入世后，加快与国际接轨，符合国际经济运行规则，改革我国原有的适应"有计划的商品经济"的标准体制势在必行。我国《标准化法》规定强制性标准强制执行，推荐性标准自愿采用的模式，与 WTO/TBT 协定中规定技术法规强制执行、标准自愿采用的模式有所不同。我国在"入世"协定书中承诺将按照 WTO/TBT 协议的要求采用技术法规和标准概念。为履行"入世"承诺，原国家质量技术监督局 2000 年和 2002 年分别下发了《关于强制性标准实行条文强制的若干规定》和《关于加强强制性标准管理的若干规定》，明确了强制性标准分为全文强制和条文强制两种形式，并限定了强制性标准的范围。与国务院发布的《建设工程质量管理条例》（国务院令第 279 号）配套，原建设部于2000 年颁布了《实施工程建设强制性标准监督规定》（建设部令第 81 号），明确了工程建设强制性标准是指直接涉及工程质量、安全、卫生及环境保护等方面的工程建设标准强制性条文，并对加强强制性标准实施及对实施的监督作了具体规定。

为解决强制性标准实施和监督的可操作性问题，原建设部组织专家从已经批准的国家、行业标准中将带有"必须"和"应"规定的条文里对直接涉及人民生命财产安全、人身健康、环境保护和其他公众利益的条文进行摘录，形成了《工程建设标准强制性条文》，包括城乡规划、城市建设、房屋建筑等共十五部分，覆盖了工程建设的各主要领域。其后，相继修编了《工程建设标准强制性条文》（房屋建筑部分）2002 年版、2009 年版、2013 年版，《工程建设标准强制性条文》（城乡规划部分）2013 年版，《工程建设标准强制性条文》（城镇建设部分）2013 年版，《工程建设标准强制性条文》（电力工程部分）2006

年版,《工程建设标准强制性条文》(水利部分)2010年版,《工程建设强制性条文》(工业建筑部分)2012年版。

4. 建立国际化工程建设标准体系(2015年至今)

2015年以来,国家标准化改革不断深入开展,我国标准化管理体制和标准体系进一步提升和完善。2015年国务院印发的《深化标准化工作改革方案》指出,坚持放管结合,强化强制性标准,优化完善推荐性标准,为经济社会发展"兜底线、保基本";培育发展团体标准,放开搞活企业标准,增加标准供给,引导创新发展。坚持统筹协调,完善标准体系框架,加强强制性标准、推荐性标准、团体标准,以及各层级标准间的衔接配套和协调管理;坚持国际视野,完善标准内容和技术措施,提高标准水平;积极参与国际标准化工作,推广中国标准,服务我国企业参与国际竞争,促进我国产品、装备、技术和服务走出国门。2016年住房和城乡建设部发布的《关于深化工程建设标准化工作改革的意见》,进一步明确了改革强制性标准、构建强制性标准体系、优化完善推荐性标准、培育发展团体标准、全面提升标准水平等多项改革任务,加大标准供给侧改革,完善标准体制机制,建立新型标准体系。2017年新修订的《中华人民共和国标准化法》颁布,提出了构建政府标准与市场标准协调配套的新型标准体系的发展目标,对标准的范围、结构、水平都作出了明确规定,要求制定标准应当有利于科学合理利用资源,推广科学技术成果,提高经济效益、社会效益、生态效益,做好技术上先进、经济上合理。

当前和今后一段时间,我国国家标准化深化改革将不断推进,建立政府主导制定的标准与市场自主制定的标准协同发展、协调配套的新型标准体系,健全统一协调、运行高效、政府与市场共治的标准化管理体制,形成政府引导、市场驱动、社会参与、协同推进的标准化工作格局等改革目标和任务要求,将转变政府标准化管理职能,改变政府与市场角色错位,最大限度地激发和释放企业和市场活力,更好发挥标准在新技术、新产品推广,以及新产业、新动能发展中的引领支撑作用。

二、我国工程建设标准发展现状

我国工程建设标准(以下简称标准)经过60余年发展,国家、行业和地方标准已达7000余项,形成了覆盖经济社会各领域、工程建设各环节的标准体系,取得了巨大成就,在保障工程质量安全、促进产业转型升级、强化生态环境保护、推动经济提质增效、提升国际竞争力等方面发挥了重要作用。

1. 工程建设标准的地位

工程建设标准是为在工程建设领域内获得最佳秩序,对各类建设工程的勘察、规划、设计、施工、安装、验收、运营维护及管理等活动和结果需要协调统一的事项所制定的共同的、重复使用的技术依据和准则,是工程建设的技术基础,在全面建设小康社会、完善社会主义市场经济体制、政府职能转变、保障工程建设安全与质量中具有重要地位。

2. 工程建设标准的作用

(1)有力保障国民经济的可持续发展

改革开放以来,我国国民经济持续、快速发展,经济增长模式正在由粗放型向集约型转变,经济结构逐步优化。但近些年来,我国经济发展过程中暴露出经济快速增长与能源资源大量消耗、生态破坏之间的矛盾,成为影响我国经济可持续发展的关键因素,其中,巨大的建筑能耗对我国可持续发展有着重大的影响。因此，工程建设标准特别是节能标准的实施，将有效降低能耗，减少污染，有力促进我国经济的可持续发展。

保持国民经济可持续发展的重要方面是进行产业结构调整，它是关系国民经济全局紧迫而重大的战略任务。党的十七大提出，要加快转变经济发展方式，推动产业结构优化升级。工程建设标准作为工程建设的技术依据，是制定宏观调控措施的重要依据之一，能够与产业政策有效结合，推动产业结构调整。特别是与工程建设密切相关的行业，包括钢铁、建材等，利用工程建设标准能够调整产品结构，促进产品升级换代，推动相关产业的结构调整。另外，在市场机制的作用下，通过技术、质量、环境、安全、能耗等方面工程建设标准特别是强制性标准的制定和实施，强化符合标准的产品的市场竞争力，限制和淘汰不符合标准、能耗高、污染重、安全条件差、技术水平低的企业。

固定资产投资增长是经济发展的主要动力，国家的生产能力在很大程度上取决于现有固定资产的规模，高投资必然带来经济的高速增长。特别是，2008年全球金融危机爆发，我国政府实施了4万亿的投资计划，以减缓金融危机对我国产生的影响，其中保障性住房以及铁路、公路等基础设施项目占有较大的比重，使得确保投资的经济效益和社会效益达到最佳成为关键问题。工程建设标准作为工程建设的依据无疑确保了投资决策的科学性，强化了投资管理与监管。

（2）促进城乡经济社会的一体化发展

十七届三中全会指出，必须统筹城乡经济社会发展，始终把着力构建新型工农、城乡关系作为加快推进现代化的重大战略，统筹工业化、城镇化、农业现代化建设，加快建立健全以工促农、以城带乡长效机制，使广大农民平等参与现代化进程、共享改革发展成果。统筹城乡发展，必须加快农村基础设施建设步伐，缩小城乡基础设施差距。协调推进城镇化和新农村建设，推进城镇化与建设新农村，是我国现代化战略布局相辅相成、不可或缺的两个重要组成部分。一方面，城镇化是经济社会结构转变的大趋势，必须坚定不移地加以推进。有序转移农村人口，为提高农业劳动生产率、加快农村发展奠定基础。另一方面，今后相当长时期我国始终会有数以亿计的人口在农村生活，进城务工农民相当一部分还会"双向流动"，必须建设好农民的家园。要协调推进城镇化与新农村建设，合理把握城镇化的速度，积极稳妥引导农村人口转移。使城镇化与经济社会发展相适应，与新农村建设相协调，努力形成城镇化与新农村建设良性互动、相互促进的局面。工程建设标准作为工程建设的技术依据，覆盖了规划、勘察、设计、施工、验收、运营维护等工程建设活动的各个环节，涉及了房屋建筑、市政设施等各类建设工程，对于推进城镇一体化发展，有重要的作用，一是通过规划标准的制定和实施，保障城乡规划的科学合理性，促进城乡一体化发展；二是为城乡基础设施建设提供技术支撑，缩小城乡基础设施差距；三是规范污水、垃圾的管理，进一步改善环境，促进村镇的发展。

（3）保护环境，促进节约与合理利用能源资源

保护环境，合理利用资源、挖掘材料潜力、开发新的品种、搞好工业废料的利用，以及控制原料和能源的消耗等，已成为保证基本建设持续发展亟待解决的重要课题。在这方面，工程建设标准化可以起到极为重要的作用。首先，国家可以运用标准规范的法制地位，按照现行经济和技术政策制度约束性的条款，限制短缺物资、资源的开发使用，鼓励和指导采用代替材料；其次，根据科学技术发展情况，以每一时期的最佳工艺和设计、施

工方法，指导采用新材料和充分挖掘材料功能潜力；第三，以先进可靠的设计理论和择优方法，统一材料设计指标和结构功能参数，在保证使用和安全的条件下，降低材料和能源消耗。

在保护环境方面，发布了一系列污水、垃圾处理工程的工程建设标准，涉及了处理工艺、设备、排放指标要求、工程建设等，为污水、垃圾处理工程的建设提供了有力的技术支撑，保障了污水垃圾的无害化处理，保护了环境。在建筑节能方面，工程建设标准为建筑节能工作的开展提供技术手段，在工程建设标准中综合当前的管理水平和技术手段科学合理地设定建筑节能目标，有效降低建筑能耗；在工程建设标准中规定了降低建筑能耗的技术方法，包括维护结构的保温措施、暖通空调的节能措施以及可再生能源利用的技术措施等，为建筑节能提供保障。

（4）保证建设工程的质量与安全，提高经济社会效益

工程建设标准具备高度科学性，作为建设工程规划、勘察、设计、施工、监理的技术依据，应用于整个工程建设过程中，是保证质量的基础。为加强质量管理，国家建立的施工图设计文件审查制度、竣工验收备案制度、工程质量验收制度等，开展工作的技术依据都是各类标准、规范和规程。我国《建设工程质量管理条例》为保证建设工程质量，更对工程建设各责任主体严格执行标准提出了明确的要求。通过工程建设标准化，可以协调质量、安全、效益之间的关系，保证建设工程在满足质量、安全的前提下，取得最佳的经济效益，特别是处理好安全和经济效益之间的关系。如何做到即能保证安全和质量，又不浪费投资，制订一系列的标准就是很重要的一个方面。在国家方针、政策指导下制订的标准，提出的安全度要求是根据工程实践经验和科学试验数据，并结合国情进行综合分析，按工程的使用功能和重要性，划分安全等级而提出的。这样，就基本可以做到各项工程建设在一定的投资条件下，即保证安全，达到预期的建设目的，又不会有过高的安全要求，增加过多的投资。

（5）规范建筑市场秩序

规范建筑市场秩序是完善社会主义市场经济体制的一项重要内容，主要是规范市场主体的行为，建立公平竞争的市场秩序，保护市场主体的合法权益。同时，市场经济就是法制经济，各项经济活动都需要法制来保障，工程建设活动是市场经济活动的重要组成部分，工程建设活动中，大量的是技术、经济活动，工程建设标准作为最基本的技术、经济准则，贯穿于工程建设活动各个环节，是各方必须遵守的依据，从而规范建筑市场各方的活动。随着市场经济的完善，广大人民群众对依法维护自身权益更加重视，如在遇到住宅质量、居住环境质量问题时，自觉运用法律法规和工程建设标准的技术规定来维护自身权益，客观上要求工程技术标准的有关规定应具备法律效率，在规范市场经济秩序中发挥强制性作用，为社会经济事务管理提供技术依据。

（6）促进科研成果和新技术的推广应用

科技进步是经济发展的主要推动力之一，促进科研成果和新技术的推广应用，形成产业化是提高生产力、发展高新技术产业、促进经济社会又好又快发展的重要途径。标准、科技研发和成果转化之间紧密相连，三者之间既相互促进、相互制约，又相互依存、相互融合，形成三位一体化的复杂系统。标准是建立在生产实践经验和科学技术发展的基础上，具有前瞻性和科学性，标准应用于工程实践，作为技术依据，必须具有指导作用，保

证工程获得最佳经济效益和社会效益。科研成果和新技术一旦为标准肯定和采纳，必然在相应范围内产生巨大的影响，促进科研成果和新技术得到普遍的推广和广泛应用，尤其是在我国社会主义市场经济体制的条件下，科学技术新成果一旦纳入标准，都具有了相应的法定地位，除强制要求执行的以外，只要没有更好的技术措施，都会广泛地得到应用。此外，标准纳入科研成果和新技术，一般都进行了以择优为核心的统一、协调和简化工作，使科研成果和新技术更臻于完善，并且在标准实施过程中，通过信息反馈，提供给相应的科研部门进一步研究参考，这又反过来促进科学技术的发展。

（7）保障社会公众利益

在基本建设中，有为数不少的工程，在发挥其功能的同时，也带来了污染环境的公害；还有一些工程需要考虑防灾（防火、防暴、防震等），以保障国家、人民财产和生命安全。我国政府为了保护人民健康、保障国家、人民生命财产安全和保持生态平衡，除了在相应工程建设中增加投资或拨专款进行有关的治理外，主要还在于通过工程建设标准化工作的途径，做好治本工作。多年来，有关部门通过调查研究和科学试验，制订发布了这方面的专门标准，例如防震、防火、防爆等标准（规范、规程）。另外，在其他的专业标准中，凡涉及这方面的问题，也规定了专门的要求。由于这方面的标准（规范、规程）大都属于强制性，在工程建设中需严格执行，因此，这些标准的发布和实施，对防止公害、保障社会效益起到了重要作用。近年来，为了方便残疾人、老年人、保障人民身体健康、节约能源、保护环境，组织制定了一系列有益于公众利益的标准，使标准在保障社会公众利益方面作用更加明显。

3. 工程建设标准的不足

（1）工程建设标准化管理法律法规方面

我国工程建设标准管理法律法规目前存在的最重要问题是上位法缺失，造成工程建设标准管理工作无法可依。目前，新《标准化法》已于 2018 年颁发实施。但是《标准化法实施条例》尚未进行修订，该条例规定："工程建设标准化管理规定，由国务院工程建设主管部门依据《标准化法》和本条例的有关规定另行制定，报国务院批准后实施"。但截至目前，尚未有专门的工程建设标准化管理条例出台。

工程建设标准法律法规的不完善导致实践中出现了很多问题。首先，随着我国经济体制的改革、市场经济的逐步完善和国际化程度的提高，工程建设标准的管理继续沿用计划经济体制下的管理方式难以适应市场经济的快速发展，容易造成与国际的脱轨。一个明显的例子就是发达国家已经根据 WTO/TBT 的规定采用技术法规＋推荐性标准的标准化管理模式，而我国仍在沿用计划经济体制下制定的强制性标准＋推荐性标准的管理模式。这种差异使得我国在标准的国际化活动方面难以融入。其次，我国的经济发展始终保持较快速度，工程建设投资大，增速快，规模大，需要工程建设标准法规在实践中发挥重要指导作用。但目前一些标准的适应性、科学性都需要进一步提高，这些问题都需要相关法律法规进行明确规定，而《工程建设标准化管理条例》的缺失使得工程建设标准化管理陷入困境。再次，当今科技发展日新月异，大量新技术、新工艺、新材料、新设备需要通过制定相应的标准来进行推广应用以转化成生产力。而我国目前标准编制出现工作经费不足、参与标准化编制的技术人员水平和积极性不高、政府对促进工程建设标准化管理工作缺乏统一措施和法律依据等问题，导致我国工程建设标准化工作进展相对缓慢，标准化的市场效益并未充分发挥。

（2）工程建设标准制定方面

一是管理部门分散，未形成合力。发达国家标准管理部门比较集中，可以形成合力，标准管理制度较为统一。而我国目前标准管理部门分散，缺乏有效的管理。据统计，我国目前有500多个技术委员会和300多个分技术委员会从事标准的研究和管理工作，它们分属于不同的归口单位，全国从上到下标准管理部门复杂，导致机构性质、职能、定位存在重复或相互交叉的现象，无法对各级标准实施有效管理。正是由于管理部门的混乱，导致了标准编制越发出现"各自为战"的现象。标准综合管理机构缺乏对不同层面、不同专业标准的有效协调手段，标准管理部门（包括国务院各行业行政主管部门、地方政府建设行政主管部门）只是"按需制标"，内容雷同的标准在不同部门或地方往往会出现重复制定的现象，部分条款甚至相互矛盾，导致执行主体执行难。

二是编制周期较长，不能适应技术和市场创新。目前我国工程建设标准的编制周期长、审查周期长、出版周期长。有计划地组织标准的制定、修订工作，能够防止标准化工作的盲目性和随意性，有其存在必要性，但如果周期过长就会导致标准的制修订计划呆板，不能适应市场经济的快速变化。出现以上问题的原因一方面是因为标准主编单位和参编单位由于经济利益问题积极性不高，编制标准经费欠缺，无法摆脱经济困扰。另外一方面原因是因为标准编制人员待遇不高，标准化工作激励机制薄弱，人才保障力度较小。

三是企业参与度较低。国外工程建设标准在制定过程中，社会团体和行业组织参与度很高，这直接保证了标准的顺利实施。在国外，一流的企业卖标准，二流的企业卖品牌，三流的企业卖产品。相比之下，我国标准在制定过程中行业协会和企业的参与度很小，企业在标准制定过程中难以发出自己的声音。

（3）工程建设强制性标准方面

一是工程建设强制性标准与技术法规仍有本质区别。《标准化法》规定了我国实行强制性标准与推荐性标准相结合的体制，但此种管理模式与WTO/TBT要求的技术法规＋推荐性标准的管理模式不相符合。美、日、欧盟等国家和地区采取也都是符合WTO规则的技术法规＋推荐性标准的管理模式，技术法规由政府建设主管部门批准发布，数量是有限的，内容一般限于安全、卫生、环保和公众利益，范围小，执行起来也比较容易协调。而我国强制性标准＋推荐性标准的标准管理模式与国际惯例不符，导致在建筑产品国际化、标准研究与国际化接轨方面存在障碍，我国强制性标准与国外技术法规在法律属性、内容、制定机构以及存在方式等方面都存在很大不同之处。

分析我国实际情况，本书认为强制性标准并不能替代技术法规。首先，从性质上看，强制性标准不能替代技术法规。目前我国法律法规并没有对强制性标准的法律属性和法律效力做出明确规定，强制性标准从本质上看仍属于标准范畴，只是通过相关法律法规对其"强制性"进行了规定。而根据现代法治原理，只有"法律"才可以对公民设定强制性义务。依据《宪法》和《立法法》，我国目前法律主要包括宪法、法律、行政法规、地方性法规、部门规章、地方政府规章等。强制性标准从本质上来讲，并不具有法律的性质，但又实际上设定了强制性的法律义务。这使得强制性标准间接成为"法外之法"：不具有法的性质，却为公民和法人设定了法的义务。

其次，从内容上看，强制性标准与技术法规的内容有明显不同之处。由于我国的强制性标准是从计划经济体制下所有国家标准全部强制执行向区分强制性标准和推荐性标准转化过来的，一方面原来的一些国家标准仅依据标准化法所规定的范围而转化成强制性标准或推荐性标准，没有从标准的内容上去深入分析哪些内容适合制定强制性标准，哪些内容适合制定推荐性标准；另一方面，后制定的一些国家标准、行业标准未严格按《标准化法》所规定的范围制定。例如各类工程质量检验评定标准，按照推荐性标准的划分原则，工程质量检验评定标准中的质量评定内容，应当划分为推荐性标准，但由于目前质量检验和质量评定内容均在同一项标准之中，仍将这些标准划分为强制性标准。以上两种情况造成了我国强制性标准存在数量过多、内容过宽，许多不属于安全、卫生、环境保护方面的技术要求等问题。这与《标准化法》规定的强制性标准的设定原则不相吻合。

再次，从功能上看，强制性标准不能完整发挥技术法规的作用，并会带来制定程序不透明、内容陈旧、与其他标准协调机制不完善等一系列问题。第一，技术法规属于法律范畴，有完善的制定程序和体系，而强制性标准属于标准范畴，在制定、编制、实施和修订等方面，还没有形成规范的程序和制度，导致各部门、各地方难以全面掌握。第二，发达国家大多采用技术法规＋推荐性标准的模式，技术法规仅规定原则性问题，推荐性标准由民间标准化机构制定，自愿采用，因此标准在修订方面非常及时且灵活。而我国强制性标准由国家相关行政机构颁布，使用周期一般较长，修订程序也较为复杂，导致在实施过程中出现修订不及时、与科学发展水平严重脱节甚至给经济技术乃至社会发展造成负担的问题。第三，发达国家技术法规既规定了技术性要求，也规定了管理性要求，因此在制定、实施过程中具有较好的协调性和系统性。而我国强制性标准只具有技术性规定，需要借助其他法律法规对标准的管理性要求进行规定。由于强制性标准与其他法律法规之间、强制性标准之间、强制性标准与推荐性标准之间缺乏相应协调机制，造成了不同部门的强制性标准之间、强制性标准与推荐性标准之间内容的重复甚至矛盾，从而导致标准管理者和使用者在实践中的混乱。

二是工程建设强制性标准内容需要改进。工程建设强制性标准除了与国外技术法规体制不相容之外，其自身设计合理性也值得商榷。首先，部分强制性标准与其他政府部门出台的规章或规定有冲突或出台时间不一致，造成执行难。其次，部分强制性标准条文不符合实际情况，造成执行难。如在《住宅设计规范》中，规定了在阳台上应当设置晾晒衣物的设施，但如果建设单位或设计在实践中没有执行这样的强制性而受到处罚，难以服众。再次，部分强制性标准条文的表述比较原则化，造成不同设计人员的理解存在差异，难以理解标准的真正目的，使得标准在执行上出现偏差。

三、我国工程建设标准发展趋势

借鉴发达国家和地区的经验，构建符合我国国情的工程建设标准体制，使之既可作为与世界经济沟通的桥梁，又可成为有效的技术壁垒，是当前标准化改革和今后一段时间标准化事业的重点工作。构建技术法规和技术标准相结合的技术管理模式，是我国工程建设标准体制改革发展的长期目标。

1. 工程建设技术法规发展

（1）改革现行工程建设"强制性标准－推荐性标准"体制，通过试点逐步建立技术法规强制执行，技术标准自愿采用的工程建设"技术法规－技术标准"的体制。对技术法规、技术标准要从概念产生、法律定位、制定过程、涵盖内容、表达方式各个方面加以明确区分。

（2）构筑三层次建设法规构架。工程建设技术法规和行政法规属于法律约束下分别侧重技术要求和管理要求的两类不同的强制性要求，应定位于技术法规构架的同一层面。借鉴发达国家经验，将工程建设技术法规设置为"工程建设技术法规"和"建设技术准则"或"执行指南"两个层面，前者相对简练，只提强制性技术要求，后者对技术法规的实施做出说明，提供强制执行的可供选择的方法、途径，强制但不唯一。由与工程建设标准化有关的法律、与工程建设标准化有关的技术法规和"工程建设技术准则"共同构成三层次的工程建设法规体系。

（3）明确我国工程建设技术法规概念。我国工程建设技术法规是对建设领域中为了保障国家安全，保障公众生命和健康，保障动植物生命和健康，保护环境，节约能源，防止欺诈行为，满足国家公共管理需求，而需要在全国范围内统一的技术要求。它是一种为法定权力机构所发布的具有强制执行性质的指令性技术文件，是工程建设标准体制构建的基础，必须遵照执行。

工程建设技术法规内容不仅涉及土木工程、建筑工程、线路管道和设备安装工程及装修工程等各类建设工程中包括勘察、规划、设计、施工、安装、验收、运营维护及管理在内的各个建设阶段，还包括工程建设产品在生产、储运和使用中的健康、安全、卫生、环保等要求。

（4）赋予"工程建设技术法规"明确的法律地位。当前"技术法规"一词在我国标准化领域的指代并不明确，现行相关法律、法规文件，如《标准化法》《建筑法》《建设工程质量管理条例》等，要求必须执行的是工程建设强制性标准，并未提及"技术法规"。法律、法规是指导管理和监督保障工程建设标准化活动的行政依据，引用"技术法规"或其本质内容的意义是不言而喻的。技术法规是不同于一般行政法规和部门规章的技术文件，应在《标准化法》等相应法律文件修订时进一步明确，取代"强制性标准"概念。否则转化周期过长会带来较高的行政成本。

（5）技术法规中纳入管理性和基本技术要求内容。管理方面应包括建设工程管理和建设标准化管理两方面内容。以往我国这方面内容多采用法规性行政文件表达，由于发布方式不同，常常造成实施管理规定与实施技术要求不能紧密结合。技术要求部分可参照WTO/TBT协议规定的"正当目标"范围，具体包括：结构安全，火灾安全，施工与使用安全、卫生、健康与环境，噪声控制，节能和其他涉及公众利益的规定等内容。其目标、功能陈述部分可直接"移植"协议规定内容，性能要求、方法性条款部分依照我国工程技术水平进行调整。

（6）技术法规的编制"以目标为基础"。分析欧盟经历的由"大一统"的协调指令至"以目标为基础"的新方法指令的发展历程，可以确定"以目标为基础"的编制思想代表了较先进的潮流。新的工程建设技术法规编制原则是：技术法规只给出必须达到的目标或基本要求，而实现目标或基本要求的方法和途径可采用与法规配套的执行指南或其他标准。"以目标为基础"编制技术法规的本质是对强制性技术要求只做出原则性规定，但考虑到我国的国情和历史原因，技术法规的内容应相对完整。从国际标准编制发展趋势看，我们建议，中国工程建设技术法规的编制以"健康"、"安全"、"环保"和可持续发展等方面为编制目标。

（7）工程建设技术法规文件的"主从"配置。工程建设技术法规的技术要求部分采用法规正文与配套性技术文件相结合的模式，由正文对目标和功能陈述作出较为充实的规定，在配套性文件中对这些规定进一步提出性能要求，并给出可实施的方案，内容一一对应。

2. 工程建设技术标准发展

（1）分步推进现行强制性、推荐性"混杂"的标准向自愿性标准的过渡。完成过渡应具备四个条件：一是与市场经济相适应的、符合国际惯例的技术法规构架的初步建立；二是通过在技术法规中引用标准的合法形式，赋予标准强制性质；三是引用标准方法在工程合同中得到广泛的应用；四是合格评定程序的"法令认可"和有效运行。若贸然采用自愿执行标准的"休克式"过渡，会导致工程建设质量和安全方面的"标准真空"。

（2）技术标准的自愿化进程要适应技术法规的改革步伐。对应法规的"等同执行"阶段，应在完善现行推荐性标准的基础上，弱化其执行要求，准确把握"有标准可依"与"自愿执行"的度。待法规体系建立后，完全实现技术标准的自愿采用。

（3）"以市场为主导"提高技术标准的市场适应性。技术标准应"从市场中来，到市场中去"，依照服务对象不断调整标准内容，还原其在市场经济环境中的自愿性本质属性，提高市场适应能力，建立与 WTO/TBT 规则相适应的自愿性标准体系。

（4）技术标准内容。技术标准针对具体的标准化对象逐一制定，其内容一般包括两个方面：①实现建筑技术法规规定的强制性目标、功能陈述和性能要求的途径和方法；②工程勘察、设计、施工、测试、验收和使用中的非强制性技术要求及其实现的途径和方法。技术标准属自愿采用，只受合同契约文件的约束。

（5）强化工程技术标准的系统性。吸收发达国家标准管理的经验，将标准化对象类别相近的标准尽可能精简合并，如尽量将某一类建（构）筑物的规划、勘测、设计、施工、管理归并于一体，形成一个某类工程较完整的工程建设与管理系统。对不同材料的某一类工程，尽量集中于同一标准中。对共性问题统一规定，对不同材质的特殊技术问题分别作出条文规定。简化技术标准的内在联系，形成较完整的某类工程建设系统。

（6）确立新型工程建设标准体制。新型工程建设标准体制中的技术法规是技术标准的法定依据，技术标准是实施技术法规的技术支撑，两者相互依存，形成完整的技术法规—标准体制。同时，应理顺技术法规与技术标准的两种关系：一是管理关系，技术标准必须全面符合技术法规的规定；二是技术引用关系，技术法规可直接引用技术标准条款，减少法规中具体技术规定。被法规引用的标准条款，成为法规的组成部分，具有强制属性。

第五章

国外工业化建筑产业链发展历程与现状

第一节 工业化建筑产业链管理综述

装配式建筑能够帮助实现建造方式的进一步发展，并且可减少资源及能源的浪费、避免施工污染的产生，同时也可提高施工过程中的安全质量水平和劳动生产效率，从而将工业化生产和建筑业进行有效的融合、推动新产业的快速发展。为大力发展装配式建筑，《国务院办公厅关于大力发展装配式建筑的指导意见》（国办发〔2016〕71号）明确提出装配式建筑占新建建筑面积的比例将在十年之后达到30%，进一步说明工业化建筑未来在我国巨大的发展前景。

制造业构配件定型生产的生产理念被工业化建筑引入到了建造过程当中，即建筑设计是按照统一标准定型的，在工厂中成批生产各种预制构件，然后像"搭积木"一样在项目现场进行组合安装。从大量国内外工业化建筑发展的实践经验得知，实现工业化建筑的主要措施包括建筑设计标准化、部品生产工厂化、现场施工装配化、结构装修一体化、过程管理信息化。

目前，我国在工业化建筑领域面临的核心问题是如何进一步完善产业链（设计、生产、施工、销售、售后服务等环节都包含在完整的工业化建筑产业链系统中）以整合优化资源。原材料的采购、运输、加工制造、分销、运输等环节紧密相连，连接这些环节的企业又表现出一种需求与供应的关系，这便是产业链。加强产业链管理，将提升产业价值作为主导，控制信息流、物流、资金流，并且连接产品生产和运输过程中所涉及的材料供应商、生产商、分销商、零售商以及最终消费者。整体来看，在原材料形成最终产品的过程中，产业链管理的实质是多级供应链管理。产业重点分布于预制构件生产与建筑装配环节。工业化建筑产业链是以建筑实现的流程为主线的，更加强调设计、生产、施工一体化，总体来说，工业化建筑主要包括建筑设计、预制构件品研发、预制构件生产、装配施工和运营维护五大环节，包括设计研发机构、预制构件加工企业和建筑施工企业等三大主体。

工业化建筑产业链涉及多个行为主体和过程，比传统建筑业产业链管理更加复杂。工业化建筑产业越来越重视技术产业（包括工业化建筑体系、标准化部品的研发以及技术的咨询服务等）。一方面，地产商在工业化建筑中的前期成本投入要远大于在传统项目上的成本投入。另一方面，两者的建筑方式也截然不同，其具体表现在工业化建筑更加注重设计体系的标准化，而传统项目更加注重建筑结构本身。工业化建筑中的材料设备供应商因为需要了解材料的受力等性质，所以它在产业链中的地位更加重要。在施工阶段，工业化建筑常采用现场组装预制构件的方式进行房屋修建，而总承包商更需注重材料的生产和运输，且由于工业化建筑更为注重设计施工一体化，因此更加提倡总承包模式来有效整合资源和技术。在施工后期，设计单位和施工单位还需同时合作装配预制构配件。因此，工业化建筑将提前考虑产业链上靠后的环节（例如部品部件的生产环节），所以对产业链的管理会更加复杂。

为有效促进工业化建筑的发展，需要通过整合全产业链资源，协调利益相关者之间的关系，进一步促进信息共享，加强设计、施工、装配全过程一体化，从而提高产业链绩效。本章全面梳理国内外学者在工业化建筑产业链管理方面的研究内容，总结日本、美国、英国等发达国家在产业链管理方面的实践，并通过案例分析探索使用先进的信息技术为产业链管理带来的绩效提升，旨在为我国工业化建筑产业链管理提供参考。

通过查阅大量发表在国际知名期刊上的工业化建筑产业链管理相关文献，识别出六个主要研究主题：利益相关者管理、产业链供应结构、房屋大规模定制、产业链管理优势、产业链管理挑战、产业链管理支撑手段。本章将从这六个方面综述产业链管理在工业化建筑过程中的主要内容、发展历程、面临的挑战以及支撑手段。

利益相关者管理是工业化建筑产业链管理的本质。产业链管理是通过管理不同利益相关者之间的关系（分工、协调、沟通），从而进行资源整合、提高整个产业链价值的管理过程[15]。其核心是管理整条链上不同组织之间的关系网（包括数据流，材料、服务和产品流，以及雇主、设计方、施工方、供应方之间的资金流）。

产业链供应结构指管理供应链的方式，主要反映供应链的各个环节如何响应客户要求[16]。

房屋大规模定制是一种允许顾客自由定制产品规格，从而为其提供多样化产品和服务的竞争策略[17]。在高效率的房屋大规模定制中，为实现快速地将顾客要求转换为生产要求，需要对过程中涉及的有效信息进行共享和整合[18]。除此之外，市场也是影响实现房屋大规模定制的关键因素[19]。成熟的产业链和巨大的市场需求使大规模定制在制造业（如移动电话、服装和电脑等）得以实现[20]，其经验表明大规模定制通过加强客户和供应商的参与度，可以促进产业链的整合性[22]。考虑到房屋建造商的竞争策略和客户对房屋本身越来越高的要求，大规模定制在当前的建筑行业有越来越大的需求。因此，工业化建筑产业链管理的最终目标是实现大规模定制，而日本在房屋大规模定制的成功经验充分表明实现该目标的可行性。

产业链管理优势旨在反映高效的工业化建筑产业链管理所产生的价值，包括生产力、质量的提升以及环境的改善。

产业链管理挑战旨在揭示工业化建筑产业链管理中因不确定或其他复杂因素所产生的困难。

产业链管理支撑手段旨在总结解决产业链管理困难的有效方法，以达到提高工业化项目产业链管理绩效，促进产业集成的目的。

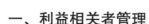

一、利益相关者管理

项目的整体绩效的好坏与对产业链中各利益相关者的管理是否得当息息相关，如果管理不得当，项目也不会收到很好的成效，比如成本超支、延时、质量缺陷等问题[21]。因此，从整体层面上控制工业化建筑产业链，进一步整合产业链利益相关者和有效信息，才能够给终端业主提供满意的产品[22]。

产业链在不同的层面上存在不同的利益相关者关系[23]。在工业化建筑产业链中，预制件制造商、专业承包商、工人、材料及设备供应商都起到了提供预制构件、资源及服务的作用，总承包商负责协调业主和供应商之间的关系，而业主则在经济上支持整个项目。本节主要以不同利益相关者为核心来分析工业化建筑过程中的利益相关者关系。

1. 供应商

工业化建筑产业链管理将供应商关系视为研究的重点[24]。通过投入资源和服务，供应商可以达到提高项目生产效率和增强创新能力的效果[25]，这一点尤其体现在对供应商能力有极高要求的工业化建筑领域。供应商关系是成功实现工业化建筑精益生产的关键因素之一[26]。

评价供应商关系的两个指标分别为关系的密切程度以及合作时间长短。目前的研究建议根据所购产品的资产属性，应与不同供应商建立起不同密切程度的关系。特殊产品（如电气装置）由于其价值相对较高且供应量少，因此同此类供应商建立密切关系就显得尤为重要。相比较而言，与提供标准化服务的供应商之间的关系则相对较弱[27]。在此基础上，承包商与供应商之间的关系分为完全整合、部分整合、非整合三种程度来决定采购模块化房屋系统中的不同构件[28]。在英国，因为某钢架供应商是在模块化生产领域中唯一的供应商，因此在模块化建造中承担了大量建造工作，同相应制造商建立起了较密切的整合关系[29]。但是，这种密切的整合关系也体现了工业化建筑的垄断性。除了根据所购产品的性质建立不同密切程度的供应商关系以外，无论产品和服务本身的属性，都应与供应商建立长期的合作关系为国内外学者所提倡。事实上，长期的合作关系一直以来都有助于提高建筑行业的绩效[30]。例如，在实施 just-in-time（JIT，及时化生产管理）的土耳其，与供应商之间的长期合作对保证供应的稳定性和质量至关重要[31]。瑞典专家的研究也明确地提出，长期合作关系可以促进专业供应商之间更多的信息共享、联合决策以及标准产品供应的安全性和稳定性[32]。

尽管与供应商之间的长期合作有很大优势，然而短期的合作关系一直是行业常态。在新加坡，各个利益相关者往往不会以签订长期合作协议为目标，竞争价格通常被视作签订合同最看重的因素，所以一般承包商与供应商的合同关系与合同执行期一致（通常六至九个月）[33]。这种一次性的合同形式也被瑞典一些提供独特产品的企业所采用，然而，这种形式也在一定程度上妨碍了信息传递的时间和质量[34]。

因此，为确保产品能够稳定供应、产品质量得到有效保证，供应商所起的作用至关重要。市场急需既能够提供优化生产实践建议，又能提供符合市场特殊需求的供应商[38]。

2. 业主

建筑业具有以业主为导向的性质[35]，因此业主在实现工业化建筑产业链整体性的过程中必然起着至关重要的作用[36]。在我国，政府部门或者开发商通常是工业化建筑项目的业主，即产业链上的终端客户。

如今，需求渐长、要求繁复的客户愈加促使供应商采用新型的技术以满足他们的要求。而供应商和客户的协同合作则是作为供应商能够高效响应客户要求的必要条件[37]。在英国，业主认为供应商应该尽早与开发商、承包商以及设计方一起协同工作[38]，以保证将适当的预制技术融入建筑设计当中[39]。可是，可供选择的、有能力提供产品和服务的供应商又极为罕见。例如，在英国，某些专业供应商可能是英国本土唯一可以为特定项目提供服务的供应商[40]。

工业化建筑中，较长的交货时间意味着在设计阶段之后更改供应商可能造成不必要的问题[41]。因此，业主与供应商之间需要具有高度信任的合作关系。相关研究表明，供应商需要突破设计及运输的空间限制，来满足客户逐渐提升的产品要求[44]，业主与供应商之间的协同合作有助于实现工业化建筑产业链的高效性。

3. 承包商

在传统建筑行业中，承包商关系被视为产业链管理的核心[42]。但是，在工业化建筑产业链管理中，相较于供应商关系和业主关系，对承包商关系的研究还相对较少。其原因是大量施工活动由传统建筑行业中的工地搬至工业化建筑中的预制件工厂，因此大大减少了对传统承包商的依赖。即使出现这样的转变，我们不可否认业主与承包商之间的关系仍然十分重要，对工地上的生产效率会产生重要的影响[43]。因此，应该大力推崇在客户与承包商之间建立密切且透明的关系，这有利于减少工地上预制件装配阶段所存在的不稳定因素，进而提高工业化建筑产业链管理的效率[44]。承包商应积极地参与到工业化建筑设计阶段中，这样可以促进预制件在供应链上游的使用[45]。

二、产业链供应结构

不同的产业链供应结构反映了解耦点在供应链上的不同位置。解耦点是指客户订单进入到材料流上的点，可以据此将工业化生产策略分为按单生产（Make-To-Order，MTO），按单定制（Engineer-To-Order，ETO），库存生产（Make-To-Stock，MTS），按单装配（Assessmbly-To-Order，ATO）[46]。图 5-1 展示了不同产业链结构的解耦点。

解耦点的位置反映了客户对生产制造所产生的影响，不同的公司采用不同的生产策略来实现不同程度的产品定制。工业化建筑领域目前主要采用按单生产和按单定制两种策略，库存生产与按单定制的采用则相对较少。

1. 按单生产（Make-To-Order，MTO）

按单生产指供应商通过提供足够细化的产品设计来满足顾客的特殊要求，其特点是需要收到客户订单并验证之后才可以开始采购材料[47]，其解耦点定位于生产阶段。供应商常采用按单生产策略为客户提供标准化的、可自行组装的产品[50]。不同的建筑工程项目各具特色，意味着供应商需要采用按单生产的策略提供大量的、不同材料和构件[48]，然而，准确预估每一个产品的需求量又是十分困难的，况且一些产品要求高存货成本和高折旧率，若产品不按照规定的数量储存起来，则极可能造成巨大的潜在风险[50]。按单生产策略可以为供应商减少相应的风险、增加潜在的利润，因此，多数供应商更加愿意按照客户的具体要求来制造相应的产品。

工业化建筑的目标是通过重复使用不同建筑物中相同的构件或参考其类似项目的设计

来简化产品生产的过程，虽然各种构件最终所组装形成的建筑有所不同，但生产构件的过程却是类似的[49]。实际上，许多工业化建筑企业经常使用标准定制的构件[50]。例如，日本最大的房屋建造商 Sekisui House 就按客户要求生产标准化的构件，然后在工地现场进行组装。

按单生产策略当然也存在不足。产业链上不同利益相关者之间交流不够充分，通常会导致产品规格变动不一、难以操控。另外，在运输过程中，产品若被损坏，则会影响后期产品的安装。因此，有效管理运输过程是发展按单生产策略的突破点，且需有效协调产业链上每一个独立的行为主体[51]。

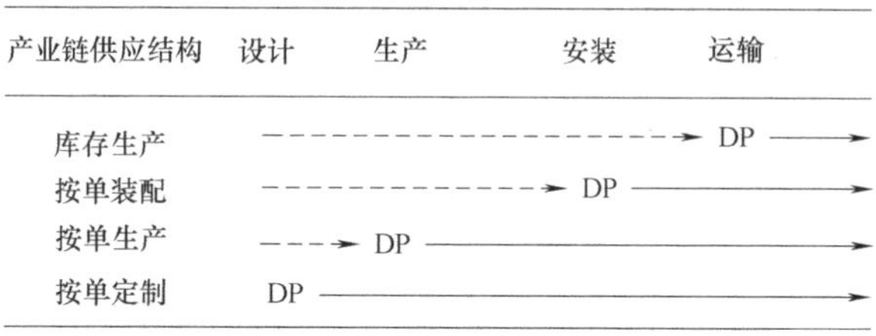

产业链供应结构	设计	生产	安装	运输
库存生产	- - - - - - - - - - - - - - - - - →			DP —— →
按单装配	- - - - - - - - - - - - →	DP		→
按单生产	- - - →	DP		→
按单定制	DP			→

图 5-1　不同产业链供应结构的解耦点（DP）位置[52]

2. 按单定制（Engineer-To-Order，ETO）

按单定制能够按照客户要求定制相应的产品，并且产品的设计都是独一无二的[53]，其解耦点定位于产业链的设计阶段。对比按单生产和按单定制两种策略而言，按单生产策略的特点是根据普遍的、已存在的设计或者现成的构件来进行预制，然而完全标准化的按单生产策略已经无法满足客户对房屋建筑日益多元化的要求；相反，按单定制设计出的构件的形状和功能都具有唯一性[54]。按单定制构件的管理需要贯穿设计阶段、生产阶段、运作阶段以及维修阶段，因其具有高度大规模定制的性质和较长研发周期的特点，按单定制常常影响着整个建设项目的进度[55]。

传统的产业链结构分类方式因忽略设计阶段而被抨击，根据客户参与生产信息流（指从初级概念阶段到终极运输阶段产品生产所必需的信息）的不同时间点来区分按单定制的结构更为学界所推崇[56]。最终，按单定制被分为概念定制（Concetp-To-Order，CTO）和设计定制（Desgin-To-Order，DTO）两大类，正好对应客户与供应商之间的两种合同形式：设计－建造形式和设计－招标－建造形式[57]。从设计角度来看，概念定制和设计定制是有所区别的。在概念定制中，客户在信息流的前端就开始参与，直至最终敲定完整的设计；在设计定制中，针对某一客户而量身定制的大量设计工作都是在签订合同后进行。由此看来，概念定制的方式具有更强的风险管控能力，因为所有可能发生的重大风险都已经在最初的设计阶段降到了最低，且项目设计成本并不高。除此之外，各利益相关者在招标过程中会对项目生命周期进行预测，如果项目被认定为风险高、可操作性低，则该项目可能被取消，如果是在初级设计阶段，该行动的损失会相对较小。因此，大多客户更倾向于采用概念定制的方式。当然，从另一方面说，如果整个项目团队能够高度集中、协同合作、以客户目标为导向，设计定制策略也适用于大多数项目[58]。瑞典采用概念定制和设计定制结合的方式来供应木结构[59]，总体来说，许多采用按单定制策略的瑞典企业都享受到了操纵预制平台系统所带来的好处，包括提高产量、减低成本等[60]。

按单定制策略要求在产业链全过程中信息及时有效地流通于各个利益相关者之间，例如每一种产品的安装指南。此外，每一个构件的状态信息和位置信息都需要被记录，以防发生拖延。复杂的信息流是阻碍按单定制管理的重要因素，因此，越来越多的学者参与到按单定制策略的信息管理研究中来。美国通过对预制构件的信息流进行分类，帮助研究人员和从业者极大地简化大规模定制产品的复杂信息流[61]。产品模块化也可促进合作方之间的沟通合作和信息交流，有助于产业链的整合[62]。

3. 库存生产（Make-To-Stock，MTS）

库存生产指产品在收到生产订单前就已生产出来，处于储存阶段[63]，其解耦点定位于运输阶段。采用库存生产策略的公司按照历史交易记录来预测所需产品的数量，但可能会导致产品数量超过库存量、增加库存成本等[64]。

生产标准化产品的数量较多时，库存生产策略则更加适合，这种策略可以帮助产生更大规模的经济效益、减少交货时间。英国学者 Court et al.（2009）[65]通过结合库存生产策略与按单生产策略，设计出了高效的项目预制件供应流，有助于产品的流畅供应，避免了大量产品的堆积。

4. 按单装配（Assemble-To-Order）

追求效益和成本效率的制造商通常比较推崇按单装配策略[66]，其解耦点定位于安装阶段。当产品所需较长供货时间或供货数量有限时，按单装配策略最能体现其本身的价值。但由于按单装配策略需要不同产品生产部门之间的密切配合，而且不同的产品的供货时间不同，可供数量有限，所以要实现按单装配策略，目前来说还是相对困难[66]。

在日本，住宅建造商 Sekisui Heim 广泛运用按单装配策略，每年可供应 20000 多间住房，造就了日本大规模定制房屋的经典[69]。

三、房屋大规模定制

产业链管理的最终目的是为终端客户提供良好的产品和服务。在制造业中，成功的产业链管理促成了大规模定制商业策略[67]。在目前的实践中，部分发达国家已经在推广大规模定制房屋，日益提高的生活水平也使客户对住房的要求越来越多元化。随着工业化建筑产业链日益成熟，供应商通过提供大规模定制房屋来满足不同客户相应的要求，客户也可以通过自由组装预制产品，定制符合自身要求的房屋[68]。

在日本，汽车制造行业成熟发展，为房屋的大规模定制提供了许多宝贵的经验。自1970 年以来，日本大力革新工业化产业链和生产流程，房屋大规模定制开始逐渐兴起[69]。此时，日本的城市化进程已经发展了较长的一段时间，形成的巨大住房市场足以支撑起各式各样住房生产系统的发展，同时，这也鼓励着房屋建造商自由设计房屋构件、推行大规模定制的房屋、快速将客户的需求转变为构件生产要求。这种高效的工业化建筑产业链保证了房屋有效的大规模定制[70]，且制造商具备生产大量多元化产品的制造能力，能够满足市场需求和大规模定制的要求[71]。在大规模定制的过程中，设计方和销售方也需要建立与构件供应商和客户之间的联系[72]。从 1980 到 1992 年，日本 2×4 木材板料的预制数量翻了一倍，足以表明房屋的大规模定制推动着工业化建筑的兴起[73]。日本的经验表明，成功实现房屋大规模定制的关键在于平衡标准化构件的使用与定制程度，为客户提供更多的选择（既能实现生产线的高效运作，又能满足构件设计的自由化），因为房屋定制程度越高，则往往意味着高成本和较长的交货时间。

英国虽然大力学习日本房屋大规模定制的经验，但当地建造商对房屋大规模定制的方式却持有消极的态度。其根本原因来自于两个国家完全不同的土地发展策略：在英国，生产房屋的首要动力是挖掘土地发展过程中潜在的经济价值，因为英国房屋的房价往往包括了建造成本、土地成本和预期利润[69]；而在日本，因为终端客户就是土地本身的持有方，所以房屋建造商与土地发展的关联并不大[75]，因此日本的房屋建造商主要以提高产业链管理效率、改善建造技术、满足不同客户的要求为目的[69]。另外，英国房屋大规模定制尚未兴起的另一原因是产业链上各利益相关者缺乏有效的协同合作，因此急需促进产业链中各利益相关者的合作关系[74]。

日本针对如何发展房屋大规模定制的策略提出了许多建议。日本从生产过程就进行突破创新，为客户提供高质量、多选择的房屋设计和房屋规格，保证按时完成房屋建设。这种有效的创新手段可以帮助提高房屋建造商的生产力，增强其管理能力、推进整个产业链管理进程[75]。以日本大规模定制为基础，英国的房屋供应商极力推崇创新的商业运作模式和产业链策略[76,77]。英国也推行"延迟"（postponement）策略来促进产业链对订单要求的及时反应，从而缓解大规模定制中潜在的不稳定性因素，维持较低的运作成本、保证供货时间可控。

然而，房屋大规模定制需要大量资金来提高工业化建筑设计的灵活性，从而满足不同客户的需求[78]。模块化产品设计可有效降低成本，相较于完全个性化的定制，这种方式在设计上所付出的精力相对较少[79]。

四、产业链管理优势

建筑业一直都认为建立产业链管理系统有助于控制工期、管控成本及质量管理[80]，而预制构件的生产、运输、安装等过程需要利益相关者高度的配合。因此，产业链管理系统同样适用于工业化建筑领域，高效的产业链管理可以产生生产效率、质量、环境等方面的好处。

汽车制造行业通过高效的合作而快速复制生产出所需的产品，达到提高生产效率的目的[81]；良好的工业化建筑产业链管理提高生产效率主要体现在减少生产时间。例如，澳大利亚学者曾对钢筋捆绑供应系统展开了测试，发现采用以序列为主的高效供应系统可以节约原本消耗在选择和运输钢筋上的时间，从而将工作效率从 31.5% 提高到 77.4%[82]。同样地，土耳其从业人员通过有效的信息整合技术，使整个产业链运作时间可节约 93%[83]。丹麦运用及时化生产管理运输系统进行产业链管理，在公屋修建时材料供应的效率提高了 7%～10%[84]。除此之外，对工人数量需求的降低也表明产业链的高效率。比如，英国建造业采用"延迟"（postponement）策略来提高产业链对客户需求的反应速度，解决了现场工作人员过剩的问题，可有效减少 35% 的现场工人数量[85]。此外，由于解决了现场工作人员过剩的问题，降低了工人受伤的风险，项目的安全性也得以提高。

在建造业，质量管理是最重要的管理目标之一。工业化建筑中存在的质量问题大多可归因于不够完善的产业链管理系统[86] 或物流管理系统[87]，因此，有必要在工业化建筑中创造高效的质量管理系统、优化生产进程、准确并及时地更新产品的质量信息[88]。工业化建筑产业链管理里高效的信息共享有助于整体项目的质量管理。例如，质量管理监测系统既能不断地捕捉预制产品的质量数据信息，又能从整体水平检测产品的质量，保证着预制产品制作时及后期组装时的质量[89]。物流运输链上高效的信息流通有助于实时检测预制产品的质量，保证其质量状态可随时被检测到[90]。

工业化建筑产业链的协调配合也有利于环境的保护。相较于钢筋的传统供应系统，结合及时化生产管理的新型供应系统更加环保，因为系统高效的生产力降低了钢筋生产的能耗和废气的释放[91]。新型的预制钢筋结构传输系统对全球变暖、环境酸化、环境富营养化、雾霾这四大环境问题所造成的影响可分别减少 8.36％、6.96％、6.65％、6.65％[92]。

五、产业链管理挑战

工业化建筑产业链管理的过程十分复杂，包括协同产业链上各利益相关者之间的关系以及有效管理信息之间的传递。工业化建筑管理的产业链在很久以前就被认定为是比较分散的，不同参与者之间或者不同部门之间经常有很多不确定的、复杂的问题[93]，而这些问题正是工业化建筑产业链管理充满挑战的原因。

工业化建筑产业链管理的分散化已经成为全球范围内亟待解决的问题。虽然大规模的工业化建筑在许多发达国家已经有所实践，但其产业链的运作并不充分。比如在英国，产业链选择单一、供应商能力有限、对供应商不够信任都是影响产业链管理的限制因素。同样地，在澳大利亚，市场容量的限制以及供应商提供预制产品的有限能力都阻碍着产业链管理的发展，整个产业链上的客户、供应商、承包商所具备的技能不够充分，对预制技术的认知不足[94]。而发展中国家不仅预制技术不够成熟，产业链也十分分散。譬如，中国的工业化建筑领域就相当缺乏具有丰富经验的相关从业人员（包括客户、设计方、供应商、承包商、咨询方）、精湛的技术和大规模的生产系统[95]。交通运输不发达也是另一个中国工业化建筑产业链中存在的问题，反映在场地的不确定性、运输过程及物流管理的复杂性，这些都给产业链上的各利益相关者造成不同程度的困难[96]。从总体角度来看，分散的产业链是导致发达国家和发展中国家工业化建筑发展缓慢的最主要原因之一[97,98]，严重影响了设计方、制造方和配送方之间的配合，因此工业化建筑产业链管理还有待加强。

工业化建筑产业链的管理的另一个挑战是从业者之间的配合度远远不够、相互之间的信息共享度不足。其主要原因是大多数工业化建筑产业链上的参与者有着一次性合作的潜在意识，所以往往都只看重自我的目标而忽略了产业链的整体利益。然而，高度的信任和融洽的配合是产业链高效运作必备的条件，尤其是在可供选择的供应商较少、垄断性质较强的市场[99]。若是产业链上的利益相关者都缺乏合作意识，则该产业链的生产效率就会大大降低，从而产生一系列连带问题。

近年来，绿色发展的意识在逐渐增强，绿色的产业链管理也成为建筑业的一个热点话题。新加坡已经开始研究实现工业化建筑绿色产业链管理可能会遇到的相关挑战。例如在构件储存阶段，存货量巨大、管理缺乏、人员安排不合理等问题都阻碍着工业化建筑绿色产业链管理的发展[100]。在现场管理阶段和运输阶段，储货区域占地面积大、供货需求大、供应商无法及时供货、劳动力缺乏等问题也不利于实现绿色生产[101]。

六、产业链管理支撑手段

为解决目前工业化建筑产业链管理所存在的问题并整合产业链，有效的支撑手段是非常必要的，而高效配合则是实现产业链管理、提升组织绩效的关键因素[102]。在对模块化和非模块化两种施工方式的产业链比较中，发现具有高度整合性产业链的模块化供应方式更有利于克服非模块化供应方式所存在的关于运输和设计方面的问题[103]。产业链上不同利益相关者的高效合作以及材料供应的协调配合都有助于预制件厂和施工现场的任务安排。除此之外，有效合作也可以减少生产浪费。瑞典曾研究过不同合作机制与标准定制化房屋的建设过程中所产的废物种类之间的关系，发现若是在建设过程中缺乏合适的合作机制，则很可能造成大量的材料浪费[104]。消除分散化的产业链所带来的挑战，提高供应商的供货能力，才有利于实现工业化建筑产业链的有效管理。

本研究通过对国内外工业化建筑产业链发展历程与现状的研究，从信息技术、前期规划、创新思维等角度出发，提出了一些支撑方法来实现工业化建筑产业链的管理。

1. 信息技术

信息技术的合理利用可加快不同群体之间的信息交流，同步更新项目的最新状态，整合整条产业链，预测目前存在的潜在风险。在对信息交互要求极高的工业化建筑领域，信息技术可以保证不同构件的信息得以有效传递而实现全面的产业链合作[105]。

在众多的信息技术中，RFID（射频识别技术）能够有效保证产业链上信息的平稳传递。中国台湾地区从业者利用RFID、掌上个人电脑、门户网站，建立起了一个RFID动态产业链管理系统，将产品的信息录入到RFID标签里，用掌上个人电脑扫描构件，产品的最新信息就可以在门户网站上显示出来，这种创新的管理系统可以帮助整个产业链跟踪并管理所有的预制产品，这种信息技术也可以减少12%的信息录入错误、节约16%的工期、降低8%的成本。类似地，RFID和移动电话也可提供质量管理数据、双向流通的信息以及构件运输时的准确信息[106]。RFID和掌上个人电脑也被运用于质量管理、储存管理、运输管理的预制件生产管理系统，该系统可帮助降低人工成本、减少运作错误、减短运作时间、保证信息传递的流通性和透明性、预测所需构件的数量、提高构件及运作过程中的质量[107]。另外，RFID和全球定位系统的结合也可用来定位制造工厂中的某个构件，保证所有移动过的构件都可以被RFID准确识别[108]。

工业化建筑产业链管理也鼓励BIM技术的使用[109]。BIM技术可以捕捉所需要的准确信息，并成功地在设计及制造阶段进行信息交流[110]。BIM技术也可以实现产业链的可视化，在不同阶段提供材料的准确信息[111]。

云计算是另一种有效的网络技术，通过不同参与者之间的远程中心服务器收取或者发送数据，在产业链上便可快速实现实时的信息交互以及有效的信息交流。马来西亚建立了一种云计算信息管理系统用于解决工业化建筑产业链中存在的问题（如前期规划和管理不合理、供货时间较长、现场合作不充分等）[112]。

2. 前期规划

前期规划对提高工业化建筑产业链管理的整体绩效也至关重要[113]，有效的前期规划可帮助在建筑阶段和运输阶段减低成本、提高生产力。然而，工业化建筑领域的前期规划通常并不理想，导致很多问题，如有的构件在最终现场安装时并不匹配，造成了大量浪费，拖延了工程进度。因此，合适的前期规划系统是必需的。

企业资源规划是运用于整条产业链上的成熟管理系统。企业资源规划可以整理多样化信息，拥有超大容量的数据库，可以保证快速并透明地传递信息，降低了信息流失或延迟的可能性[114]。瑞典曾研究过使用企业资源规划的小型或中型企业，发现该规划不仅帮助满足木结构房屋工业化建筑的要求，而且可实现企业的可持续发展，增强内部及外部产业链的效率，在运作和管理上也都收效显著（包括更好的材料管理和信息管理）。但是企业资源规划对信息技术有极高的要求，所以在运用时有一定局限性[115]。

3. 创新思维

技术创新的实施是把双刃剑，一方面它给房屋建造商带来更多的不确定性，另一方面它又有可能创造出很多优势[116]。技术创新给工业化建筑领域优化产业链提供了很多新的机遇。比如，日本新兴的大规模定制房屋的生产技术就能够提高供应商的工作效率和工作质量，使其更有效地管理生产过程[117]。中国香港的承包商也探索工业化建筑创新过程，力图使产业链管理更加高效，提高自身竞争力[118]。

不同的创新策略在工业化建筑产业链管理的实现的进程中逐渐兴起，长期合作关系和有效的信息交流是实现创新、提高定制产品供应效率最主要的突破点[119]。澳大利亚制定了工业化建筑技术创新路线图，用以识别和绘制混凝土供应过程中必需的创新[120]。

第二节　美国工业化建筑产业链

一、美国工业化建筑产业链的发展与实践

不同于其他发达国家，美国从未出现过类似于日本和欧洲的房屋大量缺乏的情况，物质充足、经济发达的美国所以并没有实施大规模的预制装配。但其住宅产业仍然依照工业化建筑的发展道路，已经实现了较高的产业链管理水平。

美国自我调节的市场在发展住宅产业化时起到了非常重要的作用，另外美国更多采用预制的木结构，体现其十分注重产品的个性化和标准化。通过采用社会化分工程度高的运作模式，美国的工业化建筑因此最终形成了成熟的产业链，其产业链基本发展历程分为五个阶段。第一阶段为起步阶段，从1930年起，工业化建筑作为车房的一个分支业务而存在，为选择搬迁或移动生活方式的人们提供一个住所。1950年到1974年为快速发展阶段，即二战结束后，由于住宅紧缺，部分人们将车房转变为一种新的住宅形式，并努力提高这种住宅的质量。1974年到1990年为稳定阶段，美国通过工业化住宅建筑安全相关法规，产生HUD标准，工业化住宅有法律可遵循，并向标准化方向迈进。此后至2000年为成熟阶段，产业结构调整，兼并和垂直整合加剧。大型工业化住宅公司收购零售公司和金融服务公司，本地的金融巨头也进入工业化住宅市场。2000年至今为整合阶段，美国通过工业化住宅改进法律，明确安装的标准和安装企业的责任。

美国工业化建筑产业链成熟发展，既归功于通用化的主体结构构件，又体现在产品的有效生产和供应上[121]。产业链上生产的基础产品主要是活动房屋、预制构配件、混凝土制品、板材、装修材料及设备等。美国建筑砌块制造业制造出2000多种不同样式的砌块来提高自身竞争力。板材、设备和装修制品组合样式各种各样，选择众多。以上提到的所有建筑装饰装修材料基本不采取现场湿作业，并且施工机具可配套提供，所以可被充分应

用于逐渐趋向组件化的预制构件（如卫生间、厨房）以及电器设备（如空调），可有效提高效率、减少成本、方便施工等[122]。

进行现场施工的分包商一般都是技能较高的专业化人员，总－分包体制的高效灵活则可再次发挥作用，近几年来，美国建筑业的大量工程都不是由承包商直接承担，而是总承包商中标后再交给分包商施工，其主要原因是这些工程都愈加趋于专业化。

设计到制作的过程标志着模板工程已成了独立的制造行业，并且已经形成体系化。可被生产的组合拼装模板类型多种多样，同时也生产模衬、铁件、支撑等。

目前已基本实现部品标准化、系列化、专业化、商品化、施工高机械化、高程度社会化的美国工业化建筑产业链既满足了客户对住宅个性化、多样化的要求，又满足了低收入人群、无福利购房者的工业化建筑需求[123]。

总体来说，美国工业化建筑的产业链模式，主要是基于各个地区客观存在的区域差异，着眼发挥区域比较优势，借助区域科技优势与市场协调全美国各地区间专业化分工和多维性需求的矛盾，以产业合作作为实现装配式建筑产业化形式和内容的区域合作载体，呈现"六大链"特色。第一链：研发，该链节主体是州专科大学与应用技术大学；专业研究机构；学会与协会研究组织；企业与公司研发部门和实验室。第二链：生产建造，在装配式住宅与建筑的生产建造方面，美国的企业大多数是以往主要生产交通设备，后来拓展业务开始生产装配建筑的部品构件。第三链：运输，美国各地装配建筑用料与材料的现场运输一般都外包，而且全部由专业化公司承担。但是运输的过程受到高速公路相关条例的严格限制：对运输的时间、日期、每天运送的次数、运载房屋的大小、重量都有严格的限制。第四链：零售，在美国各地的市场上，关于装配式住宅与建筑的部品与构件样式齐全，而且轻质板材、装修制品以及设备组合构件、花色品种繁多、可供用户任意选择。第五链：金融服务，美国是一个典型的以财团投资为主的商业经营型的产业金融服务市场，产业信贷成为产业发展机制和财团投资的中心，完善和发达的产业信贷系统，有力地支持了美国许多大中小装配建筑与建材企业拥有自己的发展。第六链：安装，在美国，安装被认定是装配式住宅与建筑的最后一道工序。2000年美国国会颁布的《装配式住宅改进法案》，就装配式住宅使用过程中的多项责任给安装企业及其主管部门从法律上给予了界定。

二、美国工业化建筑产业链发展趋势——大规模定制

低层建筑物占据了美国主要的房屋市场，目前市场上激烈的竞争和日渐细化的客户要求都促进着大规模定制在美国的发展。大规模生产模式有效结合定制生产模式，最终形成个性化定制产品和提供服务的模式，其核心是实现多样化的生产，在不增加成本的前提下，增多产品品种；其范畴是产品既具有个性化，又可被大规模生产；其最大优点是通过快速并灵活响应产业链，极力满足客户需求，实现工业化建筑的多样性和定制性，并且可提供战略优势和经济价值，从而适应市场的需求。

工业化建筑的前提和关键是大规模预制的产品可被模块化地组装，产品本身的特点即介于完全手工定制和工业产品的大规模生产之间。具体而言，构配件、设备等住宅中间产品因为其较高的标准化程度，可通过成熟的大开间结构建造技术被快速、多样化、符合客户要求地大规模工业化生产，因此定制式住宅产品常采用大规模定制方式（采用现代信息

技术，通过模块化设计和生产来极力满足客户需求)[124]。

1. 美国大规模定制的关键技术

住宅大规模定制有两个前提：其一是既能最大限度地满足购房者的需求，又是在开发商限定的可实现范围内，若不能满足这些前提，开发商则应重新开发技术；其二是追求高端技术的不断进步和大规模定制所带来的丰厚利润的增长。

最理想的方法是全面提升技术体系、管理模式与创新理念，将定制建造开发模式加到现有的"模块技术"上。市场愈加细分化的需求需要不断进步的高端定制技术和增长的市场竞争来进行调节。通过对近年来工业化建筑大规模定制的发展方向进行总结，笔者从美国的发展经验中梳理出7大关键技术：模块化定制系统，动态组合布局，灵活的物流系统，动态的控制结构响应，生产准备的货物存储空间，网络化管理，企业之间的合作。

2. 美国大规模定制住宅的互联网营销开发

制造业虚拟公司的成立并快速定制住宅新产品极大地得力于互联网的发展。美国的住宅开发商与建造商在大规模定制潮流推动中全面开发虚拟企业，实现产品全过程管理，并通过产业链管理系统实现有效的市场管控和营销管理。

"全程网络代理"旨在在项目设计阶段就加入互联网市场信息（包括客户的有效需求)[125]。大规模定制住宅更加促进互联网的应用：互联网也通过利用低成本的大规模模块化生产，极力邀请客户主动参与设计来满足客户需求，合理组合并生产出"网络定制品"。这种"定制营销＋互联网"模式可有效提高品牌价值、提高市场竞争力，某个个体、某个单位、某种群体进行细分后，"1＋1网络定制营销"被重新定义。

3. 美国住宅大规模定制发展趋势

美国住宅产业链随着多变的建造环境而改变，市场上涌现出大量新型的建造模式。美国的住宅建造系统在将来一定会超越现有的企业模式与形式的范畴，传统房地产业在大规模定制与网络的冲击下将实现行业转型和产业变革，发展成为更加全球化、敏捷化、网络化、虚拟化、智能化、绿色化和个性化的产业[126]。

第三节　日本工业化建筑产业链

一、日本工业化建筑产业链发展

日本从成熟发展的汽车制造业中吸取了大量宝贵的经验来发展工业化建筑。很多日本建造商认为，管理产业链的整个生产系统更有利于实现房屋的选择多样性，其原理是让标准产品被灵活地组装，而不是单独地控制房屋系统中分散的不同产品。为满足顾客的多样性选择，需要权衡标准化产品的生产经济规模与产品在安装阶段采用不同组合进行组装所产生的经济效益。

自从1959年日本大型房屋建造商Daiwa生产出第一座预制房屋"Mizet House"以来，政府和企业都大力支持生产更多的预制房屋。在1960至1970年代间，由于工业化建造技术还不够成熟，预制房屋的质量对大众来说还是相对较差。在1963年，为了提升预制房屋在大众心中的印象，日本建设部和日本国际产业省成立了日本预制建筑供应商和建造商协会。1976年，政府计划举办一场名叫"House 55"项目的全国性比赛，其目的是鼓励房屋建造商提高产品的质量，并改善预制房屋在大众心中的印象。到今天，房屋建造商通常用比普通建筑法规更高的标准来要求自己生产出更高质量的预制房屋，同时，他们的市场策略是整合设计和生产程序来探索出市场更大的价值。日本的房屋建造商不再只是为了修建房屋而生产产品，而是尽可能地生产出具有价值提升性的高质量房屋。

为了满足今天客户对房屋多样化选择的要求，日本建造商根据成本绩效的市场策略，采用以质量为导向的生产策略来实现大规模定制，并且通过提供标准化的设备大大提高了房屋质量。最终，即使性价比高的房屋依旧享有大量市场需求，日本房屋建造商在生产和销售高端豪华房屋的领域取得了成功。

如今，客户对设计单一的产品已经不感兴趣，即使该产品在质量上有极高的可信度，人们对房屋的独特性有越来越高的要求。为了提高工业化建筑的产品设计质量，日本房屋建造商拟定使用一种新的设计和制造的方式，被称为"大规模定制"。这个名称看起来有所矛盾，既大量生产又充满个性化。事实上，建造商是通过大量生产构件，再将这些构件按客户个人需求组合起来，以实现个性化定制大量的预制房屋。总体来讲，个性化设计选择包括内部和外部的设计，以及能够影响房屋整体布局的空间安排。通过重复使用大量定制的房屋构件，既能满足顾客个性化的需求，又能控制建造商的成本开支。

二、日本大型住宅建造商产业链模式

日本预制房屋建造是具有垄断性质的，很多小型的房屋建造商很难与具有强劲实力的大型房屋建造商竞争。在 1995 年，日本十大房屋建造商生产的新预制房屋约占整体水平的 97.2%。相较于小型的、不出名的房屋预制公司，购买预制房屋的日本客户更倾向于选择大规模公司。造成这种选择倾向的原因可能是，大规模公司能够成功地采取有效的市场策略与措施来降低顾客在做购买决定时对潜在风险的担心。

日本房屋建造商所采用的不同产业链供应结构反映了不同的商业战略，旨在为客户提供不同定制程度的房屋。建筑业所采用的商业模式通常会受到市场动态、法律法规、文化等因素的影响。这些影响因素最终会推动行业创新和促进生产力发展。由于日本的房屋供应商无法在土地市场中投机获利，因此他们只能将其竞争策略集中在生产过程中——通过提升产业链管理，施工技术及过程，以及客户服务和房屋选择性来提升自身竞争力。

在房屋供应过程中，客户的住房选择性会受到很多因素的限制。除了场地形状大小、顾客需求和收入、建筑规划规范等限制，房屋供应商会为了实现可观的经济效益而对产品的选择范围设限。房屋供应商通过提供建议或是提供预先设置好的配置列表来有效管理客户的选择。除此之外，所采用的建筑技术类型也会影响供应商提供多样化选择的能力。因此，日本的供应商采用不同的产业链模型来实现房屋的大规模定制。图 5-2 展示了不同房屋供应商所采用的产业链结构与他们可为顾客提供多样性选择的关系，选择这些公司的原因是他们代表了三种不同住房供应模式，能够帮助我们认识为顾客多样性定制房屋的产业链管理方式和技术内涵。

以下主要介绍日本 3 大工业化住宅供应商所采用的不同产业链模式。

1. Sekisui House

Sekisui House 采用按单生产的"高级定制"方式生产低层住宅。不同于 Sekisui Heim，Sekisui House 使用标准化小型构件和板式构件，最终根据顾客的要求在现场组装。这种方式在设计和规格方面能够给顾客提供更加广泛的选择，相当于顾客自我修建，即房屋在很大程度上是由运送到现场的构件组装而成的[127]。自 2009 年以来，Sekisui House 开始提倡绿色住宅的开发理念，在提高住宅经济价值与舒适性的同时考虑环保因素，并于 2013 年逐渐推广，在其所开发的工业化住宅中使用绿色元素。

2. Sekisui Heim

Sekisui Heim 采用了"定制标准化"方式建造低层住宅，即房屋在工厂中由标准模块组装起来。这种方式更加符合经典的大规模定制本身的概念，并与其他产业，如个人电脑生产有许多相似之处。

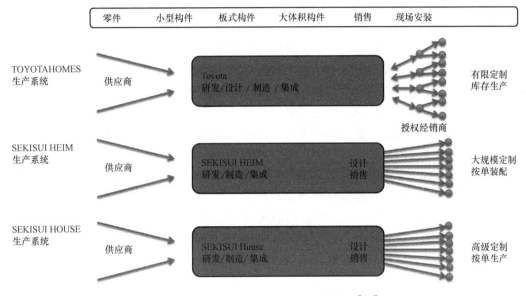

图 5-2 日本三大住宅建造商产业链模型[128]

3. Toyota Home

Toyota Home 生产了一系列用于最终组装的模块（大体积模块），并通过授权经销商将其运送给不同的顾客。由于顾客可能分布在日本的各个地方，所以需要尽快将产品送达到不同的地点。该公司每年大概可制造 2800 所房屋。Toyota Home 的这种模式能够给顾客提供比英国供应商更好更多的选择。英国房屋建造商更偏好完全标准化的理念，即房屋的设计和建造几乎不考虑客户的多样性选择。Toyota Home 的这种模式是来源于丰田汽车的生产和运送系统，不过在制造过程中的大规模定制是相对受限的（同奔驰形成鲜明对比），组装好的汽车直接被运送给授权经销商。

三、日本大型住宅建造商产业链举例分析

提供高质量的客户服务、多种设计和规格的选择，同时又需要将产品高效及时地运送到目的地，这需要耗费大量的资源。日本的房屋供应商在吸引顾客上做过大量的投资，包括设立客户服务中心。大规模定制不可避免地要求供应商在处理客户关系上要花费大量功夫，这种必要性则促成了高销售额和优秀的设计团队[129]。

Sekisui Heim 作为采用定制标准化方式的代表，其定制程度处于 Toyota Home 型限

制定制和 Sekisui House 型高水平定制之间，以下着重分析 Sekisui Heim 生产系统。英国对 Sekisui Heim 的这种模块化建筑方式也十分感兴趣，一些英国的房屋发展商已经开始朝这个方向发展（如：Sunley Homes，Peabody）。

Sekisui Heim 成立于 1972 年，是日本最大的预制房屋生产商之一。该公司致力于开发中高档住宅，目前更加着重于豪华住宅。在 Sekisui Heim 的模块化方式下，一个典型房屋的 5000 个构件中的近 80% 是在八个地区工厂中的一个中预制而成。最大的一个工厂可在一个月之内供应 800 套房屋。一系列的标准化模块用于修建房屋，这些模板分为四个基本规格，每一种规格有两种宽度。模块的大小范围为 $2.940 \times 1.352 \sim 5.640 \times 2.464$（m）。这八种规格能够以任何结构组合在一起，用安装固定间隔为 900mm 的分隔板将其划分为更小的房间。房屋的平均面积为 140m^2，由 14 个模块组装而成。模块的形式包括开放式空间、厨房、卫生间、门厅。大门门廊和阳台为预制的，后期在现场安装。屋顶构件包括一系列的预制桁架和预制梁，并用防水挡板作保护。有三种屋顶结构可供顾客选择：平面、斜面、嵌入式斜面。也有三种外部保护层可供选择：构件板材、铝板和石膏板、合适的构件板材系统。模块在流线型生产线上生产，供应商向生产线提供房屋构件，包括结构构件（即：钢柱、横梁和托梁）、内部和外部木材墙板、外部板材和内部装饰系统（如：厨房和卫生间）。

最大的 Sekisui Heim 工厂包含六条生产线，每一个生产线（图 5-3）可以定制六种设计的房屋。某个顾客的模块单独在一条生产线上生产。每一条生产线包含一条 U 形生产线，用于提供每个小型构件和板式构件的输入口。每条生产线可以单独处理顾客要求的细节、最终生产日期、数量要求。组装时的每一个过程都有属于自己的质量检查规范，在添加运送保护层之前会进行最终检查。

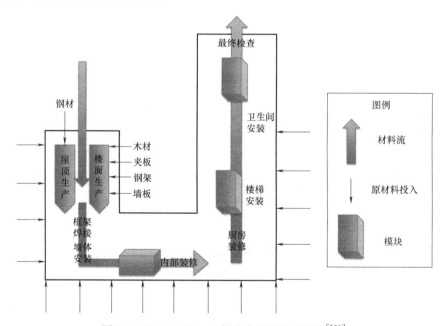

图 5-3 Sekisui Heim 1 号生产线简化流程图[130]

图 5-4 展示了从获取顾客要求到最终交付的整个过程。当客户的要求确定且房屋的最

初设计敲定时，生产过程就可以开始了（♯1）。这个过程会涉及多个主体之间的沟通交流。顾客可通过选择目录预先看到房屋的设计图。设计目录可保证购买者能够根据房屋大小和方向、房屋本身的要求和经济限制来做出最合适的选择。一旦最终设计被敲定，构件信息和内部设计要求则会传送给控制构件和生产的构件选择系统（♯2）。顾客要求和最终交货日期包含在一个单独的设计文件里，将会被录入到技术人员基于材料清单的电脑设计系统。同时，工程部明确双方同意的最终交货日期后，便可安排在最终现场安装所需要的人员和资源（♯4）。

来自不同顾客的数据连续统一收集起来，生产计划和订单每周分批处理。因为模块都是按照标准大小生产的，所以即使每一个顾客收到的产品都是独一无二的，不同顾客的模块之间也一定有很多共同之处，这样产业链的解耦点仍然在生产阶段（♯6），所以构件可以以回应的方式被识别。模块被运送到现场的同时，工程部的资源也已经送达（♯7）。

根据顾客要求，设计工作可持续几天至几个月不等。通常从签订合同到完成订单需要60～90 天，包括拆除现有房屋、现场准备、模块制造、运输到现场安装。组装大概需要1～3 天，现场最终装饰完成需要 30 天。供应商的交货时间一般为 2～3 周（详见♯5 和♯6）。

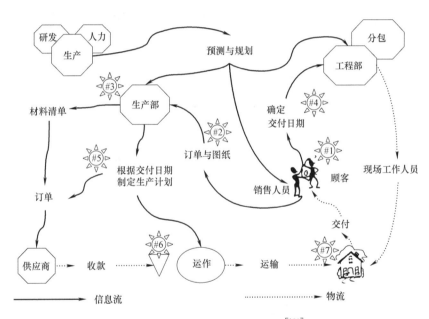

图 5-4　Sekisui Heim 生产系统[130]

四、产业链模式对比分析

在制造业，为了更好地运用大规模定制策略，许多产业链管理模型相继被提出。通过整理现有的研究发现主要有三种模型适合于房屋建造商的大规模定制。这些大规模定制产业链模式在日本个人新建房屋市场中被广泛运用，可以满足不同顾客不同程度的多样性选择。通过总结日本三大房屋供应商所采用的产业链策略，发现 Sekisui Heim 最接近传统大规模定制的概念，运用了按单装配的方式。

图 5-5 对几个不同产业链模式进行了比较，黑色阴影部分代表满足客户特殊要求的部

分，没有阴影的部分则表示顾客无法表达意见的产业链部分。在 Sekisui Heim 生产线上，顾客则是通过模块组装过程使房屋变得更加独特，而模块都是由标准构件组装而成的。相反，Sekisui House 的模型则是允许顾客选择不同的构件，然后直接运送到现场进行组装。这种高级定制模式虽然能够提供更多的选择，但是成本将会更高且交货时间会更长。Toyota Home 则是采用的部分标准化模式，要求顾客选定好预组装的大体积模块组合，然后运送到现场进行组装，这种模式的成本相对较低，运送的时间相对较短。完全标准化对应英国供应商，完全定制则是对应完全自定制房屋。

图 5-6 对这几种产业链模式的特点进行了总结，5×5 的矩阵有效地将不同产业链策略和顾客要求对应起来。在不同的大规模定制级别、交货时间、成本之间有非常清晰的关系。横轴上的位置代表了要求的大规模定制的程度，纵轴则代表交货时间和成本。A、B区域则代表布置产业链策略不可行的区域。

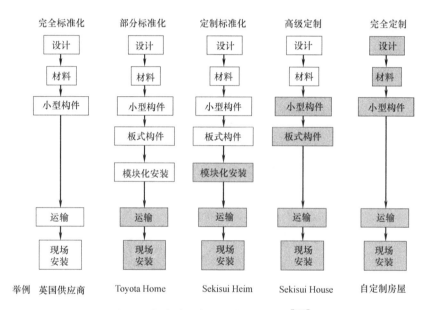

图 5-5　住房建造商不同产业链结构[131]

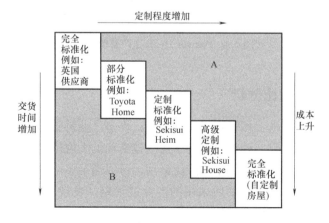

图 5-6　产业链战略识别矩阵

第四节　英国工业化建筑产业链

一、英国工业化建筑产业链发展历程

从 20 世纪初，英国开始着力发展非现场建造建筑。两次世界大战后，当时需要大量的住宅，建筑工人短缺又促进着规模化、工厂化的发展。

1. 1914 年—1939 年起步阶段

"一战"后，工人和材料的大量缺乏促进了英国建筑行业对新型建造方式的探索。从 1918 年到 1939 年，英国工业化建筑的发展并不发达，多数房屋都是采用的传统建造方式，工业化的建筑仅占 5%。

另外据研究，苏格兰地区的非现场建筑多过英国其他地区，原因是当地合格砖石工人的数量逐年减少而石材建造成本逐渐攀升。

2. "二战"后飞速发展阶段

"二战"后，英国房荒问题严重，住宅问题和贫民窟问题亟待解决。在 1945 年，政府发布的白皮书认为，解决住房短缺问题需要通过重点发展工业化制造能力来进行推进。战后钢铁和铝的储量过多导致制造的产品更需多样化。从那以后，英国的建筑开始大量偏向于使用装配式建筑。

3. 20 世纪 50 年代—80 年代，大量生产装配式建筑

本时期主要分两个阶段：20 世纪 50 年代—60 年代和 20 世纪 60 年代—80 年代。在 20 世纪 50 年代—60 年代，装配式建筑在英国建筑行业开始兴起。在 20 世纪 60 年代—80 年代，建筑设计流程更加简化，生产效率逐渐增强。当时，苏格兰地区常常使用石头或木头来进行传统建筑的建造。

4. 20 世纪 90 年代，建筑技术逐渐成熟，开始追求品质

20 世纪 90 年代，英国住宅问题已经被解决，追求高品质是下一阶段发展的目标。在这一阶段，发展工业化建筑是由市场和政策来推动。

1998 年通过建筑业主完成的"建筑生产反思"报告要求通过新产品开发和集约化组织来实现英国工业化建筑的发展，实现途径是将制造业的生产方式引入建筑业，将制造业和建筑业的生产理念进行融合。另外，这也体现了以标准化推动工业化、以工业化促进产业化、以模数化构建标准化的基本原则。

举例来讲，具有约 3000 个部件的一辆汽车和具有大约 40000 个部件的一座房屋，标准化的生产方式极大地有助于简化生产、节约材料、减少误差、提高效益。英国当时在政府推动和业主的响应下，掀起了改变建筑生产方式的运动。其中，轻钢结构成为装配式建筑发展的主要对象。并且在 20 世纪 90 年代，英国就已经具备了成套的、高效的、技术性的产业链管理。在这样的发展趋势下，装配式建筑开始不断提高专业技术，并着力于解决住宅科技研究、环境治理、城市建设发展等问题。

5. 21 世纪初期，非现场建造方式逐步流行

21 世纪初期，每年英国装配式建筑的总价值达到 20 亿～30 亿英镑（2009 年），约占 2% 的建筑行业市场份额，占 3.6% 的新型建筑市场，每年增长比例为 25%，工业化建筑

的发展前途无量。

6. 21 世纪初期至今：成熟发展

英国 20 世纪 90 年代的工业化建筑产业已形成完整产业链并且可实施有效管理，既满足住房需求，又能有效控制价格。英国目前 80％以上的产品都可达到标准化的水平，网络可直接帮助建筑商购买产品，研究工业化建筑的高端实验室也在不断推进产品的生产效率。现在，工业化建筑在英国更加趋近于环保、创新和节能。

二、英国工业化建筑产业链发展经验

英国的工业化建筑发展过程中非常注重采用因地制宜的理念来发展不同的预制结构形式，并通过多样化的手段促进工业化发展。

1. 重视和扶持装配式建筑全产业链

除了关注产业链中设计、生产、施工等环节外，材料供应和物流运输也十分重要。设计不同建造文化和专业体系的全产业链、全系统的建立是非现场建造方式需要实现的最终目标，而目标的实现则需要对从业人员进行不断的新能力、新技能培训，以达到对人员项目管理、进度控制、专业知识和技能的全面把控。

2. 政府和行业协会合作

政府主管部门与行业协会等之间的紧密合作也十分重要，友好的合作可促进完善技术和标准体系以及装配式建筑项目实践。当代非现场建造方式主要技术体系整理如下：

（1）木结构体系

战争结束后，由于建筑工人短缺需要寻求新型的建筑技术，英国木结构体系开始发展起来。最开始，重型框架或实木墙板常作为外墙，并且外挂木板；随后在 1927 年到 1941 年间单层住宅开始大量使用龙骨框架式木结构体系。之后轻钢密肋柱墙框架体系以龙骨框架式木结构体系作为原型进行改造，供市场使用。"二战"后，木材易加工的特点促成了木框架体系的进一步优化和发展，并且占据了英国非现场建造房屋体系的大部分市场。

（2）钢结构大体积模块化建造体系

大体积模块化建筑的工厂集成化率较高，常以房间单元或房间组合作为单元来进行整体预制。20 世纪 70 年代后期，英国开始发展轻钢结构模块化体系。业主愿意选择采用这种非现场建造形式，一是模块化建造快速的特点能够帮助某些项目缩短建设周期和投资回收期；二是保障性住房项目采用模块化建造会有较好的规模化效应。

（3）建立装配式建筑执业资格认定体系

专业水平和技能的认定体系需要根据装配式建筑行业的专业技能要求进行建立，并且形成全产业链人才队伍，从而建立起完整的认证体系来管理设计、施工、监理等企业的管理技术人员到施工作业人员。

第六章

国内工业化建筑产业链
发展现状与展望

第一节 我国香港地区工业化建筑产业链

一、香港地区工业化建筑产业链发展历程

1973 年成立的香港"房屋委员会"(房委会)推行十年建屋计划,大力推动工业化建筑的发展。成立房委会及其执行机构房屋署有助于政府制定房屋建设的相关政策,推动工业化建筑的发展。

香港公共房屋的建设一直采用标准化设计。几种公共房屋的住宅标准层平面被大量建造,实现了快速解决住房、减少建造成本、有效控制建造品质等目标。1953 年到 1972 年间总共建设了六种不同类型的标准层平面[132]。2000 年后,许多标准户型在香港出台,通过因地制宜理念并结合每个项目的特性进行修建。

香港在公共房屋建设中大力推广工业化建造和机械化施工。最开始,建筑因为使用了大量的手工作业而并不能保证施工质量。所以在 1980 年代中期,香港房屋署强制采用塔吊、预拌混凝土、大钢模和相关的机械化设备来稳步提高建设质量。在 1980 年代后期,香港的预制技术(包括楼梯、楼板、内隔墙、阳台、管道井、垃圾槽等),大大减少了现场湿作业。最近,香港在最新的启德公屋项目中引进了混凝土整体预制的厨房和洗手间,提高了施工质量并避免了厨卫渗漏水的问题,实现了工业化住宅的整体预制率达到了50%左右。

香港工业化建筑的目标之一是积极探索因地制宜的本地工法。最开始,借鉴国外的"后安装工法",香港开始大量采用钢结构或预制框架结构进行主体施工和外墙装配。较完善的施工操作工艺配套尺寸精度较高的主体,避免了安装误差的累积,实现了房屋本身对保温、防水、隔声方面较高的要求。但由于香港本地台风多、降雨充沛,室内渗漏水现象常常出现,所以后期修缮需要耗费大量人力和物力。

随后香港房屋署摒弃"后安装法",改为采用"先安装法",其原理是现浇混凝土结构、预制外墙、内部主体现浇相结合。预制的外墙可用于非承重墙或承重的结构墙,该种方法降低了对预制构件的尺寸精度要求和构件生产的难度,因为将墙体先准确地固定在设

计的位置，然后在现场浇筑混凝土来"消除误差"，完全固结后就形成了整体的结构，进而提高了成品房屋的质量和房屋防水、隔声的性能，香港特别适合使用这种能有效解决渗漏水问题的"先安装法"[133]。

近年来，香港的工业化建筑的社会效益和经济效益都较好，彻底解决了房屋渗漏水问题，将维修费用降低了5％，施工过程"快、好、省"，但不足的地方是生产预制构件和使用机械化施工的成本依然相对较高。但从整体角度来看，住宅的整体使用成本其实是会大幅降低的。

二、香港地区工业化建筑产业链发展关键节点

香港工业化建筑的成功实践离不开关键节点的把控，具体产业链发展关键节点可以分为：采用机械化建筑系统、机械化和预制构件的综合建筑方法、优化预制构件的设计、预制工厂迁移到境外、大量生产预制构件[134]。

1. 采用机械化建筑系统

香港在初期发展公共住房时，技术水平的限制导致房屋质量存在较大缺陷，为提升结构工程的质量和施工水平，从20世纪80年代中期开始，房委会强制将大型钢模板和相关的机械化建筑系统使用于建筑结构墙中，减低耗用木材、确保结构部件的线位和规格准确无误。预制装配式混凝土构件建筑方法的优点可从可持续发展的角度来总结为以下几点：1）降低木材消耗；2）钢筋混凝土保护层可对抗锈蚀，确保建造质量；3）钢模板可重复使用，并且稳固性高；4）光滑的混凝土面层大大减少后期修补。此举极大提升了房屋建设质量，公屋维修开支也因此大幅下降。

2. 机械化和预制构件的综合建筑方法

世界各地先进的建筑技术都是房委会学习的对象。虽然各种技术大部分情况下均可行，但房委会在管理方面却对承建商的管理和统筹能力有很高的要求。由于资金限制和发展缓慢，所以房委会最终使用大型钢模板配合预制构件的建筑方法。

房委会强制要求机械化和预制构件建筑方法，承建商不可擅自改变。另外工程中使用的大型钢模板需要长达7.5m且当中不能有接缝，这些要求大大改善构件表面质量，避免了凸起的接驳痕迹。此外，塔式起重机、混凝土斗、预拌混凝土、预制外墙板和楼梯也是强制要求的，可减少窗边渗水问题，保证施工质量。

3. 预制工厂迁移到境外

因为香港人工非常昂贵且土地面积有限，因此20世纪90年代后期开始，房委会决定在广东珠三角一带建预制构件厂来满足不断增加的公屋需求量。通过大型承建商购置土地，开设预制工厂，供应房屋建设所需的大量构配件。

4. 大量生产预制构件

随后，不同的建筑构件被研发并生产出来配合不同位置和组合的功能。房委会主要采用的预制件包含预制楼板、预制楼梯和连系梁、间隔墙、预制浴室、预制厨房。

三、香港地区工业化建筑产业链发展经验

1. 政府机构和配套政策的鼓励

房委会从设计、建造、管理等方面都进行了精细化管理，制定了详细的行业规范和激

励政策推广预制技术的使用并推动工业化建筑的发展，坚持推行设计标准化、构配件生产工厂化、施工机械化。

房委会极力鼓励运用预制构件，使承建商在工程项目中大大提高了施工期间的环保成效。

另一方面，使用非结构预制外墙实施豁免建筑面积的配套政策鼓励开发商转向工业化建筑，补偿成本，增加了建筑销售面积。

2. 预制技术创新

房委会既积极探索创新技术，同时又保障工业化建筑的发展。房委会常到海外学习相关项目的经验，随后同科研机构、顾问公司、供货商、承建商等利益相关者展开多轮讨论和会议，力求突破创新预制技术，总结预制知识和经验，实现预制技术的创新、建筑的可持续化。

3. 市场需求推动

香港工业化建筑与保障房息息相关，在公共房屋中实施并形成有效需求，进而引导社会形成设计、生产、运输、安装、监督等完整的产业链。政府的推动强制性使用预制外墙，市场不断发展并扩大，吸引厂商在本地投资办厂，进一步推动工业化建筑的发展。

4. 技术标准支持

建筑设计、生产、施工、验收环节的完整技术标准体系是香港工业化建筑快速发展的基础。2003年，香港屋宇署向专业人士及业界从业人员发出《预制混凝土建造作业守则》来推动楼宇环保建设。政府采取的ISO质量保证体系也取得了良好的成果，具体则是使用的配套材料必须经过认证等。

5. 信息技术支持

信息技术作为优化产业链的有效工具，在公屋的设计和建造活动中得到广泛应用。房委会采用的信息技术主要包括BIM，GIS，HOMES和RFID。

房委会自2006年起开始累积有关BIM的经验，从2014年起，BIM应用于所有的新建公屋项目，目前正在进行的研发项目包括：运用BIM估算工料及成本、全面使用BIM建造管道系统、BIM与RFID综合设施管理等研究。

为进一步提高公屋产业链管理效率，房委会于2014年开始，与香港大学和香港理工大学合作，研究开发以RFID技术为导向的BIM平台，平台的主要功能包括：面向香港预制件的RFID智能数据采集；建筑行业智能网关系统，为预制件生产、物流、现场施工建造流程创造智能环境；基于服务模式的决策支持系统，为项目成员之间提供无缝沟通和协调，改进彼此之间的互操作性；创新的数据集成服务，为不同企业信息和应用系统之间的共享性、互操作性、标准化提供支持。这一创新科技将进一步提升房屋建造的信息化，以实现：（1）无缝沟通和协调多个项目成员之间的互操作性关键技术；（2）预制物流和供应链管理的可视化和可追踪性技术；（3）基于实时沟通和施工现场协调的实时物流管理。

四、案例分析：香港房委会所开发的公屋项目

在建筑业产业链中，对材料、构件进行有效识别、跟踪和定位是项目顺利进行的根本保证，但这是一项耗时、耗力且具有挑战性的任务。传统建筑业通过人工识别、手动记录的方法对材料、构件轨迹进行跟踪。然而，当前的手动材料跟踪方法耗费时间较长，且通

常会遇到很多问题，如导致延迟交货，构件缺失和安装错误等，从而产生额外的劳动力需求和材料成本。为了减少人为因素产生的错误，提高产业链效率，很多研究提出可以使用ADCT（自动数据采集技术），如RFID、激光扫描器、GPS（全球定位系统）、无线传感器、高分辨率摄像机等进行建筑行业的识别、跟踪和定位活动。

在众多关于建筑业ADCT技术优势的研究中，不少学者将RFID运用在产业链信息采集中，并量化了该技术针对某项活动或者某个阶段（如：材料接收阶段或者施工阶段）的优势。例如，Yin等人使用RFID技术在建筑工地上定位预制件，发现定位过程的时长可由25.23min减少到0.57min。Jaselskis和Misalami的研究也表明，如果在接收100个挂管架的过程中使用RFID技术，总时长可缩短30%。

香港房委会从2012年开始，在所有的公屋项目中运用RFID对4种预制构件（外墙、铝窗、木门、金属门框）在整个产业链中的实时状态进行追踪。本部分以香港屯门的一个公屋项目为例，计算RFID在产业链管理中可实现的时间节约。

1. 案例基本信息

本研究所调研的项目为香港房委会所开发的公屋项目，位于屯门。该项目由5栋楼构成。其中第5栋被房委会列为实验项目，采用基于RFID技术的BIM技术信息平台连接预制件制造商、运输商及承包商，对产业链进行实时管理控制。该平台通过在预制外墙中嵌入RFID标签，收集外墙生产、运输、送达工地、安装四个时间点的数据并在BIM技术平台进行同步，实现以下3个目标：

1）创建智能施工基础设施以捕获实时产业链数据；

2）提供面向服务的决策支持系统，用于促进各利益相关方在产业链三个关键阶段（预制件制造、预制件物流和现场安装）的决策和操作；

3）与现有的信息系统相集成，提供实时信息追踪，可视化和互操作性工具。

本节以第5栋楼为基础案例进行分析，建筑面积为15815m²，一共37层，预计工期为509天。由于该项目仍在实验阶段，所以除了使用RFID之外，仍然有大量的构件识别、定位、记录等活动是采取人工手动的方式。

2. 数据收集

本研究调研了外墙在生产、运输、安装全过程中的识别、追踪情况。数据主要来源于对预制件制造商、运输公司及承包商的五位工作人员的采访。除此之外，现场观察也对本案例的研究起辅助作用。在数据采集阶段，研究人员主要监控产业链上的识别、定位、储存等活动，并记录每项活动所需的时长。另外，某些活动发生的可能性也需要考虑，例如有的活动的发生会伴随着相应问题的出现。

此外，通过查阅报告，以及对国内外运用RFID的研究进行综述，得到使用RFID后某些活动的持续时间。

3. 建立模型

研究采用离散事件模型（Discrete event modelling，DEM）对预制外墙在产业链上的活动进行建模。选择离散事件模型，是因为该模型已被认为适合于对建筑业执行操作和过程进行定量分析，且已经得到广泛运用。

研究将会建立2个模型，分别对基础案例与RFID案例进行模拟。其中，基础案例指香港屯门项目，由于其仍有大量活动靠人工操作，其他活动由RFID执行，因此模型中会包含人工操作与 RFID 操作两类活动。RFID 案例指全面采用 RFID 的虚拟案例，即将基础案例中的所有活动全部替换为 RFID 执行。

　　研究将通过对比两个模型的模拟数据，对 RFID 在产业链中每个活动的持续时间节约量进行量化分析。

　　（1）基础案例

　　用于研究的产业链包括建筑工地上外墙的生产、运输以及安装等活动。图 6-1 为该过程的概览。在目前的实践中，将外墙生产出之后（图 6-1，步骤 1），工人将产品编号刻在外墙上以便在产业链中对外墙进行追踪和定位（图 6-1，步骤 2）。工厂和建筑工地的外墙都按照规定的运送目的地和运送日期等信息，存放在相应的位置，而这些信息则象征着外墙身份信息，对外墙在整个产业链过程中的运送至关重要。

　　一旦外墙被生产好并刻上编号后，它们将会被转移到工厂的存放区域（图 6-1，步骤3）。转运外墙到储存区域的过程中也涉及一些小任务，系统也模拟了这些小任务，包括储存区域信息的记录，将外墙转运到储存区域等。在储存区域记录外墙的位置信息时，工作人员也需要用到外墙的身份信息。

　　当工厂储存区域收到建筑工地所需外墙的列表后，储存区相应的外墙就会被定位搜寻（图 6-1，步骤 4）。从布局图上找到外墙的位置后，工人则随后到现场找到该外墙。如果工人无法找到相应外墙，则需在工厂中进一步搜索（图 6-1，步骤 5）。如果再次搜索仍未找到该外墙，则该外墙需要被重新生产。最终，找到的外墙通过铲车搬运到货车上，货车将外墙运输到目标建筑工地（图 6-1，步骤 6）。

　　建筑工地收到外墙后，工人检查外墙的身份信息（图 6-1，步骤 7）。如果有任何外墙缺失或损坏，工人则需要通知制造商开展工厂的再次搜索（图 6-1，步骤 5）。建筑工地接收到的外墙随后转运到储存区域（图 6-1，步骤 8）。塔吊帮助货车卸货，铲车将外墙装运到储存区域，工人在场地规划图上记录好外墙在储存区域里的位置信息。在安装前，在储存区中定位好外墙的区域后（图 6-1，步骤 9），塔吊将外墙转运到安装区域（图 6-1，步骤 11）。有一些案例显示，有的识别错误或者运输错误的外墙在安装之前都很难被检查

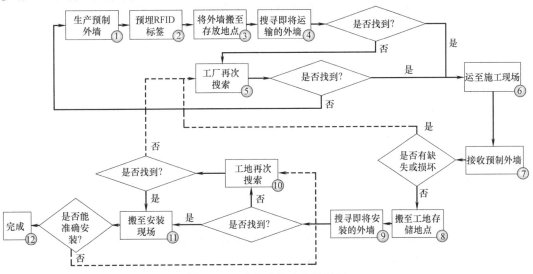

图 6-1　工业化建筑产业链过程

出来，这种情况下，错误识别/安装的外墙最终被运回原来的储存区域，工人接着在建筑工地上展开搜寻来定位遗失的外墙（图 6-1，步骤 10）。若在建筑工地上找不到该构件，则承包商会通知构件制造商在工厂中开展再次搜寻；若是在建筑工地和工厂都找不到该构件，则需重新生产。

这种手动记录的方式存在以下几点弊端：（1）识别和搜寻过程消耗大量时间，比如花费大量时间在寻找遗失的构件上；（2）遗失构件可能需要重新制造；（3）重新制造的构件需要再次运输，导致整个过程需要更多的材料、人力、器材，并产生额外的运输成本。然而，如果将 RFID 技术运用在现有的手动记录方式中，其构件识别的高度准确性可以保证在初级搜索后大大降低错误识别/缺失的外墙数量。因此，浪费在外墙再次搜寻中的时间会减少，且需要重新制造外墙也会减少，识别和定位过程将会更加高效。

（2）RFID 案例

为减少手动记录方式所带来的弊端，RFID 技术将运用于识别和定位外墙的过程中，贴在外墙上的电子标签可以自动识别产业链上的构件。RFID 技术也将结合全球定位系统（GPS）来定位构件。RFID 分为自动式 RFID 及半自动式 RFID。自动式 RFID 读写距离远，但成本较高，适用于需要远距离读写的环境；半自动式 RFID 读写距离近，价格低。本案例采用半自动式 RFID，需要手持读取器的工作人员逐一扫描嵌入外墙中的电子标签。

基于 RFID 技术的方式大大优化了目前已有的手动记录方式（图 6-1），这种新型方式的过程也包括同样的基础生产、运输、安装过程，原有的手动识别和定位过程完全被半自动或者自动的方式代替了。

在基于 RFID 技术的案例中，标签被嵌入每一个生产出的外墙中，标签里包含了该外墙的特征信息（图 6-1，步骤 1 和 2），以达到节约时间、减少在储存区域产生错误的目的。在工厂储存外墙时，持有 RFID 读取器的工人扫描相应的电子标签，获得外墙身份信息和位置信息，并将所有信息传送到总数据库（图 6-1，步骤 3）。

为了在工厂中搬运时快速定位外墙，管理人员可以从总数据库中获取外墙的位置信息。即半自动 RFID 读取器所读取的外墙数据会反馈给系统，以快速定位所需的外墙（图 6-1，步骤 4）。另外，与基础案例相似的是，如果出现技术故障，在工厂中有任何缺失的外墙，都将开展再次搜寻，这个阶段两个案例所花的时间精力是一样的（图 6-1，步骤 5）。

当外墙运送至工地时，工人会逐一扫描每辆车车板上的标签，获取这辆车中外墙的信息（图 6-1，步骤 7）。被扫描外墙的身份信息被传送到总数据库中，所需要的外墙清单和收到的外墙清单将会自动核对验收。如果发现有外墙遗失，系统将自动发送信息给预制件制造商。

借鉴工厂使用的储存方式，建筑工地用同样的方式储存外墙并定位每个外墙（图 6-1，步骤 8 和 9）。如果在工地上的定位过程中不能识别所需的外墙，那么在建筑工地上就需要继续开展再次搜寻（图 6-1，步骤 10）。

类似于基础案例，如果发现外墙的安装并不合适，则表明外墙识别错误并不匹配，那么则需要用将该外墙运送回储存区域，如果需要，建筑工地和工厂则需展开再次搜寻工作。

（3）模拟模型

研究基于基础案例与 RFID 案例，构建 2 个模拟模型，计算使用半自动式 RFID 技术带来的时间优势。独立事件模拟方法是针对建筑业运作、公认最佳的定量分析方式，所以研究人员将这种方法用于研究预制外墙产业链上各项活动的运作。整个模拟过程是基于 Anylogic 仿真软件实现的。

在模拟过程中，预制和建筑过程中的活动时长不确定性和特殊活动发生的可能性也考虑在模型中。模型中所包含的活动主要与生产、安装、储存管理、工厂和建筑工地里的运输与安装过程相关。模型本身是基于图 6-1 的整个流程构建的，且将流程中的一些步骤细分成了几个小任务，因此比流程更加具体。

案例中的输入值（即时长和可能性）是通过与产业链中的 5 位参与者采访而获取的，另外，对工厂和建筑工地的观察也必不可少。被采访的相关从业人员提供了每项活动的时长范围（即最短时长和最长时长）和可能性的数值。

（4）结果分析

研究结果显示，全面采用 RFID 可以在很大程度上缩短项目工期（见表 6-1）。通过对模拟结果进行分析，发现 RFID 案例相比基础案例，在产业链的各个阶段中可以累计节约 626h。若按照一天 8h 的工作时间计算，则可以累计缩短 78d 的工期。

在整个产业链中，使用 RFID 实现节约时间最多的活动为在工地中初次搜索预制外墙，累计节约约 320h，其次为在工地中初次搜索预制外墙，累计减少约 178h。这说明通过 RFID 结合 GPS，可以快速定位目标外墙，大大减少在工厂和工地的检索时间，提高了产业链效率。更为重要的是，使用 RFID 进行识别，可以有效减少人工识别产生的错误。

其次，在核对外墙信息上，RFID 可以较好地取代人工识别序列号，分别在货物运达工地时产品清单核对，安装前确认产品编号上实现 43.13h 和 26.31h 的时间节约。在这两项活动中同样可以通过 RFID 识别，提高识别准确率，降低人为识别失误的概率，对提高产业链绩效有重要意义。

另外，RFID 系统平台可以自动记录每一个外墙在工厂和工地的存放地点，相比传统的在现场规划图上手动记录的方式，不仅减少了工人的工作量，也实现了一定的时间节约。

因此，综合来看，在工业化建筑中采用 RFID 等信息技术可以有效实现产业链效率提升。由于本研究所构建的模型只考虑了在预制外墙中嵌入 RFID，而一个工业化建筑项目通常有很多种预制件，如果在所有的预制件中都采用 RFID，则产业链时间节约将更加显著。此外，由于使用 RFID 可以减少工人工作量，也会减少预制件缺失的概率，因此会产生相应的成本节约。量化 RFID 带来的产业链成本节约是未来研究方向。

各项活动累计时间及工期节约量 表 6-1

活动	基础案例持续时间(h)	RFID案例持续时间(h)	节约时间(h)	节约百分比
记录生产信息/将数据上传至系统平台(工厂)	1.13	0	1.13	0.18%
标注外墙在工厂的存放地点	28.24	13.93	14.31	2.29%
在工厂中初次搜索	211.41	33.02	178.39	28.49%

续表

活动	基础案例 持续时间(h)	RFID案例 持续时间(h)	节约时间(h)	节约百分比
核对产品清单/扫描车板确认外墙信息(运达)	59.05	15.92	43.13	6.89%
记录并发送外墙丢失情况	1.23	0	1.23	0.20%
记录外墙在工地的存放地点	55.58	13.95	41.63	6.65%
在工地初次搜索	353.13	33.2	319.93	51.10%
扫描标签并核对信息(安装)	42.32	16.01	26.31	4.20%
合计	752.09	126.03	626.06	100.00%

第二节　我国大陆工业化建筑产业链发展历程

20世纪50年代，我国借鉴苏联和东欧各国的经验开始发展工业化建筑。

从20世纪70年代后期开始，装配式建筑体系更加多样化，如低碳冷拔钢丝预应力混凝土圆孔板在砖混结构的多层住宅中被大量采用，技术简单，并且在各地都建有生产线，所以我国装配式体系中量大面广的产品则变成大规模生产的预应力空心板。

20世纪70年代末开始，北京地区采用装配式大板住宅体系，其内外墙板、楼板都在现场进行装配，施工速度快，快速解决住房需求。

改革开放以来，我国的建筑行业飞速发展。1986年，北京市的装配式大板高层住宅面积达到了70万平方米。上海市也常将装配式建筑运用于多层办公楼和单层工业厂房的建设。

至20世纪80年代末，全国预制混凝土年产量达2500万立方米，工厂遍布全国。业界认可并广泛使用装配式体系，其技术和工艺都在从科学、定量、精细、现代的方向发展。1998年7月，我国成立建设部工业化建筑促进中心，从根本上解决了工业化建筑在推进过程中的组织归属问题。1999年，国务院转发了《关于推进住宅产业现代化提高住宅质量的若干意见》（国办发〔1999〕72号），强调了工业化建筑运用科技的重要性。

21世纪，住宅建筑逐渐的兴起快速带动经济增长，规划水平、质量水平也随着居住要求的提高而提升。住宅行业、房地产业、建筑业等行业都得到快速的发展。之后我国开始逐步尝试建立工业化建筑试验基地来带动其全面发展。

从2010年以来，国家和不少地方省份都相继出台了许多有利政策来进一步推动工业化建筑的发展。此外，住建部与金融机构合作推出金融产品来提高住宅产品的性价比。我国目前工业化建筑主要表现为普通装配式混凝土结构较成熟、装配整体式混凝土剪力墙结构有广泛应用，钢结构工业化建筑继续发展，各地成立和推广工业化建筑集团，积极开发成品工业化建筑集成建设模式。

近年来，随着经济的快速发展，劳动力成本的上升，预制构件加工精度与质量、装配式建筑施工技术和管理水平的提高以及国家政策因素的推动，预制装配式建筑重新升温，并呈现快速发展的态势。据住建部数据统计显示，2015年全国新建装配式建筑面积为7260万平方米；2016年全国新建装配式建筑面积为1.14亿平方米，比2015年同比增长

57％。2017 年 1～10 月，全国已落实新建装配式建筑项目约 1.27 亿平方米，全年新建装配式建筑面积约为 1.52 亿平方米。2018 年，我国建筑工业化程度进一步提高，装配式建筑发展良好，全年新建装配式建筑面积约 1.9 亿平方米，同比增长 24.67％。其中 2014年、2015 年受到国家房地产政策的影响，整个房地产行业新建房屋面积下降，带来对装配式建筑发展的负面影响，增长速度明显下降。2017 年与 2018 年我国新建装配式建筑面积虽然保持稳定增长，但受基数扩大的影响，增速已经趋缓。

虽然我国装配式建筑行业发展速度整体较快，年新建面积逐步扩大，但是整体上渗透率仍然远低于发达国家。根据住建部数据显示，2015 年我国新建装配式建筑面积占城镇新建建筑面积比例为 2.7％，2016 年提升至 4.9％。2018 年，我国新建装配式建筑面积约为 19000 万平方米，而根据统计局数据，我国房地产新建房屋面积为 209342 万平方米，装配式建筑面积占比仅为 9.1％，但我国城镇新建建筑面积还包括基础设施建设和市政设施的建筑面积。换言之，2018 年我国城镇新建建筑面积超过 2.1 亿平方米，装配式建筑面积占比不足 9％。

第三节　我国大陆地区发展过程中存在的问题与策略

一、发展过程中存在的问题

目前，我国工业化建筑的发展还处于初级阶段的水平，材料浪费、成本较高的问题依旧存在，其根源是我国工业化建筑产业链还不够成熟，具体可总结为以下几方面。

1. 住宅产业科技水平较低

虽然我国经济水平目前正稳步提高，但较低的科技水平一直限制着我国经济的进一步发展，尤其体现在住宅产业，除了是因为行业自身的特点，另一方面则是从业人员对工业化建筑的重视程度依旧不高。近几年，多数企业的总体研究水平并不高，有的甚至企图全盘复制国外的成功经验，直接照搬国外的研究内容，并没有考虑我国实际国情进行改进创新。所以许多研究成果只是空空而谈，无法转换成为生产力，进一步发展我国的工业化建筑只是纸上谈兵。另外我国科学技术效率较低（31.4％左右），不及发达国家的一半，这表明了我国住宅建设行业劳动力密集但效率不高的状况并未改善。

2. 政策扶持机制有待完善

针对我国目前工业化建筑情况，新型工业化建筑并未被实践，扶持政策不够、技术长远发展缺少系统规划。

除此之外，我国相关监管机制还不够成熟，创新机制还没有在工业化建筑项目的监管流程上形成。工程项目设计—施工一体化招投标机制的未实现导致设计、生产和装配施工等多个环节的脱节。此外，推广工业化建筑的施工许可、施工图审查、质量检测和竣工验收等监管机制到目前为止都是缺失的，使工业化建筑建造过程存在一定的不确定性，增加了项目标准化管理的难度。

3. 完整的工业化建筑建造体系仍未建立

二十年的衍变和发展促成产业链的初步形成，但如果要完善产业链，仍有许多工作要做，主要因为工业化建筑的概念在人们心中仍是新鲜的。另外，我国虽然已经能够生产一系列的部品，但产品品种单一、规格较少，施工现场主要还是采用现场湿作业，只有当技术密集型取代劳动密集型时，工业化建筑生产才能真正被实现，而目前产业链发展最大的制约则是缺乏完善的工业化建造体系。

4. 关键技术及集成技术尚不成熟

我国的关键技术仍不完善，设计、部品件生产、装配施工、装饰装修到质量验收的全产业链并未形成，开发主要的配套产品和智能化生产加工技术是需要攻关的，国家不重视高性能钢筋连接产品和连接技术。而 BIM 信息技术有助于协同发展，有效的平台支撑是下一步发展的目标。

5. 设计技术体系还没有完善

（1）工业化建筑设计关键技术发展缓慢和落后，各产业环节常常毫不相连。

（2）工业化建筑设计技术系统的结合有待提高。在发展和研究装配式结构的同时，建筑围护、建筑设备、内装系统的相互配套也是需要的。

（3）工业化建筑设计技术相关的新想法还不够成熟。工业化建筑最终应该需要达到高效加工、高效装配、性能优越的效果，"等同现浇"的初级装配式结构并不能完全体现工业化建筑的优势。

（4）工业化建筑围护设计体系与全新装配式结构体系还存在很大差距，"墙板"问题阻碍着工业化建筑的发展，需要得到有效及时的解决。

6. 工业化建造成本高

我国市场对预制混凝土部件的需求还不大，所以大批量地加工生产还未实现，其生产成本也没有特别大的优势，此外预制构件生产企业需缴纳额外的增值税。这些都导致预制构件的生产成本依旧较高，额外的构件节点连接成本、新增运输费用逐渐增高。目前装配式住宅的建造成本比传统方式成本高 500 元/平方米左右[135]。

此外，国内的预制构件生产基地仅为所属企业提供服务，资源不被共享。只有通过政府的补贴政策及内部研发补助资金来维持运营，但该生产模式根本无法盈利，因为预制构件的生产成本太高。尽管某些企业既具备开发、设计、生产、施工的能力，也能在装配式住宅建筑的研发生产时管理好各环节，但总体造价仍旧相比现浇结构高 20%～25%，严重阻碍着装配式建筑的发展。

建造成本偏高是目前国内推广应用装配式混凝土结构急需解决的问题之一，政府保障性住房的建造常常被作为试点鼓励装配式混凝土结构。现场现浇结构和装配式混凝土的成本差将逐步降低，市场将提供更大的空间给装配式混凝土结构。随着生产管理水平的提升和市场的竞争调控，价格定然会回归到合理位置。

7. 从业人员技术水平有限

目前，我国在发展工业化建筑里的全能型人才严重缺乏。工业化建筑是集合建筑行业设计、生产、施工以及建筑结构机电装修等多个专业的领域，人员较强的综合素质和对行业的全面认知都是不可或缺的。但这样的人才又寥寥无几，培养全面发展的复合型人才是目前最重要的目标。同时还需通过培训来提升民工的技能，以适应标准化、机械化、自动化的工业化生产模式。

二、工业化建筑产业链发展策略

现阶段我国工业化建筑产业链的整合受建设企业所处的外部环境和内部因素所影响，

其表现共同主导了产业链整合行为，从而影响到产业链组织的整体绩效。企业想要获取竞争优势，就需要积极提升建造技术。企业内部因素主要作用于工业化建筑产业链整合的工业化建筑技术研发创新和技术创新成果应用的过程。企业本身的技术水平及研发能力、资本资源状况、所担风险等因素也影响着企业的内部环境。

从国内外工业化建筑发展的经验看，一个国家工业化建筑能够成功发展与这个国家有健全的法律、法规以及政策有关，政策体系是工业化建筑发展的基础与保证。政府主要通过以下两点作用于产业链的外部与内部因素，达到整合产业链的目标：一是规范工业化建筑各参与实体的行为；二是对工业化建筑相关企业和个人进行鼓励，促进他们积极参与到工业化建筑的发展中来，形成市场，以这种力量来推动工业化建筑的更好更快发展。本节针对我国工业化建筑发展现状，考虑产业链外部与内部因素，提出工业化建筑产业链管理建议。

1. 完善产业扶持政策

我国香港地区的工业化发展经验，为大陆制定工业化产业扶持政策提供了参考。20世纪80年代，从香港开始大力发展工业化建筑之初，大部分企业仍然倾向采用传统施工方式，导致工业化技术市场使用率较低。香港政府2001—2002年出台"联合作业备考1号"和"联合作业备考2号"，利用建筑面积奖励和给予税收优惠来鼓励采用工业化建筑的企业。这项政策大幅降低了企业成本，显著提高了企业对采用工业化技术的积极性，促进了产业发展。此外，在政府出资建设的公屋中，强制使用工业化技术，培养了一大批优秀的工业化建筑企业，有效推动了产业链发展。值得警醒的是，香港很多私人开发商为了获取最大化利益，利用面积豁免政策，大幅开发可以豁免的平台花园、加宽公用走廊等公用部分，并出售给业主，造成"发水楼"现象。香港政府因此于2011年推出限制楼宇总楼面面积豁免不超过10%的作业备考，限制各开发商的"发水"现象。

加大对行政审批、财政、金融等方面的扶持力度同样需要考虑。审批时建立快速的审批报建通道，优先审批采用工业化建造方式的项目；在财政支持方面，提供一定比例的财政补贴，在规定期限内返还一定比例的土地出让金，在工人培训方面提供财政支持；在金融方面，降低工业化项目的开发贷款利率，降低购买工业化项目的购房者的首付比例以及贷款利率；在科研支持方面，扶持研究、给予奖励、建立示范基地和国家高新技术企业等。通过以上扶持政策，可有效降低企业成本，从而提升企业采用工业化建造方式的积极性。

2. 促进技术体系发展

为快速推动工业化建筑产业链发展，扩大优势、建立关键技术和集成技术研究是十分重要的，并从设计源头上，加强设计关键技术研发。在完善全产业链关键技术和集成技术方面，要从设计、生产、安装三方面进行考虑。在工业化建筑设计体系上，应加强主体围护结构、建筑设备以及装饰装修的全过程一体化设计，并建立建筑构配件的标准化、模块化体系。在生产过程中，应提升预制构件生产线的智能化管理水平。在项目现场安装方面，应积极研发吊装、垂直运输、装配全过程优化技术，提高施工现场安装效率，保证安装质量和安全水平。

3. 推动形成产业技术联盟

国内工业化建筑产业链的深入发展，需以龙头企业为引领，带动全产业链的同步发展。首先，需充分发挥行业科研力量的技术支撑作用，与高校、科研机构、行业企业共同打造工业化建筑研发平台。其次，需强力整合工业化建筑市场资源，通过将工业化建筑所需的各类主要部品部件的供应商资源进行整合，打造工业化建筑产业发展联盟。此外，需着重加强与行业领军企业的互动协作，通过与领军企业进行沟通洽商，引导建立模块化、标准化的工业化建筑部品部件，从而促进全产业链的进一步发展。

4. 提升从业人员素质及技术水平

工业化建筑的发展归根结底要靠人才来推动。加快对技术管理型人才的培养、打造产业工人队伍来提升行业整体水平，最终能胜任在 EPC 总承包管理团队里工作，增强团队实力。在打造适应行业发展的产业工人队伍方面，有计划、方向地做好教育培训、技能鉴定和持证上岗等工作，将传统的农民工转变为产业工人，具有足够的竞争力的工人为工业化建筑的发展打下牢实的基础。

5. 推动信息技术发展

工业化建筑全产业链管理的本质体现了产业化集成的概念。项目相关人员在建筑的设计、生产、运输、安装过程中记录了大量的构件部品信息（形状、尺寸、搭接位置和安装顺序），但仅凭人工记录和经验想象是不可行的。随着工业化建筑进入 4.0 时代，发展需要更高程度的设计、预制、安装的管理。同时，个性化的定制要求设计阶段就满足个性化的设计，从而从源头去实现建筑工业的特点。在推动产业化集成方面，国内外普遍通过信息技术整合产品的所有数据，及时有效地为利益相关者提供所需信息，保证信息在全过程中的流通和利用，实现产业链各方集成。如中国香港，通过 RFID 实现预制构件追踪，构件 BIM 可视化系统平台，为预制件生产、物流、现场施工建造流程创造智能环境，也为项目成员之间提供无缝沟通和协调，改进彼此之间的互操作性，创新的数据集成服务，为不同企业信息和应用系统之间的共享性、互操作性、标准化提供支持。

第七章

国外及我国港台地区工业化建筑标准体系构架与特点

第一节　装配式混凝土结构标准规范体系

一、美国装配式混凝土建筑标准规范（体系）

1. 美国装配式混凝土建筑发展历程

美国的工业化住宅起源于 20 世纪 30 年代的用于野营的汽车房屋，这是美国工业化住宅的雏形。40 年代，由于第二次世界大战的影响，野营的人数减少，旅行车逐渐被改造为临时住宅。50 年代，战后美国经济迅速发展，人口增长幅度很大，住宅供给出现严重短缺。一些住宅生产厂家受到汽车房屋的启发，开始在工厂生产成型的住宅，再采用大型公路运输设备直接运送到目的地，以提高住宅生产效率。

70 年代以后，随着经济发展，人民开始注重住宅的美观、舒适性及个性化。1976 年，美国国会通过了国家工业化住宅建造及安全法案（National Manufactured Housing Construction and Safety Act）以及配套的行业标准，并沿用至今。美国的工业化住宅已经成为非低收入人群、无福利的购房者的主要住房来源之一。

2. 美国装配式混凝土建筑规范体系

美国联邦政府住房和城市发展部（Department of Housing and Urban Development，HUD）颁布的《美国工业化住宅建设和安全标准》[136]（National Manufactured Housing Construction and Safety Standards，简称 HUD 标准），是美国唯一一部国家级建设标准，也是美国政府最主要的工业化住宅技术标准。HUD 标准对工业化住宅的设计、施工、结构安全、机电设备管线、建筑环境等进行了规范，只有达到 HUD 标准的住宅才可出售。

HUD 还颁发了《联邦工业化住宅安装标准》（HUD Proposed Federal Model Manufactured Home Installation Standards），作为美国所有新建工业化住宅进行初始安装的最低标准。

此外还有《工业化住宅工作流程及实施细则》[137]（Manufactured Home Procedural and Enforcement Regulation）等标准规范，均作为基本标准（Model Code）用于工业化住宅设计中。在 HUD 标准中，设计施工等具体条文采用援引其他相关协会标准的形式，如 AISI，ASCE 等。

美国混凝土协会（ACI）成立于 1904 年，其协会标准《钢筋混凝土结构设计标准》ACI 318 已成为事实上的美国混凝土设计国家标准。ACI 318 每 3 年更新一次，每次更新均会引用当时最新版《PCI 设计手册》中的内容，作为对预制混凝土结构的标准规定。

美国预制/预应力混凝土协会（PCI）成立于 1954 年，最初名为"美国预应力混凝土协会"，直到 1989 年才更为现名。在协会发展早期，开发了单 T 板、双 T 板、SP 预应力空心楼板等一系列预应力混凝土产品，同时也带动了预制混凝土构件产业的发展。

3. 预制（预应力）产品应用

预应力技术能够有效增加构件跨度，简化建筑结构，增大开间，缩短工期，提高经济效益，在美国得到了市场的广泛认可。各类构件的大型预应力生产线是预制构件厂必备的生产工具，如图 7-1 所示。

梁生产线

墙生产线

柱生产线

图 7-1　美国预制混凝土构件生产线

在产业发展早期，从经济角度及施工难度考虑，框架结构的梁柱结点是预制品最不容易做到的。因此美国的预制混凝土产业研发出来现在广泛应用的剪力墙-梁柱结构系统。该系统中，为简化梁柱节点，设计时即设计为梁端不承受弯矩，梁柱只承受垂直力，剪力墙只承受水平力。六十年的工程实践证明，这是一个安全且有效的结构体系。

美国预制混凝土行业一直以双 T 板和预应力空心楼板为主，并衍生发展出了很多其他产品[138]：

（1）双 T 板

双 T 板一般宽度从 2.4m 到 4.5m，高度由 61cm 到 86cm，主要应用在商业及工业建筑（图 7-2）。

美国食品加工业厂房　　　　　　　　　　　　　　商业建筑

图 7-2　双 T 板应用

（2）停车楼

美国大部分的立体停车楼（图 7-3）均为以双 T 板为主的预制预应力混凝土结构。

图 7-3　停车楼

（3）预应力空心楼板

预应力空心楼板宽度一般从 66cm 到 2.4m，厚度由 10cm 到 40cm，具有长跨度、防火、隔声的特点，在商业及工业建筑、住宅建筑中均有广泛应用。先后开发出了预制承重墙＋预应力梁＋预制柱＋预应力空心楼板、预制承重墙＋预应力空心楼板、现浇混凝土承重墙＋预应力空心楼板＋装饰外挂墙、配筋混凝土砌块＋预应力空心楼板、钢结构＋预应力空心楼板等多种结构体系。

（4）装饰外墙及保温外墙板

预制混凝土装饰外墙可实现建筑师各种造型设计的灵活表达，兼顾经济性与美观性，同时可通过保温夹层实现保温材料的耐久及防水防火；不仅可以做纯装饰的外墙挂板，还可以使用预应力或传统钢筋做承重墙；因此得到了广泛应用。表面可采用喷砂，加缓凝剂，磨光，酸蚀、薄砖反打等各种工艺处理，实现千变万化的装饰外墙效果，这也是美国建筑物的一大特色。见图7-4。

图 7-4　装饰及保温外墙板

二、德国装配式混凝土结构标准规范（体系）

1. 德国装配式混凝土建筑发展历程

1845 年，德国生产出第一件混凝土预制件——人造石楼梯；

1870 年，房屋立面装饰构件（立杆、栏杆、装饰线条等）、屋面的混凝土预制瓦开始量产；

1878 年，普鲁士州颁布第一部硅酸盐水泥规范；

1907 年，柏林国家图书馆穹顶采用混凝土预制件方式建造；

1912 年，John E. Cozelmann 仅采用预制钢筋混凝土构件实现了多层建筑建造，并申请专利；

20 世纪 50～60 年代，二战结束后，建造了大量的多层预制板式住宅楼；

20 世纪 60 年代末，Filigran 公司发明了钢筋桁架叠合楼板；

20 世纪 80 年代中期，Filigran 公司发明了预制钢筋桁架叠合墙板；

20 世纪 90 年代，板式预制构件的流水线设备得到了大量的发展。

德国建筑工业化体系如图7-5所示。

1990 年 11 月，德国建筑和土木工程标准委员会与德国钢结构委员会联合制定并发布了装配式建筑"DIN 设计体系"，建立了基于模数协调的部品部件尺寸及连接方式的标准化、系列化设计方法。

DIN 设计体系基本设计理念有：

（1）模块化设计

DIN 设计体系采用从局部到整体的模块化设计方式。首先根据设计需求及模数协调确定客厅、卧室、厨房、卫生间等一系列功能空间基本模块；由功能性模块组成后组装一系列户型模块；再由户型模块拼装完成单元模块；最后由各种单元模块组合形成各种建筑单体，这样既满足了建筑单体的多样性要求，又最大限度保证了基本构件设计的重复利用。

（2）模数协调

DIN 设计体系严格遵守模数协调原则，保证建筑与部品以及部品之间的模数协调，从而保证了部件部品的集成化和工业化生产。

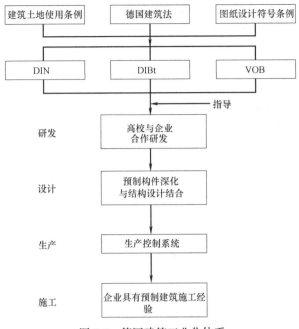

图 7-5 德国建筑工业化体系

（3）建筑及结构设计基本原则

建筑体型及平面布置应简单、规则，结构应受力合理，刚度、质量、承载力分布均匀，传力体系清晰；推荐采用大开间平面布局，提高住宅灵活性、可变性；结构构件应少规格、多组合，连接施工简单；推荐采用叠合楼板；推荐楼板相互之间及与墙体之间采用混凝土后浇，以保证整体性。

2. 德国装配式混凝土建筑规范体系

德国与预制钢筋混凝土相关的标准根据适用范围可以分为材料（建筑材料和制造），设计与结构，公差和质量控制，建筑构件产品标准，支撑、运输和安装五大类。

（1）材料（建筑材料和制造）

对预制钢筋混凝土构件材料的要求，包含在钢筋混凝土的构件标准以及用于生产钢筋混凝土的一般准则中。主要有：

DIN EN 1992-1-1（Eurocode2）：钢筋混凝土结构设计

DIN EN 10080：钢筋混凝土用钢筋

DIN EN 206：混凝土：性能和制备

DIN EN 197：水泥：性能和制备

（2）设计与结构

装配式钢筋混凝土结构构件与现浇混凝土构件设计方法相同。相关的标准是：

DIN EN 1992-1-1：钢筋混凝土结构设计

DIN EN 1994-1-1：钢和混凝土组合结构设计

（3）公差和质量控制

预制构件可以在工厂内实现良好的质量监测和精细的尺寸检查。相关标准有：

DIN 18202：建筑施工公差

DIN EN 13369：预制混凝土产品的通用规则

DIN EN 13670：混凝土结构的技术要求

（4）建筑构件产品标准

对成品构件的规定，主要有：

DIN EN 1168：预制混凝土制品—空心砖

DIN EN 12794：预制混凝土制品—基桩

DIN EN 13224：预制混凝土制品—楼板桥梁

DIN EN 13225：预制混凝土制品—柱形结构承重构件

DIN EN 13693：预制混凝土制品—特殊预制的屋顶构件

DIN EN 13747：预制混凝土制品—用现浇混凝土浇筑的楼板

DIN EN 14843：预制混凝土制品—楼梯

DIN EN 14844：预制混凝土制品—空间构件

DIN EN 14991：预制混凝土制品—基础构件

DIN EN 14992/14993：预制混凝土制品—墙板构件

DIN EN 15037：预制混凝土制品—梁楼盖系统

DIN EN 15258：预制混凝土制品—墙基座构件

（5）支撑、运输和安装

必要的运输设备，安装和支撑条件标准：

DIN EN 1337：建筑结构支撑

VDI/BV-BS 6205（德国）：交通运输预制混凝土制品固定和固定系统

BGR 106（德国）：预制构件运输安全规则，事故预防规定

3. 德国装配式混凝土建造体系

（1）预制混凝土大板体系

20 世纪 50 年代，德国建设了大量的混凝土预制大板住宅，但从 20 世纪 90 年代以后基本没有新建项目应用，如今预制混凝土大板建造技术在德国已遭抛弃。

（2）预制混凝土叠合板体系

预制混凝土叠合板体系采用预制叠合楼板/墙板作为楼板、墙体现浇部分的模板，既避免了现浇混凝土支模、拆模、表面处理等工作量大、成本高的工作流程，又避免了预制混凝土实体楼板叠合楼板重量大、运输吊装成本高的缺点，同时保证了良好的结构整体性，因而在德国占据了 50% 以上的建筑市场。同时，该体系还能通过复合外墙外保温系统配合涂料面层的设计方法实现灵活的立面设计，并满足建筑保温层厚度不小于 20cm 的保温节能规范的要求。

三、日本装配式混凝土建筑标准规范（体系）

1. 日本装配式混凝土建筑发展历程

日本坚持推行住宅建设的工业化与标准化，其发展历史可分为五个阶段：

（1）住宅复兴期（1945—1955）

这一阶段的特点是 DK 型（Dining Kitchen）的诞生，提出把餐厅与寝室分开，增大

厨房面积。

(2) 标准设计期（1956—1965）

开始住宅标准设计，每1~2年改进一次标准设计户型，从标准设计方式55型直至65型，在全国统一使用，施工部门不能无故更改。

(3) 高层公寓期（1966—1976）

1966年日本经济开始飞速发展，政府颁布了"住宅建设工业化的基本设想"，提出住宅的标准商品属性，提出建设标准化的预制装配式住宅是住宅工业的支柱。同时，设计了30层以上的70-FS型和70-8CS型的标准高层住宅以提高土地使用率。

(4) 低层住宅期（1976—1985）

1975年，日本住宅总量已经超过了全国家庭总户数，因此新建住宅的层数逐渐降低。1976年，提出了"公营住宅标准设计新系列"NPH标准设计，由标准设计改为规格化设计。

(5) 高品质住宅阶段（1985年以后）

1985年开始，日本绝大多数新建住宅都采用了工业化部品部件，以满足人民对住宅品质的要求。1990年推出以部件化、工业化生产为特点的"中高层住宅生产体系"，实现了住宅产业结构的调整。

2. 保障住宅产业发展的技术政策

日本政府促进住宅产业发展的政策主要有：

第一，住宅标准化。1969年，日本政府发布《推动住宅产业标准化五年计划》，以有关标准化协会为依托，全面开展材料、设备、住宅性能、建材安全等方面标准化工作。1971年2月提出"住宅生产和优先尺寸的建议"，规定了结构、部品、设备等的优先尺寸。1979年提出了住宅性能测定方法和住宅性能等级的标准。一系列的标准化工作有效推动了建筑部件部品工业化生产。

第二，优良住宅部品（BL）认定制度（1974年7月）。由建设省授权的住宅部品开发中心对申请BL认定的部品展开综合评价，评价指标主要包括质量、价格、安全性、使用性、耐久性、易安装性等，并以"BL部品"标签标示合格产品。政府强制要求在公营住宅建设中采购经过BL认定的住宅部品，同时BL部品也由于其官方认可的商品质量赢得了市场的广泛认可，从而有力推动了住宅产业标准化。

第三，住宅性能认定制度。20世纪70年代中期，日本政府颁布了《工业化住宅性能认定规程》及配套的工业化住宅性能认定制度，有效保障了购房者利益。

第四，住宅技术方案竞赛制度。这一制度有效促进了住宅技术开发。20世纪70年代起，多次开展以不同技术目标为主题的技术方案竞赛，有效调动了企业技术研发的积极性，促进了住宅的多样化发展。

3. 装配式混凝土结构相关标准及标准化组织

日本装配式混凝土结构标准主要包括日本建筑学会（AIJ）编制的JASS 10-预制钢筋混凝土结构规范、JASS 14-预制钢筋混凝土外挂墙板，同时还包含在日本得到广泛应用的JASS 21-蒸压加气混凝土板材（ALC）技术规程。1988年，日本预制建筑协会（Japan Prefabricated Construction Suppliers and Manufactures Association）开始对预制构件生产厂家的产品进行质量认证，并先后建立了PC工法焊接技术资格认证制度、预制装配住宅装潢设计师资格认证制度、PC构件质量认证制度、PC结构审查制度等规章制度，并发布了 PC 设计手册（此手册引进我国，为《预制建筑技术集成》丛书），涵盖了各类 PC 技术体系设计、生产、施工、验收等相关技术内容。

四、我国香港地区

1. 公屋预制构件生产的发展过程

香港的工业化住宅启动于 1953 年。当时香港石硖尾村棚户区亟需灾民安置成了香港政府启动公屋计划的直接原因。

最初的公屋设计方案是板式平面布局，中间走廊、两边排列居室。到 20 世纪 90 年代，出现了中间电梯核心筒，每户均配备独立阳台和卫生间的平面布局，即"和谐式"和"康和式"设计。香港公屋典型设计方案如图 7-6 所示。

和谐式   康和式

图 7-6　香港公屋典型设计方案

香港公屋早期建设过程中，建造工艺落后，建筑管理模式粗放，建材严重浪费，并产生了大量的建筑垃圾。20 世纪 80 年代后期，香港政府房屋署提出在公屋建设中使用预制混凝土构件，并将预制构件的制作地逐渐由工地转移到预制构件厂，有效提高了公屋建造质量和建造效率。

香港公屋最先开始使用的预制构件是洗手池和厨房灶台。在这一尝试取得了质量提升、施工速度加快、现场建筑垃圾减少等一系列明显效益后，又将传统现浇施工中最费材料、人工，严重影响施工效率的楼梯改为了工厂预制。

1990 年，房屋署开始把传统内砌砖墙这一次要结构构件改为预制条形墙板，开始工厂预制生产。在推广预制内墙板的过程中，香港政府遇到了内墙板墙体开裂、隔声不好、不能吊挂重物等技术问题。为解决这些问题，房屋署建立了一系列质量保证措施，比如对生产厂家、预制产品及原材料进行 ISO 认证，厂家负责墙板安装，并对墙体质量负责等。同时政府开始征收 125 港币/吨的建筑垃圾处置费，提升了预制构件的使用积极性。通过合理的行政管理手段使预制内墙板得到了广泛应用，并最终取得了良好的效果。

预制外墙的推广也经历了一番探索。最初采用的事后固定法，结构主体框架建成后才安装预制外墙板，采用无收缩薄浆固定。这种方法中，无收缩薄浆质量无法控制，易导致墙体开裂渗水，所以逐渐被弃用。后来开始推广预先固定法，将预制外墙整块与现浇剪力墙模板整体拼装，然后进行混凝土浇筑作业，有效提高了外墙的整体性。在预制外墙设计施工方案成熟后，20世纪90年代中期，房屋署统一发布了预制外墙板标准设计方案，以避免重复设计导致的时间和资源浪费。

1998年以后，香港商品房项目也开始应用预制外墙板，但由于预制外墙板造价较高，并没有取得直接经济效益，所以开发商应用积极性不是很高。但随着2001年、2002年香港屋宇署、地政总署和规划署等部门联合发布《联合作业备考第1号》及《联合作业备考第2号》，规定采用露台、空中花园、非结构预制外墙等环保措施的项目将获得面积豁免，变相提高项目容积率，有效鼓励了开发商在商品房项目中应用预制外墙。采用预制外墙的商品房项目从2001年之前的4个快速增长到2006年的26个。

目前，由于香港和大陆地区巨大的人工成本差距，大量香港开发商纷纷到深圳、东莞等地开设预制构件厂。不仅实现了预制外墙外立面的工厂化预制，而且发展出了按施工计划运送构件，直接从拖车上吊装，有效节省了施工现场堆场空间，进一步优化了施工流程，提高了施工效率，充分发挥了预制构件工厂化生产的优越性。

2. 装配式混凝土建筑标准体系

香港政府屋宇署发布了《混凝土结构作业守则》及《预制混凝土建造作业守则》作为装配式混凝土结构建筑的设计、施工技术指导标准。

1987年，香港政府在BS CP 114、BS CP 115、BS CP 116、BS CP 110、BS 8110等英国标准技术内容的基础上发布了第一版《混凝土结构作业守则》，其中包含了预应力混凝土与预制混凝土结构的有关技术内容。2004年，第二版《混凝土结构作业守则》发布，主要设计方法由第一版的"容许应力设计方法为主，可采用极限状态设计方法"转变为"以极限状态设计方法为主"，并明确了"符合本守则之规定，即被视为符合'建筑物条例'及有关规例的有关条文"的法律定位。同时由于2003年发布了第一版《预制混凝土建造作业守则》，预制混凝土结构内容被独立出来，作为该版本《混凝土结构作业守则》的参考文献加以引用。2008年，香港屋宇署成立结构工作守则技术委员会，征集并处理2004版《混凝土结构作业守则》应用过程中的意见与反馈，并在此基础上，发布了2013年版《混凝土结构作业守则》。

2003年，为配合预制混凝土结构的推广政策，香港屋宇署预制混凝土建筑顾问研究指导委员会参考美国PCI协会、英国、新加坡、新西兰等国家有关标准编制了第一版《预制混凝土建造作业守则》，以期达到"显著减少施工现场产生的建筑垃圾数量，减少对现场的不利环境影响，提高混凝土施工的质量控制，减少现场施工量"的目的。本守则自发布起就明确了"符合本守则之规定，即被视为符合'建筑物条例'及有关规例的有关条文"的法律定位。2013年，香港屋宇署成立了预制混凝土施工作业守则技术委员会，征集并处理2003年版《预制混凝土建造作业守则》的意见与反馈，发布了2016年版《预制混凝土建造作业守则》。值得注意的是，新版本的守则中新增了三个附录，提供了构件连接/节点设计施工、外立面设计施工、吊装施工的标准化图集文件。

此外，香港土木工程拓展署、香港建筑署发布了一系列标准化文件，为预制混凝土建筑的标准化设计提供指导，香港品质保证局也发布了一系列规范保证预制混凝土构件的质量。具体信息见表7-1。

香港地区装配式混凝土结构相关标准化文件　　　表 7-1

发布机构	名称	历代版本发布时间及修订次数
建筑署	建筑物的一般规格	2003 年、2007 年（2008 年、2012 年修订）、2012 年（2014 年、2016 年修订）
	建筑物内安装空调、制冷、通风，以及中央监察及控制系统的一般规格	2001 年、2007 年（2 次修订）、2012 年（2 次修订）
	建筑物内厨具装置的一般规格	2001 年、2007 年、2012 年
	建筑物内电力装置的一般规格	2002 年、2007 年（1 次修订）、2012 年（2 次修订）
	建筑物内消防装置的一般规格	2001 年、2007 年（1 次修订）、2012 年（1 次修订）
	建筑物内装置升降机及自动梯及乘客输送机的一般规格	2007 年（2 次修订）、2012 年（2 次修订）
	建筑物内机械装置的一般规格	2007 年（1 次修订）、2012 年（1 次修订）
	建筑物内石油气装置的一般规格	2000 年、2007 年、2012 年
土木工程拓展署	土木工程作业一般规格	1992 年、2006 年
	土木工程作业标准图集	最新版：2016
	施工标准—混凝土测试	1990 年、2010 年
	施工标准—混凝土用含碳钢筋	1995 年
	施工标准—混凝土用高强钢筋	2012 年（2014 年、2016 年修订）
	施工标准—混凝土用集料	2013 年（2016 年修订）
	土木工程作业测量标准方法	1992 年（1993 年、1994 年、1997 年、1999 年、2000 年、2001 年、2007 年、2011 年修订）
	土木工程管理手册	最新版：2016 年
	工程测绘 CAD 制图规范	2002 年、2005 年、2012 年、2014 年
品质保证局	混凝土生产和供应质量规范	
	瓷砖粘合剂生产和供应质量规范	
	混凝土用石料生产和供应质量规范	

五、我国台湾地区

1. 台湾地区装配式混凝土建筑发展历程及现状

台湾地区引进日本技术，在 20 世纪 70 年代开始应用房屋建筑预制装配技术。1973 年，第一幢预制装配公寓建成。这一时期，也出现了一些专营预制装配式房屋、生产 PC 外挂墙板、阳台板、叠合楼板与楼梯等预制构件的民营企业。但是在发展初期，由于生产技术不成熟，品质难以保障，市场接受度并不高。

到 90 年代，台湾经济高速发展，建筑技术也得到提高，部分民营企业引进欧洲、日本的相关技术，又开始发展装配式混凝土建筑。这一阶段，企业在实现引进技术的本土化改良的基础上，自主研发了多项新型技术，如自动化柱箍筋（"一笔式箍筋"与"组合式多螺箍"）、自动化梁箍筋（"点焊钢丝网箍筋"与"连续方螺箍"）、装配式隔震层、用于高科技厂房的新型预制格子板等。企业在逐步实践中积累了丰富的设计施工经验，民众对装配式建筑的接受程度也逐渐提升，装配式混凝土建筑逐渐在公共建筑与住宅建筑中均占有了一定的市场份额，在速度、造价等方面的优势逐步凸显。

与香港不同，台湾地区并没有特殊政策推动装配式混凝土建筑的发展，是完全的市场化驱动，商业化发展。同时，由于台湾市场较小，台湾地区预制构件工厂规模普遍不大，润泰集团组建的润弘精密工程事业股份有限公司是台湾地区最具代表性也是最大的预制构件生产企业。

台湾地区高层建筑多采用钢结构框架＋PC外墙板＋钢筋桁架楼板的结构体系，由于叠合楼板与钢筋桁架楼板相比并没有明显的成本优势，叠合楼板在台湾地区并没有得到推广。但是由于台湾地区多变的天气严重影响外墙饰面现场施工，带饰面材料的预制外墙板在台湾地区得到了广泛应用。

2. 台湾地区装配式混凝土建筑标准

台湾地区装配式混凝土建筑有关标准见表7-2。

台湾地区装配式混凝土结构相关标准　　　　　　　　　表 7-2

章码	章　名
03400	预铸混凝土
03410	工厂预铸混凝土构件
03430	现场预铸混凝土构件
03050	混凝土基本材料及施工一般要求
03110	场铸结构混凝土用模板
03210	钢筋
03220	焊接钢线网
03350	混凝土表面修饰
03390	混凝土养护

第二节　钢结构标准规范体系

一、日本钢结构标准规范（体系）

1. 日本钢结构建筑发展历程

日本是世界上率先在工厂里生产住宅的国家。早在20世纪50年代，便开始提出了装配式住宅的概念。自"二战"以来，日本的住宅建设发展大致经历了三个发展阶段，其间住宅建造方式的装配化和产业化也与时俱进和日益完善。

20世纪50～60年代，战后的日本为流离失所的人们提供保障性住房，开始探索以工厂化生产方式低成本、高效率地制造房屋，建筑装配化开始起步。当时，日本住宅的生产和供应开始从以前的"业主订货生产"转变为"以各类厂家为主导的商品的生产和销售"，对住宅构配件采取标准化、工厂化、系列化生产，且早期的工业化住宅全部都是标准型，规模、外形、户型和材料都是固定的，它只有型号而没有商品名，给人造成千篇一律、无可选择、廉价普及住宅的印象。

20 世纪 70 年代至 90 年代，装配化住宅由数量型向数量与质量并重转化。20 世纪 70 年代，日本大企业联合组建集团进入住宅产业，在技术上产生了盒子住宅、单元式住宅、大型壁板式住宅等多种装配化住宅形式，同时日本建筑中心设立了装配化住宅性能认定制度，保证了装配化住宅的质量与性能。日本的装配化住宅也摆脱了以前的单一、呆板、廉价的形象，成了优质、安定、性能良好住宅的代名词。采用装配化方式生产的住宅占竣工住宅总数的 10％左右。20 世纪 80 年代，日本开始推行住宅部品化和集成化；1974 年以后，日本住宅装配化和产业化进程中实行了一项最有影响力的制度，即 BL 部品制度，也称优良部品认证制度，它是按照产业化、工业化的方式来考量全国的优秀部品。至 20 世纪 90 年代末，日本钢结构住宅实现了住宅部品的通用化，形成了完整的住宅部品市场供应体系。30％的住宅是通过装配化生产方式生产的，是钢结构住宅产业化发展的成熟阶段。

近年来，日本企业针对住户的不同需求，先调查、再建造、量身定做，同时对企业自身的规模化和产业化的结构进行调整，住宅产业化经历了从标准化、多样化、工业化，到集约化、信息化的不断演变和完善的过程。在全球关注的可持续发展的大环境背景下，日本提出了 100 年和 200 年长寿命住宅的发展目标，日本的装配化住宅逐渐转向环境友好、资源能源节约和可持续发展。

经过多年的发展和实践，日本钢结构的装配化住宅已经占据了主导地位，钢筋混凝土装配化化住宅占比不高，木结构装配化住宅也逐渐向标准化的"二乘四"结构体系转变。在日本，装配式建筑的发展得益于住宅产业集团的发展。这些产业集团为满足市场要求，不断研究开发新型住宅，研究出自己的专利产品，保证在装配化住宅市场中所占的地位。其中钢结构建筑采用的结构体系有若干基本形式，但在屋面、墙面选材，室内外装修及设备上有所不同。

2. 日本钢结构规范体系

早在 1969 年，日本政府就制定了《推动住宅产业标准化五年计划》，开展材料、设备、制品标准、住宅性能标准、结构材料安全标准等方面的调查研究工作，并依靠各有关协会加强住宅产品标准化工作。据统计，1971 年至 1975 年，仅制品业的日本工业标准（JIS）就制定和修订了 115 本，占标准总数（187 本）的 61％。1971 年 2 月通产省和建设省联合提出"住宅生产和优先尺寸的建议"，对房间、建筑部品、设备等优先尺寸提出建议。1975 年后，日本政府又出台《工业化住宅性能认定规程》和《工业化住宅性能认定技术基准》两项规范，对整个日本住宅工业化水平的提高具有决定性的作用。图 7-7 所示是日本钢结构标准体系。

3. 日本典型工业化钢结构体系

（1）剪力墙板—架构组合结构体系

这种体系最典型的是大和房屋 C 型结构体系，如图 7-8 所示。它由集成式外墙板和架构（铰接框架）构成。集成式外墙板包括支撑剪力墙板和非剪力墙板。非剪力墙板是在 C 型钢墙框骨架上安装好外墙板、窗框、保温材料、内装底板。剪力墙板是在布设窗框的墙板内部加设扁钢支撑，其余构造同非剪力墙板，主要用于承受水平荷载。墙板与墙板之间通过凹形的开口截面柱连接构成一个整体。这种体系的外墙板完全是工厂加工成品，因此工厂生产比率很高。

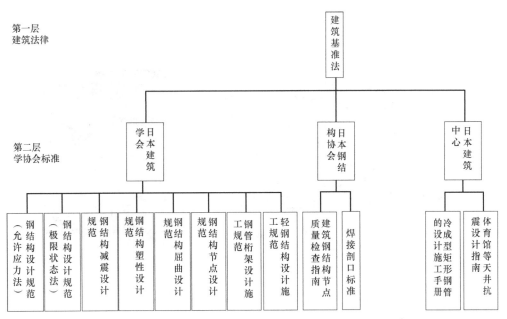

图 7-7 日本钢结构设计规范体系

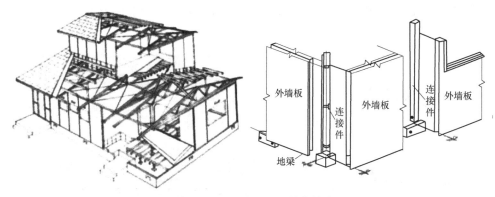

图 7-8 大和房屋的 C 型结构构造

（2）板框式结构体系

积水房屋株式会社在日本装配化住宅中占有领先地位，其板框式结构体系直接将多个板框连接构成一个整体，根据需要设置柔性支撑，采用了分层装配式构法，墙板、窗框、保温材料等都在施工现场安装。虽然现场安装工作较多，但是提高了外墙板等材料的自由度，如图 7-9 所示。

（3）架构—支撑结构体系

旭化成房屋株式会社的架构—支撑结构体系的外墙采用 ALC 板，在方形钢管柱和 H 型钢组成的架构（刚接框架）中加入支撑构件（非柔性支撑），如

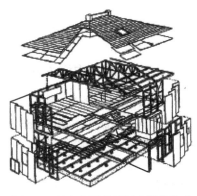

图 7-9 积水房屋的板框式结构体系

图 7-10 所示。

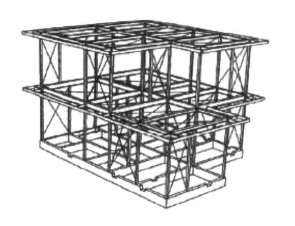

图 7-10　旭化成房屋的架构—支撑结构体系

（4）单元装配式框架结构体系

该体系由各个独立的盒式单元通过现场组装而成。每个盒式单元的外墙板和内部装修均在工厂完成，是迄今为止工业化生产率最高的结构体系，积水化学 HIME 会社的该体系房屋较为典型，如图 7-11 所示。

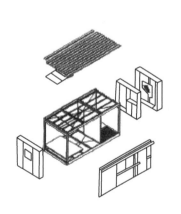

图 7-11　积水化学 HIME 的单元装配式框架结构体系

二、美国钢结构标准规范（体系）

1. 美国钢结构建筑发展历程

1925 年美国加州 Santa Barbara 地震促使了美国 ICBO（International Conference of Building Officials，建筑官员国际会议）于 1927 年颁布了第一个带有建筑抗震内容的规范——《统一建筑规范》（Uniform Building Code，UBC），作为适用于美国西部各州的建筑设计规范。

在此之后，BOCA（Building Officials and Code Administrators，建筑官员与规范管

理人员联合会）出版了适用于美国东北部各州的建筑设计规范——《国家建筑规范》（National Building Code，NBC）。南方建筑规范国际委员会（Southern Building Code Congress International，SBCCI）出版了《标准建筑规范》（Standard Building Code，SBC），主要适用于美国中南部各州。

而与此同时，UBC 在美国加州结构工程师协会（Structural Engineers Association of California，SEAOC）的技术支持下蓬勃发展。SEAOC 于 1959 年出版了它的第一版蓝皮书，即《推荐侧向力条文及评注》（Recommended Lateral Force Provisions and Commentary）并坚持修订。SEAOC 下设的应用技术委员会（Applied Technology Council，ATC）于 1978 年出版的 ATC3-06 也成为日后各种抗震规范的重要参考。

随后美国从 20 世纪 70 年代中期开始，联合 NSF，NIST，USGS 和 FEMA 等四家机构，展开了一项"国家减轻地震灾害计划"（National Earthquake Hazards Reduction Program，NEHRP），并于 1985 年出版了第一版 NEHRP 条例，并坚持修订。随后 NEHRP 条例中的一些规定逐渐被 ASCE7 采纳，进而反映在 NBC 与 SBC 中。然而与此同时，UBC 坚持在 SEAOC 的支持下独立发展，是一个相对独立的阵营。

1994 年，UBC、NBC 与 SBC 三本规范的编制机构成立了国际规范协会 ICC（International Code Council），开始推动规范的统一。三本规范的最终版分别是 UBC1997、NBC1999、SBC1999，已不再继续出版新版本。1997 年，SEAOC 与 ASCE、ICC 等机构合作编制了最新版的 NEHRP 条例。2000 年，以 NEHRP 1997 条例为基础的《国际建筑规范》2000（International Building Code，IBC）正式发布实施，取代了 UBC、SBC 和 NBC 等规范，从而使美国的建筑结构规范实现了统一。IBC 作为美国建筑规范的总纲领文件，每三年更新一次，目前最新的版本是 International Building Code 2015。

在抗火设计方面，美国国家抗火协会（National Fire Protection Association，NFPA）在 2002 年秋出版完整的建筑结构抗火规范大全 NFPA5000（第 1 版），它早于 2003 年出版的 IBC（第 2 版）。因此，合并后的 IBC 规范不包括抗火方面的内容。

2. 美国钢结构规范体系

美国规范体系主要由以下三大部分文档构成：（1）规范（Model Code）；（2）标准（Consensus Standard）；（3）源文档（Resource Document）。三部分内容形成一定的层次关系。

其中规范（Model Code）作为总纲领文件，级别最高，认可度最高，内容也最少（可以说都是精华部分），包含了建筑设计施工的基本信息与对应的规范标准文件，作为建筑设计、施工的总规范，其具体的相关条款采用对各协会标准条款进行引用的方式。

单单凭借规范难以涵盖建筑设计、施工各方面的条款，因而需要采用一些标准，标准（Consensus Standard）是得到广泛认可的、暂时没有上升到规范的内容或者是规范内容的具体说明，是作为建筑设计、施工、验收阶段的具体条款文件，对设计建造各阶段、各方面进行规定并给出工程计算方法，指导具体的工程设计工作，保证建筑的安全宜居。例如《建筑结构最小设计荷载标准》（Minimum Design Loads for Building and Other Structures，ASCE7）和《混凝土结构设计标准》（Building Code Requirements for Structural Concrete，ACI318）分别对结构设计中的最小荷载取值和混凝土结构的设计施工做出了详尽的规定，为所有规范所采用。而美国试验与材料委员会（American Society for Testing and

Materials，ASTM）出版的关于材料性能的相关规范也为所有的规范以及其他诸如 ACI318 标准所采用。在美国建筑结构规范中，尽可能使用通过国家标准化委员会批准的标准。

源文档（Resource Document）记录的是更深层次的内容，讲解规范和标准规定内容的原理、背景，提供计算方法的原理与依据，也包括各规范标准的最新研究成果而被规范所引用，例如美国规范中的抗震设计规范常常以源文件作为基础提供设计建议。上文中提到的 SEAOC 出版的《推荐侧向力条文及评注》蓝皮书与《国家减轻地震灾害计划》NE-HRP 便是重要的源文档对相关标准提供可靠的抗震规定的依据。

另外还有一类重要的源文档便是美国联邦紧急管理委员会（FEMA，Federal Emergency Management Agency）编制的若干标准，对源文档进行重要补充，例如 FEMA350（2000）《钢框架结构抗震设计标准》（Recommended Seismic Design Criteria for Moment-Resisting Steel Frame Structures）；FEMA351（2000）《已有钢框架结构的抗震性能评估及修复规定》（Recommended Seismic Evaluation and Upgrade Criteria for Existing Steel Frame Structures）等。

除此之外，各规范制定协会还会编制相关结构设计、施工手册，对于结构设计、施工某些方面等提出更为细致的设计、施工、验收标准。

美国规范体系中这三大部分内容同时发展更新，它们之间不是严格的递进关系，包含着相互的穿插渗透。美国建筑结构规范体系层次如表 7-3 所示。

美国钢结构规范体系　　　　　　　　　　　　　　　　表 7-3

级别	名称	主要内容		
第一层次	规范 （Model Code）	第 16 章：结构设计 Chapter 16 Structure Design	第 19 章：混凝土 Chapter 19 Concrete	第 22 章：钢结构 Chapter 22 Steel
第二层次	标准 （Consensus Standard）	美国土木工程学会（ASCE）标准	美国混凝土协会（ACI）标准	美国钢结构协会（AISC）标准 美国货架制造协会（RMI）标准 美国焊接学会（AWS）标准 美国钢板协会（SDI）标准 美国钢铁协会（AISI）标准
第三层次	源文档 （Resource Document）	各类设计规范的基础与补充，钢结构领域如： 侧向力要求推荐算法（SEAOC：Recommended Lateral Force Requirement and Commentary） 预制混凝土产品生产质量控制手册（PCI and ACI：Manual for Quality Control for Plants and Production of Structural Precast Concrete Products）		

3. 美国典型工业化钢结构体系

（1）低层——DBS（Dietrich Building System）

美国 Dietrich 公司研发的 DBS 轻钢结构住宅体系，多用于 4～6 层居住建筑（地震区），最高可建 12 层（非地震区）。墙体的 C 型镀锌轻钢龙骨采用镀锌钢板制成，并根据需要采用热轧型钢进行局部加强。

DBS 体系中，龙骨及楼盖均开管线孔，开孔直径可达 80％截面高度，其开孔周边的变形处理专利技术有效提高了开孔处的截面局部稳定。剪力墙为镀锌钢板＋纸面石膏板，填充墙为纸面石膏板，均与轻钢龙骨固定。楼板采用纤维水泥板，并填充玻璃棉以达到保温、隔音的效果。

（2）高层——Conxtech 高层体系

美国 ConXL 公司开发的 Conxtech 钢框架体系主要由方钢管混凝土柱＋宽翼缘 H 型钢梁＋梁柱连接件＋压型钢板组合楼盖构成，如图 7-12 所示，适用于多高层建筑。该体系独创性地运用了 ConXR 和 ConXL 两种梁柱连接方式，如图 7-13、图 7-14 所示。

图 7-12 Conxtech 体系

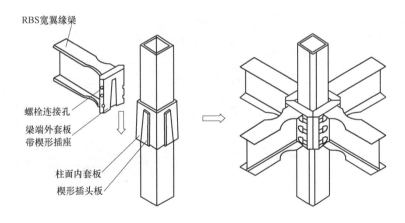

图 7-13 ConXR 连接

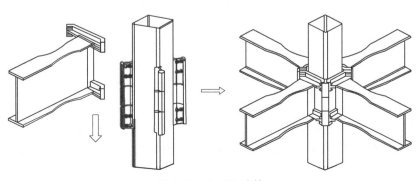

图 7-14 ConXL 连接

三、欧洲钢结构规范（体系）

1. 欧洲钢结构建筑发展历程

许多欧洲国家多高层钢结构住宅建造量大、工业化及其装配程度也较高。"二战"后，欧洲住宅的需求量非常大，为解决房荒问题，西欧各国采用工业化方式生产住宅构配件，形成了标准化、通用化、系列化的钢结构住宅构配件供应体制，发展了一批完整标准的装配式钢结构住宅体系。20 世纪 60 年代住宅工业化建设从数量向质量过渡，进入 80 年代后，随着社会经济、文化的发展，人们对居住要求的提高，装配化住宅开始向注重住宅节能环保和多样化的方向发展。

法国是世界上最早推行装配式建筑的国家之一。在 20 世纪 50 年代到 70 年代，以全装配式大板和工具式模板现浇为主的工艺建立了许多专用体系，不同体系出自不同厂商，各建筑体系的构件互不通用。之后为适应建筑市场需求，向发展通用构配件制品和设备过渡。1978 年，法国住房部提出构造体系，它由施工企业或设计事务所提出的主体结构体系和一系列能互相代换的定型构件组成。通过选取其中的构件，像搭积木一样组成多样化的建筑，成为积木式体系。到 1981 年，法国已经确定 25 种装配式建筑体系，它们设计灵活、建筑形式多样。索尔费日框架—密肋板体系是一种较为典型的装配式钢结构体系，如图 7-15 所示。

图 7-15　索尔费日框架—密肋板体系

法国建筑工业化体系如图 7-16 所示。

芬兰的钢框架装配式住宅采用两种结构体系，一种是采用 Termo 龙骨的轻钢龙骨结构体系，另一种是普通钢框架体系。Termo 龙骨用热浸镀锌薄壁钢板制，截面形式通常有 C 形和 U 形，见图 7-17。

英国模块化和可动建筑协会早在 1938 年建立，该协会至今已经拥有 138 个会员。英国已有多个模块化工程应用，主要用于学生公寓、住宅等类型建筑。图 7-18 给出了英国的模块化建筑应用实例[16]。

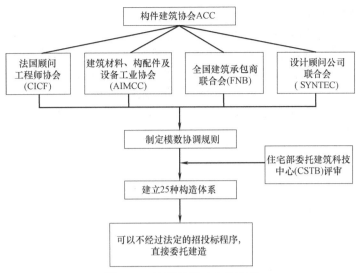

图 7-16　法国建筑工业化体系

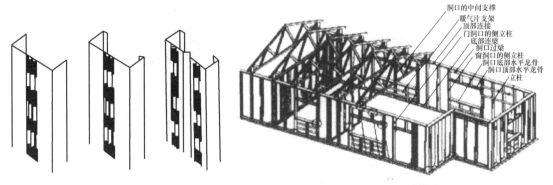

图 7-17　Termo 轻钢龙骨体系

Victoria Hall – Wolverhampton
student accommodation

Olympic Way – London

10 Trinity Square – London

图 7-18　英国模块化建筑应用实例

2. 欧洲钢结构规范体系

欧洲规范由欧洲标准化委员会 CEN 负责编写，并于 2007 年完成了全部 Eurocodes 的出版。根据 CEN 的内部规定，该组织的所有成员国"应无条件地给予 Eurocodes 以本国国家标准的地位"，并从 2010 年 4 月 1 日起"废止与 Eurocodes 相抵触的本国国家标准"。

Eurocodes 采用与分项安全系数联合使用的极限状态法进行结构的设计和验算，同时也允许基于概率法和试验辅助设计，并为这些方法提供了技术指导。

Eurocodes 的钢结构体系框图见图 7-19。

3. 欧洲典型工业化钢结构体系

（1）低层——意大利 BSAIS 工业化住宅如图 7-20 所示。

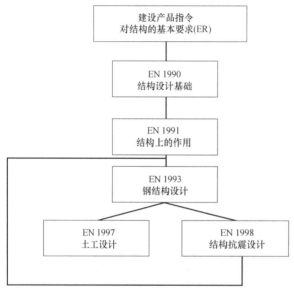

图 7-19 Eurocodes 的钢结构体系

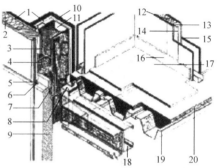

图 7-20 意大利 BASIS 工业
建筑体系节点构造

1—防护板；2—保温棉板；3—H 型钢柱；
4—锚固板；5—连接件；6—防水密封件；
7—钢埋件；8—钢主梁；9—轻质外墙板；
10—石膏板；11—钢板配件；12—保温棉；
13—石膏板；14—轻钢龙骨；15—石膏板；
16—踢角板；17—地面；18—钢次梁；
19—压型钢板楼板；20—现浇钢筋混凝土楼板

（2）低层——轻钢龙骨板式体系如图 7-21 所示。

图 7-21 轻钢龙骨板式体系

（3）低层——框架体系。

（4）底层——盒式体系如图 7-22 所示。

图 7-22 盒式体系

第三节 现代木结构标准规范体系

一、欧洲木结构建筑标准（体系）

1. 欧洲木结构建筑发展历程总述

在欧洲，民间以木结构为主的居住建筑得到了持续的发展。特别是在森林资源丰富的地区，例如德国、法国、瑞士的阿尔卑斯山区和斯堪的纳维亚半岛的北欧国家，历来有用木材建造房屋的传统。20 世纪上半叶随着木材工业的发展，具有更好力学性能的新型人造板材及工厂预制技术的出现，使得木结构建筑的工业化生产成为可能，同时配套的建造技术得到长足发展，建筑规范和法规也进一步得以完善。尤其是近 50 年来，因能源危机和温室气体的大量排放而引发的一系列环境问题，使欧洲各国更加大力地发展和研究现代木结构建筑及其相关配套技术。

正交胶合木（Cross-Laminated Timber，CLT）是 20 世纪 90 年代开始在欧洲研发的一种新型工程木产品，可用于建筑的墙体、楼面板与屋面板结构。CLT 产品一般选用强度相对较低的速生木材（欧洲主要使用云杉）为原料，由至少 3 层实木锯材或结构复合板材纵横交错组坯，采用结构胶粘剂压制成矩形、直线、平面板材形式，并在工厂预制完成。正交胶合木结构建筑，见图 7-23。以正交胶合木产品为主要构件，结构体系可为框架、剪力墙或框架剪力墙混合体系。

在 CLT 的结构设计法研究方面，可参考木结构相关的标准《欧洲法规 5：木结构的设计 . 第 1-1 部分》（BS EN 1995-1-1：2004）和针对结构抗震设计的标准《欧洲规范 8：抗震结构设计 . 第 1 部分》（BS EN 1998-1：2004）。相对于前者记载基本构造法及标准规定等，后者强化了地震区建筑与民用工程的结构设计。CLT 建筑单元类似于箱形结构的特点，主要依赖节点连接抵抗水平荷载作用（如风荷载、地震作用）和控制墙体面内的变形。CLT 构件间常见节点连接包括金属支架、紧固件、工程木板条等，也有传统的榫卯、螺钉以及销连接方式。这些连接方式的创新不仅有助于结构稳定，还能够提升建造效率。

图 7-23　正交胶合木结构体系——挪威卑尔根 Treet

CLT 剪力墙结构是高层木结构中应用最广泛的一种结构形式。CLT 剪力墙结构为剪力墙结构体系，采用 CLT 板作为墙板和楼板，承受竖向重力荷载以及水平向风荷载和地震作用。CLT 结构体系采用平台法施工，即在一层完成面上进行上一层的施工。为了保证结构体系的整体性，CLT 剪力墙结构常采用抗拉锚固件和抗剪连接件对墙体和基础、墙体和楼板以及水平墙体之间进行抗拔和抗剪连接。为了加快 CLT 板的预制和装配，Polastri 等提出了一种新型的 CLT 连接体系 X-RAD：由硬木包裹一个金属多向连接件，通过全螺纹螺杆将其固定于 CLT 板的边角，板与板之间可以通过该节点很便捷地进行连接。

2. 欧洲木结构标准规范体系

瑞典和丹麦早在 20 世纪 50 年代开始就已有大量企业开发了混凝土、板墙装配的部件，丹麦是一个将模数法制化应用在装配式建筑的国家，故丹麦推行建筑工程化的途径实际上是以产品目录设计为标准的体系，使部件达到标准化，然后在此基础上实现多元化的要求。

欧洲木结构标准体系并未有专门针对建筑工业化的章节，但欧洲木结构标准体系包含更加完善的试验方法和节点设计。节点设计的标准化，很大程度上决定了木结构装配化的程度，欧洲现行的木结构专用紧固件规格以及紧固件试验方法等标准有 8 部，涵盖连接器、紧固件、销式紧固件、带机械紧固件和木紧固件。

另外，欧洲标准体系在木构件层面标准化程度很高，拥有成熟的制造标准子体系，还具有完善的专用紧固件规格以及紧固件试验方法等标准。胶粘剂属木结构连接产品，欧洲木结构标准中木结构用胶粘剂的相关规范和试验方法也自成一体。分类、性能要求和试验方法等内容齐全，但对于人造板、单板层积材、胶合木等构件用于承重木结构，相关的胶粘剂标准亟待编制，以确保产业链制造方的制造质量，满足下游设计方、施工方的要求。除此之外，欧洲木结构标准中试验方法自成体系，涵盖了通用、板材、连接、紧固件的试验方法，完备的试验体系能够持续检验和提供新技术，确保标准体系的开放性。标准数量分布见图 7-24。

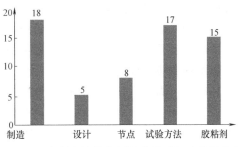

图 7-24　欧洲木结构专用标准体系标准数量分布

二、北美木结构建筑标准（体系）

1. 北美木结构建筑发展历程

近 50 年，木结构在北美得到了成功的发展，尤其伴随着现代高科技和计算机产业的发展，木结构从取材、加工、设计、安装均融入了高科技的成分。现代木结构建筑已成为传统营造概念和高科技的结合物，被广泛地运用到各种建筑中，尤其是四层以下的住宅、商店、办公楼、学校和工厂。它们被发展商、建筑师、营造商设为主要的结构材料，可以被用来满足任何建筑造型和最长达 16～25m 的空间跨度要求，而同时又保持足够的强度和适当的高度。

轻型木结构（图 7-25）是北美住宅建筑的主要形式。轻型木结构是由构件断面较小的规格材、均匀密布连接组成的一种结构形式，它由主要结构构件（结构骨架）和次要结构构件（墙面板、楼面板和屋面板）共同作用、承受各种荷载，最后将荷载传递到基础上，具有经济、安全、结构布置灵活的特点。

图 7-25　轻型木结构体系—北美某住宅

轻型木结构的主要结构形式为平台式框架，它通过一系列小尺寸规格材密置而成。这些密置的骨架构件既是结构的主要受力体系，又是内、外墙面和楼屋面面层的支撑构架，此外还为安装保温隔热层、穿越各种管线提供了空间。结构主要包括屋面结构、墙体结构和楼面结构三部分。屋面主要由屋面板、屋脊梁、椽条、天棚搁栅或屋架组成;墙体结构由顶梁板、底梁板、墙骨柱用钉连成一个整体框架,框架两侧钉墙面板;楼面结构则主要由楼面搁栅和楼面板组成。

轻型木结构有着较为成熟的设计方法。在竖向荷载作用下,各构件按其所承受的荷载进行计算设计。在水平荷载作用下,如果荷载、建筑规模满足规范限定的要求,水平荷载抵抗体系完全可按规范构造要求确定构件规格、间距和连接等,而不需另行进行分析计算,即"构造设计法";但当荷载、规模超过规范限定时,整个水平荷载抵抗体系必须按计算确定,即"工程计算设计"。工程计算设计时同其他结构设计一样,分承载能力极限状态设计和正常使用极限状态设计两部分。

轻型木结构房屋的主要构件均在工厂按标准加工生产,在施工现场以标准连接件加以拼接,所以施工速度远远快于需要大量湿作业的钢筋混凝土和砖混结构建筑,既节省人工成本,文明施工,又可以更好地保障施工质量。目前广泛使用的"平台式框架结构"的轻型木结构是一层一层建造的,已安装好的下层结构为上层结构施工提供了操作平台;单块墙板都是单层高度的,尺寸不大、重量轻,因此施工过程中不需用大型吊装设备。

2. 北美木结构建筑标准(体系)

(1)加拿大木结构标准规范体系

加拿大木结构标准体系除了涵盖本国编制(CSA)的十本木结构标准,还引用 ISO 木结构标准作为本国标准使用。

与我国相比,加拿大的木材料或构件制造标准子体系十分成熟,内容充分而且完整,除了本国编制的胶合板和胶合木标准外,还大量引用了 ISO 的人造板、单板层积材和胶合木标准。CSA 和 ISO 中木结构板材制造标准和连接产品标准合计达 48 部,但基于工业装配化层面,仍缺少关于木构件和建筑部品的产品标准。

丰富的试验方法标准也是加拿大与欧洲共有的特点,加拿大引用 ISO 木结构标准中的试验方法标准,对销式紧固件、带机械紧固件以及墙体、工字梁的试验方法进行了要求。此外,加拿大有自己作为运行维护标准的建筑耐久性指南,这是我国标准体系没有的。

木结构产品主要分两类:按照已有的标准加工的产品和按照制造商的规格生产的产品。由于制造商和第三方认证机构的存在,保证标准产品满足相关标准的要求相对容易,但一些专利产品,包括特殊专门产品和没有国家应用标准的产品必须区别对待,必须由符合评估资格的机构进行测试和评估。加拿大已按照国际标准和规范(如 ISO)建立了评估和认证体系,经认可的制造商和认证机构负责监督产品的生产和出售,从生产加工到施工现场由指定的监理验收人员认可和批准产品质量。加拿大的木结构产品认证体系已有效运行了若干年,已被北美、欧洲和亚洲的部分国家认可并直接接受采用。

(2)美国木结构标准规范体系

美国在 20 世纪 70 年代能源危机期间开始实施配件化施工和机械化生产。美国城市发展部出台了一系列严格的行业标准规范,一直沿用至今。

美国的标准均是由各协会提出,再由各州根据情况进行采纳。在 ANSI 官网上能查到的木结构标准主要分为产品、设计、施工、质验方法、运行维护几大类,其中产品标准以板材制造、胶粘剂为主。此外还有少量的连接产品标准（《木螺丝（英制系列）》ASME A112.19.12-2006、《木结构双螺旋弹簧锁紧垫圈》ASME B18.21.3-2008），而现行标准里质验方法标准以试验标准为主，涵盖了板材、构件、连接件的试验方法。

在设计、施工、维护等方面，美国规范与我国规范相差无几，但是美国规范中有相对完善的试验方法体系。这些试验规范绝大多数由ASTM（美国材料与试验协会）出版，试验标准涵盖了从木制品到连接再到构件层次的各类试验，木制品类试验中又分为人造板、复合木、胶合木、粘结、防火等。美国木结构标准体系标准数量分布见图7-26。

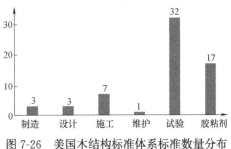

图7-26 美国木结构标准体系标准数量分布

三、日本木结构建筑标准（体系）

1. 日本木结构建筑发展历程

由于日本夏季气候闷热，日本传统的梁柱式木结构一般为大开间，墙壁可拆移、不承重。现代梁柱式木结构的梁、柱截面尺寸和立柱间的距离均有所减小。"二战"结束时，日本几乎所有民用建筑都是梁柱式木结构建筑。

"二战"后，木结构建筑在日本经历了由混乱到转变的过程（图7-27），并先后开发或引进了使用人造木质板的板式木质结构、原木结构、使用规格材框架、结构胶合板覆面的轻型木结构。

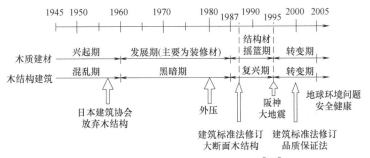

图7-27 日本木结构建筑发展历程[139]

2000年日本颁布《住宅品质确保促进法》规定：新建住宅建筑方有义务对结构体和防水性能做10年保证期的承诺。同时，通过大力宣传提高社会及民众对木结构的认可度，从而确保了木结构建筑顺利推广。近年来，由于调查发现在使用年限内的轻型木结构尚未发生过倒塌的案例，表现出了良好的抗震性能，逐渐成为主要的木结构建筑形式。

2. 日本木结构建筑标准（体系）

早在1969年，日本政府就制定了《推动住宅产业标准化五年计划》，开展材料、设备、制品标准、住宅性能标准、结构材料安全标准等方面的调查研究工作，并依靠各有关协会加强住宅产品标准化工作。据统计，1971年至1975年，仅制品业的日本工业标准（JIS）就制定和修订了115本，占标准总数187本的61%。1971年2月通产省和建设省联合提出"住宅生产和优先尺寸的建议"，对房间、建筑部品、设备等优先尺寸提出建议。

1975年后，日本政府又出台《工业化住宅性能认定规程》和《工业化住宅性能认定技术基准》两项规范，对整个日本住宅工业化水平的提高具有决定性的作用。目前日本各类住宅部件（构配件、制品设备）工业化、社会化生产的产品标准十分齐全，占标准总数的80％以上，部件尺寸和功能标准都已成体系。只要厂家是按照标准生产出来的构配件，在装配建筑物时都是通用的。所以，生产厂家不需要面对施工企业，只需将产品提供给销售商即可。

日本的森林覆盖率高达66.8％，日本民族自古就有喜爱木建筑的传统。据统计，各种结构形式在日本住宅所占比例中，木结构占比高达31.7％，仅略低于钢筋混凝土结构占比31.9％。因此，在日本建筑工业化进程中，工业化木结构建筑技术水平得到了很大的提高。

日本木结构预制装配化程度较高，预制装配式框板木结构约占日本木结构建筑的6％。现阶段，木结构住宅建设的各种构配件、成品、半成品基本实现了在工厂预制生产和专业加工，在施工现场机械化、半机械化或人力装配，从而达到缩短工期，提高精度，节约能源、材料，减少建筑垃圾和环境污染的目的。

近年来，型木结构在日本得到较大的发展，一个很重要的原因就是，在近几年所发生的地震中，轻型木结构住宅几乎没有倒塌的案例。工厂预制式结构的生产效率高，适合工业化大规模生产，理应得到较快的发展，但其数量在逐年减少，原因主要来自两方面：一是轻型木结构的工厂化生产程度亦很高，工厂预制式结构的优势相对减小；二是日本的公路普遍较窄且交通繁忙，大体积的预制单元体运输困难。

与加拿大类似，日本在使用本国的JIS标准以外，也使用ISO标准。并且，也同样把重点放在制造专用标准和试验方法专用标准中。日本木结构JISA标准体系标准数量分布见图7-28。

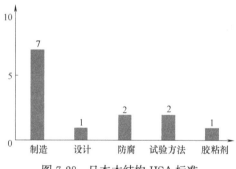

图7-28　日本木结构JISA标准体系标准数量分布

第八章

中国大陆工业化建筑标准规范发展历程与展望

第一节　装配式混凝土结构建筑标准

一、装配式混凝土结构建筑发展历程

我国装配式混凝土结构建筑发展历程大致可分为起步、起伏、提升三个发展时期[140]，各时期主要特点如表 8-1 所示。

中国装配式混凝土结构建筑发展历程　　　　　　　　　　　　　表 8-1

	发展初期	发展起伏期	发展提升期
年份区间	1950—1976	1976—1995	1995—2015
标准化特点	直接全文翻译引入苏联规范	一如抗震设计概念，针对不同抗震烈度区提出不同方案；1991 年，颁布行业标准《装配式大板居住建筑设计和施工规程》JGJ 1—91	2002 年颁布行业标准《高层建筑混凝土结构技术规程》JGJ 3—2002，地方标准《预制装配整体式钢筋混凝土结构技术规范》SJG 18—2009、《装配整体式混凝土住宅体系设计规程》DDG/TJ 08—2071—2010
发展方向	1956 年，提出"三化"（设计标准化、构件生产工厂化、施工机械化）	80 年代初期，提出"四化、三改、两加强"（房屋建造体系化、制品生产工厂化、施工操作机械化、组织管理科学化；改革建筑结构、改革地基基础、改革建筑设备；加强建筑材料生产、加强建筑机具生产）	1999 年，发布《关于推进住宅产业现代化提高住宅质量的若干意见》（国务院办公厅 72 号文件） "四化"（设计标准化、构配件工厂化、施工机械化和管理科学化） 开始关注减少用工、提升质量和减少浪费
主要预制构件/体系	预制空心楼板最多，预制柱、梁、屋面板、屋架均有应用，还开发了振动砖墙板、粉煤灰矿渣混凝土内外墙板、硅酸盐密实中型砌块、泡沫混凝土轻质墙板等多重预制墙板	大板建筑、砌块建筑，在大型墙板中开始引入石膏板、岩棉等新型建材 内浇外砌、内浇外挂、大模板全现浇等结构体系	装配整体式结构
备注	多为施工现场预制	多为预制构件厂生产	

二、中国装配式混凝土结构标准

我国现行的装配式混凝土结构标准主要涵盖了设计、施工、验收等阶段。

20 世纪 70～80 年代，特别在改革开放初期，装配式建筑曾经历一个快速发展时期，大量的住宅建筑和工业建筑采用了装配式混凝土结构技术，国家标准《预制混凝土构件质量检验评定标准》、行业标准《装配式大板居住建筑设计和施工规程》、协会标准《钢筋混凝土装配整体式框架节点与连接设计规程》先后出台。之后，随着装配式建筑应用的逐渐减少，有关标准的发展也进入了一个相对低潮阶段。

近年来，随着我国在装配式建筑方面的研究与应用逐渐升温，部分地方政府积极推进，一些企业积极响应，开展相关技术的研究与应用，形成了良好的发展态势。与此同时，为满足装配式混凝土结构建筑应用的需求，编制和修订了国家标准《工业化建筑评价标准》、《混凝土结构工程施工质量验收规范》；行业标准《装配式混凝土结构技术规程》、《钢筋套筒灌浆连接应用技术规程》；产品标准《钢筋连接用套筒灌浆料》、《钢筋连接用灌浆套筒》等，并发布了一批标准图集。目前我国现行装配式混凝土结构相关国家/行业标准见附录。同时，各省、自治区、直辖市也相继出台了相关的地方标准，并发布了一批鼓励装配式混凝土结构建筑发展的政策。

三、主要装配式混凝土结构技术体系

从结构形式角度，装配式混凝土建筑主要有剪力墙结构、框架结构、框架-剪力墙结构等结构体系。

按照结构中预制混凝土的应用部位可分为：（1）竖向承重构件采用现浇结构，外围护墙、内隔墙、楼板、楼梯等采用预制构件；（2）部分竖向承重结构构件以及外围护墙、内隔墙、楼板、楼梯等采用预制构件；（3）全部竖向承重结构、水平构件和非结构构件均采用预制构件。

以上三种装配式混凝土建筑结构的预制率由低到高，施工安装的难度也逐渐增加，是循序渐进的发展过程。目前三种方式均有应用。其中，第 1 种从结构设计、受力和施工的角度，与现浇结构更接近。

1. 装配式剪力墙结构技术体系

按照主要受力构件的预制及连接方式，国内的装配式剪力墙结构可以分为：装配整体式剪力墙结构；叠合剪力墙结构；多层剪力墙结构。装配整体式剪力墙结构应用较多，适用的建筑高度大；叠合板剪力墙目前主要应用于多层建筑或者低烈度区高层建筑中；多层剪力墙结构目前应用较少，但基于其高效、简便的特点，在新型城镇化的推进过程中前景广阔。

此外，还有一种应用较多的剪力墙结构工业化建筑形式，即结构主体采用现浇剪力墙结构，外墙、楼梯、楼板、隔墙等采用预制构件。这种方式在我国南方部分省市应用较多，结构设计方法与现浇结构基本相同，装配率、工业化程度较低。

装配整体式剪力墙结构中，全部或者部分剪力墙（一般多为外墙）采用预制构件，构件之间拼缝采用湿式连接，结构性能和现浇结构基本一致，主要按照现浇结构的设计方法进行设计。结构一般采用预制叠合板，预制楼梯，各层楼面和屋面设置水平现浇带或者圈梁。预制墙中竖向接缝对剪力墙刚度有一定影响，为了安全起见，结构整体适用高度有所降低。装配整体式剪力墙结构体系中，剪力墙构件之间的连接方式是关键。目前，我国主要采用预制墙体竖向接缝后浇混凝土区段连接，墙板水平钢筋在后浇段内锚固或者搭接的施工方式。

叠合板混凝土剪力墙结构是德国引进技术，尚在进行适应我国基本情况的技术改良研发。抗震区结构设计应注重边缘构件的设计和构造。目前，叠合板式剪力墙结构应用于多层建筑结构，其边缘构件的设计可以适当简化，使传统的叠合板式剪力墙结构在多层建筑中广泛应用，并且能够充分体现其工业化程度高、施工便捷、质量好的特点。

多层装配式剪力墙结构技术适用于6层及以下的丙类建筑，3层及以下的建筑结构甚至可采用多样化的全装配式剪力墙结构技术体系。随着我国城镇化的稳步推进，多样化的低层、多层装配式剪力墙结构技术体系今后将在我国乡镇及小城市得到大量应用，具有良好的研发和应用前景。

2. 装配式混凝土框架结构

装配式混凝土框架结构连接节点施工简单，结构构件的连接可靠，便于实现等同现浇的设计理念；空间布置灵活，便于满足各种功能需求；结合预制墙板、预制（叠合）楼板，预制率高，适合建筑工业化发展。

目前国内研究和应用的装配式混凝土框架结构，根据构件形式及连接形式，可大致分为以下两种：

（1）框架柱现浇，梁、楼板、楼梯、墙板等采用预制叠合构件或预制构件；

（2）预制框架梁、柱，楼板、楼梯、墙板等采用预制叠合构件或预制构件，节点刚性连接。

由于技术和使用习惯等原因，我国大陆装配式框架结构的最大适用高度低于剪力墙结构或框架-剪力墙结构，多用于低层、多层建筑，但由于其大开间、空间布置灵活的特点，多用于各类需要大开间的公共建筑，在居住建筑中应用较少。这一点与日本以及我国台湾地区广泛应用框架结构作为高层、超高层居住建筑有较大差异。

3. 装配式框架-剪力墙结构体系

根据预制构件部位的不同，装配式框架-剪力墙结构可分为预制框架-现浇剪力墙结构、预制框架-现浇核心筒结构、预制框架-预制剪力墙结构三种形式。

预制框架-现浇剪力墙结构中，预制框架结构采用预制框架梁、柱，节点刚性连接；剪力墙部分为现浇结构，与普通现浇剪力墙结构要求相同。这种体系的优点是适用高度大，抗震性能好，框架部分的装配化程度较高；但由于现场同时存在预制和现浇两种作业方式，导致施工组织和管理较为复杂，施工效率较低。

预制框架-现浇核心筒结构中，预制框架与现浇核心筒同步施工时，两种工艺施工造成交叉影响，难度较大；筒体结构先施工、框架结构跟进的施工顺序可有效提高施工速度，但这种施工顺序需要研究采用预制框架构件与混凝土筒体结构的连接技术和后浇连接区段的支模、养护等，增加了施工难度，降低了效率。这种结构体系可重点研究将湿连接转为干连接的技术，加快施工的速度。

目前，预制框架-预制剪力墙结构仍处于基础研究阶段，国内应用数量较少。

第二节　中国钢结构标准规范体系发展历程

一、我国钢结构发展历史

根据我国钢材产量的变化情况，我国钢结构的发展历程大致可以分为节约钢材、限制使用、合理使用和大力推广使用四个阶段。

第一阶段为新中国成立初期至 20 世纪 60 年代中期，由于我国冶金工业不发达，钢材匮乏，节约钢材是这一时期的国策。这一时期，我国钢结构研究应用开始起步，在苏联援建项目建设过程中，我国也引进了苏联钢结构规范作为我国第一本钢结构设计规范。

第二阶段为 60 年代中期到改革开放初期。这一阶段，社会生产由于"文革"的影响遭到极大破坏，钢材短缺，不得不通过行政命令限制建筑用钢，钢结构规范的编制工作也受影响。但是轻型钢屋架结构、冷弯薄壁型钢结构和大跨空间结构的研发工作取得了部分进展。

第三阶段为改革开放初期到 20 世纪 90 年代中后期，随着国民经济的快速发展，我国钢材产量和钢材质量均显著提升，轻钢结构、高层钢结构、单层门式刚架、厂房框架、空间结构、立体桁架结构等多种钢结构形式都得到了充分发展。

第四阶段为 20 世纪 90 年代中后期至今，随着我国逐渐成为世界钢产量首位的产钢大国，钢结构得到了政府的大力推广。同时，由于钢结构能耗低、环境排放量少，且可再生利用，符合我国发展节能省地型绿色建筑的政策要求，得到了社会认可。

二、我国现有工业化钢结构体系

1. 螺栓球节点网架

如图 8-1 所示。

图 8-1　螺栓球节点网架

2. 轻型门式钢架

如图 8-2 所示。

3. 多高层体系

如图 8-3 所示。

图 8-2　轻型门式钢架

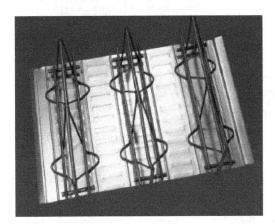

图 8-3　多高层体系

4. 马克俭盒式体系

如图 8-4 所示。

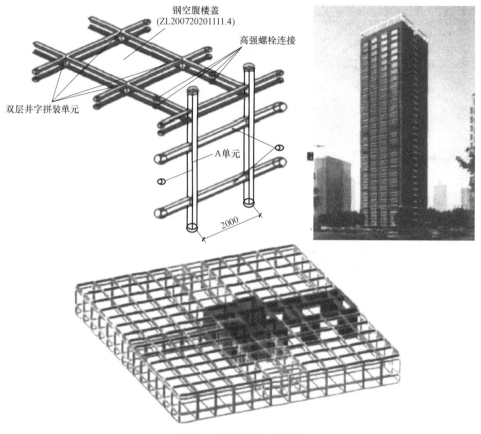

图 8-4 马克俭盒式体系

5. 集装箱房屋体系

如图 8-5 所示。

图 8-5 集装箱房屋体系

三、我国工业化钢结构建筑标准规范体系

为与国家现行的《工程建设标准体系》接轨且易于推行，按照现行的《工程建设标准体系》的制定原则、表述和框架要求，建立起相应的钢结构工业化技术标准体系框架。如图 8-6 所示。

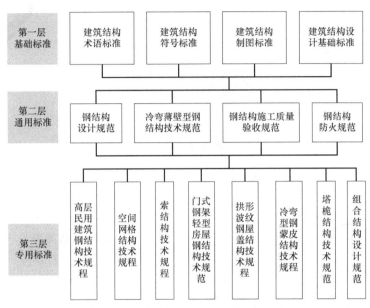

图 8-6　我国现行钢结构标准规范体系

第三节　中国木结构建筑标准体系

一、我国木结构建筑发展现状

我国木结构企业主要有从事居住建筑和公共建筑开发、景观建筑开发、材料生产供应三类。其中居住建筑和公共建筑多为高端别墅、养老院等，景观建筑多为园林景观中配套的亭台楼阁等。

1. 规格材

规格材是建造轻型木结构墙体和楼板的最主要材料，也是制作胶合木构件的基材，我国目前规格材仍主要依赖从北美进口。

规格材均为工业化生产，已具有完善的模数体系。

2. 结构用覆面板

覆面板是轻型木结构墙体和楼板的主要材料。覆面板可采用 OSB 板或胶合板，尺寸为 2.44m×1.22m。

3. 构造和连接件

轻型木结构的剪力墙和楼板以木骨架覆以覆面板构成。木骨架的不同构件间采用形式各异的金属连接件用钉连接，木骨架和覆面板则采用钢钉连接。木骨架构件间距具有一定

模数，仅采用 300mm、400mm、500mm、600mm 等尺寸。

连接件则根据不同木规格材尺寸进行标准化设计、工业化生产。如美国辛普森众泰（Simpson Strong-Tie）公司具有完善的连接件企业标准（图 8-7）。

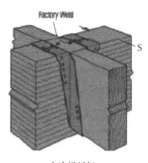

工字梁托架 主次梁托架 木螺钉

图 8-7　辛普森众泰标准化节点

4. 预制板木结构（Panel House）

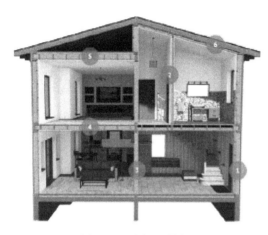

图 8-8　预制板木结构

预制板木结构的墙板单元高度工厂化生产。墙板在工厂加铺隔热板，并根据 NCS 色彩系统加铺风雨板、隔汽层、电气管道和电箱、内部石膏板、窗户、窗户上缘金属板和下缘金属板、窗户四周板在工厂已经安装好。之后，墙板运到现场安装节点。

预制板木结构的主要部件是面板和框架结构，分为外墙、非承重内墙、承重内墙、楼板、天花板和屋顶。这些构件在工厂预制后，到现场组装，可以极大缩小建造周期。改进技术后，能够使用专门的计算机程序来设计面板房子的所有构件，确保了精确装配。如图 8-8 所示。

5. 模块化木结构（Modular Timber Building）

模块化木结构是由称为体单元的多个模块组成的分段（预制建筑物），如图 8-9 所示。

图 8-9　模块化木结构示意

模块化木结构的体单元在工厂完成楼板、墙板、吊顶和屋面板的安装。电气、给水排水、供暖和通风设备一并完成。工厂内还几乎完成了表面装饰。浴室贴上瓷砖，墙面粉刷或铺上墙纸，楼板铺设镶木地板。卫浴、照明和厨房一并安装到位。

体单元一般是六面体的箱子，可以根据建筑物的要求，以一定的方式组装起来。体单元被运到施工现场，使用起重机，把不同的体单元布置在地基或者其他的体单元之上，使用连接件有效的连接起来。体单元可以用于根据设计的规划和布置来创建不同的布局，以便组装成更大的建筑物。如图 8-10 所示。

图 8-10　模块化木结构体单元

二、我国木结构建筑规范体系

我国现阶段的工程建设标准体系的基本框架如图 8-11 所示，该体系将标准分为基础标准、通用标准、专用标准三个层次。

当前，我国现有的木结构基础标准较为完善，涵盖术语基础标准、符号基础标准、图形基础标准、模数基础标准和分类基础标准，模数基础标准细分为建筑模数、住宅模数以及建筑部件模数三类，突出了住宅模数，解决了预制装配式建筑要求建筑部件模数统一的共性问题。但当前我国现有的木结构通用标准不够完善，仅有通用设计类等标准，木结构通用标准亟待补充和编制。我国现有的木结构专用标准虽然较为全面，但不管是其标准体系还是规范中的技术内容，仍存在诸多不适应于预制装配式的地方。

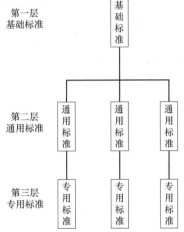

图 8-11　中国现行工程建设标准体系分类

我国现有的木结构标准大致可以分为材料类标准、设计类标准、施工类标准和验收类标准四类，相较于以前更加完善，能满足基本木结构建筑业工程需求。其标准体系基本符合上述分类，层层递进，互为补充。

第四节　我国工业化建筑标准体系发展展望

综合发达国家和地区装配式混凝土结构建筑、钢结构、现代木结构产业发展历史及配套标准（体系）研发历程，结合我国实际国情，对研发我国工业化建筑标准体系提出如下建议：

一、进一步明确标准的法律地位，强化标准的法律效力

2016 年 8 月 19 日，住房和城乡建设部发布《关于深化工程建设标准化工作改革的意见》提出，要加快制定全文强制性标准，逐步用全文强制性标准取代现行标准中分散的强制性条文。住建部表示，在标准中，强制性标准是具有强制约束力，也是保障人民生命财产安全，衍生健康工程安全，生态环境安全，公众权益和公共利益以及促进能源、资源节约利用，满足社会经济管理方面的一个控制性的底线要求。

但是，应当指出，我国建筑行业基本大法《建筑法》中并未引用有关标准或对标准的法律地位做出明确定义，这对标准的贯彻实施产生了一定程度的负面影响。我国根据《标准化法》实行强制性标准（具有法律规范的作用）与推荐性标准（不具有法律规范的作用）相结合的体制，两者界限和层次不清，且不利于实施监督工作的开展。从我国现行工程建设强制性标准（指《标准化法》意义上的强制性标准）的实际情况来看，大多数其条文内容有的是强制性的，有的是推荐性的。这种情况对于保持一本标准的完整性是必要的，但与《标准化法》规定的必须强制执行的要求不相符。

当前市场经济发达国家（如美国、加拿大、德国、日本等）和地区（如欧盟、中国香港）的建筑市场技术管理机制虽有不同的表达形式，但实质上都已实行了建筑技术法规与技术标准相结合的体制。属于法律规范体系的建筑技术法规强制执行，不属于法律规范体系的建筑标准自愿采用，两者相互结合、配套使用。政府发布建筑技术法规，提出对建筑产品、建筑性能的最低要求，保证基本标准的法律地位。同时，在其"方法性条款"、"可接受方案"部分或其配套文件中，对已有标准做出了合适规定的，均直接引用这些标准的条款，不再重复规定；凡被技术法规引用的标准条款，均成为技术法规的组成部分，因而具有与技术法规相同的强制属性；只有在无合适的标准可被引用时，技术法规才用陈述性语言自行做出规定。[141]

建筑技术法规与技术标准相结合的体制既可直接发挥法律规范的效力，加大强制性技术要求的实施力度，又可使非强制性技术要求不直接受法律规范的约束，具有适应技术进步的灵活性，有利于提高建筑产品和技术的竞争力。参照世界上经济发达国家和地区的通行做法，逐步建立和完善建筑技术法规与技术标准相结合的体制，是我国建筑技术法制化建设的必由之路。因此，应当进一步明确标准的法律地位，强化标准的法律效力。

二、建立完善工业化建筑标准体系框架

《国务院关于印发深化标准化工作改革方案的通知》（国发〔2015〕3 号）指出，目前我国尚存在"标准体系不够合理，不适应社会主义市场经济发展的要求"的问题。因此，应当先探索建立工业化建筑标准体系框架，保证标准体系的完整性、合理性、适用性。

需要提出工业化建筑标准规范体系构建的基本理论和方法，建立以现有标准为依托、以需求为导向的工业化建筑标准规范体系框架。

应当在合理评估我国工业化建筑标准需求的基础上，通过建立工业化建筑标准体系构建理论与评估方法，建立完善的工业化标准建筑标准体系框架。并在此基础上，对框架内现有标准进行技术规定与应用效果全方位适用性评估，提出制约行业发展的技术瓶颈问题

与内容欠缺，提出解决方案（继续采用、修订后采用、另行制定）；同时对框架内暂时欠缺的标准进行重要性评估，并制定相应的标准研发计划。

三、进一步研发工业化建筑标准亟需的关键技术

综合第二至四章，结合发达国家和地区发展经验，建议抓紧研发以下工业化建筑关键技术：

对于装配式混凝土结构建筑：

（1）可通过推荐"普通标准户型"或"标准组件式单元"等方式，从标准、设计源头解决装配式混凝土结构的标准化及模数化问题。

（2）研发厨卫设备、门窗、楼梯等部品部件的尺寸模数协调标准。

（3）引进吸收国外先进技术体系，打破目前"等同现浇"单一设计理念的限制，在保证结构安全性、整体性的前提下，尽量简化连接构造。

（4）在提高装配式混凝土预制构件品质的同时，进一步研发装饰、保温一体化技术。

对于钢结构建筑，目前单一类技术规程、规范比较齐全，网架结构、压型钢板、高层民用钢结构、多层钢结构设计等技术规程基本健全，应重点研发以下技术内容：

（1）涵盖不同钢结构住宅体系的国家标准及对应验收规范。

（2）轻型钢结构的节能、水、电、气等方面的系统性研究。

（3）钢结构主体与叠合楼板、内外墙板等部品部件的模数化、标准化整合。

（4）大跨度开合结构体系、张拉整体结构体系等发达国家应用较多、我国工程实践尚存空白的先进工程技术体系的标准化。

对于现代木结构：

（1）应探索研究适应于不同地区的现代木结构技术体系和配套部品体系，建立符合我国国情的、以本土林产工业为支撑的技术体系。

（2）针对木材特性、结构安全、防火安全、热工性能、耐久性能等方面展开系统研究。

（3）加强对现代木结构建筑节能、环保、抗震、安全监控、既有建筑改造等关键技术的研究。

（4）研究大跨度、多层木结构技术体系，逐步定型木-钢、木-混凝土组合结构体系和节点技术。

同时，应当大力推动建筑部品标准化，建立工业化建筑标准化部品分类编码方法与部品库构建规则，建立装配式混凝土结构建筑标准化部品库、钢结构木结构建筑标准化部品库、工业化建筑装修和设备管线标准化部品库等工业化建筑领域重要标准化部品库。

四、以"一带一路"为契机，增强标准国际交流

应当指出，第三点建议中，部分当前我国工业化建筑标准亟需的关键技术，如装配式混凝土结构干式连接，突破"等同现浇"设计理念；钢结构大跨度开合结构体系、张拉整体结构体系等先进技术，美国、日本、欧洲等国家或地区已有相当成熟的应用经验。所以，应当鼓励政府管理部门、企业、科研机构等借助"一带一路"政策契机，广泛开展与"一带一路"沿线国家的国际合作与交流，把国际上先进成熟的工业化建筑技术体系与标

准化经验"引进来",加快研发或改良适合我国实际国情的工业化建筑技术体系并研发相应标准,发展具有自主知识产权的核心技术,不断提高我国工业化建筑标准化水平。

同时应当认识到,随着我国经济市场化程度不断提高,进出口规模快速扩张,由于标准不一致导致的问题也逐渐增多。掌握国际标准的话语权才能有效改善我国国际贸易条件,为我国的产品和技术出口争取到更为有利的条件。在 ISO 等国际标准化组织中,各国标准组织均在不同程度上承担了一定的工作职责,同时也掌握了国际标准制定的话语权。应当抓住"一带一路"政策带来的产业、文化输出契机,积极参与到国际标准化工作中去,实现我国标准"走出去":

(1)应当利用援助欠发达国家地区基础设施建设的机会,宣传应用我国成熟的工业化建筑技术标准(体系),并可以我国工业化建筑标准(体系)为模板,指导对方建立本国技术标准。

(2)应加强与 ISO 组织的合作,积极参加 ISO 标准的制修订工作,充分表达我国标准化诉求,提高国标产品的国际竞争力,提升我国在国际标准领域的话语权。

第三篇 工业化建筑标准体系构建理论与方法

第九章

标准体系构建综述

第一节 标准体系构建指导思想与总体目标

一、指导思想

思想决定行动，是行动的先导和动力。在建筑工业化大力发展，技术体系、产品体系和管理体系不断发展创新，标准深化改革的时代背景下，我国工业化建筑标准体系建设必须旗帜鲜明、主题突出，并形成一以贯之的指导思想：

第一，工业化建筑标准体系建设，应当充分发挥标准化在全面推进我国建筑工业化、发展装配式建筑以及加快建筑业产业转型升级中的基础性和引导性作用，着力建立政府主导制定的标准与市场自主制定的标准协同发展、协调配套的新型标准体系；

第二，工业化建筑标准体系建设，应当加强统筹规划与宏观指导，加强对标准的实施与对标准实施的监督，加强标准与科技创新融合发展，借鉴国际先进经验，建立动态完善和维护机制，逐步形成发展装配式建筑强有力的技术支撑体系。

二、总体目标

标准体系具有一般系统相类似的特性，每个确定的标准体系都是围绕着一个特定的标准化目的而形成的，标准体系的目的决定了由哪些标准构成体系，以及体系范围的大小，而且还决定了组成该体系的各标准以何种方式发生联系。构建工业化建筑标准体系的目的是为了实现工业化建筑标准化，从而提升建筑行业适用性与经济性，最终促进建筑业的更新。

从标准化的定义与标准化的实践工作，可知与标准化相关的事物主要有问题、活动、标准、机构、法规或制度、资源等因素。因此，标准化系统是为开展标准化所需的课题、过程、组织、标准、法规制度及资源构成的有机整体。标准体系是标准化系统的运行结果。针对工业化建筑标准体系，其构建目的是由标准化系统相关事物有机组合形成标准体系，用以指导引领工业化建筑高质量发展。因此，对于工业化建筑标准体系目标确定由以下几方面组成：

（1）通过工业化建筑标准体系的活动，确定工业化建筑标准体系的问题。

（2）分析工业化建筑标准体系的构成，确定标准的覆盖度。

（3）分析标准化机构与资源，合理确定标准体系的管理体制。

概括起来看，"十三五"期间，基本建成覆盖工业化建筑全过程、主要产业链，具有系统性、协调性、先进性、适用性和前瞻性，以全文强制规范为约束准则、以通用基础标准为实施指导、以专用技术标准为落地支撑，由政府主导制定的标准和市场自主制定的标准共同构成的新型标准体系；基础标准和关键技术标准基本制定，标准体系对工业化建筑标准化工作的指导作用得到发挥。

第二节　标准体系构建基本原则

工业化建筑标准体系的构建需要符合标准化的基本原则与系统演化发展的动态规律。这些原理与规律共同组成了工业化建筑标准体系建设的基本原则。只有在这些原则下构建的工业化建筑标准体系，才具有目标性、整体性、科学性、层级性和动态性。建立工业化建筑标准体系是一项系统工程，涵盖了工业化建筑相关领域内的所有专业的基本原理和技术规定。因此，制定标准体系要坚持目标明确、层次清晰、方便实用的基本原则，同时保证内部标准相互间的协调性和配套性。

（1）全面系统，重点突出。体系建设应当把握当前和今后一个时期内工业化建筑标准化建设工作的重点任务，做好顶层设计，覆盖工业化建筑全过程、主要产业链，确保标准体系总体布局合理、覆盖全面、系统完整、重点突出。全面覆盖工业化建筑的所有领域，全面的工业化建筑标准体系应当符合国家可持续发展战略，能够涵盖工业化建筑的所有领域，应当包括为实现工业化建筑总体目标而进行的活动、技术、产品和环节，确保任意一个和工业化建筑相关的技术活动都能在标准体系中有相应的标准和位置。

（2）层次恰当，划分明确。每个标准项目都应当根据适用范围和技术内容安排在适宜的层次上，使标准体系组成层次分明、简化合理。

（3）开放兼容，动态优化。保持标准体系的开放性和可扩充性，为新的标准项目预留空间，同时结合装配式建筑的发展形势和需求，定期对体系内标准适用范围和内容进行优化完善，提高工业化建筑标准体系的适用性。

（4）立足现实，创新引领。体系建设既要立足于当前建筑工业化的标准需求，解决目前装配式建筑标准化发展的迫切问题，又要面对新形势新任务，跟踪国际建筑工业化技术和标准的新进展，分析未来发展趋势，建立适度超前、具有可操作性的标准体系。

（5）落实改革，协同发展。标准体系的建立和优化完善，要贯彻落实国家标准化深化改革精神，建立符合标准创新发展要求的新体系，让标准成为建筑工业化发展的动力增大器和倍增器，推动我国建筑业持续健康发展。

（6）克服缺陷，满足实用。新构建的标准规范体系应尽量克服目前存在的性能目标缺失、评价标准多且重复等问题。标准体系的实用性要求体系能够优化指导涉及工业化建筑领域的技术法规及技术标准、规范的必要基础工作，便于指导今后一定时期内标准制订、修订立项以及标准的科学管理，服务于相关工业化建筑的工作职能部门。

第三节　标准体系构建程序

工业化建筑标准体系按照新建、完善优化等阶段进行构建。静态的标准体系构建主要程序为：（1）标准体系目标分析；（2）标准需求分析；（3）标准适用性分析；（4）标准体系结构设计；（5）标准体系表编制；（6）标准体系编制说明撰写；（7）标准体系印发、宣传；（8）标准体系反馈信息处理；（9）标准体系改进和维护更新。在上述过程中还应注意标准体系构建中的联动问题，可以增加标准体系的覆盖度评价、优先度分析以及结果反馈、反复推演等步骤，以确保标准体系的适用性和动态性，见图 9-1。

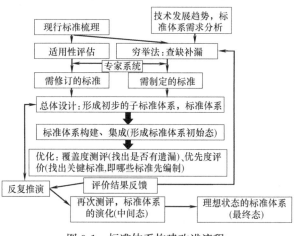

图 9-1　标准体系构建改进流程

第四节　工业化建筑标准体系构建理论框架示例——以装配式混凝土结构建筑为例

一、体系结构图

基于标准体系构建的方法和思路，以装配式混凝土建筑为例，通过探讨其全过程、主要产业链的生产特征，研究建立装配式混凝土建筑技术标准体系，可以直观显示出当前装配式混凝土建筑的标准规范现状和需要研制的标准规范项目，以提高我国装配式混凝土建筑标准制修订工作的科学性、前瞻性和计划性，支撑装配式混凝土建筑相关标准的科学、有序发展。

装配式混凝土建筑的生产按阶段涉及设计、生产、施工等环节，各环节以标准化设计、工厂化生产、装配化施工、信息化管理、一体化装修、智能化应用为主要目标，各阶段下又包含各项专业内容及其装配式特征。本书将基于该分类方法着力构建覆盖装配式混凝土建筑全过程、主要产业链，着眼于全寿命周期、全专业视角下标准间内在关系的研究，以装配式混凝土建筑的"六化"目标作为目标层，各阶段涵盖的专业内容作为专业层及各专业层所体现的装配式特征作为特征层，形成由目标层、专业层及特征层三个层级构成的新型装配式混凝土建筑标准体系框架，即装配式混凝土结构标准体系初始态，见图9-2。

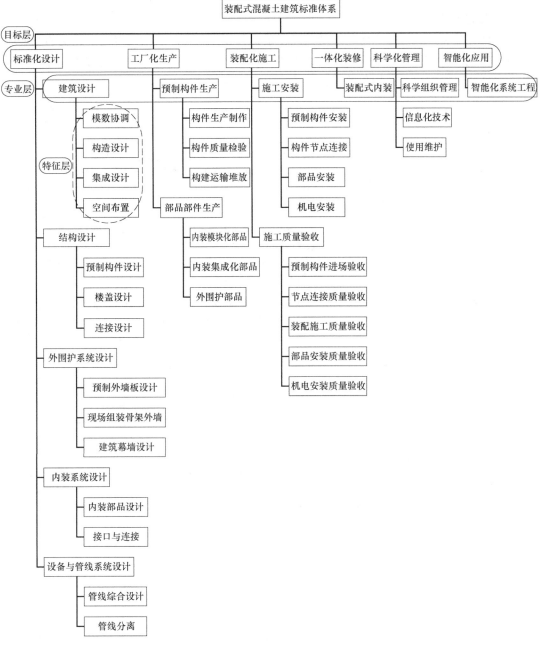

图9-2 工业化建筑标准体系构建理论框架（以装配式混凝土结构为例，即装配式混凝土结构标准体系初始态）

二、体系层次的内容

基于研究建立的新型装配式混凝土建筑标准体系框架，现对体系框架中各专业层级下所体现的装配式特征进行定义并确定其所应涵盖的内容，作为标准适用性评估的参考，同时便于清晰地将标准按"条款功能团"在体系框架中进行准确定位，找到标准在体系框架中的位置（不唯一）。

1. 标准化设计

标准化是装配式混凝土建筑发展的基本前提和技术支撑。装配式混凝土建筑的发展应采用一体化集成设计，将建筑、结构、外围护、内装、设备与管线系统集成为有机整体，推广标准化、模数化、通用化的设计方式。详见表 9-1。

标准化设计的内容需求 表 9-1

专业层	专业特征	概念及内容
建筑设计	模数协调	模数协调是装配式建筑实现标准化设计的基础,建筑的平面设计、立面设计、构造节点等都应进行模数协调,选用适宜的模数及优先尺寸,实现预制构件、部品部件的尺寸及安装位置的协调,满足预制构件、部品部件标准化和通用化要求
	构造设计	节点构造是装配式混凝土建筑的关键技术,包括楼地面构造、屋面构造、墙体构造、防火构造等内容。通过构造节点的连接和组合,可以使所有构件和部品成为一个整体,实现可靠连接并满足防火、防水、保温、隔热、隔声等性能要求
	集成设计	集成设计,又称协同设计,是建筑、结构、机电设备、室内装修的一体化设计,要求在设计阶段应进行整体策划,统筹规划设计、部品构件生产、施工安装及使用维护要求,充分利用信息化技术手段实现各专业的协同配合
	空间布置	空间布置包括平面布置和竖向布置两方面内容,建筑的合理空间布局不仅需要满足使用功能的要求,还应采用标准化的设计方法来全面提升建筑品质、提高建造效率和控制建造成本。经过整体设计的空间布局,不仅能够考虑建筑功能空间的使用尺寸,还能够考虑建筑全寿命周期的空间适用性,让建筑空间适用于使用者在不同时期的不同使用需求
结构设计	预制构件设计	预制构件是在施工现场实施安装前就已经制作完成的混凝土结构构件,主要包括框(排)架柱、剪力墙、围护和分隔墙、柱梁节点、梁(屋架)、板、楼梯等,是实现建筑装配化的基础。目前预制构件正朝着标准化、系列化和商品化的方向发展,所以完善预制构件设计的相关标准,实现建筑设计与工业生产的完美结合是重中之重
	楼盖设计	叠合楼板是预制和现浇混凝土相结合的一种较好结构形式,这种结构形式不仅在跨度和承受荷载上有较大使用范围,而且兼有预制板和现浇板的优点,既简化施工顺序,又加快工程进度,降低工程造价
	连接设计	装配式混凝土建筑中预制构件的连接是通过后浇混凝土、灌浆料等实现预制构件间的接缝以及预制构件与现浇混凝土间结合面的连续,满足设计需要的内力传递和变形协调能力等结构性能要求。构件连接质量是保证装配式混凝土建筑结构性能的关键
外围护系统设计	预制外墙板设计	预制外墙板主要包括外挂墙板、蒸压加气混凝土板、夹芯墙板等,标准应详细规定板材的性能、规格尺寸设计等内容
	现场组装骨架外墙	非承重骨架外墙主要由骨架、墙面材料、密封材料、连接件等组成,其设计、生产制作和施工安装应满足保温隔热、隔声、防水防潮、防火等性能
	建筑幕墙设计	建筑幕墙主要有玻璃幕墙、金属与石材幕墙等,标准应包含幕墙的性能设计、构造设计等内容

专业层	专业特征	概念及内容
内装系统设计	内装部品设计	内装部品设计主要包括集成式厨房部品部件、集成式卫生间部品部件、架空地板、龙骨吊顶、轻质隔墙等。在装修过程中使用内装部品能够提高施工效率、减少材料浪费、降低环境污染，有利于产品的质量控制和运营维护，对实现装配式建筑"一体化装修"的目标具有重要意义
	接口与连接	内装部品除需要实现部品部件的尺寸协调外，为满足内装部品与建筑、结构、机电设备管线间的有机连接，应使用标准化接口
设备与管线系统设计	管线综合设计	管线综合设计是对水、暖、电三种设备管线进行统筹优化设计，避免发生大量的管线交叉，能使给水排水、采暖、照明等系统满足功能使用、运行安全、方便维修管理等的要求。装配式建筑的机电设备管线应进行综合设计，可以采用管井、架空敷设，或者暗埋敷设等方式
	管线分离	装配式建筑的机电设备管线宜采用与主体结构相分离的布置方式，方便后期维修养护，且不影响主体结构安全

2. 工厂化生产

工厂化生产是装配式混凝土结构与现浇结构的主要区别。装配式混凝土结构的预制构件、部品部件在工厂生产制作完成，生产企业的质量把控起着关键作用，应建立完善预制构件、部品部件的质量验收标准和运输堆放措施等的相关规范。详见表 9-2。

工厂化生产的内容需求　　　　　　　　　　　　　　　　　　　　表 9-2

专业层	专业特征	概念及内容
预制构件生产	构件生产制作	构件生产制作应包括原材料进厂检验、模具制作、钢筋成型、预埋件固定等的生产准备和混凝土浇筑、振捣、养护、脱模等的构件成型
	构件质量检验	构件质量检验应包括预制构件及配件、配料等的外观质量、尺寸偏差和结构性能的检验，以及检验合格产品的标识及成品保护
	构件运输堆放	标准应对不同预制构件的运输堆放方式、场地要求、荷载计算等作出相应规定，运输前应结合施工要求提前制定运输堆放方案，对运输方式、运输线路、运输工具、堆放场地、成品保护措施等详细规划
部品部件生产	内装模块化部品	内装模块化部品主要包括整体厨房、整体卫生间、整体收纳等，标准的内容应包含产品的外观质量、尺寸偏差和性能检验，以及产品的标志、包装、运输和贮存等
	内装集成化部品	内装集成化部品主要包括集成式厨房部件、集成式卫生间部件、集成吊顶、架空地板、龙骨吊顶、轻质隔墙等，标准的内容应包含产品的外观质量、尺寸偏差和性能检验，以及产品的标志、包装、运输和贮存等
	外围护部品	外围护部品主要包括预制外墙板、现场组装骨架外墙、建筑幕墙等，标准的内容应包含产品的外观质量、尺寸偏差和性能检验，以及产品的标识、包装、运输和贮存等

3. 装配化施工

装配化施工是装配式混凝土建筑生产的主要特征。但从当前行业发展现状来看，装配化施工技术的应用程度还不太高，先进技术的应用缺乏施工规范和验收标准，需尽快建立完善的装配化施工规范和质量验收标准，提高预制构件、部品部件的建筑安全性能和装配施工质量。详见表 9-3。

装配化施工的内容需求　　　　　　　　　　　　　表 9-3

专业层	专业特征	概念及内容
施工安装	预制构件安装	预制构件安装主要涉及安装准备、吊装及临时支撑等内容。相比现浇结构，装配式混凝土建筑预制构件的组装量很大，因而对于吊装和临时支撑的使用方法与设备要求也就更高，标准中应结合装配式施工工艺对具体操作细则给出相应的规范和指导
	构件节点连接	构件节点连接的方式主要有钢筋套筒灌浆连接、浆锚搭接连接、后浇混凝土连接等。标准应对各种连接方式的要求作出相应规定，保证构件的可靠连接
	部品安装	部品安装包含部品的运输、堆放、起吊、安装等内容。相比于分户零散的装修方式，装配式建筑的内装部品安装更加统一，采用的干式工法也有一定技术难度，这就需要有更加统一的标准来指导和规范施工队伍的装修行为
	机电安装	装配式混凝土建筑的机电安装需要借助特殊的构造与内装部品安装相结合。设备管线常需要挂在预制构件或部品部件上，其安装需要满足一定的要求以保证构件和部品部件的结构安全，这些都是标准中应该涉及的内容
施工质量验收	预制构件进场验收	预制构件的质量将直接影响到建筑结构性能安全，预制构件安装前须对预制构件的外观质量、尺寸偏差、结构性能、标识及产品质量合格证明等进行检验，同时也包含相关配件、配料等有关性能的检验，标准应对其具体要求作出相应规定
	节点连接质量验收	标准应对装配式混凝土建筑中所采用的钢筋套筒灌浆连接、浆锚搭接连接、后浇混凝土连接、坐浆连接、焊接、机械连接、螺栓连接等节点连接方式的施工质量作出细化的技术要求，保证装配式混凝土结构性能安全
	装配施工质量验收	标准应对装配施工后的预制构件饰面质量、构件位置、尺寸偏差、防水性能等的验收作出相应规定要求，以保证建筑的装配化施工质量
	部品安装质量验收	部品安装应实现与主体结构构件的可靠连接，并保证其观感质量、尺寸偏差等效果，标准应对其安装质量作出相应要求
	机电安装质量验收	标准应对装配式混凝土建筑中涉及建筑给水排水、供暖、通风、空调、电气、电梯等的设备与管线安装作出明确的质量要求

4. 一体化装修

一体化装修是装配式混凝土建筑的发展方向，它强调装饰装修与主体结构、机电设备协同施工，推广标准化、模块化、集成化的装修模式，促进整体厨卫、轻质隔墙等集成化技术的应用，推行装饰材料与保温隔热材料一体化应用，提高装配式装修水平。详见表9-4。

一体化装修的内容需求　　　　　　　　　　　　　表 9-4

专业层	专业特征	概念及内容
装配式内装	装配式内装	一体化装修强调装配式建筑的装饰装修与主体结构、机电设备在设计、生产、施工等全寿命周期的协同，并多采用标准化、模块化、集成化的建筑内装部品与干式工法的施工工艺，这也是装配式混凝土建筑与现浇混凝土结构的主要区别

5. 科学化管理

装配式混凝土建筑应积极推行工程总承包模式，研究建立与装配式混凝土建筑工程总承包相适应的管理制度，实现设计、生产、施工和采购的统一管理和深度融合，优化项目管理方式。积极推广应用建筑信息模型技术，实现建筑全专业、全过程的信息化管理。生产成果应便于建筑的维修和使用养护。详见表 9-5。

科学化管理的内容需求 表 9-5

专业层	专业特征	概念及内容
科学组织管理	科学组织管理	装配式建筑的组织管理主要包括施工组织设计、施工专项方案、安全文明施工及环境保护等方面的要求，为规范装配式混凝土建筑前期策划、设计、生产、施工、验收等阶段的生产管理，发挥装配式建筑的突出优势，标准中应制定相应的管理要求，使装配式混凝土建筑的生产管理更加简单化、科学化和规范化
信息化技术	信息化技术	信息化技术主要包括 BIM、RFID 等信息化技术的应用。装配式建筑的构件、零部件、配件较多，要保证各类构配件的精准生产和组装，提高工作效率，经常需要借助信息化技术手段的支持。同时，信息化技术能够实现建设主管部门、建设单位、施工单位、监理单位及供应商等各方的管理信息共享，提高管理信息的模型化和可视化程度，降低管理成本，是装配式建筑生产的发展方向。我国可制定相应的标准推广应用
使用维护	使用维护	装配式建筑在建造完成后的相当长的一段运营时期是考验建筑质量和效果的关键所在，建筑的保温隔热、防水防潮等性能以及维修的便利性是人们关注的重点，应制定相应的标准进行约束和指导

6. 智能化应用

装配式混凝土建筑应基于人工智能、互联网、物联网等技术实现智能化应用，体现智能化技术与建筑技术的融合，提升建筑使用的安全、舒适、便利和环保等性能。详见表 9-6。

智能化应用的内容需求 表 9-6

专业层	专业特征	概念及内容
智能化系统工程	智能化系统工程	装配式建筑应强调以智能化技术与建筑技术融合的"建筑智能化系统工程"，应制定相应的标准对其智能化效果进行评价

第十章

工业化建筑标准化环境与标准需求分析

第一节　工业化建筑标准化环境条件需求分析

　　环境条件是开展标准化活动的重要因素，标准化工作开展不能离开现实依存的各种条件。本章将系统分析方法运用到工业化建筑标准化的环境条件需求的探索性研究。本章按照系统分析的内容体系展开，包括环境需求系统理论框架、系统目标分析和系统环境分析三部分主要内容。

一、工业化建筑环境需求系统框架

　　首先建立了环境需求系统，围绕需求系统目标与环境之间的关系，构建了工业化建筑标准化所需环境的理论框架。

　　1. 工业化建筑环境需求系统的建立

　　一个完整的环境需求系统由下列五个不可分割的要素构成，具体包括[142]：

　　主体：指环境需求系统的需求方和供给方。系统的主体可以是国家、企业、团体或个人，没有格外限制。需求主体可以不对等，就是说，需求方和供给方不一定是同样性质或具有同样规模和实力。但是，需求方和供给方的选择趋向于同类主体中能够满足最优需求的一方，按照竞争规则，指向具有竞争优势的一方。

　　客体：对一般商品而言，需求的客体是指商品，而工业化建筑环境需求的客体指的是需求的对象——科学技术、标准、政策等。环境需求的客体描述具有一定的难度，例如，人们很难确切地说明工业化建筑标准化需要什么样的环境，因为它的客体是看不见、摸不着的，同样需要基于知识或技能的主体加以认识，进而掌握。因此，对环境需求的客体描述一般都是基于客体功能的，只有在特定的具体问题中是基于量化指标的。本章中对于环境需求客体的描述是基于功能角度的。

　　需求意愿：是指需求方对需求客体需要和意愿的表达，只有那些需求意愿表达明确的需求方，才称之为有效需求方。需求意愿是否明确决定于需求客体在市场中的稀缺程度和对需求方的重要性程度。可以说，有效环境需求就是需求意愿明确的需求，换句话说，就是需求方愿意付出需求客体的价值。

价值量：对于有形商品，它的价值可以用商品价格来表示，用需求量和供应量表示需求的总量或规模。对于环境需求客体而言，就不能简单地适用了。因而，本章利用价值量来定性地表征环境需求的价值大小。

需求渠道：需求渠道与供给渠道相对应，都是借用市场学中的渠道概念。需求渠道是指环境需求已存在的和潜在的路径；从经济学角度，需求渠道就是环境这种特殊商品的市场路径。由于需求系统具有从环境中不断获得有利于系统自身向有序状态发展所需的物质、信息和能量等特性，环境需求系统表现出显著的开放性。系统只有开放，才能够通过自适应学习推进系统由低级向高级提升，才能通过联系对外发挥系统的功能。

2. 工业化建筑标准化的环境需求系统框架

经济学经常运用表示各种变量关系、系统关系、结构关系的框图来描述经济现象，称之为经济模型。这些概念模型与数学模型一样，能够表达各变量、系统间的关系，比较清晰地揭示经济现象的内在联系，因而得到广泛的应用。基于此，建立发展工业化建筑环境需求理论研究的基本框架如图10-1所示。

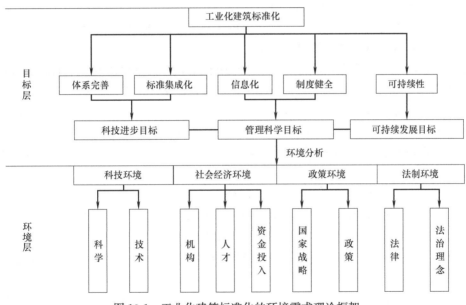

图10-1 工业化建筑标准化的环境需求理论框架

第一个核心问题系统分析，解决的是工业化建筑标准化的环境需求系统构成要素和结构问题，它包括两个核心层次：即需求系统目标分析和系统环境分析，从结构上划分为目标层和环境层。

二、工业化建筑标准化需求系统目标分析

系统之所以存在就是要达到某种目的，目的是由若干具体的目标体现出来的。系统的目标是通过系统对外界环境产生的功能而实现的。因而，识别、分析和确定系统的目标是研究工业化建筑环境需求系统的首要问题。

本章从工业化建筑发展角度对环境需求系统提出的新要求出发，确定了环境需求系统的三个核心目标：即促进科技进步目标、提升管理科学目标和实现可持续发展目标。其

中，促进科技进步目标是环境需求系统的基础性目标；提升管理科学目标是导向性目标；实现可持续发展目标是根本性目标。上述三个目标不是孤立存在的，三者之间共同构成了环境需求的目标体系。

1. 需求系统目标与科技进步目标协同分析

标准化需求系统的基础目标是促进科技进步，提高科学技术水平，发挥科学技术"第一生产力"的作用。环境需求系统真实地体现了人类经济社会对科学技术的依赖程度。环境需求系统联络着科学技术的应用方向、扩散方向，因此，环境需求系统的基础目标应该是科学技术本身的发展目标，二者的发展目标是协同一致的。

美国经济学家 B. Commoner 把中国实现可持续发展战略总结为三大基本要素：一是控制人口的总规模，二是提高社会的效率，三是提高科学技术的总水平。三者之中，科技进步是制约可持续发展的总杠杆。世界银行资深学者分析了技术进步，特别是高新技术的突破带动经济发展的巨大作用，强调一个可持续发展的社会，必然更强烈地依赖于新技术的大发展。

2. 系统目标与管理科学目标协同分析

需求系统目标与管理科学目标的协同分析就是要深入研究标准化环境需求系统目标与制度化建设这一现实目标之间的协同关系。

根据以往的经验和研究，社会和经济发展过程中，对工业化建筑技术的需求与其现有的技术能力和努力达到的技术能力密切相关，工业化建筑技术的需求趋势与相关的技术能力培养和建设目标具有协同规律，目标技术能力与现实技术能力的差距决定了其标准化环境需求的方向和持续改善目标。同时，需求的紧迫性也决定了优先建设哪一种技术能力；反之，在一定技术基础上的技术能力也能够自适应发展，不断提升工业化建筑技术的需求水平，缩短与国际技术水平的差距。

3. 需求系统目标与可持续发展目标协同分析

可持续性强调对现有科学技术的创造性利用以及发展新型可持续性技术[143]，是利用科学技术手段创新事物的根本目标。可持续性要解决的是现实与长远的差异问题这一瓶颈，可持续发展理论的定义"是指既满足当代人的需要，又不对后代人满足其需要的能力构成危害的发展"与之相符。但任何事物都是处于不断变化和发展过程中的，当下的成果不一定适用于将来社会发展的需要，可持续性技术可以用来解决这一瓶颈，但往往需要投入更多的资源，甚至是难以实现的。因此，可持续发展赋予并强化了工业化建筑的"可持续"功能。

三、工业化建筑标准化需求系统环境分析

管理系统工程对于系统环境分析的重要性给予了充分的说明：无论哪个行业、哪种产品的市场技术需求情况，都必须综合考察识别、分析其所处的环境与条件，有关联系和运行态势，以提高市场研究的整体性、相关性和预见性。

如果以工业化建筑标准化作为一个复杂系统，它与环境的关系是个相对的概念。一个系统的环境可以看作更大系统的一个子系统，同时子系统也可从更大系统中分离出来，变成独立的一个系统。在进行环境分析时，应注意工业化建筑标准化的需求与其环境的相互依存关系；分析和了解环境是工业化建筑标准化的第一步，环境因素的影响及后果应当明

确地确立出来，才能达到目标明确、结构合理、功能协调的目的，从而为系统优化、决策提供有利的环境信息。

1. 环境分类

环境是工业化建筑标准化的外部约束条件。从系统论的观点出发，工业化建筑标准化的主要环境应划分为四大类：一是科技环境，二是标准化环境，三是政策环境，四是法制环境。一般地，环境因素的取舍取决于它对被研究对象的影响程度，因而，抓住影响显著的因素，即可以说明问题；而其他影响不显著的要素可以适当取舍。本章提出的工业化建筑标准化系统环境需求框架如图 10-2 所示。

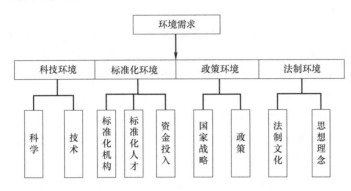

图 10-2　工业化建筑标准化系统环境需求框架

其中，科技环境包括科学和技术两个方面，是指对工业化建筑标准化起到推动作用的理论、方法、模型和处理手段等；标准化环境是指为促进工业化建筑标准化所必须的一些基本和重要条件，包括组织机构、人才和资金等，标准化环境推动工业化建筑向前发展；政策是实施国家战略的具体措施和纲领性文件，因此，它影响着工业化建筑的产生、变化过程及速度，决定着工业化建筑的发展进程。国家战略则直接影响着工业化建筑存在、变化的模式、方式和特征，决定着建筑工业化能否有效实现。因此，政策环境对工业化建筑的发展产生多层次深远的影响；法制环境是指发展工业化建筑的法制文化与思想理念的综合环境，法制文化奠定了工业化建筑产生、存在的文明根基，思想理念反映了人类对工业化建筑的认知。

2. 环境因素影响识别

按照本章研究所确定的工业化建筑标准化环境因素，逐一进行分析。

（1）科技环境的影响

科技环境对工业化建筑发展的影响是最直接的，它直接决定着工业化建筑存在的可行性和有效性，可行性是指发展工业化建筑需求产生了，对应的科技环境是否能够有助于实现这一需求，如果不利于该需求的实现，说明发展工业化建筑不具备可行性；有效性是指在一定的科技发展环境下，只有有效需求才是真实的发展工业化建筑需求。相比之下，后者是较难识别的。

简单举例，对想要了解我国工业化建筑标准的覆盖水平这一问题，就产生了一个需求，如今的科技环境是否存在一种解决这个问题的科学技术，如果存在，怎样来处理才能更有效地表达。

（2）标准化的影响

标准化与社会经济是一个协调的发展关系，经济发展与标准体制相互支持，相互促进，相互匹配，标准化推动经济发展，而经济发展的同时，促进标准进步，进而实现一体化。中国社会经济的快速发展，导致标准化领域的不断拓展，对标准化提出了更高的要求。随着社会经济的不断影响，我国当前以政府为主的标准供给模式，已不能很好地满足快速发展的需求，应该充分利用社会和市场资源，发挥社会和市场活力，拓宽标准供给渠道。内外环境都要求标准化能够为经济社会发展与国际贸易提供强有力的技术支撑。

（3）政策环境的影响

政策具有导向性，指引了一个国家的发展路径，在国家的发展进程中具有显著影响。世界各国在各自的工业化进程中选择了适应本国国情的发展路径，例如，英国是世界上第一个工业化国家，它推行的是"自由放任"式发展思想，通过解除对商品生产、流通的各种限制，建立关税保护政策，打开国际贸易的大门等途径，为经济发展"松绑"，创造了推进工业化进程的环境，使英国一跃登上"世界工厂"的宝座。这种发展路径是"内生型"工业化，因而，政策环境的影响主要围绕国内工业化快速发展的需要，如最初以"珍妮机"为代表的纺织业先进制造技术，然后是推动采矿和冶金业发展的革新性质的技术体系，最后，逐步扩散到工业其他部门和贸易部门的高效的、先进的技术支撑体系。即使在同一行业，由于其自发的"内生型"工业化经历了漫长的过程。

（4）法制环境的影响

从历史发展来看，中国人的法制观念早已根深蒂固。企业希望政府为其搭建平台，制定标准，引导发展。新《标准化法》的实施为建立新型标准体系奠定了坚实的基础。

第二节　工业化建筑标准化环境与主体协同

工业化建筑标准化环境条件供给能力的评价目的有两个，一是评价与需求匹配的综合能力大小，分别从生产力功能、可持续功能和加速发展功能的实现能力角度加以评价，为工业化建筑标准化发展建设的实践提供参考；二是评价在一定的资源状态下，发展需求与发展资源是否匹配、协同，从需求是否受到资源制约这一角度为国家今后的资源配置和发展规划提供参考。确切地说，目的一就是评价科技供给能力有多大；目的二就是评价需求是否受资源的限制。

一、环境条件供给能力评价指标体系

1. 环境条件供给能力评价指标体系的设计原则

基于工业化建筑标准化需求系统分析的结果，环境条件供给能力评价指标体系的构建与设计应重点解决以下三个问题：第一要体现发展工业化建筑需求的特性，即描述和反映发展工业化建筑需求的状态；第二要体现供给能力属性，描述生产力功能、可持续功能和加速发展功能对应的供给能力；第三要反映需求与资源匹配或均衡的效果。

在确立指标体系过程中应符合以下原则：

1）遵循研究与发展活动的规律以及评价规律，因为需求、供给能力都是紧紧围绕着研究与发展活动，只不过研究的视角立足于供给与需求关系；

2）具有典型性、客观性和简洁性；

3）在资料有限的情况下，尽量照顾涵盖全面性；

4）与国际同类评价指标的一致性。

2. 环境条件供给能力评价指标体系

以工业化建筑标准化环境条件需求为依托，本节分析确定环境条件供给能力评价指标体系如表 10-1 所示，并附相关的指标说明。

发展工业化建筑环境条件供给能力评价指标体系　　　　　　表 10-1

一级指标	二级指标	三级指标	单位	指标说明
科技环境	科学技术	工程建设标准、规范	项	我国工程建设标准、规范数量
		工业化建筑标准化相关文献	篇	中国知网全部工业化建筑标准化相关文献发文量(指数值)
标准化环境	组织机构	大专院校	所	综合性、理工科类大学，设有工程类相关专业硕士、博士点
		科研院所	个	与工程建设有关,国家级
		专业技术团体	个	与工程建设有关,国家级
		标准管理机构	个	省级以上
		先进企业	个	发展工业化建筑、建筑产业化
	人才	工程院院士	位	工程建设行业
		硕博数	名	自招生以来
	资金	工程建设科研经费投入/国家科研经费投入	%	选择年度国家重点研发计划国拨科研经费来反映
		研究与试验发展(R&D)经费投入强度	%	研究与试验发展(R&D)经费投入强度＝(R&D)经费投入/GDP
政策环境	国家战略	重要会议	次	国务院、国际会议
	政策	政策文件	个	提出发展建筑工业化、建筑(住宅)产业化,国家、行业和地方
法制环境	法制文化	法律文件	个	有关工程建设方面的法律文件
	思想理念	—	—	不便于量化,采用定性分析描述

二、工业化建筑标准化环境与标准化工作相互作用机理

1. 标准化主体的构成

科研院所：包括了各种高等院校和研究机构，这些组织是与科学、技术、知识联系最为密切的主体，它们既承载着人类对知识和科学问题追问与探究的任务，同时，也承担着为社会服务提供人才与技术支持的具体或专项性的任务，因此，科研院所既要掌握科学发展的前沿动态，把握科学发展的方向，解决科学问题，实现科学意义上的发明与创造，又要不断为生活与生产实践提供技术应用服务。科研院所由于最具知识层面的说服力，一般会通过科技能力参与标准化活动。

政府：是科技的支持者，是政策的制定者，也是标准的推行者。政府的常规任务就是营造良好的建设环境和合理化的制度安排，经常性的办法是通过政策引导和控制技术创

新方向和活动，除产业政策、科技政策外，还包括标准化政策、知识产权政策等，这些都会在标准化的进程中起到引领和规范的作用，并且政府能够运用行政权力促进产业或区域间的互动与合作以及产学研的融合，这就促进了标准的模块化发展，而且在国际标准竞争中政府会代表国内相关行业企业的利益参与标准化活动。此外，政府在科技发展过程中对公共性基础设施、科研院所、科技协会等的直接投资以及政府投资引起的投资导向，也都会成为政府推进标准的手段和着力点。当然，政府还可以采用更直接的方式，直接颁布强制性标准来实现标准化，但政府在颁布标准时应把握标准的适用范围与使用时机。

企业：是技术创新活动和技术标准化行为最活跃的主体。在追求利润的经济活动和满足社会需要的生产活动中，经济和社会的外在需求以及企业生存和发展的内在需求都促使企业积极追求、探索和实施技术的进步，作为标准落实的直接实施者，企业技术进步又推动着企业标准化能力不断提升，在更大范围内促进了技术与标准的整合，可见，企业在标准化发展过程中扮演着重要的角色。

2. 环境与工业化建筑标准化相互作用机理

环境与工业化建筑标准化相互作用机理如图10-3所示。

（1）主体之间在发展过程中的联结

①"政—企"链：政府虽然不直接从事生产活动，但其行政行为对科技发展具有更宏观的影响。技术创新对生产力和经济发展的推动作用使政府必须重视技术发展的新动向、对社会发展的影响以及对国家竞争力和国际竞争地位的影响。而政府需要依靠企业来实现国家整体上、全局上的技术创新意图。

②"政—研"链：科研院所要承担政府指定的公共性基础或政府的研究项目，为企业的应用研发提供基础性的创新成果。科研院所的技术创新活动会为政府支持技术创新活动的具体措施、力度和发起技术标准化活动提供知识和技术的前沿性和基础性的参考意见和方向指南。

③"企—研"链：科研院所是知识生产和知识储备的重要结点，科研院所的技术创新活动会影响到企业技术创新活动的大方向，而且，它们也积极参与企业的研发活动，它们的协作关系是基于价值和知识层面的优势互补、各取所需所带来的协同效应。

（2）主体之间在技术标准化过程中的联结

①"政—企"链：政府依据当下技术创新情况，主要负责研究和制定国家和地方标准，也可能涉及行业标准。政府制定技术标准主要出于维护国家利益、促进经济社会发展、均衡不同层面参与者的利益和维护环境的可持续发展。政府决策通过标准化政策来促进或限制相关产业标准化活动，同时，企业的发展也影响着政府的标准化行为。

②"政—研"链：科研院所的公共性质使其通过科研活动体现出技术对标准化的推动，也能体现出政府对标准化的影响。科研院所会为政府发起技术标准化活动提供知识和技术的前沿性和基础性的参考意见和方向指南。

③"企—研"链：企业的研发活动要受到科研院所的基础性研究的限制，同理，基础性研究成果的标准化也会影响应用性研究成果的标准化，影响企业现有的生产状况和技术水平。

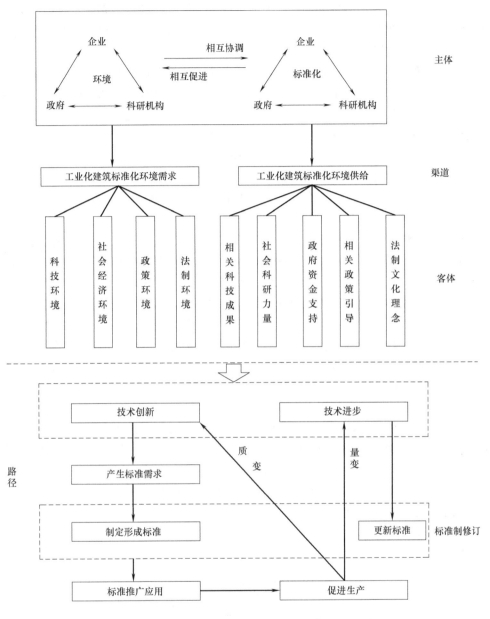

图 10-3　环境与工业化建筑标准化相互作用机理图

三、工业化建筑标准化需求博弈分析

1. 工业化建筑标准化

工业化建筑是指采用现代化手段实现工厂化生产运输、装配式施工安装和科学化管理的生产方式的建筑。工业化建筑标准化是对建筑工业化生产活动的统一规定，简化管理工作，提升生产效率，从而促进建筑工业化水平的发展，使建筑工程获得最佳的秩序。工业化建筑标准化活动是标准从制定到实施再到优化的流程，用来指导建筑工业化活动的行为体系，从而保障工程质量的安全性，同时也能促进技术发展，提升社会效益和经济效益。

工业化建筑标准化建筑工程标准化过程大体可以分为标准的制定、实施、监督和反馈，其中涉及设计单位、施工单位、监理单位、建设单位、政府、高校组织及消费者等多主体。

2. 模型变量与假设

演化博弈理论源自生物进化理论和经典博弈论，从有限理性的个体角度出发，研究对象为群体行为，合理解释了生物行为的演化过程。由于都是有限理性，最初双方可能都无法找到最优策略，但随着对自己的行为策略进行调整，最终会趋于"演化稳定策略"。为了方便标准化博弈分析，本研究将工业化建筑标准化需求博弈分析的主体分为两大类，即标准使用者 A 和标准制定者 B。标准使用者和制定者之间的行为可以看作有限理性下的一种演化博弈过程，并做出以下假设和变量：

假设 1：有限理性下的标准使用者 A 和标准制定者 B 的策略选择集为 {需要，不需要} 和 {制定，不制定}。

假设 2：标准使用者 A 和标准制定者 B 采取"需要"和"制定"策略的比例分别为 x 和 y，采取"不需要"和"不制定"策略的比例为 $(1-x)$ 和 $(1-y)$。

假设 3：双方选择"不需要"和"不制定"策略时，双方的收益为 0。

标准化环境是指在演化的过程中受外界影响的因素之和[144]。工业化建筑标准的演化必须满足外部环境因素的变化，及时调整自身来满足环境需求。外部环境因素包括政策环境、法制环境、科技环境和经济环境。当标准化环境满足工业化建筑标准化需求时，可以获得额外的收益 V_1（包括政府的政策补贴、技术领先优势等）。但是，当标准化环境无法支撑工业化建筑标准化需求，可能由此承担一定的风险 R_1（包括体系的不合理、标准的重复或非所需等带来的不良后果）。

标准化行为是外部环境需求与条件约束所形成的，遵循可持续发展、时效性、实用性和宏观性原则，以达到促进工业化建筑发展的目的。标准化行为是工业化建筑标准制修订的需求，也是工业化建筑建设活动规范需求，即修订标准和建立标准体系，需要付出标准制定成本 C（包括人力、贯宣和监督等），但也会因此增加收益 V_2。同时，标准制定者也承担信息不对称带来的风险损失 R_2。

3. 模型构建与求解

根据上述假设，工业化建筑标准化的收益矩阵如表 10-2 所示。

工业化建筑标准化的收益矩阵　　　　　　　　　　　　表 10-2

标准使用者 A	标准制定者 B	
	制定	不制定
需要	(V_1-R_1, V_2-C)	$(-R_1, -R_2)$
不需要	$(-R_1, -C-R_2)$	$(0, 0)$

标准使用者 A 在选择"需要"和"不需要"策略时的期望收益分别为：

$$U_{AY}=y(V_1-R_1)+(1-y)(-R_1)$$
$$U_{AN}=y(-R_1)+(1-y)0$$

标准使用者 A 的平均收益为：

$$U_A=xU_{AY}+(1-x)U_{AN}=(V_1+R_1)xy-R_1(x+y)$$

同理，可得标准制定者 B 的平均收益为：

$$\overline{U}_B = y U_{BY} + (1-y) U_{BN} = (V_2 + 2R_2)xy - (C+R_2)y - R_2 x$$

分别构建复制动态方程：

$$F(x) = \frac{d_x}{d_t} = x(U_{AY} - \overline{U}_A) = x(1-x)[y(V_1+R_1) - R_1] \tag{10.1}$$

$$F(y) = \frac{d_y}{d_t} = y(U_{BY} - \overline{U}_B) = y(1-y)[x(V_2+2R_2) - C - R_2] \tag{10.2}$$

标准使用者和制定者的选择策略的演化可以用式（10.1）、式（10.2）构成的微分方程系统来描述，对两个公式分别求偏导，可得到雅克比矩阵：

$$\boldsymbol{J} = \begin{bmatrix} \dfrac{\partial F(x)}{\partial x} & \dfrac{\partial F(x)}{\partial y} \\ \dfrac{\partial F(y)}{\partial x} & \dfrac{\partial F(y)}{\partial y} \end{bmatrix}$$

$$= \begin{bmatrix} (1-2x)[y(V_1+R_1) - R_1] & x(1-x)(V_1+R_1) \\ y(1-y)[(V_2+2R_2)] & (1-2y)[x(V_2+2R_2) - C - R_2] \end{bmatrix}$$

令 $F(x) = 0$，$F(y) = 0$ 得到复制动态方程的稳定点，由此可得到 5 个解：O（0,0），A（0, 1），B（1, 0），C（1, 1,），D（x^*, y^*），其中 $x^* = \dfrac{C+R_2}{V_2+2R_2}$，$y^* = \dfrac{R_1}{V_1+R_1}$（$x^* > 0$, $y^* > 0$）

4. 模型数值分析

满足雅克比矩阵行列式 $\det(J) > 0$，迹 $\mathrm{tr}(J) < 0$ 的均衡点为演化稳定策略。下面对演化博弈四种情况均衡点的稳定性进行判定，如表 10-3 所示。

演化博弈四种情况均衡点的稳定性判定结果　　　　　　表 10-3

条件	均衡点	$\det(J)$	$\mathrm{tr}(J)$	均衡状态
$0<x^*<1$ $0<y^*<1$	A	+	+	不稳定
	B	+	+	不稳定
	C	+	−	ESS
	O	+	−	ESS
	D	−	0	鞍点
$0<x^*<1$ $1<y^*$	A	−	不确定	鞍点
	B	+	+	不稳定
	C	−	不确定	鞍点
	O	+	−	ESS
$1<x^*$ $0<y^*<1$	A	−	+	不稳定
	B	−	不确定	鞍点
	C	−	不确定	鞍点
	O	+	−	ESS
$1<x^*$ $1<y^*$	A	−	不确定	鞍点
	B	−	不确定	鞍点
	C	+	+	不稳定
	O	+	−	ESS

当 $0<x^*<1$，$0<y^*<1$，有五个均衡点。四边形 AOBD 的面积越大，选择"不需要"和"不制定"策略的概率越大。相反，四边形 AOBD 的面积越小，选择"需要"和"制定"策略的概率越大。由此得出影响四边形 AOBD 面积的因素就是影响演化路径的因素。AOBD 的面积为：

$$S_{AOBD}=\frac{1}{2}x^*y^*=\frac{R_1(C+R_2)}{(V_2+2R_2)(V_1+R_1)}$$

由上述的公式可知，收益 V_1、V_2，风险损失 R_1、R_2 以及成本 C 都会对四边形 AOBD 的面积产生影响，见图 10-4。

（1）收益 V_1、V_2 对演化结果的影响。假设风险损失 R_1、R_2、成本 C 是定值，随着收益 V_1、V_2 的增加，四边形 AOBD 的面积将会不断变小，标准使用者和制定者将趋向于采取"需要"和"制定"的策略。大多数建筑企业仍然倾向于传统施工方式，导致建筑工业化水平还很低。政府应该通过建筑面积奖励，政策的优惠及放宽等来鼓励建筑企业选择工业化建筑，让企业有收益可图，提高采取工业化建筑方式的积极性。

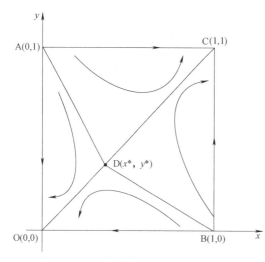

图 10-4　工业化建筑标准化演化博弈示例

（2）成本 C 对演化结果的影响。假设风险损失 R_1、R_2，收益 V_1、V_2 是定值，随着成本 C 的增加，四边形 AOBD 的面积将会不断变大，标准制定者将趋向于采取"不制定"的策略。工业化建筑标准化工作需要人才和资金来推动，政府应该加大人才培养和资金投入，提升整个行业的技术水平。加强与高校、科研院所合作，推动工业化建筑产业发展联盟。打造标准实施监管平台，整合社会优质资源，将工业化建筑标准化工作最优化。

（3）由上述可知，标准化环境带来的风险 R_1 和标准化行为带来的风险 R_2 是不定因素，要对工业化建筑标准化环境和行为进行分析，才能明确工业化建筑标准化需求。

四、工业化建筑标准化环境条件现状分析

标准化的实施离不开科技与经济的发展。标准化需要经济环境的资金支持，同时工业化建筑标准体系的建立又能加快建筑工业化进程，推动社会经济进一步发展。科学技术标准化，不但可以正确引导工业化建筑施工，而且科学技术也会随着工程实践得到提升。本研究通过中国知网文献数据查询，统计主题为"工业化建筑/装配式建筑"的科学研究成果和基金资助水平，以此来体现工业化建筑标准化工作的科技与经济环境。

1. 发文数量

2009—2018 年被中国知网收录的主题为"工业化建筑/装配式建筑"的文献数量共计 5873 篇。如图 10-5 所示，从 2012 年开始，总体发文量开始快速增长。2015—2018 年，总体发文量呈井喷式增长，工业化建筑领域的研究迎来了前所未有的契机，其中不乏关于

"装配式建筑体系"、"建筑标准化"等方向的研究。

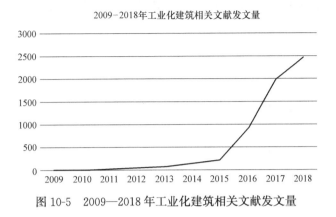

图 10-5　2009—2018 年工业化建筑相关文献发文量

2. 地区分布

对 2009—2018 年工业化建筑文献来源区域进行分析显示，所有文献来源于 20 个省份（直辖市、自治区），其中北京和上海两个直辖市为工业化建筑研究的核心区域。北京市文献数量为 1178 篇，占比为 20.05%，上海市文献数量为 859 篇，占比为 14.62%，见图 10-6。工业化建筑研究发展不均衡，发达地区的科技与经济环境为工业化建筑的研究提供了便利，导致了区域的差异性。应该给予落后地区优惠政策，鼓励提倡工业化建筑发展，努力提升整体工业化建筑发展水平。

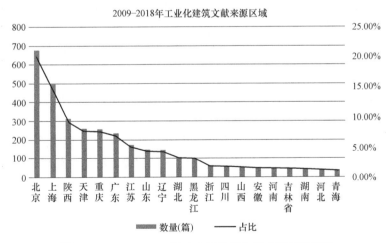

图 10-6　2009—2018 年工业化建筑文献来源区域统计

3. 类别分布

由图 10-7 可知，工业化建筑的文献数量中，期刊占了很大的比重，排名第一，为 74.41%，说明期刊类的文献是目前工业化建筑研究成果的主要体现，无论从质量上还是数量上看，期刊类的文献都扮演着重要角色，对于工业化建筑发展起着推动作用。报纸的比重排名第二，虽然只有 12.32%，但是说明国家重视工业化建筑对普通居民群众的推广，相信未来居民对工业化建筑的关注会越来越密切。排名第三的是博士、硕士学位论文，硕士论文数量占绝大多数，占比为 95.8%，说明越往深层次的研究，工业化建筑的文献越少，更深入更先进的技术研究还有待加强。工业化建筑的研究更注重技术实践应用，需要注重高层次应用人才的培养，将研究成果转换为生产动力，培养我国自主知识产权的关键技术。

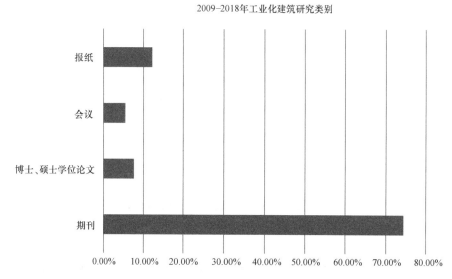

图 10-7　2009—2018 年工业化建筑研究各类别占比

4. 基金资助

国家的经济环境状况，可以从对研究方向的基金投入情况看出。基金资助的数额反映了国家对科技的重视程度和科研项目实践落地的可能性。2018 年，国家自然科学基金委员会共资助 256 亿元，比 2017 年增加了 3.23％。工业化建筑作为工程建设领域的重要类别，对传统施工技术革新，最大限度做到绿色施工是当今社会发展的迫切需求，建设部科技基金的大力支持就是为了突破工业化建筑的技术瓶颈限制，提高自身竞争力。

5. 法制与政策环境

在市场经济运行中，政策具有导向和调节作用，可以弥补市场缺陷，有效配置资源，增强社会适应能力。法制环境可以为工业化建筑标准化提供法制文化与思想理念。法制与政策环境奠定了工业化建筑标准化氛围，也映衬出管理者对工业化建筑的支持。

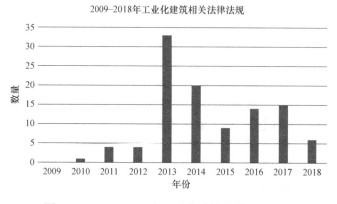

图 10-8　2009—2018 年工业化建筑相关法律法规

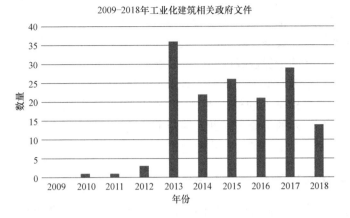

图 10-9　2009—2018 年工业化建筑相关政府文件

从图 10-8 中可以看出，在 2009—2018 的十年间，2013 年发布关于工业化建筑的法律法规数量最多。2012 年的十八大让工业化建筑重新回到了人们的视野中，2013 年针对工业化建筑的法律法规数量迎来了剧增。同样如图 10-9 所示，工业化建筑相关政府文件也在 2013 年密集出台，不少推行绿色建筑的文件中也在提倡工业化建筑。此后几年出台数量虽然未创新高，但整体趋于稳定且出台数量一直处于高位，说明工业化建筑仍然是国家未来推行的重点。

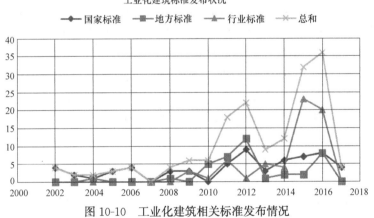

图 10-10　工业化建筑相关标准发布情况

如图 10-10 所示，我国工业化建筑相关标准在 2012 年和 2016 年发布数量迅速增长，2012 年和 2016 年也是政策法规密集出台的两年，由此可知政策法规的出台对于工业化建筑标准化有着深远的影响。国家在法规和政策上的极力支持，必将为工业化建筑标准化带来动力。

综上所述，第一，国外发达国家虽然在标准化管理机制上有所不同，但是基本上都将技术标准与建设法规相结合，利用法律约束力强制执行标准，不属于法律范围的标准采用自愿原则。技术标准与建设法规的相结合可以很好地发挥法律效力，有利于提升技术和建筑产品竞争力。从国外颁布的标准中可以看出，模数通用化和部品部件标准化生产在工业化建筑中扮演重要角色，我国急需发展部品部件通用体系。

第二，标准和标准体系应与国际大环境接轨。抓住"一带一路"政策的契机，积极参加 ISO 组织的标准制定，表达我国的标准化需求，借助援助的机会也可以输出我国成熟的工业化建筑标准体系。我国国际标准的话语权逐步提升，对于国际贸易和关键技术产品的出口有很大好处，有助于促进我国的经济发展。

第三，欧美、日本等发达国家和地区对于工业化建筑的研究已经较为成熟，应该鼓励政府部门、高校科研机构学习国外先进技术，培养我国自主的关键技术。结合"一带一路"的推广，加深与国外的交流与互助，提升工业化建筑整体水平。借鉴国外成熟的工业化建筑标准体系与标准化工作经验，构建适用于我国的工业化建筑标准体系。

五、工业化建筑标准化环境条件的完善

本节将探讨环境建设与标准化工作的有机结合对工业化建筑发展的影响。这里需要说明的是环境建设与标准化工作是一个复杂的综合的质的概念，这样一个复杂的综合的质的概念很难进行全面的诠释。因此，本节仅从科技体制改革和标准体制改革两方面来阐述对工业化建筑发展的影响。

1. 科技体制改革对工业化建筑发展的影响

我国原有科技体制是在计划经济体制下逐步形成的，其突出特点是政府拥有独立研究机构的技术和资源。该体制已在特定的历史时期，为我国经济发展、国防建设和社会进步做出了重要贡献，而且也为科学技术自身发展奠定了坚实基础。随着我国的改革开放进程和社会主义市场经济体制的逐步建立，原有科技体制弊端日益突出。

科技体制改革促进了科技与经济的紧密结合，加强了科技创新和服务能力。从而使得技术标准化通过对技术创新的作用来影响经济增长速度。技术标准化的发展与技术创新的发展都包含着共同的动力源泉，这就是技术的进步。技术标准化的重要功能之一就是服务于技术进步与技术创新，而技术因素是生产函数的一部分，创新也是一种新的生产函数，这都表明如果标准化的过程促进了技术进步与技术创新，就会促进生产的发展，提高产出的速度[145]。技术标准化要通过与技术创新和技术进步的积极相互作用形成科技发展的有效力量来推动工业化建筑发展。

2. 标准体制改革对工业化建筑发展的影响

随着经济、社会、科技快速发展和经济全球化深入发展，对标准的需求快速增长，同时对标准质量、技术水平的要求越来越高，更多更高的标准需求对标准供给能力与水平所带来的压力将进一步显现。因此，国家深入推进政府机构改革和职能转变，对标准化越来越重视，将标准提升到基础性制度建设高度，要求深化改革。

3. 工业化建筑标准化环境建设协同与完善

从系统学的角度，一个系统的正常运行，需要有持续、强大和稳定的动力推动。工业化建筑标准化是由一系列内外生力量综合推动作用的结果，其主要动力来源于外部动力系统的政府推动、市场需求拉动、技术推动和内部动力系统的激励推动、利益目标导向推动、主体的能力要素驱动以及协同引导。机制是一种比较稳定的构成方式和作用规律，工业化建筑标准化需要与当前工程建设的实际状况和区域经济状况相结合。

（1）健全组织体系，完善制度机制

当前我国标准化管理工作主要集中于国家层面，缺乏完善的管理层级，各地方对标准

化工作不引起重视，不利于标准的实施与创新发展。加强组织和工作制度建设，既是组织部门更好履行职责的需要，也是自身建设的重要组成部分。从我国工程建设行业看，各地还存在对上级出台的宏观政策和制度规定跟进不及时，缺乏相互配套的具体落实办法等现象，尚未形成比较系统、完善的制度体系。解决组织工作制度机制不健全、程序不够规范的问题，防止和克服靠经验、习惯办事的弊端，用完善的制度机制推动组织工作科学化显得十分必要。制度建设是一项事关全局，事关长远的工作，是推进组织工作科学化的重要途径。加强组织工作制度化建设，一是必须坚持围绕中心、服务大局的原则；二是必须坚持重点突破、整体推进的原则；三是必须坚持试点先行、积极稳妥的原则；四是必须坚持上下衔接、统筹协调的原则；五是必须坚持务实管用、简便易行的原则。

（2）加强政策引导，全面积极推动

工业化建筑标准化是伴随着组织制度和管理制度而产生的，因此，充分发挥政府的宏观调控职能对于推进工业化建筑发展非常重要。首先，加强工程建设发展的相关政策和制度建设，形成能促进科研成果转化的政策支持制度。其次，深入优化工程建设市场的法制环境，以利于有效控制科技创新带来的各种不确定性，采用非市场的方法创建有利于推动工业化建筑发展的宏观政策法律环境。应以长远政策引导为主，避免对短期政策的过度依赖。在出台标准、规范或激励政策时，要放眼未来，做好长远的产业规划，以出台制定长期政策为主，辅以短期的积极政策，而非急功近利的短期政策为主。

（3）加大财政支持，推动技术发展

拨付专款作为工业化建筑标准化工作和新技术开发经费，加强经费使用管理，确保建筑工业化相关的技术研发工作获得足够的资金支持。通过宣传和政策引导，促使更多的协会团体、企业单位投入更多的社会资金参与建筑工业化技术的开发与应用。鼓励技术研发，以企业为主体，重点发挥研究机构的作用，积极开发对保证和提高建筑工业化水平有利、符合可持续发展要求的技术和工艺体系。组建建筑工业化技术联盟，将建筑工业化技术研究列为科技重点攻关方向，以企业为主体，充分整合相关领域的科研人员、有经验的工程师协同创新，共同攻关。依托试点、示范工程，组建企业内部的技术研发机构或企业之间的技术联盟，引进国内外知名专家学者参与技术研发。

（4）加强监督检查，确保标准实施

结合工程建设管理的实际需要，制定标准监督检查管理办法，明确规定检查的内容、方式、处理原则等内容，使标准的监督检查形成制度化、常态化。完善自上而下成立工程建设标准实施监督检查领导小组的设想，逐步建立由规划设计、勘察设计、施工图审查、质量安全监督、标准造价、施工许可等部门为成员单位的建设标准管理组织框架体系，使标准化管理涵盖工程建设全过程，做到全方位、全覆盖。进一步明确规划审查、施工图审查、安全监督、质量监督、建筑节能等机构的监督职责，形成分工协作、齐抓共管的联动监管机制。

第三节 工业化建筑标准化需求分析

工业化建筑标准化是从标准制定到贯彻，再到优化的过程，用来指导建筑工业化生产活动的统一规定，即标准的制修订和标准体系的构建。工业化建筑标准化需求产生的原因有外部环境和现实问题两个方面，外部环境是指在标准化过程中受外界影响的因素总和，主要有经济发展的标准化需求，国家对工业化建筑的推广等；现实问题是外部环境与现实条件约束所形成的，是工业化建筑建设活动规范需求，主要有工业化建筑企业自身的技术改革与创新，施工生产过程中对标准的需求等。

一、基于技术方向的工业化建筑标准化需求（适宜技术产品体系与研发方向）

1. 预制装配式混凝土结构建筑产业化关键技术

以预制装配式混凝土结构建筑产业化技术为核心，按不同建筑类型、不同结构形式优化相适应的产业化技术体系；相配套的工厂加工技术、施工装配技术、相关产品、部件；提出一体化系统解决方案和技术应用手册。并通过典型性工厂和规模化工程示范应用。

（1）装配式混凝土结构高层住宅产业化技术体系

主要包括：优化现有高层住宅混凝土结构，达到预制率50％以上；基于高性能连接节点和消能连接节点设计、理论与实验验证，优化适应高层住宅产业化技术要求、预制率达50％以上的装配式剪力墙结构体系和装配式框架-剪力墙结构体系；高层住宅建筑、结构、机电、装修系统集成技术和设计-加工-装配全产业链技术实现方案，全产业链专用集成技术体系。

（2）装配式混凝土结构低多层住宅产业化技术

全装配式混凝土结构低多层住宅体系，标准化设计、户型优化；基于整体结构性能及全装配式施工要求，优化全装配式混凝土框架结构低多层住宅产业化技术体系；基于整体结构性能及全装配式施工要求，优化全装配式混凝土剪力墙结构低多层住宅产业化技术体系；优化适用于低多层住宅的全装配式混凝土建筑集成技术，优化相应外围护墙体、一体化装修及其支撑体系集成技术、围护结构和一体化装修适用的构配件高效连接技术；进行全装配式混凝土结构低多层住宅技术体系专项应用示范。

（3）装配式混凝土结构公共建筑产业化技术体系

预制装配式混凝土公共建筑产业化策划系统，便于特定工程的产业化技术体系的选用；预制装配式混凝土结构公共建筑标准化，形成一系列模数化、模块化、通用化、集成化的公共建筑标准化设计体系，使公共建筑个性化需求与设计、生产、施工标准化相协调；装配式混凝土结构公共建筑中的建筑、结构、机电、装修专用系统集成技术和全产业链的设计、加工、安装一体化的技术方案；公共建筑装配整体式混凝土结构体系，解决框架节点钢筋密集、施工困难的突出问题，干连接节点构造，提高装配整体式混凝土结构体系的预制率和生产效率；从全产业链角度，公共建筑装配整体式混凝土结构楼盖体系，满足各种公共建筑对楼盖体系的需求。

（4）基于建筑设计、部品生产、装配施工、装饰装修、质量验收全产业链的关键技术及技术集成与应用

针对现有装配式混凝土结构设计-加工-装配全过程中建筑、结构、机电、装修、部品各自单项技术难以协同集成应用、相互脱节，难以发挥全产业链效用的关键问题，建筑设计、部品生产、装配施工、装饰装修、质量验收全产业链技术集成管理平台及协同标准；全产业链资源、能源与劳动力消耗等效益评价方法与标准；装配式结构建筑全产业链质量控制与智能管理技术。

（5）预制装配式混凝土结构智能化生产加工关键技术与应用

针对现有装配式混凝土结构构件生产加工效率低下、难以工序化、专业化、程序化、机械化、规模化流水线型生产、缺乏高效生产工艺布局设计技术、生产设备难以高效接驳联动的问题，墙、梁、板、柱等装配式结构构件加工工艺生产线设计技术；装配式结构构件工艺生产线系统智能化控制技术。

（6）预制装配式混凝土结构标准化、工具化安装关键技术与应用

针对现有装配式结构建筑施工过程中，结构构件运输、堆放、安装工装系统和设备（堆放架、吊具、支撑），没有形成标准化、工具化，没有全产业链协同的构件高效简易安装技术和措施的问题开展工作，主要包括：适用于预制装配式混凝土结构构件高效简易装配的技术集成；开发运输过程中支架工具、运输技术等；开发构件堆放环节的堆放架、辅助工具、成品保护工具、堆放技术等；开发对于不同结构形式构件吊装吊具系统性能、构造、技术参数等；开发系统的标准化、工具化安装工装，包括定位工具、连接工具、灌浆工具、矫正工具、检验工具等；开发与各个类型结构形式相适应的脚手架支撑体系，包括架体构造、连接件、支撑形式、安全性能、施工技术等。

（7）装配式混凝土结构关键配套产品

针对装配式混凝土结构中，对结构的安全性和耐久性、质量、施工便利性、成本等有重要影响，且应用量大面广的关键配套产品开展工作，主要包括：钢筋连接及锚固产品，预制构件连接产品，夹心保温连接件，混凝土部品防护与接缝处理产品，外围护墙、隔墙板产品；对以上各类产品，其性能要求和选型优化技术，产品在结构中应用技术包括连接构造要求和设计方法等，产品质量检验方法和认证方法，产品标准化及结构体系适用性的问题。

2. 装配式混凝土工业化建筑高效施工关键技术

（1）装配式混凝土工业化建筑高效施工关键技术集成

面向装配混凝土建筑整体层面，主要对适用住宅、公共建筑、工业建筑、不同气候区需求、不同抗震等级的相应装配式建筑体系先进技术优选、集成与示范，着重解决体系适配性与系统优化。同时从绿色（考虑建筑垃圾及辅助材料等因素）和高效（考虑工期和现场用工量等因素）两个方面对系统和体系进行评价，建立相应的理论和方法。此外，预制混凝土构件收缩徐变、节点连接变形等因素与现浇结构不同，高层装配式混凝土结构施工阶段分析方法（时变分析）方面的尚欠缺。该方面面对结构整体，建立高层装配式混凝土结构施工过程分析理论与方法。

（2）建筑、结构、机电、装饰及部品一体化集成生产、安装技术

针对目前装配式混凝土建筑在预制构件及部品等方面存在一体化程度低、生产工序多、施工效率低等问题，从外墙板体系、复杂管线综合、集成式厨卫、内隔墙板等四个方面展开，提升装配式混凝土建筑在建筑、结构、机电、装饰及部品等方面的一体化程度，建立起基于一体化技术的创新产品体系、高效生产和安装控制管理系统、高效生产设备及施工技术体系。

（3）装配式建筑关键节点连接高效施工及验收技术

受我国现有标准限制，目前应用较广的装配混凝土建筑体系主要为等同现浇的湿连接形式，存在施工工序多且复杂，施工功效低，施工质量不易保证等问题，升级现有的湿连

接形式，提升钢筋套筒灌浆连接、梁、板、墙的连接构造和质量保证，提升施工效率。另一方面，在参考发达国家干式连接节点的基础上，进行升级改造，以适应我国规范体系和生产施工条件，并进行节点连接性能和全套施工工艺模型试验。

（4）大型预制构件无损性库存与运输、高效吊装与安装技术

大型预制构件是指尺寸超出常规工装和运输设备尺寸，增加施工安全质量控制难度的构件，主要包括长度超过 8m 或宽度超过 3.5m 的大型预制墙板、跨度超过 8m 的叠合楼板、跨度超过 12m 的双 T 板、高度超过 10m 的预制柱等。我国目前大型预制构件总体发展水平还处在起步阶段，大型预制构件在存储、运输、吊装时受力不平衡，边角易碰撞造成破坏，运输过程中汽车颠簸等原因损坏预制构件及构件表面污染等，导致预制构件整体效率低下，质量保证率低。改进大型预制构件用相关工装设备，实现构件精细化生产和安装；进行大型预埋吊件相关试验与计算分析；主要由大型预制构件组成的装配式混凝土工业建筑和装配式混凝土停车楼高效生产安装技术，并进行工程示范。

（5）建筑构件高精度生产及高精度安装控制技术

由于我国目前还没有一套针对装配式建筑的全过程公差控制指标体系，装配式建筑施工工艺较落后，尤其是预制构件生产过程中钢筋、预埋件安装为人工操作安装，生产过程中钢筋骨架破坏情况较为严重，预制构件的制作精度不能得到可靠保证；同时安装工艺及施工机具为传统现浇施工方法，构件安装效率、安装精度难以保证。建立基于性能的装配混凝土建筑施工全过程公差控制理论、开发新型预制构件生产技术、预制构件安装技术及工装设备，提升建筑预制构件生产、安装精度，以完善我国装配式建筑标准体系，提高建筑预制构件生产、安装施工精度。

（6）工业化建筑施工安装质量监测与控制技术

通过钢筋连接、新型装配式墙体、接缝密封质量等各项质量监测技术及施工安装偏差控制指标，结合工程示范应用，对相关技术及控制偏差进行完善、校核与调整，提出可靠的工业化建筑施工安装过程质量控制方法及定量化的过程质量控制指标，形成过程质量监测技术体系，结合信息化技术形成质量监测与预警系统，为工业化建筑施工安装过程质量提供技术保障。

（7）基于工业化建筑施工全过程的精细化施工技术管理与安全控制技术

通过对国内外先进的施工管理经验进行梳理和总结，利用 BIM、云计算和 RFID 等信息化及互联网技术，实现工程建设全过程的实时监控和信息共享，探索出一整套覆盖预制构件深化设计、预制构件生产、施工安装和安全保障的技术和施工全过程精细化管理流程，实现施工管理精细化，以达到提高生产效率、提升工程质量安全，以及降低建设成本的目的。根据装配式施工的特点，对传统的模架和安全防护体系进行改进创新，提出适合工业化建筑的新型模架和安全防护体系。

3. 高性能组合结构体系

（1）设置功能可恢复部件的新型组合结构建筑体系受力机理

结合高性能钢材和高性能混凝土的优势，具有损伤可控、可更换、自复位、高延性优势的高性能建筑结构关键组合构件、可更换消能减震部件和关键节点；建立高性能建筑结构关键组合构件、关键组合节点、可更换部件的性能评价方法、构造和设计方法；具有承载力高、刚度大、弹性变形能力大、功能可恢复、抗灾能力强的新型高层建筑组合结构体

系，其结构布置与优化、受力机理、抗震失效机理与可恢复功能设计方法，并结合重点建筑工程示范应用，进一步完善新型高层建筑组合结构体系。

（2）高性能材料组合结构桥梁的高效组合机制及失效机理

高性能材料和桥梁工业化建造技术，建立满足快速施工需求的组合结构城市桥梁设计方法；开展水泥基材料性能改良与提升，基于高性能混凝土材料和钢材的高性能组合结构桥梁体系；"集簇式"、"自锁式"等多种剪力连接方式以及 U 形钢筋搭接湿接缝、环氧树脂胶接缝、干接缝等预制桥面板接缝构造的力学性能，装配式组合桥梁的结构新体系；通过试验和数值分析揭示组合结构桥梁在车辆疲劳、环境温度、收缩徐变等复杂荷载耦合作用下的失效机理，提出面向设计的实用计算方法。

（3）海洋及地下高性能组合结构的力学特性及工作机理

针对海洋和城市地下空间开发对组合结构形式提出的特殊需求，环境适应型的高性能组合体系。海洋组合结构方面，在海洋地材珊瑚混凝土以及适应于海洋环境的高强耐蚀钢的力学特性及其本构关系模型的基础上，包括耐蚀钢-珊瑚混凝土组合柱和组合梁等基本构件、组合结构节点以及适应于海港码头工程的结构体系的工作机理；地下组合结构方面，针对地下大空间组合结构和管廊结构，大跨度空间组合结构的受力机理和变形控制措施，提出相应的标准化设计和施工方法。

（4）强震下高层及大跨组合结构损伤规律与塑性耗能机制

基于子结构拟动力试验技术，讨论高层及大跨组合结构关键结构在不同强度地震波作用下的刚度损伤规律；通过组合构件的宏观循环往复恢复力特性以及结构体系的整体破坏失效模式，分析关键参数对结构体系抗震性能的影响规律及优化路径；通过不同地震强度与地震输入能量下高层及大跨组合结构塑性耗能损伤与刚度损伤之间的关系，提出基于塑性耗能损伤与刚度损伤的高层及大跨组合结构体系地震损伤定量评估方法以及抗震设计理论。

（5）组合结构城市桥梁在动力荷载作用下的灾变机理及性能控制理论

城市组合结构桥梁在地震及冲击作用下的非线性灾变过程，发展面向性能需求的灾变控制理论及抗灾设计方法。首先基于大比例模型试验，新型城市组合结构桥梁关键构件、连接节点以及结构体系的在地震、冲击、爆炸等强动载作用下的动力特性；然后搭建全过程非线性的精细化数值计算平台，准确、高效模拟组合结构城市桥梁体系的抗震及抗冲击动力特性；最后通过新型耗能减震设备的，进一步提升组合结构城市桥梁的安全度、可修复性、可更换性及功能适用性。

（6）典型工业建筑组合结构在地震、火灾及其耦合作用下的失效机理

针对我国电力行业、电子行业等主厂房结构和附属结构，典型工业建筑高性能组合结构关键构件在地震作用下的延性、恢复力性能、耗能能力及破坏机理等性能特征，提出其承载力计算模型与相应的计算方法；典型工业建筑高性能减震组合结构的地震受力机理、屈服机制和减震效果，提出相应的减震设计方法；典型工业建筑组合结构构件的抗火性能以及地震和火灾耦合作用下的性能，提出相应的抗灾设计方法。

（7）高性能组合结构建筑体系建造的一体化、信息化及智能化

针对高性能组合结构体系的建造需求，基于 BIM 平台的三维精细化建模、有限元分析与校核、构件设计、节点深化设计、碰撞检查与智能化排布、模拟施工、虚拟拼装与拼

装校验等关键技术问题；开发基于 BIM 平台的组合结构设计与施工安装系统，从施工便利性和可行性角度提出组合结构构件的新型构造措施和实用设计方法，形成设计施工一体化建造方案；开展高性能组合结构建筑体系建造一体化技术和新型施工构造技术的应用与示范工程建设，总结实践经验并提炼形成相关工法。

（8）组合结构桥梁体系施工全过程复合力学性能及协同工作机制

针对组合结构桥梁体系的组合桩基础、组合桥面系以及上部结构等关键部分，发展优化设计与高效施工技术。阐释钢混组合桩基础的工作机理，提出其在复杂受力状态下协同工作性能的设计方法；低缩、常温养护的超高性能混凝土材料在组合桥面系的应用，探究其不同界面处理方式下复合受力性能和疲劳性能；比选上部结构的架设总体方案，针对大节段吊装、整体顶推、体系转换等进行专题研讨；依托工程，进行组合结构桥梁体系关键部分施工全过程控制技术的现场验证。

（9）环境-荷载耦合作用下组合结构的长期性能多尺度演变机理

组合结构桥梁在海洋环境以及荷载耦合作用下的性能衰退机理，发展基于可靠性的耐久性设计方法。首先通过现有数据的积累和分析，建立基于概率的表观损伤分析方法；然后基于锈蚀界面连接键的断裂行为，长期与疲劳荷载下组合构件的宏观性能衰退规律，构建受环境侵蚀和荷载耦合作用下的结构精细化分析模型；根据组合构件性能的时变规律，提出全寿命设计理论，并进行实用化；最后通过采用高性能材料及合理的构造措施，提升组合结构桥梁在侵蚀环境下的耐久性能。

（10）复杂环境下组合结构的非线性动力学行为和不确定理论

针对高性能组合结构服役时间长、荷载复杂、环境时变、结构性能和行为不确定性等特点，发展安全监测、安全评价、监测网络设计与构建三大类新技术。基于多功能传感器、传感器可更换与自诊断技术的，提出组合结构界面、复杂节点和隐蔽损伤的测试方法与手段；发展多种类传感器的局部和整体响应信息融合和大数据挖掘技术、多层次和多尺度性能评估方法；高性能组合结构监测的多维传感器网络节点优化及系统设计、多类型传感器同步采集策略与数据传输；最后通过实验室 Benchmark 模型和示范工程进行应用验证，形成高性能组合结构健康诊断方法。

4. 高性能钢结构体系

新型城镇化建设是我国当前的主要任务之一。在新型城镇化建设中采用绿色建筑和推进建筑工业化，是我国实现绿色发展的重要保证，而采用钢结构是我国发展绿色建筑及建筑工业化的主要方向之一。包括多层冷弯薄壁型钢结构体系、交错桁架钢框架结构体系、钢管混凝土异形柱框架结构体系、钢管约束混凝土结构体系、钢框架-钢板剪力墙结构体系、大跨度工业与民用建筑钢结构体系和装配式板柱钢结构体系等高性能建筑钢结构体系，以及装配式人行桥和连廊钢结构体系、装配式城市道路和轨道桥梁钢结构体系、立体车库钢结构体系等高性能城市基础设施钢结构体系。

5. 工业化建筑设计关键技术

（1）主体结构与围护结构、建筑设备、装饰装修一体化、标准化集成设计技术

工业化建筑的设计体系，梳理工业化建筑全寿命期的要素需求；主体结构、围护结构、建筑设备、装饰装修之间的一体化协调与配合，形成不同结构体系下的工业化建筑设计方法。建筑系统集成的标准化协同设计技术，利用 BIM 系统搭建协同设计平台，实现

工业化建筑设计、施工、使用、维护更新的协同。工业化建筑围护结构与主体结构一体化的集成设计技术，提高工业化建筑的安全性、耐久性、可更新性；建筑设备系统和内装系统一体化设计技术，形成高性能的建筑设备和内装设计体系。完成工业化建筑系统一体化集成设计示范。

（2）装配式混凝土结构体系设计技术

通过试验、数值模拟分析、理论和工程示范应用相结合的方法，优化装配式钢筋混凝土结构建筑设计一体化设计方法、生产标准化设计原则、节点与性能、连接方法与性能、抗震性能与减震技术，探索减震技术对装配式混凝土结构的性能与失效模式的影响，提出一体化装配的填充墙连接与变形控制方法，完善不同预制装配化率混凝土结构建筑设计方法，为实现全装配式建筑奠定技术基础。

（3）模块化钢结构体系创新及关键节点设计技术

装配式模块化钢结构居住建筑的模块划分原则、方法，形成统一的模数标准，提出模块化设计方法并编制设计指南。基于结构受力构件或空间箱体为模块划分单元的装配式高层居住建筑新体系，提出一套装配式模块化钢结构高层居住建筑新体系并集成示范。装配式模块化钢结构低多层盒式居住建筑新体系，实现低多层钢结构居住建筑体系工业化设计、制造与施工。

（4）装配式预应力结构体系设计技术

适于生产、运输及安装的预制预应力构件形式，提出装配式预应力混凝土框架结构形式；装配整体式及全装配式预应力混凝土框架节点的整体破坏机制、承载能力、刚度退化、变形恢复能力等抗震性能，提出装配整体式及全装配式预应力混凝土框架结构设计方法；装配化预应力钢结构关键连接节点的传力机理、耗能机制、破坏机理及失效模式等受力性能。

（5）装配式竹木结构体系设计技术

高层木结构关键节点受力性能、节点连接设计、结构体系设计和工业化制作安装技术；大跨空间木结构关键节点连接设计与制作、整体结构空间稳定问题和工业化设计理论；装配式现代梁柱式木结构体系关键力学性能、结构体系静力性能、关键节点连接技术，提出构件和连接节点设计方法；装配式小径木轻型木结构本土化、工业化设计与体系设计技术；装配式重组竹结构体系的高强度节点连接性能、重组竹强度分级技术、构件设计技术。

（6）装配式钢和混凝土混合结构体系设计技术

为了解决普通混凝土结构高层建筑难以提高预制装配率和高性能材料在我国不宜单独使用等问题，基于高效加工、易于施工的原则，轻钢和混凝土结构混合、钢管混凝土或钢管约束混凝土和钢梁混合的高性能装配新体系；通过三类装配式混合结构体系的整体组合装配原则、节点和非节点连接区构造和受力性能、装配组合楼板的空间作用、结构整体受力和抗震性能，以及一体化外墙板、内墙板和混合结构主体连接等关键设计技术。

（7）装配式高性能结构体系及其连接节点工作机理及设计技术

通过高强混凝土预制构件、高变形能力装配式节点及高效耗能构件和隔震技术，形成高性能、全装配创新框架结构体系，在保证结构抗震安全、高效前提下，解决基于现浇设计，通过拆分构件来实现"等同现浇"的装配式结构体系不适应工业化生产方式的问题。

重点包括高强混凝土预制构件基本受力性能及设计方法；高变形能力装配式节点形式、受力性能及设计方法。

（8）工业化建筑围护系统、构配件及部品的高效连接节点设计技术

满足系统集成需求的工业化围护系统设计方法，解决其设计的标准化、模数化、内外墙板结合、一体化系列问题；适用于不同气候区、各类型装配式结构的集保温、防火、装饰与建筑围护结构一体化的新型绿色高性能复合外墙板单元体设计技术，解决主体结构高变形特性下的匹配性及效率问题；满足被动式超低能耗建筑需求的装配式围护系统关键技术，构建新型围护体系；构配件及部品的高效连接节点设计技术，形成专项技术标准。

6. 高性能抗灾减灾新型结构体系

强地震、强/台风、爆炸和环境振动等动力作用下高性能结构体系及其抗灾减灾与全寿命安全等关键技术，包括依托于可恢复功能构件、节点及其组合体系，预制装配耗能减振节点与抗侧力体系，以及多维隔震减振系统等新型防灾减灾关键技术的，提出四类高性能抗灾减灾新型结构体系，实现传统结构在强震、强/台风等荷载作用下结构与构件耗能减振、灾后功能可恢复性、抗连续倒塌等抗灾性能的大幅提升。

7. 工业化建筑检测与评价关键技术

（1）建筑构配件质量验收与检测技术

1）开展现有检测技术适用性，确定适用于预制构件缺陷的检测技术，建立适合我国施工技术水平的偏差控制要求。

2）预制构件生产过程中从原材料的合格检验、构件制作、养护、外观检查及性能检验评定的全过程质量验收方法，制定专门的混凝土预制构件生产过程质量验收标准。

3）采用受力钢筋数量、规格、保护层厚度及混凝土强度等指标的构件实体检验，局部受力检验及构件整体受力性能检验等检验方法，确定适合于大型预制构件结构性能的检验方法，相应测试装置。

4）连接、吊装、支撑等建筑配件检验参数，质量检验技术。

（2）建筑部品质量验收与检测技术

1）针对目前建筑部品生产缺乏型式检验和验收方法的相关规范，生产过程中大多依靠生产厂家的企业标准实施，缺乏统一的质量控制要求的现状，建筑部品成品质量的抽样方法，型式检验和验收方法。

2）针对目前建筑部品组合性能检测技术缺乏的现状，建筑部品内各产品之间的连接质量、协同工作性等组合性能检验技术；模拟气候环境条件下，部品内各产品间的连接质量、协同工作性能的劣化程度，形成部品组合性能的耐久性检测评价技术。

3）针对目前建筑部品成品功能性检测技术及设备缺乏的现状，部品成品节能、隔声、防水、空气品质等功能性项目的检测技术及装备。

（3）建筑部品与构配件产品质量认证与认证技术体系

1）建立工业化建筑部品与构配件目录，依据目录，风险等级分类。

2）以目录为基础，结合认证有效性、认证风险最小化、认证可操作性、认证经济性等方面因素，认证评价制度和评价指标。

3）关键性能认证质量控制技术，包括认证单元划分；持续稳定生产能力的验证技术；确立产品认证结果的表达准则要求。

4）调研工业化建筑部品与构配件不同环节的监管和认证结果的使用情况，认证风险防范技术，包括认证风险的识别、评价及应对措施。

（4）工业化建筑连接节点质量检测技术

1）装配式结构钢筋套筒灌浆连接的灌浆料强度、灌浆密实性、钢筋埋置长度等质量检验技术。

2）装配式结构钢筋浆锚搭接的浆料实体强度和灌浆密实性的检验技术；装配式结构混凝土结合面连接处内部缺陷快速无损扫描技术，混凝土结合面粘结强度检验技术与设备。

3）围护结构节点连接质量检测技术及设备；模块建筑的单元接触面顶紧度、主体承重结构与围护结构连接完好度检验技术。

4）装配式结构整体性检测评价技术和节点连接质量缺陷的区域定位识别技术。

（5）工业化建筑质量验收方法及标准体系

1）根据安全性及使用性要求，确定工业化建筑构配件及部品进场验收检查项目、方法、程序，建立合格评定指标，基于统计学原理的科学抽样方法，开发验收专用装置。

2）各类缺陷对构件和节点力学性能的影响，确定缺陷分级方式，建立合格评定指标，规定节点质量实体验收方法。

3）工业化建筑结构、装修、节能等专业工程验收项目、方法、程序，建立平行验收组织模式。

4）发达国家工业化建筑标准体系，并结合我国工业化建筑实践，完善工业化建筑质量验收标准体系，新建立的标准体系完全满足工业化建筑质量验收的需求。

（6）工业化建筑全寿命期性能和水平评价技术与标准

1）工业化建筑全寿命期性能及水平评价指标体系设计：建立多层次的工业化建筑全寿命性能和水平评价框架；确定评价指标权重。

2）基于多源指标计算及动态数据采集的工业化建筑性能及水平评价方法：建立工业化建筑安全耐久性能评价模型；工业化建筑全寿命成本和环境影响测算及节约潜力分析方法；建立工业化建筑水平评价模型。

3）基于前馈及后馈机制的工业化建筑全寿命期性能和水平评价标准和系统：建立工业化建筑性能及水平评价标准化流程；修订《工业化建筑评价标准》；开发工业化建筑性能及水平评价系统。

4）全产业链能耗和碳排的统计识别技术：确定能耗和碳排放边界；全面识别和归类能耗和碳源，根据不同类别碳源基本特征，建立统计指标和测算方法，形成能耗和碳排统计识别技术指南。

5）主要材料和部品碳排清单编制技术：主要材料和部品类型目录、识别其物化过程碳源，建立碳排放清单核算规则、采集方法；进行碳排因子测定，计算碳排放因子代表值，建立碳放因子库，形成碳排清单。

6）全产业链能耗和碳排监测技术及系统：融合多技术建立能耗和碳排监测框架，监测数据的提取和分析方法；开发实时能耗和碳排监测系统，进行应用示范。

二、基于问题导向的工业化建筑标准化需求分析

1. 标准内容不完善问题

（1）装配式混凝土结构建筑

装配式结构建筑标准化的源头是设计一体化，采用标准组件式单元的方式，内装系统及门窗部品部件尺寸模数协调标准化，借鉴国外经验突破现有"等同现浇"的设计理念，提高整体的质量品质，简化连接构造方式，发展更好的技术。装配式混凝土结构建筑标准数量较多，但是无法形成系统，各个标准之间功能划分不清晰，彼此重复，缺乏实用性。装配式混凝土结构的通用标准较多，但针对性不强，例如《建筑抗震设计规范》《混凝土结构设计规范》等。这类标准内容分散，细节规定不多，涉及整体结构设计、构建连接、施工阶段验收等关键技术的规定不够详细。尽管一些地方标准针对相关技术编制了标准，但是大多大同小异，无法体现地域技术特色要求。团体标准比较杂乱，不成体系，缺少新技术新标准。同时，装配式混凝土结构产业标准化欠缺，诸如后期运营管理、回收再利用、信息技术集成等方面需要标准来规范。

（2）钢结构建筑

钢结构建筑标准化要体现工厂化加工制作方便、结构抗震性能好和拆除能循环利用等优势特点。在工业化建筑标准体系框架下，结合钢结构工业化全流程，制定相应的技术标准，各个标准依照生产流程相互衔接，综合性标准涉及工业化生产多个阶段，材料产品标准根据结构功能需求提供合适的钢材，设计技术标准针对整体和局部结构进行合理化设计，预制构件技术标准指导构件的加工生产，施工组装技术标准指导部品部件施工现场的组装，工程验收标准监管工程质量，运营维护和拆除利用标准指导后期管理和资源的回收利用，最终形成钢结构建筑产品体系。目前，钢结构建筑单一类技术标准化较为成熟，关于水电气节能方面还需要系统研究，部品部件的模数化和标准化还需进一步的整合优化。

（3）木结构建筑

木结构标准化需要根据我国木材情况，制定技术标准和配套部品体系。针对木材特性，在防火、防腐、环保等方面系统研究较多，加强抗震、节能等关键技术的研究。国外在装修一体化的预制板、模块化木结构方面有着成熟的技术，出厂之间和工程验收可以实现无缝对接，在连接件方面应借鉴国外先进技术。我国的木结构大多是轻木、胶合木及原木为材质的结构，技术体系较为完善，但在预制化和装配化等关键技术方面还有所欠缺。还需要向高质量的方向前进，利用木结构标准体系的先进性，构建高效的木结构全产业链。

综上所述，现行工程建设标准比较多，但各个专业标准内容比较分散，部分关键技术标准尚欠缺，无法体现工业化建筑技术标准的先进性。

2. 工业化建筑发展问题

建筑行业一直以来都是粗放式的模式，一些弊端开始日益凸显，主要表现有扬尘、噪声等对环境造成污染，传统施工生产方式存在安全隐患，生产效率低下导致的建设周期较长，房屋质量问题频发等问题。发展工业化建筑，以标准化的形式对生产方式进行规范和指导，最大限度地发挥工业化建筑的优势。现阶段，我国工程建设标准还达不到工业化建筑发展的需求。

工业化建筑的发展方向可以分为标准化、集成化和信息化。标准化是建筑工业化的基

础，模数标准化则是标准化中最重要的基础工作，统一建筑构件之间的尺寸及建筑尺寸，在模数协调下部品部件可以实现系列化和通用化。在接口标准化的前提下，模块组合按照标准化原则可以实现多用途拼合。接口标准化可以分为技术接口标准化和组织接口标准化。技术接口标准化是实现对实物之间物理连接，通过制定技术标准、工艺标准等来保证实际应用的需求。组织接口标准化是项目参与方的连接，通过制定工作标准来保证项目来实现组织的互通互联。集成化是建筑工业化的主体，传统的施工模式导致建设生产彼此分离，集成可以为设计标准化服务，实现工业化建筑的策划、设计、生产和施工各阶段的统筹。信息化是建筑工业化的平台，最大的优势在于协同管理，可以提供资源整合的平台。信息化是实现集成的主线，将各个系统串联起来，服务全寿命期建设活动。工业化建筑标准化的本质是促进建筑行业的发展和转型，也是提升我国标准化竞争力的迫切需求。

3. 工业化建筑标准化水平问题

标准是标准化的重要表现形式，标准的适用状况可以很好地反映标准化水平。随着时间和环境的变化，事物也会有所改变，标准无法适应时代的变化，必然会受到一定的影响。因此，标准的实施需要与其他标准相配套，例如工程建设标准制定出来之后，相应的评估指标也要制定出来，否则无法评价标准的执行效果是否达到标准化目的，会对标准的落实和推广产生影响。

我国工程建设标准化需要经过研究、立项、起草等一系列过程，其中涉及主体结构、围护结构、设备安装等多个专业主体，各个专业彼此独立，但是又存在着关联性，传统的编制方法往往忽略了这种关联性，盲目、无序、主观地选择标准进行制修订，需要什么标准就制定什么标准，标准比较分散且彼此之间关联性不强，缺乏整体宏观的把控，这种传统的方法会导致标准出现滞后、重复甚至相互矛盾的情况，专业覆盖不够全面。随着技术的日益更新，标准不能及时被修订，标准体系将不能适应当今社会发展的要求，体系内的标准将毫无作用，标准出现空白，标准化需求增加。我国工业化建筑标准化水平还需要进一步提升。

三、基于现实发展的工业化建筑标准化需求分析

为充分掌握装配式建筑项目实践中标准的需求情况，本节结合示范项目上海临港奉贤园区项目，总结标准应用和需求情况。

1. 示范项目简介

上海临港奉贤园区项目位于临港新城以西约17km，范围东至规划F8路，西至雪柳路，南至江山路，北至云樱路。业主为绿地控股集团，由上海天华建筑设计有限公司设计，龙信建设集团有限公司担任总承包，南通科达建材股份有限公司负责构件生产。

本项目的建筑概况如表10-4所示，整体效果图见图10-11。

项目概况　　　　　　　　　　　　　　　　　　　表10-4

占地面积	48323.5m²	总建筑面积	122558.9m²
地下面积	35000m²	地上建筑面积	87946.5m²
人防面积	8443.7m²	建筑类别	民用建筑

建筑层数	地下	地下一层
	地上	4～13 层住宅、1～3 层配套
建筑功能	地下	停车库、人防和设备用房
	地上	9 栋高层住宅,13 栋多层洋房,1 栋售楼处,2 栋社区公共配套用房,1 栋 KT 站, 4 栋 PT 站,2 栋门卫

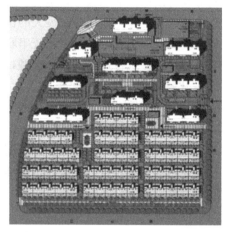

图 10-11　项目整体效果图

2. 装配式建筑 PC 概况

本项目的合同中做出了以下要求：实施装配式建筑应满足相关政策、标准等文件要求，装配式建筑面积的比例为 100%，建筑单体预制装配率不低于 40%，并应按《关于本市进一步推进装配式建筑发展的若干意见》实施细则等规定建设及管理。据此，本项目中的预制构件种类确定为：预制夹芯保温外墙，预制剪力墙，预制凸窗，预制叠合楼板，预制楼梯梯段板，预制阳台板以及预制空调板。项目施工过程照片见图 10-12。

图 10-12　项目施工过程

本项目荣获 2018 年度住建部装配式建筑示范项目、2018 年度上海市装配式建筑示范项目等多项称号。

3. 全过程标准应用分析

本项目的预制构件种类和数量较多、较全面，在设计、生产、施工的全过程中，对应各个阶段的特点和难点，参照、应用了与装配式建筑相关的各类主要规范，对整个项目起到了有利的指导作用。

本项目设计阶段主要参考执行的标准有：《装配式混凝土建筑技术标准》GB/T 51231—2016、《装配式混凝土结构技术规程》JGJ 1—2014、上海市《装配整体式混凝土居住建筑设计规程》DG/TJ 08—2071—2016、上海市《装配整体式混凝土公共建筑设计规程》DGJ 08—2154—2014、《建筑模数协调标准》GB/T 50002—2013、《绿色建筑评价标准》GB/T 50378—2014、《民用建筑绿色设计规范》JGJ/T 229—2010、上海市《住宅建筑绿色设计标准》DGJ 08—2139—2014、上海市《居住建筑节能设计标准》DGJ 08—205—2011 等。项目外立面效果见图 10-13。

图 10-13　项目外立面效果

由于本项目采用了预制夹心保温外墙（图 10-14），为此，设计阶段还参考了以下标准：《建筑设计防火规范》GB 50016—2014、《建筑外墙外保温防火隔离带技术规程》JGJ 289—2012、《外墙外保温工程技术规程》JGJ 144—2004、上海市《预制混凝土夹芯保温外墙板应用技术规程》DG/TJ 08—2158—2015 等。

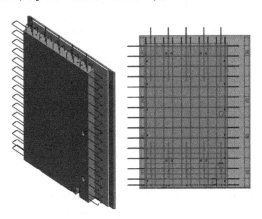

图 10-14　预制夹芯保温外墙

同时，对于预制夹心保温外墙中所采用的材料（图 10-15），参考了以下标准：《纤维增强复合材料建设工程应用技术规范》GB 50608—2010、《水泥基灌浆材料应用技术规范》GB/T 50448—2015、《建筑材料及制品燃烧性能分级》GB 8624—2012、《绝热用挤塑聚苯乙烯泡沫塑料》GB/T 10801.2—2002、《硅酮建筑密封胶》GB/T 14683—2003、《聚氨酯建筑密封胶》JC/T 482—2003、《聚硫建筑密封胶》JC/T 483—2006 等。

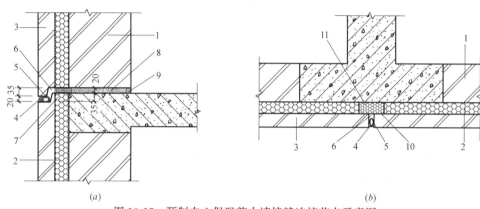

(a)　　　　　　　　　　　　　　　　(b)

图 10-15　预制夹心保温剪力墙接缝连接节点示意图

（a）水平接缝；（b）竖向接缝

1—内叶墙板；2—保温层；3—外叶墙板；4—防水密封胶；5—背衬材料；

6—减压空腔；7—密封条；8—灌浆层；9—砂浆封堵；

10—胶带贴缝；11—现场附加保温层

构件竖向钢筋连接处的灌浆套筒连接技术（图 10-16），主要参考以下标准：《钢筋套筒灌浆连接应用技术规程》JGJ 355—2015、《钢筋连接用套筒灌浆料》JG/T 408—2013、《钢筋连接用灌浆套筒》JG/T 398—2012 等。

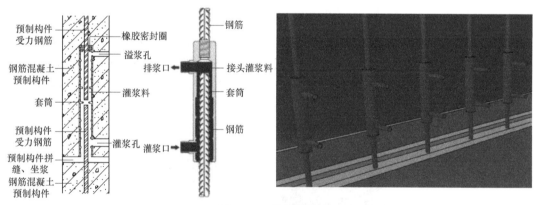

图 10-16　灌浆套筒

本项目采用精装修交付，室内装修效果见图 10-17，室内设计参照了《住宅室内装饰装修设计规范》JGJ 367—2015、上海市《全装修住宅室内装修设计标准》DG/T J08—2178—2015 等规范。

生产阶段（图 10-18、图 10-19），主要参考了以下标准：《混凝土结构工程施工规范》GB 50666—2011、《装配式混凝土建筑技术标准》GB/T 51231—2016、《装配式混凝土结

图 10-17　室内装修效果

构技术规程》JGJ 1—2014、上海市《装配整体式混凝土结构施工及质量验收规范》DGJ 08—2117—2012、《钢筋套筒灌浆连接应用技术规程》JGJ 355—2015、上海市《预制混凝土夹芯保温外墙板应用技术规程》DG/TJ 08—2158—2015、上海市《预制混凝土夹芯保温外墙板应用技术规程》DG/TJ 08—2158—2015、上海市《预拌混凝土和预制混凝土构件生产质量管理规程》DG/TJ 08—2034—2008、《钢筋连接用灌浆套筒》JG/T 398—2012 等。

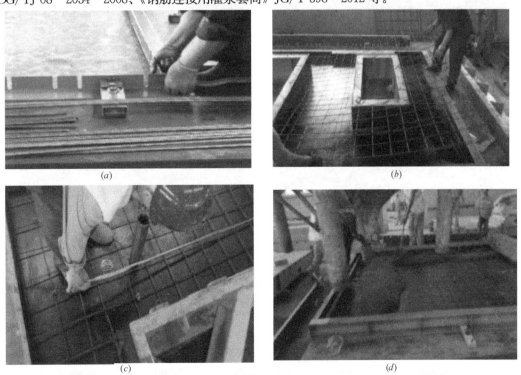

图 10-18　构件制作流程（一）

（a）组装外叶墙模板；（b）安放钢筋网片；（c）浇筑前检查；（d）一次混凝土浇筑、振捣

图 10-18　构件制作流程（二）

（e）挤塑板铺装；（f）拉结件安装；（g）组装内叶墙模具；（h）绑扎钢筋骨架；（i）安放预埋件；

（j）浇筑前检查；（k）二次混凝土浇筑、振捣；（l）抹面

图 10-19　灌浆套筒及其连接

施工阶段（图 10-20）。本项目主要参考了如下标准：《混凝土结构工程施工规范》GB 50666—2011、《装配式混凝土建筑技术标准》GB/T 51231—2016、《装配式混凝土结构技术规程》JGJ 1—2014、上海市《装配整体式混凝土结构施工及质量验收规范》DGJ 08—2117—2012、《钢筋套筒灌浆连接应用技术规程》JGJ 355—2015、上海市《预制混凝土夹芯保温外墙板应用技术规程》DG/TJ 08—2158—2015 等。

图 10-20　施工现场

项目中采用了盘扣架的支撑体系（图 10-21），参考的标准有：《建筑施工脚手架安全技术统一标准》GB 51210—2016 和《建筑施工承插型盘扣式钢管支架安全技术规程》JGJ

231—2010 等。

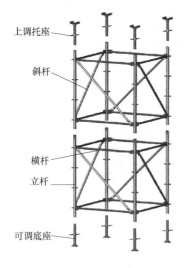
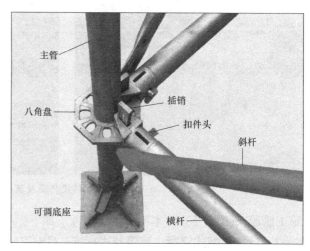

支撑系统搭设　　　　　　　顶丝调节　　　　　　　支撑系统标高校正

图 10-21　支撑体系

最后，在验收阶段（图 10-22），本项目参考的标准主要有：《混凝土结构工程施工质量验收规范》GB 50204—2015、《装配式混凝土建筑技术标准》GB/T 51231—2016、《建筑给水排水及采暖工程施工质量验收规范》GB 50242—2002、《装配式混凝土结构技术规程》JGJ 1—2014、《钢筋套筒灌浆连接应用技术规程》JGJ 355—2015、《装配整体式混凝土结构施工及质量验收规范》DGJ 08—2117—2012 等。

图 10-22　现场验收

4. 标准需求分析

（1）标准的缺失

在本项目的实践过程中，针对本项目特点，结合项目设计、施工和生产实际情况，发现尚有部分标准规程有待编制，以更好地指导和推进建筑工业化。例如：预制混凝土夹心保温墙板金属拉结件应用技术规程［图 10-23（*a*）、（*b*）］，预制混凝土夹心保温墙板非金属拉结件应用技术规程［图 10-23（*c*）］，装配式建筑密封胶应用技术规程及预制构件深化设计相关规程等。

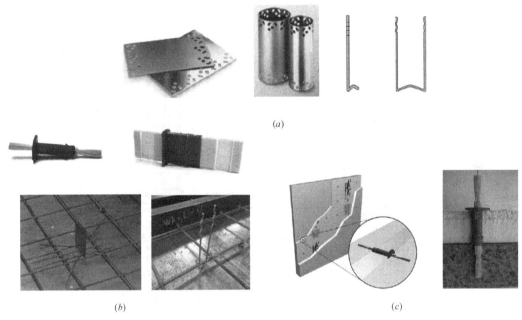

(*a*)

(*b*)

(*c*)

图 10-23　拉结件布置
（*a*）金属拉结件；（*b*）金属拉结件布置；（*c*）非金属拉结件布置

图 10-24　夹芯保温墙板

项目实际中发现部分相关内容仅有地方标准供参照，而国家标准、行业标准或团体标准则尚未发布，例如，夹芯保温墙板（图10-24）相关标准仅有上海市地方标准《预制混凝土夹芯保温外墙板应用技术规程》DG/TJ 08—2158—2015。

（2）国家或行业标准与地方标准部分内容矛盾

此外需要注意的是，部分地方标准中还存在与国家或行业标准矛盾的内容，有待统一。例如，上海地方标准中允许预制剪力墙竖向分布筋采用单排连接（图10-25），而在国家标准、行业标准或团体标准中此类做法有一定的限制（图10-26）。

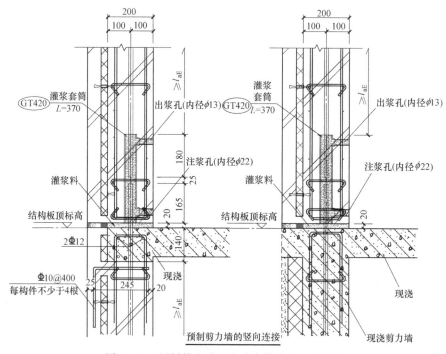

图 10-25　预制剪力墙竖向分布筋单排连接详图

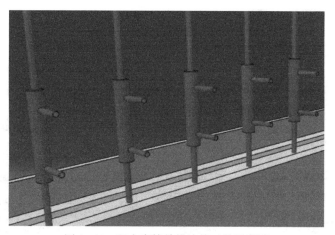

图 10-26　竖向套筒单排连接三维示意图

（3）各阶段应用标准汇总

详见表10-5～表10-9。

国家标准　　　　　　　　　　　　　　　　　　　表 10-5

序号	标准名称	标准编号
1	建筑模数协调标准	GB/T 50002—2013
2	混凝土结构工程施工质量验收规范	GB 50204—2015
3	装配式混凝土建筑技术标准	GB/T 51231—2016
4	建筑设计防火规范	GB 50016—2014
5	建筑施工脚手架安全技术统一标准	GB 51210—2016
6	水泥基灌浆材料应用技术规范	GB/T 50448—2015
7	纤维增强复合材料建设工程应用技术规范	GB 50608—2010
8	绿色建筑评价标准	GB/T 50378—2014
9	绝热用挤塑聚苯乙烯泡沫塑料	GB/T 10801.2—2002
10	建筑给水排水及采暖工程施工质量验收规范	GB 50242—2002

行业标准　　　　　　　　　　　　　　　　　　　表 10-6

序号	标准名称	标准编号
1	装配式混凝土结构技术规程	JGJ 1—2014
2	钢筋套筒灌浆连接应用技术规程	JGJ 355—2015
3	建筑外墙外保温防火隔离带技术规程	JGJ 289—2012
4	外墙外保温工程技术规程	JGJ 144—2004
5	民用建筑绿色设计规范	JGJ/T 229—2010
6	住宅室内装饰装修设计规范	JGJ 367—2015
7	建筑施工承插型盘扣式钢管支架安全技术规程	JGJ 231—2010

团体标准　　　　　　　　　　　　　　　　　　　表 10-7

序号	标准名称	标准编号
1	混凝土及预制混凝土构件质量控制规程	CECS 40-92

上海市地方标准　　　　　　　　　　　　　　　　表 10-8

序号	标准名称	标准编号
1	装配整体式混凝土居住建筑设计规程	DG/TJ 08—2071—2016
2	预拌混凝土和预制混凝土构件生产质量管理规程	DG/TJ 08—2034—2008
3	装配整体式混凝土结构预制构件制作与质量检验规程	DGJ 08—2069—2016
4	装配整体式混凝土结构施工及质量验收规范	DGJ 08—2117—2012
5	装配整体式混凝土公共建筑设计规程	DGJ 08—2154—2014
6	预制混凝土夹芯保温外墙板应用技术规程	DG/TJ 08—2158—2015
7	住宅建筑绿色设计标准	DGJ 08—2139—2014
8	居住建筑节能设计标准	DGJ 08—205—2011
9	全装修住宅室内装修设计标准	DG/TJ 08—2178—2015

产品标准   表 10-9

序号	标准名称	标准编号
1	建筑材料及制品燃烧性能分级	GB 8624—2012
2	硅酮建筑密封胶	GB/T 14683—2003
3	钢筋连接用套筒灌浆料	JG/T 408—2013
4	钢筋连接用灌浆套筒	JG/T 398—2012
5	聚氨酯建筑密封胶	JC/T 482—2003
6	聚硫建筑密封胶	JC/T 483—2006

四、我国工业化建筑标准化需求汇总

通过标准化博弈分析，得出标准化环境和行为会对需求产生影响。由此，从标准化环境和标准化行为两个方面对我国工业化建筑标准体系需求进行分析，汇总并确认如表 10-10 所示。

我国工业化建筑标准化需求汇总与确认   表 10-10

分析方法	需求汇总
基于技术方向和问题导向	遵循工业化理念，推行模数协调和设计标准化 内装、机电和设备管线的模数协调及接口标准化 以通用部品部件为基础的装配式建筑通用体系等
基于现实发展	现行大量标准，虽初步构建装配式建筑标准体系的基础，但数量太多、要求分散，需要梳理、评估和提升 体系不仅要覆盖前期建造过程，还要向后期的使用、维护环节辐射 强化各专业协同设计和精细化设计标准

第十一章

现行相关标准对工业化建筑适用性评估

进入"十三五"时期，我国工业化建筑掀起发展热潮，国家出台一系列相关规定及措施支撑工业化建筑发展，北京、上海、江苏、深圳、辽宁、安徽等省市也相继编制出台了相关地方标准。但全国及各省市均尚未建立与工业化建筑相匹配的、独立的标准规范体系和技术体系，现行标准规范对工业化建筑适用性不强、关键技术标准缺位等问题突出，成为阻碍工业化建筑发展的瓶颈。为此，通过梳理、分析和研究现有标准，凝练出适用于工业化建筑的技术要求，编制形成一套以装配式混凝土结构建筑、钢结构建筑和木结构建筑为主线，以装配式建筑的技术要点为主体的《装配式建筑系列标准应用实施指南》，用以指导装配式建筑相关标准的实施。在此基础上，加快工业化建筑标准规范体系的建立实施，可以科学规划、合理引导工业化建筑标准的制修订与管理工作，提升标准实施效果，推动工业化建筑实现更好更快发展。在加快编制工业化建筑标准规范的同时，对如何更好地评估现行标准对工业化建筑发展的支撑作用，并提出具有针对性、可操作性的标准提升改进方案，显得尤为迫切。

本章提出现行标准对工业化建筑适用性的评估方法，通过开展标准的适用性评估，在现有标准中挑选出适合于工业化建筑使用的标准，在一定程度上能够奠定和指导我国工业化建筑标准规范体系的建立和标准的制修订。

标准的适用性评估从标准自身有效性、标准条款匹配性和标准内容支撑度三个层面展开，通过构建评估指标体系，运用基于传递熵和距离矩阵模型改进的模糊综合评价法获得评估结果。本章还选取了《混凝土结构工程施工规范》GB 50666—2011 进行实证评估，根据 15 位专家的评估结果验证了评估方法的有效性。

第一节　适用性评估概念界定与评估内容

一、相关概念界定

标准的适用性是指一项标准在特定条件下满足于规定用途的使用能力，反映在"使用要求"和"满足程度"两个层面[146]。根据该定义，本书对现行标准的适用性评估就是要评价建筑工程标准中每一项标准满足于工业化建筑使用要求的程度。适用是一个综合的概念，应该包含相关和有效两个层面，即从现行标准中选择标准纳入工业化建筑标准规范体系，不仅要求标准内容与工业化建筑相关，还应保证所选标准能够有效使用。因此，本书研究将从标准自身有效性、标准条款匹配性和标准内容支撑度三项内容进行评估，综合确定现行标准对工业化建筑的适用性。评估遵循的思想是"比配"，比配有狭义和广义之分，狭义的比配是指标准的质量与工业化建筑利用目标相比较的过程；广义的比配是在狭义的比配基础上，为使标准的质量与工业化建筑利用目标尽可能相适应而进行的标准改良的过程[147]。本书研究的狭义比配，不仅能为工业化建筑标准规范体系的建立提供依据，同时也能为现行标准的制修订提供参考和指导，达到广义比配的目的。

现行标准对工业化建筑适用性评估的比配程序如图 11-1 所示。

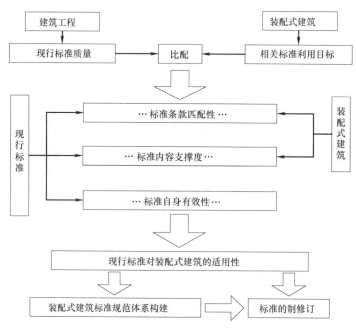

图 11-1　现行标准对工业化建筑适用性评估的比配程序

二、评估内容和指标体系

1. 标准条款匹配性

标准条款匹配性是指判别标准中所规定的条款内容与工业化建筑生产建造方式的吻合程度。可将标准的条款匹配性分为 A、B、C 三种类型。A 类条款在工业化建筑的生产建造过程中可以参照使用，无需修改；B 类条款与工业化建筑的生产建造方式存在一定差异，需要调整或增补相应的内容；C 类条款不适于在工业化建筑中有所规定，不予采纳。条款的匹配性评估通过专家对标准中的条款进行逐条研判，最终确定各类型条款的数量，并定量计算 A 类条款在评估标准中所占的比重［式（11.1）］，从而反映出标准与工业化建筑的相关程度。同时，基于 B、C 类条款评估结果，可对标准的整合修订提供指导。

$$F_{\mathrm{M}} = \frac{m}{n} \times 100 \tag{11.1}$$

式中：F_M——标准条款匹配性的评估分值；

　　　m——标准中 A 类条款的数量；

　　　n——标准中的条款总数（不含总则和术语）；

　　　100——将标准条款匹配性分值转化为百分制。

2. 标准内容支撑度

基于上述标准条款匹配性评估，标准内容支撑度评估的目的是评价标准中与工业化建筑匹配的条款能够在多大程度上支撑工业化建筑的发展，或者说能够在多大程度上满足于工业化建筑的使用要求。其所采用的评估方法为基于传递熵和距离矩阵模型改进的模糊综合评价法，根据专家评分值计算得出标准内容支撑度的评估分值 F_S。

标准内容支撑度评估指标依据工业化建筑的基本生产特征[148]：标准化设计、工厂化生产、装配化施工等进行选取。参照相关标准和研究[149][150]，选取图 11-2 中的指标内容进行评估，评估专家按 10 分制进行考量，对标准中的匹配条款能够支撑工业化建筑发展的水平给出 1～10 的评分。需要说明的是：各指标权重相同、若评估标准中不涉及某一指标内容的规定时，则该指标不参评，从而对于不同的标准，标准内容支撑度的评估指标不同。

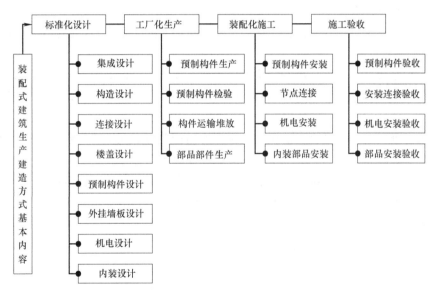

图 11-2　标准内容支撑度评估指标体系

3. 标准自身有效性

标准自身有效性是为保证所选标准能够有效使用而设置的一层评估，主要是根据管理和工程实践中标准的应用状况来考察标准的编制质量，包括标准编制水平、标准的先进性和标准的功能三项评估准则。根据相关文献[151～158] 和调查研究，选取了标准内容完整性等 10 项指标来开展标准的有效性评估。并依据常用的 Likert 5 级量表法制定每一项评估指标的评分等级，将"好、较好、一般、较差、差"分别赋予"5、4、3、2、1"分值，见表 11-1。进而通过专家调查法中获得的专家评分值采用改进的模糊综合评价法求得标准自身有效性的评估分值 F_A。

标准自身有效性评估指标及评分等级　　　　表 11-1

目标层	准则层	指标层		评分等级				
		评估指标	权重	好	较好	一般	较差	差
标准自身有效性	标准编制水平	标准内容完整性	0.0729	5	4	3	2	1
		标准结构合理性	0.0729	5	4	3	2	1
		标准的可操作性	0.2879	5	4	3	2	1
		与相关标准的协调配套性	0.1662	5	4	3	2	1
	标准的先进性	标准的时效性	0.0286	5	4	3	2	1
		与国内生产水平的适应性	0.0857	5	4	3	2	1
		标准的主导地位	0.0857	5	4	3	2	1
	标准的功能	保障工程质量安全	0.1429	5	4	3	2	1
		节约资源保护环境	0.0286	5	4	3	2	1
		提高劳动生产效率	0.0286	5	4	3	2	1

为便于专家理解，更好地引导专家对指标的认识趋于一致性，减小评估结果的误差，特对各项评估指标的含义做出说明：

标准内容完整性：考察标准是否涵盖了标题所涉及的主要内容，是否有新的内容需要补充；

标准结构合理性：考察标准的结构顺序是否需要调整，标准的内容是否需要整合；标准的可操作性：考察标准的内容是否清晰、准确、合理，标准的应用是否方便、可行、有效；

与相关标准的协调配套性：协调性是指标准与相关标准在主要内容上的相互协调、没有矛盾，配套性是指标准与相关标准互相关联、能够配套使用；

标准的时效性：考察标准是否与时俱进，可参考标准的标龄进行考察；

与国内生产水平的适应性：考察标准所涵盖的内容与当前我国在该领域的主流或平均水平是否相适应；

标准的主导地位：考察标准在使用过程中的地位如何，是否为工程实践中的主要参考和依据；

保障工程质量安全：考察标准的实施是否有利于保障工程建设质量和生产活动安全；

节约资源保护环境：考察标准在资源合理利用、环境保护等方面所起到的作用；

提高劳动生产效率：考察标准的实施是否有助于提高劳动生产效率，促进大工业生产方式的转变。

4. 适用性综合评估

在完成以上三项内容评估后，可综合得出标准对工业化建筑的适用性，分值可按下式计算：

$$T = F_M \times \lambda_1 + F_S \times \lambda_2 + F_A \times \lambda_3 \quad (11.2)$$

式中：　　T——标准对工业化建筑适用性的评估分值；

　　　　F_M——标准条款匹配性的评估分值，反映了标准与工业化建筑的相关程度；

F_S——标准内容支撑度的评估分值，反映了标准对工业化建筑的支撑水平；

F_A——标准自身有效性的评估分值，反映了标准的编制水平和使用效果；

λ_1、λ_2、λ_3——分别为各项评估内容所对应的分值权重。

标准对工业化建筑适用性的综合评估分值可作为将标准纳入工业化建筑标准体系的依据。根据本次研究的专家研讨结果，确定各项评估内容的分值权重如表11-2所示，供参考使用。标准对工业化建筑的适用性评估等级可参照表11-3来确定，可将评估为"基本适用"及以上等级的标准先行纳入工业化建筑标准体系，并根据不同的评估等级做出相应处理。

各项评估内容的分值权重　　　　　　　　　　　　表 11-2

评估内容	标准条款匹配性	标准内容支撑度	标准自身有效性
分值权重	0.3	0.6	0.1

标准对工业化建筑的适用性评估等级及处理建议　　　　表 11-3

适用性分值	90～100	80～90	70～80	60～70	0～60
适用性等级	完全适用	较为适用	基本适用	暂不适用	不予考虑
处理的建议	参照使用	调整、补充	调整、补充	修编、新编	无需处理

第二节　评估方法和程序

一、基于传递熵和距离矩阵模型改进的模糊综合评价法

开展综合评价活动可选用的方法有很多，如模糊综合评价法、层次分析法、数据包络分析、人工神经网络等，前两种主要适用于经验判断，后两种则主要是采用实际数据进行运算分析。

考虑到工业化建筑系列标准既是技术成果，又是实践经验总结，评价人员对各评价指标的主观认识和经验判断存在差异和变化，而且这种差异和变化的内涵和外延不是很明确，具有一定的模糊性。因此，本节拟选用模糊综合评价法作为标准适用性评估的主要研究方法。

模糊综合评价法是一种基于模糊数学的综合评价方法，它根据模糊数学的隶属度理论将定性评价转化为定量评价，即用模糊数学对受到多种因素制约的事物或对象作出一个总体评价，它在处理定性的、不确定的及信息不完善的问题方面具有较强优势。根据相关研究[159~164]，总结其一般步骤如下：

（1）建立评价因素集 U 和评分集 V，同时确定各因素权重 W；

（2）根据评分隶属函数求出各因素评分隶属度，建立模糊评判矩阵 R，获得模糊集；

（3）计算评价对象的模糊综合评价值，公式为：

$$F = W \times R \times V \tag{11.3}$$

为弥补仅仅依靠专家人数确定隶属度的不足，本节拟选用传递熵和距离矩阵模型来度量专家评价，并将经松弛因子调整后的专家权重作为模糊综合评价法中的评分隶属度计算

基数，更加确保了评估结果的科学性和准确性。

1. 传递熵和距离矩阵模型

专家的评价对最终结果的准确性和合理性起着重要作用，而专家的评价值与准确值之间难免会存在一些差异，这种差异一般被称为不确定性。熵是度量这种不确定性的方法之一，因此本节拟选用传递熵模型来度量专家评价，赋予相应的专家权重。总结其一般步骤如下[165~169]：

（1）设有 m 位评估专家 S_1，S_2，…，S_m，n 个评估指标 B_1，B_2，…，B_n，第 i 位专家对第 j 个评价指标的评价值为 $x_{ij}(i=1，2，…，m；j=1，2，…，n)$。取与专家群体有最高一致性（或最具权威性）的专家 S_* 为"最优专家"，用各位专家的评价结果与 S_* 的差异大小来度量参与评价的专家的评价值的优劣，专家的评价水平向量为：

$$E_i=(e_{i1},e_{i2},\cdots,e_{in}) \tag{11.4}$$

$$e_{ij}=1-\frac{|x_{ij}-x_{*j}|}{\max x_{ij}} \tag{11.5}$$

式中：e_{ij}——反映专家 S_i 对指标 B_j 所做的评价结论的水平，$i=1$，2，…，m；

x_{*j}——最优专家在第 j 个指标上的评价值。

（2）据此可建立基于传递熵的专家评价评定模型为：

$$H_i=\sum_{j=1}^{n}h_{ij} \tag{11.6}$$

其中，

$$h_{ij}=\begin{cases} -e_{ij}\ln e_{ij},1/e\leqslant e_{ij}\leqslant 1 \\ 2/e-e_{ij}|\ln e_{ij}|,0<e_{ij}<1/e \end{cases},i=1,2,\cdots,m;j=1,2,\cdots,n \tag{11.7}$$

熵值 H_i 的大小反映出专家评价结果不确定的程度。熵值 H_i 越小，专家的决策水平越高，给出的评价越科学；反之熵值 H_i 越大的专家给出的评价结果可信度越低。

（3）据此可按下式计算各次评价中专家所对应的权重：

$$c_i=\frac{1/H_i}{\sum 1/H_i},i=1,2,\cdots,m \tag{11.8}$$

c_i 值越大，表示专家 i 在评价中所占比重越大。

尽管传递熵模型是依据客观数据来确定专家权重，但其无法消除假想"最优专家"所引入的误差，因此该模型还不能完全准确地表明专家的实际重要性。而欧氏距离关注于专家个体间的相对偏差，对专家进行两两比较，基于相对偏差距离和来确定专家权重。因此，本节拟采用距离矩阵模型来弥补传递熵模型所引入的误差，两种方法优势互补，从而得出更为准确的专家权重。其一般步骤如下[170~172]：

（1）设 B_i 和 B_j 分别为两位专家的评价值，通常，B_i 与 B_j 之间的距离可用下式计算：

$$d(B_i,B_j)=\sqrt{\frac{1}{2}\sum_{k=1}^{n}(b_{i,k}-b_{j,k})^2} \tag{11.9}$$

式中：$d(B_i,B_j)$——反映专家 i 和专家 j 评价的差异程度，i，$j=1$，2，…，m，$i\neq j$，m 为参与评估的专家人数，n 为评估指标的个数。

（2）据此可构造专家评价差异程度的距离矩阵 D 为：

$$D_{m \times m} = \begin{bmatrix} 0 & d(B_1,B_2) & d(B_1,B_3) & \cdots & d(B_1,B_m) \\ & 0 & d(B_i,B_3) & \cdots & d(B_i,B_m) \\ & & 0 & \cdots & d(B_j,B_m) \\ & & & 0 & d(B_{m-1},B_m) \\ symmetry & & & & 0 \end{bmatrix} \qquad (11.10)$$

（3）据此，专家 i 的客观权重 o_i^3 可按下式计算：

$$o_i^3 = \frac{1/d_i}{\sum_{i=1}^{m}(1/d_i)} \qquad (11.11)$$

其中，
$$d_i = \sum_{j=1}^{m} d(B_i,B_j) \qquad (11.12)$$

式中：d_i——反映出专家 i 与其他专家评价的差异程度，$i=1$，2，$\cdots$，m。

o_i^3 值越大，表示专家 i 在评价中所占比重越大。

根据以上步骤，可获得两个专家权重，分别为传递熵专家权重 c_i 和距离矩阵专家权重 o_i^3，本节将采用松弛因子公式对上述获得的两个专家权重进行聚合。其一般步骤如下[79]：

（1）专家 i 的评价权重 α_i 可按下式计算：

$$\alpha_i = \beta c_i + (1-\beta)o_i^3 \qquad (11.13)$$

式中：β——松弛因子系数，$0 \leqslant \beta \leqslant 1$；

c_i——传递熵模型给出的专家权重；

o_i^3——距离矩阵模型给出的专家权重。

（2）从公式（11.13）中可以看出，通过改变 β 的值，可以调整 c_i 和 o_i^3 在 α_i 中的比重，但对于两个客观权重 c_i 和 o_i^3，松弛因子系数 β 也应是客观的。于是，根据经松弛因子调整后的专家权重与两个模型给出的专家权重相差最小为理念，构造出一个离差方程（公式11.14），通过求其极值的方法确定松弛因子系数 β 的值。

$$\sum [\beta c_i - (1-\beta)o_i^3]^2 = y \qquad (11.14)$$

$$\frac{\mathrm{d}y}{\mathrm{d}\beta} = \sum 2[(c_i+o_i^3)^2\beta - o_i^3(c_i+o_i^3)] = 0 \qquad (11.15)$$

二、评估程序

开展现行标准对工业化建筑的适用性评估应包括下列主要工作内容并遵循相应的评估程序，见图11-3。

（1）梳理待评相关标准；

（2）确定评估内容并建立相应的评估指标体系；

（3）确定评估方法和评估程序；

（4）组建评估工作组；

（5）开展评估工作；

（6）对评估结果进行计算和分析，得出结论。

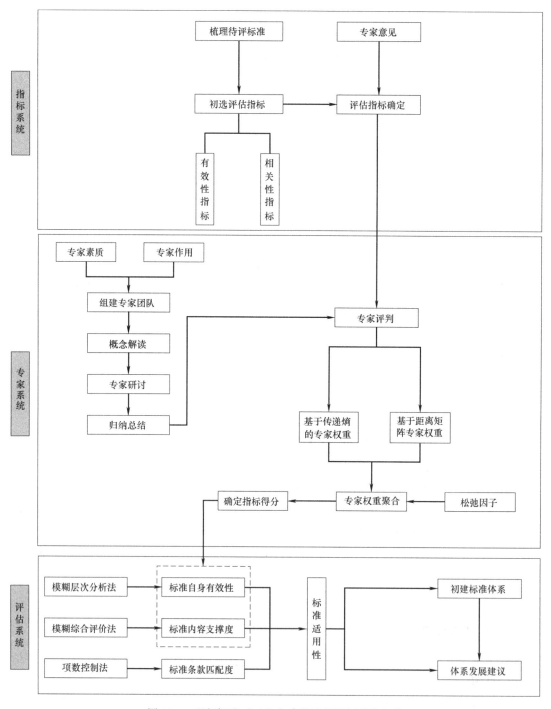

图 11-3　现行标准对工业化建筑适用性评估的程序

三、群体专家智慧集成

1. 群体专家智慧集成概述

建筑工程标准覆盖范围广、内容较为丰富，涉及建设全寿命周期的各个专业层面，单业内专家难以完全胜任标准系列的专业评估。因此，有效集成各领域专家的智慧，通过异质专家知识、经验的优势互补，是对标准适用性进行充分评估的关键所在。评估过程中，需要基于概念解读、专家研讨、归纳总结等规范化的流程指导，使群体专家的认识逐步深化并趋于一致，才能实现有效的集成。

标准适用性评估过程中群体专家智慧集成需强调以下几个特征[173]：

（1）强调智慧集成。标准适用性评估不是异质专家知识、经验的简单相加，而是通过专家知识、经验的不断碰撞，使异质专家对问题有更全面清晰的认识和深入的把握。异质专家的协作，使得各领域知识和经验能够实现有效集成和共享。

（2）强调互补性。建筑工程的复杂性决定了标准的复杂性。因此，对标准进行适用性评估不能简单地基于单一视角来完成，而是需要基于不同专业背景、不同应用领域的多维视角的互补，让多领域异质专家共同参与完成。

（3）强调研讨性。对于群体专家来说，任何异质专家的知识都是一种外在的智慧，群体专家智慧集成不是单枪匹马作战，而是要通过不断的交互过程实现对问题更深入清晰的认识，以保证决策的准确性。

2. 群体专家智慧集成三维框架

标准适用性评估工作系统中群体异质专家的智慧集成可以用三个维度体现：组织维、阶段维和评价维，见图11-4。

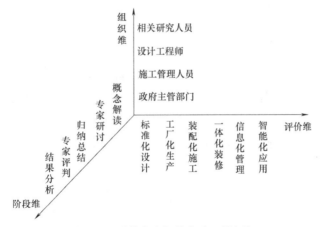

图 11-4　群体专家智慧集成三维框架

（1）组织维

根据各项标准的评估要求，分析专家的作用和专业素质，组建评估专家组，专家组成员可包含政府主管部门、施工管理人员、设计工程师、高校和科研院所等相关研究人员。

（2）阶段维

专家组确立后，在正式开展评估前，需要做出一系列的评估准备工作，包括概念解读、专家研讨、归纳总结等，通过向专家解读评估目的、评估内容、评估指标、评分要求等，并经专家研讨和疑问的解答，使专家形成最终一致的认识，确保评估结果的准确性。

（3）评价维

当专家对评估的内容和操作程序形成一致认识后，即可正式开展标准的评估工作，由专家对待评标准的每一项专业评估指标进行打分，采用一定的数学模型方法确定指标权重和专家权重。

第三节 评估方法和程序评估示例

为验证评估方法的有效性，根据本章构建的评估方法，邀请 15 位专家开展了《混凝土结构工程施工规范》GB 50666—2011 的评估工作，邀请的专家包括：政府主管部门人员、施工管理人员、结构设计工程师、高校和科研院所相关研究人员。基于对标准和装配式混凝土建筑的认知水平和评价的公正性，评估专家组共同推举了 3 名权威专家，分别设置为 1、2、3 号专家，将其评分值的简单算术平均值作为"最优专家"的评分值使用。专家出处详见表 11-6 注。本节研究将以《混凝土结构工程施工规范》GB 50666—2011 为例，简述其评估过程和结果。

一、待评标准概况

《混凝土结构工程施工规范》GB 50666—2011 是由中国建筑科学研究院主编，经住房和城乡建设部批准自 2012 年 8 月 1 日起实施的国家标准。规范提出了混凝土结构工程施工管理和过程控制的基本要求，属于通用标准。规范包含：总则，术语，基本规定，模板工程，钢筋工程，预应力工程，混凝土制备与运输，现浇结构工程，装配式结构工程，冬期、高温和雨期施工，环境保护 11 章。

二、标准条款匹配性评估

根据上文所规定的标准条款匹配性评估原则，经专家评判，结果如表 11-4 所示。确定《混凝土结构工程施工规范》GB 50666—2011 中 A、B、C 三种类型的条款数量分别如表 11-5 所示。

GB 50666—2011 标准条款匹配性专家评估结果　　　　　　　　　　　　　表 11-4

序号	标准条款	匹配类型	说明（或修改建议）
1	4.1.1	B 类条款	装配式建筑的模板种类与现浇不同
2	4.2.2	B 类条款	预制构件的模板要求与现浇结构模板要求存在差异
3	4.3.1	B 类条款	装配式混凝土结构施工现场用混凝土模板应简单、易用
4	4.4.6	B 类条款	根据装配式混凝土结构建筑特点，修改模板起拱高度
5	4.4.8	B 类条款	装配式混凝土结构建筑中应避免高大模板支架
6	4.4.12	B 类条款	装配式混凝土结构建筑中应避免上、下楼层模板支架
7	4.5.4	B 类条款	装配式混凝土结构建筑中应避免楼层间连续支模
8	4.5.5	B 类条款	装配式混凝土结构建筑中应避免楼层支架体系
9	4.6.3	B 类条款	根据装配式混凝土结构建筑施工特点，做适当调整
10	5.4.1	B 类条款	预制构件梁、柱节点钢筋连接不符合本条规定
11	5.4.2	B 类条款	第 4 款不适用，应符合 JGJ 355 的规定
12	5.4.4	B 类条款	装配式混凝土结构建筑中主要采用套筒灌浆连接
13	5.4.5	C 类条款	装配式混凝土结构建筑中不使用绑扎搭接工艺

序号	标准条款	匹配类型	说明(或修改建议)
14	5.4.6	C类条款	装配式混凝土结构建筑中不使用绑扎搭接工艺
15	5.4.7	C类条款	装配式混凝土结构建筑中不使用绑扎搭接工艺
16	5.4.9	B类条款	根据工厂预制构件生产要求进行修改
17	5.4.11	B类条款	叠合梁开口箍筋
18	5.5.5	B类条款	缺少套筒灌浆连接、浆锚搭接质量检查要求
19	8.3.11	C类条款	装配式混凝土结构体系中不适用超长混凝土结构
20	8.3.12	B类条款	根据实际工艺进行修改
21	8.3.13	B类条款	根据实际工艺进行修改
22	8.3.15	B类条款	清水混凝土采用装配式建造工艺,连接处是否用现浇
23	8.7.1	C类条款	装配式混凝土结构建筑现浇部分的混凝土体积一般不大
24	8.7.2	C类条款	装配式混凝土结构建筑现浇部分的混凝土体积一般不大
25	8.7.3	C类条款	装配式混凝土结构建筑现浇部分的混凝土体积一般不大
26	8.7.4	C类条款	装配式混凝土结构建筑现浇部分的混凝土体积一般不大
27	8.7.5	C类条款	装配式混凝土结构建筑现浇部分的混凝土体积一般不大
28	8.7.6	C类条款	装配式混凝土结构建筑现浇部分的混凝土体积一般不大
29	8.7.7	C类条款	装配式混凝土结构建筑现浇部分的混凝土体积一般不大

注:由于A类条款数量较多,且A类条款在装配式建筑生产建造中可以参照使用,无需修改,故在此省略。

GB 50666—2011 标准条款匹配性专家评估结果汇总　　　　表 11-5

评估标准	条款总数	A类条款	B类条款	C类条款
GB 50666—2011	366	337	18	11

根据公式（11.1）可确定《混凝土结构工程施工规范》GB 50666—2011 的标准条款匹配性评估分值 F_M 为 92.08 分。

三、标准内容支撑度评估

标准内容支撑度的评估指标需结合标准的内容来确定,根据图 11-2 中所列的评估指标,经过专家研讨,确定《混凝土结构工程施工规范》GB 50666—2011 的评估指标为预制构件生产、预制构件检验、构件运输堆放、预制构件安装和节点连接 5 项,对各指标赋予相同的权重,评估专家按 1~10 分给出评分值如表 11-6 所示。

GB 50666—2011 标准内容支撑度专家评分值　　　　表 11-6

专家编号	预制构件生产	预制构件检验	构件运输堆放	预制构件安装	节点连接
最优专家	7.67	5.67	8.00	7.67	7.67
1号专家	8	6	8	8	8
2号专家	8	4	8	8	8
3号专家	7	7	8	7	7

专家编号	预制构件生产	预制构件检验	构件运输堆放	预制构件安装	节点连接
4号专家	8	8	8	5	5
5号专家	8	8	8	9	9
6号专家	8	8	8	8	8
7号专家	3	2	3	4	3
8号专家	8	9	9	9	9
9号专家	5	4	6	3	2
10号专家	8	1	8	9	9
11号专家	6	8	8	8	9
12号专家	7	7	8	8	8
13号专家	10	10	10	10	9
14号专家	10	10	10	10	10
15号专家	6	6	6	6	7

注：1号专家"龙信建设集团"、2号专家"中国建筑科学研究院标准规范处"、3号专家"中国建筑技术集团"、4号专家"同济大学"、5号专家"江苏省建筑科学研究院"、6号专家"中国建筑技术集团"、7号专家"重庆大学"、8号专家"南京大地建设集团"、9号专家"中国建筑科学研究院标准规范处"、10号专家"上海天华建筑设计有限公司"、11号专家"中国建筑科学研究院建筑设计院"、12号专家"中国建筑科学研究院建筑设计院"、13号专家"住建部科技与产业化发展中心"、14号专家"住建部标准定额研究所"、15号专家"中冶建筑研究总院"。

基于表11-6的基础数据，参照标准自身有效性评估的4项步骤，可计算得出《混凝土结构工程施工规范》GB 50666—2011在标准内容支撑度评估中的评估分值F_S为75.03分。

四、标准自身有效性评估

根据前述中所列评估指标、评分等级和指标的评估说明，通过开展专家评估工作，获得《混凝土结构工程施工规范》GB 50666—2011的标准自身有效性评分值如表11-7所示。

GB 50666—2011标准自身有效性专家评分值　　　　　　　　　表11-7

专家编号	指标1	指标2	指标3	指标4	指标5	指标6	指标7	指标8	指标9	指标10
最优专家	4.67	4.33	4.33	4.00	4.00	4.00	4.67	4.67	4.00	3.67
1号专家	5	4	4	4	4	4	5	4	4	3
2号专家	5	5	5	4	4	5	4	5	4	5
3号专家	4	4	4	4	4	3	5	5	4	3
4号专家	5	4	4	4	4	4	4	5	3	4
5号专家	4	5	5	4	4	4	4	5	4	4
6号专家	4	4	4	4	4	5	5	5	3	4
7号专家	4	4	4	3	4	3	4	5	2	2
8号专家	5	5	5	5	4	4	5	5	5	4

续表

专家编号	指标1	指标2	指标3	指标4	指标5	指标6	指标7	指标8	指标9	指标10
9号专家	4	5	4	4	4	4	4	5	3	2
10号专家	5	5	4	4	4	4	4	5	4	4
11号专家	5	5	5	4	4	3	4	5	4	4
12号专家	4	4	4	4	4	4	4	4	4	4
13号专家	5	5	4	5	4	4	4	5	4	4
14号专家	5	5	5	5	4	5	5	5	5	5
15号专家	5	4	4	4	4	3	4	5	4	3

根据模糊综合评价法的一般步骤，设定标准自身有效性评估分值 F_A 的计算步骤如下：

1. 建立评价因素集 U 和评分集 V，同时确定各因素权重 W

标准自身有效性评价因素集 U（即评估指标）和评分集 V（即评分等级）的构建如表 11-1 所示；各项评估指标的权重由评估专家依据层次分析法原理，采用 5 级重要性标度含义进行评价，并根据 15 位专家意见的众数构造判断矩阵，经一致性检验通过，得出评估指标权重结果如表 11-1 所示。

2. 根据传递熵和距离矩阵模型计算专家权重

根据前述公式（11.4）～式（11.8）可计算得出传递熵模型的专家权重（表 11-8 第 2 列），根据公式（11.9）～式（11.13）可计算得出距离矩阵模型的专家权重（表 11-8 第 3 列）。按照离差方程（公式 11.15）确定的松弛因子系数 β 为 0.4935，从而可按公式（11.14）计算得出经松弛因子调节后的专家权重（表 11-8 第 4 列），并将其作为模糊综合评价法中评分隶属度的计算基数。

GB 50666—2011 标准自身有效性评估专家权重　　　　表 11-8

专家编号	传递熵权重	距离矩阵权重	松弛因子聚合权重
1号专家	0.0973	0.0713	0.0841
2号专家	0.0542	0.0609	0.0576
3号专家	0.0719	0.0684	0.0701
4号专家	0.0570	0.0639	0.0605
5号专家	0.0787	0.0756	0.0771
6号专家	0.0612	0.0637	0.0625
7号专家	0.0358	0.0466	0.0413
8号专家	0.0570	0.0642	0.0607
9号专家	0.0518	0.0599	0.0559
10号专家	0.0973	0.0811	0.0891
11号专家	0.0661	0.0709	0.0685
12号专家	0.0870	0.0724	0.0796
13号专家	0.0719	0.0758	0.0738
14号专家	0.0408	0.0538	0.0474
15号专家	0.0719	0.0713	0.0716

3. 建立模糊评判矩阵 R，获得模糊集

根据步骤 2 中获得的松弛因子聚合权重，结合表 11-7 的专家评分值，可求出各指标的评分隶属度，从而构建出模糊评判矩阵 R。举例指标 1（标准内容完整性）的评分隶属度确定方法：有 1、2、4、8、10、11、13、14、15 号专家对指标 1 给出了 5 分，因此将这些专家的松弛因子聚合权重求和来作为指标 1 在评分值 5 上的隶属度，为 0.6135；相应地，有 3、5、6、7、9、12 号专家对指标 1 给出了 4 分，则指标 1 在评分值 4 上的隶属度为 0.3865；没有专家对指标 1 给出 3、2 或 1 分，因此，指标 1 在评分值 3、2 和 1 上的隶属度都为 0。

$$R=\begin{bmatrix} 0.6135 & 0.3865 & 0 & 0 & 0 \\ 0.5303 & 0.4697 & 0 & 0 & 0 \\ 0.3114 & 0.6886 & 0 & 0 & 0 \\ 0.2425 & 0.7163 & 0.0413 & 0 & 0 \\ 0 & 1 & 0 & 0 & 0 \\ 0.1675 & 0.5809 & 0.2515 & 0 & 0 \\ 0.3853 & 0.6147 & 0 & 0 & 0 \\ 0.7757 & 0.2243 & 0 & 0 & 0 \\ 0.1081 & 0.6717 & 0.1789 & 0.0413 & 0 \\ 0.1051 & 0.5114 & 0.2864 & 0.0972 & 0 \end{bmatrix}$$

4. 计算评价对象的模糊综合评价值

基于以上步骤，根据公式（11.3）可计算得出评价对象的模糊综合评价值为 4.3280，转化为百分制为 86.56，即《混凝土结构工程施工规范》GB 50666—2011 在标准自身有效性评估中的评估分值 F_A 为 86.56 分。

五、适用性综合评估结果

经上述三项内容评估，可获得《混凝土结构工程施工规范》GB 50666—2011 的标准条款匹配性评估分值、标准内容支撑度评估分值以及标准自身有效性评估分值，结合表 11-2 中对各项评估内容权重系数的规定，根据公式（11.2）可综合确定出标准对装配式混凝土建筑的适用性评估分值 T，见表 11-9。

GB 50666—2011 对装配式混凝土建筑的适用性评估结果　　　　　　　表 11-9

评估标准	F_M	F_S	F_A	T
GB 50666—2011	92.08	75.03	86.56	81.30

《混凝土结构工程施工规范》GB 50666—2011 的适用性评估结果为"较为适用"等级，据此可将标准纳入装配式混凝土建筑标准体系，但仍需对标准的内容做适当调整和补充，或是制定配套的使用说明或规定，以使标准更好地满足和适应装配式混凝土建筑的应用要求。

六、评估总结

工程建设标准是工程建设活动得以有序开展的基础和指导，部分重要标准的实施甚至是工程实践活动的指导和质量验收的依据。当前，我国迎来了新一轮的装配式建筑发展机遇，为更好地推动工业化建筑的发展，标准体系的建立显得尤为重要。但是目前我国还尚未建立起能够独立指导工业化建筑发展的标准体系，新编标准数量有限，短期内难以满足其发展需要。因此，本章通过建立现行标准对工业化建筑适用性的评估体系，通过开展现行标准的适用性评估，将适合于工业化建筑使用的标准先行纳入标准体系，满足工业化建筑的生产有标可依，并进一步指导工业化建筑相关标准的制修订发展与管理工作。

研究从标准条款匹配性、标准内容支撑度和标准自身有效性三项内容来开展现行标准对工业化建筑的适用性评估，评估内容完整，既保证了标准内容与工业化建筑的相关，又确保了标准的有效使用；在处理专家评估结果时，选用了传递熵和距离矩阵模型确定的专家权重改进模糊综合评价法，弥补了以往仅仅依靠专家人数确定评分隶属度的不足，更加确保了评估结果的科学性和准确性；通过对《混凝土结构工程施工规范》GB 50666—2011 的实证评估，评估结果为"较为适用"等级，通过对标准做出一定的调整和补充，或是制定相应配套的使用说明或规定，能够使标准更加适用于工业化建筑的生产使用。可见，基于现行标准的适用性评估建立工业化建筑标准体系的过程是一项复杂的系统工程，为建立完善、适用的标准体系，首先就需要对所有的标准进行系统全面的评估。本章研究通过建立一套科学的评估体系，对建筑工程相关标准进行适用性评估，不仅能够为工业化建筑标准体系的建立提供依据，同时，在对标准进行评估的过程中也为标准的制修订积累了一定基础，具有明显的双重效果。

标准适用性评估结果的准确性是标准体系构建的有效基础，本章研究从标准条款匹配性、标准内容支撑度和标准自身有效性三个维度对标准进行全面评估，评估内容完整，既保证了标准内容与工业化建筑的相关性，又确保了标准的有效使用；在处理专家评估结果时，选用传递熵和距离矩阵模型确定的专家权重来改进模糊综合评价法，弥补了以往仅仅依靠专家人数确定评分隶属度的不足，更加确保了评估结果的科学性和准确性

通过对《混凝土结构工程施工规范》GB 50666—2011 的实证评估，评估结果为"较为适用"等级，经过一定的调整和补充，或是制定相应配套的使用说明/规定能够用于指导工业化建筑的生产和管理。同时也警示在对工业化建筑进行新编标准时要处理好与现行标准的协调配套关系，避免盲目地编制造成标准内容重复和结构的不合理，要能够充分发挥标准体系的指导作用，确保我国新编标准精而有效。

第十二章

工业化建筑子标准体系构建与评价

第一节　标准化系统工程

一、标准化系统工程的概念与内涵

标准体系是由一定范围内具有内在联系的标准所组成的科学有机整体，体现了标准的最佳秩序。在我国的工程建设领域构建标准体系，使得各项建筑标准获得最佳秩序，能最大程度上保障工程建设的安全、质量，也能促进社会效益、经济效益、环境效益的提高[42]。建筑产业标准化是实现我国建筑产业现代化发展的必要步骤，建筑标准体系的构建对于加速产业升级具有重要意义。构建工业化建筑标准体系，主要用于推动工业化建筑智能化、一体化、装配化、工厂化、信息化发展，促进我国建筑产业实现转型升级。

"标准化系统工程"的概念由我国著名学者钱学森在20世纪70年代首先提出，通过使用系统工程的基本方法，霍尔三维结构以及对应的模型来处理分析复杂系统的标准化问题。这一思想引起了一系列标准化系统的讨论与方法研究，使得标准化系统工程与科研、企业、信息、军事、经济等系统工程专业并列[174]。

为了使得经济、社会效益最大化，标准化系统工程将系统工程的思想与方法论应用于具体实践，通过将系统工程理论与标准化理论结合，设计、组建并贯彻实施全国或某一部门、某一地区、某一企业甚至某一具体型号的标准体系，以促进社会可持续发展为目标。由此可见，本章所要构建的工业化建筑标准体系完全适用于标准化系统工程的研究范围，通过系统理论与工程建设标准学科的多学科研究，构建起适合我国建筑产业未来发展需求的标准体系，推动建筑产业现代化发展。

二、标准化系统工程的对象系统

分析标准化系统工程首先要分析对象系统，由主体系统、标准系统、标准化工作系统三部分组成，其中标准化系统为标准系统和标准化工作系统的统称[175]，对象系统的主要关系如图12-1所示。

（1）依存主体系统与标准化系统共同存在，并成为标准化系统服务的对象主体系统，要建立起有效的标准化系统首要前提与基础就是分析依存主体系统。由此，本章所研究的对象系统是工业化建筑产业这一复杂人工系统。依存主体的分析即为对工业化建筑产业的分析，包括对工业化建筑产业的发展需求分析、国家对发展建筑产业现代化的环境以及发展条件分析、工业化建筑建造过程中所需达到的目标以及产品特点分析、工业化建筑建造全过程中所涉及的技术方法、理论、

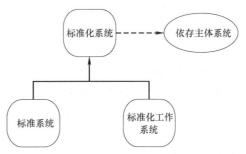

图 12-1　标准化系统工程——对象系统的构成

项目组织管理等方向的分析。分析工业化建筑产业的重点在于分析其过程中所涉及的重复性事物及概念，使用标准化理论进行进一步约束。

（2）标准系统是一高度有序的概念系统，为了实现特定目的而人为构建的，由某一特定时期、特定环境内相互协调的标准所组成。标准系统作为依存主体系统平行存在的伴生系统，产生于对依存主体系统的系统性分析之后，通过标准体系框架及标准体系内标准的集合体现。显然，本章所重点研究的工业化建筑标准体系属于依附于工业化建筑产业，是工业化建筑产业的伴生系统。因此构建科学合理的工业化建筑标准系统是本章的主要研究目的，以系统要素、标准体系结构、标准明细表的表现形式，体现标准系统的目的性、整体性、协调性、时效性、动态性。使工业化建筑标准体系服务于工业化建筑产业，并与其相互作用。

（3）标准化工作系统由工作人员与工作条件两方面组成，在工业化建筑的标准化工作系统中，包括了标准管理工作的所有工作人员，以及标准化工作的范围、标准的管理、标准化工作的实施等。可以说标准化工作系统是工业化建筑标准化的外部动力系统，其涵盖了构建标准体系的全部活动。

由此，本章的任务首先通过对工业化建筑产业主体对象系统分析，构建主体对象系统的工业化建筑标准伴生系统，由标准化工作系统全程参与下完成，实现工业化建筑产业的最佳经济效益、社会效益、生态效益。

第二节　子标准体系构建目的与思路

一、子标准体系构建目的

我国现行的工业化建筑标准覆盖面不均衡，在制修订过程中缺少科学的顺序，标准管理过程中出现标准重复、矛盾等问题。通过研究我国工业化建筑标准体系的构建等问题，为工程建设标准体系提供完善的管理机制，提高我国工程建设标准制修订工作的科学性、前瞻性，保证工程建设标准体系规范、有序发展，建立标准体系的快速反应机制，对保障工程建设质量和安全，推进工程建设的技术创新等具有重要意义。通过对文献的梳理研究，本章主要解决如下问题：

1. 构建工业化建筑子标准体系

基于系统工程和标准化系统工程理论，构建工业化建筑子标准体系的六维空间模型，

从目标维、专业维、阶段维、级别维、性质维、类别维构建标准体系，并通过标准体系表，直接展现体系构建成果。

2. 动态评价工业化建筑子标准体系

标准体系的构建是一个动态过程，标准体系构建形成后，经历评价到优化的循环，逐步完善体系内容。因此在构建子标准体系的基础上，对该体系内标准覆盖度进行计算评价，从而能够确定标准体系的覆盖面，确定未来标准缺失较多的部分，为未来标准的制修订方向提供科学方向。

3. 工业化建筑子标准体系的优化

明确标准的制修订主要方向后，通过构建对应方向标准功能团的复杂网络图，基于网络节点重要性思想对标准制修订顺序排序，确定标准制修订原则及优化方案，形成工业化建筑标准调整的动态流程。

总之，架构合理、层次分明的标准体系可以保证标准的分布具有系统性和科学性。子体系的构建决定了工业化建筑标准体系层级结构和系统组成内容，立足于工业化建筑标准化要素，采用体系工程理论与方法，构建出工业化建筑标准子体系框架，为工业化建筑标准子体系集成奠定基础，主要目的还是为发展工业化建筑生产活动各个子系统活动，促进建筑工业化水平。

二、子标准体系构建思路

子标准体系构建思路如图 12-2 所示。

三、工业化建筑子标准体系的构建

随着我国建筑业体制改革的不断深化、工程建设标准化改革工作的深化，我国的建筑规模在持续扩大。现代化的制造、运输、安装、管理等大工业化的生产方式，正在逐渐取代低效率、低水平的传统手工业生产方式，建筑工业化成为我国未来建筑业的主要发展方向[176]。但政府在大力推行工业化建筑生产方式的同时，目前建筑业中使用工业化生产方式的建筑仅占少数，劳动生产率依旧较低，质量问题大量存在，建筑技术进步迟缓。工业化建筑与人类生活环境之间存在较大冲突，愿意使用工业化生产方式的项目较少，这些问题都在制约着我国建筑产业现代化的发展。其中最首要的问题在于，相对于我国传统建筑的标准规范来说，涉及相关工业化建筑的标准很少。而在传统建筑的标准规范体系中，仅有一少部分涉及工业化建筑的内容，工业化建筑的标准规范较为分散、覆盖面不全、没有形成一定的标准体系。其次，传统建筑中涉及的现有工业化建筑相关标准，其颁发时间较早，标准的相关规定落后于建筑产业现代化的技术发展，对新技术、新材料、新工艺的出现没有对应的规范标准，实际施工操作中缺少标准规范的支撑指导。最后，现有标准之间配套性不强，无法满足工业化建筑的发展需要，且标准之间存在相互重复、交叉、矛盾的情况，标准实施困难。

因此，构建出一个适用于工业化建筑发展的标准体系成为发展工业化建筑的首要任务，然而在目前我国的标准体系研究中，各标准的编制、管理部门多将关注点放在各具体标准的实践应用中，而缺乏对标准体系构建的基础性理论研究，这往往会使得标准化的过程以及各具体标准的编制过程中缺乏理论指导。本章首先确定构建标准体系的原则和目

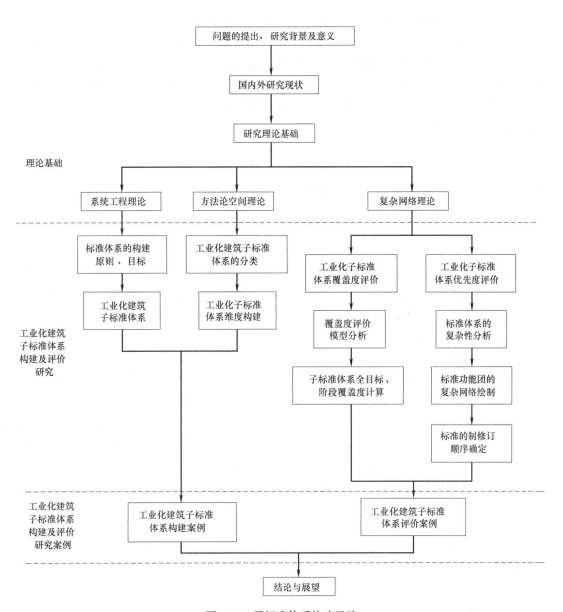

图 12-2　子标准体系构建思路

标，并最终构建适合我国工业化建筑发展的标准体系，使得标准体系成为指导今后一定时期内标准制、修订立项以及标准的科学管理的基本依据。

第三节　子标准体系构建原则、目标及流程

一、构建的原则

1. 目标明确原则

本章所构建的标准体系应当符合国家可持续发展战略，尽可能全面覆盖工业化建筑的

所有领域。通过使用系统工程的基本理论，构建起工业化建筑的标准体系，进一步分析体系后明确建筑产业现代化中急需的标准，在推广现代化技术的使用上加快我国建筑产业现代化的发展[177]。以智能化应用、一体化装修、装配化施工、工厂化生产、标准化设计、信息化管理为目标，构建工业化建筑产业链，覆盖从规划设计阶段、施工检测阶段、验收阶段，直至运行维护管理阶段、改造阶段及拆除与再利用阶段。

2. 系统性原则

标准体系的构建需要充分体现系统性原则，体系要全面成套，使得构建的标准体系具有整体性、有序性。一是要明确系统的整体性，从工业化建筑的全产业链角度构建标准体系，并在绘制标准明细表时，通过横向和纵向两个维度确定各标准的具体内容[178]。横向是工业化建筑的产业链条，分为建筑规划、勘察、设计、施工图审查、产品生产制作与运输、建筑施工与检测、运行维护与管理、建筑改造、建筑的拆除与再利用等。纵向是不同产业链相关的工业化建筑标准项目，以此构建系统的标准体系，使得构建的工业化建筑标准体系整体功能最佳。二是要体现系统的有序性，在工业化建筑体系的子体系划分中，要明确划分各子体系、各专业、各阶段维度的层次，合理地划分每一个标准层次，使得整体体系构建完成后，标准体系的结构有序，各具体标准在体系中拥有明确的定位，避免出现交叉重复的现象，实现整体的统一与协调。

3. 唯一性原则

标准体系的唯一性体现在任何标准在体系中都能找到唯一确定的位置。这就要求在体系构建的过程中，注意标准在体系中所处的等级位置以及标准的效力大小，严格定义各层次之间的关系。上位标准高于下位标准，下位标准的相关规定不得与上位标准相互抵触，例如上位标准确定最低要求，则下位标准制定中不得低于相应要求。同级标准中，各标准之间具有同等效力，在各自的使用范围内施行。标准体系表中不应出现层次的相互交叉，更不应出现某一具体标准拥有两个不同定位的情况。

4. 动态优化原则

工业化建筑子标准体系的构建是一个动态的过程，通过不断地反馈与控制，保持所构建的子标准体系具有一定的开放性与体系的可扩充性。一方面在体系中为新编制的标准预留空间；另一方面需要根据我国建筑产业现代化的发展政策以及国外发达国家工业化技术的发展趋势进行不断地调整，使得构建的标准体系具有更好的环境适应性，逐步完善和修订相应标准，为我国建筑产业现代化的进一步发展提供技术依据。

（1）循序渐进，以点带面

工业化建筑标准子体系的构建是一个循序渐进的过程，可以借鉴其他行业的标准框架，不断地完善发展，逐步达到最大的标准化效果；根据工业化建筑标准化要素，围绕关键问题和关键技术，以点带面，简洁清晰地展开。

（2）全面覆盖，层次清晰

工业化建筑标准化工作的类别较多，标准之间的关系相对复杂。工业化建筑标准子体系应全面覆盖，涵盖工业化建筑各个标准化工作；标准体系应层次清晰合理，层层递进，相互制约，成为一个完整功能的层次结构。

此外，构建标准体系还需具有一定的前瞻性与超前发展性，发展工业化建筑是目前我国可持续发展的必经之路，是未来建筑产业发展的方向。而作为为产业发展提供技术依据的标准体系，则需要及时追踪国际标准发展动态，同时还要适应我国发展的国情，具有一定的超前性，为产业发展指明方向。

二、构建的目标

工业化建筑标准体系的总体目标为，通过建立和完善工业化建筑标准体系，确定目前我国工业化建筑标准化的空白与不足之处，弥补工业化建筑标准制修订的空缺。首先对比我国发展国情与发达国家发展情况，总结工业化建筑的标准体系中尚未解决的问题。其次，借鉴发达国家标准体系构建的可行经验，分析现有标准，发挥标准对建筑产业的指导与推动作用，构建出具有系统性、全面性、时效性的标准体系框架。最后，通过构建起来的工业化建筑标准体系分析，重新评价和整理现有的标准，提出需要新编、修编的标准项目，使得工业化建筑的各项工作流程都有对应的标准进行规范指导，逐步解决现有标准中存在的主要问题，全面覆盖工业化建筑的全寿命周期，保证各阶段的顺利实施。

在根据国家政策、技术的发展不断动态调整工业化标准体系后，使得标准体系具有如下两方面的作用。

1. 有利于合理规划标准的制修订方向，扩大标准的覆盖面

以构建的标准体系为指导，引入现有工业化建筑相关标准，通过对现有标准所构成的体系的覆盖度评价，结合工业化建筑产业发展现状，在现有基础上，新编或修编一部分标准，以填补标准体系中的空白。使标准体系中各标准的内容符合我国工业化建筑市场发展需求，覆盖工业化建筑全寿命周期的各个阶段，标准体系结构均衡合理发展，标准体系覆盖度逐步提高。

2. 有利于对标准的制修订顺序客观排序，提高制修订标准的工作效率

工业化建筑子标准体系的构建，有利于分析各具体标准之间的相互联系，在明确标准制修订方向后，对众多待编标准进行重要性排序，通过对标准体系的优先度评价，有利于客观的对标准重要性进行排序，从而减少标准制修订工作中主观成分，减少标准的重复与矛盾，有利于提高制修订工作的效率。

三、构建的依据

1. 理论依据

标准体系的构建过程中以系统工程理论作为重要构建依据，目前许多学者的研究在构建标准体系过程中，通常采用霍尔三维结构对体系进行维度的划分，通过对逻辑维、条件维、时间维的三维基础进行衍生改进，采用三维或六维的结构构建标准体系，部分研究对标准体系的维度划分情况如表 12-1 所示。

标准体系维度的主要划分方式　　　　　　　　　　表 12-1

序号	题目	作者	模型	维度名称
1	我国工程建设标准体系的构建研究	孙智	六维空间	阶段维、级别维、属性维、等级维、性质维、对象维
2	我国竹子技术标准体系的构建研究	侯新毅	六维空间	级别维、对象维、性质维、强制程度、支撑关系、修订状态

续表

序号	题目	作者	模型	维度名称
3	城市旅游标准体系构建研究	韩通	六维空间	级别维、对象维、性质维、强制程度、支撑关系、修订状态
4	寒冷地区绿色建筑标准体系研究	赵星	九维空间	目标维、专业维、时间维、阶段维、等级维、对象维、级别维、性质维、实施阶段维
5	我国村镇建设标准体系的构建研究	王睿	六维空间	专业维、序列维、层次维、级别维、状态维、属性维
6	传统村落保护专项标准体系构建研究	刘培珍	六维空间	阶段维、级别维、属性维、等级维、性质维、对象维

2. 现实依据

随着标准化改革的工作不断进行，标准为各行业的发展提供技术支撑和制度保障，但随着时间的推移，行业技术水平不断提升，部分标准或条款已不能满足当前新技术水平的要求，尤其在工业化建筑行业，针对工业化建筑的相关标准较少，多数使用的标准是传统建筑中涉及少部分工业化生产的部分，因此标准的适用性问题逐渐凸显，标准出现不适用、缺失等问题，由此需要通过构建工业化建筑的标准体系，并对构成的体系进行评价从而进一步完善体系内容。

四、构建的流程

任何一个标准体系的构建过程都不是静态的，而是具有一定生命力的动态过程，具体体现在标准体系构建后的实施阶段，必须经历一个由建立、评价、优化所构成的循环过程（图12-3），才能使得对应的标准体系构建逐步得到完善。如图12-4所示，工业化建筑子标准体系的建立过程中，有关体系的整体发展规划以及体系中各标准的制修订顺序是此循环中最重要的两个节点，是工业化建筑子标准体系构建后实施过程中的核心步骤。一方面通过对已构建的子标准体系各阶段、各目标的覆盖度进行评价计算，可以确定体系中标准覆盖度较低的方向，明确目前标准体系中缺失的具体需求，对未来标准的制修订作出科学规划；另一方面，通过对体系中各标准功能团中各具体标准的优先度评价，定量分析标准的制修订逻辑顺序，为各标准管理部门在具体的标准制修订顺序上提供科学、客观的方法。

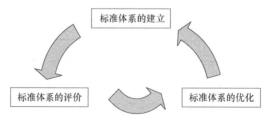

图12-3　标准体系构建的循环过程

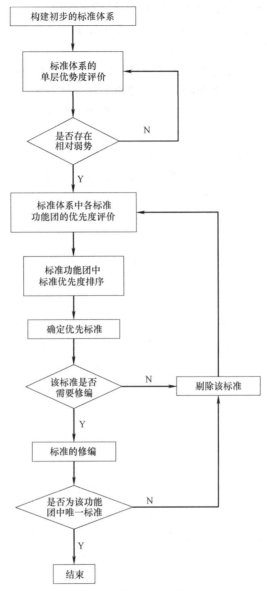

图 12-4 工业化建筑子标准体系实施阶
段的建立流程

第四节 工业化建筑子标准体系结构

一、工业化建筑子标准体系初步分类

住建部组织研究和编制的《工程建设标准体系》按照工程项目类别将体系划分为城乡规划、城镇建设、房屋建筑、工业建筑、水利工程等 15 个部分[179]。每一个具体的项目类别又可视为一个子体系，由若干不同专业组成，例如房屋建筑部分按照所涉及的工作环节划分为建筑设计、地基基础、结构、施工质量与安全等专业。各专业层次下，又可继续依据标准层级划分为基础标准、通用标准以及专用标准。继而在不同的标准层级中又分别包含国家标准、行业标准和地方标准等。

由于工业化建筑的各项工作均属于工程建设的范畴，因此在工业化建筑标准体系划分结构上，应与工程建设标准体系保持一致，按照工程项目类别划分为各个子系统，由各子系统中的标准分类汇总成工业化建筑的各个子标准体系。本节将工业化建筑标准规范体系主要划分为核心子标准体系、基础共性子标准体系和外围标准体系三大类，其中核心子标准体系可划分为：建筑设计标准体系、钢结构标准体系、木结构标准体系、装配式混凝土结构标准体系、围护系统标准体系、建筑设备标准体系、装饰装修标准体系以及信息化技术标准体系八大类，如图 12-5 所示。

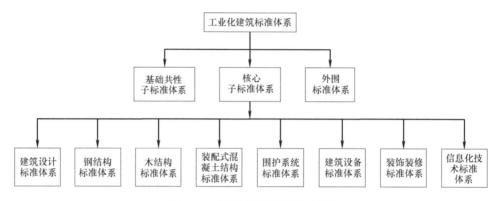

图 12-5　工业化建筑标准体系划分

其中，基础共性子标准体系包括以工业化建筑作为一个整体考虑而设置的标准，作为其他子标准体系的依据和基础；建筑设计系统主要包括建筑结构、部品构件、装配施工、装饰装修等一体化的集成设计部分；结构系统，由结构构件通过可靠的连接方式装配而成，以承受或传递荷载作用的整体，主要包括钢结构、木结构、装配式混凝土结构三种；围护系统，由建筑外墙、屋面、门窗与幕墙及其他外围护等组合而成，用于分隔建筑室内外环境的部品部件的整体；设备与管线系统，由给水排水、暖通空调、电气和智能化、燃气设备与管线等组合而成，满足建筑使用功能的整体；装饰装修系统，由楼地面、墙面、轻质隔墙、吊顶、内门窗、厨房和卫生间等组合而成，满足建筑空间使用要求的整体；信息化技术系统：由建筑信息分类与编码、数据结构、信息交换与管理、信息模型应用等标准组合而成。其次，外围标准体系中还包括了城乡规划、建筑地基基础、建筑防火、施工安全、建筑环境等相关专业工程建设标准体系，本节主要分析核心子标准体系部分。

上述八个子系统中，每个子系统中又由若干专业组成，各子体系中共包括基础标准、通用标准、专用标准三个不同层次的标准；标准同时可依据设计、施工、验收、预制构件生产及运输、维护与再利用、信息技术管理等几个专业部分划分；在各专业维度下，每个标准既可依据国家标准、行业标准、团体标准、地方标准的标准性质进行定位，也可按照工程标准、产品标准、方法标准、管理标准的标准类别进行定位。因此，本章分别将工业化建筑的六大类子标准体系划分如图 12-6～图 12-11 所示。

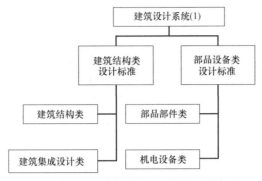

图 12-6　建筑设计子系统标准结构图

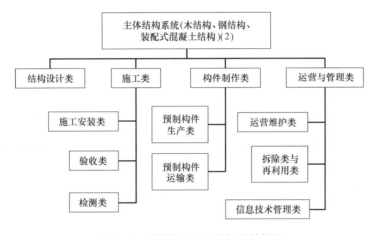

图 12-7　主体结构子系统标准结构图

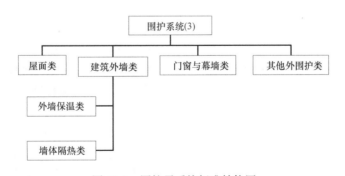

图 12-8　围护子系统标准结构图

二、工业化建筑子标准体系的维度

构建标准体系的常用方法为在标准的分类基础上构建标准属性空间，分别按照级别、对象、性质分类，构成级别维度、对象维度、性质维度的三维结构[180]，见图 12-12。

（1）级别维度。即依据标准的级别进行划分，我国通用的划分依据为标准的有效作用范围，范围从大到小分别为国家标准、行业标准、地方标准、团体标准等。体系中标准划分后呈现出明显的层次性。

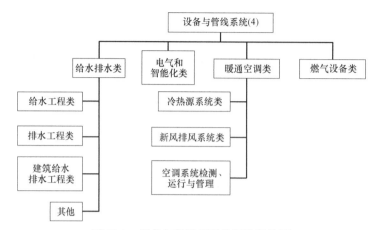

图 12-9　设备与管线子系统标准结构图

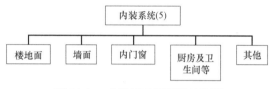

图 12-10　内装子系统标准结构图

图 12-11　管理子系统标准结构图

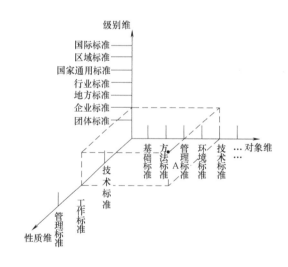

图 12-12　标准属性空间

（2）性质维度。即依据标准的性质进行划分，目前的标准分类通常按照技术标准、工作标准、管理标准三种情况进行，工业化建筑标准中更多地涉及技术标准。

（3）对象维度。将标准按照对象进行分类，由于不同标准所工作的对象不同，具体可以分为基础标准、方法标准、管理标准、环境标准、产品标准等。

然而，由于标准体系的分类可以从若干不同的维度进行，比如目标维、专业维、阶段维、级别维、功能维、生命周期维等。有关各标准的级别、性质、专业、目标、适用阶段等内容都需要在标准体系中进行反映，目前构建标准体系所常用的方法中，由逻辑维、时间维、条件维组成的霍尔三维结构，以及由级别维、对象维、性质维构成的标准属性空间，都不能完全覆盖工业化建筑的所有标准，因此本章在构建工业化建筑子标准体系时，将系统工程的霍尔三维结构和标准属性空间相结合，并且对六个维度进行适当的调整。例如，由于条件维度主要需要反映建筑工作系统中人员安排、组织计划、技术措施、设备条件等要求，在工业化建筑中更多的则是要关注工业化建筑所需要达到的目标情况，因此用目标维代替条件维度。而在逻辑维度中，工程建设项目通常按照不同的阶段进行逻辑划分，而在标准体系中，根据标准所适用的不同专业进行划分则更加合理，因此采用专业维度代替逻辑维。基于以上分析，本章所构建的六维空间中六个维度分别选取目标维、专业维、阶段维、级别维、性质维、类别维进行构建。六个维度分别代表了对标准的六种不同的划分方法，它们之间相互交叉、补充，一个具体的标准必然同时具备其特定的目标属性、专业属性等，因此在这六种维度构成的六维空间中，任何一个标准都能找到其对应的具体位置，在体系中有且仅有一个对应的坐标。

三、工业化建筑子标准体系的六维结构内容

根据上述六个维度的确定，构建出能够比较准确、全面覆盖出标准系统中任一标准的六维标准体系空间，见图12-13。同时运用"遍历"的思想，依据标准体系结构进一步分析工业化建筑的每一个子标准体系中所涵盖的标准，形成动态、立体的工业化建筑标准体系结构。

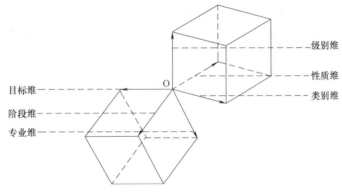

图 12-13　工业化建筑子标准体系的六维空间模型

1. 目标维

该维度包括工业化建筑在实施过程中所需要达到的具体目标，分别为：智能化应用、一体化装修、装配化施工、工厂化生产、标准化设计以及信息化管理，分别对应工业化建筑在实施的全过程中所涉及的设计、生产和施工等各个环节。第一，标准化设计是建筑工业化的前提，通过构配件的统一设计，尽可能多地减少构配件类型，实现一个单元或一个房屋的整体标准化设计。第二，装配化施工是建筑工业化的核心，通过改变传统的施工模式，用机械取代繁重的体力劳动，用机械在施工现场安装构件与配件，通过机械数控加工、现场整体装配等技术，实现节省材料、降低劳动力、缩短工期、减轻环境污染等最终目标。第三，工厂化生产是建筑工业化的手段，主要是构配件商品化、工厂化生产，集中在工厂中进行构配件的生产。最后，智能化应用和信息化管理则是建筑工业化的保证，用科学的方法来进行工程项目管理，避免主观臆断或凭经验管理。依托 BIM 平台的载体，使用"互联网＋"的手段来实现智慧建造的目标，在项目的工期、质量、目标、运行维护的各个阶段实现智慧建设。

标准体系在这六大目标中则可以起到极大的约束和指导作用，通过标准的规定，明确构配件设计参数、规范施工流程，引导并鼓励使用最新技术与最新施工工艺，在保障项目使用功能以及结构稳定的同时，还能减少资源的消耗，降低环境污染程度，缩短施工工期。

2. 专业维

工业化建筑标准体系的划分可以从与工业化建筑相关专业的角度进行划分，分为规划

组、建筑组、勘察组、结构与材料组、施工组以及检测评估组。将体系内所有标准分别对应落实到各个专业组中进行汇总。

一是规划，任何一项建筑工程在项目开始之前都必须要进行规划，合理的选址、合理的布局、合理的周边环境配置等因素都需要在规划阶段完成。二是建筑设计，工业化建筑在设计中，一方面，要达到标准化设计的目标，从统一构配件的设计到进一步的单元或整体房屋的标准化设计，通过标准明确统一构配件的设计参数。另一方面，满足普通建筑设计时所考虑的因素，如建筑的采光与通风，建筑物与周边环境的协调，建筑物的合理布局等。三是材料，工业化建筑鼓励使用新工艺、新材料，与传统建筑相比实现低能耗、低污染、高性能的特点。由此有关材料的标准制定则成为评价工业化建筑的重要指标，推广使用新技术、新工艺、新材料，扩大工业化建筑的使用范围。四是建筑施工，工业化建筑的施工过程在项目全寿命周期中占时相对较短，在形成建筑实物的过程中短期内消耗大量的资源和能源，是工业化建筑过程中最为重要的一环。在施工环节中进行标准化施工，将施工环节中各项复杂问题、模糊问题、分散问题进行简化、具体以及集成，将以往成功的经验重复，最大程度上减少资源的浪费，降低管理成本。此外在施工环节对施工工艺统一规范化，保障施工过程中的质量与安全，建设精品工程、安全工程。

3. 阶段维

全生命周期理论中，项目的阶段可以具体分为工业化建筑规划阶段、勘察阶段、设计阶段、施工图审查阶段、生产制作运输阶段、施工与检测阶段、验收阶段、运行维护管理阶段、改造阶段、拆除与再利用阶段。工业化建筑的项目管理过程需要贯穿整个项目的所有生命周期阶段，这与传统建筑中各阶段独立进行存在较大区别。

工业化建筑的各实施阶段中，运行维护管理阶段是持续时间最久也是跨度最大的一个阶段。在运行维护阶段的管理方案设计中，首先要保障项目的成本、质量以及安全目标，其次要关注工业化建筑的"六化"目标，使用现代经营手段与维护技术，对项目中已投入使用的各项设施进行全方位的一体化管理，一方面提高其经济实用价值，另一方面在项目全寿命周期中实现成本最低的目标。因此在标准体系中，需要对与项目的运行方案、设施设计管理方案有关的标准进行修订，同时为了保证这些标准的顺利实行，需要对标准实施人员进行培训。

4. 级别维

工业化建筑标准体系属于行业标准体系范畴，是中观层次标准体系的一种，体系中所覆盖的标准不仅需要体现出行业发展的一定宏观性，将国家、行业、省级层次的各项标准严格贯彻实施，同时还要为激发行业发展的创新性保留一定的发展空间，不宜规定过于细致，为企业发展工业化建筑进行适当的引导。因此，作为行业未来发展方向的工业化建筑产业，其标准体系主要包括国家标准、行业标准、团体标准三个级别。

5. 性质维

通过对标准性质的划分，确定标准约束力的大小，本书主要划分为强制性标准、推荐性标准、自愿采用标准。强制性标准的实施需要借助一系列的法律、法规等在特定的范围内强制实施，其特点为标准规定的比较具体、明确、详细，缺乏市场的适应性；而推荐性标准一般不具备强制性，仅由经济手段、市场手段进行调节，由使用者自行选择是否采用；自愿采用标准则是由企业自愿采用，不具有强制性。

6. 类别维

标准的类别按照传统标准体系进行分类，通常分为方法标准、工作标准、产品标准等维度，在建筑产业不断标准化的发展过程中，标准的数量在不断增加，随之带来的是标准的划分类别在不断地细化、调整、逐步完善。包括基础标准、产品标准、质量标准、安全标准、环境标准等在内，每一项标准类别下包含不同的标准表现形式。本书所研究的工业化建筑标准体系中，与工业化建筑密切相关的类别分别为工程标准、产品标准、方法标准和管理标准。

工业化建筑子标准体系六维空间维度划分如图 12-14、图 12-15 所示。

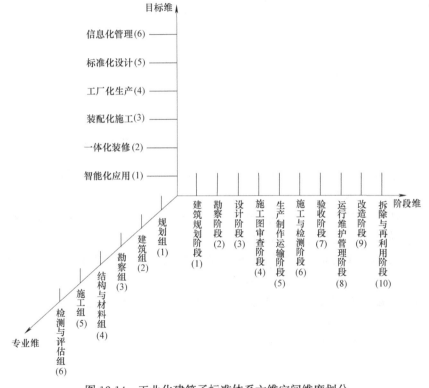

图 12-14　工业化建筑子标准体系六维空间维度划分

四、工业化建筑子标准体系表样式

标准体系构建后，需要通过一种最直观的外在表现形式来展现成果，即将标准系统内现有以及拟编制的所有标准按照一定形式排列起来的标准体系表。即运用"遍历"的思想，在每一个子系统中，逐一排查现有的所有标准，将标准系统围绕"o"点进行旋转，任意组合维度，确定每一个标准的具体定位，检验是否已经覆盖全部标准对象类型、性质、级别、专业、阶段等，充分体现标准体系的整体性、综合性。

标准体系表的绘制完成，将对此领域内未来标准的新编、修编等计划提供重要的依据。因此工业化建筑标准体系表可定义为，在一定发展时期内，为了适应工业化建筑产业的发展需求，将覆盖工业化建筑全产业链的所有建筑标准，按照特定的顺序形式排列起来

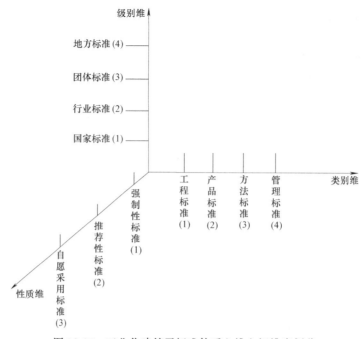

图 12-15　工业化建筑子标准体系六维空间维度划分

的图表，并能够充分反映出工业化建筑标准体系的整体性、结构性、前瞻性等特点。上文中对工业化建筑标准体系方法论空间模型的应用和对标准体系依存主体系统分析，已经形成标准体系的框架和结构，标准体系表则在此基础上，进一步建立起每一个子标准体系的层次结构，完成工业化建筑标准体系表的绘制。

完整的标准体系表构建，能够体现各标准体系中任一标准的具体位置，以及标准之间的相互支撑关系。有利于未来对标准的使用和查询，工业化建筑的各子标准体系中，依据不同的标准编号能够对需要的标准进行快速定位；有利于对标准进行科学管理，确定标准的制修订方向；有利于把握工业化建筑产业的发展方向，由标准体系表所反映出的实际情况，合理规划工业化建筑未来发展方向。

1. 层次结构

本书所建立的工业化标准体系模型，由建筑设计、木结构系统、钢结构系统、装配式混凝土系统、围护系统、设备与管线系统、内装系统、管理系统共计 8 个子标准体系组成，各子标准体系中所有标准均按照图 12-16 所示的层次结构进行排列。

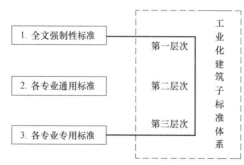

图 12-16　工业化建筑标准体系层次分析

2. 标准体系表的内容构成

《标准体系表编制原则和要求》中明确规定，任一标准体系表中都需要包括标准名称、标准编号、标准级别等内容。在本书构建的工业化建筑标准体系表中，除上述描述标准基本特征之外的内容，还增加了根据标准体系六维空间的特征，包括专业类别、工业化目标、适用阶段、标准类别、标准性质五项内容，具体绘制出工业化建筑标准体系表表头明细如表 12-2 所示。

工业化建筑子标准体系表样式　　表 12-2

编码	标准名称	标准编号	国家标准	行业标准	地方标准	企业标准	工程标准	产品标准	方法标准	管理标准	规划组	建筑组	勘察组	结构与材料组	施工组	检测评估组	智能化应用	一体化装修	装配化施工	工厂化生产	标准化设计	信息化管理	建筑规划阶段	勘察阶段	设计阶段	施工图审查阶段	生产制作与运输阶段	施工与检测阶段	验收阶段	运行维护与管理阶段	改造阶段	拆除与再利用阶段	新编	修编	废止

标准信息（基本信息、标准制定信息）：标准级别、标准类别

子标准体系构建：专业类别、工业化目标、适用阶段

编制建议

第五节　子标准体系构建案例：装配式混凝土结构子标准体系改进

我国已经将建筑产业现代化发展推到国家战略高度，目的在于陆续推广使用适合我国工业化生产所需的装配式混凝土、木结构、钢结构等建筑体系，发展装配式技术，逐步提高建筑产业的工业化生产水平，提高建筑工业化、标准化水平。因此本节选取装配式建筑的标准体系为例，基于第一篇提出的装配式混凝土标准体系理论框架，即初始态，进一步细化，构建有利于设计标准化的工业化建筑结构专业体系，促进预制构件的工厂化生产，标准化加工与安装。

一、装配式混凝土结构标准体系维度划分

现有的装配式混凝土结构与传统结构相比，最大的特点在于前者突出强调了预制构件的生产及运输环节，因此相比于传统建筑的专业类别划分，装配式混凝土建筑在目标、阶段等各维度上侧重有所不同，本节将装配式混凝土结构标准体系按照六个维度进行划分，各维度具体内容如表12-3所示。

装配式混凝土结构标准体系维度的划分　　　　　　　　　　　　　　　表 12-3

维度	内　容
目标维	智能化应用、一体化装修、装配化施工、工厂化生产、标准化设计、信息化管理
专业维	综合组、设计组、构件制作组、施工组、运营维护组、信息技术组
阶段维	工业化建筑全过程、建筑规划阶段、勘察阶段、设计阶段、生产制作与运输阶段、施工阶段、运行维护与管理阶段、改造阶段、拆除与再利用阶段
级别维	国家标准、行业标准、团体标准、地方标准
类别维	工程标准、产品标准、方法标准、管理标准
性质维	强制性标准、推荐性标准、自愿采用标准

根据上文构建的工业化建筑子标准体系六维空间模型，构建得到装配式混凝土结构的标准体系空间如图12-17、图12-18所示。

二、装配式混凝土结构标准体系

在装配式混凝土结构子系统标准结构中，全文强制性标准位于装配式混凝土结构子标准体系的最高层次，本身就由装配式混凝土结构所涉及的建筑设计、材料选取、部品生产等标准提炼形成，位于最高层次中制约着其他标准。其次，根据装配式混凝土结构的专业环节分为综合类、设计类、构件类、施工类、运营类等专业项目，各专业中继续按照标准的级别分为国家标准、行业标准、团体标准等，最终形成改进后装配式混凝土结构相关标准结构框架（改进态）及标准体系表如图12-19、表12-4所示。

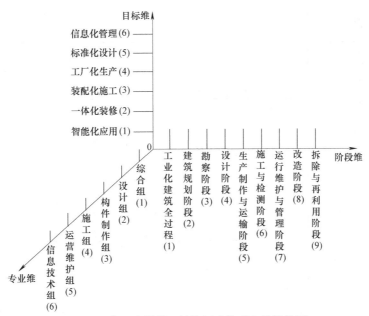

图 12-17 装配式混凝土结构标准体系六维结构图-1

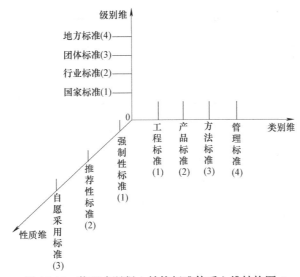

图 12-18 装配式混凝土结构标准体系六维结构图-2

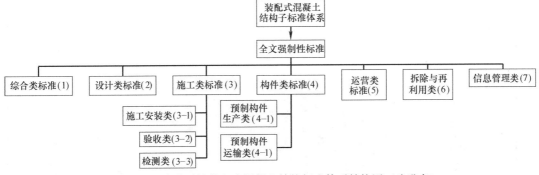

图 12-19 改进后的装配式混凝土结构标准体系结构图（改进态）

装配式混凝土结构标准体系汇总表

表 12-4

序号	标准名称	标准级别			标准类别				适用阶段									工业化目标						编制建议		
		国家标准	行业标准	团体标准	工程标准	产品标准	方法标准	管理标准	全过程	建筑规划阶段	勘察阶段	设计阶段	生产 制作与运输阶段	施工阶段	运行维护阶段	改造阶段	拆除阶段	智能化应用	一体化装修	装配化施工	工厂化生产	标准化设计	信息化管理	新编	修编	废止
基础类标准																										
PC11 1001	装配式混凝土技术规范	√			√				√									√				√	√	√		
PC11 1002	结构作用与工程结构可靠性设计技术规范	√			√				√									√				√	√	√		
PC11 1003	建筑地基基础通用技术规范	√			√				√									√				√	√	√		
PC11 1004	混凝土结构技术规范	√			√				√									√				√	√	√		
综合类标准																										
PC22 1005	装配式混凝土结构技术规程		√		√				√									√	√	√	√	√	√		√	
PC22 1006	多层装配混凝土框架结构应用技术标准		√		√				√									√	√	√	√	√	√	√		

续表

序号	标准名称	标准级别			标准类别				适用阶段									工业化目标						编制建议		
		国家标准	行业标准	团体标准	工程标准	产品标准	方法标准	管理标准	全过程	建筑规划阶段	勘察阶段	设计阶段	生产制作与运输阶段	施工阶段	运行维护阶段	改造阶段	拆除阶段	智能化应用	一体化装修	装配化施工	工厂化生产	标准化设计	信息化管理	新编	修编	废止
PC22 1007	多层装配式混凝土剪力墙结构应用技术标准		√		√				√									√		√	√	√	√	√		
PC22 1008	多层装配式混凝土框架-剪力墙结构应用技术标准		√		√				√									√	√	√	√	√	√	√		
	设计类标准																									
	……																									
	构件类标准																									
	施工类标准																									
	运营类标准																									
	拆除与再利用类标准																									
	信息技术类标准																									

第六节　子标准体系覆盖度评价

在构建出工业化建筑子标准体系后，通过对各自领域中现行标准的汇总分析，建立起工业化建筑子标准体系表，表中给出了每一个具体标准的未来新编或修编的理由以及部分标准存在的问题。基于体系的构建研究，下一步则需要对已构建起来的标准体系在不同目标、不同阶段的覆盖度情况进行评价研究，计算子标准体系中各目标、阶段、专业等维度中现行标准的数量，进一步为标准的未来规划方向提供科学指导。

一、工业化建筑子标准体系覆盖度评价目标

1. 工业化建筑子标准体系覆盖度评价目的

工业化建筑子标准体系覆盖度评价的最终目标为在经过标准的不断新编与修编，能够使得工业化建筑子标准体系中的标准不断丰富、多样化，逐渐涵盖工业化建筑全产业链的各个阶段。此外，对工业化建筑子标准体系的覆盖度进行评价具有以下两方面的具体作用。

（1）有利于未来标准制修订范围的合理规划

通过对体系中现有标准在不同目标、不同阶段的单层覆盖度评价，能够确定标准的数量在具体阶段的缺失情况，有利于明确未来需要在哪一个具体阶段或具体目标下新增标准。使得子标准体系在整体的覆盖范围中，不同维度所包含的各阶段标准数量都有一定的增加，基于覆盖度评价结果后对体系的规划范围应大于现有标准所涵盖的范围，且体系中标准的多样性增强。

（2）有利于提高标准制修订工作的有效性

在新一轮的标准制修订工作结束后，对工业化建筑子标准体系进行再一次的覆盖度评价，首先比较前后两次不同工业化目标下汇总的标准数量，标准的数量会有较为明显的变化，例如，某一具体目标下经过标准的制修订工作，标准数量增加，则证明该工业化目标的标准覆盖度得到了提高，标准多样性增强；其次比较前后两次的覆盖度总数值，覆盖度数值增加则证明此阶段的标准制修订工作有效，总体上经过标准体系的覆盖度评价有利于判断该标准制修订阶段工作的有效性。

子标准体系覆盖度评价效果图如图 12-20 所示。

2. 工业化建筑子标准体系覆盖度评价过程

工业化建筑子标准体系的覆盖度评价是一个循环的过程，首先根据各维度所对应的单层覆盖度数值的大小，可以判断体系中标准数量较多的区域以及标准数量不足甚至空白的区域，这些空白区域是未来标准规划中的重点范围。其次通过对比标准制修订前后的各维度的覆盖度总数值，可以判断此次制修订过程对标准体系优化的影响程度。在工业化建筑子标准体系中，通过不断的标准的修编以及新标准的加入，使得标准体系逐步完善起来。标准体系覆盖度动态调整流程如图 12-21 所示。

二、工业化建筑子标准体系评价模型

工业化建筑标准体系构建基础是各专业组的现有标准，并根据工业化建筑所需要实现

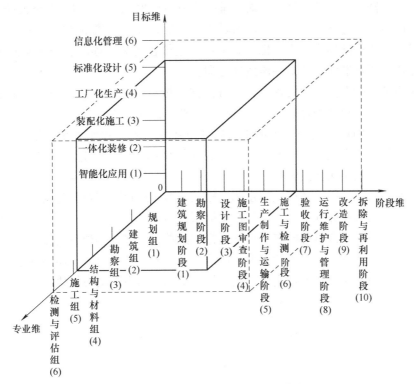

图 12-20　子标准体系覆盖度评价效果图

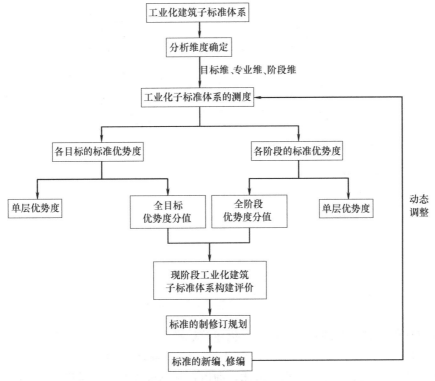

图 12-21　标准体系覆盖度动态调整流程图

的目标与全产业链阶段等不同维度，对标准体系进行层次划分，给出了标准的新编和修编建议。基于此体系的建立，需要进一步对其进行评价，基于标准多样性的思想，统计现有的标准数量，分析标准体系中现有标准对工业化建筑各目标、各产业链阶段的丰富程度，指引工业化建筑子标准体系的下一步发展方向。

工业化建筑子标准体系中的六个维度可依据分析内容进行自由的绕原点旋转、组合，因此本章选取工业化建筑子标准体系中目标、专业、阶段三维进行分析，在由此三维构成的空间结构中，分别对不同坐标平面进行投影（图12-22）。由于各专业情况不同，不同层次的专业所各自制定规划的标准在工业化建筑的目标、全产业链阶段实现的程度不同，利用节点表示各专业层次上投影的结果，并将各专业组的成果进行叠加，结合计算得出的权重值得到不同坐标平面上的标准体系测度模型。本章通过对工业化建筑子标准体系中现行的国家标准以及行业标准汇总，计算在不同层次投影下，各目标各阶段的覆盖度指标。覆盖度数值越大，证明该目标或该阶段下，标准的总量较多，实现程度较好；指标数值越小，则直观点明标准体系中标准的新编和修编重点方向，结合对应子体系专业方面的专家建议，开展标准的制修订任务，实现工业化建筑子标准体系的动态优化。

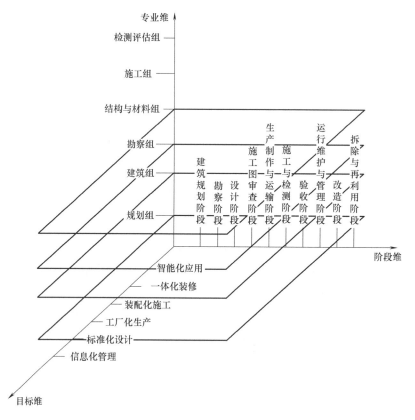

图12-22　工业化建筑子标准体系分层投影

根据维度的选择，对现阶段所有工业化建筑标准在空间中进行分析定位，在三维立方体框架中（图12-23），分别由目标维、专业维、阶段维轴上的最大值形成一个立方体，理论上包括了 $6 \times 6 \times 10 = 360$ 个小立方体，即以目标维度为基准，沿目标维度的坐标处，垂直切割智能化应用、一体化装修、装配化施工等6个目标的坐标，可获得六个切面；以阶段维度为基准，沿阶段维度的坐标处，垂直切割建筑规划阶段、勘察阶段等10个阶段的坐标，可获得到10个切面。选择其中一个具体的切面，首先分析该切面中的立方体个数，个数越多则证明标准越多，覆盖的范围越广；其次统计该切面中实际利用的立方体个数后与该切面理论上所包含的所有正方体个数相比，得到的比值为现行标准在各目标或各阶段中的"单层覆盖度"。即在该层次上的工业化建筑标准种类在整体体系中处于优势或者是劣势状态，用覆盖度数值的大小来直接反映出现阶段工业化建筑标准的实现程度高低。

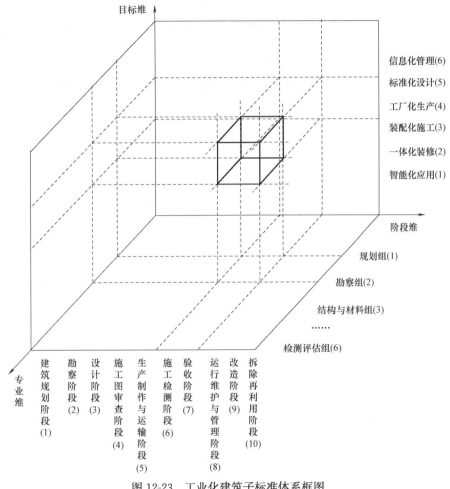

图 12-23 工业化建筑子标准体系框图

三、工业化建筑子标准体系的评价方法

1. 覆盖度的测定方法

在工业化建筑子标准体系这一复杂系统中，标准在项目的各个阶段、各个目标的数量分布是不均匀的，通过计算各目标或各阶段的覆盖度指数，各目标状态下标准的覆盖度指数越大，则该目标在体系中的优势越突出。由此，在工业化建筑子标准体系中，计算标准

体系全产业链阶段和全目标的综合覆盖度分值，考虑到各目标、各阶段在体系中的重要程度不同，所以本节首先运用熵权法对各个阶段和目标进行赋权，再结合覆盖度指数进行综合评价，得到综合评分值从而提高评价结果的准确性。

目前研究中，覆盖度指数主要以系统环境中个体的种类以及总数为基础进行计算，覆盖度指数的计算公式通常可表示为公式（12.1），其中 S 为某一具体种类中的个体个数，N 为全部个体的总数。

$$D = \frac{S-1}{\ln N} \tag{12.1}$$

得到各覆盖度后，运用熵思想对各目标阶段赋权。在管理学的具体复杂项目中，用来度量信息不确定性的即为熵，利用熵的理论方法来确定项目中各评价指标权重的方法称之为熵权[18]。

熵权法的具体计量模型构建步骤如下：

（1）以某一具体复杂项目为例，假设存在 m 个待评方案，n 个评价指标，形成原始数据矩阵 $X = (x_{ij})_{m \times n}$：

$$X = (x_{ij})_{m \times n} = \begin{bmatrix} x_{11} x_{12} \cdots x_{1n} \\ x_{21} x_{22} \cdots x_{2n} \\ \cdots\cdots\cdots\cdots \\ x_{m1} x_{m2} \cdots x_{mn} \end{bmatrix} \tag{12.2}$$

（2）其中 x_{ij} 为第 j 个指标下第 i 个方案的评价值，但由于不同的指标值的数量级不同，因此对其进行标准化处理[49]：

$$r_{ij} = \frac{x_{ij} - \min\{x_{ij}\}}{\max\{x_{ij}\} - \min\{x_{ij}\}} \tag{12.3}$$

其中 $\max\{x_{ij}\}$、$\min\{x_{ij}\}$ 分别对应不同方案中同一指标的最大、最小值。

（3）计算第 j 个指标的熵值为：

$$H_j = -k \sum_{i=1}^{m} f_{ij} \ln f_{ij} \tag{12.4}$$

其中 $k = \frac{1}{\ln m}$，与项目的评价方案数量有关，f_{ij} 为第 j 个指标下第 i 个项目的指标值的比重，$f_{ij} = \frac{r_{ij}}{\sum\limits_{i=1}^{m} r_{ij}}$。

（4）第 j 个指标的熵权 ω_j：

$$\omega_j = \frac{1 - H_j}{\sum\limits_{j=1}^{n}(1 - H_j)} \tag{12.5}$$

根据计算得到的各目标、各阶段的权重与覆盖度数值，综合相加后得到子标准体系中全目标、全产业链阶段的综合覆盖度数值：

$$A = \sum_{j=1}^{m} \omega_j D_j \tag{12.6}$$

2. 全目标各阶段覆盖度计算步骤

工业化建筑子标准体系在目标维度上包括了六个维度，分别为 1）智能化应用、2）一体化装修、3）装配化施工、4）工厂化生产、5）标准化设计、6）信息化管理，可以将其视为 6 个不同的评价指标。通过标准对各目标的覆盖度情况进行评价后，可计算分析得到子标准体系中在工业化建筑不同目标下的满足程度，从而可以更直观地对工业化建筑子标准体系内目标角度的标准数量进行合理规划，衡量标准体系的先进性、完整性。

具体计算过程如下：

步骤一：将标准体系测度得到的数据作为原始数据矩阵，原始数据矩阵为 $X = (x_{ij})_{6 \times 6}$，$x_{ij}$ 代表不同专业在各目标层面的标准个数，如表 12-5 所示。

步骤二：根据公式（12.3）计算第 j 个指标的熵值。$H_j = -k \sum\limits_{i=1}^{m} f_{ij} \ln f_{ij}$，其中 $k = \dfrac{1}{\ln m}$，f_{ij} 为第 j 个指标下第 i 个项目的指标值的比重，$f_{ij} = \dfrac{x_{ij}}{\sum\limits_{i=1}^{6} x_{ij}}$。

步骤三：根据公式（12.4）计算得到不同目标下的权重数值后代入公式（12.6），即可得到工业化建筑子标准体系现有标准在目标层面的覆盖度分值如表 12-6 所示。

标准按不同目标向专业、阶段平面投影数据统计表　　　　表 12-5

专业＼目标	智能化(1)	一体化(2)	装配化(3)	工厂化(4)	标准化(5)	信息化(6)
规划组(1)	x_{11}	x_{21}	x_{31}	x_{41}	x_{51}	x_{61}
建筑组(2)	x_{12}	...				
勘察组(3)	x_{13}		...			
结构与材料组(4)	x_{14}			...		
施工组(5)	x_{15}				...	
检测与评估组(6)	x_{16}					...
合计	$\sum\limits_{j=1}^{6} x_{1j}$	$\sum\limits_{j=1}^{6} x_{2j}$	$\sum\limits_{j=1}^{6} x_{3j}$	$\sum\limits_{j=1}^{6} x_{4j}$	$\sum\limits_{j=1}^{6} x_{5j}$	$\sum\limits_{j=1}^{6} x_{6j}$

标准体系的目标覆盖度　　　　表 12-6

	目标	1	2	3	4	5	6
	权重	ω_1	ω_2	ω_3	ω_4	ω_5	ω_6
得分	规划组(1)	x_{11}	x_{21}	x_{31}	x_{41}	x_{51}	x_{61}
	建筑组(2)	x_{12}	...				
	勘察组(3)	x_{13}		...			
	结构与材料组(4)	x_{14}			...		
	施工组(5)	x_{15}				...	
	检测与评估组(6)	x_{16}					...
各目标分值		$\omega_1 D_1$	...				$\omega_6 D_6$
目标覆盖度分值		$A_1 = \sum\limits_{i=1}^{6} \omega_i D_i(x)$					

3. 全产业链各阶段覆盖度计算步骤

工业化建筑子标准体系在阶段维度上有十个维度，共包括（1）规划阶段、（2）勘察阶段、（3）设计阶段、（4）施工图审查阶段、（5）生产制作与运输阶段等十个具体阶段，分别对应十个不同的计算指标。根据计算得到的全产业链阶段覆盖度数值，可以更直观地对工业化建筑子标准体系内目标角度的标准数量进行合理规划，衡量标准体系的先进性、完整性。

具体计算过程如下：

步骤一：将标准体系测度得到的数据作为原始数据矩阵，原始数据矩阵为 $X = (x_{ij})_{10 \times 6}$，$x_{ij}$ 代表不同专业在各目标层面的标准个数，如表 12-7 所示。

步骤二：根据公式（12.3）计算第 j 个指标的熵值。$H_j = -k \sum_{i=1}^{m} f_{ij} \ln f_{ij}$，其中 $k = \frac{1}{\ln m}$，f_{ij} 为第 j 个指标下第 i 个项目的指标值的比重，$f_{ij} = \dfrac{x_{ij}}{\sum\limits_{i=1}^{10} x_{ij}}$。

步骤三：根据公式（12.4）计算得到不同目标下的权重数值后代入公式（12.6），即可得到工业化建筑子标准体系现有标准在阶段层面的覆盖度分值，如表 12-8 所示。

标准按不同阶段向专业、阶段平面投影数据统计表 表 12-7

专业 ＼ 阶段	阶段(1)	阶段(2)	阶段(3)	阶段(4)	阶段(5)	阶段(6)	阶段(7)	阶段(8)	阶段(9)	阶段(10)
规划组(1)	y_{11}	y_{21}	y_{31}	y_{41}	y_{51}	y_{61}	y_{71}	y_{81}	y_{91}	y_{101}
建筑组(2)	y_{12}	$\cdots$								
勘察组(3)	y_{13}									
结构与材料组(4)	y_{14}									
施工组(5)	y_{15}									
检测与评估组(6)	y_{16}									
合计	$\sum\limits_{j=1}^{6} y_{1j}$	$\sum\limits_{j=1}^{6} y_{2j}$	$\sum\limits_{j=1}^{6} y_{3j}$	$\sum\limits_{j=1}^{6} y_{4j}$	$\sum\limits_{j=1}^{6} y_{5j}$	$\sum\limits_{j=1}^{6} y_{6j}$	$\sum\limits_{j=1}^{6} y_{7j}$	$\sum\limits_{j=1}^{6} y_{8j}$	$\sum\limits_{j=1}^{6} y_{9j}$	$\sum\limits_{j=1}^{6} y_{10j}$

子标准体系的阶段覆盖度 表 12-8

	阶段	1	2	3	4	5	6	7	8	9	10
	熵权	η_1	η_2	η_3	η_4	η_5	η_6	η_7	η_8	η_9	η_{10}
得分	规划组(1)	y_{11}	$\cdots$								
	建筑组(2)	$\cdots$									
	勘察组(3)										
	结构与材料组(4)										
	施工组(5)										
	检测与评估组(6)										
	各目标分值	$\eta_1 D_1$	$\cdots$								$\eta_6 D_6$
	阶段覆盖度分值	$A_2 = \sum\limits_{i=1}^{10} \eta_i D_i(y)$									

以上两个覆盖度分值仅代表现阶段工业化建筑子标准体系中，现有标准的情况。当明确该体系的未来规划蓝图后，标准经过一段时间的修编和新编的补充，需要再一次重新计算覆盖度分值，也可以计算其他维度的覆盖度分值。在对比同一维度下前后两次的覆盖度分值后，即能判断在标准制修订后的这一时期内，标准体系的完善程度，再开始新一轮的优化。

四、子标准体系覆盖度评价案例：装配式混凝土结构

工业化建筑的建造过程本就可以视为一个复杂系统，而装配式混凝土结构作为其中最主要的建造方式，其复杂性决定了它所配套的子标准体系的复杂性。目前我国已有制定的与装配式混凝土相关的建筑标准，在全产业链中主要包括设计、生产、施工、验收等阶段，因此对装配式建筑子标准体系在全产业链阶段的覆盖度评价就显得尤为重要，对未来标准的规划方向起到引导作用。

1. 装配式混凝土结构各目标单层覆盖度

汇总统计装配式混凝土结构中的所有国家标准以及行业标准，分不同目标垂直向专业、阶段构成的平面进行投影，计算单层覆盖度，如表 12-9 所示。

标准分目标向专业、阶段平面投影数据统计表　　　　　　　　　　　表 12-9

目标＼专业	智能化应用(1)	一体化装修(2)	装配化施工(3)	工厂化生产(4)	标准化设计(5)	信息化管理(6)	合计
综合组(1)	0	0	6	3	0	0	9
设计组(2)	2	0	4	3	8	1	18
构件组(3)	0	4	9	5	2	1	21
施工组(4)	0	0	7	2	6	6	21
运营组(5)	3	0	4	4	2	1	14
信息技术组(6)	0	0	1	0	2	1	4
合计	5	4	31	17	20	10	87
单层覆盖度	13.89%	11.11%	86.11%	47.22%	55.56%	27.78%	—

将装配式混凝土结构各目标的单层标准覆盖度绘制成柱状图进行对比分析，如图 12-24 所示。

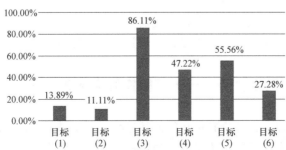

图 12-24　装配式混凝土结构各目标单层覆盖度

从表 12-9 中可以得出，横向观察专业组发现，施工组、构件组、设计组等专业组的标准在六化目标中较好地实现了其中五个目标。相比而言，在信息技术这一专业中，仅实现了两个工业化目标。纵向观察目标组发现，装配化施工和标准化设计目标的单层覆盖度最高，证明装配式混凝土结构现有标准中在这两个目标中数量较多，完成程度较高。

2. 装配式混凝土结构全目标覆盖度分值

对现有标准汇总得到的数据构建起计算的原始数据矩阵 $X=(x_{ij})_{6\times6}$，由原始数据与公式（12.3）得到各个指标下不同项目的比重值 f_{ij}。

$$R=\begin{Bmatrix} 0,0,6\ldots\ldots0 \\ 2,0,4\ldots\ldots1 \\ \ldots\ldots\ldots\ldots \\ 0,0,1\ldots\ldots1 \end{Bmatrix}_{6\times6} , \quad f_{ij}=\begin{Bmatrix} 0,0,\dfrac{1}{5}\ldots\ldots0 \\ \dfrac{2}{5},0,\dfrac{1}{8}\ldots\ldots\dfrac{1}{9} \\ \ldots\ldots\ldots\ldots \\ 0,0,0\ldots\ldots\dfrac{1}{9} \end{Bmatrix}_{6\times6}$$

表 12-10 中的 6 个熵权 ω_j 分别由公式（12.5）计算而来，最后将各个目标的权重 w_j 代入公式（12.6），得到装配式混凝土结构子标准体系下，现行标准在全目标层面的覆盖度为 1.586。

标准体系全目标覆盖度分值   表 12-10

目标	智能化应用(1)	一体化装修(2)	装配化施工(3)	工厂化生产(4)	标准化设计(5)	信息化管理(6)
熵权	0.265	0.425	0.033	0.054	0.089	0.134
综合组(1)	0	0	6	3	0	0
设计组(2)	2	0	4	3	8	1
构件组(3)	0	4	9	5	2	1
施工组(4)	0	0	7	2	6	6
运营组(5)	3	0	4	4	2	1
信息技术组(6)	0	0	1	0	2	1
各目标分值	0.896	0.672	6.718	3.583	4.254	2.015
覆盖度分值	1.586					

从全目标覆盖度分值的表格中可以得出，横向观察专业组发现，设计组、构件组等专业组的标准在六化目标有五项目标均能实现，表明此专业组在目标维度中的覆盖度较高。纵向观察目标组发现，装配化施工和标准化设计目标的单层覆盖度最高，证明装配式混凝土结构现有标准中在这两个目标中数量较多，具有一定的多样性，覆盖度较高。

第七节　子标准体系优先度评价

根据标准体系从建立、评价到优化的循环过程，基于对工业化标准体系覆盖度评价结果，进一步展开对标准体系的优化研究。通过标准覆盖度评价，得到了现阶段标准体系中标准数量和内容覆盖薄弱的区域范围，即下一阶段重点修编和新编标准的方向。然而，在这个范围中，往往同时存在许多个标准需要编制，哪些标准最应该优先编制，从而快速提高标准的覆盖度，就需要通过对标准优先度评价的结果来确定。

一、工业化建筑子标准体系优先度评价目标

1. 工业化建筑子标准体系优先度评价目的

工业化建筑子标准体系优先度评价的总体目标在于，在标准制修订管理过程中，能够通过客观科学的方法快速判断并选择最先需要修订的具体标准，并且通过分析各具体标准之间的联系确定标准的制修订顺序。此外工业化建筑子标准体系的优先度评价还具有如下两方面的作用。

（1）有利于明确各标准之间的复杂关系

从我国现行的标准管理制度来看，目前的工程建设标准制定制度存在着编制周期长，经费紧张，企业参与程度不高以及其他参加编制单位的积极性不高等问题。其中周期过长问题尤为严重，编制时间过长会导致新编的标准不能适应市场经济的快速变化，出现标准之间不协调、不配套、内容构成不合理等问题，影响系统功能的发挥。通过对工业化建筑子标准体系进行优先度评价，通过对各标准功能团中不同标准具体内容的分析，有利于使用抽象的关系图清晰地展示标准之间的相互关系。

（2）有利于客观地判断不同标准的重要性程度

目前我国标准管理部门较多，机构的性质、职能、定位存在重复或相互交叉的现象，导致目前标准编制出现"各自为战"的现象。大多数标准管理部门目前仍然采用传统的"按需制标"方法，标准管理人员采用传统的主观判断方法，较为无序地选择制修订标准，这往往会使得最终编制完成的标准具有一定的滞后性、标准雷同甚至相互矛盾的情况出现，在标准执行的时候困难较大。通过对工业化建筑子标准体系的优先度进行评价，有利于使用客观的方法对标准的重要性程度进行评价，确定未来标准制修订的优先顺序。

因此，各标准管理部门在众多标准中选择需要修编的标准时，首先需要对众多标准进行重要性排序。将复杂网络中节点重要性的思想首次引入标准体系优先度领域，确定同一标准功能团内的标准重要性排序，相比于目前标准制修订时所采取的主观判断方法，使得标准的修编、新编工作的科学性、客观性进一步提高，减少资源的投入。

2. 工业化建筑子标准体系优先度评价过程

工业化建筑子标准体系的构建是一个不断调整的动态过程。首先根据已构建起来的六维子标准体系分别进行覆盖度指数的计算，以及标准的优先度顺序确定。一方面利用覆盖度评价结果能确定体系中标准缺失的具体方向，从而确定未来标准管理工作中的新编、修编方向；另一方面利用复杂网络拓扑结构，并且采用剥落排序算法的思想对标准的重要性程度进行排序，由此得到不同标准制修订的优先顺序，采用客观方法确定标准的管理重点。其次，在确定标准体系未来规划以及管理方向后，通过对现行标准的不断修订，或在体系中不断加入新的适用于工业化建筑的相关标准，使得已构建的子标准体系中标准的数量不断增加且尽量多地覆盖体系的六维空间。此外，由于新标准的不断加入，以及标准的属性变化，子标准体系中的六维划分不再满足标准的发展情况，因此，需要对标准体系的六个维度进行重新划分，或者添加新的标准划分维度，使得子标准体系中的维度划分适合标准的发展情况。最后，根据重新调整的子标准体系，可以进行新一轮的标准体系的优化

更新，形成新的复杂网络，根据覆盖度以及优先度的算法模型，实现标准体系优化的自动计算。通过上述步骤的重复，能够逐步完善工业化建筑子标准体系，使得工业化建筑标准的发展与建筑产业的发展步伐一致。

工业化建筑标准体系优先度评价流程如图 12-25 所示。

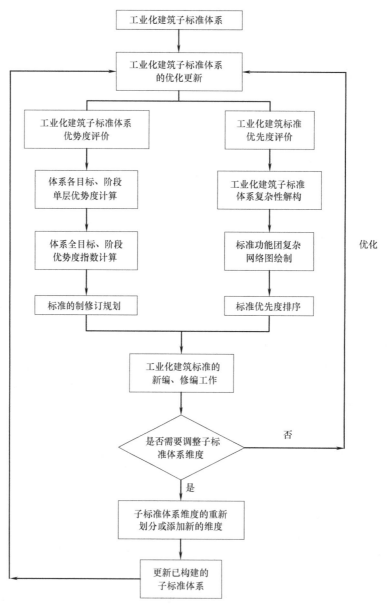

图 12-25　工业化建筑标准体系优先度评价流程图

二、工业化建筑子标准体系优先度评价模型

1. 复杂网络拓扑结构的基本理论

自然界与社会生活中众多的复杂系统都可用复杂网络来描述，因此标准功能团也可以视为复杂网络来研究。钱学森定义复杂网络为：具有自组织、自相似、吸引子、小世界、

无标度中部分或全部性质的网络。即复杂网络是由数量巨大的节点和节点之间错综复杂的关系共同构成的网络结构，是呈现高度复杂性的网络[182]，它可以看作是大量真实复杂系统的拓扑抽象，在进行复杂网络的研究中需要重点关注网络节点、节点的度以及路径长度这些概念，重点关注网络的拓扑结构来分析复杂网络的性质和功能。

（1）网络节点：复杂网络中会存在众多由具有不同方向的路径所连接的节点，这些节点根据相互关系连接成的几何关系即为复杂网络拓扑结构。

（2）节点的度：网络中所有节点都有与之相连接的边，这些边的数量即为度，网络中节点的重要性及影响范围用度的大小来表示，节点的度越大，节点越重要。

（3）路径长度：连接各节点的边有时会存在权重以及方向的差异，本书对标准构建的复杂网络为无权无向网络，对于此类网络，任意两点间的路径长度是所有连通节点的通路中，经过其他节点最少的路径的边数[183]。

基于对复杂网络中重要概念以及重要结构的分析，可以将复杂网络中"网络的节点"概念运用至工业化子标准体系中具体标准上，各标准之间的关联关系抽象为"边"，通过分析对比每一个标准的具体内容，确定在内容上具有一定联系的标准，使之构成一个复杂网络拓扑结构，绘制成对应的工程建设标准复杂网络图，从而将标准的优先度排序转化为网络中节点重要性的排序问题。

2. 网络节点重要性的计算模型

任意的复杂网络中，总会存在这样一类的节点，它们占据网络中的中心位置，一旦变动这些节点，整个网络的结构都会有较大的变化；而网络中也会存在这样一类节点，它们处于网络的边缘，与它们连接的节点很少，改变这些节点，网络的结构不会有变化，即同一个复杂网络中，节点的重要性并不相同[184]，在网络拓扑结构中，用节点优先度来表示。节点越重要，其所包含的信息在网络中的影响范围越广。根据上述复杂网络的基本理论，将标准功能团中的标准构成复杂网络之后，对网络的节点重要性排序，节点越重要，其所包含的信息量越大，影响范围越广，优先度越高。据此排序的顺序来优先修订最重要的标准，防止修编过程中出现标准内容的重复和矛盾。

评价网络节点重要性的方法主要集中于显著性和破坏性两方面，显著性认为网络中节点越处于网络的中心，与之相连的节点越多越重要；破坏性认为网络中节点删除后，对网络的影响越大越重要[185]。上述两种思想，都是通过找出网络中最重要的节点进行排序，其中最简单最直观的方法是度中心性法，该方法通过计算网络节点的度，度越大证明与之相连的节点越多，该节点是网络中最重要的节点。然而，当实际中的网络非常庞大复杂时，很难从网络中找出最重要的节点，因此，有研究将度中心性方法进行扩展，提出K壳分解法，将外围节点层层剥去，从而确定网络中节点的位置[186]。但是，由于K壳分解法的排序结果不够精确，且仅考虑了节点的剩余度未考虑节点原来的度，因此本书提出一种改进方法，尝试将网络中最不重要的节点先删除，在同一批次删除的节点中比较各节点的属性确定同一批次中的节点重要性，循环删除并记录下每一批次的节点重要性，最终剩下的节点即为网络中最重要的节点[187]，将这种方法称为"K壳剥落排序算法"。

K壳剥落排序算法应用了复杂网络中的动态生成和优先连接两个重要性质，动态生成代表在时间层面上，越重要的节点往往是最先加入网络，而重要性较低的节点通常最后加入；优先连接代表在空间层面上，最重要的节点通常处于网络结构中核心位置，而重要性较低的节点则处于网络的边缘位置。因此，首先要找到网络中最重要的节点，可以先从网络中最不重要的节点开始寻找，层层剥离节点后最终得到节点的删除顺序，越早删除的节点重要性越低，将这个顺序反过来即得到该复杂网络中的节点重要性排序。与传统仅考虑网络中最重要节点的思路相比，本方法从相反的角度出发，在计算节点的度的同时考虑节点在网络中的具体位置，使得最后的计算结果更加合理[188]。此外相对于传统的重要性计算方法，利用 K 壳剥落排序算法的计算过程较为简便，效率更高。

三、工业化建筑子标准体系优先度评价方法

1. 标准体系的复杂性解构

工业化建筑标准体系的复杂性主要体现在体系的层次性、非线性和耦合性特征上。一是工业化建筑标准体系中包含不同子标准体系，各子体系中具有一定的层次性，每个层次中分别包含不同的标准功能团，具有层次性；二是工业化建筑标准体系是一个整体，整体所具备的功能并不是由组成整体的各部分所具有的功能简单相加得来，即代表其具有非线性的特点；三是工业化建筑子标准体系具有一定的耦合性，具体表现为体系与标准之间，各不同标准之间，各不同子体系之间的复杂关系[189]。

通过上述对工业化子标准体系的复杂性解构分析，即可使用抽象的描述方法展现工业化建筑各不同子标准体系中所包含的层级关系。工业化建筑标准体系中，分别按照专业划分为六大类供给八个子标准体系，子标准体系之间相互关联构成一个整体，即工业化建筑所有相关标准所组成的体系 G 是由 8 个相互关联的部分 x_1，x_2，$\cdots\cdots$，x_n 构成，表示为：

$$X = \{X_n, R_x\} \tag{12.7}$$
$$X_n = \{x_i \mid i = 1, 2, \cdots, 8\} \tag{12.8}$$

X_n 为整体体系中的第一层级，该层级内包含子标准体系中的所有全文强制性标准，x_i 代表第一层级中的按专业划分的子系统；R_x 则代表连接各专业子系统的信息要素。

由通用性标准构成的子系统 Y 为第二层级，构成 X_n 层次标准簇中的要素，表示为：

$$Y = \{Y_m, R_y\} \tag{12.9}$$

$Y \subset X_n$，$Y_m = \sum\limits_{i=1}^{n} Y_{im}$，$x_i = \{Y_{im}, R_{iy}\}$，并且公式中 Y_{im} 可以表示为：

$$Y_{im} = \{y_{ij} \mid j = 1, 2 \cdots, m; m \geqslant 2\} \tag{12.10}$$

由专用标准构成的子系统 Z 为第三层级，层级中构成标准簇的要素可以表示为

$$Z = \{Z_e, R_z\} \tag{12.11}$$

$Z \subset Y_m$，$Z_e = \sum\limits_{i=1}^{n}\sum\limits_{j=1}^{m} Z_{ije}$，$y_{ij} = \{Z_{ije}, R_{ijz}\}$，公式中 Z_{ije} 可以表示为：

$$Z_{ije} = \{Z_{ijk} \mid k = 1, 2, \cdots, e; e \geqslant 2\} \tag{12.12}$$

图 12-26 为子标准体系内部的复杂性解构图，由图所示的体系中各层级关系可以分析得到，第一层级的标准簇 $X_n = \{x_i \mid i = 1, 2, \cdots, 8\}$ 构成了子标准体系 G，而第一层级 X_n 中的具体元素又可继续划分为第二层级的 $Y_m = \sum\limits_{i=1}^{n} Y_{im}$ 标准簇，Y_n 中的具体元素又可以继续划分，如此循环下去，使得复杂的子标准体系层层解构形成若干子系统，直到将工

业化子标准体系划分为若干个不再具有层次性、复杂性的标准功能团，由标准功能团中所包含的具体标准来规范具体建设活动[190]。

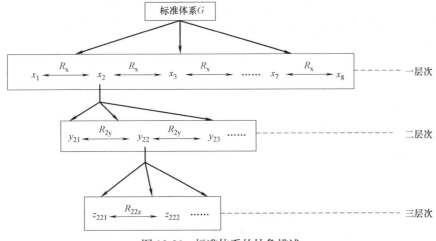

图 12-26　标准体系的抽象描述

2. 标准功能团的分析

我国目前工程建设标准体系（房屋建筑、城乡规划、城镇建设部分）将现有标准体系依据专业进行划分，包括设计类、结构类、施工验收类等标准类别[191,192]，而每一个专业类别的工程建设标准又分别包括国家标准、行业标准、地方标准和团体标准四种，具有层次性。因此可以对标准体系进行逐层解构，得到众多标准功能团。在某一具体标准功能团中，存在若干国家标准、行业标准以及团体标准、地方标准，就法律效力角度而言，国家标准的重要性程度必然大于行业标准、团体标准以及地方标准，因此可以将一个标准功能团中所有的同一类型的标准视为一个复杂系统，系统中各标准之间的复杂联系可以构成一个由若干标准所抽象而成的复杂网络，在所构成的网络中确定标准的重要性程度。

3. 标准的优先度排序步骤

假设，某一具体的复杂网络用 $G=(V, E)$ 来表示，N 代表该网络中存在的节点总数，网络中所有节点的集合用 $V=(v_1, v_2, v_3, \cdots, v_n)$ 表示，所有边的集合用 $E=(e_1, e_2, e_3, \cdots, e_n)$ 表示。网络图 G 中不同节点之间的连接关系可以用邻接矩阵 A_{ij} 表示，当网络中的连接具有一定方向性时 $<i, j>$ 和 $<j, i>$ 表示不同的连接节点的边，因为本书研究无权无向网络，所以 $<i, j>$ 和 $<j, i>$ 表示同一条边，邻接矩阵为对称矩阵：

$$a_{ij}=\begin{cases} 1 & e_{ij}\in E \\ 0 & e_{ij}\notin E \\ -1 & i=j \end{cases}$$

依据复杂网络模型的构建，对其采用 K 壳剥落排序算法，得到评价复杂网络中节点重要性的计算过程如下：

步骤一：分析各个节点之间的相互关系，得到初始的复杂网络 G，逐一分析网络中的每一个节点，将节点度最小的所有节点汇总至一个集合，用 $l_0=\{v_{01}, v_{02}, v_{03}\cdots\}$ 表示，称之为 0-壳，成为最外层节点集；

步骤二：对 0-壳内的所有节点 $\{v_{01}，v_{02}，v_{03}\cdots\}$ 计算内度，即与节点 v_i 相连的所有节点的度的平均值，用 D_i 表示。按照 D_{01}，D_{02}，$D_{03}\cdots$ 的值，从大到小对 0-壳内的节点 $\{v_{01}，v_{02}，v_{03}\cdots\}$ 进行排序，将结果记录到最终结果集内；

步骤三：删除网络 0-壳内的所有节点，若网络此时为空集，则步骤二得出的排序顺序即为此网络的节点重要性排序，否则转步骤四；

步骤四：依次删除复杂网络 G 的 l_0，l_1，$\cdots$，l_{n-1}（$n>0$）层节点，即剥去复杂网络中的 0-壳、1-壳、$\cdots$、$(n-1)$-壳之后，再一次逐一分析网络中剩余的每一个节点，将节点度最小的所有节点汇总至第 n 层的节点集合中，记为 $l_n=\{v_{n1}，v_{n2}，v_{n3}\cdots\}$；

步骤五：在第 n 层的节点集合 l_n（$n\geqslant0$）中，对每一个节点 v_i 都需要计算其外层邻点的个数，即上一层节点集 l_{n-1} 中与节点 v_i 相邻的节点个数，用 B_i 表示。由于每次删除的批次中可能会存在不止一个节点，即使这些节点位于同一批次中，也会存在较为重要节点和较不重要节点，这就需要计算每个节点外层邻点个数 B_i 来判断，B_i 值越大，表明该节点已删除的外层邻点个数越多，该节点越重要，因此可以按照 B_{n1}，B_{n2}，$B_{n3}\cdots$ 的值，从大到小对 $\{v_{n1}，v_{n2}，v_{n3}\cdots\}$ 进行排序，并将结果记录到最终结果集的左端；

步骤六：循环步骤四、步骤五，删除复杂网络中的所有节点后，将依次删除的节点集合顺序由后至前排列即可得到网络节点的重要性顺序。

四、子标准体系优先度评价案例：装配式混凝土结构

1. 构建复杂网络图

根据上述复杂网络拓扑结构的基本理论，以装配式混凝土结构专业类工程建设标准为例，首先将有关标准划分为五大功能类别，分别是结构设计类标准、施工安装与验收类标准、预制构件生产与运输类标准、维护与再利用类标准、信息技术与管理类标准。五大功能类别中每一类别又分别包括若干国家、行业及地方标准，见图 12-27。

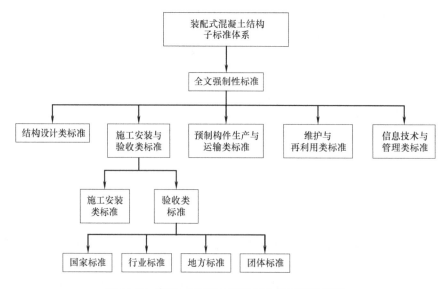

图 12-27 装配式混凝土结构专业组标准功能团

其次，选取其中一个标准功能团，本书以装配式混凝土结构设计类标准所包含的所有

国家标准为例，汇总相关标准并根据各项标准之间的内容关联关系进行初步重要性排序，见表12-11。最后邀请20名专家对初步排序结果进行讨论并判断各标准之间的相互关系，最终绘制得到设计类国家标准的复杂网络图。

装配式混凝土结构设计类国家标准汇总表　　　　　　　　表 12-11

序号	标准名称	标准编号	备注
1	混凝土结构设计规范	GB 50010—2010	国标
2	装配式混凝土建筑技术标准	GB/T 51231—2016	国标
3	装配式建筑评价标准	GB/T 51129—2017	国标
4	工业化建筑评价标准	GB/T 51129—2015	国标
5	民用建筑设计通则	GB 50352—2005	国标
6	住宅设计规范	GB 50096—2011	国标
7	建筑抗震设计规范	GB 50011—2010	国标
8	建筑设计防火规范	GB 50016—2014	国标

2. 节点重要性排序

通过剥落排序算法确定装配式混凝土结构设计类国家标准的重要性程度，初始复杂网络的状态如图 12-28 所示。第一步，遍历网络中的所有节点，找出最小度值为 1 的节点集 $l_0 = \{7, 8\}$，构成 0-壳。由于该集合为第一层，所以仅计算节点的内度 $D_7 = D_8 = 1$，代表在 l_0 节点集中节点 7，8 的重要程度相同。在空间角度观察发现，节点 7，8 均处于网络的边缘，属于最晚加入网络的节点，删除 0-壳不会破坏网络的结构，也不会影响到其他节点之间的联系，所以首先将 l_0 中的所有节点剥去，成为无效节点。

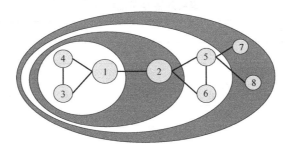

图 12-28　复杂网络 G

第二步，在删除了 l_0 集合中的所有节点后形成了一个新的复杂网络 G^1 如图 12-29 所

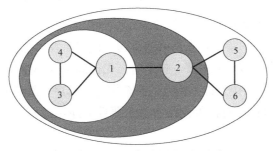

图 12-29　复杂网络 G^1

示。同样是首先遍历网络中的所有剩余节点，找出 G^1 中度最小的节点集 $l_1=\{5,6\}$，由于 $B_5=2$，$B_6=0$，即节点 5 有 2 个邻点被删除，代表在 l_1 节点集中节点 5 的重要程度大于节点 6。

第三步，再一次删除 l_1 节点集中的所有节点，构建出复杂网络 G^2 如图 12-30 所示。此时网络中度最小的节点仅剩下一个，构成仅包含一个元素的集合 l_2，所以在该集合中节点 2 即为最重要的节点。

第四步，删除将 l_2 集合中的唯一节点，构建成新的复杂网络 G^3（图 12-31）后发现，网络中的剩余的三个节点可以构成一个集合 $l_3=\{1,3,4\}$，由于 $B_3=B_4=0$，$B_1=1$，即节点 1 有 1 个邻点被删除，节点 3，4 没有邻点被删除，所以，l_3 节点集中节点重要性排序是 $1>3=4$。

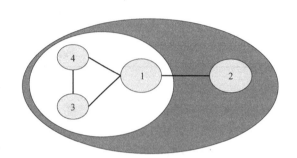

图 12-30　复杂网络 G^2

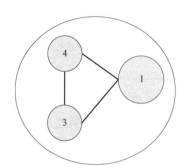

图 12-31　复杂网络 G^3

综合上述步骤，复杂网络 G 中所有节点的计算、排序过程如表 12-12 所示。

复杂网络 G 节点排序　　　　　　　　　　　　　　　表 12-12

节点集	节点序号	D/B 值	排序
l_0	7	$D=1$	7=8
	8	$D=1$	
l_1	5	$B=2$	5>6
	6	$B=0$	
l_2	2	$B=2$	2
l_3	1	$B=1$	1>3=4
	3	$B=0$	
	4	$B=0$	

K-壳剥落排序算法首先剥离初始网络 G 的最外层节点，每一次步骤的循环中都是首先删除网络中节点度最小的集合，在网络的空间结构层面看，越往后删除的节点越接近于网络的核心位置，表明该节点越重要。排序时，先按照节点集重要性逐渐降低顺序为 l_3，l_2，l_1，l_0。其次在拥有两个及以上节点的集合中进行排序，最终将两次排序的顺序结合即可得到使用 K 壳剥落排序算法的网络节点重要性顺序：$1>3=4>2>5>6>7=8$，见表 12-13。

对比初始专家主观排序的顺序与采用复杂网络算法的客观排序顺序，发现存在一定差距，由此笔者将最终结果以及初始排序顺序一并发送给 20 名专家，邀请各位专家对比前后两次的排序顺序，选出他们认为较为合理的一种排序方式。结果显示，20 名专家中有17 名专家选择了后者，即通过采用剥落排序算法得出的结果，2 名专家选择了初始排序顺序，还有 1 名专家认为暂时无法选择。K-壳剥落排序算法从客观角度出发，一方面减少了标准在重要性排序过程中的主观影响；另一方面极大地缩短了标准重要性排序的时间。因此在标准优先度评价过程中引入 K-壳剥落排序算法具有一定的有效性和合理性。

装配式混凝土结构设计类国家标准优先度排序　　　　表 12-13

序号	标准名称	标准编号	备注
1	混凝土结构设计规范	GB 50010—2010	国标
2	装配式建筑评价标准	GB/T 51129—2017	国标
3	工业化建筑评价标准	GB/T 51129—2015	国标
4	装配式混凝土建筑技术标准	GB/T 51231—2016	国标
5	民用建筑设计通则	GB 50352—2005	国标
6	住宅设计规范	GB 50096—2011	国标
7	建筑抗震设计规范	GB 50011—2010	国标
8	建筑设计防火规范	GB 50016—2014	国标

五、评价总结

通过对欧美发达国家和地区及我国香港、台湾地区标准体系、构建理论和方法的调研，本章对比分析了我国工程建设标准体制、标准体系现状及存在问题，分别提出工业化建筑子标准体系的构建，子标准体系优势度评价，子标准体系优先度评价的原则、目标、模型和方法，并形成如下主要结论：

我国工程建设标准实行统一管理与分工负责相结合的管理模式。随着市场经济的逐步建立完善，一些困扰工程建设标准化工作的问题日益凸显，如相关法律、法规调整滞后；标准管理模式单一，强制性标准与推荐性标准缺乏准确的界定；标准立项缺乏科学性，"按需制标"情况比较突出，尤其是工业化建筑标准覆盖面不均衡，工业化建筑标准体系尚未形成，现有的标准制定未覆盖工业化建筑的全产业链、全寿命周期，为了适应我国建筑产业现代化发展，需要构建工业化建筑标准体系。

（1）采用霍尔三维结构理论、全生命周期理论，分析了工业化建筑标准的维度和环境条件，沿用传统工程建设标准体系层次划分，研发标准规范体系编码技术，提出基于工程建设阶段维度、标准效力维度、功能作用维度为基本的三维及以上工业化建筑标准规范体系框架及子标准体系构建原则、方法和程序。

（2）构建了工业化建筑子标准体系，建立了工业化建筑子标准体系表，分析研究并提出了每一项标准制（修）订的理由与（部分）标准存在的问题，提出了工业化建筑子标准体系优势度评价模型，运用优势度测定方法，对各子标准体系中现有标准在不同目标、不同阶段的单层优势度评价，掌握了标准的数量在具体阶段的缺失情况，有利于未来标准制修订范围的合理规划，有利于提高标准制修订工作的有效性。

（3）根据工业化建筑子标准体系优势度评价结果，掌握了现阶段标准体系中标准数量和内容覆盖薄弱的区域范围，以及重点修编和新编标准的方向。通过建立基于复杂网络拓扑结构理论、网络节点重要性的计算模型的工业化建筑子标准体系优先度评价模型，并运用优先度测定方法，结合各子标准体系优势度评价结果，可分析判断并选择最先制（修）订标准项目，确定标准制（修）订项目的顺序，有利于明确各标准之间的复杂关系，有利于客观地判断不同标准的重要性程度。

（4）对已建立起的标准体系，通过引入复杂网络拓扑结构，采用节点重要性的研究方法，将具体标准功能团中的所有标准抽象为复杂网络中的各个节点，根据构建出的复杂网络，转变传统节点重要性排序方法，使用 K 壳剥落排序算法确定标准的重要性程度，打破以往采用主观判断为主的标准制修订管理方法，为工业化建筑标准体系未来的中远期规划提供发展方向以及科学指导方法。

第十三章

工业化建筑标准子体系集成

通过标准体系综述和工业化建筑标准化需求，了解到构建工业化建筑标准体系对发展建筑工业化的重要性。标准体系是标准按内在联系形成的有机整体，工业化建筑标准体系是一个巨大的复杂系统，内部因素众多，由多个子体系组合而成，子体系又由多个基本要素组合而成。子体系的有效集成不但可以更好地规范工业化建筑工程建设行为，使建筑工程获得最佳的秩序，而且可以简化管理工作，提升生产效率，促进建筑工业化的发展，为工业化建筑建设生产活动标准化提供理论依据。

第一节 工业化建筑标准体系构成要素和内容

一、体系工程理念下工业化建筑标准体系内涵

作为工业化建筑的重要组成部分，装配式建筑随着国家大力提倡，各类技术已经比较成熟，也有相关的建筑技术标准。但是，工业化建筑标准作为工程建设标准的一类，对于其标准体系的研究尚不完善，没有明确的定义说明，所以本章将工业化建筑标准体系作如下定义：

1. 技术制度

工业化建筑标准体系是一种技术制度。标准具有技术特性，而标准体系则应是技术与制度的结合[193]。工程建设标准的定义是在工程建设领域，为了获得最佳效率和社会经济环境等效益，对各种建设活动和结果需要协调的事项制定技术依据和准则。由此可以看出工程建设标准具有技术特性，但是随着工程建设的日益发展，工业化建筑施工技术、建筑材料等的迅速发展，标准体系的"规范"作用日益突出。过去往往注重标准工程技术水平，追求标准的先进性、科学性。制度特征很少被关注，导致相关方的利益冲突，权利和义务的分配不均，各专业标准的针对性不强。所以，工业化建筑标准体系具备技术和制度两种特性，既能微观管理标准的制修订，也能宏观处理相关关系和职能配置。

2. 系统中的系统

工业化建筑标准体系不同于一般的系统，而是在结构和功能上具有复杂性的"系统中的系统"。在结构上，组成体系的各个子系统是相对稳定，但是在体系与子系统之间、子

系统与子系统之间、标准与子系统之间的关系是复杂且多元的。不同的建筑可能会有不同的技术需求，导致涉及的子系统与标准不尽相同，从而形成多元化的工业化建筑标准体系。在功能上，组成体系的各个子系统相对独立，在体系的整体下独立运作，发挥自身特定功能。

由上述工业化建筑标准体系的定义可以得出，工业化建筑标准体系是一个具备技术与管理特性的巨大复杂系统。工业化建筑标准体系需要各个子体系的高度互联与集成，为标准体系带来灵活和效率。

二、工业化建筑标准化要素划分

标准化系统依存于主体系统，构建标准体系的前提就是分析主体系统。工业化建筑标准体系是以工业化建筑生产活动为对象的，科学合理地对工业化建筑生产活动这一复杂系统进行划分，有助于明确标准化对象，得到标准化要素。标准化要素是标准体系最基本的组成部分。目前，有学者将工作分解结构（WBS）和项目分解结构（PBS）结合，构建工程分解结构（EBS）对工程项目进行分解，既可以保证工程项目的完整性，也能统一各个阶段参与方的工作[194]。因此，本章采用工程分解结构（EBS）对工业化建筑工程建设项目进行划分。

工程分解结构是按项目的可交付工作内容为目标的层级分解，通过树状图的形式对一个项目逐层分解，每下降一个层级表示对该项工作的更详细的定义。具体分解过程是项目到任务，再到工作，最后落实到具体的工作。工程分解结构可以很好地从全寿命期和集成化管理的角度反映一个项目所有的可交付成果工作。建设工程的工作分解结构可以分为系统和专业两个层次，系统层次可以单独工作，而专业面需要系统集成才能发挥功效，如图13-1所示。在标准化要素划分时，要注意下一个任务必须完全是由上一个任务分解得到的，避免交叉从属；一个层次上的任务必须保持完整，避免遗漏重要的组成部分；最底层的工作应具有可操作性、可比性和可管理性。

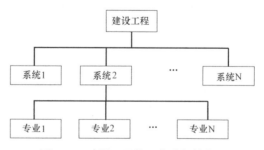

图 13-1　建设工程的工作分解结构图

三、工业化建筑标准化要素内容

根据工业化建筑生产活动划分，可以分为建筑设计系统、主体结构系统、围护结构系统、设备及管线系统、内装系统和建筑信息模型系统六个系统类别，再依据工程分解结构定义和划分原则，进一步细分工业化建筑生产工作，贯穿工业化建筑建设项目全寿命期所有阶段，得到需要标准化的要素。

1. 建筑设计系统

工业化建筑设计是通过建筑模数实现设计的标准化,协调建筑主体、构建方式及部品连接之间的统一。工业化建筑的特点决定了建筑设计在前期需进行整体策划研究,设计过程不再是传统的现浇整合,而是对于构件的组合拆分,使得整个建造施工流程更精细化,各个专业可以一体化配合,有利于建筑设计方案的合理性,成本控制也可以更加精准。建筑设计系统工程分解结构见表13-1。

建筑设计系统工程分解结构表　　　　　　表 13-1

类别	标准化要素	内　　容
模块化设计	空间设计	主要应用于各种建筑物场地、建筑物外的空间布局设计和建筑部位设计的标准化,可以保证构件的定制化生产
	部位设计	
模块化组合	基本组合	主要应用于各种建筑内部品部件空间划分,对厨房、卫生间等基本功能模块,进行标准化施工
	标准组合	

2. 主体结构

(1) 装配式混凝土结构

装配式混凝土结构是由工厂生产的预制混凝土构件,再运输到施工现场经过连接装配而成的结构,是我国建筑工业化的重要表现形式。在建筑工程中采用装配式混凝土结构可以提升施工进度、加强建筑物质量、避免环境污染等,符合我国可持续发展的要求。装配式混凝土结构工程分解结构见表13-2。

装配式混凝土结构工程分解结构表（与钢木结构等在类别上相统一）　　表 13-2

类别	标准化要素	内　　容
设计	板楼盖	板楼盖设计需要考虑楼盖类型,楼盖拆分以及连接节点、支座节点和板缝的构造
	框架结构	装配框架结构可以按现浇混凝土框架设计,装配式框架结构是通过预制的梁、柱构件在施工现场进行装配搭接
	剪力墙结构	装配式剪力墙结构设计思路依据主要是现浇混凝土,连接方式包括灌浆、后浇混凝土、型钢焊接(或螺栓连接)
	多层剪力墙结构	多层剪力墙结构设计应注意转角、纵横墙交接部位,竖缝后浇段连接,水平接缝,连梁连接、预制剪力墙与基础连接,层高大于3层时的水平连接和不大于3层时水平连接
	非结构部件	非结构部件包括楼梯板、遮阳板、整体飘窗、女儿墙等一系列非主体结构部件
部品部件	相关配件	模具对于预制构件质量和成本有重要影响,对模具的材料、规格、设计必须有标准化要求
	预制构件	
施工及验收	构件进场	构件进场时的吊运、运输和堆放
	安装连接	施工现场吊装构件进行装配,然后灌浆,再临时支撑
	工程验收	装配式混凝土验收是对主体质量的鉴定
检测鉴定	结构检测	检测鉴定包括构件尺寸偏差,预埋件、预留孔检验等
	结构鉴定	

类别	标准化要素	内　　容
运营管理	运营	混凝土结构随着时间推移,强度会有所下降,后期需进行运营、管理和加固,以维持建筑寿命
	管理	
	加固	
拆除及再利用	改造	装配式预制混凝土结构可以改造或拆除,将钢筋进行回收再利用,混凝土可以被压碎作为路基
	拆除	
	再利用	

（2）装配式钢结构

装配式钢结构是最适合建筑工业化的结构,标准化的钢材构件适合在工厂生产加工,可以实现工厂流水线加工作业。钢结构重量较轻,易于运输和装配,在施工现场可以像装配汽车或飞机那样模块化快速安装。钢结构采用高强螺栓连接,方便装配、回收和再利用,真正做到了绿色施工、节能环保的要求。装配式钢结构工程分解结构见表13-3。

装配式钢结构工程分解结构表　　　　　　　　　　表13-3

类别	标准化要素	内　　容
试验方法	材料试验方法	钢材原料来源固定,质量比较稳定,试验方法比较成熟
设计	建筑结构	钢结构的设计尚不能适应工业化的要求,相关规范仅仅满足一般结构设计计算的要求,由于没有工业化的概念,限制了设计范围
	金属结构	
	组合结构	
	抗震减灾	
部品部件	预制构件	针对钢结构部品部件的设计缺少,无法体现大结构拆分为小的部件进而标准化设计的优势
	标准化节点	
施工组装	施工组装技术	钢结构的施工组装技术较多,缺少专门的施工安装标准,无法满足预制装配化的要求
工程验收	工程验收	
运营维护	运营	钢结构会随着时间的推移,容易受到外部环境的腐蚀和损坏。后期的运营、管理和加固是钢结构建筑寿命的关键所在,应引起重视
	管理	
	加固	
拆除回收	拆除	钢结构大多采用切割的方式进行拆除,然后再利用液压机进行粉碎再利用
	再利用	

（3）装配式木结构

装配式木结构是我国建筑工业化的重要结构形式之一。生产方式是人工和流水生产相结合的方式。装配式木结构工程分解结构见表13-4。

装配式木结构工程分解结构表　　　　　　　　　　表13-4

类别	标准化要素	内　　容
材料产品	工程用木材	我国材料产品标准数量较少,质量参差不齐
试验方法	结构试验方法	对于产品规格、力学性能等都有详细规定

类别	标准化要素	内　　容
设计	胶合木结构	木结构种类多，且发展迅速，现阶段设计标准已经落后现在的技术水平，无法达到木结构预制装配的要求，还有很多方面需要标准化
	多高层木结构	
	轻型木结构	
部品部件	预制构件	工厂化制作应注意木结构预制构件的防火防护要求，选材、制作及节点设计都需要标准化操作
	标准化节点	
施工组装	施工组装技术	施工组装技术较难适应木结构预制装配式要求，需要进一步完善。工程验收标准应保持长期的合理性和指引性
工程验收	工程验收	
运营维护	运营	木结构的木材比较脆弱，易受虫害和环境腐烂，长时间下去存在极大的安全隐患，后期的运营、管理和加固应受到重视
	管理	
	加固	
拆除回收	拆除	木结构拆除很常见，且容易拆除不易损坏材料，大多数拆解下来的木材也能再利用，但是存在再鉴定的问题
	回收	

3. 围护结构系统

围护结构是由房屋外墙、外门窗及楼顶屋面等部件组合而成的结构系统，起到分隔建筑物室内外环境的基本作用。同时，根据所在地区的要求，具备防火、防水、抗震、抗风、耐久等性能要求。围护系统工程分解结构见表13-5。

围护系统工程分解结构表　　　　　　表 13-5

类别	类别	内　　容
围护系统	金属围护	金属围护系统是装配式钢结构的主要外围护系统，被应用在大跨度和工业建筑中。使用寿命和质量等问题制约了金属围护结构的推广
	木围护	木围护是以木龙骨为主的外墙和屋面，有轻型木质组合板和正交胶合板两种产品
	混凝土围护	混凝土围护系统分为轻质混凝土围护和普通混凝土围护。起到保温隔声的作用，同时还具备建筑装饰的功能
	门窗幕墙	门窗幕墙的技术和管理水平已达到世界先进水平，在安全性、防火性和节能性等方面还需要加强

4. 设备与管线系统

工业化建筑设备与管线系统是由给水排水、暖通空调、电气及智能化组成，可以满足建筑使用功能要求的整体。设备管线的敷设的合理性，关系整个装配施工流程，应尽可能协调。设备与管线工程分解结构见表13-6。

设备与管线工程分解结构表　　　　　　表 13-6

类别	标准化要素	内　　容
给排水	集成式给水管线	集成式给水管线主要使用分水器给水，分为冷水分水线和热水分水线，准确向给水点供水。管线应敷设在结构上部或空腔部位，方便后期的维修更换
	模块化同层排水系统	排水管线应沿墙敷设在非承重墙内，方便卫生洁具的摆放。厨房和卫生间的排水应分开敷设

续表

类别	标准化要素	内 容
暖通空调	供暖通风系统	暖通风系统可以分为干式地面热辐射水采暖、干式地面热辐射电采暖、散热器采暖和空调采暖
电气及智能化	集成式电气设备	集成式电气设备应满足管线的快速敷设,缩短施工周期,实现管线与主体的分离,将插座集成到一个面板等
	智能家居系统	无线网络技术连接控制家里不同设备,实现家居的智能化

5. 内装系统

工业化建筑的内装系统是由集成式厨房、集成式卫生间、墙体、吊顶、地面、整体收纳、门窗和室内防水组成,可以满足居住生活使用要求的整体。内装系统工程分解结构见表 13-7。

内装系统工程分解结构表 表 13-7

类别	标准化要素	内 容
内装	集成式厨房	集成式厨房是指将楼地面、墙面、吊顶、厨房设备及管线在工厂生产集成在一起,采用干式工法进行装配的厨房。厨房的质量与性能取决于集成技术的应用,标准化设计和工厂化生产可以很好地利用使用面积,提高厨房的整体性能
	集成式卫生间	集成式卫生间是指将楼地面、墙面、吊顶、卫生间洁具设备及管线在工厂生产集成在一起,采用干式工法进行装配的卫生间。产品设计时需要考虑防水、通风、安全、收纳等专业问题。现场施工完成后,也需具备质量可靠、快速安装、环保安全及超长耐用的特点
	墙体	装配式建筑大多数采用轻质隔墙,可以较好地满足防潮湿、防火灾、隔声等性能需求。墙体的作业模式还需实现工厂化生产、装配式施工,方便后期维护拆除
	吊顶	吊顶系统可以分为轻钢龙骨石膏板类、轻钢龙骨扣板类、搭接式集成类和软膜天花类。根据技术特点的不同,在居住建筑和公共建筑中被广泛应用
	地面	地面系统可以分为架空地面,高度可调节,具有调平功能,减少了找平工作;干式采暖架空地面,结合干式地暖,保证了地暖的质量和观感,也可以减少热能的流失
	整体收纳	整体收纳是建筑设计阶段一体化设计的体现。根据目标群众需求,结合户型与住宅全寿命期的考虑,设计出符合居民在不同阶段的基本收纳要求和个性收纳要求

6. 建筑信息模型系统

工业化建筑的发展是以技术发展为基础,而信息化技术可以使不同系统之间实现互联互通。利用建筑信息模型可以实现整个工程建设生产活动的资源整合优化,贯穿整个工业化建筑全寿命期,发挥建设活动最大功效价值。建筑信息模型系统工程分解结构见表 13-8。

建筑信息模型系统工程分解结构表 表 13-8

类别	标准化要素	内 容
基础数据	信息语义	信息语义涵盖了工业化建筑全寿命期的所有任务和资源需求信息,以建筑学语义为整个项目提供最基本的信息。通过定义、分类和编码等将信息存储,可以随时转化为所需要的信息格式。信息传递主要是解决传递流程和如何实现信息语义的共享问题
	数据存储	
	信息传递	

类别	标准化要素	内　　容
应用实施	集成平台	基础数据和关键技术信息的融合将在系统集成中体现,当前的主要建筑信息模型是 BIM 技术,BIM 技术可以为建设工程全寿命期提供可靠的数据,它是一个资源信息集成的平台,整个系统集成可以看作数据在集成平台上实现交换的过程。通过 BIM 技术实现基础信息和关键技术在全寿命期内模数协调和接口标准化,不再是单纯的叠加和依次施工,而是更多地考虑如何方便工程实践的使用。例如,结构系统和围护系统的装配搭接,结构系统的梁、板尺寸位置与外围护的外墙、屋面对接。两个系统需要统一的标准语言才能保证施工的顺利进行
	模数协调	
	数据交换	
	模块接口	

第二节　工业化建筑标准体系集成过程

一、工业化建筑标准子体系关联性

工业化建筑标准体系集成是标准体系整体性和关联性的体现,从无序的状态演变为有序状态[195],具备以下特性:

1. 自主寻优

工业化建筑标准体系的集成是标准化要素创造性的融合,并非一般简单的汇集。集成是标准化要素经过自主优化,相互之间合理选择搭配,形成一个由合适的标准化要素组成,彼此相互弥补,是一个自主寻优的过程。

2. 体系再造

集成界面是标准化要素间交互的平台,反映了体系内部存在着错综复杂的关系,也是标准化要素之间联系的机制,界面选择所形成的结果便是体系结构。体系功能则是体系结构内部各个要素稳定的组织形态、秩序关系等的整体与外部环境相互作用影响的能力。从本质上来说集成界面是体系结构重组的过程。

3. 功能加倍

体系集成的功能大于单项标准化要素功能一般叠加的总和,即 $1+1>2$。标准化要素在集成的过程中整合重组、相互作用,使得体系的功能增加。体系内部部分之和不等于总体之和反映了整体论的规律,也反映了局部规则影响宏观变化的规律。

根据特性,用数学模型来分析子体系之间的关联性,如下所示:

定义 1:工业化建筑标准体系 S 是由 n 个相互之间有关联的 s_1,s_2,$\cdots$,s_n 所组成的整体,记为:

$$S=\{S_n,R_s\}$$
$$S_n=\{s_i \mid i=1,2,\cdots,n;n\geqslant2\}$$

其中,s_i 表示标准体系中第 i 个子系统。R_s 表示体系内相互信息关联所组成的结构。由此可得,工业化建筑标准体系 S 可以分为建筑设计系统(s_1)、主体结构系统(s_2)、围护系统(s_3)、设备及管线系统(s_4)、内装系统(s_5),建筑模型系统(s_6)即:

$$S=\{s_1,s_2,s_3,s_4,s_5,s_6,R_s\}$$

定义 2:根据标准体系集成的自主寻优的特性,子系统内存在要素 H:

$$H = \{H_m, R_n\}$$

$$H \in S_n \quad H_n = \sum_{i=1}^{n} H_{im}, \text{ 且 } h_i = \{H_{im}, R_{ih}\}, \text{ 其中：}$$

$$H_{im} = \{h_{ij} \mid j = 1, 2, \cdots, m; m \geqslant 2\}$$

可推出，$S_n \bigcap H_m \neq \varnothing$，假设 S_n 中的 s_1 与 H_m 中的 h_2 有关联，则 $S_n \bigcap H_m = [s_1, h_2]$。即标准体系内子体系与子体系、子体系与标准、标准与标准之间存在着关联性。

二、工业化建筑标准体系层次

工业化建筑标准体系是由多个子体系集成的复杂系统，内部结构复杂，标准间的功能存在关联性，需要对复杂系统进行层次化分解，得到具有独立功能的模块，简化系统复杂度。模块内部由多个标准相互关联组成，模块内不具备结构的层次性，仅仅依靠着标准之间的关联性聚集在一起，指导着某项工程项目的进行。不同层次的标准模块通过选择组合可以实现不同的输出，所以工业化建筑标准体系可以看作由多个模块相互协作来实现整个体系的运作。本研究将利用 DEMATEL 和 ISM 根据标准之间的关系进行类聚集成，明确工业化建筑标准体系层次。

DEMATEL（Decision Making Trial and Evaluation Laboratory）是由 Bottelle 研究所在 1971 年提出的一个方法论，全称是决策试验和评价实验法。该方法以矩阵和图论为工具，对系统中的各因素之间的关系强弱有无进行评估。ISM（Structural Modeling Method）全称解释结构模型，是 1973 年 John Warfield 为了解释系统内部复杂的因素关系而开发的一种方法[196]。该方法可以将复杂系统分解为若干个子系统要素，结合 DEMATEL 方法找出各个因素之间的关系强弱有无，通过矩阵转换，把原本复杂的系统简单化，形成一个多级的结构模型解释复杂系统，如图 13-2 所示。

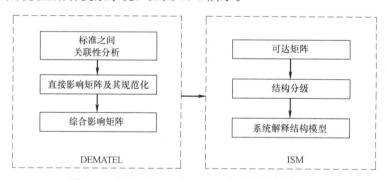

图 13-2　DEMATEL 和 ISM 分析系统结构流程图

（1）明确工业化建筑标准集 $H = \{H_i \mid i = 1, 2, \cdots, n\}$。由工业化建筑标准的维度划分，选取对象维度和阶段维度，根据关联要点分析标准之间的关联性，如表 13-9 所示。

工业化建筑标准子体系关联要点　　　　　　　　　　　　　　　表 13-9

对象维度	装配式混凝土结构	钢结构	木结构	围护结构	设备与管道系统	内装系统
阶段维度	建筑设计	部品部件生产	施工	验收	运营维护	拆除及再利用
关联要点	性能	模数	结构形式	主体材料	连接方式	…

（2）由专家经验和知识积累，通过综合集成研讨遍历评估各个标准之间的影响关系，得到影响关系矩阵 $F=[f_{ij}]_{n \times n}$。式中，f_{ij}（$i=1, 2, \cdots, n$；$j=1, 2, \cdots, n$；$i=j$ 时，$f_{ij}=0$）表示要素 H_i 对要素 H_j 的影响程度。

（3）将影响关系矩阵 F 进行规范化处理，可以得到新的矩阵 $R=[r_{ij}]_{n \times n}=\dfrac{F}{\max\limits_{1 \leqslant i \leqslant n} \sum\limits_{j=1}^{n} f_{ij}}$。式中：$r_{ij}$（$i=1, 2, \cdots, n$；$j=1, 2, \cdots, n$）表示规范化后的要素。

（4）计算得出综合影响矩阵 G（$G=[g_{ij}]_{n \times n}$），表达式为：$G=R(1-R)^{-1}$（I 为单位矩阵）。式中，g_{ij}（$i=1, 2, \cdots, n$；$j=1, 2, \cdots, n$）表示综合化后的要素。

（5）计算得出可达矩阵 $X=([X_{ij}]_{n \times n})=G+I$，（$x_{ij}=1$，$g_{ij} \neq 0$；$x_{ij}=0$，$g_{ij}=0$）。式中，$x_{ij}$（$i=1, 2, \cdots, n$；$j=1, 2, \cdots, n$）表示可达矩阵中的要素。

（6）将要素进行结构分级。确定可达集合 P_i 和前项集合 Q_i，其中，$P_i=\{H_j \in H | x_{ij}=1\}$，$Q_i=\{H_j \in H | x_{ji}=1\}$。可以得到共同集合 $C=\{H_i \in H | Q_i \bigcap P_i=L_i\}$。

（7）根据上个步骤，可以得到基本层次 L_1。在可达矩阵 X 中划去共同集合 C 中包含的要素，继续重复上述步骤，可以得到多层模块结构模型，如图 13-3 所示。三个层次中，有两个标准层次具有通用性和共用性，一个标准层次为个体标准。这样有助于提升单个标准的适用范围、降低标准之间不必要的重复和矛盾等，推动工业化建筑标准体系模块化和通用化发展。

通过解释结构模型，可以实现工业化建筑标准体系的层次划分。在实际操作中，工业化建筑涉及多个标准，解释结构模型的计算难度会加大，可以利用 MATLAB 软件进行计算会方便多层模块结构图的绘制。

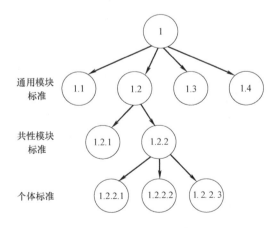

图 13-3　多层模块结构图

三、工业化建筑标准体系框架

工业化建筑标准体系是一个复杂的体系工程，工业化建筑所需的标准根据内在系统相互协调集成为有机整体。根据标准化要素形成工业化建筑标准子体系，集成绘制出工业化建筑标准体系框架图，如图 13-4 所示。

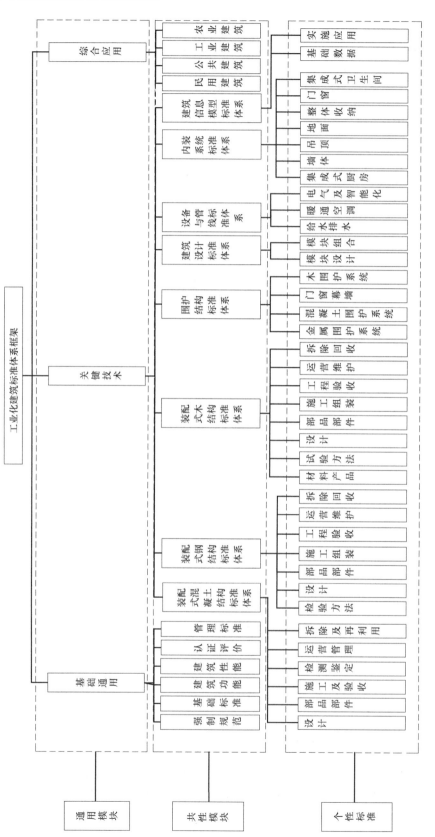

图13-4 工业化建筑标准体系框架

1. 基础通用

基础通用是用于统一的相关概念、管理和评价等，包括强制规范、基础标准、建筑功能、建筑性能、认证评价和管理标准等。

2. 关键技术

关键技术是用于解决工业化建筑建设中的关键技术问题，包括装配式混凝土结构、装配式钢结构、装配式木结构、围护结构、设备与管线、内装系统、建筑设计和建筑信息模型等。

3. 项目应用

项目应用依据基础通用标准和关键技术标准，围绕工程建设建筑种类，在各个项目中的应用，包括民用建筑、公共建筑、工业建筑和农业建筑等。

总之，工业化建筑标准体系是一个庞大的复杂系统，标准体系结构由多个子标准体系组合而成，子体系又由多个基本要素组合而成。利用 EBS 将工业化建筑划分得到建筑设计系统、结构系统、围护系统、设备及管线系统、内装系统和建筑信息模型六个系统及其要素，依据子体系构建目的和原则，对工业化建筑标准进行分类，利用六维空间结构构建了工业化建筑标准子体系。根据体系工程理论，工业化建筑标准体系集成是对各个子系统内部相互关联性的分析和各个子系统相互之间的协调统一，通过解释结构模型分析标准之间的关联性，提出了工业化建筑标准体系框架，为工业化建筑标准体系集成提供理论依据。

第十四章

工业化建筑标准体系优化

工业化建筑标准体系优化是为了使标准体系可以更好地达到预期的效果和输出所采取的措施。体系的功效没有达到预期效果，体现在标准无法满足当前建设活动规范和指导要求。盲目地制修订标准，只会导致标准内容重复、交叉和矛盾等问题出现。因此，依据工业化建筑标准体系，面向现有技术发展水平和市场对工业化建筑标准化的需求，标准制定者通过构建需求模型评价标准化要素重要度，为标准的制修订提供依据，实现体系预期目标。相关部门也可以根据标准化要素重要度，对提交上来的标准编制方法进行优劣评判，选择最优的编制方案实施。

依据工业化建筑标准体系优化基础，本研究从标准化要素角度进行优化。标准化要素优化主要是对标准的更新替换，根据现有技术发展水平和市场对标准体系的需求，标准使用者利用数学模型对标准化要素的重要度进行评价，确定标准体系的功效。同时，也可以作为评定相关部门制定的标准化方案的依据，选择最优的标准化方案来编制新的标准。

第一节　工业化建筑标准化要素优化

一、基于云模型的评价信息获取

工程建设领域存在大量比较模糊、不确定的信息，仅靠人的主观意识来判断评估[197]。对于工程建设标准体系而言，使用者大多使用经济实用、科学合理等含糊不清的词句来表达对标准化的需求，可以看作使用者对需求的重视程度。在描述目标需求与设计指标、施工工艺等技术方法之间的关系程度时，也通常使用相关、不相关、一般等定性的语言进行评价。因此，本研究将利用云模型来获取定性的评价信息，再利用模糊数和相对偏好来处理模糊的评价信息。

李德毅院士在1995年第一次提出了云模型，是一种可以很好地处理定性和定量之间相互关系的模型。云模型由云发生器进行计算，分为可以实现由定性到定量转变的正向云发生器，和可以实现由定量到定性转变的逆向云发生器。云是由多个云滴所组成的，云滴是定性的定量化形式，呈现正态分布。云模型的表现形式为：

$$(E_x, E_n, H_e) \tag{14.1}$$

模型中[198]，E_x 为期望值，表示定性评价的数值；E_n 为熵，表示定性评价所能被接受的范围的数值。熵值的大小表示能被接受的范围大小，表示该定性评价的模糊程度；H_e 为 E_n 的熵，即超熵，表示云滴的离散程度。

二、获取定性评价集

建立评价指标集合 $P = \{P_1, P_2, P_3, \cdots, P_n\}$，其中 $P_i(i \in [1, n])$ 是集合的第 i 个指标。选取 t 个工程建设领域的专家，他们对工业化建筑及其标准体系有着深刻的研究和理解，并且各自研究的侧重点要有所不同，要全方面覆盖到工程建设各专业领域。对评价指标集合 P 进行评价，可以得到定性评价集 V。

三、基于云模型的定性评价集

工业化建筑标准体系需求的定性评价集 V 可以由 {不重要，较不重要，一般，较重要，重要} 来组成，云参数则采用两边约束的方法来确定，如表 14-1 所示。

工业化建筑标准体系需求评价的云模型参数值　　　　表 14-1

需求评价 V	不重要	较不重要	一般	较重要	重要
区间	$(0, 0.2]$	$(0.2, 0.4]$	$(0.4, 0.6]$	$(0.6, 0.8]$	$(0.8, 1.0]$
期望值 E_x	0	0.3	0.5	0.7	1
熵值 E_n	0.0167	0.0333	0.0333	0.0333	0.0167

表中，需求评价的约束范围为 $[V_{\min}, V_{\max}]$，则：

$$E_x(评价) = \frac{(V_{\max} + V_{\min})}{2} \tag{14.2}$$

$$E_n(评价) = \frac{(V_{\max} + V_{\min})}{6} \tag{14.3}$$

中间段的三个评价的云参数值，是根据公式（14.2）和（14.3）得出。两端的评语则是用半云模型得到，即"不重要"和"重要"分别取"0"和"1"来表示期望值 E_x，熵值 E_n 则为相对应对称云模型熵值的二分之一[199]。规定 $[0, 1]$ 为一个数域，将每个评价等分到相对应的区间之内。

1. 定性评价转化为定量

按照表 14-1，t 个工程建设领域的专家的定性评价通过云模型的正向发生器，可以得到集合 P 指标对应的云模型的云参数，计算如下：

$$期望值 E_x = \frac{E_{x1}E_{n1} + E_{x2}E_{n2} + \cdots + E_{xt}E_{nt}}{E_{n1} + E_{n2} + \cdots + E_{nt}} \tag{14.4}$$

$$熵值 E_n = E_{n1} + E_{n2} + E_{nt} \tag{14.5}$$

由此，可以得到一组评价信息的云参数值 $A_i(E_{x_i}, E_{n_i}, H_{e_i})$。

2. 基于模糊数与相对偏好的信息处理

由云模型使得定性评价转为定量的云模型参数，但是得到还是一组模糊的数字，并不能作为需求重要度的参考依据。因此，本研究将模糊数与相对偏好结合处理云模型的参数信息，将云参数作为模糊数，以均值云参数为基准，通过两者的偏好值，得出精准的数值，具体公式如下所示：

$$RP(F_i, \overline{F}) = \frac{1}{2} \times \left(\frac{(f_{i1} - f_u) + 2(f_{ih} - f_h) + (f_{iu} - f_l)}{2\|T_s\|} + 1 \right) \tag{14.6}$$

式中[200]，

$$\|T_s\| = \begin{cases} \dfrac{(t_{sl}^+ - t_{su}^-) + 2(t_{sh}^+ - t_{sh}^-) + (t_{su}^+ - t_{sl}^-)}{2}, & \text{当 } t_{sl}^+ - t_{su}^- \geq 0 \text{ 时} \\ \dfrac{(t_{sl}^+ - t_{su}^-) + 2(t_{sh}^+ - t_{sh}^-) + (t_{su}^+ - t_{sl}^-)}{2} + 2(t_{su}^- - t_{sl}^+), & \text{当 } t_{sl}^+ - t_{su}^- < 0 \text{ 时} \end{cases}$$

$t_{sl}^+ = \max\{f_{i1}\}$，$t_{sh}^+ = \max\{f_{ih}\}$，$t_{su}^+ = \max\{f_{iu}\}$，$t_{sl}^- = \min\{f_{i1}\}$，$t_{sh}^- = \min\{f_{ih}\}$，$t_{su}^- = \min\{f_{iu}\}$。其中，$F_i\{f_{i1}, f_{ih}, f_{iu}\}$ $(i \in [1, n])$ 是一组三角模糊数，其均值 $\overline{F}_i\{f_1, f_h, f_u\} = \left\{ \dfrac{1}{n}\sum\limits_{i=1}^{n} f_{i1}, \dfrac{1}{n}\sum\limits_{i=1}^{n} f_{ih}, \dfrac{1}{n}\sum\limits_{i=1}^{n} f_{iu} \right\}$。

根据文献[201]，三角模糊数 $F_i\{f_{i1}, f_{ih}, f_{iu}\}$ 中的三个数值可以用云参数来替换，将 $f_{i1} = E_{x_i} - 3E_{n_i}$，$f_{ih} = E_{x_i}$，$f_{iu} = E_{x_i} + 3E_{n_i}$ 代入公式（14.6）中，可得出云模型的三角模糊数与均值相对偏好的计算公式：

$$RP(A_i, \overline{A}) = \frac{1}{2} \times \left(\frac{(E_{x_i} - 3E_{n_i} - E_x - 3E_n) + 2(E_{x_i} - E_x) + (E_{x_i} + 3E_{n_i} - E_x + 3E_n)}{2\|T_s\|} + 1 \right)$$

$$\tag{14.7}$$

式中，

$$\|T_s\| = \begin{cases} \dfrac{(t_{sl}^+ - t_{sr}^-) + 2(t_s^+ - t_s^-) + (t_{sr}^+ - t_{sl}^-)}{2}, & \text{当 } t_{sl}^+ - t_{sr}^- \geq 0 \text{ 时} \\ \dfrac{(t_{sl}^+ - t_{sr}^-) + 2(t_s^+ - t_s^-) + (t_{sr}^+ - t_{sl}^-)}{2} + 2(t_{sr}^- - t_{sl}^+), & \text{当 } t_{sl}^+ - t_{sr}^- < 0 \text{ 时} \end{cases}$$

$t_{sl}^+ = \max\{E_{x_i} - 3E_{n_i}\}$，$t_s^+ = \max\{E_{xi}\}$，$t_{sr}^+ = \max\{E_{x_i} + 3E_{n_i}\}$，$t_{sl}^- = \min\{E_{x_i} - 3E_{n_i}\}$，$t_s^- = \min\{E_{xi}\}$，$t_{sr}^- = \min\{E_{x_i} + 3E_{n_i}\}$。其中，$A_i = \{E_{x_i}, E_{n_i}, H_{e_i}\}$，$\overline{A} = (E_x, E_n, H_e) = \left\{ \dfrac{1}{n}\sum\limits_{i=1}^{n} E_{x_i}, \dfrac{1}{n}\sum\limits_{i=1}^{n} E_{n_i}, \dfrac{1}{n}\sum\limits_{i=1}^{n} H_{e_i} \right\}$。

3. 基于 QFD 的需求模型构建

（1）质量功能展开（Quality Function Deployment，QFD）

日本质量专家 Akao 等在 1967 年提出了质量功能展开（Quality Function Deployment，QFD），是一种在产品开发全过程中通过需求转化，可以实现最大限度满足个体需求的分析方法[202]。

（2）需求-标准化要素的质量屋构建

QFD 分析最常用的基础工具是质量屋（House of Quality，HOQ），一种类似房屋造型的矩阵，能够确定个体需求和相应工程特性之间的相互关系[203]，如图 14-1 所示。

图中：

1）"左墙"：即主体对标准化的需求 R_n 和需求重要度 w_{R_n}，作为质量屋的输入。

2）"屋顶"：即标准化要素 I_n 和自相关矩阵 Y_{ij}，以正相关、不相关和负相关三种定

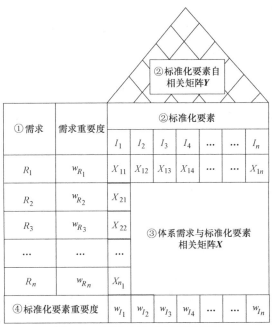

图 14-1 标准化需求-要素质量屋

性的方式来表示标准化要素之间的相关关系[204]。由于各个标准化要素是相对独立的个体，所以自相关矩阵 Y_{ij} 为零。

3）"房间"：即标准体系需求与标准化要素的关联矩阵 $\boldsymbol{X}_{ij}$，用来表示主体对标准体系需求与标准化要素之间的关系程度，则 x_{ij} 表示的意思为第 i 个需求与第 j 个标准化要素的相关程度，通常以 5、3、1、0 这四个数值来表示关系的强、中、弱、无关。

4）"地面"：即标准化要素重要度 w_{I_n}，通过需求重要度与关联矩阵合成运算得到。

（3）标准化要素重要度的计算

$$w_{I_n} = w_{R_n} \times \boldsymbol{X}_{ij} \tag{14.8}$$

式中，标准化需求重要度 $w_{R_n} = RP(A_i, \overline{A})$。同理，标准化要素重要度也是专家的定性评价，存在模糊性。所以，w_{I_n} 也要经过公式（14.7）的信息处理，得出精准的标准化要素重要度 $RP(w_{I_n}, \overline{w_{I_n}})$。

依据标准化要素的重要程度，可以对现行标准或需要制定的标准功效进行审查评价，可以弄清楚标准制修订的顺序。

4. 标准编制方案的选择

本研究利用 TOPSIS 方法比选最适合的标准编制方案，见图 14-2，TOPSIS 方法可以考虑到正负理想的距离，选择出最佳的标准化方案，具体步骤如下：

（1）根据各个标准化方案与标准化要素之间的关系，建立如下决策矩阵 $\boldsymbol{R}$：

$$\boldsymbol{R} = \begin{bmatrix} r_{11} & r_{12} & \cdots & r_{1j} \\ r_{21} & r_{22} & & r_{2j} \\ \vdots & & \ddots & \vdots \\ r_{i1} & r_{i2} & \cdots & r_{ij} \end{bmatrix} \tag{14.9}$$

式中，r_{ij} 表示第 i 个标准化方案对于第 j 个标准化要素发展的支撑情况。

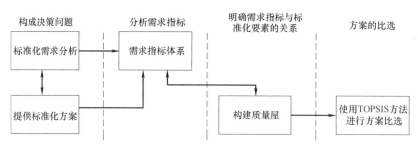

图 14-2 标准化要素优化过程

（2）规范化矩阵 $\boldsymbol{R}$，得到矩阵 $\boldsymbol{Y}$，其中元素 y_{ij} 为：

$$y_{ij} = r_{ij} / \sqrt{\sum_{i=1}^{i} r_{ij}} \tag{14.10}$$

（3）对矩阵 $\boldsymbol{Y}$ 进行加权，得到矩阵 $\boldsymbol{G}$，其中元素 g_{ij} 为：

$$g_{ij} = w_j \times y_{ij} \tag{14.11}$$

式中，w_j 是权重向量，即标准化要素的重要度，将标准化要素重要度作为权重选取标准化方案，并以此为依据选出最佳的标准化方案，有助于更符合需求的评判方案。

（4）正理想解和负理想解的确定。

正理想解：$x^+ = \max x_{ij} = \{x_1^+, x_2^+, \cdots, x_j^+\}$

负理想解：$x^- = \min x_{ij} = \{x_1^-, x_2^-, \cdots, x_j^-\}$

（5）计算距离。

每个解到正理想解的距离：

$$S_i^+ = \sqrt{\sum_{j=1}^{j} (x_{ij} - x_j^+)^2} \tag{14.12}$$

每个解到负理想解的距离：

$$S_i^- = \sqrt{\sum_{j=1}^{j} (x_{ij} - x_j^-)^2} \tag{14.13}$$

（6）计算理想解与每个解的相对接近度。

$$C_i^+ = S_i^- / (S_i^+ + S_i^-), (0 \leqslant C_i^+ \leqslant 1) \tag{14.14}$$

标准化方案优先次序排列，C_i^+ 越大，方案越优。

5. 实证分析：以装配式混凝土结构为例

（1）需求评价信息获取

装配式混凝土结构是由工厂生产的预制混凝土构件，再运输到施工现场经过连接装配而成的结构，是我国建筑工业化的重要表现形式。装配式混凝土结构建筑标准数量较多，但是无法形成系统，各个标准之间功能划分不清晰，彼此重复、缺乏实用性，通用标准较多，但针对性不强，例如《建筑抗震设计规范》《混凝土结构设计规范》等。这类标准内容分散，细节规定不多，涉及整体结构设计、构件连接、施工阶段验收等关键技术的规定不够详细，本研究以装配式混凝土结构为实证，采用所构建的需求模型确定标准化要素的重要度，为装配式混凝土结构标准的制修订提供依据。

通过第三章的工业化建筑标准化需求分析，获取 8 项标准化需求：发展部品部件通用体系（R_1）、对经济的促进作用（R_2）、构建合理的标准体系（R_3）、技术内容的先进性（R_4）、模数协调（R_5）、接口标准化（R_6）、设计标准化（R_7）、与工业化建筑相关性（R_8）。再根据第四章的装配式混凝土结构的标准化要素划分，得到 18 项标准化要素：楼盖板（I_1）、框架结构（I_2）、剪力墙结构（I_3）、多层剪力墙结构（I_4）、非结构部件（I_5）、相关配件（I_6）、预制构件（I_7）、构件进场（I_8）、安装连接（I_9）、工程验收（I_{10}）、结构检测（I_{11}）、结构鉴定（I_{12}）、运营（I_{13}）、管理（I_{14}）、加固（I_{15}）、改造（I_{16}）、拆除（I_{17}）和再利用（I_{18}）。

采用问卷调查的方式，邀请 10 位对装配式混凝土结构熟悉的专家，对标准化需求进行评价，调查问卷见本章第六节，评价结果如表 14-2 所示。

需求重要度评价　　　　　　　　　　　　　　　表 14-2

	P1	P2	P3	P4	P5	P6	P7	P8	P9	P10
R_1	较重要	较不重要	一般	较不重要	一般	一般	一般	较重要	一般	一般
R_2	较不重要	不重要	较不重要	较不重要	不重要	较不重要	一般	一般	一般	一般
R_3	一般	一般	一般	较重要	较重要	重要	较重要	一般	一般	一般
R_4	一般	一般	一般	较重要	较重要	重要	重要	较重要	较重要	重要
R_5	重要	较重要	重要	重要	重要	较重要	较重要	较重要	重要	重要
R_6	重要	重要	一般	较重要	重要	重要	较重要	一般	重要	重要
R_7	较重要	重要	重要	一般	一般	较重要	重要	较重要	较重要	重要
R_8	一般	一般	一般	较重要	较重要	较重要	重要	较重要	一般	一般

同理，再由 10 位专家对需求与标准化要素的关联性进行打分，以 5、3、1、0 这四个数值来表示关系的强、中、弱、无关，表 14-3 所示 10 位专家中的 1 位评分情况。

需求与标准化要素的关联评分　　　　　　　　　表 14-3

	R_1	R_2	R_3	R_4	R_5	R_6	R_7	R_8
I_1	1	0	5	5	3	3	5	5
I_2	1	0	5	5	3	3	5	3
I_3	1	0	3	5	3	3	5	5
I_4	1	0	3	5	3	3	5	5
I_5	5	0	3	5	3	5	5	5
I_6	5	0	3	1	5	5	3	3
I_7	5	0	3	3	5	5	5	5
I_8	0	0	1	1	0	0	0	3
I_9	5	0	5	5	5	5	5	5
I_{10}	0	0	5	5	3	3	1	3
I_{11}	3	0	3	1	1	1	1	5
I_{12}	0	0	5	3	1	1	1	5
I_{13}	0	1	0	0	0	0	0	1
I_{14}	1	3	5	0	0	0	0	0
I_{15}	1	1	0	3	3	3	3	3
I_{16}	0	3	0	3	3	3	3	3
I_{17}	0	0	0	1	0	0	0	1
I_{18}	1	5	0	1	0	1	0	0

将 10 为专家的评分汇总，获取全部信息后，根据模糊数和相对偏好公式对信息进行处理，再利用模型计算出标准化要素的重要度。

（2）需求模型的求解

根据公式（14.2）和（14.3）和表 14-2 需求重要度评价，通过云模型计算得出需求的期望值和熵值，如表 14-4 所示。

需求指标的期望值和熵值   表 14-4

	R_1	R_2	R_3	R_4	R_5	R_6	R_7	R_8
期望值 E_{x_i}	0.5	0.36	0.59	0.68	0.83	0.77	0.71	0.61
熵值 E_{n_i}	0.33	0.3	0.32	0.28	0.23	0.23	0.28	0.32

根据需求指标的期望值和熵值，可以计算出相对期望值和相对熵值：

$$E_x = \frac{1}{n}\sum_{i=1}^{n} E_{x_i} = 0.63, \quad E_n = \frac{1}{n}\sum_{i=1}^{n} E_{n_i} = 0.29$$

通过公式（14.7）的处理，可以得到需求的重要度，如表 14-5 所示。

需求重要度结果   表 14-5

	R_1	R_2	R_3	R_4	R_5	R_6	R_7	R_8
$WR(A_1, A)$	0.46	0.41	0.49	0.51	0.56	0.54	0.52	0.49

由关联性评分可以得到矩阵 X_{ij}，根据需求重要度 w_{R_n} 和质量屋构建的模型，再结合公式（14.8），可以得到标准化要素的重要度，如表 14-6 所示。

标准化要素重要度结果   表 14-6

标准化要素	I_1	I_2	I_3	I_4	I_5	I_6
重要度	13.81	12.83	12.83	11.85	15.75	12.81
标准化要素	I_7	I_8	I_9	I_{10}	I_{11}	I_{12}
重要度	15.85	2.47	17.85	10.29	7.43	8.05
标准化要素	I_{13}	I_{14}	I_{15}	I_{16}	I_{17}	I_{18}
重要度	0.9	4.14	8.73	6.54	1	3.56

（3）结果检验与结论

根据模型求解结果，得出标准化要素重要度按照从大到小的顺序，前十分别是安装连接（I_9）、预制构件（I_7）、非结构部件（I_5）、楼盖板（I_1）、框架结构（I_2）、剪力墙结构（I_3）、相关配件（I_6）、多层剪力墙结构（I_4）、工程验收（I_{10}）、运营（I_{13}）。为了验证模型结果的准确性，本研究选取 10 本已评估适用于装配式混凝土结构的标准，通过对标准条款内容的梳理，来反映标准里各内容的重要度，与标准化要素重要度进行对比，从而判断模型结果的准确性。

从图 14-3 中可以看出，目前适用于装配式混凝土结构的标准中，关于施工、部品部件和设计的标准条款内容位列前三位，与标准化要素重要度施工中的安装连接（I_9）、部

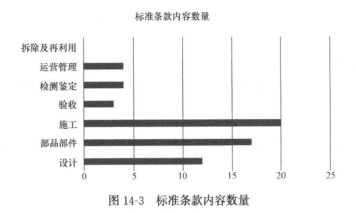

图 14-3 标准条款内容数量

品部件中的预制构件（I_7）、设计中的非结构部件（I_5）排序符合，模型结果基本符合实际需求。但是，由于选取的校对标准比较少，且只选取了一位专家的评分，具有一定的局限性，整体的标准化要素重要度还需后期进一步研究。

从模型结果大致可以得出，当前装配式混凝土结构急需对安装连接、预制构件生产和非结构部件设计标准化，而模数协调、接口标准化和设计标准化是标准化的关键。模数协调保证了各个部件之间的统一，有助于部品部件之间的互通互用和预制构件的生产。接口标准化和设计标准化，使部品部件尺寸大小和组合形式得到统一，有助于现场的安装连接和缩短建设生产周期。

第二节 工业化建筑标准体系优化手段：精简整合

当前，我国标准化建设总体上滞后于经济社会发展，已经成为经济提质增效升级、社会治理现代化、生态文明建设和国际竞争力增强的制约因素。标准交叉矛盾是目前我国面临的主要问题之一。标准交叉矛盾也就是所谓的标准"过剩"现象，主要是指制定出来的标准不能被有效实施且实施效益不高，即人们常说的"无用标准"、"垃圾标准"。根据我国现行标准化管理体制，国家标准、行业标准和地方标准均由政府部门统一立项、审查、发布、组织实施。政府是标准的制定和颁布主体，而在政府这个大的主体下，又有不同的行业管理部门负责相应的行业标准制定，各个部门和地方为了实现监管目标或部门、地方利益，都竞相制定标准，导致标准制定的重复与交叉问题比较普遍。

工业化建筑标准体系缺乏系统性和兼容性，为加快工业化建筑的发展，促进标准为企业生产和国际贸易服务，确定整合原则：

1. 统一性原则

有统一的标准名称，统一的标准格式和编写体例，统一的用语，统一的术语和定义，各标准内容相兼容、不冲突。

2. 扩充性原则

每个独立标准在具体规定上应有一定的可扩充性。

3. 配套性原则

标准配套是标准系统整体性要求的，针对同一标准化对象补充、完善和规划标准，发挥标准的整体作用。

4. 先进性原则

立足于全行业，推动工业化建筑发展，提升我国工业化建筑标准市场竞争力，满足当前和今后市场对标准发展的需要。

5. 科学性原则

整合后的标准结构层次应尽可能简化、明了、合理、协调，不能造成新旧标准过渡期的混乱，有利于标准化管理。

6. 公开透明原则

鼓励各方积极主动参与，注重发挥现有工业化建筑标准的管理机构、行业组织及科研机构等单位的作用，拓宽各方的参与渠道和范围，及时、主动公开工业化建筑标准的工作信息，鼓励社会各方参与，广泛听取社会各方的意见，保障公众的知情权和监督权。标准的形成本就是与民众相关的事件，标准的制定更加公开透明，民众均有参与，最终形成的标准才能更加实用，符合实际情况。

7. 节能环保原则

整合时秉承节能环保原则，降低工业化建筑对环境的污染，减少工业化建筑对资源的消耗，打造绿色环保的工业化建筑标准体系。

8. 目录动态性

标准不是一成不变的，有些标准具有时效性，标准目录也需具有动态性，做到随时调整。

9. 分类分层性

根据工业化建筑标准进行分类，并对这些标准进行相应的分层，如基础性标准又可分为：工业化建筑分类与基本要求，工业化建筑从业人员执业资质，工业化建筑术语等标准，以便使用者进行查询。

第三节　工业化建筑标准体系优化手段：现有标准复审

工业化建筑标准复审从对工业化建筑标准复审的细致关系可分为常规复审和深度复审。工业化建筑标准复审的价值在于标准复审的质量和可信度，它关系复审成果的可利用性。工业化建筑标准复审分为常规复审和深度复审。

现有标准的常规复审的目的是为了获得标准适用性的总体结论，为标准的修改、修订安排或公布废止提供依据。常规复审需要的内容要素主要有：标准的应用情况、标准的"四性"状态、标准的问题、改进建议等。标准常规复审的工作成果只能为标准问题的解决提供定性依据，为标准的修改、修订或废止提供理由，不能为解决标准的具体问题提供全面的细节和操作依据。

标准深度复审主要是为需要进行修订和修改的标准提供具体的问题细节，以保证标准的修订和修改工作的质量。标准深度复审的方法有标准架构"拆分式"和标准"集合式"。对于多个工业化建筑标准存在重复、交叉、矛盾、相近等问题，需要整合修订的标准，深度复审的方式适合采用"集合式"。"集合式"深度复审是对多项存在重复、交叉、矛盾、相近等问题的标准集中起来同时复审。复审时将标准放在一起，对比出标准间重复、交叉、矛盾、相近的内容，然后提出一个多标准整合为一个或两个的方案，并且要新给出整合标准的内容架构关系，包括整合标准的名称及其三级或三级以上的标准内容的标题。"集合式"复审的成果适合用于指导多标准整合的修订。

工业化建筑标准体系精简整合方法的复审，应分别采用常规复审和深度复审，先对工业化建筑标准体系中的每项现行标准进行常规复审，得出每项标准的定性复审结论，剔除常规复审结论为"废止"和"有效"的标准，为深度复审工业化建筑标准的范围进行"瘦身"，使深度复审聚焦在常规复审结论为"修订"和"修改"的标准上，避免深度复审工作的大量无效工作耗费。对于标准需求项目，由于其只有标准项目名称和主要内容，并不是实体标准，不需要采用常规复审和深度复审的方法进行，只需要对标准名称及其主要内容进行当期必要性和准确性分析和判断即可。对某些项目的处理（删除、修改等）可在复审过程中完成，或在标准体系整合期间中完成，不应留到标准体系整合工作完成后进行。

无论是工业化建筑标准体系的常规复审还是深度复审，均可采取手工操作的复审方式，也可采取开发复审软件工具辅助复审的方式。当复审标准的数量在几十项或百项以上时，采用复审软件工具辅助复审工作是非常必要的，尤其是深度复审。

第四节　优化后的工业化建筑标准体系

优化后工业化建筑标准规范体系结构包括"A 基础共性"、"B 关键技术"、"C 综合应用"三个部分，主要反映标准体系各部分的组成关系。工业化建筑标准规范体系结构图如图 14-4 所示。

具体而言，A 基础共性标准包括工程规范、基础标准、建筑功能标准、建筑性能标准、认证评价标准、管理标准等六大类，位于工业化建筑标准规范体系结构图的顶层，是 B 关键技术标准和 C 典型应用标准的支撑。B 关键技术标准是工业化建筑系统组成维度、关键特征维度在全寿命期维度所组成的平面投影，其中，BA 装配式混凝土结构、BB 装配式钢结构、BC 装配式木结构、BD 围护系统对应装配式建筑系统组成维度的资源要素，BE 模块化设计对应关键特征维度与全寿命期维度的融合交汇。C 典型应用标准位于工业化建筑标准规范体系结构图的右侧，面向行业具体需求，对 A 基础共性标准和 B 关键技术标准进行细化和落地，指导各行业推进装配式建筑发展。

工业化建筑标准规范体系结构中明确了工业化建筑的标准化需求，与工业化建筑系统架构具有映射关系。以装配式建筑模块化设计标准为例，它属于工业化建筑标准规范体系结构中 B 关键技术-BE 模块化设计中的模块设计标准，在工业化建筑架构中，它处于建筑全寿命期维度的设计环节，是装配式建筑特征维度的集中体现。

工业化建筑标准规范体系框架由工业化建筑标准规范体系结构向下映射而成，是形成工业化建筑标准规范体系的基本组成单元。工业化建筑标准规范体系框架包括"A 基础共性"、"B 关键技术"、"C 典型应用"三个部分，如图 14-5 所示。

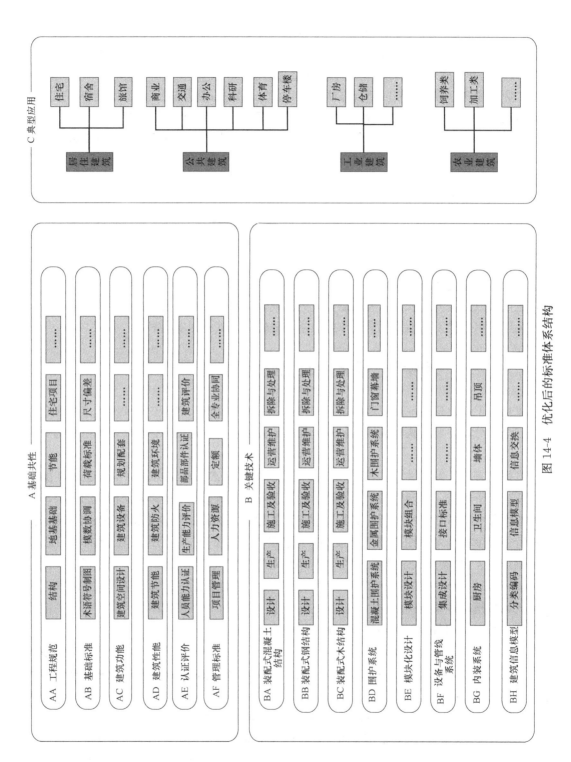

图 14-4 优化后的标准体系结构

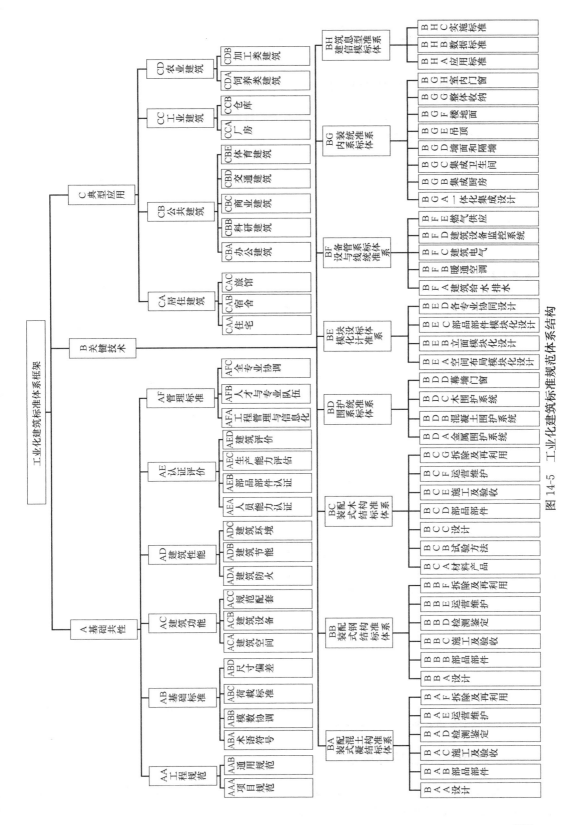

图 14-5 工业化建筑标准规范体系结构

第五节　优化的体系覆盖度和优先度评价

一、工业化建筑各阶段单层覆盖度

将工业化建筑结构中各标准分阶段向专业——目标平面投影，统计得到了标准对不同阶段的覆盖度数据，计算单层覆盖度，如表14-7所示。

标准按不同阶段向专业—目标段平面投影数据统计表　　表14-7

专业 ＼ 阶段	阶段(1)	阶段(2)	阶段(3)	阶段(4)	阶段(5)	阶段(6)	阶段(7)	阶段(8)	阶段(9)	阶段(10)
规划组(1)	y_{11}	y_{21}	y_{31}	y_{41}	y_{51}	y_{61}	y_{71}	y_{81}	y_{91}	y_{101}
建筑组(2)	y_{12}	...								
勘察组(3)	y_{13}									
结构与材料组(4)	y_{14}									
施工组(5)	y_{15}									
检测与评估组(6)	y_{16}									...
合计	$\sum\limits_{j=1}^{6} y_{1j}$	$\sum\limits_{j=1}^{6} y_{2j}$	$\sum\limits_{j=1}^{6} y_{3j}$	$\sum\limits_{j=1}^{6} y_{4j}$	$\sum\limits_{j=1}^{6} y_{5j}$	$\sum\limits_{j=1}^{6} y_{6j}$	$\sum\limits_{j=1}^{6} y_{7j}$	$\sum\limits_{j=1}^{6} y_{8j}$	$\sum\limits_{j=1}^{6} y_{9j}$	$\sum\limits_{j=1}^{6} y_{10j}$

将工业化建筑各阶段的单层标准覆盖度绘制成柱状图进行对比分析，如图14-6所示。

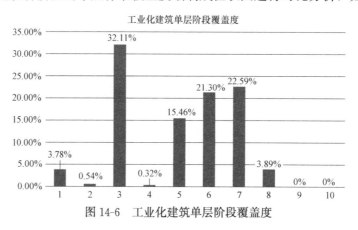

图14-6　工业化建筑单层阶段覆盖度

从表格中可以得出，结构与材料组、施工组、检测与评估组专业组的标准在阶段维度上很好地覆盖了装配式建筑的10个阶段。而规划和勘察组专业，覆盖度并不理想。总体从阶段轴上看过去，设计、施工检测、验收阶段的单层贡献度是最高的，生产制作运输阶段次之，其他阶段的贡献度则较不理想。

二、工业化建筑各目标单层覆盖度

将工业化建筑结构中各标准分目标向专业——阶段平面投影，统计得到了标准对不同阶段的覆盖度数据，计算单层覆盖度，如表14-8所示。

标准按不同阶段向专业—目标段平面投影数据统计表 表14-8

目标\专业	智能化应用(1)	一体化装修(2)	装配化施工(3)	工厂化生产(4)	标准化设计(5)	信息化管理(6)
规划组(1)	x_{11}	x_{21}	x_{31}	x_{41}	x_{51}	x_{61}
建筑组(2)	x_{12}	...				
勘察组(3)	x_{13}					
结构与材料组(4)	x_{14}					
施工组(5)	x_{15}					
检测与评估组(6)	x_{16}					...
合计	$\sum\limits_{j=1}^{6}x_{1j}$	$\sum\limits_{j=1}^{6}x_{2j}$	$\sum\limits_{j=1}^{6}x_{3j}$	$\sum\limits_{j=1}^{6}x_{4j}$	$\sum\limits_{j=1}^{6}x_{5j}$	$\sum\limits_{j=1}^{6}x_{6j}$

将工业化建筑各阶段的单层标准覆盖度绘制成柱状图进行对比分析，如图14-7所示。

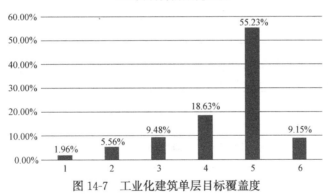

图14-7 工业化建筑单层目标覆盖度

从表格中可以得出，结构与材料组的标准在目标维度上最好地覆盖了工业化建筑的6个目标；建筑组、施工组和检测与评估组在目标维度上也较好地覆盖了工业化建筑的6个目标；而规划和勘察组专业，覆盖度并不理想。总体从目标轴上看过去，标准化设计目标单层贡献度是最高的，工厂化生产次之，其他阶段的贡献度则较不理想。

三、工业化建筑阶段、目标覆盖度分值

将标准体系测度得到的数据作为原始数据矩阵，原始数据矩阵为 $\boldsymbol{X}=(X_{ij})_{6\times6}$。

$$\boldsymbol{R}=\begin{pmatrix} 0 & 0 & \cdots & 0 \\ 11 & 1 & \cdots & 0 \\ \cdots & \cdots & \cdots & \cdots \\ 8 & 2 & \cdots & 0 \end{pmatrix}6\times10$$

计算第 j 个指标下第 i 个项目的指标值的比重 f_{ij}

$$f_{ij}=\begin{pmatrix} 0.00 & 0.00 & \cdots & 0.00 \\ 0.31 & 0.20 & \cdots & 0.00 \\ \cdots & \cdots & \cdots & \cdots \\ 0.23 & 0.40 & \cdots & 0.00 \end{pmatrix}6\times10$$

计算第 j 个指标的熵权 w_j，将各个目标的权重 w_j 代入，得到现阶段标准水平下工业化标准体系的工业化建筑各阶段覆盖度综合分值为 60.82，具体结果如表 14-9 所示。

标准体系全阶段覆盖度分值　　　　　　　　表 14-9

专业＼阶段	建筑规划(1)	勘察(2)	设计(3)	施工图审查(4)	生产制作运输(5)	施工检测(6)	验收(7)	运行维护(8)	改造(9)	拆除再利用(10)
规划组(1)	0.00	0.00	0.07	0.00	0.00	0.06	0.00	0.00	0.00	0.00
建筑组(2)	0.52	0.08	2.32	0.00	0.87	1.00	1.20	0.20	0.00	0.00
勘察组(3)	0.00	0.00	0.00	0.00	0.00	0.00	0.00	0.00	0.00	0.00
结构与材料组(4)	0.33	0.00	13.11	0.26	6.83	4.39	4.15	1.19	0.00	0.00
施工组(5)	0.43	0.17	4.12	0.13	1.75	3.17	3.11	0.46	0.00	0.00
检测与评估组(6)	0.38	0.17	2.62	0.00	1.91	2.33	2.95	0.53	0.00	0.00
各阶段分值	1.66	0.42	22.24	0.39	11.36	10.95	11.42	2.39	0.00	0.00
覆盖度分值	60.82									

计算第 j 个指标的熵权 w_j，将各个目标的权重 w_j 代入，得到现阶段标准水平下工业化建筑标准体系的目标覆盖度综合分值，具体结果如表 14-10 所示。

标准体系全目标覆盖度分值　　　　　　　　表 14-10

专业＼目标	智能化应用(1)	一体化装修(2)	装配化施工(3)	工厂化生产(4)	标准化设计(5)	信息化管理(6)
规划组(1)	0.24	0.11	0.07	0.10	0.32	0.16
建筑组(2)	0.24	0.33	0.22	0.30	0.95	0.16
勘察组(3)	0.71	0.55	0.44	0.71	2.85	0.82
结构与材料组(4)	0.24	0.11	0.22	0.61	1.58	0.16
施工组(5)	0.00	0.11	0.15	2.22	37.09	0.65
检测与评估组(6)	0.24	0.66	0.80	1.52	6.34	0.49
各目标分值	1.41	1.98	2.10	5.76	53.57	4.58
覆盖度分值	69.41					

总之，工业化建筑标准体系优化是为了使标准体系可以更好地达到预期的效果和输出所采取的措施。体系的功效没有达到预期效果，体现在标准内容落后，无法满足当前建设活动规范和指导要求。盲目地制修订标准，只会导致标准内容重复、交叉和矛盾等问题出现。依据工业化建筑标准体系，通过云模型和相对偏好模糊数的信息处理，消除工程建设领域评价的模糊性带来的影响，再利用 QFD 构建的需求-标准化要素的需求模型，客观地反映需求与标准化要素内容的联系，得出标准化要素的重要度，通过实证表明可以很好地为标准的制修订提供依据，也可以将标准化要素重要度设为权重，采用 TOPSIS 法选取最优的标准化方案，为标准编制方案的选取提供参考。

第六节 面向需求的装配式混凝土结构标准化要素重要度问卷调查

尊敬的专家：

您好！非常感谢您在百忙之中抽空填写此问卷！本次调研的目的旨在了解当前标准化需求下，装配式混凝土标准化要素重要度，为标准的制修订提供参考依据。本问卷调研数据将用于科学研究，不会用于任何商业用途，请您不要有任何顾虑。衷心感谢您的合作与支持！

1. 您认为下列需求的重要度如何？

需求重要度问卷表　　　　　　　　　　　　　表 14-11

重要度 需求	不重要	较不重要	一般	较重要	重要
发展部品部件通用体系					
对经济的促进作用					
构建合理的标准体系					
技术内容的先进性					
模数协调					
接口标准化					
设计标准化					
与工业化建筑相关性					

注：请从五个重要度选项中选择一个。

2. 您认为需求与标准化要素关联性如何？

需求与标准化要素关联性问卷表　　　　　　　表 14-12

标准化要素	需求	发展部品 部件通用 体系	对经济的 促进作用	构建合理 的标准 体系	技术内容 的先进性	模数协调	接口 标准化	设计 标准化	与工业化 建筑相 关性
设计	楼盖板								
	框架结构								
	剪力墙结构								
	多层剪力墙结构								
	非结构部件								
部品部件	相关配件								
	预制构件								
施工及 验收	构件进场								
	安装连接								
	工程验收								
检测鉴定	结构检测								
	结构鉴定								

续表

标准化要素	需求	发展部品部件通用体系	对经济的促进作用	构建合理的标准体系	技术内容的先进性	模数协调	接口标准化	设计标准化	与工业化建筑相关性
运营管理	运营								
	管理								
拆除及再利用	加固								
	改造								
	拆除								
	再利用								

注：请以 5、3、1、0 这四个数值来表示关系的强、中、弱、无关。

第四篇 典型工业化建筑标准体系研究

本篇深入浅出地介绍了美国、欧洲、日本、新西兰等发达国家装配式混凝土结构、钢结构、木结构和围护体系标准体系的发展现状，并全面分析了我国装配式建筑的标准化发展现状、不足和需求，并从阶段维、属性维、级别维、类别维、功能维、专业维等多个维度构建了覆盖全过程、主要产业链的装配式混凝土结构、钢结构、木结构和围护系统等典型工业化建筑的标准体系。

第十五章

装配式混凝土结构标准体系研究

　　装配式混凝土结构是指由预制混凝土构件或部件装配、连接而成的混凝土结构，是我国建筑工业化结构体系的重要组成和典型代表。建筑工程中采用装配式混凝土结构，具有工业化水平高、建造速度快、施工质量佳、减少工地扬尘和减少建筑垃圾等优点，可以提高建筑质量和生产效率，降低成本，有效实现"四节一环保"的绿色发展要求。目前我国在建筑工业化发展方面，通过制定相关政策，建立国家住宅产业化示范基地引导建筑工业化的发展，但目前在标准规范、生产规模、成本、装配化施工等方面的不足，使得建筑工业化发展道路还比较漫长。尤其是在标准规范方面，现有标准大都针对现浇混凝土结构工程，对装配式混凝土结构工程发展的指导作用有限。近几年，虽然国家和地方都已编制了部分针对装配式混凝土结构工程的国家标准、行业标准以及团体标准，但仍不能满足装配式混凝土结构工程发展的需求，而且新编标准呈现了一定程度的无序、无规划的发展态势，因此，迫切需要研究建立适用我国装配式混凝土结构发展的标准体系。

第一节　国外装配式混凝土结构标准发展现状

一、美国装配式混凝土结构标准发展现状

　　美国从 20 世纪 20 年代就开始探索预制混凝土的开发和应用，到 20 世纪 70 年代，预制混凝土技术已得到广泛的应用，并出台了很多法律和一些产业政策，保障和引导装配式混凝土建筑的发展。同时，美国混凝土协会（ACI）和美国的预制与预应力混凝土协会（PCI）开始编制一系列的技术标准、指南和技术报告，并随着装配式混凝土结构的发展不断修订补充，现在已形成了较全面的标准体系。其中与装配式结构相关的部分见表 15-1。

美国 ACI 的装配式混凝土结构相关标准与技术报告　　　　　　　　表 15-1

编　　号	名　　称
ACI318-11	Building Code Requirements for Structural Concrete and Commentary 建筑结构混凝土规范
ACI117-10	Specification for Tolerances for Concrete Construction and Materials and Commentary 混凝土施工和材料的偏差规程

续表

编 号	名 称
ACI374.1-05	Acceptance Criteria for Moment Frames Based on Structural Testing and Commentary 基于结构试验的框架验证标准
ACIT1.2-03	Special Hybrid Moment Frames Composed of Discretely Jointed Precast and Post-Tensioned Concrete Members 预制和后张混凝土构件组成的混合框架
ACI523.2R-96	Guide for Precast Cellular Concrete Floor, Roof, and Wall Units 泡沫混凝土楼盖、屋盖和墙指南
ACI523.4R-09	Guide for Design and Construction with Autoclaved Aerated Concrete Panels 蒸压加气混凝土板的设计与施工指南
ACI533R-11	Guide for Precast Concrete Wall Panels 预制混凝土墙板指南
ACI550.1R-09	Guide to Emulating Cast-in-Place Detailing for Seismic Design of Precast Concrete Structures 等同现浇预制混凝土结构抗震设计指南
ACI551.1R-05	Tilt-Up Concrete Construction Guide 立墙平浇施工指南
ACI551.2R-10	Design Guide for Tilt-Up Concrete Panels 立墙平浇设计指南

美国预制与预应力混凝土协会 PCI 编制的《PCI 设计手册》（以下简称"PCI 手册"），不仅在美国，在国际上也是具有非常广泛的影响力的。从 1971 年的第 1 版开始，PCI 手册已经编制到了第 7 版，该版手册与 IBC 2006、ACI 318-05、ASCE 7-05 等标准协调。除了 PCI 手册外，PCI 还编制了一系列的技术文件，包括设计方法、施工技术和施工质量控制等方面，如表 15-2 所示。

PCI 的装配式混凝土结构相关技术标准　　　　　　　　表 15-2

编 号	名 称
MNL-116-99	Manual for Quality Control for Plants and Production of Structural Precast Concrete Products 结构预制构件的制作质量控制手册
MNL-117-96	Manual for Quality Control for Plants and Production of Architectural Precast Concrete Products 建筑预制构件的制作质量控制手册
MNL-122-07	Architectural Precast Concrete(3rd Edition) 建筑预制混凝土（第 3 版）
MNL-123-88	Design and Typical Details of Connections for Precast and Prestressed Concrete(2nd Edition) 预制与预应力混凝土连接设计与典型构造
MNL-126-98	Manual for the Design of Hollow Core Slabs 空心板设计手册
MNL-127-99	Erectors Manual-Standards and Guideline for the Erection of Precast Concrete Products 安装手册—预制构件的安装指南和标准
MNL-129-98	Precast, Prestressed Parking Structures: Recommended Practice for Design and Construction 预制预应力车库设计与施工
MNL-135-00	Tolerance Manual for Precast and Prestressed Concrete Construction 预制与预应力混凝土施工偏差手册

编 号	名 称
MNL-138-08	PCI Connection Manual for Precast and Prestressed Concrete Construction(1st Edition,2008) PCI 预制与预应力混凝土结构连接手册
MNL-140-07	Seismic Design of Precast/Prestressed Concrete Structures 预制与预应力混凝土结构抗震设计

二、欧洲装配式混凝土标准发展现状

欧洲的装配式混凝土结构标准体系发展可以从三个方面概括：欧洲规范、欧洲各国标准体系和 FIB 标准与技术报告。欧洲现行的装配式混凝土结构标准体系主要由欧洲规范和 FIB 规范组成。

欧洲规范包括 EN 1990～1999（欧洲规范 0～9）以及对预制构件质量控制进行规定的 EN 13369《预制混凝土构件质量统一标准》。欧洲规范 0～9 是由欧洲共同体委员会针对土建领域中各成员国国家规范不统一的情况，进行统一编制的土建行业工程技术规范，并随着行业和技术的发展不断修订。适用的对象包括建筑设计、土木工程和建筑产品，其中欧洲规范 2 规定了混凝土结构设计的一般规则和建筑结构的规则，对装配式混凝土结构工程具有重要的指导意义。

国际结构混凝土协会 FIB 于 2012 年发布了新版的《模式规范》MC 2010。模式规范 MC 90 在国际上有非常大的影响，其后历经 20 年，汇集了 5 大洲 44 个国家和地区的专家的努力，修订完成了 MC 2010。相较于 MC 90，MC 2010 的体系更为完善和系统，反映了混凝土结构材料的最新进展及性能优化设计的新思路，将会对其起到引领的作用，为今后的混凝土结构规范的修订提供一个模式。MC 2010 建立了完整的混凝土结构全寿命设计方法，包括结构设计、施工、运行及拆除等阶段。此外，FIB 还出版了大量的技术报告，为理解模式规范 MC 2010 提供了参考，其中与装配式混凝土结构相关的技术报告见表 15-3，涉及了结构、构件、连接节点等设计的内容。

FIB 的装配式混凝土结构相关技术报告　　　　　　　　　　表 15-3

编号	名 称
No. 6	Special Design Considerations for Precast Prestressed Hollow Core Floors(2000) 预制预应力圆孔板楼盖
No. 19	Precast Concrete in Mixed Construction(2004) 组合结构中的预制混凝土
No. 27	Seismic Design of Precast Concrete Building Structures(2004) 预制混凝土建筑结构抗震设计
No. 41	Treatment of Imperfection in Precast Structural Elements(2007) 预制结构构件的缺陷处理
No. 43	Structural Connection for Precast Concrete Buildings(2008) 预制混凝土建筑结构的连接
No. 60	Prefabrication for affordable Housing(2011) 预制保障性住房
No. 63	Design of Precast Concrete Structures against Accidental Actions(2012) 预制混凝土结构抵抗偶然作用设计

欧洲各国的装配式混凝土建筑具有很长的历史，他们强调设计、材料、工艺和施工的完美结合并在长期的可持续研究和发展中，积累了大量的经验，形成了系统的基础理论并各自颁布了关于混凝土预制构件、建筑部品等工业化相关建筑的统一标准。

三、日本装配式混凝土结构标准发展现状

日本是装配式混凝土结构应用最为成熟、广泛的国家之一，并有非常完善的相关标准体系。日本的建筑法规标准包括建筑标准法、建筑标准法实施令、国土交通省告示及通令、协会（学会）标准、企业标准等，涵盖了设计、施工等内容，其中由日本建筑学会 AIJ 制定的装配式结构相关技术标准和指南见表 15-4。1963 年成立日本预制建筑协会在推进日本预制技术的发展方面做出了巨大贡献，该协会先后建立 PC 工法焊接技术资格认证制度、预制装配住宅装潢设计师资格认证制度、PC 构件质量认证制度、PC 结构审查制度等，编写了《预制建筑技术集成》丛书，包括剪力墙预制混凝土（W-PC）、剪力墙式框架预制钢筋混凝土（WR-PC）及现浇同等型框架预制钢筋混凝土（R-PC）等。

日本建筑学会 AIJ 的装配式混凝土结构相关技术标准和指南　　　　表 15-4

发布年份	名　称
1982	壁式预制钢筋混凝土建筑设计标准及解说
1986	预制钢筋混凝土结构的设计与施工
1987	壁式钢筋混凝土结构构造配筋指南
1989	壁式预制混凝土竖向结合部的工作状况和设计方法
1990	钢筋混凝土建筑的极限强度型抗震设计指南及解说
1990	建筑抗震设计的极限承载力和变形性能
1994	预应力混凝土叠合楼板设计施工指南及解说
1997	建筑工程标准使用说明书及解说 JASS5 钢筋混凝土工程
1997	壁式结构相关设计标准及解说(壁式钢筋混凝土建筑篇)
1999	钢筋混凝土建筑的延性保证型抗震设计指南及解说
1999	钢筋混凝土结构计算标准及解说
2002	现浇同等型钢筋混凝土预制结构方针(案)及解说
2003	壁式钢筋混凝土建筑设计施工指南
2003	建筑工程标准使用说明书及解说 JASS10 预制混凝土工程

四、新西兰装配式混凝土标准发展现状

新西兰处于高烈度地震区，其装配式混凝土建筑也多考虑了地震影响的因素。现行的装配式结构的标准体系对装配式混凝土结构工程的设计和施工进行了规定，主要由《混凝土结构标准》NZS 3101（第 1、2 部分）、《混凝土施工规程》NZS 3109、《一般结构设计及建筑设计荷载规范》NZS 4203 和《装配式混凝土建筑结构应用指南》这四个标准和《装配式混凝土建筑结构应用指南》组成。

五、新加坡装配式混凝土结构标准发展现状

新加坡由于国内劳动力匮乏，传统的建筑生产方式已难以维持建筑业的竞争力和长期增长。为了提高建筑业的效率，新加坡原建筑业发展局（现在的BCA）提出了"易建性"的概念，用推进预制化这一新型建筑方法，保障建筑业的稳定发展。为此，新加坡政府于2000年制定了《易建设计规范》，以法规的方法对所有新的建筑项目实行强制的"建筑物易建性评分"，并将必须满足最低计分列入政府审批要求。与《易建设计规范》相配套，新加坡建设局（BCA）和建屋发展局（HDB）还发布了相关的标准，如BCA的《高层住宅易建设计》《结构预制混凝土手册》《新加坡有产权住宅的易建设计》《标准预制建筑构件》和HDB的《预制图示指南》。

第二节 我国装配式混凝土结构标准发展现状

一、我国标准发展概况

我国现行的工程建设标准包括国家标准、行业标准、地方标准和协会标准等级别，我国的装配式结构设计、施工、验收等相关的主要技术标准见表15-5。工程建设标准与相关技术在工程中推广应用状况密切相关，有较强的时代烙印。20世纪70～80年代，特别在改革开放初期，装配式结构的应用曾经有过一个高潮，大量的住宅建筑和工业建筑采用了装配式技术。结合我国当时的应用情况，原建设部组织修编了国家标准《预制混凝土构件质量检验评定标准》、行业标准《装配式大板居住建筑设计和施工规程》以及协会标准《钢筋混凝土装配整体式框架节点与连接设计规程》等，并于20世纪90年代初相继发布实施。之后，由于种种原因，装配式结构的应用，尤其是在民用建筑中的应用逐渐减少，迎来了一个相对低潮阶段。但随着国民经济的持续快速发展、节能环保要求的提高、劳动力成本的不断增长，近十年来，我国在装配式结构方面的研究与应用逐渐升温。住房和城乡建设部编制了行业标准《装配式混凝土建筑技术标准》、《装配式混凝土结构技术规程》、《装配式建筑评价标准》。此外，上海市、北京市、深圳市、辽宁省、黑龙江省、安徽省以及江苏省也相继编制了相关的地方标准。在国家标准化体系改革形式下，国家大力推动团体标准发展，目前开展团体标准编制的社会团体比较多，在研究过程中，主要调研了工程建设标准化协会标准、土木工程协会标准、建筑学会标准等标准。由表15-5可以看出，我国各种专项技术标准大多是以"结构体系"为主体编制，如南斯拉夫"IMS"体系、世构体系、润泰体系等，各技术标准又都包含了设计、施工及验收等内容，但其中有些内容是重复的，甚至有些规定还不协调，这是有待解决的问题。

中国装配式混凝土结构相关标准 表15-5

类别	编号	名称
国家标准	GB/T 51231—2016	装配式混凝土建筑技术标准
	GB/T 51129—2017	装配式建筑评价标准
	GB 50010—2010	混凝土结构设计规范

续表

类别	编　　号	名　　称
国家标准	GB 50666—2011	混凝土结构工程施工规范
	GB 50204—2015	混凝土结构工程施工质量验收规范
	GB 50009—2012	建筑结构荷载规范
	GB 50011—2010	建筑抗震设计规范
	GBJ 321—90	预制混凝土构件质量检验评定标准(已废止)
	GBJ 130—90	钢筋混凝土升板结构技术规范
	GB/T 16727—2007	叠合板用预应力混凝土底板
	GB/T 14040—2007	预应力混凝土空心板
行业标准	JGJ 1—2014	装配式混凝土结构技术规程
	JGJ 1—91	装配式大板居住建筑设计和施工规程
	JGJ 3—2010	高层建筑混凝土结构技术规程
	JGJ/T 207—2010	装配箱混凝土空心楼盖结构技术规程
	JGJ 224—2010	预制预应力混凝土装配整体式框架结构技术规程
协会标准	CECS 40：92	混凝土及预制混凝土构件质量控制规程
	CECS 43：92	钢筋混凝土装配整体式框架节点与连接设计规程
	CECS 52：2010	整体预应力装配式板柱结构技术规程
	CECS 273：2010	组合楼板设计与施工规范
	CECS 347：2013	约束混凝土柱组合梁框架结构技术规程
地方标准	香港(2003)	装配式混凝土结构应用规范
	上海 DG/T J08—2071—2010	装配整体式混凝土住宅体系设计规程
	上海 DG/T J08—2069—2010	装配整体式住宅混凝土构件制作、施工及质量验收规程
	上海 DBJ/CT 082—2010	润泰预制装配整体式混凝土房屋结构体系技术规程
	上海 DGJ 08—2117—2012	装配整体式混凝土结构施工及质量验收规范
	北京 DB11/T 968—2013	预制混凝土构件质量检验标准
	北京 DB11/T 1030—2013	装配式混凝土结构施工与质量验收规程
	北京 DB11 1003—2013	装配式剪力墙结构设计规程
	深圳 SJG 18—2009	预制装配整体式钢筋混凝土结构技术规范
	深圳 SJG 24—2012	预制装配钢筋混凝土外墙技术规程
	辽宁 DB21/T 1868—2010	装配整体式混凝土结构技术规程(暂行)
	辽宁 DB21/T 1872—2011	预制混凝土构件制作与验收规程(暂行)
	黑龙江 DB23/T 1400—2010	预制装配整体式房屋混凝土剪力墙结构技术规范
	安徽 DB34/T 810—2008	叠合板式混凝土剪力墙结构技术规程
	江苏 DGJ32/T J125—2011	预制装配整体式剪力墙结构体系技术规程
	江苏 DGJ32/T J133—2011	装配整体式自保温混凝土建筑技术规程

二、主要国家标准评述

1. 《混凝土结构设计规范》GB 50010

《混凝土结构设计规范》为建筑结构专业的通用标准，最早版本是 20 世纪 60 年代编制的《钢筋混凝土结构设计规范》BJG 21—66，现行的版本是《混凝土结构设计规范》GB 50010—2010（以下简称"规范 GB 50010—2010"）。规范 GB 50010—2010 的主编单位是中国建筑科学研究院，是装配式混凝土结构设计的重要依据。

（1）规范 GB 50010—2010 的装配式结构内容

规范 GB 50010—2010 的主要内容包括：总则、术语和符号、基本设计规定、材料、结构分析、承载能力极限状态计算、正常使用极限状态验算、构造规定、结构构件的基本规定、预应力混凝土结构构件、混凝土结构构件抗震设计以及相关的附录。作为混凝土结构设计的通用标准，装配式混凝土结构也需要遵守规范 GB 50010—2010 的要求。在规范 GB 50010—2010 中，在各个章节中也给出了装配式混凝土结构的专门规定，例如：

1）第 2 章"术语与符号"的第 2.1.8～2.1.10 条中给出了"装配式混凝土结构""装配整体式混凝土""叠合构件"。其中"装配式混凝土结构"指由预制构件或部件装配连接而成的混凝土结构；"装配整体式混凝土"指由预制混凝土构件或部件通过钢筋、连接件或施加预应力加以连接，并在连接部位浇筑混凝土而形成整体受力的混凝土结构；"叠合构件"指由预制混凝土构件（或既有混凝土结构构件）和后浇混凝土组成，以两阶段成型的整体受力结构构件。由此可见，"装配整体式混凝土"的主要特点是"连接部位浇筑混凝土"，而"叠合楼盖"则可视为"整体式楼盖"，且在附录 H 中给出了无支撑叠合梁板的相关规定。

2）第 3 章"基本设计规定"的第 3.1.4 条规定了"预制构件制作、运输及安装时应考虑相应的动力系数"，并在第 3.4.3 条给出了预制构件的起拱处理要求。

3）第 5 章"结构分析"的第 5.3.2 条规定，"进行结构整体分析时，对于现浇结构或装配整体式结构，可假定楼盖在其自身平面内为无限刚性"。这就是设计上通常说的"刚性楼盖假定"，该假定可使结构分析大为简化。而由上述术语的解释可知，"叠合楼盖"可视为"刚性楼盖"。

4）第 8 章"构造规定"的第 8.1.1 条中，给出了装配式排架、框架、剪力墙以及挡土墙、地下室墙壁等结构类型的伸缩缝最大间距，而且装配式结构的伸缩缝最大间距相对现浇结构的放宽；第 8.2.2 条中，规定了采用工业化生产的预制构件可适当减小混凝土保护层厚度；第 8.4.3 条和第 8.4.7 条中，对位于同一连接区段内的受拉钢筋搭接接头、机械连接接头及焊接接头的面积百分比，规定"对预制构件的拼接处，可根据实际情况放宽"。

5）第 9 章"结构构件的基本规定"中，第 9.1.7 条规定，"当有实践经验或可靠措施时，预制单向板的分布钢筋可不受本条限制"；第 9.3.1 条规定，"水平浇筑的预制柱，纵向钢筋的最小净间距可按梁的有关规定取用"；第 9.4.1 条规定，"支撑预制楼（屋面）板的墙，其厚度不宜小于 140mm；当采用预制板时，支承墙的厚度应满足墙内竖向钢筋贯通的要求"；在第 9.5 节中，给出了叠合构件的相关设计规定，同时在第 9.6 节中，专门给出了装配式结构的构造要求，并在第 9.7 节中给出了预埋件的设计要求，内容包括：预制构件和连接节点设计原则、施工验算、预制板楼盖构造措施、预埋吊件设计等。

6）第 10 章"预应力混凝土结构构件"中，给出了先张法预应力构件的相关要求，包括预应力筋净间距、张拉控制应力、预应力损失、预应力传递长度、施工验算、构件端部构造措施等。

7）第 11 章"混凝土结构构件抗震设计"的第 11.5 节中，给出了铰接排架柱的设计相关要求。

（2）规范 GB 50010 的修订建议

规范 GB 50010 是我国混凝土结构设计的主要依据，在工程界影响很大。随着我国装配式混凝土结构的发展，一些新技术（如钢筋套筒灌浆连接等）、新产品（如端部缺口梁等）不断涌现和推广应用，规范 GB 50010—2010 越来越不能满足指导今后装配式混凝土结构设计的要求，有必要做出修订。建议修订的内容包括：

1）将装配式混凝土结构单列一章，内容可包括：一般规定、预制构件、连接节点、楼盖结构构造、框架结构构造、剪力墙结构构造、施工验算等。

2）补充一些特殊预制构件设计方法，如端部缺口梁、倒 T 形梁、L 形梁的设计。

3）给出统一的结合面抗剪承载力计算方法和构造措施。

4）完善装配式混凝土结构施工验算方法。

5）增加钢筋套筒灌浆连接设计方法。

6）增加楼盖、框架、剪力墙等结构的连接节点设计计算方法和构造措施，包括干式和湿式的连接方式。

7）增加保证结构整体性的具体构造措施。

8）增加刚性楼盖假定的判别条件以及符合刚性楼盖假定的构造措施，包括叠合楼盖和非叠合楼盖。

9）在配筋构造要求上，对一些条款可适当放松，例如板的钢筋搭接长度、梁和柱纵筋间距、梁和柱的箍筋肢距、锚固板钢筋的净距等；并可增加一些国际上已经成熟的钢筋锚固方式，如弧形筋（loop）等。

2.《建筑抗震设计规范》GB 50011

《建筑抗震设计规范》为城乡与工程防灾专业的通用标准，最早版本是 20 世纪 70 年代编制的《工业与民用建筑抗震设计规范》TJ 11—78，现行的版本是《建筑抗震设计规范》GB 50011—2010（以下简称"规范 GB 50011—2010"）。规范 GB 50011—2010 的主编单位是中国建筑科学研究院，是装配式混凝土结构设计的重要依据。

（1）规范 GB 50011—2010 的装配式结构内容

规范 GB 50011—2010 的主要内容包括：规定了各类材料的房屋建筑工程抗震设计的三水准设防目标、概念设计和基本要求、场地选择、地基基础抗震验算和处理、结构地震作用取值和构件抗震承载力验算，并针对多层和高层钢筋混凝土房屋，多层砌体房屋和底部框架砌体房屋，多层和高层钢结构房屋，单层工业厂房，空旷房屋和大跨度楼盖，土、木、石结构房屋的特点，规定了有别于其静力设计的抗震选型、布置、计算要点和抗震构造措施，还提供了隔震、消能减震设计及非结构构件、地下建筑抗震设计的原则规定。规范 GB 50011—2010 提出的设计原则和基本方法往往成为各类工程结构抗震设计规范的共同要求。在"多层和高层钢筋混凝土房屋"章节中，给出了框架、框架-抗震墙、抗震墙、部分框支抗震墙、框架-核心筒、筒中筒、单层工业厂房等结构类型。在规范 GB 50011—

2010 各个章节中也给出了装配式混凝土结构的专门规定，例如：

1) 第 3 章"基本规定"中，第 3.5.4 条规定，"多、高层的混凝土楼、屋盖宜优先采用现浇混凝土板。当采用预制装配式混凝土楼、屋盖时，应从楼盖体系和构造上采取措施确保各预制板之间连接的整体性"；第 3.5.5 条规定，"预埋件的锚固破坏，不应先于连接件"、"装配式结构构件的连接，应能保证结构的整体性"；第 3.5.6 条规定，"装配式单层厂房的各种抗震支撑系统，应保证抗震时厂房的整体性和稳定性"。

2) 第 5 章"地震作用和结构抗震验算"的第 5.2.6 条规定，对于结构的楼层水平地震力的分配，"现浇和装配整体式混凝土楼、屋盖等刚性楼、屋盖建筑，宜按抗侧力构件等效刚度的比例；木楼盖、木屋盖等柔性楼、屋盖建筑，宜按抗侧力构件从属面积上重力代表值的比例分配；普通的预制装配式混凝土楼、屋盖等半刚性楼、屋盖的建筑，可取上述两种分配结果的平均值；计入空间作用、楼盖变形、墙体弹塑性变形和扭转的影响时，可按本规范各有关规定对上述分配结构作适当调整"。

3) 第 6 章"多层和高层钢筋混凝土房屋"的第 6.1.7 条规定，"采用装配整体式楼、屋盖时，应采取措施保证楼、屋盖的整体性及其抗震墙的可靠连接。装配整体式楼、屋盖采用配筋现浇面层加强时，其厚度不应小于 50mm"。在该条的条文说明中明确指出，"在混凝土结构中，本规范仅适用于采用符合要求的装配整体式混凝土楼、屋盖"。然而，从条文规定似乎可以认为，规范 GB 50011—2010 的装配整体式楼、屋盖并不特指有现浇加强面层的叠合楼盖。

4) 由第 6 章"多层和高层钢筋混凝土房屋"可知，规范 GB 50011—2010 区分了"叠合楼、屋盖"和"装配整体式楼、屋盖"，这一点与规范 GB 50010—2010 是不一致的，而且规范 GB 50011—2010 还规定在抗震设防 9 度地区，框架-抗震墙结构可以采用叠合楼、屋盖，但不宜采用装配整体式楼、屋盖，而板柱-抗震墙结构、框支层的楼盖，在抗震设防地区就不得采用。

5) 第 6 章"多层和高层钢筋混凝土房屋"的第 6.1.15 条规定，"宜采用现浇钢筋混凝土楼梯"，但在该条的条文说明中又指出，"梯板滑动支承于平台板，楼梯构件对结构刚度的影响较小，是否参与整体抗震计算差别不大"。由此可见，当采用简支的板式梯板时，楼梯构件对结构的抗震性能影响不大，制作现浇的钢筋混凝土楼梯在现场施工中是比较复杂的，而预制混凝土楼梯正好适于采用简支支座，因此设计合理且施工得当，应优选预制混凝土楼梯而不是现浇混凝土楼梯。

(2) 规范 GB 50011 的修订建议

规范 GB 50011 是我国建筑抗震设计最为重要的标准，建筑、结构、设备等专业的抗震设计均需执行该标准。在进行装配式混凝土结构设计时，包括建筑抗震设防标准、地震影响、场地和地基、建筑体形、地震作用计算、构件截面抗震验算、抗震变形验算、抗震构造措施等均应符合规范 GB 50011 的有关规定。随着我国装配式混凝土结构的发展，以及对装配式混凝土结构抗震性能及抗震设计认识的不断深入，特别是对非装配整体式结构的推广应用，规范 GB 50011—2010 的内容需要进一步完善和修订。

1) 给出各种装配式混凝土结构类型的房屋适用最大高度、抗震等级、弹性和弹塑性层间位移角限值等相关要求，包括装配整体式混凝土结构和预制装配混凝土结构。

2) 调整限制装配式结构应用的一些条款。

3）完善非刚性楼盖结构的相关规定。规范 GB 50011—2010 的第 3.6.7 条中，规定"结构抗震分析时，应按照楼、屋盖的平面形状和平面内变形情况确定为刚性、分块刚性、半刚性、局部弹性和柔性等的横隔板，再按抗侧力系统的布置确定抗侧力构件间的共同工作并进行各构件间的抗震内力分析"。这说明规范 GB 50011—2010 是接受非刚性楼盖的结构的。在欧洲、美国，大量采用的是非叠合的装配式楼盖体系，如预制预应力圆孔板、预制预应力双 T 板楼盖系统，梁与柱的连接也采用铰接，这样的结构体系施工简单，很能体现"工业化"的施工特点。但是采用非叠合楼盖的结构如何进行抗震设计值得进一步研究，特别是在规范层面上并未给出具体的设计方法和设计要求，例如这样的结构所属结构类型、相应的弹性和弹塑性层间位移角限值取值、能否做到刚性楼盖、结构的阻尼比等均有待提出具体要求。

4）明确装配整体式混凝土结构的定义和构造要求。根据规范 GB 50011—2010，装配整体式混凝土楼盖并不等同于叠合楼盖，但其他的构造方式并未具体给出，即满足什么样性能的楼盖可称之为刚性楼盖？当采用"点式"连接时，如何能满足刚性楼盖的假定？不满足时，结构的整体水平位移有何控制要求？对于"点式"连接，如何体现"强"节点的抗震要求？

5）补充装配式混凝土结构结合面的承载力抗震调整系数和"强"结合面的抗震设计要求。

3.《混凝土结构工程施工规范》GB 50666

《混凝土结构工程施工规范》为建筑工程施工质量专业的通用标准，现行的版本是《混凝土结构工程施工规范》GB 50666—2011（以下简称"规范 GB 50666—2011"），也是该规范的第一个版本。规范 GB 50666—2011 的主编单位是中国建筑科学研究院，是装配式混凝土结构施工阶段验算、施工过程技术和管理的重要依据。

（1）规范 GB 50666—2011 的装配式结构内容

规范 GB 50666—2011 是混凝土结构工程施工的通用标准，提出了混凝土结构工程施工管理和过程控制的基本要求，其主要内容包括：总则，术语，基本规定，模板工程，钢筋工程，预应力工程，混凝土制备与运输，现浇结构工程，装配式结构工程，冬期、高温和雨期施工，环境保护以及相关附录等。规范 GB 50666—2011 在对术语"混凝土结构"进行定义时指出，"混凝土结构按施工方法可分为现浇混凝土结构和装配式混凝土结构"，由此可见，可以将"装配式"作为一种相对于"现浇"的施工方法看待，而不是一种新的混凝土结构类型。

规范 GB 50666—2011 的第 9 章为"装配式结构工程"，按照装配式结构的施工过程，设置了一般规定、施工验算、构件制作、运输与堆放、安装与连接和质量检查 6 节，各节的主要技术内容如下：

1）第 9.1 节"一般规定"中，给出了专项施工方案，深化设计，试制作、试安装，预制构件吊运，构件标识，构件保护，专用定型产品使用等方面的基本要求。

2）第 9.2 节"施工验算"中，给出了预制构件在脱模、吊运、运输、安装等环节的施工验算要求及荷载取值，同时还给出了预埋吊件及临时支撑的施工验算要求。

3）第 9.3 节"构件制作"中，给出了构件制作的场地、模具、混凝土振捣、构件养护、带饰面构件制作、带夹心保温构件制作、清水构件制作、带门窗构件制作、结合面处理以及脱模起吊的施工要求。

4）第9.4节"运输与堆放"中，给出了预制构件运输和堆放的基本要求，以及墙板类构件和屋架运输及堆放过程中的特殊要求。

5）第9.5节"安装与连接"中，给出了装配式结构安装前的施工准备、施工组织、临时固定措施以及后浇混凝土连接节点、焊接或螺栓连接节点、预应力筋连接节点及钢筋连接的要求，同时给出叠合构件的施工注意问题。

6）第9.6节"质量检查"中，对模具、预制构件制作、预制构件起吊与运输、预制构件质量、预制构件堆放、预制构件安装前准备工作，预计预制构件安装连接质量等提出了检查要求。

规范GB 50666—2011的装配式结构工程章节与该规范其他章节有非常密切关系。例如，装配式混凝土结构构件中的钢筋工程应符合规范第五章的相关规定；混凝土的制备、运输、浇筑、养护则应符合规范第七章、第八章的有关规定；预应力工程则应符合规范第六章的有关规定；在施工验算中，有关施工荷载的规定则应参照规范附录A来取值；对预制构件安装临时固定所设置的临时支撑，尚应符合规范第四章有关支架的相关要求。

（2）规范GB 50666—2011的修订建议

在编制"装配式工程"章中，工作组进行了广泛的调研，总结了国内外工程应用经验，参考了国外先进的标准和资料，特别是美国规范ACI 318、欧洲标准EN 1992-1-1、美国PCI手册及系列PCI报告、FIB报告等，并与国内现行规范《混凝土结构设计规范》GB 50010、《混凝土结构工程施工质量验收规范》GB 50204等协调。然而，在编制规范GB 50666—2011过程中，国内新一代的装配式建筑结构处于刚刚发展阶段，工程应用并不多，而且有些技术仍处于试验阶段，因此一些技术规定仅给出了原则性的要求。随着装配式结构在国内的进一步推广，规范GB 50666仍有一些地方需要进一步完善，例如：

1）增加"材料"的相关要求，特别是连接件的材料和临时固定措施的要求。装配式结构的关键在于构件的连接技术，而不同构件的连接会采用不同的产品、材料，例如钢筋套筒灌浆连接等，且有别于现浇结构。

2）扩展和完善施工验算的内容。根据现行国家标准《工程结构可靠性设计统一标准》GB 50153的规定，对于短暂设计状况应进行承载力极限状态设计，可根据需要进行正常使用极限状态设计；对于短暂设计状况的承载能力极限状态设计，应采用荷载作用的基本组合。对于基本组合，需要确定相关荷载的分项系数和组合系数。然而，针对预制构件和装配式结构施工过程的荷载研究并不充分，对此规范GB 50666在进行构件验算时，规定了验算荷载标准组合下的构件应力或构件受拉钢筋应力水平，未要求进行施工阶段的承载力设计，而对于预埋吊件、临时支撑则采用安全系数法。因此，如何与规范GB 50153协调是一个需要解决的棘手问题。目前，规范GB 50666的施工验算主要集中在预制构件和预埋吊件、临时支撑方面，对施工过程中的结构性能要求及施工验算仍有待完善；规范GB 50666在预制构件脱模吸附系数取值上过于简单，需要考虑到平板、带肋板及梁等构件形状的区别，也应区分带饰面层和不带饰面层的区别。

3）完善安装施工组织的相关内容。规范GB 50666在第9.5.1节中，给出了"立体交叉、均衡有效"的安装施工流水要求，较为笼统，通过进一步对工程应用的总结，给出一些更为具体的施工组织技术规定。

4）给出钢筋套灌浆套筒连接、钢件连接节点的施工方法和质量控制要求。钢筋套灌浆套筒连接是近年来在预制柱、预制剪力墙连接的常用技术，已积累不少的经验和教训，而且相关的技术规程也编制完成，应进一步总结后，纳入规范。通过钢件或销轴连接预制构件使其形成整体是欧美流行的技术，可以大量节省人工，提高施工的机械化程度，真正实现建筑工业化。欧美一些公司在中国也积极推动这些"干式"的连接方式，可以进一步总结欧美国家应用经验和相关标准规范，逐步地在我国的专业技术标准中纳入相关内容。

5）给出预制构件安装后的施工质量要求，主要是相关的尺寸偏差的控制要求。预制构件安装后的施工质量是确保预制构件连接后装配式混凝土结构质量的前提。在美国 PCI《预制/预应力混凝土手册》中，提出了预制构件、预制构件安装及装配式结构三个层次的尺寸偏差要求。预制构件安装的尺寸偏差要求是承上启下的施工过程控制要求，需要协调好预制构件和装配式结构尺寸的偏差要求，需要建立在我国施工技术水平上。

6）增加大型预制构件的施工技术、施工质量控制以及安全管理等方面的内容，特别是 tilt-up（"立件平浇"）技术的相关规定。我国目前的装配式结构主要用于住宅，构件尺度一般不大，对施工技术、施工设备等的要求也不高。在美国，在建造车库、仓库等，普遍采用大型的预制构件或预制预应力构件，这些建筑的外墙板往往采用 tilt-up 技术施工，而且还有专门的 tilt-up 协会。近年来，我国青岛地区也出现了大型外墙板的工程应用。随着建筑工业化的进一步推进，装配式结构将会推广到公共建筑和工业建筑当中，大型预制构件的需求也会不断增加。

4.《混凝土结构工程施工质量验收规范》GB 50204

《混凝土结构工程施工质量验收规范》为建筑工程施工质量专业的通用标准，最早版本是 20 世纪 60 年代编制的《钢筋混凝土结构工程施工及验收规范》BJG 10—65，现行的版本是《混凝土结构工程施工质量验收规范》GB 50204—2002（2010 版）（以下简称"规范 GB 50204—2002"），但在新修订版本（以下简称"规范 GB 50204—2015"）中对装配式混凝土结构部分的内容作了较大的调整和补充。规范 GB 50204—2015 的主编单位是中国建筑科学研究院。

混凝土结构工程的施工、验收的相关内容在 2002 年前是被纳入在同一标准中的，包括《钢筋混凝土工程施工及验收规范》GBJ 10—65 和《混凝土结构工程施工及验收规范》GBJ 204—83、GB 50204—92 中的，在 2002 年的版本中，实施"验评分离、强化验收、完善手段、过程控制"的指导原则，将规范 GB 50204 的名称改为《混凝土结构工程施工质量验收规范》，尽量取消施工规程的规定，并吸纳了《建筑工程质量检验评定标准》GBJ 301—88 中第五章及《预制混凝土构件质量检验评定标准》GBJ 321—90 的相关内容。同时，国家标准《预制混凝土构件质量检验评定标准》GBJ 321—90 被废止。规范 GB 50204 是装配式混凝土结构工程施工质量验收的重要依据。

（1）规范 GB 50204—2015 的装配式结构内容

规范 GB 50204—2015 是混凝土结构工程施工质量验收的通用标准，提出了混凝土结构工程质量验收的统一基本要求，其主要内容与规范 GB 50666—2011 基本一致，包括：总则，术语，基本规定，模板分项工程，钢筋分项工程，预应力分项工程，混凝土分项工程，现浇结构分项工程，装配式结构分项工程、混凝土结构子分部工程以及相关附录等。

在规范 GB 50204—2015 第 9 章"装配式结构分项工程"中对预制构件安装与连接两

部分提出了质量验收的要求，有以下主要的内容：

1）将预制构件分为两大类：混凝土预制构件专业企业生产的预制构件和现场制作的预制构件，并且规定对于前者应按第 9 章的规定进行进场验收，进场时应检查质量证明文件，对于后者应按规范 GB 50204—2015 各章的相关规定进行验收。

2）第 9.1 节"一般规定"中，规定了装配式结构连接节点及叠合构件浇筑混凝土之前应进行隐蔽工程验收及相关内容，并提出了接缝施工质量及防水性能要求。

3）装配式结构分项工程施工质量验收的"主控项目"包括：预制构件进场时的结构性能检验，预制构件外观质量和尺寸偏差，预制构件上的预埋件、预留插筋、预埋管线等的材料质量、规格级数量以及预留孔、预留洞的数量，套筒灌浆或浆锚的灌浆质量，套筒灌浆或浆锚的连接接头性能，焊接接头施工质量，机械连接接头的性能和施工质量，焊接或螺栓连接的材料性能及施工质量，后浇混凝土强度以及装配式结构的外观质量和尺寸偏差等。

4）装配式结构分项工程施工质量验收的"一般项目"包括：预制构件标识，预制构件的外观质量及尺寸偏差，预制构件的粗糙面和键槽，装配式结构的外观质量及尺寸偏差等。

5）在附录 B 中给出了受弯预制构件结构性能的检验要求及检验方法。

（2）规范 GB 50204—2015 的修订建议

规范 GB 50204—2015 是在总结了近年来工程实践经验的基础上进行编制，因此在一定程度上反映了我国混凝土结构工程的基本水平。对于装配式混凝土结构近年来争议比较大的问题，例如预制构件的结构性能检验、预制构件生产的监理驻厂、现场预制构件的质量验收、装配式结构与现浇结构尺寸偏差协调等都在一定程度上获得了处理，同时相关内容也与规范 GB 50666—2011 进行了协调。然而，仍有一些问题值得进一步研究，以便对规范 GB 50204 进一步完善。

1）编制《预制混凝土构件制作与质量检验标准》。预制构件的性质有很多种，需要考虑预制构件生产者、生产地以及是否有监理。预制构件生产者可能是专业构件厂，也可能是工程的总包单位或分包单位；预制构件生产地点可能是构件厂，可能是施工现场，还可能是租赁的施工场外场地；监理可能是预制构件专业监理，也可能是工程项目监理，另外，监理可能是驻厂监理，进行全过程的质量检验，也可能是首件验收的监理。这些因素组合，就使得预制构件的属性有所差别，规范 GB 50204—2015 很难针对这些不同属性逐一提出不同检验要求。目前，规范 GB 50204—2015 将预制构件专业企业生产的预制构件等同为类似于钢筋的产品，进场验收需要提供质量证明文件，同时还会对梁板类预制构件提出了进场结构性能检验的要求，当然也给出了不需要进行结构性能检验的条件，而对于现场预制的构件，其检验就类似一个小的混凝土子分部工程验收，包括模板分项工程、钢筋分项工程、预应力分项工程、混凝土分项工程以及预制构件成品质量等。因此，一方面，对于预制构件专业企业生产的预制构件，如何控制其质量确实是个值得考虑的问题，特别是在当前"诚信"较为缺乏的社会；另一方面，对于现场预制的构件，其质量检验批可能与现浇结构是大不相同的，例如对于墙和板的钢筋安装偏差是按自然间数量进行抽查的，而预制构件是否有自然间的属性值得商榷，因此有些条款仍需进一步细化。对此，如果能有专门的标准，对预制混凝土构件的质量控制，乃至装配式混凝土结构的质量都是有好处的。

2）细化"平行加工试件"的相关规定。在行业标准《钢筋焊接及验收规程》JGJ 18—2012 的第 5.1.7 条和《钢筋机械连接技术规程》JGJ 107 的第 7.7 条中，均明确要求"在工程结构中随机截取 3 个接头试件做抗拉强度试验"，且均为强制性条款。对于预制构件的钢筋连接，如预制单向板拼接成双向板，预制构件中的钢筋都是"有用"的钢筋，且钢筋长度都比较短，工程截取钢筋试验的可操作性很低，截取后如何补是个大问题，因此"平行加工试件检验"是一个可替代的方案。另一方面，预制构件的钢筋连接难度比现浇结构的大，质量不好控制，且钢筋往往在同一截面内连接，钢筋的连接质量检查又显得尤为重要。如何进行"平行试件试验"，其检验批如何定？试件是钢筋混凝土构件还是裸筋？不合格如何处理，且不合格可能不是处理钢筋的问题，而是处理构件的问题？另外，国家标准 GB 50204 的规定与行业标准的强制性条款不相符，甚至有放松之嫌，可能是需要进一步协调的。

3）进一步完善预制构件、装配式混凝土结构构件位置和尺寸偏差的要求。基于装配式混凝土结构的种种优势，其应用范围将会不断扩大。规范 GB 50204—2015 的标准其实主要是针对装配整体式混凝土结构制定的，对采用"干式"连接或者连接节点为半刚性，甚至柔性节点的情况，构件的尺寸、接缝的宽度、结构的标高等指标，其要求可能与装配整体式结构会有差别。另一方面，我国的尺寸偏差控制指标普遍比美国 ACI 的《混凝土施工和材料的偏差规程》ACI 117—10、PCI 的《预制与预应力混凝土施工偏差手册》MNL—135—00 中规定的尺寸偏差控制指标大，而且许多指标并不全。

三、主要行业标准评述

1.《装配式混凝土结构技术规程》JGJ 1

《装配式混凝土结构技术规程》JGJ 1 是建筑结构专业的专用标准。根据原建设部"建标〔2003〕104 号"文，名义上《装配式混凝土结构技术规程》JGJ 1 是《装配式大板居住建筑设计和施工规程》JGJ 1—91 的修订版，但是其适用范围和内容已经是做了极大的改动。《装配式混凝土结构技术规程》JGJ 1—2014（以下简称"规程 JGJ 1—2014"）已于 2014 年 2 月 10 日发布，并于 2014 年 10 月 1 日起实施，其主编单位是中国建筑标准设计研究院和中国建筑科学研究院。

（1）规程 JGJ 1—2014 的主要内容

规程 JGJ 1—2014 适用于民用建筑非抗震设计及抗震设防烈度为 6 度至 8 度抗震设计的装配式混凝土结构的设计、施工与验收，因此其内容范围比较广，主要包括：总则，术语和符号，基本规定，材料，建筑设计，结构设计基本规定，框架结构设计，剪力墙结构设计，多层剪力墙设计，外挂墙板设计，构件制作与运输，结构施工，工程验收及相关附录等。规程 JGJ 1—2014 许多内容直接引用了国家现行相关标准的技术内容，特别是《建筑结构荷载规范》GB 50009、《建筑抗震设计规范》GB 50011、《混凝土结构设计规范》GB 50010、《混凝土结构工程施工规范》GB 50666、《混凝土结构工程施工验收规范》GB 50204 和《高层建筑混凝土结构技术规程》JGJ 3 等。规程 JGJ 1—2014 的主要内容包括：

1）第 2 章"术语和符号"中，给出了预制混凝土构件、装配式混凝土结构、装配整体式混凝土结构、装配整体式混凝土框架结构、装配整体式剪力墙结构、混凝土叠合受弯构件、预制外挂墙板、预制混凝土夹心保温外墙板、混凝土抗剪粗糙面、钢筋套筒灌浆连接、钢筋浆锚搭接连接等的定义。

2）第 3 章"基本规定"中，主要针对方案设计、建筑设计、结构设计、连接节点以及构件深化设计等方面做出了规定。

3）第 4 章"材料"中，给出了混凝土、钢筋、钢材、套筒、灌浆料、钢筋锚固板、预埋件、焊接材料、螺栓、锚栓、夹心板连接件、接缝密封材料、保温材料及内装材料等的材料性能和规格要求。

4）第 5 章"建筑设计"中，针对平面设计，立面、外墙设计，内装修、设备管线设计等提出了原则性的规定，并提出了主体结构、装修和设备管线的装配化集成技术，模数协调，采用工业化、标准化产品，节能要求，防火要求等技术要求。

5）第 6 章"结构设计基本规定"分为一般规定、作用及作用分析、结构分析、预制构件设计、连接设计以及楼盖设计 6 节，具体的技术内容见表 15-6。

规程 JGJ 1—2014 第 6 章主要技术内容   表 15-6

章节	主要技术内容
6.1　一般规定	装配整体式结构房屋的最大适用高度 高层装配整体式结构适用的最大高宽比 装配整体式结构构件的抗震等级 结构平面布置和结构竖向布置 高层装配整体式结构的现浇部位 构件及节点的承载力抗震调整系数 后浇混凝土及接缝坐浆的强度等级 金属件的防腐防锈处理
6.2　作用及作用分析	作用及作用分析基本要求 预制构件在短暂设计状况下的施工荷载取值
6.3　结构分析	采用现浇混凝土结构分析方法 采用弹性分析方法 层间最大位移比要求 刚性楼盖假定和楼板的翼缘作用
6.4　预制构件设计	持久设计状况、地震设计状况、短暂设计状况的预制构件设计基本要求 预制构件中钢筋的保护层厚度 预制板式楼梯配筋 预埋件
6.5　连接设计	接缝承载力要求 纵向钢筋连接 钢筋灌浆套筒连接 钢筋浆锚搭接连接 结合面的粗糙面、键槽 钢筋锚固 连接件、焊缝、螺栓连接 简支楼梯与支承构件的连接
6.6　楼盖设计	现浇楼盖部位 叠合板的预制底板 叠合板支座处纵筋构造 单向叠合板板侧接缝附加配筋 双向叠合板整体式接缝构造 桁架钢筋叠合板 叠合板的预制底板抗剪构造钢筋 悬臂构件的钢筋锚固

6）第 7 章"框架结构设计"分为一般规定、承载力计算、构造设计 3 节，具体的技术内容见表 15-7。

规程 JGJ 1—2014 第 7 章主要技术内容　　　　　　　　　表 15-7

章节	主要技术内容
7.1　一般规定	按现浇混凝土框架结构设计 钢筋连接技术 水平缝受力状态
7.2　承载力计算	梁柱节点核心区抗震受剪承载力 叠合梁端竖向接缝的受剪承载力 预制柱底水平接缝的受剪承载力 叠合梁的设计
7.3　构造设计	框架叠合梁截面尺寸 叠合梁的箍筋 叠合梁的连接 主次梁的连接 预制柱的截面和配筋 柱底接缝位置 梁、柱纵向钢筋锚固基本要求 各种梁柱节点的梁、柱纵向钢筋锚固要求

7）第 8 章"剪力墙结构设计"分为一般规定、预制剪力墙构造、连接设计 3 节，具体的技术内容见表 15-8。

规程 JGJ 1—2014 第 8 章主要技术内容　　　　　　　　　表 15-8

章节	主要技术内容
8.1　一般规定	现浇墙肢内力增大系数 结构布置 短肢剪力墙 电梯井筒
8.2　预制剪力墙构造	预制剪力墙形状 连梁开洞 预制剪力墙洞口补筋 钢筋套筒灌浆连接剪力墙 端部无边缘构件的剪力墙 预制夹心墙板
8.3　连接设计	相邻预制墙间接缝 后浇圈梁 水平后浇带 剪力墙水平接缝 竖向钢筋连接 水平接缝的受剪承载力 连梁设计

8）第 9 章"多层剪力墙结构设计"分为一般规定、结构分析和设计、连接设计 3 节，具体的技术内容见表 15-9。

规程 JGJ 1—2014 第 9 章主要技术内容　　　　　　　　　　表 15-9

章节	主要技术内容
9.1　一般规定	适用范围 抗震等级 预制剪力墙最小厚度 预制剪力墙配筋
9.2　结构分析和设计	分析模型 水平接缝的受剪承载力
9.3　连接设计	后浇混凝土暗柱 竖向后浇段接缝 水平接缝 水平后浇带 预制楼板 连梁 剪力墙与基础连接
附录 A　多层剪力墙结构水平接缝连接节点构造	钢筋套筒灌浆连接 钢筋浆锚搭接连接 钢筋焊接连接 钢筋和钢板焊接连接

9) 第 10 章"外挂墙板设计"分为一般规定、作用及作用组合、外挂墙板与连接设计 3 节。

10) 第 11 章"构件制作与运输"、第 12 章"结构施工"和第 13 章"工程验收"对装配式结构的施工从构件制作、构件检验、构件运输与堆放、构件安装、构件连接以及装配式结构子分部工程施工质量验收等内容作出了相关规定。

（2）规程 JGJ 1—2014 的修订建议

规程 JGJ 1—2014 综合体现了国内近年来装配式混凝土结构方面的研究进展和工程经验，但受科研水平和科研成果的局限性影响，目前采取了依靠现有标准规范的体系，以与现浇混凝土结构具有基本同等可靠度、耐久性和结构性能为目标。在确保结构的可靠性和安全性的基础上，规程 JGJ 1—2014 采取从严控制要求的态度对结构设计以及构造措施作出了规定，尤其对剪力墙结构的高度及相关设计进行了严格的限制。这种依靠现有现浇结构标准体系的做法与现有结构设计及程序兼容性较强，有利于设计人员的迅速吸收和掌握，也有利于保证结构的安全性；但从长远上看，可能不利于新型装配整体式结构的推广与应用，也造成了目前结构设计人员对装配整体式混凝土结构采取先按现浇整体结构设计，然后单独进行拆分设计、构件厂生产深化设计等，有悖于一体化设计的基本原则。相关的科研工作、软件编制、设计指南、专用施工装备开发等工作的进一步开展，可以为装配式混凝土结构的设计、生产、施工提供保障，同时也可以促进标准的进一步修订和完善。

从技术角度，对规程 JGJ 1—2014 的修订提出以下建议：

1) 扩大装配式结构类型，并给出相应的结构性能设计指标。我国设计人员在进行结构设计时，其主动性是不足的，往往不会选择国家现行相关标准没有明确规定或给出相关设计指标的结构类型，例如柱和墙均采用装配式的框架-剪力墙结构、大跨度的框架-排架结构等，因为这些结构在规范 GB 50009—2010 和规程 JGJ 1—2014 的房屋最大高度、结构抗震等级、楼层层间最大位移与层高之比限值等的相关条文中并无相应规定，使得这些结构性能控制指标的确定成为结构设计的关键问题，要解决这些问题，可能还得进行专家技术论证，大大降低了设计人员选择新型结构类型的可能性。

2）补充一些特殊预制构件设计方法，如端部缺口梁、倒 T 形梁、L 形梁的设计。在大跨度结构设计中，如果采用端部缺口梁和倒 T 形梁，可以有效降低层高，然而，由于我国对端部缺口梁和倒 T 形梁的研究不够充分，特别是采用叠合楼盖时，导致标准的确定有一定的难度，但是欧美地区对这类构件的应用是很成熟的，也有完整的设计方法，需要我们梳理国内外相关标准设计方法，并通过一定的试验验证，形成我国的标准设计方法。另外，对于大跨度结构常采用的先张法预应力构件端部的抗裂性能、受弯和受剪承载力，也是值得深入考虑的问题。

3）给出统一的结合面抗剪承载力计算方法和构造措施。应该说，规程 JGJ 1—2014 对结合面的受剪承载力计算是非常重视的，对梁端、柱底、剪力墙底以及叠合梁、叠合板的叠合面，均给出了相应的计算公式，但是这些公式各不相同，公式的机理也有所差别，有些考虑摩擦抗剪、有些则考虑销栓作用，有些考虑混凝土作用、有些则仅考虑钢筋的作用，不能统一。对比国外的标准，如美国的 ACI 318、欧洲的 EN 1992—1—1 及 MC 2010，针对结合面的受剪承载力计算均给出了统一的计算模式，因此对于结合面受剪承载力的计算公式是否能统一、如何统一是今后规范修订的一个重要的问题。

4）完善钢筋连接和钢筋锚固的技术要求。规程 JGJ 1—2014 对钢筋连接和钢筋锚固的规定大体要求符合国家标准《混凝土结构设计规范》GB 50010—2010 的相关规定，然而，规范 GB 50010 主要是针对现浇结构的，对于预制结构，则有可能会因为后浇段过长，难以采用机械连接，而失去做预制的意义，例如规范 GB 50010 要求受拉钢筋锚固长度不得小于 200mm，搭接长度不得小于 300mm，且当搭接接头面积百分率达到 100％时，搭接长度修正系数取 1.6（对剪力墙的水平钢筋放松到 1.2）；对采用锚固板的钢筋净距要求不宜小于 4 倍的钢筋直径，否则要考虑群锚效应的不利影响等。另外，欧洲规范中给出的弧形锚固、搭接方式也是值得考虑的。

5）完善全预制楼板的设计方法和构造要求。对 3 层及以下房屋的楼盖，规程 JGJ 1—2014 是允许采用全预制楼板的，但对于其他情况，并未明确。全预制楼盖从结构上受力是明确的，施工上也较为方便，可大幅度提高施工效率。在欧美发达国家和地区，采用预制预应力圆孔板、预制预应力双 T 板作为楼盖是比较流行的。然而，全预制楼盖的结构整体性是一个值得重视的问题。在我国，混凝土结构的楼盖大多按刚性楼盖进行分析和设计，并不太重视从全局视觉进行楼盖的整体性设计，因此，往往会对全预制楼盖的结构整体性产生怀疑。众所周知，经仔细设计并采用合理的构造措施后，楼盖完全可以保证其结构整体性，以确保整体结构的性能。

6）完善框架结构的设计方法。从规程 JGJ 1—2014 给出技术规定可以看出，装配整体式框架的主要技术特点是：采用叠合楼盖，柱、梁预制，梁柱节点现浇。梁柱节点的受力是比较复杂的，且节点配筋也比较拥挤，需要考虑纵筋的位置和构件布放顺序，施工难度是比较大的。因此，如果采用节点预制的方式，即采用倒 L 形、T 形、十字形的预制节点，并采用钢筋机械连接或套筒灌浆连接，将会回避节点难施工的问题。但是采用这些预制框架节点，需要考虑到施工吊装的能力。

7）给出夹心墙板剪力墙拉结件的产品性能、使用设计方法和构造措施。规程 JGJ

1—2014 对拉结件的性能提出了一些原则性的要求。拉结件的产品性能与其设计方法是密切相关的，包括拉结件的强度、刚度、导热性能、耐久性等。目前，国内设计院并不考虑拉结件的设计，而是转给了拉结件的产品供货商来进行设计，但是所用的产品性能和设计效果就不得而知，例如是否能够有效抵抗温度作用、风荷载，是否能保证外叶墙对内叶墙不产生刚度效应等，都是有必要明确的。

8）丰富多层剪力墙的连接方式。规程 JGJ 1—2014 对多层剪力墙的连接方式主要还是沿用了高层剪力墙的相关规定，例如采用钢筋套筒灌浆连接等，对于焊接、螺栓连接的干式连接方式仍有待进一步补充。

2.《高层建筑混凝土结构技术规程》JGJ 3

《高层建筑混凝土结构技术规定》为建筑结构专业的专用标准，最早版本是 20 世纪 90 年代编制的《钢筋混凝土高层建筑结构设计与施工规程》JGJ 3—91，现行的版本是《高层建筑混凝土结构技术规定》JGJ 3—2010（以下简称"规程 JGJ 3—2010"）。规程 JGJ 3—2010 的主编单位是中国建筑科学研究院，是高层装配式混凝土结构设计的重要依据。

（1）规程 JGJ 3—2010 的装配式结构内容

规程 JGJ 3—2010 的主要内容包括：总则、术语和符号、结构设计基本规定、荷载和地震作用、结构计算分析、框架结构设计、剪力墙结构设计、框架-剪力墙结构设计、筒体结构设计、复杂高层建筑结构设计、混合结构设计、地下室和基础设计、高层建筑结构施工以及相关的附录。在规程 JGJ 3—2010 中，在各个章节中也给出了装配式混凝土结构的专门规定，但主要集中在第 3 章中。

1）第 3 章"结构设计基本规定"中，第 3.6.1 条规定，"房屋高度超过 50m 时，框架—剪力墙结构、筒体结构及复杂高层建筑结构（带转换层高层建筑、带加强层高层建筑结构、错层结构、连体结构、竖向体型收进或悬挑结构）应采用现浇楼盖结构，剪力墙结构和框架结构宜采用现浇楼盖结构"；第 3.6.2 条规定，"房屋高度不超过 50m 时，8、9 度抗震设计时宜采用现浇楼盖结构；6、7 度抗震设计时可采用装配整体式楼盖，且应符合下列要求：无现浇叠合层的预制板，板端搁置在梁上的长度不宜小于 50mm；预制板板端宜留胡子筋，其长度不宜小于 100mm；预制空心板孔端应有堵头，堵头深度不宜小于 60mm，并应采用强度等级不低于 C20 的混凝土浇灌密实；楼盖的预制板板缝上缘宽度不宜小于 40mm，板缝大于 40mm 时应在板缝内配置钢筋，并宜贯通整个结构单元；现浇板缝、板缝梁的混凝土强度等级宜高于预制板的混凝土强度等级；楼盖每层宜设置钢筋混凝土现浇层，现浇层厚度不应小于 50mm，并应双向配置直径不小于 6mm、间距不大于 200mm 的钢筋网，钢筋应锚固在梁或剪力墙内"；第 3.6.3 条规定，"房屋的顶层、结构转换层、大底盘多塔楼结构的底盘顶层、平面复杂或开洞过大的楼层、作为上部结构嵌固部位的地下室楼层应采用现浇楼盖结构"。由此可见，规程 JGJ 3—2010 对装配式楼盖做了较多的限制，相对于规程 JGJ 1—2014 偏严很多。

2）第 5 章"结构计算分析"中，第 5.2.2 条规定，"在结构内力与位移计算中，现浇楼盖和装配整体式楼盖中，梁的刚度可考虑翼缘的作用予以增大。对于无现浇面层的装配式楼盖，不宜考虑楼面梁刚度的增大"；第 5.2.3 条规定，"装配整体式框架梁端负弯矩调幅系数可取 0.7～0.8"，比现浇的略低。

3）第 6 章"框架结构设计"中，第 6.1.4 条规定，"框架结构宜采用现浇钢筋混凝土楼梯，楼梯结构应具有足够的抗倒塌能力"。

4）第 8 章"框架-剪力墙结构设计"中，第 8.1.8 条的表 8.1.8 注 3 指出，"现浇层厚度大于 60mm 的叠合楼盖可作为现浇板考虑"。

（2）规程 JGJ 3—2010 的修订建议

规程 JGJ 3—2010 是我国高层混凝土结构设计最为重要的依据。然而，从上述的规程 JGJ 3—2010 中装配式混凝土结构的相关内容来看，较多条款对装配式混凝土或装配整体式混凝土结构技术在高层建筑结构中的应用起到的是限制应用的负面作用，并且也与规程 JGJ 1—2014 的相关规定不协调，有必要做出修订。

1）给出各种装配式混凝土结构类型的房屋适用最大高度、抗震等级、弹性和弹塑性层间位移角限值等相关要求，包括装配整体式混凝土结构和预制装配混凝土结构。

2）放宽叠合楼盖应用的范围，特别是框架结构、剪力墙结构以及房屋的顶层等。

3）放宽预制混凝土楼梯的应用范围。预制混凝土楼梯可较方便设计成简支楼梯，并能适应结构的变形，可有效减小楼梯对主体结构的影响。

4）建议在框架结构设计、剪力墙结构设计章节中给出装配整体式结构的构造措施。

第三节　我国装配式混凝土结构标准体系构建

一、标准体系构建的基本理论

工业化建筑标准体系（含子标准体系，以下统称工业化建筑标准体系）以全寿命期理论、霍尔三维结构理论为基础，可从层级维、级别维、种类维、功能维、专业维、阶段维进行构建。

当要表述标准体系的三维标准体系框架结构时，可将某些维度（如层级维）看作已知项，其他项目为可变项［如目标维（六化）、阶段维（生命周期或阶段）、专业维］进行三维构建。工业化建筑标准体系结构可分为：上下层次结构，或按一定的逻辑顺序排列起来的"序列"关系，或由以上两种结构相结合的组合关系。工业化建筑标准体系的上下层次结构（以效力属性维为主线）为：强制性标准为约束层、推荐性标准为指导层、团体标准和企业标准为实施支撑层的新型标准体系。

强制性标准是指住房城乡建设部《关于深化工程建设标准化工作改革的意见》提出的全文强制性标准及国务院《深化标准化工作改革方案》提出的强制性国家标准。强制性标准由政府主导制定，具有强制约束力，是保障人民生命财产安全、人身健康、工程安全、生态环境安全、公众权益和公共利益，以及促进能源资源节约利用、满足社会经济管理等方面的控制性底线要求。

推荐性标准是除强制性标准之外，由政府主导制定的国家、行业、地方标准。推荐性国家标准重点制定基础性、通用性和重大影响的标准，突出公共服务的基本要求。推荐性行业标准重点制定本行业的基础性、通用性和重要的标准，推动产业政策、战略规划贯彻实施。推荐性地方标准重点制定具有地域特点的标准，突出资源禀赋和民俗习惯，促进特色经济发展、生态资源保护、文化和自然遗产传承。

团体标准是指由依法成立且具备相应能力的社会团体（包括学会、协会、商会、联合会等社会组织和产业技术联盟）协调相关市场主体共同制定满足市场和创新需要的标准。

二、装配式混凝土结构标准体系构建程序与流程

工业化建筑标准体系按照新建、完善优化等阶段进行构建，包括：

（1）标准体系目标分析；

（2）标准需求分析；

（3）标准适用性分析；

（4）标准体系结构设计；

（5）标准体系表编制；

（6）标准体系编制说明撰写；

（7）标准体系印发、宣传；

（8）标准体系反馈信息处理；

（9）标准体系改进和维护更新。

三、体系建设目标分析

我国装配式混凝土结构标准化工作近年来发展迅速。现行装配式混凝土结构标准中，国家标准和行业标准 25 项，团体标准 42 项，地方标准 61 项，已形成了装配式混凝土结构标准体系雏形，但体系整体性、系统性、逻辑性不强，不能完全满足装配式混凝土结构快速发展的需求。由此可以明确我国装配式混凝土结构标准体系的发展目标为：逐步建成符合标准化深化改革要求，以法律法规为依据、以强制性标准为指导、以政府推荐性标准和自愿采用团体标准为主体，具有系统性、协调性、先进性、适用性和前瞻性的覆盖工业化建筑全过程、主要产业链的装配式混凝土结构标准规范体系，基础标准和关键技术标准基本完成制定，标准体系对工业化建筑标准化工作的指导作用得到发挥。

四、体系建设工作原则

1. 坚持全面系统，重点突出

立足工业化建筑全过程、主要产业链，把握当前和今后一个时期内工业化建筑标准化建设工作的重点任务，确保工业化建筑标准体系的结构完整和重点突出。

2. 坚持层次恰当，划分明确

根据标准的适用范围，恰当地将标准安排在不同的层次上。尽量扩大标准的适用范围，即尽量安排在高层次上，能在大范围内协调统一的标准，不应在数个小范围内各自制订，达到体系组成层次分明、合理简化。

体系表内不同专业、门类标准的划分，应按生产经济活动性质的同一性，即以标准的特点进行划分，而不是按行政系统划分。同一标准不要同时列入两个以上体系或分体系内，避免同一标准由两个以上部门同时制订。

3. 坚持开放兼容，动态优化

保持标准体系的开放性和可扩充性，为新的标准项目预留空间，同时结合工业化建筑的发展形势需求，定期对标准体系进行修改完善，提高标准体系的适用性。

4. 坚持基于现实，适度超前

立足建筑工业化对于标准化的现实需求，分析未来发展趋势，建立适度超前、具有可操作性的标准体系。

5. 坚持衔接政府，能够落地

标准体系要符合当前及今后一段时间标准化改革精神，处理好政府主导制定与市场自主制定标准的协同发展。

五、标准化需求

1. 问题分析

（1）总体上我国现行装配式混凝土结构相关的标准很多，但标准体系性、系统性不强。国家、行业、地方、团体标准之间功能划分不清晰，标准相互引用，大量重复；有些标准实用性不强，工程中很少应用，没有市场。

（2）国家标准、行业标准框架总体呈现一定层次性，但具体内容上，基础标准、通用标准、专用标准之间逻辑关系并不清晰。虽然现行标准中有大量专门针对装配式混凝土编制的标准，但影响装配式混凝土结构发展的主要标准还是现行通用规范，如《混凝土结构设计规范》、《抗震设计规范》等。但这类通用性标准对装配式混凝土建筑的针对性不强，内容规定较少且分散，有些细节规定，如整体结构设计、构件连接、施工阶段验算等方面的规定不够充分、具体。

（3）地方标准存在内容重复，个性特征不强。据统计，上海、重庆、辽宁、北京等地区编制装配式混凝土结构相关标准数量较多，而河南、甘肃、黑龙江等地区编制标准数量相对较少。相对而言，经济发达地区编制装配式混凝土相关的标准数量较多。在专用装配式体系、装配式剪力墙等方面是标准编制热点。各地方装配式混凝土相关标准一般集中在框架、剪力墙等结构体系相关标准，以及构件质量控制和装配式住宅相关标准，而结构工程施工及验收以及设备、电气、装修等相关标准较少。比如针对装配整体式混凝土结构的设计、施工及验收，多地均编制了相应标准，但内容上并未充分体现地域特色或特殊技术要求。

（4）团体标准在国家一系列促进装配式建筑发展的规划激励下快速发展，但各社团之间标准立项并不协调，甚至针对同一技术点的相关标准编制有重复。同时，对于一些新技术、新体系，现有团体标准覆盖面不够。目前团体标准主要集中在设计、施工与验收上，涉及构件制作控制方面的标准较少，在运营管理、维护、构件回收等方面仍需补充。

（5）与国外装配式混凝土结构标准化的现状相比，我国装配式混凝土结构产业链仍存有标准化缺失或薄弱环节。如装配式建筑工程的施工及质量验收，运营管理、构件回收再利用、信息技术等方面均需制订标准来规范。

2. 完善建议

通过对国内外装配式混凝土标准发展现状的总结和分析，针对我国装配式混凝土结构发展需求，我们需要在以下方面强化标准化工作：

（1）落实标准深化改革要求，针对装配式混凝土结构，改革现有标准体系，建立逻辑清晰、层次结构分明的新型标准体系——以强制性标准为约束层、推荐性标准为指导层、团体标准和企业标准为实施支撑层的新型装配式混凝土结构标准体系。

（2）整合和精简国家标准、行业标准。对国家标准中的强制性标准，应根据拟废止、拟转化为推荐性标准和拟整合修订的要求，公告废止、公告转化和完成整合修订；对国家标准和行业标准中，针对具体技术、具体结构类型的专用性标准，应从国家标准、行业标准转化为团体标准。

（3）地方标准体现特色。地方标准制定抓住所在地装配式混凝土结构工程的关键性问题，制定具有地域特色、发挥地域优势，满足区域装配式混凝土结构发展需要的地方标准。

（4）团体标准百花齐放，协调发展，并要覆盖装配式混凝土结构工程的全过程以及新技术。

六、体系结构设计

装配式混凝土结构标准体系以全寿命期理论、霍尔三维结构理论为基础，可从属性维、级别维、类别维、功能维、专业维、阶段维等多个维度进行构建：

（1）属性维包括强制性标准、推荐性标准、团体标准；

（2）级别维包括国家标准、行业标准、地方标准、团体标准等；

（3）类别维包括工程标准、产品标准；

（4）功能维包括标准化设计、工厂化制作、装配化施工、一体化装修、信息化管理；

（5）阶段维包括设计、生产、制作、施工、验收、检测、评价、维护、信息化等；

（6）专业维包括建筑专业、结构专业、暖通专业等。

当要表述标准体系的三维标准体系框架结构时，可将某些维度看作已知项，其他项目为可变项进行三维构建。装配式混凝土结构标准体系可构建以上下层次结构（或效力属性维）为主线，强制性标准为约束层，推荐性标准为指导层、团体标准为实施支撑层的新型标准体系。强制性标准主要为全文强制规范，推荐性标准主要为通用技术标准，团体标准为专业技术标准，因此我们将标准体系横向划分为全文强制规范、通用技术标准、专业技术标准三个层级。标准数量较多的层级纵向按照阶段维进行划分。其他维度作为标准属性进行标注。这样通过平面二维表格的形式，表达多维度的标准体系，见图15-1。

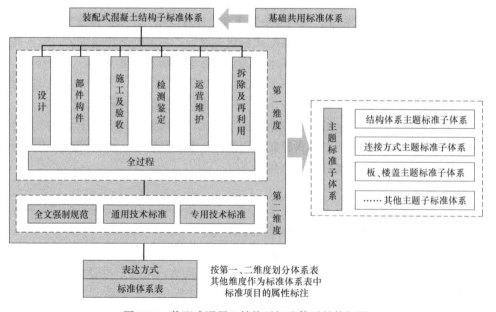

图 15-1　装配式混凝土结构子标准体系结构框图

第四节　我国装配式混凝土结构标准体系内容

新型装配式混凝土结构标准体系项目设置上，主要纳入装配式混凝土结构相关性较强的标准，具体包括设计、构件生产、施工验收、运营维护、拆除再利用、信息化等，地基基础部分亦纳入在内。与结构相关性不强的，如建筑设计、水电、设备等不纳入。另外，基于建筑工业化全面发展的潜在需求，除了装配式混凝土相关标准纳入外，也纳入了有利于促进混凝土工业化发展的相关标准。

一、基于阶段维度的装配式混凝土结构标准体系

1. 全过程综合性标准

设置《混凝土结构通用规范》，纳入现行标准中装配式混凝土相关条文中需要强制执行的部分，即为现行规范中强制性条文归集。设置通用技术标准，主要规定装配式混凝土结构的基本要求和各种常用结构体系、全生命周期各个主要阶段的关键性、通用性技术要求，可将现行行业标准 JGJ 1 和国家标准 GB/T 51231 合并形成新的行业或国家标准，内容上覆盖高层建筑和多层建筑、装配整体式结构和全装配混凝土结构，总体上可反映我国装配式混凝土结构技术水平并能引领我国装配式混凝土结构的发展。设置专用技术系列标准，主要从结构技术角度建立的标准，包括主体结构体系、楼盖结构体系、连接技术等。这些标准为全过程综合性标准，涵盖设计、构件生产和施工及验收等阶段。专业技术标准以团体标准为主，部分专用的国标、行标建议转化为团体标准。

2. 设计阶段

装配式混凝土结构设计阶段的专项标准分为通用和专用标准，主要是从结构设计角度，对全过程综合性标准的延伸和补充。其中的专用标准以团体标准为主。装配式混凝土结构的设计，除包括结构体系、预制构件和节点连接三个主要方面外，尚包括结构的耐久性设计、防火设计等方面。

3. 部件构件生产阶段

专用技术标准针对各种预制构件、部品、部件给出专门的制作生产技术及质量控制的要求，包括结构类构件和建筑类构件等。

4. 施工及验收阶段

装配式混凝土结构施工及验收阶段的专项标准分为通用和专用标准，主要是从施工及验收阶段角度，对全过程综合性标准的延伸和补充。其中专用标准以团体标准为主。通用技术标准《装配式混凝土结构施工及验收标准》为装配式混凝土结构场内施工技术及质量控制的基础性标准，为行业标准，将对施工过程的各阶段中关键装配式技术作出相关规定。专用技术标准针对装配式混凝土结构专项技术的施工及验收，特别是与设计阶段专用技术标准呼应，包括装配式混凝土结构的场内施工过程，主要包括构件进场验收、预制构件场内运输与堆放、预制构件安装及预制构件连接等阶段。

5. 检测鉴定阶段

装配式混凝土结构检测鉴定阶段的专项标准分为通用和专用标准，主要是针对既有装配式混凝土结构的检测、鉴定、认证、评价等方面的标准。除了结构性能方面的标准外，

还包括装配式建筑评价、绿色建筑评价、绿色建材的评价以及认证方面的相关标准。

6. 运营管理阶段

装配式混凝土结构运营管理阶段的专用标准，主要是针对既有装配式混凝土结构的运营、管理、加固以及信息化等方面的标准。其中专用标准以团体标准为主。尽管把 BIM 相关标准放于本阶段，但 BIM 是贯穿建筑全生命周期的，包括装配式建筑全过程信息构建、信息交换、信息管理以及信息应用等。

7. 拆除再利用阶段

装配式混凝土结构拆除再利用阶段的专项标准分为通用和专用标准，主要是针对既有装配式混凝土结构的改造、拆除与再利用等方面的标准。其中专用标准以团体标准为主。

二、基于标准效力维度的装配式混凝土结构标准体系

从标准的效力和级别设置考虑，本体系可分为全文强制规范、通用技术标准和专用技术标准三部分。其中：

1. 全文强制规范（强制标准）

是指住房城乡建设部《关于深化工程建设标准化工作改革的意见》提出的全文强制性标准及国务院《深化标准化工作改革方案》提出的强制性国家标准。强制性标准由政府主导制定，具有强制约束力，是保障人民生命财产安全、人身健康、工程安全、生态环境安全、公众权益和公共利益，以及促进能源资源节约利用、满足社会经济管理等方面的控制性底线要求。体系中全文强制规范设置一项，未来可单独编制为一项标准，也可作为全文强制规范《混凝土结构通用规范》（研编阶段）的某一章或一部分。

2. 通用技术标准主要指推荐性标准

推荐性标准是除强制性标准之外，由政府主导制定的国家、行业、地方标准。推荐性国家标准重点制定基础性、通用性和重大影响的标准，突出公共服务的基本要求。推荐性行业标准重点制定本行业的基础性、通用性和重要的标准，推动产业政策、战略规划贯彻实施。推荐性地方标准重点制定具有地域特点的标准，突出资源禀赋和民俗习惯，促进特色经济发展、生态资源保护、文化和自然遗产传承。通用技术标准包括 7 项，除一本综合标准《装配式混凝土结构技术规程》外，其他按照装配式混凝土的不同阶段划分为 6 项标准，主要内容为各个阶段中基础性、通用性的规定。

3. 专用技术标准主要指团体标准

团体是指由依法成立且具备相应能力的社会团体（包括学会、协会、商会、联合会等社会组织和产业技术联盟）协调相关市场主体共同制定满足市场和创新需要的标准。团体标准主要内容为全文强制规范或通用技术标准中需细化的内容，以及面向新技术、新产品的标准化内容。团体标准主要由市场自主制定，目前工程领域已有数十家团体编制团体标准，可能针对同一技术点不同团体都编制类似标准，具体采用哪本标准由市场决定，因此在专用技术标准层次应有一定灵活性，体系构建时并未强调体系整体规划性与层次性，更多的是关注对于新技术、新产品的覆盖情况。

三、装配式混凝土结构标准体系表

装配式混凝土结构子标准体系共计涵盖标准 105 项，其中全文强制规范 1 项，通用技术标准 5 项（综合 3 项，施工及验收 1 项，检测鉴定 1 项），专用技术标准 99 项（综合 38

项，设计5项，部件构件20项，施工及验收23项，检测鉴定4项，运营管理7项，拆除再利用2项）。

级别：国家标准6项，行业标准22项，团体标准77项。

状态：现行标准28项，在编标准69项，待编标准8项。

类别：工程标准87项，产品标准18项。

适用阶段：全过程（A）51项，设计（D）6项，生产制作与运输（M）20项，施工（C）22项，运行维护（O）4项，改造（R）1项，拆除（De）1项

评估建议：继续有效（1），需要修订（2），转化为行业标准（3），转化为国家标准（4），转化为强制性标准（5），转化为推荐性标准（6），转化为团体标准（7），整合（8），废止（9），新编（10）等。

根据不同维度进行统计，并做成饼状图如图15-2～图15-5所示。

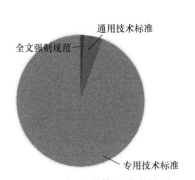

图15-2 标准按体系分布情况

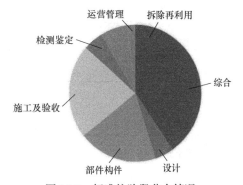

图15-3 标准按阶段分布情况

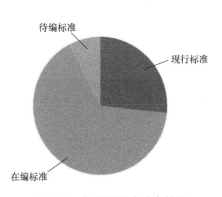

图15-4 标准按状态分布情况

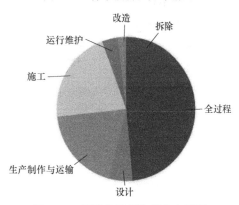

图15-5 标准按适用阶段分布情况

通过前面理论和标准化需求分析，本节从属性维、级别维、类别维、功能维、专业维、阶段维等多个维度构建了装配式混凝土结构标准体系。下面以阶段维度作为第一维度，标准层级为第二维度展开叙述。

1. 全过程综合性标准

全文强制规范（全过程）　　　　　　　　　　表15-10

标准名称	标准编号	级别	类别	适用阶段	状态	评估建议	备注
混凝土结构通用规范		GB	GC	A	待编		涉及装配式全过程的相关强制条文

通用技术标准（全过程）   表 15-11

标 准 名 称	标准编号	级别	类别	适用阶段	状态	评估建议	备注
装配式混凝土结构技术规程	JGJ 1—2014	HB	GC	A	现行	3	JGJ-1 与 GB/T 51231 合并
装配式混凝土建筑技术标准	GB/T 51231—2016	GB	GC	A	现行	3	

专用技术标准（全过程）   表 15-12

标 准 名 称	标准编号	级别	类别	适用阶段	状态	评估建议	备注
装配式多层混凝土结构技术规程		HB	GC	A	在编		在编
装配式混凝土消能减震框架结构技术规程		TB	GC		在编		
多层装配混凝土框架结构应用技术标准		TB	GC	A	在编		团体标准在编
预制预应力混凝土装配整体式框架结构技术规程	JGJ 224—2010	HB	GC	A	现行	4	
全装配式预应力混凝土框架及框架-剪力墙结构技术规程		TB	GC	A	在编		在编
多层装配式混凝土框架-剪力墙结构应用技术标准		TB	GC	A	在编		团体标准在编
多层装配式混凝土剪力墙结构应用技术标准		TB	GC	A	在编		团体标准在编
叠合板式混凝土剪力墙结构技术规程		TB	GC	A	在编		在编
机械连接多层装配式剪力墙结构技术规程		TB	GC	A	在编		团体标准在编
纵肋叠合混凝土剪力墙结构技术规程		TB	GC	A	在编		团体标准在编
装配复合模壳体系混凝土剪力墙结构技术规程	T/CECS 522—2018	TB	GC	A	现行		
夹模喷涂混凝土夹芯剪力墙建筑技术规程	CECS 365：2014	TB	GC	A	现行		
装配式环筋扣合锚接混凝土剪力墙结构技术规程		HB	GC	A	在编	4	在编
装配箱混凝土空心楼盖结构技术规程	JGJ/T 207—2010	HB	GC	A	现行	4	
预制空心板剪力墙结构工程技术规程		TB	GC	A	在编		在编
整体预应力装配式板柱结构技术规程	CECS 52：2010	TB	GC	A	现行	1	
低层全干法装配式混凝土墙板结构技术规程		TB	GC	A	在编		在编
村镇低多层装配式混凝土建筑技术规程		TB	GC	A	在编		在编
混凝土完全组合三明治复合墙板技术规程		TB	GC	A	在编		团体标准在编
轻质芯模混凝土叠合密肋楼板技术规程	CECS 318：2012	TB	GC	A	现行		
多层装配式墙板建筑技术规程		TB	GC	A	在编		团体标准在编

续表

标 准 名 称	标准编号	级别	类别	适用阶段	状态	评估建议	备注
装配整体式钢筋焊接网叠合混凝土结构技术规程	T/CECS 579—2019	TB	GC	A	现行		
预制混凝土外挂墙板应用技术标准	JGJ/T 458—2018	HB	GC	A	在编		
预制带肋底板混凝土叠合楼板技术规程	JGJ/T 258—2011	HB	GC	A	现行	4	
轻型钢丝网架聚苯板混凝土构件应用技术规程	JGJ/T 269—2012	HB	GC	A	现行	4	
钢丝网架混凝土复合板结构技术规程	JGJ/T 273—2012	HB	GC	A	现行	4	
钢骨架轻型预制板应用技术规程		HB	GC	A	在编	4	在编
装配式发泡水泥复合板建筑结构技术规程		TB	GC	A	在编		在编
装配式轻钢混凝土组合板技术规程		TB	GC	A	在编		在编
桁架钢筋叠合板应用技术标准		TB	GC	A	在编		在编
预制轻混凝土承重凹槽墙板结构技术规程		TB	GC	A	在编		在编
装配式玻璃纤维增强水泥保温复合墙板应用技术规程		TB	GC	A	在编		在编
轻钢轻混凝土结构技术规程	JGJ 383—2016	HB	GC	A	现行	4	
装配式钢-混凝土组合结构技术规程		HB	GC	A	待编	4	
装配式木-混凝土组合结构技术规程		TB	GC	A	待编	4	
预制装配整体式模块化建筑隔震技术规程		TB	GC	A	在编		在编
装配被动式混凝土居住建筑技术规程		TB	GC	A	在编		在编
多螺旋箍筋柱应用技术规程	T/CECS 512—2018	TB	GC	A	现行	1	

2. 设计阶段

专用技术标准（设计）   表 15-13

标 准 名 称		级别	类别	适用阶段	状态	评估建议	备注
装配式混凝土结构节点设计标准		TB	GC	D	待编		
钢筋混凝土装配整体式框架节点与连接设计规程	CECS 43：92	TB	GC	D	现行	2	修订中
预制装配整体式模块化建筑设计规程		TB	GC	D	在编		在编,CECS 2016 计划
装配式开孔钢板组合剪力墙设计标准		TB	GC	D	在编		在编,建筑学会 2017 计划
村镇装配式承重复合墙结构居住建筑设计标准	T/CECS 580—2019	TB	GC	A	现行		

3. 部件构件生产阶段

通用技术标准（全过程）　　表 15-14

标准名称	标准编号	级别	类别	适用阶段	状态	评估建议	备注
混凝土及预制混凝土构件质量控制规程	CECS 40:92	TB	GC	M	现行		建议修改后转为行业标准

专用技术标准（部件构件）　　表 15-15

	标准名称	标准编号	级别	类别	适用阶段	状态	评估建议	备注
生产技术及管理标准	预制混凝土构件工厂管理标准		TB	CP	M	在编		CCES 2017 计划
	预制混凝土构件生产工艺设计标准		TB	CP	M	在编		CCES 2017 计划
	预制混凝土构件工厂建造标准		TB	CP	M	在编		CCES 2017 计划
	工厂预制混凝土构件质量管理标准		HB	GC	M	在编		2016 计划
	预制混凝土构件质量验收标准		TB	GC	M	在编		CECS2016 计划
	预制混凝土构件尺寸偏差		TB	CP	M	在编		CCES 2017 计划
	预应力混凝土双 T 板		TB	CP	M	在编		CCES 2017 计划
预制构件标准	叠合装配式预制混凝土构件		TB	GC	M	在编		2015 计划
	预应力混凝土空心板	GB/T 14040—2007	GB	CP	M	现行	1	
	叠合板用预应力混凝土底板	GB/T 16727—2007	GB	CP	M	现行	1	
	预应力混凝土肋形屋面板	GB/T 16728—2007	GB	CP	M	现行	1	
	住宅楼梯　预制混凝土梯段	JG 002.1—1992	TB	GC	M	现行	1	
	预制混凝土楼梯		TB	GC	M	在编		
相关配件标准	预制混凝土构件用金属预埋吊件		TB	CP	M	在编		CCES 2017 计划
	预制混凝土构件用金属预埋吊件实验方法		TB	CP	M	在编		
	钢筋连接用套筒灌浆料	JG/T 408—2013	HB	CP	M	现行	2	修订中
	混凝土建筑接缝用密封胶	JC/T 881	HB	CP	M	现行	1	
	钢筋连接用灌浆金属波纹管		TB	CP	C	在编		CECS 2017 计划
	预制节段拼装结构拼缝胶		TB	CP	C	在编		CECS 2017 计划
	倒 T 形预应力叠合模板	JG/T 461—2014	HB	CP	M	现行		

4. 施工及验收阶段

通用技术标准（施工及验收）　　表 15-16

标准名称	标准编号	级别	类别	适用阶段	状态	评估建议	备注
装配式混凝土结构施工及验收标准		TB	GC	C	在编	6	建议为行业标准

专用技术标准（施工及验收） 表 15-17

标 准 名 称	标准编号	级别	类别	适用阶段	状态	评估建议	备注
装配混凝土结构施工组织标准					待编		
装配式混凝土建筑工程总承包管理标准		TB	GC	C	在编		CECS 2017 计划
预制混凝土构件尺寸偏差		TB	CP	M	在编		CCES 2017 计划
钢筋机械连接装配式混凝土结构技术规程		TB	GC	A	在编		在编
预制混凝土构件螺栓连接件应用技术规程		TB	GC	A	在编		团体标准在编
装配式建筑密封胶应用技术规程		TB	GC	A	在编		在编
钢筋机械连接技术规程	JGJ 107—2016	HB	GC	C	现行	2	
钢筋套筒灌浆连接应用技术规程	JGJ 355—2015	HB	GC	C	现行	2,4	
钢筋连接用套筒灌浆料实体强度检验技术规程		TB	GC	C	在编		CECS 2017 计划
装配整体式混凝土结构套筒灌浆质量检测技术规程		TB	GC	C	在编		CECS 2017 计划
钢筋连接器应用技术规程		TB	GC	C	在编		CECS 2017 计划
预制混凝土夹心保温墙体纤维增强复合材料连接件应用技术规程		TB	GC	C	在编		CECS 2017 计划
预制混凝土夹心保温墙板金属拉结件应用技术规程		TB	GC	C	在编		CECS 2015 计划
预制混凝土夹心墙板用非金属连接件应用技术规程		TB	GC	C	在编		CCES 2017 计划
预制混凝土构件用金属预埋吊件应用技术规程		TB	GC	C	在编		CCES 2017 计划
预制夹心保温墙体用不锈钢连接件		TB	GC	C	在编		CCES 2017 计划
装配式开孔钢板组合剪力墙施工及验收标准		TB	GC	C	在编		CCES 2017 计划
预制装配整体式模块化建筑施工及验收规程		TB	GC	C	在编		CECS 2016 计划
聚苯免拆模板应用技术规程		TB	GC	C	在编		
聚苯模板混凝土楼盖技术规程		HB	GC	A	在编	4	在编
混凝土预制构件外墙防水工程技术规程		HB	GC	A	在编		在编
装配式混凝土结构工具式支撑与安全防护技术标准		TB	GC	C	在编		CECS 2017 计划
预制混凝土构件预埋锚固件应用技术规程		TB	GC	C	在编		CECS 2017 计划

5. 检测鉴定阶段

通用技术标准（检测鉴定） 表 15-18

标 准 名 称	标准编号	级别	类别	适用阶段	状态	评估建议	备注
工业化建筑评价标准	GB/T 51129—2017	GB	GC	O	现行	1	装配式建筑评价标准中混凝土相关内容

专用技术标准（检测鉴定）　　　表 15-19

标 准 名 称	标准编号	级别	类别	适用阶段	状态	评估建议	备注
绿色建材评价标准—预制构件		TB	CP	O	在编		CECS 2017 计划
装配式混凝土结构鉴定标准		HB	GC		待编		
装配式住宅建筑检测技术标准		HB	CP	A	在编		
装配式混凝土结构检测技术标准		TB	GC	A	在编		团体标准在编

6. 运营管理阶段

专用技术标准（运营管理）　　　表 15-20

标 准 名 称	标准编号	级别	类别	适用阶段	状态	评估建议	备注
装配式混凝土结构加固技术标准		TB	GC	O	待编		
装配式混凝土建筑使用维护规程		TB	GC	O	待编		
混凝土结构设计 P-BIM 软件功能与信息交换标准		TB	GC	D	在编		CECS 在编
混凝土结构施工图审查 P-BIM 软件功能与信息交换标准		TB	GC	C	在编		CECS 在编
混凝土结构施工 P-BIM 软件功能与信息交换标准		TB	GC	C	在编		CECS 在编
装配式混凝土结构设计 P-BIM 软件功能与信息交换标准		TB	GC	D	在编		CECS 在编
装配式建筑全过程信息化管理平台建设标准		TB	GC	A	在编		CCES2017 计划

7. 拆除再利用阶段

专用技术标准（拆除再利用）　　　表 15-21

标 准 名 称	标准编号	级别	类别	适用阶段	状态	评估建议	备注
装配式混凝土结构拆除及改造技术规程		TB	GC	R	待编		
预制混凝土构件回收再利用技术规程		TB	GC	De	待编		

四、基础共性标准体系

装配式混凝土基础共性体系是指并非专门针对装配式混凝土结构编制的，但又是装配式混凝土结构工程需要的关键的共性标准，例如《混凝土结构设计规范》等标准。

基础共性标准—全文强制标准　　　表 15-22

标准体系				状态	评估建议	备注
标 准 名 称	级别/类别	适用阶段	目标			
结构作用与工程结构可靠性设计技术规范	GB/GC	A	—	0	10	研编
建筑地基基础通用技术规范	GB/GC	A	—	0	10	研编
混凝土结构技术规范	GB/GC	A	—	0	10	研编

注：状态 0 表示无相关标准；状态 1 表示有相关标准，下表同。

基础共性标准—综合 表 15-23

标准体系				状态	评估建议	备注
标准名称	级别/类别	适用阶段	目标			
高层建筑混凝土结构技术规程	HB/GC	A	BD/ FP/AC/ ID/IM/IA	1 JGJ 3	2	

基础共性标准—设计 表 15-24

标准体系				状态	评估建议	备注
标准名称	级别/类别	适用阶段	目标			
工程结构可靠性设计统一标准	GB/GC	D		1 GB 50153，GB 50068	8	
建筑结构制图标准	GB/GC	D		1 GB/T 50105	2	
建筑结构设计术语和符号标准	GB/GC	D		1 GB/T 500837	2	
工程抗震术语标准	GB/GC	D		1 JGJ/T 97	2,4	
建筑工程抗震设防分类标准	GB/GC	D		1 GB 50223	1	
建筑结构设计基础标准	GB/GC	D		1 GB 50007	2	
混凝土结构耐久性设计标准(规范)	GB/GC	D		1 GB/T 50476	2	
建筑结构荷载标准(规范)	GB/GC	D		1 GB 50009	2	
建筑抗震设计规范	GB/GC	D		1 GB 50011	2	
混凝土结构设计标准(规范)	GB/GC	D		1 GB 50010	2	
组合结构设计标准(规范)	GB/GC	D		1 JGJ 138	2,4	

基础共性标准—构件与制作 表 15-25

标准体系				状态	评估建议	备注
标准名称	级别/类别	适用阶段	目标			
预拌混凝土	GB/CP	M	FP	1 GB/T 14902—2012	1	
混凝土外加剂	GB/CP	M	FP	1 GB 8076—2008	1	
混凝土外加剂匀质性试验方法	GB/CP	M	FP	1 GB 8077—2012	1	
建筑用砂	GB/CP	M	FP	1 GB/T 14684—2011	1	
建筑用卵石、碎石	GB/CP	M	FP	1 GB/T 14685—2011	1	
用于水泥和混凝土中的粉煤灰	GB/CP	M	FP	1 GB 1596—2005	1	

基础共性标准—施工及验收 表 15-26

标准体系				状态	评估建议	备注
标准名称	级别/类别	适用阶段	目标			
建筑工程施工质量验收统一标准	GB/GC	C		1 GB 50300—2013	1	
混凝土结构工程施工规范	GB/GC	C		1 GB 50666—2011	1	
混凝土结构工程施工质量验收规范	GB/GC	C		1 GB 50204—2015	1	
普通混凝土拌合物性能试验方法标准	GB/GC	C		1 GB/T 50080—2016	1	

续表

标 准 体 系				状态	评估建议	备注
标 准 名 称	级别/类别	适用阶段	目标			
混凝土强度检验评定标准	GB/GC	C		1 GB/T 50107—2010	1	
混凝土外加剂应用技术规程	GB/GC	C		1 GB 50119—2013	1	
混凝土质量控制标准	GB/CP	C		1 GB 50164—2011	1	
混凝土拌和用水标准	GB/CP	C		1 JGJ 63—2006	2	修订中
普通混凝土用砂、石质量及检验方法标准	GB/CP	C		1 JGJ 52—2006	2	修订中
普通混凝土配合比设计规程	HB/GC	C		1 JGJ 55—2011	1	
混凝土泵送施工技术规程	HB/GC	C		1 JGJ/T 10—2011	1	
高强混凝土应用技术规程	HB/GC	C		1 JGJ/T 281—2012	1	
自密实混凝土应用技术规程	HB/GC	C		1 JGJ/T 283—2012	1	
建设工程资料管理规程	HB/GC	C		1 JGJ/T 185—2009	1	
建设项目工程总承包管理标准（规范）	GB/GC	C		1 GB/T 50358—2005	1	
建筑施工组织设计标准（规范）	GB/GC	C		1 GB/T 50502—2009	1	

基础共性标准—运营及其他 表 15-27

标 准 体 系				状态	评估建议	备注
标 准 名 称	级别/类别	适用阶段	目标			
运营及评价						
既有房屋修缮工程查勘与设计标准（规范）	HB/GC	O	—	1 JGJ 117	2	
既有房屋修缮工程施工与验收标准（规范）	HB/GC	O	—	1 CJJ/T 52	2	
拆除及再利用						
建筑垃圾处理技术规范	HB/GC	De	—	0		在编
信息技术						
建筑工程信息模型存储标准	GB/GC	A	IM	0	10	在编
建筑工程设计信息模型交付标准	GB/GC	D	IM	0	10	在编
建筑工程设计信息模型分类和编码标准	GB/GC	D	IM	0	10	在编
建筑信息模型施工应用标准	GB/GC	C	IM	0	10	在编

五、主题标准体系

主题标准体系主要是围绕装配式混凝土结构体系、连接等各种主题把相关标准进行整理、汇集、梳理、集合而成。

1. 结构体系主题标准体系

主题标准体系—结构体系 表 15-28

综合类	装配式混凝土结构技术规程	HB/GC
	装配式多层混凝土结构技术规程	TB/GC
	全装配式预应力混凝土框架及框架-剪力墙结构技术规程	TB/GC
	装配整体式钢筋焊接网叠合混凝土结构技术规程	TB/GC

续表

框架结构体系	多层装配混凝土框架结构应用技术标准	HB/GC
	预制预应力混凝土装配整体式框架结构技术规程	HB/GC
	预制混凝土柱-钢梁混合框架结构技术规程	TB/GC
剪力墙结构体系	多层装配式混凝土剪力墙结构应用技术标准	HB/GC
	多层装配式双面叠合剪力墙结构技术规程	TB/GC
	叠合板式混凝土剪力墙结构技术规程	TB/GC
	装配式环筋扣合锚接混凝土剪力墙结构技术规程	TB/GC
	预制空心板剪力墙结构工程技术规程	TB/GC
	装配复合模壳体系混凝土剪力墙结构技术规程	TB/GC
	纵肋叠合混凝土剪力墙结构技术规程	TB/GC
框架-剪力墙结构体系	多层装配式混凝土框架-剪力墙结构应用技术标准	HB/GC
混合结构体系	装配式刚接劲性组合框撑结构体系技术规程	TB/GC
	轻钢轻混凝土结构技术规程	TB/GC
	装配式钢-混凝土组合结构技术规程	HB/GC
	装配式木-混凝土组合结构技术规程	TB/GC
其他结构体系	村镇装配式承重复合墙结构居住建筑设计标准	TB/GC
	多层装配式墙板建筑技术规程	TB/GC
	整体预应力装配式板柱结构技术规程	TB/GC
	低层全干法装配式混凝土墙板结构技术规程	TB/GC

2. 板、楼盖主题标准体系

主题标准体系—板、楼盖　　　　　　　　　　　表 15-29

板	预制混凝土墙板工程技术规程	TB/GC
	轻型钢丝网架聚苯板混凝土构件应用技术规程	TB/GC
	钢丝网架混凝土复合板结构技术规程	TB/GC
	钢骨架轻型预制板应用技术规程	TB/GC
	装配式发泡水泥复合板建筑结构技术规程	TB/GC
	装配式轻钢混凝土组合板技术规程	TB/GC
	预制轻混凝土承重凹槽墙板结构技术规程	TB/GC
	装配式玻璃纤维增强水泥保温复合墙板应用技术规程	TB/GC
	倒 T 形预应力叠合模板	HB/CP
	混凝土完全组合三明治复合墙板技术规程	TB/GC
楼盖	聚苯模板混凝土楼盖技术规程	TB/GC
	装配箱混凝土空心楼盖结构技术规程	TB/GC
	预制带肋底板混凝土叠合楼盖技术规程	TB/GC
	预应力混凝土倒双 T 形叠合楼盖应用技术标准	TB/GC
	预应力混凝土双 T 板楼盖应用技术标准	TB/GC
	桁架钢筋叠合板应用技术标准	TB/GC
	轻质芯模混凝土叠合密肋楼板技术规程	TB/GC

3. 主题标准子体系—连接方式

主题标准子体系—连接方式　　　　　　　　　　　　表 15-30

湿式连接	装配式混凝土连接节点技术规程	HB/GC
湿式连接	钢筋套筒灌浆连接应用技术规程	HB/GC
湿式连接	钢筋套筒灌浆连接应用技术规程	HB/GC
湿式连接	钢筋连接用套筒灌浆料实体强度检验技术规程	TB/GC
湿式连接	装配整体式混凝土结构套筒灌浆质量检测技术规程	TB/GC
湿式连接	钢筋连接用灌浆金属波纹管	TB/CP
干式连接	钢筋机械连接装配式混凝土结构技术规程	TB/GC
干式连接	预制混凝土构件螺栓连接件应用技术规程	HB/GC
干式连接	预制混凝土外挂板连接件应用技术规程	TB/GC
干式连接	钢筋机械连接技术规程	HB/GC
干式连接	钢筋焊接及验收规程	HB/GC
干式连接	钢筋连接器应用技术规程	TB/GC
干式连接	机械连接多层装配式剪力墙结构技术规程	TB/GC
连接材料	预制混凝土夹心保温墙体纤维增强复合材料连接件应用技术规程	TB/GC
连接材料	预制混凝土夹心保温墙板金属拉结件应用技术规程	TB/GC
连接材料	预制混凝土构件预埋锚固件应用技术规程	TB/GC
连接材料	预制混凝土夹心墙板用非金属连接件应用技术规程	TB/GC
连接材料	预制混凝土构件用金属预埋吊件应用技术规程	TB/GC
连接材料	预制夹心保温墙体用不锈钢连接件	TB/GC
连接材料	预制混凝土构件用金属预埋吊件试验方法标准	TB/FF
连接材料	预制节段拼装结构拼缝胶	TB/CP
连接材料	装配式建筑密封胶应用技术规程	TB/GC

第五节　小　结

以问题为导向，以需求为牵引，通过全面、系统分析装配式混凝土结构全过程和主要产业链的标准化需求，研制关键技术标准，构建了装配式混凝土结构新型标准体系。

装配式混凝土结构标准体系级别、类别层次分明，规范内容和适用范围明确，能覆盖装配式混凝土结构工程的各环节及建筑市场不断涌现的新体系、新技术、新产品，全面系统、重点突出、层次分明、开放兼容，符合当前及未来一段时间内我国装配式混凝土结构快速发展的需求，将为我国全面推进建筑工业化、发展装配式建筑及加快建筑业产业升级提供标准化技术支撑。

第十六章

钢结构标准体系

钢结构体系是最适合工业化装配式的体系，一是钢材具有良好的机械加工性能，适合工厂化生产和加工制作；二是与混凝土相比，钢结构较轻，适合运输、装配；三是钢结构适合于高强螺栓连接，便于装配和拆卸。施工现场做到"无火、无水、无尘、无垃圾（建筑垃圾只有 1%）"。

工业化装配式钢结构具有较为突出的优势：一是使得建筑业回归产业化，实现现代化建筑业大生产和建筑业现代化；二是在工厂加工制作，垃圾和废料的回收率很高，污染得到净化处理，实现绿色施工、节能环保，大幅度减少施工垃圾，降低施工污染；三是确保结构大震不倒，保障生命安全；四是实现快速施工，可实现灾后快速修复，灾后快速重建；五是实现循环利用，可拆卸异地重建；六是真正实现全寿命周期内绿色建筑，拆除时无垃圾、无污染。世界发达国家的现代化工程建设实践证明，钢结构，特别是高层钢结构是现代化建筑结构的必然发展方向。

目前，全国建筑业总产值已突破 18.07 万亿元。预计到 2020 年装配式建筑的开工面积将达到 9.37 亿 m^2，与此同时，"一带一路"发展战略的提出也将带动周边国家的基础建设发展，因此，钢结构工业化的发展具有良好的国际、国内市场需求。然而，我国标准规范编制和修订严重滞后，无法满足钢结构产业化发展的要求，甚至部分标准规范十几年不变。工业化装配式钢结构设计、加工生产、安装施工、竣工验收、维护维修等标准规范编制滞后，新型建筑结构体系研发和建设因缺乏标准规范依据而受到限制，因此，建立新型钢结构工业化标准体系迫在眉睫。

第一节　国外钢结构标准发展现状

一、美国钢结构标准发展现状

美国建筑结构规范体系层次如图 16-1 所示。

美国规范现行版本为 IBC 2018，规范总计 35 个章节，13 个附录，涵盖了建筑、结构、施工、电力、能源、通信等建筑领域的各类规范。

关于结构设计、施工章节主要有第 16 章 Structural Design，第 19 章 Concrete，第 21

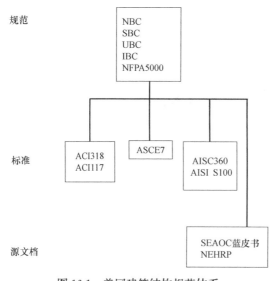

章 Masonry，第 22 章 Steel，第 23 章 Wood 等。各章节中的相关设计、施工条例分别援引相关协会制定的协会规范。包括 ASCE（美国土木工程师协会，American Society of Civil Engineering），AISI（美国钢铁协会，American Iron and Steel Institute），AISC（美国钢结构施工协会，American Institute of Steel Construction），ACI（美国混凝土协会，American Concrete Institute），AWS（美国焊接协会，American Welding Institute）等。除此之外，各协会以及其下属分会还会编制相关实用设计施工手册，以提供设计、施工参考，例如 ACI 下属的 PCI（预应力混凝土协会，Pre-

图 16-1 美国建筑结构规范体系

stressed Concrete Institute）编制的《结构预浇混凝土产品质量控制手册》（Manual for Quality Control for Plants and Production of Structural Precast Concrete Products（MNL-116-99））等。详见表 16-1、表 16-2。

美国钢结构产品标准 表 16-1

标准名称	编号
美国国家标准	ANSI
美国钢铁协会标准	AIS
美国材料与试验协会标准	ASTM
美国机械工程师协会标准	ASME
航天材料规格	AMS
美国石油学会标准	API
美国焊接协会标准	AWS
美国机动车工程师协会标准	SAE

以 ANSI 为例部分标准明细 表 16-2

标准明细	编号
机床、钢铁制品、制造、维护和使用的安全要求	ANSI B11.5—1998
使用波纹不锈钢管的燃气管道系统	ANSI LC—1—2005
使用波纹不锈钢管的室内燃气管线系统	ANSI LC—1—1991
不锈钢管	ANSI B36.19M2004—1—1991
高温设备用合金钢和不锈钢螺栓材料规范	ANSI/ASTM A193
无缝和焊接奥氏体不锈钢管规范	ANSI/ASTM A312
平轧不锈钢及耐热钢板、薄板及带材一般要求规范	ANSI/ASTM A480
不锈钢空心金属门和框架指导性规范	ANSI HMMA866—3001
电器用刚性金属导管、铝、青铜及不锈钢	ANSI/UL 6A—2003

总体来说，美国建筑规范体系在 IBC 总框架下，相关具体的设计规范均由各学术协会制定，设计人员按照使用习惯和工程经验进行选择参考，规范非强制性使用，使用较为灵活。

二、日本钢结构标准发展现状

早在 1969 年，日本政府就制定了《推动住宅产业标准化五年计划》，开展材料、设备、制品标准、住宅性能标准、结构材料安全标准等方面的调查研究工作，并依靠各有关协会加强住宅产品标准化工作。据统计，1971～1975 年，仅制品业的日本工业标准（JIS）就制定和修订了 115 本，占标准总数 187 本的 61％。1971 年 2 月通产省和建设省联合提出"住宅生产和优先尺寸的建议"，对房间、建筑部品、设备等优先尺寸提出建议。1975 年后，日本政府又出台《工业化住宅性能认定规程》和《工业化住宅性能认定技术基准》两项规范，对整个日本住宅工业化水平的提高具有决定性的作用。表 16-3 是日本钢结构标准体系。

日本钢结构建筑设计规范标准体系		表 16-3
第一层次	第二层次	
建筑法律	学协会标准	
建筑基准法	日本建筑学会	轻钢结构设计施工规范
		钢管桁架设计施工规范
		钢结构节点设计规范
		钢结构屈曲设计规范
		钢结构塑性设计规范
		钢结构减震设计规范
		钢结构设计规范(极限状态法)
		钢结构设计规范(允许应力法)
	日本钢结构协会	焊接坡口标准
		建筑钢结构节点质量检查指南
	日本建筑中心	体育馆等天井抗震设计指南
		冷成型矩形钢管的设计施工手册

三、欧洲钢结构标准发展现状

欧洲规范由欧洲标准化委员会 CEN 负责编写，并于 2007 年完成了全部 Eurocodes 的出版。根据 CEN 的内部规定，该组织的所有成员国"应无条件地给予 Eurocodes 以本国国家标准的地位"，并从 2010 年 4 月 1 日起"废止与 Eurocodes 相抵触的本国国家标准"。

Eurocodes 采用与分项安全系数联合使用的极限状态法进行结构的设计和验算，同时也允许基于概率法和试验辅助设计，并为这些方法提供了技术指导。

欧盟钢结构标准体系如图 16-2 及

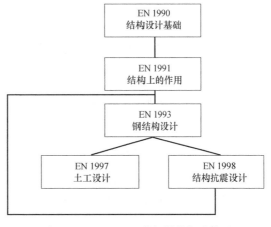

图 16-2 Eurocodes 的钢结构标准体系

表 16-4、表 16-5 所示。

Eurocodes 钢结构设计标准列表　　　　　　　　　　　表 16-4

分册编号	欧洲规范分册名称	分册编号
一般规定	一般规定及建筑准则	EN 1993-1-1
	结构防火设计	EN 1993-1-2
	冷弯薄壁型钢构件及薄钢板	EN 1993-1-3
	不锈钢结构	EN 1993-1-4
	平面内荷载作用下,平面板式结构的强度与稳定	EN 1993-1-5
	壳结构的强度与稳定	EN 1993-1-6
	平面外荷载作用下,板式结构件的设计值	EN 1993-1-7
	节点设计	EN 1993-1-8
	疲劳强度	EN 1993-1-9
	材料韧性和厚度方向的性能	EN 1993-1-10
	受拉构件结构设计	EN 1993-1-11
	高强钢材补充规定	EN 1993-1-12
专业标准	桥梁	EN 1993-2
	塔、桅杆	EN 1993-3-1
	烟囱	EN 1993-3-2
	筒仓、容器、管道-筒仓	EN 1993-4-1
	筒仓、容器、管道-容器	EN 1993-4-2
	筒仓、容器、管道-管道	EN 1993-4-3
	桩	EN 1993-5
	起重机支撑结构	EN 1993-6

欧洲钢结构产品相关标准　　　　　　　　　　　表 16-5

	产品	技术标准
结构碳钢产品标准	热轧 I 形锥面凸缘产品	EN 10025-1
	I 和 H 形断面	EN 10025-2
	管道	EN 10025-3
	相等和不相等夹角	EN 10025-4
	T 形断面	EN 10025-5
	板、平面和宽平面	EN 10025-6
	棒料	
	热成型空心产品	EN 10210-1
	冷成型空心产品	EN 10219-1
冷成型的片状和条状产品标准	非合金结构钢	EN 10025-2
	用于焊接的结构钢	EN 10025-3
		EN 10025-4
	冷成型的高屈服强度钢	EN 10149-1
		EN 10149-2
		EN 10149-3
		EN 10268

续表

产品		技术标准
冷成型的 片状和条状 产品标准	冷凝钢	ISO 4997
	连续热镀保护层钢	EN 10292
		EN 10326
		EN 10327
	连续有机镀层钢板	EN 10169-2
		EN 10169-3
	狭窄条状产品	EN 10139
不锈钢 产品标准	片状,板材和条状	EN 10082-2
	管道(焊接)	EN 10296-2
	管道(密封)	EN 10297-2
	棒料和断面	EN 10088-3

第二节 我国钢结构标准发展现状及评估

一、发展现状

我国现行钢结构相关标准体系按照基础标准、通用标准、专用标准三个层次建立如图 16-3 所示，部分标准如图 16-4 所示，通过各层标准间的相互配合，层层递进，基本保障了我国现有钢结构工程的顺利建设。

然而，随着我国经济社会的快速发展，建筑技术的不断进步，建筑工业化的快速发展，以及劳动力成本的提高，房屋建造的生产方式发生了根本性变化，客观要求现有工程建设标准体系进一步完善。现行工程建设标准体系与新时期建筑工业化发展不相适应的主要问题有：

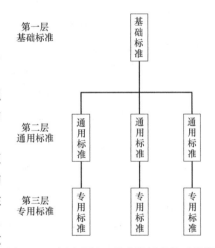

图 16-3 中国现行工程建设标准体系分类

（1）标准体系按行业、专业划分与技术体系脱节。过去由于工程建设标准体系的编制受到我国计划经济体制的限定，房屋建筑工程标准体系主要按专业和行业划分，使得标准体系与技术体系不匹配，造成在房屋建造过程中所执行的专业标准与技术体系不对接、不系统、不协调。

（2）标准体系与建筑工业化生产方式相脱离。现有标准体系的建立主要基于传统生产方式，在行业分工和专业划分的基础上，按基础标准、通用标准、专有标准进行划分，脱离了房屋建造技术的系统性和生产建造过程的连续性，以及设计与施工、产品与技术的紧密性，与工业化生产方式不相适应。工业化生产方式是集约化生产，具有技术的集成性、系统性、连续性，突出体现标准化设计、工厂化生产、装配化施工的特点。

（3）工程建设标准体系不包括产品标准。一直以来，我国工程建设标准和产品标准实行二维管理模式，现行工程建设标准体系不包括产品标准，工程建设标准与产品标准相互不衔接，各自为政。产品标准主要规定自身的技术性能和要求，与所依附的主体结构、建

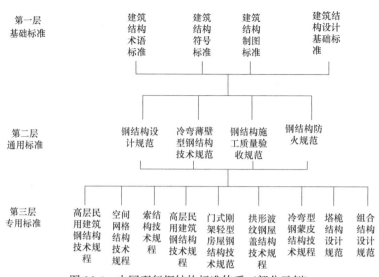

图 16-4　中国现行钢结构标准体系（部分示例）

筑体系技术关联性差，缺乏技术集成。

通过以上分析，我们可以发现传统标准体系与技术体系脱节、与生产方式相脱离，已难以适应新时期住房城乡建设转变发展方式的要求，难以支撑走新型建筑工业化道路的需要。因此，急需对现行工程建设标准体系进行结构调整、升级改造、提高水平，从而更好地服务于工程建设，服务于建筑工业化发展。

二、现行重点标准评估

为了判断现有钢结构标准体系是否适应工业化建筑发展需求，就需要重点评估几本重要的钢结构标准（通用、设计、施工、构件层次）的技术规定，并全方位评估应用效果，指出制约行业发展的技术瓶颈问题与内容欠缺，提出解决方案。依据《现行标准对工业化建筑适用性评估技术导则（试行）》，选取主要钢结构相关标准进行适用性评估，分别是《建筑抗震设计规范》GB 50011—2010、《钢结构设计规范》GB 50017—2003、《冷弯薄壁型钢结构技术规范》GB 50018—2002、《门式刚架轻型房屋钢结构技术规范》GB 51022—2015、《高层民用建筑钢结构技术规程》JGJ 99—2015。

从我国已有的主要设计规范上来看，以《钢结构设计规范》、《冷弯薄壁型钢结构技术规范》及《建筑抗震设计规范》为代表的通用标准为钢结构设计提供了基础性的指导，可以作为结构设计计算过程中的重要依据。但由于缺乏工业化理念，限制了通用标准的适用范围。《高层民用建筑钢结构技术规程》、《门式刚架轻型房屋钢结构技术规范》等专用标准又仅适用于特定结构，也并没有注重标准化、装配化的设计思路。综上，已有的规范对预制装配化是有利的，但从已有规范的内容和覆盖面来讲，却难当大任。

第三节　我国钢结构标准体系构建

一、标准体系构建的基本理论

工业化建筑标准体系（含子标准体系，以下统称工业化建筑标准体系）以全寿命期理论、霍尔三维结构理论为基础，可从层级维、级别维、种类维、功能维、专业维、阶段维进行构建。

当要表述标准体系的三维标准体系框架结构时，可将某些维度（如层级维）看作已知项，其他项目为可变项〔如目标维（六化）、阶段维（生命周期或阶段）、专业维〕进行三维构建。工业化建筑标准体系结构可分为：上下层次结构，或按一定的逻辑顺序排列起来的"序列"关系，或由以上两种结构相结合的组合关系。工业化建筑标准体系的上下层次结构（以效力属性维为主线）为：强制性标准为约束层、推荐性标准为指导层、团体标准和企业标准为实施支撑层。

强制性标准是指住房城乡建设部《关于深化工程建设标准化工作改革的意见》提出的全文强制性标准及国务院《深化标准化工作改革方案》提出的强制性国家标准。强制性标准由政府主导制定，具有强制约束力，是保障人民生命财产安全、人身健康、工程安全、生态环境安全、公众权益和公共利益，以及促进能源资源节约利用、满足社会经济管理等方面的控制性底线要求。

推荐性标准是除强制性标准之外，由政府主导制定的国家、行业、地方标准。推荐性国家标准重点制定基础性、通用性和重大影响的标准，突出公共服务的基本要求。推荐性行业标准重点制定本行业的基础性、通用性和重要的标准，推动产业政策、战略规划贯彻实施。推荐性地方标准重点制定具有地域特点的标准，突出资源禀赋和民俗习惯，促进特色经济发展、生态资源保护、文化和自然遗产传承。

团体标准是指由依法成立且具备相应能力的社会团体（包括学会、协会、商会、联合会等社会组织和产业技术联盟）协调相关市场主体共同制定满足市场和创新需要的标准。

为适应国家工业化发展趋势，积极响应国家工业化发展战略，坚持全面系统、重点突出、层次恰当、划分明确的制定原则，更好地服务于国家建筑工业转型。

在钢结构工业化建筑技术标准体系（基础共性—关键技术—典型应用三层标准体系）框架下，以钢结构工业化建筑为对象，研究其技术特征、发展路线和标准化需求，从建筑设计模块化、结构设计体系化、各部尺寸模数化、结构部件标准化、加工制作自动化、配套部品商品化、现场安装装配化、建造运维信息化、拆除废件资源化等角度出发，构建全产业链协调的钢结构标准体系。

我国现有钢结构标准体系为基础—通用—专用三层结构体系，该体系在过去几十年中较好地指导了中国钢结构产业的发展，但近年来，随着产能过剩、生态环境恶化等矛盾日益突出，现有钢结构规范中有部分规范已完全不能适应现代建筑产业的发展需求，部分规范的部分内容需要重新修改以适应发展需求。钢结构标准体系整体也需要重新调整，简化。因此，结合国家规范标准体系的框架及未来钢结构工业化的全产业链的各个环节，在现有钢结构标准体系基础上将三层结构调整为改为"A 基础共性""B 关键技术""C 典型应用"三个部分。如图 16-5 所示。

其中，钢结构标准体系主要隶属于关键技术部分，并且围绕钢结构工业化建筑全生命周期进行详细划分，包括设计、部品部件、施工及验收、检测鉴定、运营维护和拆除及再利用六个部分。

二、钢结构标准体系构建程序与流程

工业化建筑标准体系按照新建、完善优化等阶段进行构建，包括：

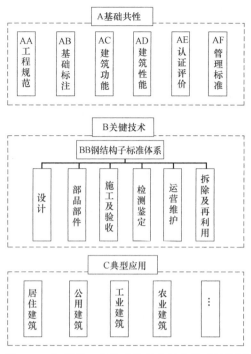

图 16-5 钢结构工业化建筑技术标准体系结构图

（1）标准体系目标分析；

（2）标准需求分析；

（3）标准适用性分析；

（4）标准体系结构设计；

（5）标准体系表编制；

（6）标准体系编制说明撰写；

（7）标准体系印发、宣传；

（8）标准体系反馈信息处理；

（9）标准体系改进和维护更新。

三、标准化需求

新型工业化装配式钢结构的本质是建筑设计的构件、部品要实现标准化、模块化，也即：标准化、模块化的建筑构件或部品要像造机器那样实现工厂化流水线加工制作，建筑施工现场要像装配汽车或飞机那样把标准化、模块化、装配式的建筑构件或部品机械化快速安装施工。

目前，全国建筑业总产值已突破 18.07 万亿元。预计到 2020 年装配式建筑的开工面积将达到 9.37 亿 m²，与此同时，"一带一路"发展战略的提出也将带动周边国家的基础建设发展，因此，钢结构工业化的发展具有良好的国际、国内市场需求。

同时，我国的建筑业正处于传统产业向现代工业化转型升级的阶段，国家政策的推动和地方政府的支持，是装配式建筑行业发展的机遇。2014 年，住建部在《关于推进建筑业发展和改革的若干意见》提出"大力推动建筑工业化发展"；2016 年陆续发布的《关于进一步加强城市规划建设管理工作的若干意见》和《建筑产业现代化发展纲要》进一步明确了发展目标。上海等东部建筑业发达地区也发布政策推动装配式建筑的应用。这为钢结构工业化发展提供了政策保障。

从全球范围来看，装配式建筑行业也具有广阔发展前景。根据 Report Buyer 分析，全球对于装配式住房的需求量预计将以每年 2.7% 的速度增长，2019 年将达到 340 万套。目前，我国每年新增建筑量约为 20 亿 m²，居世界首位，相当于全世界每年新建建筑的 40% 左右，尤其是村镇地区，每年新增民用建筑量约为全国新增建筑量的 60%。2016 年国务院在《关于进一步加强城市规划建设管理工作的若干意见》中明确提出要力争用 10 年左右时间，使装配式建筑占新建建筑的比例达到 30%。2016 年《建筑产业现代化发展纲要》具体指出，到 2020 年，装配式建筑占新建建筑的比例达到 20%；到 2025 年，比例将达到 50% 以上。

在上述大背景下，近年来，我国钢结构行业也发展迅速，尤其以轻型钢结构的广泛应用为代表。20 世纪 60 年代起，我国逐步开始应用以小角钢和小圆钢为主要材料的轻型钢结构，经过几十年的发展，轻型钢结构目前已经发展到每年竣工面积几百万平方米、用钢量百万吨的规模。轻型钢结构相关技术也逐步成熟，并广泛应用于工业厂房、仓库、住宅、商场、停车场、飞机库、展览大厅、体育建筑、综合楼、餐饮娱乐等各种工业和公共建筑以及各类临时性和改造加固工程中，并深入到建筑的各个领域。

基于轻型钢结构技术的发展，装配式钢结构住宅体系近年来也逐步兴起。装配式钢结构住宅体系以其空间布置灵活、集成化程度高、自重轻、承载力高、抗震性能优越，绿色、环保、节能与可持续发展等优点成为钢结构行业发展的重要趋势。我国现阶段装配式钢结构住宅体系主要分为低层轻钢装配式住宅和多高层轻钢装配式住宅两类，主要代表为北新集团研制的北新薄板钢骨住宅体系、宝业集团改进的新型分层装配式支撑钢结构体系及远大集团的节点斜撑加强型钢框架体系等。

然而，随着钢结构行业发展，许多问题也逐渐显露。

（1）缺乏统一模数、商品通用性差。当前我国诸多钢结构存在设计和施工缺乏体系化，建筑平面参数不满足模数要求等问题。统一模数体系的缺失，导致了建筑构配件等缺少整体尺寸配合，难以实现工厂批量生产，商品通用性差，并影响现场施工等问题，在一定程度上阻碍了钢结构的发展。

（2）节能环保技术发展不足。我国钢结构发展模式仍以粗放型为主，钢结构建筑建设过程中的能源损耗、环境污染等问题仍未得到足够重视，废旧钢结构的回收与循环利用率较低，与我国积极倡导的绿色建筑理念仍有差距。

（3）标准化规程和规范工作滞后。我国标准规范编制和修订严重滞后，跟不上钢结构产业化发展的要求，有的十几年不变，工业化装配式钢结构设计、加工生产、安装施工、竣工验收、维护维修等标准规范编制滞后，新型建筑结构体系研发和建设因缺乏标准规范依据而受到限制，因此，建立新型钢结构工业化标准体系迫在眉睫。

四、标准体系结构框架

在钢结构工业化建筑技术标准体系（基础共性—关键技术—典型应用三层标准体系）框架下，结合钢结构工业化的发展需求以及参考国外的标准体系组成方式，重点围绕关键技术部分，构建钢结构工业化标准体系。

钢结构工业化标准体系主要包括设计、部品部件、施工及验收、检测鉴定、运营维护和拆除及再利用六个部分，每个部分细分关键要点，如图 16-6 所示，各个标准之间按照生产过程相互承接，最终围绕钢结构工业化建筑产品形成体系。

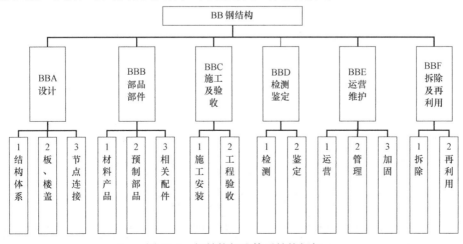

图 16-6　钢结构标准体系结构框架

第四节　我国钢结构标准体系内容

根据我国钢结构标准现状，将我国现有标准及适应性评估后需新编完善的标准进行了梳理，共包含标准总数146项。其中，现行标准137项、在编标准制订中3项、待编标准6项。下文我们将按设计、部品部件、施工及验收、检测鉴定、运营维护和拆除及再利用等阶段维度进行展开分析。

一、设计阶段

设计阶段标准主要包括钢结构设计标准、结构体系标准两个层次。其中结构体系标准包括高耸结构、交错桁架钢结构等结构体系的设计标准。以钢结构设计标准为原则，应用适当的结构体系标准对具体项目进行设计，通过工厂化的部件生产加工、便捷的现场安装以达到工业化建造的目的。

相关标准主要用于钢结构设计，其包括设计选型、材料选用、节点连接设计等。

设计阶段标准　　　　　　　　　　　　　　　　　　表 16-6

	标准名称	标准编号	标准级别	标准类别	状态
结构体系设计标准	装配式钢结构建筑技术标准	GB/T 51232—2016	国家标准	工程标准	现行
	不锈钢结构技术规程	CECS 410:2015	团体标准	工程标准	现行
	冷弯薄壁型钢结构技术规范	GB 50018—2002	国家标准	工程标准	现行
	轻型钢结构技术规程	DGTJ 08—2089—2002	地方标准	工程标准	现行
	高层民用建筑钢结构技术规程	JCJ 99—2015	行业标准	工程标准	现行
	空间网格结构技术规程	JGJ 7—2010	行业标准	工程标准	现行
	天津市空间网格结构技术规程	DB 29—140—2011	地方标准	工程标准	现行
	膜结构技术规程	CECS 158:2015	团体标准	工程标准	现行
	索结构技术规程	JGJ 257—2012	行业标准	工程标准	现行
	低张拉控制应力拉索技术规程	JGJ/T 226—2011	行业标准	工程标准	现行
	预应力钢结构技术规程	CECS 212:2006	团体标准	工程标准	现行
	拱形钢结构技术规程	JGJ/T 249—2011	行业标准	工程标准	现行
	钢板剪力墙技术规程	JGJ/T 380—2015	行业标准	工程标准	现行
	轻钢构架固模剪力墙结构技术规程	CECS 283:2010	团体标准	工程标准	现行
	EPS模块轻钢结构体系技术规程	DB22/T 1032—2011	地方标准	工程标准	现行
	EPS模块钢结构工业建筑节能体系技术规程	DB22/T 1029—2011	地方标准	工程标准	现行
	钢结构单管通信塔技术规程	CECS 236:2008	团体标准	工程标准	现行
	钢管混凝土结构技术规范	GB 50936—2014	国家标准	工程标准	现行
	钢—混凝土混合结构技术规程	DBJ 13—61—2004	地方标准	工程标准	现行
	实心与空心钢管混凝土结构技术规程	CECS 254:2012	团体标准	工程标准	现行
	矩形钢管混凝土结构技术规程	CECS 159:2004	团体标准	工程标准	现行
	轻钢轻混凝土结构技术规程	JGJ 383—2016	行业标准	工程标准	现行

	标准名称	标准编号	标准级别	标准类别	状态
结构体系 设计标准	钢骨混凝土结构技术规程	YB 9082—2006	行业标准	工程标准	现行
	低层冷弯薄壁型钢房屋建筑技术规程	JGJ 227—2011	行业标准	工程标准	现行
	门式刚架轻型房屋钢结构技术规范	GB 51022—2015	国家标准	工程标准	现行
	轻型钢结构住宅技术规程	JGJ 209—2010	行业标准	工程标准	现行
	端板式半刚性连接钢结构技术规程	CECS 260:2009	团体标准	工程标准	现行
板、楼盖 设计标准	开合屋盖结构技术规程	CECS 417:2015	团体标准	工程标准	现行
	拱形波纹钢屋盖结构技术规程	CECS 167—2004	团体标准	工程标准	现行
	采光顶与金属屋面技术规程	JGJ 255—2012	行业标准	工程标准	现行
	钢-混凝土组合楼盖结构设计与施工规程	YB 9238—92	行业标准	工程标准	现行
	组合楼板设计与施工规范	CECS 273—2010	团体标准	工程标准	现行
	压型金属板工程应用技术规范	GB 50896—2013	国家标准	工程标准	现行
	波浪腹板钢结构应用技术规程	CECS 290:2011	团体标准	工程标准	现行
	波纹腹板钢结构技术规程	CECS 291:2011	团体标准	工程标准	现行
节点连接 设计标准	单边螺栓节点技术规程		团体标准	工程标准	在编
	标准化钢结构节点应用技术导则		团体标准	工程标准	在编

二、部品部件阶段

部品部件阶段标准主要包括产品技术标准、材料产品标准和针对某一类结构体系的部件标准、相关配件等几个方面。其中产品技术标准包含针对预制构件或者部品的设计标准和针对标准化节点的设计标准；材料产品标准包括了我国目前主要使用钢材的相关标准，如热轧 H 型钢、建筑结构用钢板、建筑结构用冷弯矩形钢管等；某一类结构体系的部件标准主要包括针对钢桁架构件、门式刚架轻型房屋钢构件的设计标准。

部品部件阶段标准　　　　　　表 16-7

	标准名称	标准编号	标准级别	标准类别	状态
材料产 品标准	金属材料 拉伸试验 第1部分:室温试验方法	GB/T 228.1—2010	国家标准	方法标准	现行
	金属材料 弯曲试验方法	GB/T 232—2010	国家标准	方法标准	现行
	低合金高强度结构钢	GB/T 1591—2018	国家标准	产品标准	现行
	耐候结构钢	GB/T 4171—2008	国家标准	产品标准	现行
	热轧型钢	GB/T 706—2016	国家标准	产品标准	现行
	热轧 H 型钢和剖分 T 型钢	GB/T 11263—2017	国家标准	产品标准	现行
	结构用高频焊接薄壁 H 型钢	JG/T 137—2007	行业标准	产品标准	现行
	建筑结构用冷弯薄壁型钢	JG/T 380—2012	行业标准	产品标准	现行
	结构用冷弯空心型钢	GB/T 6728—2017	国家标准	产品标准	现行
	通用冷弯开口型钢	GB/T 6723—2017	国家标准	产品标准	现行
	冷弯型钢通用技术要求	GB/T 6725—2017	国家标准	产品标准	现行
	焊接 H 型钢	GB/T 33814—2017	国家标准	产品标准	现行

	标准名称	标准编号	标准级别	标准类别	状态
	焊接 H 型钢	YB/T 3301—2005	行业标准	产品标准	现行
	建筑结构用钢板	GB/T 19879—2015	国家标准	产品标准	现行
	建筑用压型钢板	GB/T 12755—2008	国家标准	产品标准	现行
	厚度方向性能钢板	GB/T 5313—2010	国家标准	产品标准	现行
	冷轧高强度建筑结构用薄钢板	JG/T 378—2012	行业标准	产品标准	现行
	冷弯波形钢板	YB/T 5327—2006	行业标准	产品标准	现行
	铝及铝合金波纹板	GB/T 4438—2006	国家标准	产品标准	现行
	钛-不锈钢复合板	GB/T 8546—2017	国家标准	产品标准	现行
	铝及铝合金压型板	GB/T 6891—2018	国家标准	产品标准	现行
	钢格栅板及配套件 第1部分:钢格栅板	YB/T 4001.1—2019	行业标准	产品标准	现行
	建筑用金属面绝热夹芯板	GB/T 23932—2009	国家标准	产品标准	现行
	耐热钢钢板和钢带	GB/T 4238—2015	国家标准	产品标准	现行
	不锈钢热轧钢板和钢带	GB/T 4237—2015	国家标准	产品标准	现行
	不锈钢冷轧钢板和钢带	GB/T 3280—2015	国家标准	产品标准	现行
	不锈钢复合钢板和钢带	GB/T 8165—2008	国家标准	产品标准	现行
	碳素结构钢和低合金结构钢热轧钢带	GB/T 3524—2015	国家标准	产品标准	现行
	碳素结构钢和低合金结构钢热轧钢板和钢带	GB/T 3274—2017	国家标准	产品标准	现行
	碳素结构钢冷轧薄钢板及钢带	GB/T 11253—2007	国家标准	产品标准	现行
材料产品标准	碳素结构钢冷轧钢带	GB/T 716—1991	国家标准	产品标准	现行
	连续热镀锌钢板及钢带	GB/T 2518—2008	国家标准	产品标准	现行
	彩色涂层钢板及钢带	GB/T 12754—2006	国家标准	产品标准	现行
	焊接钢管用钢带	GB/T 8164—1993	国家标准	产品标准	现行
	热轧钢板和钢带的尺寸、外形、重量及允许偏差	GB/T 709—2006	国家标准	产品标准	现行
	冷轧钢板和钢带的尺寸、外形、重量及允许偏差	GB/T 708—2006	国家标准	产品标准	现行
	热轧钢棒尺寸、外形、重量及允许偏差	GB/T 702—2017	国家标准	产品标准	现行
	建筑结构用铸钢管	JG/T 300—2011	行业标准	产品标准	现行
	建筑结构用冷弯矩形钢管	JG/T 178—2005	行业标准	产品标准	现行
	结构用无缝钢管	GB/T 8162—2018	国家标准	产品标准	现行
	结构用不锈钢无缝钢管	GB/T 14975—2012	国家标准	产品标准	现行
	直缝电焊钢管	GB/T 13793—2016	国家标准	产品标准	现行
	冷拔异型钢管	GB/T 3094—2012	国家标准	产品标准	现行
	建筑用轻钢龙骨	GB/T 11981—2008	国家标准	产品标准	现行
	焊接结构用铸钢件	GB/T 7659—2010	国家标准	产品标准	现行
	一般工程用铸造碳钢件	GB 11352—2009	国家标准	产品标准	现行
	碳素结构钢	GB/T 700—2006	国家标准	产品标准	现行
	钢网架焊接空心球节点	JG/T 11—2009	行业标准	产品标准	现行
	钢网架螺栓球节点	JG/T 10—2009	行业标准	产品标准	现行
	优质碳素结构钢	GB/T 699—2015	国家标准	产品标准	现行
	预制构件标准			产品标准	待编
预制部品标准	建筑用钢质拉杆构件	JG/T 389—2012	行业标准	产品标准	现行
	钢桁架构件	JG/T 8—2016	行业标准	产品标准	现行
	门式刚架轻型房屋钢构件	JG/T 144—2016	行业标准	产品标准	现行
	钢结构预制构件标准			产品标准	待编

	标准名称	标准编号	标准级别	标准类别	状态
相关配件标准	钢结构用高强度大六角螺母	GB/T 1229—2006	国家标准	产品标准	现行
	钢结构用高强度大六角头螺栓	GB/T 1228—2006	国家标准	产品标准	现行
	钢网架螺栓球节点用高强度螺栓	GB/T 16939—2016	国家标准	产品标准	现行
	电弧螺柱焊用圆柱头焊钉	GB/T 10433—2002	国家标准	产品标准	现行
	储能焊用焊接螺柱	GB/T 902.3—2008	国家标准	产品标准	现行
	手工焊用焊接螺柱	GB/T 902.1—2008	国家标准	产品标准	现行
	电弧螺柱焊用焊接螺柱	GB/T 902.2—2010	国家标准	产品标准	现行
	钢结构用高强度垫圈	GB/T 1230—2006	国家标准	产品标准	现行
	钢结构用扭剪型高强度螺栓连接副	GB/T 3632—2008	国家标准	产品标准	现行
	钢结构用高强度大六角头螺栓、大六角螺母、垫圈技术条件	GB/T 1231—2006	国家标准	产品标准	现行
	装配式钢结构用折叠型单边螺栓		团体标准	产品标准	在编
	建筑用钢结构防腐涂料	JG/T 224—2007	行业标准	产品标准	现行
	钢结构防火涂料	GB 14907—2018	国家标准	产品标准	现行

三、施工及验收阶段

施工及验收阶段标准主要包括施工组装标准和质量验收标准。施工组装标准包括施工管理、结构选材、构件制作、节点连接、构件的安装、运输、储存、结构防火、结构防护、施工安全等内容；质量验收标准包括对钢结构工程和铝合金结构工程的质量验收规定。

施工及验收阶段标准　　　　　　　　　　　表 16-8

	标准名称	标准编号	标准级别	标准类别	状态
施工安装标准	钢结构工程施工规范	GB 50755—2012	国家标准	工程标准	现行
	铝合金结构工程施工规程	JGJ/T 216—2010	行业标准	工程标准	现行
	钢结构装配化施工技术标准			工程标准	待编
	钢结构制作与安装规程	DG/TJ 08—216—2016	地方标准	工程标准	现行
	钢结构钢材选用与检验技术规程	CECS 300—2011	团体标准	工程标准	现行
	钢结构焊接规范	GB 50661—2011	国家标准	工程标准	现行
	栓钉焊接技术规程	CECS 226—2007	团体标准	工程标准	现行
	钢结构焊接热处理技术规程	CECS 330—2013	团体标准	工程标准	现行
	钢结构防腐蚀涂装技术规程	CECS 343—2013	团体标准	工程标准	现行
	钢结构、管道涂装技术规程	YB/T 9256—96	行业标准	工程标准	现行
	钢结构防火涂料应用技术规范	CECS 24—90	团体标准	工程标准	现行
	钢结构高强度螺栓连接技术规程	JGJ 82—2011	行业标准	工程标准	现行
工程验收标准	钢结构工程施工质量验收规范	GB 50205—2001	国家标准	工程标准	现行
	铝合金结构工程施工质量验收规范	GB 50576—2010	国家标准	工程标准	现行
	高耸结构工程施工质量验收规范	GB 51203—2016	国家标准	工程标准	现行
	塔桅钢结构工程施工质量验收规程	CECS 80—2006	团体标准	工程标准	现行

四、检测鉴定阶段

检测鉴定阶段标准主要内容包括钢结构的检测、鉴定、评定等方面的标准。除了结构性能方面的标准外，还包括检测技术与检测方法方面的标准。

检测鉴定阶段标准 表 16-9

	标准名称	标准编号	标准级别	标准类别	状态
检测标准	钢结构现场检测技术标准	GB/T 50621—2010	国家标准	工程标准	现行
	建筑结构检测技术标准	GB/T 50344—2004	国家标准	工程标准	现行
	钢结构检测评定及加固技术规范	YB 9257—96	行业标准	工程标准	现行
	焊缝无损检测超声波检测技术、检测等级和评定	GB/T 11345—2013	国家标准	工程标准	现行
	无损检测 接触式超声斜射检测方法	GB/T 11343—2008	国家标准	方法标准	现行
	无损检测 术语 超声检测	GB/T 12604.1—2005	国家标准	方法标准	现行
	无损检测 术语 射线检测	GB/T 12604.2—2005	国家标准	方法标准	现行
	无损检测 术语 渗透检测	GB/T 12604.3—2005	国家标准	方法标准	现行
	无损检测 术语 磁粉检测	GB/T 12604.4—2005	国家标准	方法标准	现行
	无损检测 符号表示法	GB/T 14693—2008	国家标准	方法标准	现行
	铸钢件渗透检测	GB/T 9443—2007	国家标准	方法标准	现行
	铸钢件磁粉检测	GB/T 9444—2007	国家标准	方法标准	现行
	复合钢板超声检测方法	GB/T 7734—2015	国家标准	方法标准	现行
鉴定标准	钢结构超声波探伤及质量分级法	JG/T 203—2007	行业标准	方法标准	现行
	无缝钢管超声波探伤检验方法	GB/T 5777—2008	国家标准	方法标准	现行
	无损检测金属管道熔化焊环向对接接头射线照相检测方法	GB/T 12605—2008	国家标准	方法标准	现行
	危险房屋鉴定标准	JGJ 125—2016	行业标准	工程标准	现行
	构筑物抗震鉴定标准	GB 50117—2014	国家标准	工程标准	现行
	工业建(构)筑物钢结构防腐蚀涂装质量检测、评定标准	YB/T 4390—2013	行业标准	工程标准	现行
	火灾后建筑结构鉴定标准	CECS 252:2009	团体标准	工程标准	现行

五、运营维护阶段

运营维护阶段主要内容包括钢结构的运营、管理和加固等方面的标准。

运营维护阶段标准 表 16-10

标准名称	标准编号	标准级别	标准类别	状态
钢结构加固技术规范	CECS 77:96	团体标准	工程标准	现行
钢结构检测评定及加固技术规程	YB 9257—96	行业标准	工程标准	现行

六、拆除及再利用阶段

拆除及再利用阶段标准主要包括钢结构的改造、拆除与再利用等技术标准。使得整个钢结构产品的设计、生产、组装、使用、拆除及再利用全寿命期都能做到技术先进合理。

拆除及再利用阶段标准　　　　　　　　　　　表 16-11

标准名称	标准编号	标准级别	标准类别	状态
拆除回收标准			工程标准	待编
钢结构装配化建筑拆除标准			工程标准	待编
钢结构装配化建筑回收与再利用标准			工程标准	待编

七、标准发展规划建议

钢结构工业化重要特征便是装配化，在传统钢结构连接过程中，焊接占据重要地位，类似装配式的螺栓节点也形式各样，很难实现高效装配化。目前我国现有的连接标准诸如《钢结构用高强度大六角头螺栓》GB/T 1228—2006、《钢结构用高强度垫圈》GB/T 1230—2006 等仅仅规定了节点连接单个部件的相关质量要求，而缺少从整个节点层面上的标准。同时我国也缺少生产、供应成套系列化连接件的厂商。因此应加大钢结构连接形式创新，增编钢结构装配式节点标准。

另一方面，国外在预制装配化建筑方面的应用较多，并将工厂化生产和机械化施工运用到极致，大大减少现场作业量。其中重要的表现便是标准化的预制构件及精细化的施工安装技术。基于此，形成统一的标准化预制构件标准，编制装配化施工标准，将有利于实现构件工厂化生产的要求及便捷、精确的现场安装要求，大大提高工业化钢结构的施工效率。因此，建议钢结构工业化标准体系中增编《钢结构预制构件标准》及《钢结构装配化施工技术标准》等相关规范。

一个健全的工业化标准体系，不仅应注重建筑的设计、施工，也应关注建筑后期的拆除与再利用，真正实现对钢结构工业化建筑全生命周期的覆盖。然而目前我国钢结构规范体系中还未有关于工业化钢结构拆除回收的相关规范，因此建议编制《钢结构装配化建筑拆除标准》及《钢结构装配化建筑回收与再利用标准》等规范。

基于上述分析，提出增编清单。其中，近期制定的两部螺栓规范，主要为钢结构装配化施工的连接提供技术参考，新型螺栓的应用将提高钢结构装配化施工效率，更加灵活地满足装配化施工需求。《标准化钢结构节点应用技术导则》主要汇总适应钢结构装配化发展的节点形式，并为钢结构的标准化设计及安装提供技术支持。

钢结构方面修编、新编标准清单　　　　　　　　表 16-12

规范标准名称	规范标准编号	编制建议
《装配式钢结构用折叠型单边螺栓》		近期制定
《单边螺栓节点技术规程》		近期制定
《标准化钢结构节点应用技术导则》		近期制定
《钢结构预制构件标准》		远期制定
《钢结构装配化施工技术标准》		远期制定
《钢结构装配化建筑拆除标准》		远期制定
《钢结构装配化建筑回收与再利用标准》		远期制定

远期制定的预制构件相关标准将推动钢结构的商品化、标准化，提高设计施工效率。《钢结构装配化施工技术标准》将较为全面地总结钢结构装配化施工的相关技术，更为细节地指导钢结构装配化施工。钢结构拆除及回收相关标准，将结合施工标准，科学合理地指导废旧钢结构建筑物拆除及材料循环利用，最大限度上提高钢材的循环使用率。

上述标准规范的补充编制，将从设计、施工、拆除、回收等环节保障钢结构工业化的发展需求，为真正实现钢结构工业化奠定基础。

第五节　小　　结

钢结构标准体系为钢结构工业化建筑技术标准体系及工业化建筑标准体系的重要组成部分，体系按照钢结构工业化全过程的各个阶段制定了相应子标准系列，并结合各阶段目标，形成了较为完备的钢结构工业化标准体系。

新钢结构标准体系以钢结构工业化建筑设计、施工、运营、维护、拆除及回收等全过程各个阶段开展制定，并通过各部分相互承接、共同协作，共同实现标准化设计、工厂化制作、装配化施工、一体化装修及信息化管理的体系目标。

第十七章

装配式木结构标准体系

　　木结构是工业化建筑的重要结构形式。国外木结构装配式建筑方面起步较早，特别在北美、欧洲、日本等地。在加拿大，其装配式木结构技术已被广泛应用于多高层木结构建筑。近年来，我国装配式木结构建筑体系及相关技术的研究及应用方面呈现出了加速发展趋势。木结构产业的市场需求在稳步上升，现有的轻木框架、胶合木和原木等结构体系日趋完善，以高质量发展的眼光要求，木结构产业还有升级空间。同时，对应上述三种结构体系的现有标准体系也基本成形，其由技术基础、材料、产品、设计、施工、试验和质量验收等各部分标准构成，但体系成熟度、工业化程度有待提高。因此，从木结构构配件标准化、通用化、模式化的角度出发，打通各部品体系通用化接口，构建全产业链链条，进一步完善标准体系，建立具有良好系统性、协调性、先进性、适用性和前瞻性的覆盖工业化建筑全过程、主要产业链的木结构标准体系意义重大。

第一节　国外木结构标准发展现状

一、欧洲木结构标准发展现状

　　欧洲标准体系由欧洲标准化委员会（CEN）、欧洲电工标准化委员会（CENELEC）以及欧洲电信标准化委员会（ETSI）三家标准化机构共同制定，其中建筑与土木工程领域由欧洲标准化委员会（CEN）分管。欧洲标准体系是国际化、高水平的区域性标准体系，在欧盟成员国内实施，具有高于国家标准的地位。

　　在英国标准协会（BSI）与木结构相关的标准高达158部，涵盖了材料、产品、设计、试验、设备等多个领域。欧洲木结构标准体系与我国木结构标准体系一样，并没有单独针对建筑工业化的标准或规范，但与我国相比，欧洲木结构标准体系包含更加完善的试验方法和节点专用标准，见表17-1。节点设计的标准化，提升了木结构装配化的程度，欧洲木结构标准体系具有完善的专用紧固件规格以及紧固件试验方法，涵盖连接器、紧固件、销式紧固件、带机械紧固件和木紧固件。

　　欧洲对木构件的标准化程度很高，拥有成熟的制造标准子体系。欧洲木结构标准中试验方法自成体系，涵盖了通用、板材、连接、紧固件的试验方法，完备的试验体系能够持续检验和提供新技术，确保标准体系的开放性。欧洲木结构标准中木结构用胶粘剂的相关规范和试验方法也自成一体，见表 17-2。

欧洲木结构试验方法及节点专用标准

表 17-1

标准类型	标准编号	标准名称
试验方法标准	BS EN 380:1993	木结构-试验方法-静力试验通用原则
	BS EN 1195:1998	木结构-试验方法-结构用楼盖板性能
	BS EN 789:2004	木结构-试验方法-确定人造板力学性能
	BS EN 1380:2009	木结构-试验方法-承重钉、螺丝钉、销和螺栓
	BS EN 1381:2016	木结构-试验方法-承重耙钉式节点
	BS EN 12512:2001	木结构-试验方法-带机械紧固件节点的循环试验
	BS EN 594:2011	木结构-试验方法-木框架墙板的抗推覆强度和刚度
	BS EN 595:1995	木结构-试验方法-桁架试验确定其强度和变形
	BS EN 596:1995	木结构-试验方法-木框架墙软物冲击试验
	BS EN 1075:2014	木结构-试验方法-带冲孔金属板紧固件节点
	BS EN 15736:2009	木结构-试验方法-操作、架立预制桁架过程中带冲孔金属板紧固件的抗拔能力
	BS EN 16784:2016	木结构-试验方法-确定涂覆和未涂覆销式紧固件长期性能
	BS EN 1383:2016	木结构-试验方法-木紧固件的抗拉穿能力
	BS EN 1382:2016	木结构-试验方法-木紧固件的抗拔能力
	BS EN 15737:2009	木结构-试验方法-螺旋钉钉入时的抗扭能力
	BS EN 409:2009	木结构-试验方法-确定销式紧固件的屈服弯矩
	BS EN 383:2007	木结构-试验方法-确定销式紧固件的埋置强度和基础值
节点专用标准	BS EN 14545:2008	木结构-连接器-要求
	BS EN 14592:2008	木结构-紧固件-要求
	BS EN 14592:2008	木结构-销式紧固件-要求
	BS EN 26891:1991	木结构-带机械紧固件节点-确定强度和变形特性的通用原则
	BS EN 28970:1991	木结构-带机械紧固件节点试验-木材密度要求
	BS EN 14250:2010	木结构-带冲孔金属板紧固件预制构件的产品要求
	BS EN 912:2011	木紧固件-木连接件规格
	BS EN 13271:2002	木紧固件-连接节点的承载力特征值和滑动模量

欧洲木结构胶粘剂产品和试验方法标准

表 17-2

标准类型	标准编号	标准名称
胶粘剂产品和试验方法标准	BS EN 301:2013	胶粘剂-用于承重木结构的酚醛树脂和氨基塑料-分类和性能要求
	BS EN 16254:2013	胶粘剂-用于承重木结构的乳液聚合异氰酸盐(EPI)-分类和性能要求
	BS EN 15425:2008	胶粘剂-用于承重木结构的单组分聚氨酯-分类和性能要求
	BS EN 12436:2002	用于承重木结构的胶粘剂-酪素胶-分类和性能要求
	BS EN 302—1:2013	用于承重木结构的胶粘剂-试验方法-确定纵向剪切强度
	BS EN 302—2:2013	用于承重木结构的胶粘剂-试验方法-确定抗分层能力

标准类型	标准编号	标准名称
胶粘剂产品和试验方法标准	BS EN 302—3:2013	用于承重木结构的胶粘剂-试验方法-确定木材受到温度、湿度循环下酸性伤害后的横向拉伸强度
	BS EN 302—4:2013	用于承重木结构的胶粘剂-试验方法-确定木材收缩后的抗剪强度
	BS EN 302—5:2013	用于承重木结构的胶粘剂-试验方法-确定参考条件下最长陈化时间
	BS EN 302—6:2013	用于承重木结构的胶粘剂-试验方法-确定参考条件下最短加压时间
	BS EN 302—7:2013	用于承重木结构的胶粘剂-试验方法-确定参考条件下工作寿命
	BS EN 15416—2:2007	除了酚醛树脂和氨基塑料外用于承重木结构的胶粘剂-试验方法-多粘合层样品的抗剪压静力试验
	BS EN 15416—3:2007	除了酚醛树脂和氨基塑料外用于承重木结构的胶粘剂-试验方法-循环气候条件下的抗弯剪徐变试验
	BS EN 15416—4:2006	除了酚醛树脂和氨基塑料外用于承重木结构的胶粘剂-试验方法-确定单组份聚氨酯胶粘剂的晾置时间

二、加拿大木结构标准发展现状

加拿大木结构标准体系除了涵盖本国编制的 10 本木结构标准，还引用 ISO 木结构标准作为本国标准使用，见表 17-3。

加拿大木结构标准（CSA）　　　　　表 17-3

标准类型	标准编号	标准名称
板材制造标准	O121—08 (R2013)	花旗松胶合板
	O151—09 (R2014)	加拿大软木胶合板
	O153—13	杨木胶合板
	CAN/CSA—O122—16	胶合木
	O177—06(R2015)	胶合木制造质量标准
	O325—16	建筑覆面
设计综合技术标准	O86—14	木结构设计
	S406—16	住宅和小型建筑永久木基础规范
试验方法标准	S347—14	木节点齿板试验方法
运行维护标准	S478—95 (R2007)	建筑耐久性指南

丰富的试验方法标准是加拿大与欧洲标准共有的特点，加拿大引用 ISO 木结构标准中的试验方法标准，见表 17-4。对销式紧固件、带机械紧固件以及墙体、工字梁的试验方法设定了要求。此外，加拿大有自己作为运行维护标准的建筑耐久性指南，这是我国标准体系没有的。

加拿大试验方法标准（ISO）　　　　　表 17-4

标准类型	标准编号	标准名称
试验方法标准	ISO 10984—1:2009	木结构—销式紧固件—第一部分:测定屈服弯矩
	ISO 10984—2:2009	木结构—销式紧固件—第二部分:测定嵌入强度
	ISO 8970:2010	木结构—带机械紧固件节点试验—木密度要求
	ISO 6891:1983	木结构—带机械紧固件节点—测定强度和变形特征的通用准则
	ISO 16670:2003	木结构—带机械紧固件节点—拟静力反复加载试验方法

标准类型	标准编号	标准名称
试验方法标准	ISO 21581:2010	木结构—剪力墙静力和循环侧向加载试验方法
	ISO 22452:2011	木结构—承重隔热板墙—试验方法
	ISO 22389—1:2010	木结构—工字梁弯曲强度—第一部分:试验、评价和描述
	ISO 22389—2:2012	木结构—工字梁弯曲承载—第二部分:构件性能和制造要求

三、美国木结构标准发展现状

美国在 20 世纪 70 年代能源危机期间开始实施配件化施工和机械化生产。美国城市发展部出台了一系列严格的行业标准规范,一直沿用至今,并与后来的建筑体系逐步融合。

美国的标准均由各协会提出,再由各州根据情况进行采纳。American National Standards Institute(ANSI)制定的美国木结构标准主要分为产品、设计、施工、试验和质量验收、运行维护几大类,其中产品标准以板材制造、胶粘剂为主,见表 17-5。此外还有少量的连接产品标准,而现行标准里试验和质量验收标准以试验标准为主,涵盖了板材、构件、连接件的试验方法。设计标准主要包括 CLT(Cross laminated timber,正交胶合木)的设计、木结构节点的设计、木结构防火设计等相关内容,其广度和深度都值得我国木结构相关标准参考。

美国胶粘剂产品标准　　　　　　　　　　　　　　　　表 17-5

标准类型	标准编号	标准名称
胶粘剂产品标准	ASTM C557-03(2009)e1	将石膏护墙板固定在木结构上的胶粘剂规格
	ASTM D2559-12ae1	室外潮湿环境用建筑胶合板制品胶粘剂的规格
	ASTM D3498-03(2011)	地板系统用将胶合板现场粘合到木框上的胶粘剂的规格
	ASTM D3930-08(2015)	用于建造工厂预制住房的人造材料用胶粘剂的规格
	ASTM D5751-99(2012)	非结构性木材制品中层压接合用胶粘剂规格
	ASTM D7374-08(2015)	端接合木材用胶粘剂高温性能评定的规程
	ASTM D6464-03a(2009)e1	使石膏墙板固定到木框上用可发泡泡沫胶粘剂规格

与我国规范相比,美国规范中有相对完善的试验方法体系,见表 17-6。这些试验规范绝大多数由美国材料与试验协会出版,试验标准涵盖了从木制品到连接再到构件层次的各类试验,木制品类试验中又分为人造板、复合木、胶合木、粘结、防火等。

美国试验方法标准　　　　　　　　　　　　　　　　表 17-6

标准类型	标准编号	标准名称
试验方法标准	ASTM D3044-16	人造结构板剪切模数的标准测试方法
	ASTM D6643-01(2016)	测定人造板角冲击抗力的试验方法
	ASTM D5764-97a(2013)	评定木制品及人造木制品对榫钉的承压强度的试验方法
	ASTM D7857-16	评定高温下结构用缓燃木复合板抗弯性能和粘结强度的试验方法
	ASTM D7341-14	用足尺试验确定结构用胶合木抗弯性能特征值的规程
	ASTM D5055-16	确定和监控预制木工字梁结构性能规范
	ASTM D7199-07(2012)	基于力学模型确定增强胶合木梁特征值的规程
	ASTM D6874-12	用横向振动法无损评定木基抗弯构件的试验方法
	ASTM D7989-15	用木结构板覆盖的木框架剪力墙的等效平面内侧抗震性能的标准测试

标准类型	标准编号	标准名称
试验方法标准	ASTM E661-03(2015)e1	在集中的静态和冲击载荷下的木材和木制地板和屋顶覆面的性能的标准测试方法
	ASTM D5652-15	木制品和人造板单螺栓连接试验方法
	ASTM G198-11(2016)	测定与防腐木接触的打入式紧固件相对腐蚀性能的试验方法
	ASTM D7469-12	结构用木制品端接头试验方法
	ASTM D1761-12	木结构中机械紧固件试验方法
	ASTM D5652-15	木制和木基产品栓接的试验方法

四、日本木结构标准发展现状

早在 1969 年，日本政府就制定了《推动住宅产业标准化五年计划》，开展材料、设备、制品标准、住宅性能标准、结构材料安全标准等方面的调查研究工作，并依靠各有关协会加强住宅产品标准化工作。据统计，1971～1975 年，仅制品业的日本工业标准（JIS）就制定和修订了 115 本，占标准总数 187 本的 61％。1971 年 2 月通产省和建设省联合提出"住宅生产和优先尺寸的建议"，对房间、建筑部品、设备等优先尺寸提出建议。1975 年后，日本政府又出台《工业化住宅性能认定规程》和《工业化住宅性能认定技术基准》两项规范，对整个日本住宅工业化水平的提高具有决定性的作用。目前日本各类住宅部件（构配件、制品设备）工业化、社会化生产的产品标准十分齐全，占标准总数的 80％以上，部件尺寸和功能标准都已成体系，见表 17-7。按照标准生产出来的构配件在装配建筑物时都是通用的。生产厂家不需要面对施工企业，只需将产品提供给销售商即可。

日本木结构标准　　　　　　　　　表 17-7

标准类型		标准编号	标准名称
产品标准	板材制造标准	JIS A5404-2007	木质水泥板
		JIS A6504-2006	建筑构件(木质壁板)
		JIS A6506-2008	建筑构件(木质地板)
		JIS A6509-2006	建筑构件(木质屋顶板)
		JIS A5741-2016	复合再生材
		JIS A5742-2015	复合再生材制品-板材组件
	连接产品标准	JIS A5531-1978	木结构用金属附件
		JIS A5537-2003	固定木砌块用粘合剂
设计技术标准	设计综合技术标准	注:由日本建设省颁布	工业化住宅性能认定规程
		注:由日本建设省颁布	工业化住宅性能认定技术基准
	设计专用技术标准	JIS A3301-2015	校舍木结构的构造设计标准
		注:由日本建筑设计学会编著	PC设计手册
质验方法标准	试验方法标准	JIS A1301-2011	建筑物木结构部分的防火试验方法
		JIS A1456-2010	木材-塑料再生复合材料的耐久性试验方法
	质量控制方法标准	注:由日本建设省颁布	优良住宅部(BL)认定制度
工艺技术标准		JIS B6595-1991	胶合板剪切机的试验及检查方法
		JIS B3700-225-2003	工业自动化系统和集成
		JIS B3600-2004	工业自动化系统-生产信息规范

第二节 我国木结构标准体系现状

一、发展现状

我国现阶段的工程建设标准体系的基本框架如图 17-1 所示，该体系将标准分为基础标准、通用标准、专用标准三个层次。

当前，我国现有的木结构基础标准较为完善，涵盖术语基础标准、符号基础标准、图形基础标准、模数基础标准和分类基础标准，模数基础标准细分为建筑模数、住宅模数以及建筑部件模数三类，突出了住宅模数，解决了预制装配式建筑要求建筑部件模数统一的共性问题。但我国现有的木结构通用标准不够完善，仅有通用设计类等标准，木结构通用标准亟待补充和编制。而现有的木结构专用标准虽然较为全面，但不管是其标准体系还是规范中的技术内容，仍存在诸多不适应于预制装配式的地方。

我国现有的木结构规范大致可以分为材料类标准、设计类标准、施工类标准和验收类标准四类，相较于以前更加完善，能满足基本木结构建筑业工程需求。其标准体系基本符合上述分类，层层递进，互为补充。

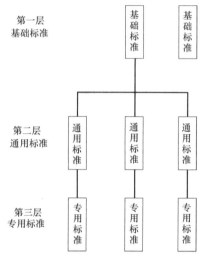

图 17-1 中国现行工程建设标准体系分类

二、问题和不足

我国多年来在木结构标准体系的建设方面做了许多工作，基本适应工业化建筑的需求，但由于开展木结构标准化的工作时间较短，这些工作远远不能满足我国木结构建筑产业的持续健康发展，仍然存在一些问题和不足：

（1）对木结构标准体系而言，不同木结构体系的标准均对各自领域实行有效覆盖，标准之间协调配套，不存在复杂、混乱和重复现象，功能目标明确，标准之间界限严格划分。但层次布局存在局限，未能有效构成一个完整适用于工业化建筑的科学体系。

（2）很多国产木材产品的生产标准和产品的认证标准尚未形成，缺乏能评估结构紧固件及节点性能的设计和试验标准，阻碍木结构连接向标准化、工业化发展。

（3）现阶段木结构建筑构件质量多以保证结构安装误差能通过施工验收为准则，各厂家出产的木构件质量控制不一，导致不同厂商木构件不协调、不适配，阻碍木结构建筑的工业化进展。因此，我国应强化建筑材料标准、部品部件标准、工程建设标准之间的衔接，建立统一的部品部件产品标准和认证、标识等体系，制定相关评价通则，健全部品部件设计、生产和施工工艺标准。严格执行《建筑模数协调标准》、部品部件公差标准，健全功能空间与部品部件之间的协调标准。

加快木结构标准制定，建立完善覆盖设计、生产、施工和使用维护全过程的装配式木结构标准规范体系，是一项必须做好的系统工程。地方、社会团体和企业都可以编制装配式建筑相关配套标准，促进关键技术和成套技术研究成果转化为标准规范，并编制与装配式建筑相配套的标准图集、工法、手册、指南等。另一方面，我们也要查缺补漏，相应地引进国外先进技术，取长补短，更要明确我国木结构标准体系的优势，扬长避短，为我国未来出口木结构相关技术做准备。

第三节　我国木结构标准体系构建

一、标准体系构建的基本理论

木结构标准体系构建基本上遵循"统一、简化、协调、选优"的原则，体系构建的出发点和落脚点是发挥体系的系统效应，其方法是对标准系统要素进行结构优化，即对标准体系的层次秩序、以建筑产品为核心的时间序列、标准的数量和相互间关系等要素进行合理排序或组合，以求标准体系从无序走向有序，工业化建筑生产和管理更加科学化，并规范建筑部品间的互换性，降低协调成本。标准体系在构建过程中的反馈和控制是必不可少的，当标准制约或阻碍建筑工业化时，应采取相应的调整或废止等措施。

二、木结构标准体系构建方法

工业化建筑标准体系按照新建、完善优化等阶段进行构建，包括：
（1）标准体系目标分析；
（2）标准需求分析；
（3）标准适用性分析；
（4）标准体系结构设计；
（5）标准体系表编制；
（6）标准体系编制说明撰写；
（7）标准体系印发、宣传；
（8）标准体系反馈信息处理；
（9）标准体系改进和维护更新。

三、标准化需求

1. 产业发展需求现状

现代木结构绿色环保，相比传统木结构其预制化、装配化程度高，适宜在林业资源丰富、木材产品供应充足的地区有条件地推广。未来，中国建筑业主要有三条发展前景广阔的道路：城市建设、新农村和城镇化建设以及旅游景区建设。

业界普遍认同木结构行业依托旅游景区建设的前景最为明朗。根据中国旅游研究院抽样调查，2016年，国内旅游44.4亿人次，比上年同期增长11.0%；国内旅游收入3.94万亿元，增长15.19%。国内旅游的热潮将带动旅游景区的投资建设。旅游景区的建筑主要以单户或联排住宅为主，同时包含大跨度建筑等公共建筑，因此借助旅游景区建设的春风，轻木框架结构、胶合木结构以及原木结构都能挖掘足够的市场份额。

同时，近些年正交胶合木的开发利用让木结构能够跻身多高层建筑领域，多高层木结构逐渐为国内业界同行以及社会各界认可，未来大有可为。根据国家统计局数据，2016年，全年房地产开发投资 102581 亿元，同比增长 6.9%。其中，住宅投资 68704 亿元，增长 6.4%；办公楼投资 6533 亿元，增长 5.2%；商业营业用房投资 15838 亿元，增长 8.4%。房地产在全国范围仍然保持中高速增长。另外，全年全社会固定资产投资 606466 亿元，同比增长 7.9%。其中，中部地区投资 156762 亿元，增长 12.0%；西部地区投资 154054 亿元，增长 12.2%。在房地产基本面向好的前景下，中西部城镇化将带动一批住宅、办公楼、商业用房等新建建筑的投资。依托城镇化的大环境，性能出色的多高层木结构也会在新一轮城镇化建设崭露头角。

目前我国木结构产业链还处于初级发展阶段，产业链体系不够完善，产业链上下游企业之间的协同性还需加强，生产要素的供给能力、市场的需求和技术水平等也有很大的提升空间。很多企业因为上游的环节尚未形成而自行承揽了从材料制造、结构设计、建造到销售等生产链上的各个环节。这种内部协作关系难以兼顾各个环节，导致企业内部臃肿庞杂，生产效率较低。业界和社会普遍认为制约木结构发展的最大障碍是消费者的观念问题，木结构材料来源也较为依赖进口，供需链矛盾凸显。目前我国 2/3 的木结构建筑企业集中在京津沪苏四个发达省市，区域间需求集中，空间链布置向沿海港口倾斜，不利于长期发展。

2. 产业政策和供给

国家政策和科技环境有利于木结构建筑业发展。政策上，2014 年住建部联合财政部发文《关于加快推动我国绿色建筑发展的实施意见》，意见指出要积极推进住宅产业化，到 2020 年，绿色建筑占新建建筑比重超过 30%。2016 年 2 月，中共中央、国务院下发《关于进一步加强城市规划建设管理工作的若干意见》，其中提到要"发展新型建造方式"、"大力推广装配式建筑"，"在具备条件的地方，倡导发展现代木结构建筑"。近些年，正交胶合木多高层木结构、钢木混合结构等关键技术的进步也推动行业发展。

供给方面，根据第八次全国森林资源清查，森林面积由 1.95 亿公顷增加到 2.08 亿公顷，同比净增 1223 万公顷，增幅达到 6%。森林每公顷蓄积量增加 3.91m³，达到 89.79m³；每公顷年均生长量提高到 4.23m³。森林资源总量和质量都在不断提高。另外，在外贸市场，2016 年 1～8 月中国进口原木及锯材 5344 万 m³，与 2015 年同期相比增长 11.0%；进口金额达 105.42 亿美元，同比下降 3.2%。木材进口量的稳定增长为木结构建筑工业化提供坚实保障。

拓宽视野到全球市场，工程木供应增长势头强劲。市场研究公司（AMR）报告显示，2022 年全球工程木市场规模将超过 400 亿美元，2016～2022 年的年复合增长率预计为 24.8%。北美和欧洲占据全球工程木供应规模的 70%。北美工程木主要以胶合板和 OSB 为主，而欧洲市场上工字梁和胶合板占领先地位。由于中国木材进口的主要地区是欧洲和北美洲，外部市场的持续增长支撑着国内供给，中国工程木的外部供应预计将足够充足。

3. 木结构标准需求

（1）需要提高我国木结构构件标准的工业化、通用化、模式化。目前我国标准化、模块化的设计标准不够完善，现有木结构项目的设计并没有采用标准化设计，大多是针对工程进行专门的定制化设计。因此，从木结构构件标准化、通用化、模式化的角度出发，打通各部品体系通用化接口，构建全产业链链条，建立一套完善的木结构构件标准体系是木结构向工业化发展的先决条件之一。

（2）需要提升标准体系完整度。木结构标准体系的基础标准较完善，但通用标准和专用标准不足，应适当填补空白。通用标准缺少耐久性通用标准、信息化管理通用标准、认证通用标准等，专用标准缺少建筑部品标准、连接产品标准、质量控制标准、运营维护专用标准、拆除及再利用专用标准等。

（3）标准体系的构建应结合先进技术的引进和研发。国外装修一体化的预制板木结构、模块化木结构技术相当成熟，出厂质检与施工验收无缝对接，连接件产品体系成熟，应加以吸收引进。目前我国木结构建筑业应用最多的结构体系分别是轻木框架结构、胶合木结构以及原木结构，技术体系基本成熟，但要朝着高质量方向发展，就必须在预制化、装配化等关键技术上首先突破，并借助质量控制标准加以保障，利用成体系的连接件产品打通各建筑部品间的通用化接口，构建起高效协同的木结构建筑生产全产业链。

四、标准体系结构框架

为了促进我国建筑业转型，我国木结构技术标准体系有必要进一步修编，以适应建筑工业化发展。木结构标准体系是工业化建筑标准体系的重要组成部分。在已有木结构工业化标准体系的框架基础上，结合木结构工业化的发展需求以及参考国外的标准体系组成方式，以工业化生产的全流程为对象，将木结构标准体系规划为材料产品标准、试验方法标准、设计标准、部品部件标准、施工及验收标准、运营管理标准和拆除及再利用标准，如图 17-2 所示。

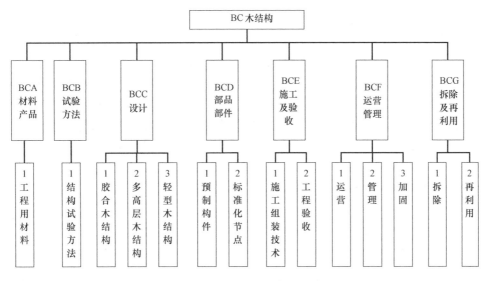

图 17-2　木结构标准体系结构框架

第四节　我国木结构标准体系内容

根据我国木结构标准现状，将我国现有标准及适应性评估后需新编完善的标准进行了梳理，我国木结构标准体系中含有标准总数 21 项。其中，现行标准 16 项、在编标准制订中 2 项、待编标准 3 项。

一、材料产品标准

材料产品标准　　　　　　　　　表 17-8

序号	标准名称	标准编号	标准级别	标准类别	状态
1	结构用集成材	GB/T 26899—2011	国家标准	产品标准	现行，继续有效
2	单板层积材	GB/T 20241—2006	国家标准	产品标准	现行，继续有效
3	定向刨花板	LY/T 1580—2010	行业标准	产品标准	现行，继续有效
4	木结构覆板用胶合板	GB/T 22349—2008	国家标准	产品标准	现行，建议修订
5	建筑结构用木工字梁	GB/T 28985—2012	国家标准	产品标准	现行，继续有效

二、试验方法标准

主要包括对梁弯曲、轴心压杆、偏心压杆、齿连接、销连接、齿板连接、指接、桁架等木结构主要构件及节点等提出试验标准。主要用于确定木结构构件及结构的试验原则、方法。

试验方法标准　　　　　　　　　表 17-9

序号	标准名称	标准编号	标准级别	标准类别	状态
1	木结构试验方法标准	GB/T 50329—2002	国家标准	方法标准	现行，继续有效

三、设计标准

主要包括木结构设计标准、结构体系标准、针对某一类部件的结构体系标准这三个层次。其中结构体系标准包括轻型木结构、胶合木结构等几个主要结构体系的设计规范；针对某一类部件的结构体系规范包括轻型木桁架、木骨架组合墙体等主要部件结构的设计规范。以木结构设计规范为原则，应用适当的结构体系标准对具体项目进行设计，再结合特定的针对部件的结构体系规范进行部件设计，通过工厂化的部件生产加工、便捷的现场安装即可达到预制装配式的目的。主要用于为设计人员决定设计项目的选型、使用何种材料，并对结构的整体和局部进行合理设计提供参考依据。

设计标准　　　　　　　　　表 17-10

	标准名称	标准编号	标准级别	标准类别	状态
综合	木结构设计标准	GB 50005—2017	国家标准	工程标准	现行，继续有效
	装配式木结构建筑技术标准	GB/T 51233—2016	国家标准	工程标准	现行，继续有效
胶合木结构	胶合木结构技术规范	GB/T 50708—2012	国家标准	工程标准	现行，建议修订
多高层木结构	多高层木结构建筑技术标准	GB/T 51226—2017	国家标准	工程标准	现行，继续有效
轻型木结构	轻型木桁架技术规范	JGJ/T 265—2012	行业标准	工程标准	现行，继续有效
	木骨架组合墙体技术标准	GB/T 50361—2018	国家标准	工程标准	现行，继续有效
	轻型木结构建筑技术规程	DG/TJ 08—2059—2009	地方标准	工程标准	现行，继续有效

四、部品部件标准

主要包括产品技术标准、安全生产标准、生产管理标准和加工机械使用标准等几个方面。其中产品技术标准包含针对预制构件或者部品的设计标准和针对标准化节点的设计标准。主要用于指导构件的工厂化生产，工厂化生产对应于传统的现场构件制作，具有生产过程规范化、标准化、机械化的特征，使产品质量可靠、变异性小。

部品部件标准   表 17-11

	标准名称	标准编号	标准级别	标准类别	状态
预制构件	梁柱式木结构居住建筑质量标准	Q/KXTZ 01—2016	企业标准	产品标准	现行,继续有效
	木结构预制构件标准	—		产品标准	待编
	工业化木结构构件质量控制标准	—		工程标准	在编
标准化节点	标准化木结构节点技术标准	—		工程标准	在编

五、施工及验收标准

主要包括施工组装标准和工程验收标准。施工组装标准包括施工管理、结构选材、构件制作、节点连接、构件的安装、运输、储存、结构防火、结构防护、施工安全等内容；工程验收标准包括对几种主要木结构体系的工程验收规定，例如方木与原木结构、胶合木结构和轻型木结构等。主要用于指导建筑产品的现场组装施工，使施工现场具有整洁性、有序性与高效性，淘汰施工现场粗制加工原木的传统方法，保证生产质量的同时，最大程度上避免制造噪声污染、固体废物污染、空气污染。同时，把控整个工程项目及其子项目的工程质量，全面考核建设成果，确保项目按设计要求的各项技术经济指标正常使用，为提高建设项目的经济效益和管理水平提供重要依据。

施工及验收标准   表 17-12

	标准名称	标准编号	标准级别	标准类别	状态
施工组装技术	木结构工程施工规范	GB/T 50772—2012	国家标准	工程标准	现行,继续有效
工程验收	木结构工程施工质量验收规范	GB 50206—2012	国家标准	工程标准	现行,建议修订

六、运营管理标准

主要内容包括木结构的运营、管理、加固以及信息化等方面的标准。主要用于指导木结构在使用过程中的结构维护和管理工作。

运营管理标准   表 17-13

标准名称	标准编号	标准级别	标准类别	状态
木结构检测技术标准	—		工程标准	待编

七、拆除及再利用标准

主要包括木结构改造、拆除与再利用等技术标准。明确维护责任人，使得整个建筑产品的设计、生产、组装、使用、拆除回收全寿命期都能做到技术先进、管理有效。主要用于指导木结构装配式建筑的拆除、回收与再利用工作，以提高资源利用效率。

拆除及再利用标准 表 17-14

标准名称	标准编号	标准级别	标准类别	状态
木结构拆除与再利用技术标准	—			待编

八、标准发展规划建议

目前木结构相关标准多集中在单一阶段，缺少与之相配套的从规划到设计、施工、验收为一体的系统性的标准。鉴于此，本书结合现代木结构产业发展的需求，提出以下标准发展建议，具体标准清单见表 17-15。

（1）结合木结构建筑工业化进度，突出重点，建议近期内增加和修编两部标准，分别是《工业化木结构构件质量控制标准》和《标准化木结构节点技术规程》。

现阶段我国木结构构件质量参差不齐，且各厂家对木构件的质量控制标准不一，严重限制了木结构的优势。为顺应建筑工业化要求，需对木结构预制构件提出技术要求、质量控制要求、标记要求。《工业化木结构构件质量控制标准》重点解决的问题有：①提出各类可工业化生产的木结构构件的质量控制要求，包括构造技术要求、缺陷控制、性能控制、质量指标、标记要求等；②总结标准化木结构构件质量检测方法和指标要求；③提出工业化木构件的安装和施工基本要求，包括与工厂标准化生产的搭接、运输规定、施工工艺、质量验收指标等；④制定木结构工业化率等指标规定，并以此推进工业化和装配化的其他相关要求，使其贯穿于设计、施工、质量验收的整个标准体系中。

现阶段通过对既有木结构体系调研发现，我国木结构设计和生产基本都以单个项目为依托，缺乏标准化设计技术，阻碍了木结构向工业化方向发展。不同木结构构件间节点的标准化程度对木结构设计、生产和施工各个环节均有重要影响。《标准化木结构节点技术标准》将对标准化木节点设计和生产提出指导性技术要求，从而促使木结构连接节点向标准化和工业化发展。本标准拟提出与建筑工业化相适应的标准化木节点设计技术要点，并对轻型木结构、层板胶合木结构、正交胶合木结构的标准化节点提出基本技术要求。

（2）基于木结构全周期环节的工业化发展需求，建议远期增加和修编三部标准，分别是《木结构预制构件标准》、《木结构检测技术标准》和《木结构拆除与再利用技术标准》。

对于预制木构件生产，我国目前没有明确可以被分类为产品技术标准的规范。我国需逐步完善构件制作和质量控制方面的标准，以及适用于装配式木结构的节点设计标准，编制配套的设计手册、设计图集。远期制定的《木结构预制构件标准》将进一步改善我国在构件或者部品的设计标准方面的稀缺问题，推动木结构构部件的商品化和标准化，提高设计和施工效率。

我国现代木结构领域至今没有专用的运营维护标准和拆除回收标准。木结构建筑虽有众多优势，但也存在木材易受虫蛀、潮湿后易腐烂等问题。我国要发展预制装配式木结构，不能只关注结构的设计、生产和施工，还需关注结构在使用过程中的健康状况和使用完后的拆除回收状况。因此我国的预制装配式木结构规范体系中，还需要一部致力于木结构维护和拆除回收的专用标准。远期制定的《木结构检测技术标准》和《木结构拆除与再利用技术标准》将科学合理地提出木结构在使用过程中的检测维护相关要求，指导废旧木结构的拆除和材料循环利用工作，为实现木结构全周期环节的工业化发展提供规范基础。

木结构修编、新编标准清单 表 17-15

序号	规范标准名称	规范标准编号	编制建议
1	《木结构覆板用胶合板》	GB/T 22349—2008	近期修订
2	《胶合木结构技术规范》	GB/T 50708—2012	近期修订
3	《木骨架组合墙体技术规范》	GB/T 50361—2005	近期修订
4	《木结构预制构件标准》	—	远期制定
5	《工业化木结构构件质量控制标准》	—	近期制定
6	《标准化木结构节点技术标准》	—	近期制定
7	《木结构工程施工质量验收规范》	GB 50206—2012	近期修订
8	《木结构检测技术标准》	—	远期制定
9	《木结构拆除与再利用技术标准》	—	远期制定

第五节 小 结

技术革新带来进步，标准化指导技术革新，技术和标准体系共同构成了木结构产业的基础。通过对比国内外标准体系，本章指出了国内标准体系在组成、层次及内容上略逊色于国外标准体系的地方。就自身发展逻辑而言，我国标准体系也存在无法有力支撑木结构建筑工业化之处，因此需要进一步修编规范。

新编规范既要反映技术进步的要求、标准体系完善的需要，又要反映经济发展和社会进步的需求。本章提出了我国木结构标准体系构建框架和具体的修编建议，以满足木结构及相关产业的工业化发展需求，促进木结构标准体系良性发展。

木结构标准体系是工业化建筑技术标准体系的重要组成部分，木结构标准体系针对的标准化对象为装配式木结构、建筑、围护结构以及设备等，涵盖设计、试验、制作、施工、运营维护、拆除再利用以及信息化等产业链的各个领域，以建筑工业化为导向，通过各领域互相承接、共同协作，共同实现标准化设计、工厂化制作、装配化施工、一体化装修及信息化管理的体系目标。

第十八章

围护系统标准体系研究

建筑围护系统主要指建筑屋面、墙面等部分通过合理的结构形式与主体结构连接，以实现保温、防水、防雷、吸声、美观等功能的综合系统，主要包括屋面、外墙面两部分。建筑围护系统按材料类别主要分为金属围护系统、混凝土围护系统、木围护系统和门窗幕墙四种类型。

目前，金属围护系统、混凝土围护系统、木围护系统和门窗幕墙作为工业化建筑围护系统的主要组成部分，尚未建立并形成以需求为导向的工业化建筑围护标准规范体系框架，未形成覆盖工业化建筑围护系统产品、建筑设计、安装、验收、后期维护与检测评价等全过程、主要产业链的标准规范体系，且不同类型的围护系统的标准类别（产品标准、工程标准）、标准用途（材料、产品生产，设计，加工制作，安装施工，维护与加固改造，拆除与再利用）、标准数量以及各标准的适用范围，内容构架等差异较大，已不能适应建筑工业化发展要求，尽快建立以需求为导向的工业化建筑围护系统标准体系框架，形成覆盖工业化建筑围护系统全过程、主要产业链的标准规范体系，对围护系统工程标准、产品标准的编制起到引导作用，保证我国工业化建筑围护系统标准制（修）订工作的科学性、前瞻性和计划性，提升标准实施效果刻不容缓。

第一节　国外建筑围护系统标准发展现状

一、国外金属围护系统标准发展现状

建筑金属围护系统主要是指以金属材料作为围护系统的承重和连接结构，利用压型金属板作为围护系统承重或防水材料，配以保温、隔热、隔声、防水等构造，实现围护系统的各项建筑功能及结构功能要求的一种系统，最常见的为压型金属板面板及墙面系统，常用于机场、体育馆、工业厂房等。欧洲、美国、日本等西方发达国家在建筑金属围护系统研究、材料、产品、设计、生产、安装、检测及维护等方面具有较完整的技术标准体系。

1. 欧洲金属围护系统相关标准发展现状

由于金属围护系统在西方发达国家使用已近两个世纪，因此已拥有较为先进技术水平及完善的行业标准。欧洲建筑金属围护系统技术标准以欧盟（EN）、英国（BS）和德国

（DIN）标准为典型代表。以英国（BS）、欧盟标准（EN）为例，分别有金属面材料及保温隔热材料，其中，金属面材料又分为全托式金属面材，如 EN 501、EN 502、EN 504、EN 505、EN 507 分别为金属锌、不锈钢、铜、钢、铝等薄板的全托式屋面板的产品要求；自承重金属面材，如，EN 506、EN 508—1、EN 508—2、EN 508—3 分别为金属锌、钢、铝、不锈钢等薄板的自承重压型板的材料、板型、设计与产品检测及试验要求和规定。

据统计，欧洲金属围护系统现行相关标准有 121 项，见表 18-1，其分为材料、产品、检测、设计和技术指南等四类。其中，材料与产品标准 38 项，检测标准 30 项，设计标准 36 项，指南为 17 项。

2. 美国金属围护系统相关标准发展现状

作为建筑金属围护系统的发源地，美国是金属围护系统使用时间最长，技术水平和技术标准相对最完善的国家。长期以来，美国通过行业协会或组织引导并规范了行业技术发展与进步，通过制定技术标准（指南）等技术手段进一步确保了行业的健康稳定持续发展。如，北美地区金属建筑制造商协会（MBMA）发布的金属建筑系统手册（2006 Metal Building Systems Manual）作为行业协会发布的金属围护系统技术指南，不仅对金属围护系统的各项性能指标作出了规定，而且对金属围护系统的构配件设计方法、设计参数及技术指标也提出了要求。

美国金属围护系统相关标准主要是以协会标准和企业标准为主。据统计，美国金属围护系统现行相关标准有 75 项，见表 18-2，其分为设计、认证检测和技术指南（手册）三大类。其中，设计标准 38 项，认证检测标准 27 项，技术指南（手册）10 项。

3. 日本金属围护系统相关标准发展现状

日本的建筑标准体系是以日本工业标准 JIS（Japanese Industrial Standards）标准为主。日本工业标准化委员会（JISC）负责组织日本工业标准的制定、修订、调查和审议工作，日本标准协会（JSA）具体负责起草工作。同时，日本有关协会也制订一些技术手册引导并规范了行业技术发展与技术进步，如，日本钢结构协会和日本金属屋面协会制订了一些金属围护系统技术手册。

据统计，日本金属围护系统现行相关标准、技术手册有 26 项，见表 18-3。

二、国外混凝土围护系统标准发展现状

国外混凝土围护体系标准主要集中在轻质混凝土围护体系上，轻质混凝土围护墙板是适应装配式建筑的一种围护体系。保温材料和装饰面层可在工厂与墙板一起预制完成，形成一体化墙板，减少现场的施工工序。国外混凝土围护系统标准体系建立在以材料为主体的产品生产、设计、施工和验收上。如德国的 DIN 标准，对于蒸压加气混凝土有《预制加筋蒸压加气混凝土部件．第 1 部分：生产、特性和合格评定》、《预制加筋蒸压加气混凝土部件．第 2 部分：结构部件设计和计算》、《预制加筋蒸压加气混凝土部件．第 3 部分：非结构部件设计和计算》、《蒸压加气混凝土加筋部件．第 4 部分：结构部件的设计和计算．结构部件的应用》、《预制加筋蒸压加气混凝土部件．第 5 部分：安全性原则》等系列标准，涵盖了墙板的生产、检验、设计、应用等内容。美国有 ASTM E《建筑外墙材料、产品和系统评估的标准指南》、日本对于蒸压加气混凝土的产品和应用也有全面的规定，对于预制混凝土产品有一系列的标准，包括名称符号、性能要求、试验方法、生产要求等，见表 18-4。

欧洲金属围护系统现行相关标准

表 18-1

类型	标准编号	标准名称（原文）	标准名称（中文）	颁布机构
材料标准	BS 8118	Structural use of aluminium	结构用铝材	英国标准协会
材料标准	BS EN 14783:2013	Fully support metal sheet and strip for roofing, external cladding and internal lining	屋面、覆面和内衬面全支承金属板和带材	英国标准协会
材料标准	BS EN 494:1994	Fibre-cement profiled sheets and fittings for roofing. Product specification and test methods	屋面用纤维水泥压型板及配件产品规范及检测方法	英国标准协会
材料标准	BS EN 485	Aluminium and aluminium alloys—Sheet, strips and plate	铝及铝合金—薄板、带材及板材	英国标准协会
材料标准	BS EN 485-1:2008	Technical conditions for inspection and delivery	验收及运输的技术条件	英国标准协会
材料标准	BS EN 485-2:2007	Mechanical poperties	机械性能	英国标准协会
材料标准	EN 10088-1:2014	Stainless steels—Part 1:List of stainless steels	不锈钢　第 1 部分：不锈钢列表	欧洲标准化委员会
材料标准	EN 10088-2:2014	Stainless steels—Part 2: Technical delivery conditions for sheet/plate and strip of corrosion resisting steels for general purposes	不锈钢　第 2 部分：一般用途不锈钢钢带交货条件	欧洲标准化委员会
产品标准	BS EN 485-3:2003	Tolerances on dimensions and form for hot-rolled products	热轧成型金属制品的形状及尺寸误差标准	英国标准协会
产品标准	BS EN 485-4:1997(c.d.2007)	Tolerances on shape and dimensions for cold-rolled products	冷轧成型金属制品的形状及尺寸误差标准	英国标准协会
产品标准	BS EN 501:1994	Roofing products from metal sheet. Specifications for fully supported roofing products of zinc sheet	利用金属薄板制作的屋面产品　锌制的全支撑屋面产品规范	英国标准协会
产品标准	BS EN 502:2000	Roofing products from metal sheet. Specification for fully supported products of stainless steel sheet	利用金属薄板制作的屋面产品　不锈钢全支撑屋面产品规范	英国标准协会
产品标准	BS EN 504:2000	Roofing products from metal sheet. Specification for fully supported roofing products of copper sheet	利用金属薄板制作的屋面产品　铜制的全支撑屋面产品技术规范	英国标准协会
产品标准	BS EN 505:2000	Roofing products from metal sheet. Specification for fully supported roofing products of steel sheet	利用金属薄板制作的屋面产品　钢制的全支撑屋面产品技术规范	英国标准协会
产品标准	BS EN 506:2000	Roofing products from metal sheet. Specification for self-supporting products of copper or zinc sheet	利用金属薄板制作的屋面产品　铜或锌制的自支撑屋面产品技术规范	英国标准协会

续表

类型	标准编号	标准名称（原文）	标准名称（中文）	颁布机构
产品标准	BS EN 507:2000	Roofing products from metal sheet. Specification for fully supported roofing products of aluminium	利用金属薄板制作的屋面产品 铝制的全支撑屋面产品技术规范	英国标准协会
产品标准	BS EN 508-1:2000	Roofing products from metal sheet—Specification for self-supporting products of steel, aluminium or stainless steel sheet—Part 1:Steel	利用金属薄板制作的屋面产品 钢，铝和不锈钢制的自支撑板材规范 第1部分：钢	英国标准协会
产品标准	BS EN 508-2:2000	Roofing products from metal sheet. Specification for self-supporting products of steel, aluminium or stainless steel sheet—Part 2:Aluminium	利用金属薄板制作的屋面产品 钢，铝和不锈钢制的自支撑板材规范 第2部分：铝及铝合金	英国标准协会
产品标准	BS EN 508-3:2000	Roofing products from metal sheet—Specification for self-supporting products of steel, aluminium or stainless steel sheet—Part 3:Stainless steel	利用金属薄板制作的屋面产品 钢，铝和不锈钢制的自支撑板材规范 第3部分：不锈钢	英国标准协会
产品标准	BS EN 988:1997	Zinc and zinc alloys. Specification for rolled flat products for building	锌及锌合金 建筑用轧制平板制品的技术规格	英国标准协会
产品标准	BS EN 10326:2004	Continuously hot-dip coated strip and sheet of structural steels. Technical delivery conditions	持续热侵镀的结构钢带材和薄板 交货技术条件	英国标准协会
产品标准	BS EN 12588:2006	Lead and lead alloys. Rolled lead sheet for building purposes	铅和铅合金 建筑用轧制薄铅板	英国标准协会
产品标准	BS 3958-5:1986	Thermal insulating materials. Specification for bonded man-made mineral fibre slabs	隔热材料 第5部分：粘结人造矿物纤维板规范	英国标准协会
产品标准	BS 4016:1997	Specification for flexible building membranes (breather type)	柔性建筑用膜材（透气）的应用规范	英国标准协会
产品标准	BS EN 13162:2001	Thermal insulation products for buildings Factory made mineral wool(MW)products specification	建筑物的热绝缘产品 工厂制矿物棉制品(MW)规范	英国标准协会
产品标准	BS EN 13163:2001	Thermal insulation products for buildings Factory made products of expanded polystyrene specification	建筑物的热绝缘产品 工厂制膨胀性聚苯酯制品(EPS)规范	英国标准协会
产品标准	BS EN 13164:2001	Thermal insulation products for buildings Factory made products of extruded polystyrene foam (XPS) specification	建筑物的热绝缘产品 工厂制挤压成型的聚氨酯泡沫制品(XPS)规范	英国标准协会

续表

类型	标准编号	标准名称（原文）	标准名称（中文）	颁布机构
产品标准	BS EN 13165:2001	Thermal insulation products for buildings Factory made rigid polyurethane foam(PUR)products specification	建筑物的热绝缘产品 工厂制聚氨酯泡沫制品(PUR)规范	英国标准协会
产品标准	BS EN 13166:2001	Thermal insulation products for buildings Factory made products of phenolic foam(PF) specification	建筑物的热绝缘产品 工厂制酚醛泡沫制品(PF)规范	英国标准协会
产品标准	BS EN 13167:2001	Thermal insulation products for buildings. Factory made cellular glass(CG)products specification	建筑物的热绝缘产品 工厂制泡沫玻璃制品(CG)规范	英国标准协会
产品标准	BS 4841-1-2006	Rigid polyisocyanurate (PIR) and polyurethane (PUR) products for building end-use applications—Specification for laminated insulation boards with auto-adhesively or separately bonded facings	建筑最终用途用硬质聚氨酯尿酸酯(PIR)制品 第1部分：带自动粘附或分离粘接表面的叠层绝缘板用规范	英国标准协会
产品标准	BS 4841-2-2006	Rigid polyisocyanurate (PIR) and polyurethane (PUR) products for building end-use applications—Specification for laminated insulation boards with auto-adhesively or separately bonded facings for use as roofboard thermal insulation for internal wall linings and ceilings	建筑最终用途用硬质聚氨酯尿酸酯(PIR)制品 第2部分：内墙隔板和天花板用干隔热带自动粘附粘接表面的叠合板用规范	英国标准协会
产品标准	BS 4841-3-2006	Rigid polyisocyanurate (PIR) and polyurethane (PUR) products for building end-use applications—Specification for laminated boards (roofboards) with auto-adhesively or separately bonded facings for use as roofboard thermal insulation under built up bituminous single-ply roofing membranes	建筑最终用途用硬质聚氨酯尿酸酯(PIR)制品 第3部分：建立在沥青屋顶膜下用作屋顶自动粘附或单独粘结面层用规范	英国标准协会
产品标准	BS 4841-4-2006	Rigid polyurethane (PUR) and polyisocyanurate (PIR) products for building end-use applications—Specification for laminated insulation boards (roofboards) with auto-adhesively or separately bonded facings for use as roofboard thermal insulation under non-bituminous single-ply roofing membranes	建筑物最终用途设施用刚性聚氨酯(PUR)和聚异氰酸酯(PIR) 第4部分：不含沥青单层屋顶薄膜下用作屋顶板的自粘带的自粘或单独粘结面规范	英国标准协会

类型	标准编号	标准名称（原文）	标准名称（中文）	颁布机构
产品标准	BS 4841-5-2006	Rigid polyisocyanurate (PIR) and polyurethane (PUR) products for building end-use applications—Specification for laminated boards (roofboards) with auto-adhesively or separately bonded facings for use as thermal insulation boards for pitched roofs	建筑物最终用途设施用刚性聚异氰脲酸酯（PIR）和聚异氰脲酸酯（PUR）和聚氨酯（PUR）产品 第5部分：坡屋面层屋面板隔热板带自粘或单独粘结面层屋面板规范	英国标准协会
产品标准	BS 4842-1984	Specification for liquid organic coatings for application to aluminium alloy extrusions, sheet and preformed sections for external architectural purposes, and for the finish on aluminium alloy extrusions, sheet and preformed sections coated with liquid organic coatings	涂用于外部建筑的铝合金挤压件、薄板材和预成型件上的液态有机涂层和液态有机涂层的成型件上的液态有机涂层和液层涂层的规范	英国标准协会
产品标准	EN 1172-1996	Copper and copper alloys—Sheet and strip for building purposes	铜和铜合金　建筑用薄板和带材	欧洲标准化委员会
产品标准	BS EN 1172-1997	Copper and copper alloys—Sheet and strip for building purposes	铜和铜合金　建筑用薄板和带材	英国标准协会
检测标准	BS 476-22:1997	Method of determination of non-loadbearing elements of construction	对非承重的建筑单元的测定方法	英国标准协会
检测标准	BS EN 534:2006	Corrugated bitumen sheets—Product specification and test methods	波形沥青屋面板　产品的技术规格与测试方法	英国标准协会
检测标准	BS EN 1013-1:1998	Light transmitting profiled plastic sheeting for single skin roofing. General requirements and test methods	单层屋面用透光压型塑料片材　一般要求和试验方法	英国标准协会
检测标准	BS EN 1013-2:1999	Light transmitting profiled plastic sheeting for single skin roofing. Specific requirements and test methods for sheets of glass fibre reinforced polyester resin (GRP)	单层屋面用透光压型塑料薄板　玻璃纤维增强聚酯树脂薄板（GRP）特定的要求和试验方法	英国标准协会
检测标准	BS EN 1013-3:1998	Light transmitting profiled plastic sheeting for single skin roofing. Specific requirements and test methods for sheets of polyvinyl chloride(PVC)	单层屋面用透光压型塑料薄板　聚氯乙烯薄板（PVC）特定的要求和试验方法	英国标准协会

续表

类型	标准编号	标准名称（原文）	标准名称（中文）	颁布机构
检测标准	BS EN 1013-4:2000	Light transmitting profiled plastic sheeting for single skin roofing. Specific requirements, test methods and performance of polycarbonate(PC)sheets	单层屋面用透光压型塑料薄板 聚碳酸酯薄板（PC）特定的要求和试验方法	英国标准协会
检测标准	BS EN 1013-5:2000	Light transmitting profiled plastic sheeting for single skin roofing. Specific requirements, test methods and performance of polymethylmethacrylate(PMMA) sheets	单层屋面用透光压型塑料薄板聚甲基丙烯酸（PC）薄板（有机玻璃）特定的要求和试验方法	英国标准协会
检测标准	BS EN 10169-2:2006	Continuously organic coated(coil coated)steel flat products. Products for building exterior applications	连续有机料涂覆（滚涂）的扁钢制品 一般信息（定义、材料、公差、测试方法）	英国标准协会
检测标准	BS EN 13829:2001	Thermal performance of buildings. Determination of air permeability of buildings. Fan pressurization method	建筑物的热工性能 建筑物气密性能的确定 利用鼓风机加压的检测方法	英国标准协会
检测标准	BS EN 12114:2000	Thermal performance of buildings—Air permeability of building components and building elements—Laboratory test method	建筑物的热工性能 建筑物气密性能的确定 实验室的检测方法	英国标准协会
检测标准	BS 476	Fire tests on building materials and structures	建筑材料和结构的燃烧试验	英国标准协会
检测标准	BS 476-3:2007	Classification and method of test for external fire exposure to roofs	第3部分：暴露于外部火焰下屋顶材料及构件的防火测试方法及防火分级	英国标准协会
检测标准	BS 476-4:1970	Fire tests on building materials and structures. Non-combustibility test for materials	第4部份：材料的不可燃性试验	英国标准协会
检测标准	BS 476-7:1997	Method of test to determine the classification of surface spread of flame of products	第7部份：测定制品火焰表面蔓延分类的试验方法	英国标准协会
检测标准	BS EN 13501	Fire classification of construction products and building elements	建筑产品和部件燃烧性能的分类	英国标准协会
检测标准	BS EN 13501-1:2003	Classification using test data from reaction to fire tests	第1部份：根据燃烧试验反应的试验数据进行分类	英国标准协会
检测标准	BS EN 13501-2:2003	Classification using data from fire resistance tests, excluding ventilation services	第2部份 根据防火试验的数据进行分类（不包括通风设备）	英国标准协会

续表

类型	标准编号	标准名称(原文)	标准名称(中文)	颁布机构
检测标准	BS EN 13501-5:2003	Classification using data from external fire exposure to roofs tests	第 5 部份：根据由屋顶外部着火试验获得的数据分类	英国标准协会
检测标准	BS 874	Methods for determining thermal insulating properties	热绝缘性能测定方法	英国标准协会
检测标准	BS 874-1:1986	Introduction，definitions and principles of measurement	第 1 部分：测量的概述，定义和原理	英国标准协会
检测标准	BS 874-3.1:1987	Tests for thermal transmittance and conductance. Guarded hot-box method	第 3 部分：热传递系数和导热性试验。第 1 节：保护热箱法	英国标准协会
检测标准	BS 874-3.2:1990	Tests for thermal transmittance and conductance. Calibrated hot-box method	第 3 部分：热传递系数和导热性试验。第 2 节：标定热箱法	英国标准协会
检测标准	BS 3712-1:1991	Building and construction sealants—Methods of test for homogeneity，relative density and penetration	建筑和结构密封剂 第 1 部分 均匀性、相对密度和渗透性试验方法	英国标准协会
检测标准	BS 3712-2:1973	Building and construction sealants—Methods of test for seepage，staining，shrinkage，shelf life and paintability	建筑施工用密封胶 第 2 部分 渗流，沾污性、收缩，储存期限和可涂性试验方法	英国标准协会
检测标准	BS 3712-3:1974	Building and construction sealants—Methods of test for application life，skinning properties and tack-free time	建筑施工用密封胶 第 3 部分 使用寿命，结皮特性和黏性消失时间试验方法	英国标准协会
检测标准	BS 3712-4:1991	Building and construction sealants—Method of test for adhesion in peel	建筑和结构密封剂 第 4 部分 附着强度剥离试验方法	英国标准协会
检测标准	BS 5821-3:1984	Methods for rating the sound insulation in buildings and of building elements—Method for rating the airborne sound insulation of faade elements and faades	建筑物和建筑构件隔音评定方法 第 3 部分 外表构件和外部的空气隔音评定方法	英国标准协会
检测标准	BS EN 20140-10:1992	Acoustics—Measurement of sound insulation in buildings and of building elements—Laboratory measurement of airborne sound insulation of small building elements	声学 建筑物和构件隔音的测量 第 10 部分 小型建筑构件隔音的实验室测量	英国标准协会
检测标准	BS EN 20140-2:1993	Determination，verification and application of precision data	声学 建筑物和建筑构件的隔音测量 第 2 部分 精确数据的测定，验证和应用	英国标准协会

续表

类型	标准编号	标准名称(原文)	标准名称(中文)	颁布机构
检测标准	CIBSE TM 23:2003	Testing buildings for air leakage	建筑的气密性检测	英国特许建筑服务工程师协会
设计标准	EN 1993-1-4:2006	Eurocode 3—Design of steel structures—Part 1-4: General rules- Supplementary rules for stainless steels	欧洲规范 3—钢结构设计 第 1~4 部分:一般规定 不锈钢的补充规定	欧洲标准化委员会
设计标准	BS EN 1993-1-3:2006	Cold-formed thin gauge members and sheeting	冷弯薄壁构件	英国标准协会
设计标准	BS EN 1993-1-8:2005	Design of joints	节点设计	英国标准协会
设计标准	BS EN 5250:2002	Code of practice for control of condensation in buildings	建筑冷凝控制实施规程	英国标准协会
设计标准	BS EN 14782:2006	Self-supporting metal sheet for roofing; external cladding and internal lining, product specification and requirements	自承重金属屋面、外覆面及内衬面,产品规格和要求	英国标准协会
设计标准	BS 6399-3:1988	Loading for buildings;Code of practice for imposed roof loads	建筑荷载规范;屋面施加荷载	英国标准协会
设计标准	BS 5950-5:1998	Code of practice for design of cold formed thin gauge sections	第 5 部分:冷成型薄壁钢结构设计规范	英国标准协会
设计标准	BS 5950-6:1995	Code of practice for design of light gauge profiled steel sheeting	第 6 部分:薄壁压型钢板设计规范	英国标准协会
设计标准	BS 5950-9:1994	Code of practice for stressed skin design	第 9 部分:结构应力蒙皮设计规范	英国标准协会
设计标准	BS 5268-2:2002	Code of practice for permissible stress design, materials and workmanship	第 2 部分:允许应力设计,材料及工艺规范	英国标准协会
设计标准	BS 5268-3:2006	Code of practice for trussed rafter roofs	第 3 部分:桁架结构屋顶	英国标准协会
设计标准	BS 5268-7.2:1989	Recommendations for the calculation basis for span tables, Joists for flat roofs	第 7 部分:被推荐的跨距表计算基准,第 2 节:平屋面的托梁	英国标准协会
设计标准	BS 5268-7.5:1990	Recommendations for the calculation basis for span tables. Domestic rafters	第 7 部分:被推荐的跨距表计算基准,第 5 节:居住建筑屋顶的缘结构	英国标准协会
设计标准	BS 5268-7.6:1990	Recommendations for the calculation basis for span tables. Purlins supporting rafters	第 7 部分:被推荐的跨距表计算基准,第 6 节:支撑于檩条上部的缘结构	英国标准协会

续表

类型	标准编号	标准名称(原文)	标准名称(中文)	颁布机构
设计标准	BS 5268-7.7:1990	Recommendations for the calculation basis for span tables. Purlins supporting sheeting or decking	第7部分:被推荐的跨距表计算基准;第7节:支撑于檩条上部的薄板或屋顶板	英国标准协会
设计标准	BS 8118-1:1991	Code of practice for design	第1部分:设计规范	英国标准协会
设计标准	BS 8118-2:1991	Specification for materials, workmanship and protection	第2部分:材料,加工工艺及防护	英国标准协会
设计标准	BS EN 1991-1	Eurocode 1 Actions on structures: Part 1: General actions	对建筑结构的作用 第一部份:一般的作用	英国标准协会
设计标准	BS EN 1991-1-2:2002	Action on structures exposed to fire	火灾作用	英国标准协会
设计标准	BS EN 1991-1-3:2003	Snow loads	雪荷载	英国标准协会
设计标准	BS EN 1991-1-4:2005	Wind actions	风荷载效应	英国标准协会
设计标准	BS EN 1991-1-5:2003	Thermal actions	温度效应	英国标准协会
设计标准	BS EN 1993-1-1:2005	General rules and rules for buildings	第1节:一般规则及建筑应用规则	英国标准协会
设计标准	BS EN 1993-1-4:2006	Stainless steels	第4节:不锈钢	英国标准协会
设计标准	BS 6915:2001	Design and Construction of fully supported lead sheet roof and wall coverings. Code of practice performance requirements	全支撑铝制薄板金属屋面及端面覆盖物的设计与构造规范	英国标准协会
设计标准	BS 8233:1999	Sound insulation and noise reduction for buildings. Code of practice	建筑物隔声降噪设计规范	英国标准协会
设计标准	BS EN ISO 6946:2007	Building components and building elements. Thermal resistance and thermal transmittance. Calculation method	建筑物组件及建筑物构件 热阻及传热导的计算方法	英国标准协会
设计标准	BS EN ISO 10211:2007	Thermal bridges in building construction. Heat flows and surface temperatures. Detailed calculations	建筑结构的热桥 热流量与表面温度的详细计算方法	英国标准协会
设计标准	BS EN 12056-1:2000	Gravity drainage systems inside buildings. General and performance requirements	建筑物内部的自流排水系统 一般和性能要求	英国标准协会
设计标准	BS EN 12056-3:2000	Gravity drainage systems inside buildings. Roof drainage.layout and calculation	建筑物内部的自流排水系统 屋面排水设计和计算	英国标准协会

续表

类型	标准编号	标准名称(原文)	标准名称(中文)	颁布机构
设计标准	BS EN ISO 13789:1999	Thermal performance of buildings. Transmission heat lost coefficient. Calculation method	建筑物热学性能 传热损失系数的计算方法	英国标准协会
设计标准	CP 143-1:1958	Code of practice for sheet roof and wall coverings. Aluminium,corrugated and troughed	压型薄板屋面及墙面技术规范 铝制波形或梯形截面压型板	英国标准协会
设计标准	BS EN ISO 7345:1996	Thermal insulation. Physical quantities and definitions	热绝缘 物理量及定义	英国标准协会
设计标准	BS 4868-1972	Specification for profiled aluminium sheet for building	建筑用成型薄铝板规范	英国标准协会
设计标准	BS 4904-1978	Specification for external cladding colours for building purposes	建筑用外部雨护结构颜色规范	英国标准协会
设计标准	BS 5427-1:1996	Code of practice for the use of profiled sheet for roof and wall cladding on buildings—Design	建筑物屋顶和镶面用型板饰例 第1部分 设计	英国标准协会
技术指南	BS 6093:2006	Design of joints and jointing in building construction. Guide	建筑结构节点设计指南	英国标准协会
技术指南	BS 7543:2003	Guide to durability of building and building elements;products and components	建筑、建筑的构件,产品及组件的耐用性指南	英国标准协会
技术指南	MCRMA technical paper No. 01	Recommended good practice for day lighting in metal clad buildings	被推荐采用的金属屋面采光一般做法	英国金属屋面制造协会
技术指南	MCRMA technical paper No. 02	Curved sheeting manual	弧形屋面板的设计手册	英国金属屋面制造协会
技术指南	MCRMA technical paper No. 03	Secret fix roofing design guide	隐藏扣合式金属屋面板设计应用指引	英国金属屋面制造协会
技术指南	MCRMA technical paper No. 05	Metal wall design guide	金属墙体设计指引	英国金属屋面制造协会
技术指南	MCRMA technical paper No. 06	Profiled metal roofing design guide	压型金属屋面板的设计指引	英国金属屋面制造协会
技术指南	MCRMA technical paper No. 07	Fire Design of steel-clad external wall for building: construction,performance standards and design	金属包覆的建筑墙体防火设计:构造,性能要求及设计	英国金属屋面制造协会

续表

类型	标准编号	标准名称(原文)	标准名称(中文)	颁布机构
技术指南	MCRMA technical paper No. 08	Acoustic Design Guide for metal roof and wall cladding	金属屋面墙面系统有关声学性能的设计指引	英国金属屋面墙面制造协会
技术指南	MCRMA technical paper No. 11 (revised version)	Metal fabrications; Design, detailing and installation guide	金属构件的制作：设计、节点构造及安装指引	英国金属屋面墙面制造协会
技术指南	MCRMA technical paper No. 12	Fasteners for metal roof and wall cladding; design detailing and installation guide	用于金属屋面墙面系统的紧固件：设计及安装指引	英国金属屋面墙面制造协会
技术指南	MCRMA technical paper No. 14	Guidance for the design of metal roofing and cladding to comply with Approval Document L2;2001	遵循批准文件（AP L2)的金属屋面墙面覆盖物设计指引	英国金属屋面墙面制造协会
技术指南	MCRMA technical paper No. 16	Guidance for the effective sealing of end lap details in metal roofing constructions	金属屋面构造物端部有效密封的一般规定及设计指引	英国金属屋面墙面制造协会
技术指南	MCRMA technical paper No. 18	Conventions for calculating U-values, f-values and ψ-values for metal cladding system using two-and three-dimensional thermal calculations	利用二维或三维计算方法确定金属围护系统 U 值、f 值及 ψ 值的一般规定	英国金属屋面墙面制造协会
技术指南	CISBE Guide A3	Thermal properties of building structures CISBE 1999	建筑结构的热工性能	英国特许建筑服务工程师协会
技术指南	The Building Regulations 2000 Approval Document L2	Conservation of fuel and power in building other than dwellings;2002 edition	非住宅建筑的燃料和能耗节约(2012 年版)	英国计划与发展部
技术指南	ETAG-006	Systems of mechanically fastened flexible roof waterproofing membranes-Systems of machanically fastened flexible roog waterproofing membranes including the systems of fastening,jointing and edging,and sometimes thermal insulation, limited to continuous watertight system based on flexible sheets (for roof waterproofing)	机械固定柔性屋面防水卷材系统的欧洲技术认证指南	欧洲 CE 认证法规

美国金属围护系统现行相关标准

表 18-2

类型	标准编号	标准名称(原文)	标准名称(中文)	颁布机构
检测标准	ASTM E1680-2011	Standard test method for rate of air leakage through exterior metal roof panel systems	通过外部金属屋顶板系统的空气泄漏率的标准试验方法	美国材料与试验协会

续表

类型	标准编号	标准名称（原文）	标准名称（中文）	颁布机构
检测标准	ASTM C 1046-1995	Standard practice for in-situ measurement of heat flux and temperature on building envelope components	建筑围护构件的热通量和温度的现场测量标准实施规程	美国材料实验协会
检测标准	ASTM C 1060-1990	Thermographic inspection of insulation installations in envelope cavities of frame buildings	框架建筑物围护系统内腔绝热设施的热工检验	美国材料实验协会
检测标准	ASTM C 1363-2005	Standard test method for thermal performance of building materials and envelope assemblies by means of a hot box apparatus	用高温实验室法测定建筑材料和围护系统热工性能的标准试验方法	美国材料实验协会
检测标准	ASTM C 1498a-2004	Standard test method for hygroscopic sorption isotherms of building materials	建筑材料的吸湿等热性的标准试验方法	美国材料实验协会
检测标准	ASTM C 1501-2004	Standard test method for color stability of building construction sealants as determined by laboratory accelerated weathering procedures	用实验室加速风化程序测定建筑物密封材料颜色稳定性的标准试验方法	美国材料实验协会
检测标准	ASTM C 1519-2004	Standard practice for evaluating durability of building construction sealants by laboratory accelerated weathering procedures	用实验室加速老化程序评价建筑物结构密封剂耐用性的标准规程	美国材料实验协会
检测标准	ASTM D 4226-2005	Standard test methods for impact resistance of rigid poly(vinyl chloride) (PVC)building products	硬质聚氯乙烯（PVC）建筑产品前冲击性的标准试验方法	美国材料实验协会
检测标准	ASTM D 4803-1997	Standard test method for predicting heat buildup in PVC building products	聚氯乙烯（PVC）建筑产品中预测生热性的标准试验方法	美国材料实验协会
检测标准	ASTM E 119a-2007	Standard test methods for fire tests of building construction and materials	建筑结构和材料燃烧试验的标准试验方法	美国材料实验协会
检测标准	ASTM E 2126-2007	Standard test methods for cyclic(reversed)load test for shear resistance of walls for buildings	建筑物用墙抗剪切的周期（反向）负荷试验用标准试验方法	美国材料实验协会
检测标准	ASTM E 564-2006	Standard practice for static load test for shear resistance of framed walls for buildings	建筑物框架墙抗剪切的静态负荷试验的标准实施规程	美国材料实验协会
检测标准	ASTM E 695-2003	Standard method for measuring relative resistance of wall,floor,and roof construction to impact loading	墙、楼板和屋顶建筑的相对抗冲击负荷测量的标准方法	美国材料实验协会

续表

类型	标准编号	标准名称（原文）	标准名称（中文）	颁布机构
检测标准	ASTM E1646-1995(2011)	Standard test method for water penetration of exterior metal roof panel systems by uniform static air pressure difference	用均匀静态气压差法对外部金属屋面系统的水渗透性的标准试验方法	美国材料与试验协会
检测标准	ANSI/UL580-2009	Standard for tests for uplift resistance of roof assemblies	标准测试抗风掀的屋顶组件	美国国家标准学会
检测标准	CSA A123.21-2014	Standard test method for the dynamic wind uplift resistance of mechanically attached membrane-roofing systems	动态风荷载作用用下卷材屋面系统抗风揭承载力的标准测试方法	加拿大标准协会
检测标准	FM 4470	Approval standard for single-ply, polymer-modified bitumen sheet, built-up roof and liquid applied roof assemblies for use in class 1 and noncombustible roof deck construction	对于用于1级和不可燃屋面结构的单层卷材料结构的单层板材卷材、改性聚合沥青卷材、多层卷材屋面及屋面液态辅设屋面组合的认证标准	美国联合保险商协会
检测标准	FM 4471	Approval standard for class 1 panel roofs	一级板材屋面认证标准	美国联合保险商协会
检测标准	NT BUILD 307	Nordtest, roof coverings; wind load resistance	北欧测试合作组织,屋面覆盖物:抗风性能	北欧测试合作组织
检测标准	ANSI FM4880-2001	Standard for Evaluating A) Insulated Wall or Wall & Roof/Ceiling Assemblies; B) Plastic Interior Finish Materials; C) Plastic Exterior Building Panels; D) Wall/Ceiling Coating Systems; E) Interior or Exterior Finish Systems	评估标准:A)绝缘墙或墙壁和天花板或屋顶;B)塑料内部终饰材料;C)塑料外部建筑面板;D)墙或天花板涂层系统;E)内部或外部终饰系统	美国国家标准协会
检测标准	ANSI Z97.1-2004	Glazing materials used in buildings,safety performance specifications and methods of test	建筑物中窗用玻璃材料的安全性能规范和测试方法	美国国家标准协会
检测标准	ANSI/ASTM D4226-2000	Test method for impact resistance of rigid poly(vinyl chloride)(PVC) building products(95-1,item 42)(08.02)	刚性聚氯乙烯(PVC)建筑产品冲击试验方法(95-1,Item 42)(08.02)	美国国家标准协会美国材料实验协会
检测标准	ANSI/ASTM D4803-1997	Test method for predicting heat buildup in PVC building products	预测聚氯乙烯建筑产品热积累的试验方法	美国国家标准协会美国材料实验协会

续表

类型	标准编号	标准名称（原文）	标准名称（中文）	颁布机构
检测标准	ANSI/ASTM E119-2007	Test methods for fire tests of building construction and materials	建筑结构和材料着火试验的试验方法	美国国家标准协会/美国材料实验协会
检测标准	ANSI/ASTM E2127-2001	Test methods for static load test for combined tensile and transverse load resistance of panel wall systems in building construction	建筑物结构隔墙墙系统抗拉伸与横向荷载组合的静荷载试验方法	美国国家标准协会/美国材料实验协会
检测标准	ANSI/ASTM E564-1995	Method of static load test for shear resistance of framed walls for buildings(04.11)	建筑物构架墙抗剪强度的静态载荷的试验方法	美国国家标准协会/美国材料实验协会
检测标准	ANSI/ASTM E84b-2006	Test method for surface burning characteristics of building materials	建筑物材料表面燃烧特征的试验方法	美国国家标准协会/美国材料实验协会
检测标准	ANSI/NFPA 251-2006	Methods of fire tests of building construction and materials	房屋建筑和建筑材料的着火试验方法	美国国家标准协会/美国消防协会
检测标准	ANSI/NFPA 255-2006	Standard method of test of surface burning characteristics of building materials	建材料表面燃烧特性的标准试验方法	美国国家标准协会/美国消防协会
检测标准	ANSI/UL 1040-2001	Standard for safety for fire test for insulated wall construction	建筑绝热墙耐火试验安全性标准	美国国家标准协会/美国保险商试验所
检测标准	ANSI/UL 2079-2006	Standard for safety for tests for fire resistance of building joint systems	建筑物连接系统的防火试验安全标准	美国国家标准协会/美国保险商试验所
检测标准	ANSI/UL 263-2003	Standard for safety for fire tests of building construction and materials	建筑结构和材料防火试验的安全标准	美国国家标准协会/美国保险商试验所
检测标准	ANSI/UL 723-2005	Standard for safety for the test for surface burning characteristics of building materials	建筑材料表面燃烧特性试验的安全标准	美国国家标准协会/美国保险商试验所
检测标准	UL 2079-1998	Tests for fire resistance of building joint systems	建筑物连接系统的耐火性试验	美国保险商试验所

续表

类型	标准编号	标准名称（原文）	标准名称（中文）	颁布机构
检测标准	UL 263-2003	Fire tests of building construction and materials	建筑结构和材料的燃烧试验	美国保险商试验所
检测标准	UL 723-2003	Test for surface burning characteristics of building materials	建筑材料表面燃烧特性的试验	美国保险商试验所
检测标准	ANSI/FM 4474-2004	Evaluating the simulated wind uplift resistance of roof assemblies using static positive and/or negative differential pressures	用静态正压和或负压法评价屋面系统的模拟抗风揭	美国国家标准学会
检测标准	ASTM E 1592-2012	Standard test method for structural performance of sheet metal roof and siding systems by uniform static air pressure difference	薄板金属屋面和外墙板系统在均匀静态气压差作用下的结构性能检测方法	美国材料与试验协会
设计标准	ASCE 8-02	Specification for the design of cold-formed stainless steel structural members	冷弯不锈钢构件设计	美国土木工程师学会
设计标准	ANSI/AISC 360-2005	Specification for structural steel buildings	建筑钢物结构规范	美国国家标准协会/美国钢结构协会
设计标准	ANSI/ASHRAE 169-2006	Weather data for building design standards	用于建筑设计的气象资料标准	美国国家标准协会/美国采暖制冷空调工程师协会
设计标准	ANSI/ASME B18.2.6-2006	Fasteners for use in structural applications	建筑结构中使用的紧固件	美国国家标准协会/美国机械工程师学会
设计标准	ANSI/ASTM E1700-1995	Classification for serviceability of an office facility for structure and building envelope(04.11)	办公设施关于结构和建筑物围护结构适用性的分类	美国国家标准协会/美国材料实验协会
设计标准	ANSI/ASTM E329a-2006	Specification for agencies engaged in the testing and/or inspection of materials used in construction	建筑材料的测试和/或验收机构的规范	美国国家标准协会/美国材料实验协会
设计标准	ANSI/NFPA 703-2006	Standard for fire-retardant treated wood and fire-retardant coatings for building materials	建筑材料用阻燃处理木材和阻燃涂层标准	美国国家标准协会/美国消防协会
设计标准	ANSI/NFPA 80A-2007	Recommended practice for protection of buildings from exterior fire exposures	建筑物外部防火的推荐实施规程	美国国家标准协会/美国消防协会

续表

类型	标准编号	标准名称（原文）	标准名称（中文）	颁布机构
设计标准	ASTM A 755/A 755M-2003	Standard specification for steel sheet, metallic coated by the hot-dip process and prepainted by the coil-coating process for exterior exposed building products	外露建筑产品用热浸涂覆和用卷涂工艺预涂金属的钢薄板的标准规范	美国材料实验协会
设计标准	ASTM B 101-2007	Standard specification for lead-coated copper sheet and strip for building construction	建筑结构用包铅铜薄板和带材的标准规范	美国材料实验协会
设计标准	ASTM B 370-2003	Standard specification for copper sheet and strip for building construction	建筑结构用铜薄板和带材标准规范	美国材料实验协会
设计标准	ASTM C 1172-2003	Standard specification for laminated architectural flat glass	建筑用夹层平板玻璃标准规范	美国材料实验协会
设计标准	ASTM C 1249a-2006	Standard guide for secondary seal for sealed insulating glass units for structural sealant glazing applications	建筑密封玻璃用密封绝缘玻璃组件的二次密封标准规范	美国材料实验协会
设计标准	ASTM C 1349-2004	Standard specification for architectural flat glass clad polycarbonate	建筑用聚碳酸酯镀层平板玻璃的标准规范	美国材料实验协会
设计标准	ASTM C 1483-2004	Standard specification for exterior solar radiation control coatings on buildings	建筑物外部防太阳辐射涂层的标准规范	美国材料实验协会
设计标准	ASTM C 1589-2005	Standard practice for outdoor weathering of construction seals and sealants	建筑密封件和密封剂的室外老化的标准规程	美国材料实验协会
设计标准	ASTM C 1642-2007	Standard practice for determining air leakage rates of aerosol foam sealants and other construction joint fill and insulation materials	气溶胶泡沫填缝剂和其它建筑填缝及填料漏气率的测定和测定方法标准实施规程	美国材料实验协会
设计标准	ASTM C 656-2007	Standard specification for structural insulating board, calcium silicate	建筑用硅酸钙隔热板的标准规范	美国材料实验协会
设计标准	ASTM C 687-2005	Standard practice for determination of thermal resistance of loose-fill building insulation	测定松填建筑绝热材料热阻的标准实施规程	美国材料实验协会
设计标准	ASTM C 717a-2007	Standard terminology of building seals and sealants	建筑物密封件和密封剂的标准术语	美国材料实验协会
设计标准	ASTM D 1751-2004	Standard specification for preformed expansion joint filler for concrete paving and structural construction(nonextruding and resilient bituminous types)	混凝土铺面和结构建筑用预制伸缩填料的标准规范（非挤压和弹性沥青型）	美国材料实验协会
设计标准	ASTM D 1752a-2004	Standard specification for preformed sponge rubber cork and recycled PVC expansion joint fillers for concrete paving and structural construction	混凝土铺面和结构建筑用预制微孔橡胶软木和可回收的PVC膨胀接缝填料的标准规范	美国材料实验协会

续表

类型	标准编号	标准名称（原文）	标准名称（中文）	颁布机构
设计标准	ASTM D 4216-2006	Standard specification for rigid poly(vinyl chloride) (PVC) and related PVC and chlorinated poly (vinyl chloride) (CPVC)building products compounds	硬质聚氯乙烯（PVC）和相关 PVC 和氯化聚氯乙烯（CPVC）建筑产品化合物的标准规范	美国材料实验协会
设计标准	ASTM D 4397-2002	Standard specification for polyethylene sheeting for construction, industrial, and agricultural applications	建筑、工业和农业用聚乙烯薄板标准规范	美国材料实验协会
设计标准	ASTM E 1186-2003	Standard practices for air leakage site detection in building envelopes and air barrier systems	建筑围护系统隔汽层漏气现场检测的标准实施规程	美国材料实验协会
设计标准	ASTM E 1300-2007	Standard practice for determining load resistance of glass in buildings	建筑玻璃耐荷载性测定的标准实施规程	美国材料实验协会
设计标准	ASTM E 1334-1995	Standard practice for rating the serviceability of a building or building-related facility	评定建筑物或相关建筑设施耐用性的标准实施规程	美国材料实验协会
技术指南	AISC Design Guide 27	Structural stainless steel	不锈钢结构指南	美国钢结构协会
技术指南	BRE Report 176,BRE 1991	A practical guide to infra-red thermography for building surveys	建筑物红外热像检测的实用指南	美国建筑研究中心
技术指南	ANSI/ASAE S401.2-1993	Guidelines for use of thermal insulation in agricultural buildings	农用建筑物中绝热材料的应用指南	美国国家标准协会
技术指南	ANSI/ASTM E2128-2001	Guide for evaluating water leakage of building walls	建筑墙体漏水性评价指南	美国国家标准协会/美国材料实验协会
技术指南	ASTM C 1630-2006	Standard guide for development of coverage charts for loose-fill thermal building insulations	制定松散填充建筑物热绝缘材料覆盖区域的标准指南	美国材料实验协会
技术指南	ASTM E 1825-2006	Standard guide for evaluation of exterior building wall materials, products, and systems	建筑外墙材料、产品和系统评估的标准指南	美国材料实验协会
技术指南	ASTM E 1991-2005	Standard guide for environmental life cycle assessment(LCA)of building materials/products	建筑材料/产品环境生命周期评定（LCA）的标准指南	美国材料实验协会
技术指南	ASTM E 2128a-2001	Standard guide for evaluating water leakage of building walls	评定建筑物墙壁水渗漏的标准指南	美国材料实验协会
技术指南	ASTM E 2308-2005	Standard guide for limited asbestos screens of buildings	建筑物用有限石棉隔板的标准指南	美国材料实验协会
技术手册	Atlas Specialty Metals	The atlas specialty metals technical handbook of stainless steels	阿特拉斯特种金属不锈钢的技术手册	美国阿特拉斯特种金属公司

日本建筑金属围护系统现行相关标准及技术手册　　　　　　表 18-3

标准编号	标准、技术手册名称	标准、技术手册名称(中文)
JIS A0008	建築用鉄わく屋根構成材の標準モジュール呼び寸法	建筑物用钢制框架屋顶构件的标准标称尺寸
JIS A0030	建築の部位別性能分類	建筑部件性能的分类
JIS A1414 AMD 1	建築用構成材(パネル)及びその構造部分の性能試験方法(追補 1)	建筑物结构用板的性能试验方法(修改件 1)
JIS A1414	建築用構成材(パネル)及びその構造部分の性能試験方法	建筑物构件板的性能试验方法
JIS A1435	建築用外壁材料の耐凍害性試験方法(凍結融解法)	建筑物外壁材料的耐霜冻性试验方法(冻融法)
JIS A1438	建築用外壁ボード類の耐水性試験方法	建筑物外部用墙壁板材耐水性的试验方法
JIS A1439	建築用シーリング材の試験方法	建筑物中密封和门窗玻璃用密封剂的试验方法
JIS A1480	建築用断熱・保温材料及び製品 — 熱性能宣言値及び設計値決定の手順	建筑物用隔热材料和产品——确定公称热值和设计热值的方法
JIS A6503	建築用構成材(鉄鋼系壁パネル)(追補 1)	建筑物部件(墙用钢护板)(修改件 1)
JIS A6503	建築用構成材(鉄鋼系壁パネル)	建筑构件(钢制墙板)
JIS A6504 AMD 1	建築用構成材(木質壁パネル)(追補 1)	建筑物部件(墙用木护板)(修改件 1)
JIS A6509 AMD 1	建築用構成材(木質屋根パネル)(追補 1)	建筑物部件(屋顶用木护板)(修改件 1)
JIS A6510 AMD 1	建築用構成材(鉄鋼系屋根パネル)(追補 1)	建筑物部件(屋顶用钢护板)(修改件 1)
JIS A6510	建築用構成材(鉄鋼系屋根パネル)	建筑构件(钢制屋面板)
JIS A6514	金属製折板屋根構成材	金属屋面板用组件
技术手册	鋼板製外壁構法標準 SSW2011	钢板外墙构造准则 SSW2011
技术手册	鋼板製屋根・外壁の設計・施工・保全の手引き MSRW2014	钢板屋面、外墙的设计、施工、维护手册 MSRW2014
技术手册	鋼板製屋根構法標準 SSR2007	铜板屋面构造准则 SSR2007
技术手册	金属の屋根と外壁　LLM2017	金属屋面及墙面 初学与提高 LLM2017
技术手册	銅板屋根構法マニュアル	铜板屋面构造手册
技术手册	建築工事標準仕様書・同解説 JASS 11 木工事	木结构
技术手册	建築工事標準仕様書・同解説 JASS 12 屋根工程	屋面结构
技术手册	建築工事標準仕様書・同解説 JASS 13 金属工事	金属结构
技术手册	建築工事標準仕様書・同解説 JASS 14 カーテンウォール工事	幕墙结构
技术手册	建築工事標準仕様書・同解説 JASS 27 乾式外壁工事	干式外墙结构
技术手册	建築物荷重指針・同解説	建筑荷载规范

国外混凝土围护系统现行相关标准   **表 18-4**

类型	标准编号	标准名称
产品评定标准	DIN 4223-1-2003	Prefabricated reinforced components of autoclaved aerated concrete—Part 1: Manufacturing, properties, attestation of conformity
		预制加筋蒸压加气混凝土部件　第 1 部分：生产、特性和合格评定
产品标准	DIN 4223-2-2003	Prefabricated reinforced components of autoclaved aerated concrete—Part 2: Design and calculation of structural components
		预制加筋蒸压加气混凝土部件　第 2 部分：结构部件设计和计算
设计标准	DIN 4223-3-2003	Prefabricated reinforced components of autoclaved aerated concrete Part3: Design and calculation of non structural components
		预制加筋蒸压加气混凝土部件　第 3 部分：非结构部件设计和计算
设计标准	DIN 4223-4-2003	Prefabricated reinforced components of autoclaved aerated concrete Part4: Design and calculation of structural components; Application of components in structures
		预制加筋蒸压加气混凝土部件　第 4 部分：结构部件的设计和计算 结构部件的应用
产品标准	DIN 4223-5-2003	Prefabricated reinforced components of autoclaved aerated concrete—Part 5: Safety concept
		预制加筋蒸压加气混凝土部件　第 5 部分：安全性原则
产品标准	DIN 18162-2000	Lightweight concrete wall boards-unreinforced
		轻质混凝土无钢筋墙板
产品标准	DIN 18148-2000	Lightweight-concrete hollow-boards
		轻质混凝土空心板
产品标准	DIN EN 1520-2011	Prefabricated reinforced components of lightweight aggregate concrete with open structure (includes corrigendum AC: 2003); German version
		开放结构轻骨料混凝土预制增强构件(包含勘验 AC：2003)；德国版
方法标准	DIN EN 1356-1997	Performance test under transversal load for prefabricated reinforced components made of autoclaved aerated concrete or lightweight
		横向负载下高压蒸气加气混凝土或堆放多孔轻质混凝土预制加强部件承载性能测定
产品标准	DIN EN 12602-2013	Prefabricated reinforced components of autoclaved aerated concrete;
		蒸压加气混凝土的预制钢筋部件
产品标准	DIN EN 14992-2007	Precast concrete products—Wall elements
		预制混凝土制品—墙构件
产品标准	ASTM C1386-1998	Standard Specification for Precast Autoclaved Aerated Concrete (PAAC) Wall Construction Units
		预制蒸养加气混凝土墙建筑部件的标准规范
指南	ASTM E 1825-2006	Standard Guide for Evaluation of Exterior Building Wall Materials, Products, and Systems
		建筑外墙材料、产品和系统评估的标准指南

类型	标准编号	标准名称
工程标准	ASTM C1693-2009e1	Standard Specification for Autoclaved Aerated Concrete（AAC）
		蒸压轻质加气混凝土(AAC)的标准规范
产品标准	ASTM C1386-2007	Standard Specification for Precast Autoclaved Aerated Concrete（AAC）Wall Construction Units
		预制增压加气混凝土墙(PAAC)建筑部件的标准规范
工程标准	ACI523.4R-09	guide for design and construction with autoclaved aerated concrete panels
		蒸压加气混凝土装配板结构设计和施工用指南
工程标准	ACI523.2R-96	Guide for Precast Cellular Concrete Floor,Roof,and Wall Unit
		预制泡沫混凝土地板、屋顶和墙壁单元的指南
工程标准	ACI533R-11	guide for precast concrete wall panels
		预制混凝土墙板指南
工程标准	ACI551.1R-05	Tilt-Up Concrete Construction Guide
		立墙平浇混凝土施工指南
工程标准	ACI551.2R-10	Design Guide for Tilt-Up Concrete Panels
		立墙平浇混凝土设计指南
工程标准	MNL-117-96	Manual for quality control for plants and production of architectural precast concrete products
		建筑预制混凝土构件的工厂与制作质量控制手册
产品标准	JIS A5361-2004	Precast concrete products—General rules for classification,designation and marking
		预制混凝土产品—分级、名称与符号及标记的一般规则
产品标准	JIS A5362-2004	Precast concrete products—Required performance and methods of verification
		预制混凝土产品—要求的性能和验证方法
产品标准	JIS A5363-2004	Precast concrete products—General rules for methods of performance test
		预制混凝土产品—性能试验方法的一般规则
产品标准	JIS A5364-2004	Precast concrete products—General rules of materials and product methods
		预制混凝土产品—材料和生产方法的一般规则
产品标准	JIS A5365-2004	Precast concrete products—General rules for method of inspection
		预制混凝土产品—检验方法的一般规则
产品标准	JIS A 5371-2010	Precast unreinforced concrete products
		预制无钢筋混凝土产品
产品标准	JIS A 5372-2010	Precast reinforced concrete products
		预制钢筋混凝土产品
产品标准	JIS A5416-2007	Autoclaved lightweight aerated concrete panels
		蒸压加气轻质混凝土装配板
产品标准	NF P19-801/IN1-2008	Precast concrete products—Hollow core slabs
		预制混凝土制品—空芯板

续表

类型	标准编号	标准名称
方法标准	BS EN 1170-1998	Precast Concrete Products—Test Method for Glass Fibre Reinforced Cement
		预制混凝土产品—玻璃纤维增强水泥试验方法
产品标准	BS PD CEN/TR 15739-2008	Precast concrete products—Concrete finishes—Identification
		预制混凝土产品—混凝土抹面识别
产品标准	EN 15435-2008	Precast concrete products—Normal weight and lightweight concrete shuttering blocks—Product properties and performance
		预制混凝土制品—标准重量和轻质混凝土模块制品性能和特性
产品标准	EN 12602-2008	Prefabricated reinforced components of autoclaved aerated concrete
		蒸压加气混凝土的预制加筋组件
产品标准	BS EN 15435-2008	Precast concrete products—Normal weight and lightweight concrete shuttering blocks—Product properties and performance
		预制混凝土制品—标准重量和轻质混凝土模块制品性能和特性
产品标准	BS EN 14992-2007	Precast concrete products—Wall elements
		预制混凝土制品—墙单元
产品标准	EN 15422-2008	Precast concrete products—Specification of glassfibres for reinforcement of mortars and concretes
		预制混凝土制品—玻璃纤维砂浆及混凝土

第二节　我国建筑围护系统标准发展现状

一、我国金属围护系统标准发展现状

我国建筑金属围护系统为 20 世纪 70 年代末从国外引进，起初主要用于工业建筑，20世纪 90 年代以后得到了快速的发展，广泛应用于生产、仓储、物流等工业建筑及商厦、交通枢纽、会展中心、体育场馆等民用建筑中。国内金属板围护系统的应用面积已超过数亿 m²。目前，建筑金属围护系统已经成为与钢结构配套的主要外围护系统，年均建成面积 3000 万～4000 万 m²，年产值 800 亿～1000 亿元，未来还将持续发展。为了满足国家绿色建筑及节能减排政策的要求，节能型金属围护系统日益得到高度重视，尤其是以金属板太阳能屋面和金属板种植屋面等为代表的金属围护系统，因其具有保温隔热、绿化美观、生态节能及延长建筑寿命的功能，得到广泛应用。

目前，国家标准《压型金属板工程应用技术规程》GB 50896—2013 是唯——项金属围护系统（专用）标准，该规程涵盖了主要用作围护系统的建筑压型金属板设计、施工、验收和维护相关内容。

此外，从金属围护系统设计来看，现行国家标准《钢结构设计标准》GB 50017—2017、《冷弯薄壁型钢结构技术规范》GB 50018—2002、《门式刚架轻型房屋钢结构技术规范》GB 51022—2015、《铝合金结构设计规范》GB 50429—2007，团体标准《不锈钢结构技术规范》CECS 410：2015 涉及金属围护系统的相关内容，但也仅仅是对金属围护系统材料（板材）和连接件结构设计计算作出了规定，未对金属围护系统设计提出明确和具体的要求。

从金属围护系统施工及验收来看，国家标准《装配式钢结构建筑技术标准》GB/T 51232—2016、《钢结构工程施工质量验收规范》GB 50205—2001、《铝合金结构工程施工质量验收规范》GB 50576—2010、《屋面工程技术规范》GB 50345—2012 和《坡屋面工程技术规范》GB 50693—2011 涉及金属围护系统施工的相关内容。

据统计，我国金属围护系统现行（在编或待编）相关标准有 33 项，见表 18-5，其中，材料与产品标准 22 项，约占 67%；检测方法（认证）标准 4 项，约占 12%；工程标准 7 项，约占 21%。

二、我国混凝土围护系统标准发展现状

混凝土围护系统按基材可分为普通混凝土围护系统和轻质混凝土围护系统；按其在建筑使用部位又可分为围护外墙和围护屋面，其中，围护外墙主要是采用预制外墙板，围护屋面则主要是采用预制屋面板。

普通混凝土外围护系统是以受力的混凝土外墙为基体的围护系统，过去在主体混凝土结构墙大都采用了内保温或外保温实现建筑保温性能，因此，虽然没有专项标准，但在一些建筑或结构标准中都有体现。

目前，国家标准《装配式混凝土建筑技术标准》GB/T 51231—2016、行业标准《装配式混凝土结构技术规程》JGJ 1—2014、团体标准《装配式多层混凝土结构技术规程》T/CECS 604—2019 作为装配式混凝土结构专用标准，对混凝土外围护系统设计、施工和验收均作出了明确、具体规定。

从混凝土围护系统设计来看，现行国家标准《民用建筑设计统一标准》GB 50352—2019、《民用建筑热工设计规范》GB 50176—2016、《墙体材料应用统一技术规范》GB 50574—2010，行业标准《蒸压加气混凝土建筑应用技术规程》JGJ/T 17—2008、《泡沫混凝土应用技术规程》JGJT 341—2014、《轻骨料混凝土结构技术规程》JGJ 12—2006、《纤维石膏空心大板复合墙体结构技术规程》JGJ 217—2010、《围护结构传热系数现场检测技术规程》JGJ/T 357—2015，团体标准《预制塑筋水泥聚苯保温墙板应用技术规程》CECS 272—2010、《轻质复合板应用技术规程》CECS 258—2009 等对混凝土外围护墙体设计原则，墙体材料，墙体保温、隔热和防潮等提出了要求，但是对围护系统（墙体）与主体结构的连接设计（包括墙板连接节点），墙板与门窗的连接，墙板与墙板之间的板缝连接以及接缝材料的耐久性，墙板在制作、运输、吊装时的受力验算等未作出明确具体要求。

从混凝土围护系统施工来看，现行国家标准《混凝土结构工程施工规范》GB 50666—2011、《混凝土结构工程施工质量验收规范》GB 50204—2015、《住宅装饰装修工程施工规范》GB 50327—2001、《建筑装饰装修工程质量验收规范》GB 50210—2018、《民用建筑工程室内环境污染控制规范》GB 50325—2002 涉及混凝土围护系统（结构）施工的相关内容。

从混凝土围护系统材料与结构检测来看，现行国家标准《建筑墙板试验方法》GB/T 30100—2013、《蒸压加气混凝土性能试验方法》GB/T 11969—2008、《建筑物围护结构传热系数及采暖供热量检测方法》GB/T 23483—2009、《建筑围护结构整体节能性能评价方

法》GB/T 34606—2017涉及混凝土围护系统（结构）检测的相关内容。

据统计，我国混凝土围护系统现行（在编或待编）相关标准有119项，见表18-6。其中，材料与产品标准71项，约占60%；检测方法（认证）标准11项，约占9%；工程标准37项，约占31%。

三、我国木围护系统标准发展现状

木围护系统是指以木材为自承重材料的外墙和屋面系统，如木龙骨的墙、木椽子的屋面等。目前，木围护系统的木质板材产品主要有原木、定向刨花板、正交胶合木板等材料。木围护系统的主要产品有轻型木质组合板、正交胶合板两种。

据统计，我国木围护系统现行（在编或待编）相关标准有13项，见表18-7。其中，材料与产品标准3项，约占23%；检测方法（认证）标准6项，约占46%；工程标准4项，约占31%。

四、我国幕墙门窗标准发展现状

纵观我国建筑门窗行业的发展历程，改革开放之前，建筑门窗技术与研发能力与国外先进水平相比，存在较大差距，而且门窗标准也屈指可数。改革开放以后，建筑门窗行业通过引进、消化、吸收和再创新的不断发展，国内建筑门窗成套技术和管理水平已经比较成熟，工程技术已处于世界先进水平。建筑门窗幕墙行业的成熟发展经验，离不开标准的技术支撑作用。

20世纪90年代，建筑门窗幕墙已经形成了从材料、产品、检测认证、设计、安装、检测和维护的全过程标准体系，为建筑门窗幕墙的高质量快速发展提供了坚实的技术支撑作用。进入21世纪以后，门窗幕墙进入了技术快速发展阶段。随着《铝合金门窗技术规范》《铝合金门》《铝合金窗》《建筑门窗用隔热型材》《建筑幕墙标准》《铝板与石材施工规范》《建筑幕墙光学性能检测》《建筑幕墙物理性能检测标准》等一大批国家标准相继出台。我国的建筑门窗幕墙行业在已有的全过程标准体系的基础上，及时制定新产品的标准和工程标准，修订已有标准，使得标准体系更加完善，覆盖门窗幕墙的实施全过程。

据统计，我国幕墙门窗现行（在编或待编）相关标准有147项，见表18-8。其中，材料与产品标准90项，约占61%；检测方法（认证）标准34项，约占23%；工程标准23项，约占16%。

第三节　我国建筑围护系统子标准体系构建

一、体系构建的基本理论

工业化建筑标准体系（含子标准体系，以下统称工业化建筑标准体系）以全寿命期理论、霍尔三维结构理论为基础，可从层级维、级别维、种类维、功能维、专业维、阶段维进行构建。

当要表述标准体系的三维标准体系框架结构时，可将某些维度（如层级维）看作已知项，其他项目为可变项［如目标维（六化）、阶段维（生命周期或阶段）、专业维］进行三维构建。工业化建筑标准体系结构可分为上下层次结构、按一定的逻辑顺序排列起来的"序列"关系、由以上两种结构相结合的组合关系。工业化建筑标准体系的上下层次结构（以效力属性维为主线）为：强制性标准为约束层、推荐性标准为指导层、团体标准和企业标准为实施支撑层。

二、体系构建程序与流程

工业化建筑标准体系按照新建、完善优化等阶段进行构建，包括：

（1）标准体系目标分析；

（2）标准需求分析；

（3）标准适用性分析；

（4）标准体系结构设计；

（5）标准体系表编制；

（6）标准体系编制说明撰写；

（7）标准体系印发、宣传；

（8）标准体系反馈信息处理；

（9）标准体系改进和维护更新。

三、体系建设目标分析

我国现行（或在编）建筑围护系统标准已达 312 项，除木围护系统外，金属围护系统、混凝土围护系统和幕墙门窗标准体系已初步形成，但建筑围护系统标准体系的完整性、系统性、逻辑性均存在不足，尚不能完全满足我国工业化建筑围护系统发展的需求。由此可以明确建筑围护系统标准体系的发展目标应为：逐步建成符合标准化深化改革要求，以法律法规为依据、以强制性标准为指导、以政府推荐性标准和自愿采用团体标准为主体，具有系统性、协调性、先进性、适用性和前瞻性的覆盖工业化建筑全过程、主要产业链的建筑围护系统标准规范体系，基础标准和关键技术标准基本完成制定，建筑围护系统标准体系对工业化建筑标准化工作的指导作用得到充分发挥。

四、体系建设工作原则

1. 坚持全面系统，重点突出

立足工业化建筑全过程、主要产业链，把握当前和今后一个时期内工业化建筑标准化建设工作的重点任务，确保工业化建筑标准体系的结构完整和重点突出。

2. 坚持层次恰当，划分明确

根据标准的适用范围，恰当地将标准安排在不同的层次上。尽量扩大标准的适用范围，即尽量安排在高层次上，能在大范围内协调统一的标准，不应在小范围内各自制订，达到体系组成层次分明、合理简化。

体系表内不同专业、门类标准的划分，应按生产经济活动性质的同一性，即以标准的特点进行划分，而不是按行政系统划分。同一标准不要同时列入两个或两个以上体系或分体系内，避免同一标准由两个或两个以上部门同时制订。

3. 坚持开放兼容，动态优化

保持标准体系的开放性和可扩充性，为新的标准项目预留空间，同时结合工业化建筑的发展形势需求，定期对标准体系进行修改完善，提高标准体系的适用性。

4. 坚持基于现实，适度超前

立足建筑工业化对于标准化的现实需求，分析未来发展趋势，建立适度超前、具有可操作性的标准体系。

5. 坚持衔接政府，能够落地

标准体系要符合当前及今后一段时间标准化改革精神，处理好政府主导制定与市场自主制定标准的协同发展。

五、标准化需求

1. 问题分析

（1）围护系统标准体系的完整性、系统性、逻辑性不强

尽管我国金属围护系统、混凝土围护系统和门窗幕墙相关标准很多，但标准体系完整性、系统性不强。各层级、各类别标准之间功能划分不清晰，相关标准条文重复性问题突出，条文矛盾、冲突问题时有发生。

（2）围护系统技术体系与标准体系缺乏联动

金属围护系统、混凝土围护系统、木围护系统和门窗幕墙四类围护系统在材质性能、产品构造、生产工艺、连接形式等各具特点，需要分别构建自己独特的技术体系和产品体系，借鉴门窗幕墙行业的成功的标准体系，分别建立金属围护系统、混凝土围护系统和木围护系统的标准体系。

（3）围护系统专用标准严重不足

金属围护系统标准仅针对金属压型板，而且内容比较笼统，原则性条款较多，内容重复，虽然涉及金属围护系统的通用工程标准不少，但是内容不适应工业化建筑围护系统的发展。轻质混凝土围护墙板产品繁多，产品标准也较多，每种材料或产品的应用技术规程也基本健全，但是，缺少轻质混凝土围护系统的专用标准。木围护系统专用标准尚处于空白状态。

2. 完善建议

（1）加快建立合理、适用的工业化建筑围护系统的标准体系

通过研究国内外工业化建筑围护系统的发展历程、技术体系、产品体系和管理模式，以及全过程和主要产业链现状等情况，总结了国外工业化建筑围护系统的标准体系和管理的成功经验，并借鉴国内门窗幕墙发展模式的标准体系，应该制定从材料、产品、检验、设计、制作、安装、验收、维护、鉴定改造全过程的全寿命子标准体系，才能为工业化建筑围护系统的产业化发展提供标准的支撑作用。

（2）加快制订建筑围护系统产品检测认证的方法标准

加快建立一套完整的检验评价认证标准系列，确保建筑围护系统产品在投入建筑应用之前，通过标准认证，以使产品满足可供设计人员选用的建筑功能的各项性能。

（3）制（修）订适用新材料、新产品推广应用的技术标准

随着技术的进步和发展，新材料不断涌向，应该及时制定和补充产品标准和管理标

准，以满足工业化建筑围护系统的技术需求。

（4）加强科技与标准融合发展，满足推动质量提升要求

加强科技与标准融合发展，发挥科技提高生产力、标准发展生产力的作用，逐步提高技术"门槛"，倒逼材料、产品及工程质量提高，满足高质量发展要求。进一步完善科学合理的标准内容，做到相关技术要求协调一致。在编制和修订规范标准过程中，标准内容要科学合理，要有可操作性。

六、体系结构设计

1. 围护系统标准维度分析

工业化建筑围护系统的标准体系以全寿命期理论、霍尔三维结构理论为基础，可从属性维、级别维、类别维、功能维、专业维、阶段维等多个维度进行构建：

（1）属性维包括强制性标准、推荐性标准、团体标准；

（2）级别维包括国家标准、行业标准、团体标准等；

（3）类别维包括工程标准、产品标准；

（4）功能维包括标准化设计、工厂化制作、装配化施工、信息化管理；

（5）阶段维包括设计、生产、制作、施工、验收、检测、维护等；

（6）专业维包括建筑专业、结构专业等。

2. 围护系统标准体系编码

围护系统子标准体系编码由"围护系统代码（3位字母）＋标准类型（1位数字代码）＋标准类别（1位数字代码）＋标准顺序号（1位数字代码）"构成。其中，金属围护系统代码为BDA，混凝土围护系统代码为BDB，木围护系统代码为BDC，门窗幕墙代码为BDD；标准类型（产品与材料标准、工程应用标准、运行维护标准）分别由1位数字代码表示；标准类别（产品标准、工程标准、方法标准）分别由1位数字代码表示；标准顺序号从001开始依次排序，如图18-1所示。

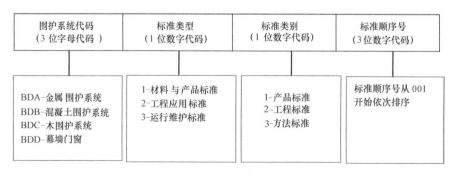

图18-1 围护系统子标准体系编码

3. 围护系统标准体系框图

当要表述标准体系的三维标准体系框架结构时，可将某些维度看作已知项，其他项目为可变项进行三维构建。装配式建筑围护系统标准体系第一维度选取围护系统的材料类别划分为维度，第二维度选取了围护系统工程建设阶段维度。其他维度作为标准属性进行标注。这样通过平面二维表格的形式，表达多维度的标准体系，如图18-2所示。

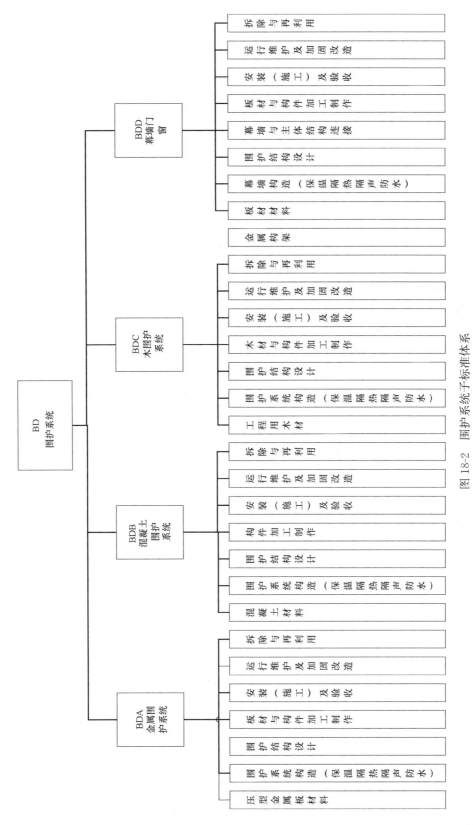

图 18-2　围护系统子标准体系

第四节　围护系统子标准体系内容

建筑围护系统标准体系纳入了与建筑围护系统关联性较强的标准，包括材料与产品生产、设计、施工及验收、维护等工程建设阶段相关标准。与围护系统关联性不强的标准，如建筑设计、机电设备、建筑内装等未予纳入。

一、基于阶段维度的围护系统子标准体系

1. 综合性标准

（1）金属围护系统

在编全文强制性国家规范《钢结构通用规范》，纳入了现行国家标准《冷弯薄壁型钢结构技术规范》GB 50018、《铝合金结构设计规范》GB 50429、《门式刚架轻型房屋钢结构技术规范》GB 51022、《钢结构工程施工质量验收规范》GB 50205、《铝合金结构工程施工质量验收规范》GB 50576 等相关标准中涉及金属围护系统有关需要强制执行的条文。

现行国家标准《冷弯薄壁型钢结构技术规范》GB 50018、《铝合金结构设计规范》GB 50429、《门式刚架轻型房屋钢结构技术规范》GB 51022、《钢结构工程施工质量验收规范》GB 50205、和《铝合金结构工程施工质量验收规范》GB 50576，行业标准《铝合金结构工程施工规程》JGJ/T 216，团体标准《不锈钢结构技术规范》CECS 410 等作为金属围护系统的专用标准，对金属围护系统材料与产品、设计、施工和验收均作出了明确规定。

（2）混凝土围护系统

在编全文强制性国家规范《混凝土结构通用规范》，纳入了现行国家标准《混凝土结构设计规范》GB 50010、《混凝土结构施工规范》GB 50666、《混凝土结构施工质量验收规范》GB 50204、《装配式混凝土建筑技术标准》GB/T 51231 等相关标准中涉及混凝土外围护系统有关需要强制执行的条文。

现行国家标准《装配式混凝土建筑技术标准》GB/T 51231，行业标准《装配式混凝土结构技术规程》JGJ 1—2014，团体标准《装配式多层混凝土结构技术规程》T/CECS 604—2019 等作为装配式混凝土结构专用标准，对混凝土外围护系统材料与产品、设计、施工和验收均作出了明确、具体规定。

2. 设计阶段

围护系统设计阶段的通用或专用标准，主要是从结构设计角度，对综合性标准的延伸和补充。

从金属围护系统来看，现行国家标准《压型金属板工程应用技术规范》GB 50896—2013 是唯一一项金属围护系统专用标准，该规程涵盖了主要用作围护系统的建筑压型金属板设计的相关内容。

从混凝土围护系统来看，尚未有混凝土围护系统专用国家标准或行业标准，团体标准（CECS 标准）《装配式轻质混凝土围护结构技术规程》尚处于编制阶段。

从幕墙门窗来看，现行行业标准《玻璃幕墙工程技术规范》JGJ 102、《金属与石材幕墙工程技术规范》JGJ 133、《人造板材幕墙工程技术规范》JGJ/T 336 是幕墙门窗的专用标准，对幕墙门窗材料与产品、设计作出了明确、具体规定。

3. 施工阶段

围护系统施工及验收阶段的通用或专用标准，主要是从施工及验收角度，对综合性标准的延伸和补充。

从金属围护系统来看，现行国家标准《压型金属板工程应用技术规程》GB 50896 是唯一一项金属围护系统专用标准，该规程涵盖了主要用作围护系统的建筑压型金属板施工及验收的相关内容。行业标准《建筑金属围护系统工程技术标准》《金属面夹心板应用技术规程》与《建筑金属板围护系统检测鉴定及加固技术标准》尚处于编制或报批阶段。

从混凝土围护系统来看，尚未有混凝土围护系统通用或专用国家标准、行业标准，团体标准（CECS 标准）《装配式轻质混凝土围护结构技术规程》尚处于编制阶段。

从幕墙门窗来看，现行行业标准《玻璃幕墙工程技术规范》JGJ 102、《金属与石材幕墙工程技术规范》JGJ 133、《人造板材幕墙工程技术规范》JGJ/T 336 是幕墙门窗的专用标准，对幕墙门窗施工及验收作出了明确、具体规定。

4. 运行维护阶段

金属围护系统、混凝土围护系统、木围护系统和幕墙门窗运行围护标准尚处于在编（或待编）阶段。

二、基于标准效力维度的围护系统子标准体系

从标准的效力和级别设置考虑，本体系可分为全文强制性规范，通用标准和专用标准三部分。其中：

1. 全文强制性工程建设规范

全文强制工程建设规范是指住房城乡建设部《关于深化工程建设标准化工作改革的意见》提出的全文强制性标准及国务院《深化标准化工作改革方案》提出的强制性国家标准。强制性标准由政府主导制定，具有强制约束力，是保障人民生命财产安全、人身健康、工程安全、生态环境安全、公众权益和公共利益，以及促进能源资源节约利用、满足社会经济管理等方面的控制性底线要求。

建筑围护系统体系中全文强制国家规范未设置单独一项，可在全文强制性国家规范《混凝土结构通用规范》《钢结构通用规范》《木结构通用规范》中提出对金属围护系统、混凝土围护系统需要强制执行的条文。

2. 通用标准

通用标准主要指政府主导制定的推荐性标准，即国家标准、行业标准、地方标准。推荐性国家标准重点制定基础性、通用性和重大影响的标准，突出公共服务的基本要求。推荐性行业标准重点制定本行业的基础性、通用性和重要的标准，推动产业政策、战略规划贯彻实施。

在金属围护系统方面，通用标准包括国家现行标准《冷弯薄壁型钢结构技术规范》GB 50018、《铝合金结构设计规范》GB 50429、《门式刚架轻型房屋钢结构技术规范》GB 51022、《钢结构工程施工质量验收规范》GB 50205、《铝合金结构工程施工质量验收规范》GB 50576、《铝合金结构工程施工规程》JGJ/T 216 等。

在混凝土围护系统方面，通用标准包括国家现行标准《混凝土结构设计规范》GB 50010、《混凝土结构施工规范》GB 50666、《混凝土结构施工质量验收规范》GB 50204、《装

配式混凝土建筑技术标准》GB/T 51231、《装配式混凝土结构技术规程》JGJ 1—2014 等。

3. 专用标准

专用标准主要指由市场主导制定满足市场和创新需要的团体标准、企业标准。团体标准、企业标准主要内容为全文强制性工程建设规范或通用标准中需细化的技术内要求，以及满足新技术、新材料、新产品推广应用的技术要求。

三、围护系统子标准体系表

1. 标准体系分类构成

围护系统子标准体系表由金属围护系统、混凝土围护系统、木围护系统和幕墙门窗的312 项相关标准构成，详见表 18-5。其中，每一类别围护系统相关标准都相对独立，且贯穿于围护系统的材料、产品生产，围护系统设计，板材与构件加工制作，安装施工，维护与加固改造等建筑全寿命期。

围护系统子标准体系的分类构成如下：

（1）按不同围护系统划分：

金属围护系统 33 项，混凝土围护系统标准 119 项，木围护系统 13 项，幕墙门窗标准 147 项，如图 18-3 所示。

（2）按标准的不同级别划分：

国家标准 129 项，行业标准 115 项，团体标准 61 项，地方标准 6 项，企业标准 1 项，如图 18-4 所示。

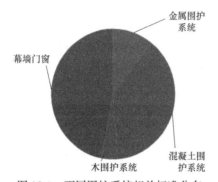

图 18-3　不同围护系统相关标准分布

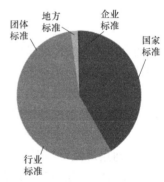

图 18-4　围护系统不同级别相关标准分布

（3）按标准的不同类别划分：

工程标准 71 项，产品标准 186 项，方法标准 55 项，如图 18-5 所示。

（4）按标准的编制状态划分：

现行标准 258 项，在编标准 20 项，待编标准 34 项，如图 18-6 所示。

（5）按标准的不同适用阶段划分：

材料与产品标准 233 项，构造、设计、安装施工及验收标准 75 项，运行维护标准 4 项，如图 18-7 所示。

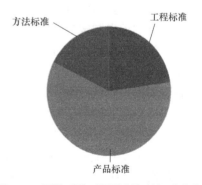

图 18-5　围护系统不同类别相关标准分布

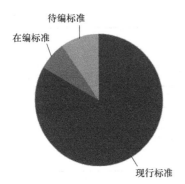

图 18-6 围护系统相关标准编制状态

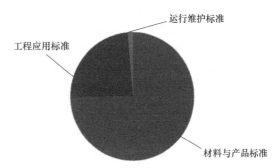

图 18-7 围护系统不同适用阶段相关标准分布

2. 围护系统标准体系相关标准情况

(1) 金属围护系统相关标准

金属围护系统相关标准有 33 项，其中，现行标准 27 项，在编标准 3 项，待编标准 3 项。金属围护系统相关标准主要包括：材料与产品、围护结构设计，板材与构件加工制作，安装施工，运行维护等标准等。原材料产品及试验标准主要是金属围护系统的原材料（包括金属面层、保温隔热材料、密封材料、龙骨、支架、连接件等）相关的材料标准以及产品（含压型钢板、不锈钢压型板、铝合金压型板和保温夹芯板等）标准；检测认证标准主要是金属围护系统的抗风揭性能检测，以及产品综合性能的认证标准；工程标准主要是金属围护系统的设计、施工及验收的相关标准。运行维护标准主要是金属围护系统日常维护（包括鉴定加固）、拆除与再利用等相关标准，见表 18-5。

金属围护系统子标准体系表　　　　　　　　表 18-5

BDA-1　材料（或产品）标准

体系编码	标准名称	标准编号	标准级别[1]	标准类别[2]	标准状态[3]	备注
BDA11001	彩色涂层钢板及钢带	GB/T 12754—2006	GB	CP	XB	
BDA11002	建筑屋面和幕墙用冷轧不锈钢钢板和钢带	GB/T 34200—2017	GB	CP	XB	
BDA11003	建筑结构用冷弯薄壁型钢	JG/T 380—2012	HB	CP	XB	
BDA11004	绝热用玻璃棉及其制品	GB/T 13350—2008	GB	CP	XB	
BDA11005	弹性体改性沥青防水卷材	GB/T 18242—2008	GB	CP	XB	
BDA11006	聚氯乙烯(PVC)防水卷材	GB/T 12952—2011	GB	CP	XB	
BDA11007	氯化聚乙烯防水卷材	GB/T 12953—2003	GB	CP	XB	
BDA11008	隔热防水垫层	JC/T 2290—2014	HB	CP	XB	
BDA11009	防水透气垫层	JC/T 2291—2014	HB	CP	XB	
BDA11010	种植屋面用耐根穿刺防水卷材	JG/T 1075—2008	HB	CP	XB	
BDA11011	自钻自攻螺钉	GB/T 15856.4—2002	GB	CP	XB	
BDA11012	紧固件机械性能自攻螺钉	GB/T 3098.5—2000	GB	CP	XB	
BDA11013	十字槽盘头自钻自攻螺钉	GB/T 15856.1—1995	GB	CP	XB	
BDA11014	硅酮和改性硅酮建筑密封胶	GB/T 14683—2017	GB	CP	XB	

BDA-1　材料(或产品)标准

体系编码	标准名称	标准编号	标准级别[1]	标准类别[2]	标准状态[3]	备注
BDA11015	丁基橡胶防水密封胶粘带	JC/T 942—2004	HB	CP	XB	
BDA11016	建筑用压型钢板	GB/T 12755—2008	GB	CP	XB	
BDA11017	铝及铝合金压型板	GB/T 6891—2006	GB	CP	XB	
BDA11018	铝及铝合金波纹板	GB/T 4438—2006	GB	CP	XB	
BDA11019	热反射金属屋面板	JG/T 402—2013	HB	CP	XB	
BDA11020	建筑用不锈钢压型板	GB/T 36145—2018	GB	CP	XB	
BDA11021	建筑用金属面绝热夹芯板	GB/T 23932—2009	GB	CP	XB	
BDA11022	建筑用金属面酚醛泡沫夹芯板	JC/T 2155—2012	HB	CP	XB	

BDA-2 工程应用标准(包括构造、设计、制作、安装、施工及验收、检测等)

体系编码	标准名称	标准编号	标准级别	标准类别	标准状态	备注
BDA22001	冷弯薄壁型钢结构技术规范	GB 50018—2002	GB	GC	XB	
BDA22002	门式刚架轻型房屋钢结构技术规范	GB 51022—2015	GB	GC	XB	
BDA22003	压型金属板工程应用技术规范	GB 50896—2013	GB	GC	XB	
BDA22004	装配式钢结构建筑技术标准	GB 51232—2016	GB	GC	XB	
BDA22005	建筑金属围护系统工程技术标准		HB	GC	ZB	
BDA22006	金属夹心板应用技术规程		HB	GC	ZB	
BDA23001	单层卷材屋面系统抗风揭试验方法	GB/T 31543—2015	GB	FF	XB	
BDA23002	现场属屋面系统抗风揭检测方法		TB	FF	DB	
BDA23003	建筑金属围护系统抗风揭检测方法		TB	FF	DB	
BDA23004	装配式金属屋面系统 检测与认证		TB	FF	DB	

BDA-3 运行维护标准

体系编码	标准名称	标准编号	标准级别	标准类别	标准状态	备注
BDA32001	建筑金属板围护系统检测鉴定及加固技术标准		GB	GC	ZB	

(2) 混凝土围护系统相关标准

混凝土围护系统相关标准有 119 项,其中,现行标准 81 项,在编标准 11 项,待编标准 27 项。混凝土围护系统相关标准主要包括:混凝土围护系统的材料生产,围护结构设计,构件加工制作,安装施工,维护与加固改造,拆除与再利用标准等。原材料产品及试验标准主要是混凝土围护系统的原材料(包括外装饰材料、混凝土、保温隔热材料、防水材料、密封材料、连接件等)相关的材料标准以及产品(含预制屋面板、预制墙板等)标准;检测认证标准主要是混凝土板传热、防火、采暖保温性能的试验检测标准。工程标准主要是混凝土围护系统设计、施工及验收等相关标准;运行维护标准主要是混凝土围护系统日常维护(包括鉴定加固)、拆除与再利用等相关标准,见表 18-6。

(3) 木围护系统相关标准

木围护系统相关标准有 13 项,其中,现行标准 9 项,待编标准 4 项。木围护系统相关标准主要包括:木围护系统的材料与产品,围护结构设计,板材加工制作,安装施工,维护与加固改造,拆除与再利用等标准,见表 18-7。

混凝土围护系统子标准体系表 表 18-6

BDB 混凝土围护系统标准

BDB-1 材料(或产品)及试验方法标准

体系编码	标准名称	标准编号	标准级别[1]	标准类别[2]	标准状态[3]	备注
BDB11001	蒸压加气混凝土砌块	GB 11968—2006	GB	CP	XB	
BDB11002	蒸压加气混凝土板	GB 15762—2008	GB	CP	XB	
BDB11003	建筑材料及制品燃烧性能分级	GB 8624—2012	GB	CP	XB	
BDB11004	墙板自攻螺钉	GB/T 14210—1993	GB	CP	XB	
BDB11005	硅酮和改性硅酮建筑密封胶	GB/T 14683—2003	GB	CP	XB	
BDB11006	轻集料混凝土小型空心砌块	GB/T 15229—2011	GB	CP	XB	
BDB11007	预应力混凝土肋形屋面板	GB/T 16728—2007	GB	CP	XB	
BDB11008	玻璃纤维增强水泥轻质多孔隔墙条板	GB/T 19631—2005	GB	CP	XB	
BDB11009	建筑用轻质隔墙条板	GB/T 23451—2009	GB	CP	XB	
BDB11010	建筑外墙外保温用岩棉制品	GB/T 25975—2010	GB	CP	XB	
BDB11011	砂浆和混凝土用硅灰	GB/T 27690—2011	GB	CP	XB	
BDB11012	蒸压泡沫混凝土砖和砌块	GB/T 29062—2012	GB	CP	XB	
BDB11013	混凝土结构用成型钢筋制品	GB/T 29733—2013	GB	CP	XB	
BDB11014	预应力混凝土用中强度钢丝	GB/T 30828—2014	GB	CP	XB	
BDB11015	混凝土防腐阻锈剂	GB/T 31296—2014	GB	CP	XB	
BDB11016	活性粉末混凝土	GB/T 31387—2015	GB	CP	XB	
BDB11017	彩色沥青混凝土	GB/T 32984—2016	GB	CP	XB	
BDB11018	钢板网	GB/T 33275—2016	GB	CP	XB	
BDB11019	金属尾矿多孔混凝土夹芯系统复合墙板	GB/T 33600—2017	GB	CP	XB	
BDB11020	钢筋混凝土用耐蚀钢筋	GB/T 33953—2017	GB	CP	XB	
BDB11021	钢筋混凝土用不锈钢钢筋	GB/T 33959—2017	GB	CP	XB	
BDB11022	预应力混凝土用钢绞线	GB/T 5224—2014	GB	CP	XB	
BDB11023	泡沫混凝土砌块	JC/T 1062—2007	HB	CP	XB	
BDB11024	屋面保温隔热用泡沫混凝土	JC/T 2125—2012	HB	CP	XB	
BDB11025	泡沫混凝土用泡沫剂	JC/T 2199—2013	HB	CP	XB	
BDB11026	硅镁加气混凝土空心轻质隔墙板	JC/T 680—1997	HB	CP	XB	
BDB11027	纤维水泥夹芯复合墙板	JC/T 1055—2007	HB	CP	XB	
BDB11028	玻璃纤维增强水泥外墙板	JC/T 1057—2007	HB	CP	XB	
BDB11029	轻质混凝土吸声板	JC/T 2122—2012	HB	CP	XB	
BDB11030	聚氨酯建筑密封胶	JC/T 482—2003	HB	CP	XB	
BDB11031	聚硫建筑密封胶	JC/T 483—2006	HB	CP	XB	
BDB11032	玻璃纤维增强水泥(GRC)外墙内保温板	JC/T 893—2001	HB	CP	XB	
BDB11033	玻璃纤维增强水泥(GRC)装饰制品	JC/T 940—2004	HB	CP	XB	
BDB11034	墙板挤压机技术条件	JC/T 969—2005	HB	CP	XB	

BDB 混凝土围护系统标准

BDB-1 材料(或产品)及试验方法标准

体系编码	标准名称	标准编号	标准级别[1]	标准类别[2]	标准状态[3]	备注
BDB11035	泡沫混凝土	JG/T 266—2011	HB	CP	XB	
BDB11036	建筑隔墙用轻质条板通用技术要求	JG/T 169—2016	HB	CP	XB	
BDB11037	纤维增强混凝土装饰墙板	JG/T 348—2011	HB	CP	XB	
BDB11038	混凝土轻质条板	JG/T 350—2011	HB	CP	XB	
BDB11039	钢筋连接用灌浆套筒	JG/T 398—2012	HB	CP	XB	
BDB11040	预制混凝土构件质量检验标准	DB11/T 968—2013	DB	CP	XB	
BDB11041	改性粉煤灰实心保温墙板	DB13/T 1058—2009	DB	CP	XB	
BDB11042	蒸压陶粒混凝土墙板	DB44/T 1075—2012	DB	CP	XB	
BDB11043	建筑复合保温墙板	DB52/T 887—2014	DB	CP	XB	
BDB11044	预制夹心保温墙体用纤维塑料连接件		TB	CP	DB	
BDB11045	装配式玻纤增强无机材料复合保温墙板预制复合墙体		TB	CP	DB	
BDB11046	装配式墙体用外墙板		TB	CP	DB	
BDB11047	预制保温墙体用不锈钢连接件		TB	CP	DB	
BDB11048	蒸压轻质加气混凝土板		TB	CP	DB	
BDB11049	轻骨料混凝土一体化轻型屋面板		TB	CP	DB	
BDB11050	农牧建筑用夹芯保温屋面板		TB	CP	DB	
BDB11051	钢筋焊接网		TB	CP	DB	
BDB11052	GRC玻璃纤维增强水泥保温外墙板		TB	CP	DB	
BDB11053	预应力轻质保温屋面板		TB	CP	DB	
BDB11054	轻质复合保温屋面板		TB	CP	DB	
BDB11055	集成墙板		TB	CP	DB	
BDB11056	轻质钢边框复合保温外墙板、屋面板		TB	CP	DB	
BDB11057	轻质蒸压加气混凝土板(砂加气)		TB	CP	DB	
BDB11058	预制自保温陶粒混凝土外墙板		TB	CP	DB	
BDB11059	预制混凝土夹心保温外挂墙板		TB	CP	DB	
BDB11060	装配式轻钢结构复合外墙板		TB	CP	DB	
BDB11061	建筑用保温一体化外墙板、屋面板		TB	CP	DB	
BDB11062	蒸压瓷渣粉加气混凝土板		TB	CP	DB	
BDB11063	产品标准轻质复合节能墙板		TB	CP	DB	
BDB11064	欧克轻质屋面板		TB	CP	DB	
BDB11065	外挂墙板		TB	CP	DB	
BDB11066	绝热墙板		TB	CP	DB	
BDB11067	预制混凝土夹芯保温外墙板		TB	CP	DB	

续表

BDB 混凝土围护系统标准

BDB-1　材料(或产品)及试验方法标准

体系编码	标准名称	标准编号	标准级别[1]	标准类别[2]	标准状态[3]	备注
BDB11068	轻质蒸压加气混凝土板(砂加气)		TB	CP	DB	
BDB11069	FR 复合保温墙板		TB	CP	DB	
BDB11070	建筑用轻质混凝土围护墙板		TB	CP	ZB	
BDB11071	预制钢筋混凝土夹芯外墙板	Q/ZMZY001—2016	QB	CP	XB	
BDB13001	混凝土强度检验评定标准	GB/T 50107—2010	GB	FF	XB	
BDB13002	建筑围护结构整体节能性能评价方法	GB/T 34606—2017	GB	FF	XB	
BDB13003	蒸压加气混凝土性能试验方法	GB/T 11969—2008	GB	FF	XB	
BDB13004	建筑墙板试验方法	GB/T 30100—2013	GB	FF	XB	
BDB13005	建筑物围护结构传热系数及采暖供热量检测方法	GB/T 23483—2009	GB	FF	XB	
BDB13006	建筑外墙外保温系统的防火性能试验方法	GB/T 29416—2012	GB	FF	XB	
BDB13007	蒸压加气混凝土板钢筋涂层防锈性能试验方法	JC/T 855—1999	GB	FF	XB	
BDB13008	普通混凝土拌合物性能试验方法标准	GB/T 50080—2016	GB	FF	XB	
BDB13009	钢筋混凝土用钢材试验方法	GB/T 28900—2012	GB	FF	XB	
BDB13010	纤维混凝土试验方法标准	CECS 13:2009	TB	FF	XB	
BDB13011	建筑围护结构保温性能现场快速测试方法标准		TB	FF	ZB	

BDB-2　工程应用标准(包括构造、设计、制作、安装、施工及验收、检测等)

体系编码	标准名称	标准编号	标准级别[1]	标准类别[2]	标准状态[3]	备注
BDB22001	墙体材料应用统一技术规范	GB 50574—2010	GB	GC	现行	
BDB22002	纤维增强复合材料建设工程应用技术规范	GB 50608—2010	GB	GC	现行	
BDB22003	低温环境混凝土应用技术规范	GB 51081—2015	GB	GC	现行	
BDB22004	粉煤灰混凝土应用技术规范	GB/T 50146—2014	GB	GC	XB	
BDB22005	装配式混凝土建筑技术标准	GB/T 51231—2016	GB	GC	XB	
BDB22006	混凝土结构工程施工质量验收规范	GB 50204—2011	GB	GC	XB	
BDB22007	建筑装饰装修工程质量验收规范	GB 50210—2001	GB	GC	XB	
BDB22008	住宅装饰装修工程施工规范	GB 50327—2001	GB	GC	XB	
BDB22009	玻璃纤维增强水泥(GRC)屋面防水应用技术规程	JC/T 2279—2014	HB	GC	XB	
BDB22010	点挂外墙板装饰工程技术规程	JGJ 321—2014	HB	GC	XB	
BDB22011	建筑轻质条板隔墙技术规程	JGJ/T 157—2014	HB	GC	XB	
BDB22012	围护结构传热系数现场检测技术规程	JGJ/T 357—2015	HB	GC	XB	
BDB22013	蒸压加气混凝土建筑应用技术规程	JGJ/T 17—2008	HB	GC	XB	
BDB22014	轻骨料混凝土结构技术规程	JGJ 12—2006	HB	GC	XB	

续表

BDB 混凝土围护系统标准

BDB-2 工程应用标准(包括构造、设计、制作、安装、施工及验收、检测等)

体系编码	标准名称	标准编号	标准级别[1]	标准类别[2]	标准状态[3]	备注
BDB22015	外墙外保温工程技术规程	JGJ 144—2004	HB	GC	XB	
BDB22016	纤维石膏空心大板复合墙体结构技术规程	JGJ 217—2010	HB	GC	XB	
BDB22017	轻质复合板应用技术规程	CECS 258:2009	TB	GC	XB	
BDB22018	预制塑筋水泥聚苯保温板应用技术规程	CECS 272:2010	TB	GC	XB	
BDB22019	蒸压加气混凝土砌块砌体结构技术规范	CECS 289:2011	TB	GC	XB	
BDB22020	乡村建筑屋面泡沫混凝土应用技术规程	CECS 299:2011	TB	GC	XB	
BDB22021	乡村建筑外墙板应用技术规程	CECS 302:2011	TB	GC	XB	
BDB22022	纤维混凝土结构技术规程	CECS 38:2004	TB	GC	XB	
BDB22023	装配式玻纤增强无机材料复合保温墙板应用技术规程	CECS 396:2015	TB	GC	XB	
BDB22024	混凝土及预制混凝土构件质量控制规程	CECS 40:92	TB	GC	XB	
BDB22025	低层蒸压加气混凝土承重建筑技术规程	DB11/T 1031—2013	DB	GC	XB	
BDB22026	W-LC 轻质高强镁质复合墙板施工及验收规程	DB32/T 458—2001	DB	GC	XB	
BDB22027	蒸压加气混凝土砌块工程技术规程	DB42/T 268—2012	DB	GC	XB	
BDB22028	装配式轻质混凝土围护结构技术规程		TB	GC	ZB	
BDB22029	装配式自保温墙体低层建筑技术规程		TB	GC	ZB	
BDB22030	预制混凝土夹心保温墙体纤维增强复合材料连接件应用技术规程		TB	GC	ZB	
BDB22031	低层全干法装配式混凝土墙板结构技术规程		TB	GC	ZB	
BDB22032	透气性无机保温装饰板应用技术规程		TB	GC	ZB	
BDB22033	透气性真石漆应用技术规程		TB	GC	ZB	
BDB22034	轻钢结构预制石膏复合保温墙板房屋应用技术规程		TB	GC	ZB	
BDB22035	装配式轻钢混凝土组合板技术规程		TB	GC	ZB	
BDB22036	装配式保温装饰组合外墙应用技术规程		TB	GC	ZB	

BDB-3 运行维护标准

体系编码	标准名称	标准编号	标准级别[1]	标准类别[2]	标准状态[3]	备注
BDB32001	建筑混凝土围护系统检测鉴定技术标准		TB	GC	DB	

金属围护系统子标准体系表　　　　　表 18-7

BDC 木围护系统标准

BDC-1 材料及试验方法标准

体系编码	标准名称	标准编号	标准级别[1]	标准类别[2]	标准状态[3]	备注
BDC11001	定向刨花板	LY/T 1580—2010	HB	CP	XB	
BDC11002	木结构覆板用胶合板	GB/T 22349—2008	GB	CP	XB	

BDC 木围护系统标准

BDC-1 材料及试验方法标准

体系编码	标准名称	标准编号	标准级别[1]	标准类别[2]	标准状态[3]	备注
BDC11003	结构用集成材	GB/T 26899—2011	GB	CP	XB	
BDC11004	木材顺纹抗拉强度试验方法	GB/T 1938—2009	GB	FF	XB	
BDC11005	木材横纹抗压强度试验方法	GB/T 1939—2009	GB	FF	XB	
BDC11006	木材顺纹抗压强度试验方法	GB/T 1935—2009	GB	FF	XB	
BDC11007	结构用规格材特征值的测试方法	GB/T 28987—2012	GB	FF	XB	

BDC-2 工程应用标准(包括构造、设计、制作、安装、施工及验收、检测等)

体系编码	标准名称	标准编号	标准级别[1]	标准类别[2]	标准状态[3]	备注
BDC22001	木骨架组合墙体技术标准	GB/T 50361—2018	GB	GC	XB	
BDC22002	装配式木结构建筑技术标准	GB/T 51233—2016	GB	GC	XB	
BDC22003	装配式木围护系统技术标准		TB	GC	DB	
BDC23001	木骨架组合墙体产品认证标准		TB	FF	DB	
BDC23002	木骨架屋面板产品认证标准		TB	FF	DB	

BDC-3 运行维护标准

体系编码	标准名称	标准编号	标准级别[1]	标准类别[2]	标准状态[3]	备注
BDC32001	装配式木围护系统检测鉴定加固标准		TB	GC	DB	

（4）幕墙门窗相关标准

幕墙门窗相关标准有 147 项，其中，现行标准 141 项，在编标准 6 项。幕墙门窗相关标准主要包括：幕墙门窗的材料与产品，围护结构设计，板材与构件加工制作，安装施工，维护与加固改造，拆除与再利用标准等。原材料产品及试验标准主要是幕墙门窗的原材料（包括玻璃、型材、龙骨、防火材料、保温隔热防水材料、密封材料、拉索、五金件、连接件等）及相关产品（含玻璃幕墙、金属幕墙、铝合金门窗、塑钢门窗、木门窗等）的材料产品相关标准，以及检测认证（包括气密、水密、抗风压性能现场检测、变形性能的检测、密封材料的检测、幕墙动态抗震性能的检测、幕墙光学性能检测、门窗力学性能检测等）相关门窗幕墙性能、试验检测相关标准。工程标准主要是幕墙门窗的设计、施工及验收等相关标准。运行维护标准主要是幕墙门窗日常维护（包括鉴定加固）、拆除与再利用等相关标准，见表 18-8。

幕墙门窗系统子标准体系表　　　　　　　　　　　　表 18-8

BDD 幕墙门窗标准

BDD-1 材料(或产品)及试验方法标准

体系编码	标准名称	标准编号	标准级别[1]	标准类别[2]	标准状态[3]	备注
BDD11001	铝合金建筑型材　第 1 部分:基材	GB/T 5237.1—2017	GB	CP	XB	
BDD11002	铝合金建筑型材　第 2 部分:阳极氧化型材	GB/T 5237.2—2017	GB	CP	XB	
BDD11003	铝合金建筑型材　第 3 部分:电泳涂漆型材	GB/T 5237.3—2017	GB	CP	XB	
BDD11004	铝合金建筑型材　第 4 部分:粉末喷涂型材	GB/T 5237.4—2017	GB	CP	XB	

续表

BDD 幕墙门窗标准

BDD-1 材料(或产品)及试验方法标准

体系编码	标准名称	标准编号	标准级别[1]	标准类别[2]	标准状态[3]	备注
BDD11005	铝合金建筑型材 第5部分:喷漆型材	GB/T 5237.5—2017	GB	CP	XB	
BDD11006	铝合金建筑型材 第6部分:隔热型材	GB/T 5237.6—2017	GB	CP	XB	
BDD11007	建筑用隔热铝合金型材 穿条式	JG/T 175—2011	GB	CP	XB	
BDD11008	建筑用安全玻璃 第1部分:防火玻璃	GB/T 15763.1—2009	GB	CP	XB	
BDD11009	建筑用安全玻璃 第2部分:钢化玻璃	GB 15763.2—2005	GB	CP	XB	
BDD11010	建筑用安全玻璃 第3部分:夹层玻璃	GB 15763.3—2009	GB	CP	XB	
BDD11011	建筑用安全玻璃 第4部分:均质钢化玻璃	GB 15763.4—2009	GB	CP	XB	
BDD11012	建筑门窗幕墙用钢化玻璃	JG/T 455—2014	HB	CP	XB	
BDD11013	建筑屋面和幕墙用冷轧不锈钢钢板和钢带	GB/T 34200—2017	GB	CP	XB	
BDD11014	建筑铝合金型材用聚酰胺隔热条	JG/T 174—2014	HB	CP	XB	
BDD11015	建筑门窗用密封胶条	JG/T 187—2006	HB	CP	XB	
BDD11016	岩棉薄抹灰外墙外保温系统材料	JC/T 483—2015	HB	CP	XB	
BDD11017	建筑用硅酮结构密封胶	GB/T 16776—2005	GB	CP	XB	
BDD11018	干挂石材幕墙用环氧胶粘剂	JC/T 887—2001	HB	CP	XB	
BDD11019	建筑表面用有机硅防水剂	JC/T 902—2002	HB	CP	XB	
BDD11020	建筑幕墙用硅酮结构密封胶	JG/T 475—2015	HB	CP	XB	
BDD11021	幕墙玻璃接缝用密封胶	JC/T 882—2001	HB	CP	XB	
BDD11022	硅酮和改性硅酮建筑密封胶	GB/T 14683—2017	GB	CP	XB	
BDD11023	建筑窗用弹性密封胶	JC/T 485—2007	HB	CP	XB	
BDD11024	石材用建筑密封胶	GB/T 23261—2009	GB	CP	XB	
BDD11025	中空玻璃用弹性密封胶	JC/T 486—2001	HB	CP	XB	
BDD11026	中空玻璃用丁基热熔密封胶	JC/T 914—2003	HB	CP	XB	
BDD11027	防火封堵材料	GB/T 23864—2009	GB	CP	XB	
BDD11028	建筑用阻燃密封胶	GB/T 24267—2009	GB	CP	XB	
BDD11029	建筑幕墙用铝塑复合板	GB/T 17748—2008	GB	CP	XB	
BDD11030	铝幕墙板 氟碳喷漆铝单板	YS/T 429.2—2000	HB	CP	XB	
BDD11031	建筑玻璃点支承装置	JG/T 138—2010	HB	CP	XB	
BDD11032	建筑幕墙用瓷板	JG/T 217—2007	HB	CP	XB	
BDD11033	吊挂式玻璃幕墙用吊夹	JG/T 139—2017	HB	CP	XB	
BDD11034	建筑幕墙用陶板	JG/T 324—2011	HB	CP	XB	
BDD11035	干挂饰面石材及其金属挂件	JC/T 830.1~830.2—2005	HB	CP	XB	
BDD11036	吊挂式玻璃幕墙用吊夹	JG/T 139—2017	HB	CP	XB	
BDD11037	建筑用仿幕墙合成树脂涂层	GB/T 29499—2013	GB	CP	XB	

BDD 幕墙门窗标准

BDD-1 材料（或产品）及试验方法标准

体系编码	标准名称	标准编号	标准级别[1]	标准类别[2]	标准状态[3]	备注
BDD11038	建筑幕墙用钢索压管接头	JG/T 201—2007	HB	CP	XB	
BDD11039	小单元建筑幕墙	JG/T 216—2007	HB	CP	XB	
BDD11040	合成树脂幕墙	JG/T 205—2007	HB	CP	XB	
BDD11041	建筑幕墙用高压热固化木纤维板	JG/T 260—2009	HB	CP	XB	
BDD11042	建筑玻璃采光顶技术要求	JC/T 231—2018	HB	CP	XB	
BDD11043	建筑幕墙	GB/T 21086—2007	GB	CP	XB	
BDD11044	铝合金门窗	GB/T 8478—2008	GB	CP	XB	
BDD11045	自动门	JG/T 177—2005	HB	CP	XB	
BDD11046	建筑门窗五金件　插销	JG/T 214—2017	HB	CP	XB	
BDD11047	建筑门窗五金件　传动机构用执手	JG/T 124—2017	HB	CP	XB	
BDD11048	建筑门窗五金件　合页（铰链）	JG/T 125—2017	HB	CP	XB	
BDD11049	建筑门窗五金件　传动锁闭器	JG/T 126—2017	HB	CP	XB	
BDD11050	建筑门窗五金件　滑撑	JG/T 127—2017	HB	CP	XB	
BDD11051	建筑门窗五金件　滑轮	JG/T 129—2017	HB	CP	XB	
BDD11052	建筑门窗五金件　通用要求	JG/T 212—2007	HB	CP	XB	
BDD11053	建筑门窗密封毛条	JC/T 635—2011	HB	CP	XB	
BDD11054	建筑门窗用通风器	JG/T 233—2008	HB	CP	XB	
BDD11055	防火窗	GB/T 16809—2008	GB	CP	XB	
BDD11056	钢门窗	GB/T 20909—2017	GB	CP	XB	
BDD11057	建筑门窗五金件　旋压执手	JG/T 213—2017	HB	CP	XB	
BDD11058	建筑门窗五金件　多点锁闭器	JG/T 215—2017	HB	CP	XB	
BDD11059	建筑门窗五金件　撑挡	JG/T 128—2007	HB	CP	XB	
BDD11060	建筑门窗五金件　通用要求	JG/T 212—2007	HB	CP	XB	
BDD11061	建筑门窗五金件　单点锁闭器	JG/T 130—2017	HB	CP	XB	
BDD11062	钢塑共挤门窗	JG/T 207—2007	HB	CP	XB	
BDD11063	建筑窗用内平开下悬五金系统	GB/T 24601—2009	GB	CP	XB	
BDD11064	建筑用闭门器	JG/T 268—2019	HB	CP	XB	
BDD11065	建筑疏散用门开门推杠装置	JG/T 290—2010	HB	CP	XB	
BDD11066	建筑门用提升推拉五金系统	JG/T 308—2011	HB	CP	XB	
BDD11067	人行自动门安全要求	JG/T 305—2011	HB	CP	XB	
BDD11068	平开玻璃门用五金件	JG/T 326—2011	HB	CP	XB	
BDD11069	电动采光排烟天窗	GB/T 28637—2012	GB	CP	XB	
BDD11070	建筑智能门锁通用技术要求	JG/T 394—2012	HB	CP	XB	

BDD 幕墙门窗标准

BDD-1 材料(或产品)及试验方法标准

体系编码	标准名称	标准编号	标准级别[1]	标准类别[2]	标准状态[3]	备注
BDD11071	建筑门窗复合密封条	JG/T 386—2012	HB	CP	XB	
BDD11072	建筑门窗五金件 双面执手	JG/T 393—2012	HB	CP	XB	
BDD11073	木门窗	GB/T 29498—2013	GB	CP	XB	
BDD11074	建筑用钢木室内门	JG/T 392—2012	HB	CP	XB	
BDD11075	建筑用塑料门	GB/T 28886—2012	GB	CP	XB	
BDD11076	建筑用塑料窗	GB/T 28887—2012	GB	CP	XB	
BDD11077	建筑用节能门窗 第1部分:铝木复合门窗	GB/T 29734.1—2013	GB	CP	XB	
BDD11078	建筑用节能门窗 第2部分:铝塑复合门窗	GB/T 29734.2—2013	GB	CP	XB	
BDD11079	推闩式逃生门锁通用技术要求	GB/T 30051—2013	GB	CP	XB	
BDD11080	人行自动门安全要求	JG/T 305—2011	HB	CP	XB	
BDD11081	医用推拉式自动门	JG/T 257—2009	HB	CP	XB	
BDD11082	人行自动门用传感器	JG/T 310—2011	HB	CP	XB	
BDD11083	上滑道车库门	JG/T 153—2012	HB	CP	XB	
BDD11084	车库门电动开门机	JG/T 227—2016	HB	CP	XB	
BDD11085	工业滑升门	JG/T 353—2012	HB	CP	XB	
BDD11086	卷帘门窗	JG/T 302—2011	HB	CP	XB	
BDD11087	彩钢整版卷门	JG/T 306—2011	HB	CP	XB	
BDD11088	电动平开、推开围墙大门	JG/T 155—2014	HB	CP	XB	
BDD11089	电动伸缩围墙大门	JG/T 154—2013	HB	CP	XB	
BDD11090	平开门和推拉门电动开门机	JG/T 462—2014	HB	CP	XB	
BDD13001	窗的启闭力试验方法	GB/T 29048—2012	GB	FF	XB	
BDD13002	建筑门窗防沙尘性能分级及检测方法	GB/T 29737—2013	GB	FF	XB	
BDD13003	整樘门 垂直荷载试验	GB/T 29049—2012	GB	FF	XB	
BDD13004	建筑幕墙和门窗抗风携碎物冲击性能分级及检测方法	GB/T 29738—2013	GB	FF	XB	
BDD13005	整樘门软重物体撞击试验	GB/T 14155—2008	GB	FF	XB	
BDD13006	门窗反复启闭耐久性试验方法	GB/T 29739—2013	GB	FF	XB	
BDD13007	建筑外窗气密、水密、抗风压性能现场检测方法	JG/T 211—2007	HB	FF	XB	
BDD13008	建筑幕墙气密、水密、抗风压性能检测方法	GB/T 15227—2007	GB	FF	XB	
BDD13009	建筑幕墙平面内变形性能检测方法	GB/T 18250—2000	GB	FF	XB	
BDD13010	建筑幕墙抗震性能振动台试验方法	GB/T 18575—2017	GB	FF	XB	
BDD13011	建筑幕墙热循环试验方法	JG/T 397—2012	HB	FF	XB	
BDD13012	建筑幕墙工程检测方法标准	JGJ/T324—2014	HB	FF	XB	

续表

BDD 幕墙门窗标准

BDD-1 材料(或产品)及试验方法标准

体系编码	标准名称	标准编号	标准级别[1]	标准类别[2]	标准状态[3]	备注
BDD13013	建筑门窗、幕墙中空玻璃性能现场检测方法	JG/T 454—2014	HB	FF	XB	
BDD13014	建筑幕墙保温性能分级及检测方法	GB/T 29043—2012	GB	FF	XB	
BDD13015	建筑密封胶材料试验方法	GB/T 13477—2002	GB	FF	XB	
BDD13016	铝及铝合金阳极氧化、氧化膜厚度的测量方法	GB/T 8014.1~3—2005	GB	FF	XB	
BDD13017	硫化橡胶或热塑性橡胶撕裂强度的测定	GB/T 529—2008	GB	FF	XB	
BDD13018	天然饰面石材试验方法	GB/T 9966.1~9966.8—2001	GB	FF	XB	
BDD13019	玻璃幕墙光学性能	GB/T 18091—2000	GB	FF	XB	
BDD13020	双层玻璃幕墙热特性检测示踪气体法	GB/T 30594—2014	GB	FF	XB	
BDD13021	建筑幕墙动态风压作用下水密性能检测方法	GB/T 29907—2013	GB	FF	XB	
BDD13022	未增塑聚氯乙烯塑料门窗力学性能及耐候性试验方法	GB/T 11793—2008	GB	FF	XB	
BDD13023	门扇抗硬物撞击性能检测方法	GB/T 22632—2008	GB	FF	XB	
BDD13024	建筑幕墙和门窗防爆炸冲击波性能分级及检测方法	GB/T 29908—2013	GB	FF	XB	
BDD13025	建筑幕墙层间变形性能分级及检测方法	GB/T 18250—2015	GB	FF	XB	
BDD13026	建筑外门窗气密、水密、抗风压性能等级及检测方法	GB/T 7106—2008	GB	FF	XB	
BDD13027	建筑外门窗保温性能分级及检测方法	GB/T 8484—2008	GB	FF	XB	
BDD13028	建筑门窗空气隔声性能分级及检测方法	GB/T 8485—2008	GB	FF	XB	
BDD13029	建筑外窗采光性能分级及检测方法	GB/T 11976—2015	GB	FF	XB	
BDD13030	建筑门窗力学性能检测方法	GB/T 9158—2015	GB	FF	XB	

BDD-2 工程应用标准(包括构造、设计、制作、安装、施工及验收、检测等)

体系编码	标准名称	标准编号	标准级别[1]	标准类别[2]	标准状态[3]	备注
BDD22001	装配式幕墙工程技术规程		TB	GC	ZB	
BDD22002	工业化住宅建筑外窗系统技术规程		TB	GC	ZB	
BDD22003	装配式建筑用门窗技术规程		TB	GC	ZB	
BDD22004	玻璃幕墙工程技术规范	JGJ/T 102—2003	HB	GC	XB	
BDD22005	建筑幕墙、门窗通用技术条件	GB/T 31433—2015	GB	GC	XB	
BDD22006	金属与石材幕墙工程技术规范	JGJ/T 133—2001	HB	GC	XB	
BDD22007	建筑门窗玻璃幕墙热工计算规程	JGJ/T 151—2008	HB	GC	XB	
BDD22008	防火卷帘、防火门、防火窗施工及验收规范	GB/T 50877—2014	GB	GC	XB	
BDD22009	全玻璃幕墙工程技术规程	DBJ/CT 014—2001	HB	GC	XB	
BDD22010	自动门应用技术规程	CECS 211:2006	TB	GC	XB	
BDD22011	点支式玻璃幕墙工程技术规程	CECS 127:2001	TB	GC	XB	
BDD22012	铝塑复合板幕墙工程施工及验收规程	CECS 231:2007	TB	GC	XB	

BDD 幕墙门窗标准

BDD-2 工程应用标准(包括构造、设计、制作、安装、施工及验收、检测等)

体系编码	标准名称	标准编号	标准级别[1]	标准类别[2]	标准状态[3]	备注
BDD22013	合成树脂幕墙装饰工程施工及验收规程	CECS 157:2004	TB	GC	XB	
BDD22014	人造板材幕墙工程技术规范	JGJ/T 336—2016	HB	GC	XB	
BDD22015	建筑装饰装修工程质量验收规范	GB/T 50210—2018	GB	GC	XB	
BDD22016	玻璃幕墙工程质量检验标准	JGJ/T 139—2001	HB	GC	XB	
BDD22017	建筑门窗工程检测技术规程	JGJ/T 205—2010	HB	GC	XB	
BDD22018	建筑玻璃应用技术规程	JGJ/T 113—2015	HB	GC	XB	
BDD22019	塑料门窗工程技术规程	JGJ/T 103—2008	HB	GC	XB	
BDD22020	铝合金门窗工程技术规范	JGJ/T 214—2010	HB	GC	XB	
BDD22021	人造板材幕墙工程技术规范	JGJ/T 336—2016	HB	GC	XB	
BDD22022	光热幕墙工程技术规范		HB	GC	ZB	
BDD23001	建筑幕墙和门窗抗风致碎屑冲击性能分级及检测方法		GB	FF	ZB	
BDD22002	建筑门、窗(幕墙)节能技术条件及评价方法		GB	FF	ZB	
BDD22003	建筑幕墙热工性能检测方法		GB	FF	ZB	
BDD23004	建筑光伏幕墙采光顶检测方法		GB	FF	ZB	
BDD-3 运行维护标准						
BDD32001	既有建筑幕墙可靠性鉴定及加固规程		HB	GC	ZB	

第五节 小　结

以问题为导向,以需求为引导,通过全面、系统分析建筑围护系统全过程和主要产业链的标准化需求,研制关键技术标准,构建了围护系统新型标准体系。本课题研究提出的围护系统标准体系的标准级别、标准类别层次较分明,标准适用范围与内容较清晰,基本覆盖了围护系统工程的各环节。围护系统子标准体系全面系统、重点突出、层次分明、开放兼容,符合当前及未来一段时间内我国围护系统快速发展的需求,将为我国全面推进建筑工业化、发展装配式建筑及加快建筑业产业升级提供标准化技术支撑。同时,针对围护系统标准体系研究发现的问题,提出如下完善建议:

(1)加快建立覆盖面更全、适用范围更广、针对性更强的围护系统标准体系及专用技术标准;

(2)加快制订围护系统专用产品检测(认证)的方法标准;

(3)针对围护系统新材料、新产品、新技术、新工艺的不断涌现,及时制订、修订相关技术标准;

(4)逐步提高标准的技术"门槛",满足推动工程建设质量提升的要求。

第五篇　工业化建筑标准体系运维保障机制

第十九章

工业化建筑标准体系实施运维机制

工业化建筑标准体系的健康发展，离不开政府部门、社会团体等中介机构、企业各方面的协同共进。政府在标准化管理方面要转变职能，从组织技术标准的制定为主，转向宏观调控、创造条件和环境、制定法律和法规、推动标准化工作、提供政策指导和服务、促进政产学研相结合，共同推进标准化工作为主，逐步建立政府部门和非政府机构协同推进的标准化工作机制；第三方机构要提供各种人才、信息服务；企业要加强国际标准化交流与合作，建立高效灵活的创新机制，促进工业化建筑标准化的发展，最终逐步形成标准化保障体系。

第一节　工业化建筑标准体系运维机制

一、运维机制的目的和原则

1. 工业化建筑标准化运维机制的目的

2015年3月，国务院《深化标准化工作改革方案》提出将团体标准纳入标准化体系，建立政府主导制定的标准与市场主导制定的标准协调组成的新型标准化体系。团体标准法律地位的确立，能有效提高标准的质量和推动产业创新发展，为供给侧结构性改革提供有力支撑。建立工业化建筑标准化运维机制，有望达到以下目的：

（1）促进工业化建筑标准化的快速发展。在各种运维机制的支撑下，使制度落到实处，形成工业化建筑标准化发展的长效机制，促使标准化不断发展。

（2）为工业化建筑标准化的实施提供有效控制手段。通过保障体系的建立，从组织、政策、人才、资金等各方面有效推动工业化建筑标准化的发展，使标准化在发展过程中按照预定的战略发展，真正起到标准化的作用，促进建筑工业化的可持续发展。

2. 工业化建筑标准化运维机制的原则

建立工业化建筑标准化保障体系，应遵循以下原则：

（1）超前性。工业化建筑标准化发展的理念应建立在超前的战略目标基础上。只有超前的战略目标才能引导、鼓励管理者从远景、大处着手，设计不同时期的标准化发展重点并据此制定具体方案，才能激励企业及相关主体实施标准化。当然，超前的目标应具有科学性和可行性，不具备可行性的目标不是超前，而是空想。

（2）适应性。保障系统的各个方面应能适合于工业化建筑标准化的运行。过高的条件保障，可能造成不必要的浪费，不能形成预期的效益达不到要求的保障系统，又会影响标准化的有效发展。

（3）简洁性。简洁性要求管理制度与流程的制订简洁明确。各类管理制度与流程以达到目的为准，过于繁杂的制度不仅不利于执行，还可能约束企业和相关的创新行为。

二、国外标准体系管理对我国的借鉴

1. 标准化管理体制

由于不同的政治和经济体制，导致不同的标准化管理体制，同时只有不同的标准化管理体制，才能适应不同的政治和经济体制。

（1）政府部门参与标准化管理

美国的标准化管理体制是高度分散、市场主导型的管理体制，美国政府在标准化事务中的作用比其他国家还小，美国标准化体制以协会、企业为制定标准的主体，美国国家标准学会（ANSI）充当协调者。这与美国自由的政治体制和完全的市场化经济体制有密切关系。

法国政府不参与具体的标准制定工作，只是对法国标准化协会（AFNOR）工作进行指导和监督。法国标准化专署是政府中唯一的负责标准化事务的机构，标准化专署设在贸易与工业部内，由1名专员和若干名工作人员组成。AFNOR接受政府机构的指导和管理，它实际上是法国标准化工作的核心和标准化计划的实施组织。AFNOR负责组织各标准化局和技术委员会制定法国国家标准，并负责标准化宣传普及、教育工作。

德国标准化活动完全是由民间机构组织开展，德国政府中没有专门的标准化管理机构。政府机构不直接从事标准化工作，但大力支持民间标准化工作，标准化机构（以DIN为代表）也以制定符合和维护公众利益的标准，即所谓"公认的技术准则"来积极支持政府的技术立法工作。这种合作关系不仅使政府立法工作与民间标准化活动相结合，相辅相成，相得益彰，而且给全社会带来了社会效益。

英国政府负责的标准化事务仅限于资助国家标准化机构，向起草组织提供资助。英国标准学会（BSI）是英国的全国性标准化机构，是英国政府承认并支持的独立的、非盈利的民间团体，负责英国国家标准（BS）的制订和修订工作，并代表英国参加国际和地区性标准化活动。英国政府认为参与标准化工作的理想模式是维护标准体系的健康发展。

在欧盟国家中，英国、法国和德国的标准化管理体制是：政府授权，民间机构管理，政府部门参与标准化活动。在亚洲国家中，日本、印度、韩国等国家的标准化管理机构中政府的作用比较大，在政府机构设有专门的标准化主管部门。标准管理体制基本上是：政府领导，标准化管理机构管理标准化活动。

（2）体现标准的公共品属性

标准是社会和经济发展的基础设施，具有公共品的属性，但标准也是一种特殊的商品，具有商品的基本特性。标准是标准化机构组织相关利益方，通过协商一致生产的一种商品，是标准化机构生存的基础。在市场经济发达的国家，政府不需要在标准制定方面投入过多经费，标准化机构的生存依赖于会员的会费、标准版权的收入以及相关服务的收入。

由于标准的自愿性，为了保证标准被广泛地采用，标准化机构会主动地改进标准制定程序和运维机制，以保证标准的公正性、合理性，提高标准的质量，这种机制体现了市场经济的资源配置原则。市场经济发达国家的标准化机构非常重视标准的宣传推广工作，通过教育培训和宣传推广，促进标准的广泛采用，从而提高标准化机构的形象，增加其收入。

发达国家的标准化机构中一般都设有负责标准销售和服务的专业部门。利用高新技术和现代传媒，提供标准信息化服务是美国、日本和欧盟等发达国家标准服务体系的重要特征，使标准信息能够及时、准确和有效地传播给用户。

此外，发达国家标准化机构还注重开发提高标准附加值的服务形式，例如，美国的 ANSI 成立了标准化战略中心（CSSMTM），专门研究如何利用标准化工作在竞争中获得优势，目的在于促进利用标准帮助企业降低成本、高效地开发产品，在国际市场中获得竞争优势。

（3）标准化活动的自愿性

通常美国政府相关机构在制定法规时参照已经制定的标准，这些被参照的标准就被联邦政府、州或地方法律赋予强制性执行的属性。政府部门也越来越少自己制定标准，政府官员参加制定自愿性标准，引用非政府制定的标准，从而避免了重复劳动和降低了成本。美国自愿性标准有国家标准、协（学）会标准、联盟标准和企业标准。联盟标准实际上是某种范围的协会标准或扩大了的企业标准。因此美国自愿性标准由国家标准、协会标准和企业标准三个层次组成。自愿性标准的特征是自愿性参加制定，自愿性采用。

韩国产业标准都是自愿性标准，韩国鼓励国内企业使用韩国产业标准 KS，同时充分推进标准化进程，树立 KS 标准的权威性。

印度标准制定步骤的设立是为了保证所有的有关各方都有机会表达其观点，从而对标准内容取得一致意见，并对标准给予充分的支持。印度标准对公众而言是自愿的和公开的。标准的执行依赖于采用标准的有关各方。然而，如果在合同中进行了规定，或者涉及立法或者政府对某些商品采取强制执行措施的话，印度标准就变成强制性标准。

俄罗斯在 2002 年 12 月颁布的联邦第 184—φ3 联邦法中，将俄罗斯国家标准以外的其他标准统称为组织标准（standards of organizations），并明确了国家标准和组织标准的采用全部是自愿性的。

2. 标准化运维机制

不管是什么样的管理体制，标准化工作能否满足社会发展的需要，运维机制同样非常重要。而运行过程中分工合理、职责明确、程序规范是关键。欧、美、日的标准化管理体制不同，但在运维机制的关键或核心要素却是基本相同或相似的。在标准化工作中首先要有保证方便、快捷、高效运行的合理分工。

（1）积极参与国际标准化活动

ANSI 是美国参加 ISO 的唯一的代表机构和 ISO 的正式交费成员。为了积极参与国际标准化活动，ANSI 制定了"美国参加 ISO 国际标准活动的程序"。该程序规定了两方面的内容：美国参与 ISO 文件处理的程序；有关 ISO 美国技术顾问组的形成与认可；美国为了争夺国际市场，很注重参与国际标准化活动，在国际标准化舞台上占据重要的位置，会根据美国国情采用国际标准，维护美国利益。同时推行标准化向外扩张的政策，试图用美国标准和美国标准化程序影响国际标准和国际标准化工作，从而达到用美国标准整合国际标准的目的。

日本认为标准化工作的成败，人才是关键，因此注重大量培养能参加国际标准化机构工作和国际标准化活动的人才。为国际标准化人才创造良好的工作和发展环境，日本早在1952 年就成为 ISO 的成员，1953 年成为 IEC 的成员。多年来在内阁会议（由各省大臣组成）的授权下，一直积极参与国际标准化活动。以钢铁工业为例，作为钢铁强国，日本非常重视钢铁领域的国际标准化工作，1970 年代后期，接连承担 ISO/TC17 钢、ISO/TC102 铁矿石和 ISO/TC164 金属材料力学试验方法 3 个与钢铁有关的大技术委员会秘书处工作，通过承担国际标准秘书处来达到控制国际标准制修订、占领国际标准制高点的目的。并派标准化专家到 ISO 中央秘书处工作。

1947 年国际标准化组织成立时，苏联是创始成员国之一，并担任了领导层中的重要职务。由于俄罗斯正在申请加入世界贸易组织，因此进一步加大了参与国际标准化活动的力度。从 2002 年 12 月俄罗斯最新颁布的第 184—φ3 联邦法中，就可以看出俄罗斯标准化工作向市场经济转变的一个重要举措，就是采用国际标准。新法中第三章第 12 款"标准化的原则"中规定，今后制定国家标准要以国际标准为基础。从立法的角度确立采用国际标准的原则，说明俄罗斯在标准化改革方面的力度是相当大的。

（2）标准制修订过程公开透明

美国科学的协商一致的自愿性标准体系取决于一个科学的能体现协商一致的标准制定程序。ANSI 要求被它认可的标准制定组织或委员会都必须按照统一的"ANSI 基本要求：美国国家标准公正程序要求"来制定标准。这种公正程序的特点：公开参与；协商一致；公平竞争；透明；灵活；可以上诉。

韩国技术标准局（ATS）负责在与韩国产业标准审议委员会（KISC）协调一致的基础上制定韩国产业标准（KS）。在韩国产业标准的制定上有一套固定的程序。首先由企业、研究机构、社会团体或个人提出制定韩国产业标准的提议，这些建议直接递交给韩国技术标准局（ATS），如果 ATS 认为有制定此标准的必要，就进行标准立项；KISC 组织编写标准草案；标准草案完成后，提交标准审议委员会，在各方充分协商一致的原则下通过标准审定稿；最后递交 ATS 批准生效；生效以后反馈给 KISC 进行标准的印刷、发行。

日本根据"工业标准化法"实施规则规定，由经济产业省大臣委托的委员、临时委员等专家成立调查会，对 JIS 草案是否可以作为 JIS 标准进行审议。有关民间团体起草的JIS 草案，原则上是由日本工业标准调查会的各部会下设的专门委员会进行调查审议。审查通过之后，上报负责该专业的部会，再一次进行审议。在专门委员会上审议通过的标准议案，除了必须在标准会议上审议的之外，均由调查会会长回答主管大臣的询问之后便可定下来。经调查会审议之后，向主管大臣答辩认为应该制定、确认、修订或取消的标准，应正确反映所有的有关方面的意见，大家都认为该标准可继续执行时，才能把它作为 JIS 制定下来。用公报把该标准的名称，标准号，制定、修订、确认或取消的年月日等信息公布出来。为了确保 JIS 制修订过程的透明度，对下述信息实行公开制度：①提供 JIS 原始方案编制状况的信息；②公布 JIS 工作计划；③确保 JIS 草案的公开发布，公众可向 JIS提供陈述意见；④JIS 公开发布。

（3）提供标准信息化服务

韩国的标准化服务体系主要由技术标准局（ATS）、韩国产业标准审议委员会

（KISC）和韩国标准协会（KSA）共同组成。利用现代化信息手段建立和运行网络信息服务，提供一个公共的信息通道，提供 KS 的制（修）订，以及技术、质量和可靠性认证等方面的信息；通过网络，可以对 KS 的制修订发表公开的信息。KISC 拥有 KS 的版权，委托 KSA 出版 KS。同时 KISC 拥有标准的技术解释权。

印度 BIS 的图书馆是有关标准信息化及相关文献资源的国家资源中心。在其中心图书馆目前馆藏了大约 60 万册有关的国际标准化组织、地区标准化组织、国家标准化组织和国际上比较有声望的相关标准化团体的标准、规范、试验方法和技术规范。除了标准以外，标准局图书馆还馆藏了大约 5 万册的图书、手册以及包含各种学科的科学、工程和技术方面的论文、会议记录。此外，还拥有将近 600 种期刊。标准局的技术信息服务中心成立于 1992 年，位于首都新德里。该中心主要负责解答通过电话、传真、电子邮件等方式的标准化技术咨询服务，以及印度标准与国际标准或其他国家标准一致性的咨询，同时还负责各个国家的质量体系认证方面的事务。BIS 销售印度标准和其他出版物是通过其 17 个连锁销售中心进行的。国际标准只在新德里的销售中心有售。

俄罗斯国家标委提供的标准化服务体系主要分七个大方面：一般性文件的提供、数据库服务、期刊和杂志、认证服务、培训服务、咨询服务、对出口商的技术支持。全俄认证研究院提供所有有关认证、认可和质量管理方面的咨询服务。另外，国家标委 1995 年成立了一个非营利的名为"INTERSTANDART"的公司，该公司除提供有关标准、计量、认证方面的文件和咨询服务外，还提供各种翻译服务，也可以提供任何一个英文版的俄罗斯国家标准。2000 年 9 月，INTERSTANDART 公司代表俄罗斯国家标委与美国 ASTM 签署了许可协议，根据协议，该公司可提供所有俄文版的 ASTM 标准。

日本 JSA（日本标准协会）负责标准化的服务，包括：JIS 标准信息数据库的建立及维护管理；国际标准审议文件的电子化；JIS 标准开发过程的电子化；WTO/TBT 协议团体标准开发的通报业务。为发展中国家提供工业标准化和质量管理的技术合作，接受发展中国家关于质量管理和标准化方面的研修生，承担有关标准化的调研工作，在海外举办讲座及进行技术交流等。举行全国、地方标准化和质量管理大会；对标准化事业的发展、普及有显著贡献的文献，授予日本标准协会标准化文献奖；标准的印刷、发布及海外标准翻译出版业务；出版发行 JIS 标准及英译 JIS 标准的发行；发行电子媒体产品，建立海外标准数据库。通过网站接受网上订单。

第二节 工业化建筑标准体系编制管理

一、工业化建筑标准体系编制的目标管理

工业化建筑标准体系的总体目标为：通过建立和完善工业化建筑标准体系，确定目前我国工业化建筑标准化的空白与不足之处，弥补工业化建筑标准制修订的空缺。由于工业化建筑在实施过程中所需要达到的六个目标为：智能化应用、一体化装修、装配化施工、工厂化生产、标准化设计以及信息化管理，分别对应工业化建筑在实施的全过程中所涉及的设计、生产和施工等各个环节，为了发挥工业化建筑标准体系对这六大目标的约束指导作用，在编制工业化建筑标准体系阶段就需要确定工业化建筑标准体系在运行阶段和持续

改进阶段的目标管理内容。

标准体系编制阶段的目标为：对比我国发展国情与发达国家发展情况，总结工业化建筑的标准体系中尚未解决的问题。借鉴发达国家标准体系构建的可行经验，分析现有标准，发挥标准对建筑产业的指导与推动作用，构建具有系统性、全面性、时效性的工业化建筑标准体系框架。

标准体系运行阶段的目标为：组建和培养既有管理专业的特长又懂得标准知识的人才队伍，负责对工业化建筑标准体系的运行进行管理，主要任务是负责工业化建筑标准体系运行阶段运维机制的建立，以及工业化建筑标准体系的宣传推广和监督检查。

标准体系改进阶段的目标：通过对构建的工业化建筑标准体系进行分析，重新评价和整理现有的标准，提出需要制订、修订的标准项目，使得工业化建筑的各项工作流程都有对应的标准进行规范指导，逐步解决现有标准中存在的主要问题，全面覆盖工业化建筑的全寿命周期，保证各阶段的顺利实施。

二、工业化建筑标准体系编制的组织管理

1. 组织结构管理

所谓的组织结构，是在组织成员为了实现整体运作目标，通过一定的规则进行责任分工，并实行有效的协助互助，从而按照一定的职位、职责、流程、权力等，连结起来的结构体系。按照这个理解，组织结构设计的主要目的是为了实现组织目标。

工业化建筑标准体系的建设队伍具备合理的人员规模与结构，成员总数不少于20人，核心成员不少于5人；团队成员由工业化建筑领域中建筑业企业（包括勘察、设计、施工、监理、建设、加固、管理单位等）、生产企业、科研机构、高等院校、行业主管部门、学（协）会、中介服务机构（施工图审查、质量安全监督、检验检测认证机构）等单位的技术骨干组成，团队成员不仅服务于工业化建筑标准体系的编制阶段，在工业化建筑标准体系运行和持续改进阶段也将作为组织的一个组成部分。另外，可根据需要聘请在工业化建筑标准化领域享有盛誉的专家、学者担任工业化建筑标准体系建设队伍的顾问委员。同时以国家级和省部级科研平台、住房城乡建设部专业标准化技术委员会、全国专业标准化技术委员会、国际标准化组织技术委员会秘书处等重要标准化机构作为依托，依托单位设专人负责标准团队日常管理工作。

2. 组织成员管理

作为工业化建筑标准体系的制定主体，组织成员的构建，对工业化建筑标准体系立项的科学性、标准制定的全面性、应用的有效性等方面都有着重要的现实意义。通过合理组织工业化建筑标准体系制定人员，为工业化建筑标准体系的制定提供良好的环境，标准体系应用效果可以得到保证。

工业化建筑标准体系的建设队伍应具有较高的工业化建筑相关专业技术水平，具有3年以上工程建设标准化工作经验；具有较强的人员稳定性，人员的专业结构与标准团队主要业务紧密相关；核心成员（标准团队核心成员由标准团队成员推选产生）为热心支持并且从事标准化工作，在本专业领域具有一定影响力，学术上有较高造诣，工作上有贡献的技术或管理人员。

3. 组织业务管理

工业化建筑标准体系建设队伍的工作内容包括以下几个方面：

（1）宣传普及工业化建筑的标准化知识；

（2）研究构建工业化建筑标准体系；

（3）依据工业化建筑标准体系现状，组织或参与工业化建筑领域国家标准、行业标准、地方标准和团体标准的制订、修订、审查、宣贯及有关标准化工作；

（4）接受企业委托，协助编制工业化建筑企业标准；

（5）组织开展工业化建筑相关的工程建设标准学术活动；

（6）组织开展工业化建筑相关的工程建设标准培训；

（7）编辑出版工业化建筑相关的标准书刊和资料；

（8）组织开展工业化建筑相关的工程建设标准服务，包括工程建设标准技术咨询、项目论证和成果评价，以及工程建设产品推荐等；

（9）积极参与工业化建筑相关的国际标准化活动。

组织成员在编制阶段的工作流程包括：①标准体系目标分析；②标准需求分析；③标准适用性分析；④标准分类；⑤标准制定；⑥标准体系结构设计；⑦标准体系表编制；⑧标准体系编码编写，见图 19-1。

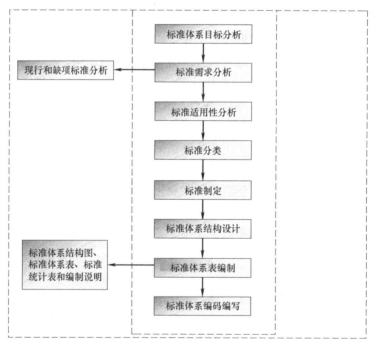

图 19-1　组织工作流程

三、工业化建筑标准体系编制的要素管理

1. 标准体系结构设计管理

标准体系根据标准维度、标准属性、标准化要素等进行结构设计。工业化建筑标准体系（含子标准体系，以下统称工业化建筑标准体系）建设以全寿命期理论、霍尔三维结构

理论为基础，从层级维、级别维、种类维、功能维、专业维、阶段维等进行构建。当要表述三维标准体系框架结构时，可将某一个或几个维度（如层级、种类、专业）看作已知项，其他维度作为可变项（如目标（六化）、阶段（生命周期或阶段）），进行多维度的分析、研究和构建，见图19-2。

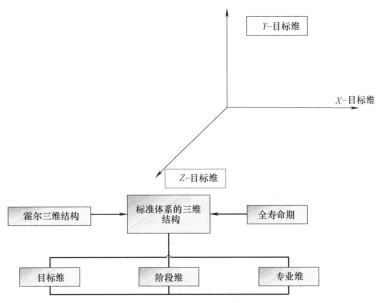

图 19-2　工业化建筑标准体系结构

　　工业化建筑标准体系结构可采用上下层次结构，或采用按一定的逻辑顺序排列起来的"序列"结构，或采用由以上两种结构相结合的组合结构。工业化建筑标准体系的上下层次结构（以技术内容和作用效力为主线）可为：以全文强制规范为约束准则层，通用基础标准为实施指导层，专用技术标准为落地支撑层，见图19-3。

　　2. 标准体系表编制

　　标准体系表包括标准体系结构图、标准体系表、标准统计表和编制说明。工业化建筑标准体系结构图可由总结构方框图

图 19-3　工业化建筑标准体系上下层次结构

和若干子方框图组成，如图19-4所示。编制说明，其内容一般包括：①编制体系表的依据和目标；②国内外标准概况；③结合统计表，分析现行标准与国外的差距和薄弱环节，明确今后的主攻方向；④专业划分依据和划分情况；⑤与其他体系交叉情况和处理意见；⑥需要其他体系协调配套的意见；⑦标准项目的具体说明（适用范围、主要内容等）；⑧其他事项。

　　3. 标准体系编码管理

　　标准体系编码是标准体系各标准项目的唯一标识代码，代码采用5位代码，编码结

构，如图 19-5 所示。

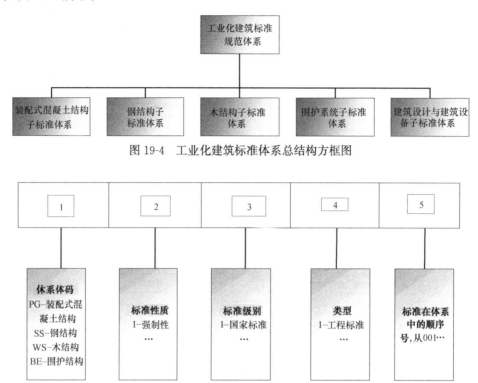

图 19-4　工业化建筑标准体系总结构方框图

图 19-5　工业化建筑标准体系编码

第三节　工业化建筑标准体系运行管理

一、标准体系运行的运维机制构建

标准体系的运行需要人力、物力、财力的投入，需要有相应的运维机制和措施。因此工业化建筑标准体系正式运行之前，应做好运行前的运维机制，如果缺乏相应的运维机制，将会增加后续标准体系正式运行的工作难度，甚至会造成返工。标准体系的运维机制主要包括组织保障、制度保障、资金保障等。

1. 组织保障

为推进我国工业化建筑标准化的发展，首先需要有组织保障。纵观国际工业化建筑标准化发展趋势和我国的实际情况，在我国工业化建筑标准体系运行的过程中有必要建立起管理标准体系运行的专业组织机构。

为了加快工业化建筑标准化的发展，需要建立统一协调的专业组织机构形成工业化建筑标准体系管理委员会，应该从以下几方面着手。

（1）组织机构组成

应组建和培养一批既有管理专业特长又懂得标准知识的人才队伍负责对标准体系的日常运行进行管理，以更有效地促进标准化的发展。组织机构的设置应满足以下要求：

1）专业组织机构应由建筑领域中建筑业企业（包括勘察、设计、施工、监理、建设、加固、管理单位）、生产企业、科研机构、高等院校、行业主管部门、学会协会、中介服务机构（施工图审查、质量安全监督、检验检测认证）等单位的技术骨干组成；

2）组织机构应设管理委员会，包括主任委员、副主任委员、委员、秘书长等，对这些成员进行合理分工，明确职责；

3）根据需要聘请在工业化建筑标准化领域享有盛誉的专家、学者担任工业化建筑标准体系管理委员会的顾问委员。主任委员、副主任委员应在工业化建筑领域具有较高的声誉和水平，具有5年以上标准化工作经验和正高级专业技术职称。委员应积极向建筑标委会反映标准编制和实施中的问题，对相关标准规范的制（修）订提出建议。

（2）工作任务

工业化建筑标准体系管理委员会需按国家有关法律、法规、规章的有关规定，秉承公平、公正、实事求是的原则开展工作，任务主要包括以下几个方面：

1）负责工业化建筑领域工程建设强制性标准、推荐性国家标准和行业标准编制准备、征求意见、送审、报批等过程中文件质量和进度的日常管理；

2）在国家标准化工作有关方针政策指导下，向主管部门提出工程建设标准化工作方针、政策和技术措施的建议；

3）拟订工业化建筑领域的工程建设标准体系发展战略，提出工业化建筑领域国家标准、行业标准的制（修）订规划和年度计划的建议；

4）组织开展标准体系宣贯培训、学术交流等标准化信息交流活动，并围绕工业化建筑领域的工程建设标准开展咨询服务工作；

5）承担工业化建筑领域的相关国际标准化业务，参与国际交流，并提出对外开展标准化技术交流活动的建议；

6）办理与本领域标准化工作有关的其他事宜等。

（3）工作程序

工业化建筑标准体系管理委员会应该按照合理的工作流程、标准化相关规定及管理办法具体指导标准体系的管理工作。工作程序需要满足以下几点：

1）工业化建筑标准体系管理委员会应按照有关的规定组织标准体系宣贯、培训、对标准体系实施监督调查、对标准体系运行水平和状况进行评价；

2）工业化建筑标准体系管理委员会应定期召开会议，总结标准体系运行和管理工作情况，每年召开一次年会，总结本年度工作，安排下年度计划，检查经费使用情况等。

2. 制度保障

在工业化建筑标准体系战略目标的引导和约束下，各项管理制度应互相组合并不断进化可能形成新的更适宜的制度，进而更好的激励主体参与标准化的进程。对工业化建筑标准化从不同角度进行制度分析和设计。针对目前工业化建筑标准化工作的突出问题，设计全方位的制度安排，规范各主体的责、权、利之间的关系。

主要从政府和标准体系管理者两个方面对制度保障进行分析。

（1）政府方面 工业化建筑标准体系中有很多强制性标准，其实施监督主体仍然是政府及其授权的相关组织，在制定、实施、监督、评价标准化全过程中由政府等相关部门推动，工业化建筑标准体系运行管理者需积极配合，共同完成标准化工作。此外还应该积极寻求政府的政策支持，政府是政策的制定者，也是标准执行的推行者，政府的常规任务就是营造良好的建设环境和合理化的制度安排。政府支持的力度越大，标准实施就会越活跃，面向市场经济的标准化，政府必须转变其职能，通过一系列的体制创新和政策措施来消除标准化过程中的障碍或瓶颈，为标准实施创造条件。主要可从以下几个方面进行设置：

1）制定并贯彻相关保障工业化建筑标准体系运行的法律法规，规范标准化主体在标准体系实施过程中的行为方式；

2）采取政策激励措施鼓励国有企业或大型企业采用工业化建筑标准体系，发挥试点示范作用；

3）成立专门的监督组织，负责跟踪监督工业化建筑标准体系的实施运行情况，并收集有关数据；

4）提供人才和资金上的保障，确保工业化建筑标准体系有效运行。

（2）管理者方面　工业化建筑标准体系的管理者对体系运行和持续改进起着主导作用，是标准体系顺利运行的核心力量，因此对管理者设置合理的制度是保障工业化建筑标准体系运行的重要环节，制度设置具体包括以下几点：

1）要建立相应的监管制度。利用合理的监管制度对工业化建筑标准体系运行过程进行全程管理和控制，提高标准体系运行的效率；

2）建立多种形式、多种层次的监督制度。使工业化建筑标准体系运行全程能够得到来自各方的监督；同时对标准体系运行管理人员的工作进行监督检查和批评指正；

3）建立激励制度。采用多种手段鼓励管理人员积极参与到标准体系工作中来，保障标准体系的高效运行。

3. 资金保障

要促进工业化建筑标准化快速发展，不仅关系到理念、人才、信息和管理模式等多个方面的转变，更涉及资金保障的问题，从经济的角度促进标准化事业的发展，为此要加大对标准化工作的专项投入，提高经费的使用效率。为满足标准化管理需求，进一步增强标准化管理力度，保障工业化建筑标准体系的编制质量和水平，在经费筹集和使用方面需要达到以下要求。

（1）扩宽经费筹集渠道

为更好地发挥标准体系对住房城乡建设事业的支撑保障作用，需要拨付专款作为工业化建筑标准化工作的经费，确保工业化建筑标准体系研发工作获得足够的资金支持。通过各方面资金的保证，才能给从事标准体系运行管理工作的人才带来持续不断的动力，才能使工业化建筑标准体系的指导作用得到充分体现。支持工业化建筑标准体系运行管理的活动经费来源包括但不限于下列几方面：

1）通过宣传和政策引导，协会团体、企业单位投入的社会资金；

2）住房和城乡建设部提供的工作经费补助；

3）开展本专业领域标准化的咨询、服务工作的收入；

4）有关方面对本专业标准化工作的资助。

（2）提高经费的使用效率

经费的管理和使用应严格遵守国家有关财务制度和财经纪律，应指派专人对经费进行管理，经费的预（决）算应经审定、批准，经费投入主要用于下列几个方面：

  1）从事标准化工作人员的薪酬、办公费用支出、经费补贴等；

  2）组织有关标准化会议等活动经费；

  3）向有关标准审查专家支付专家劳务费；

  4）向委员、顾问委员提供资料所需费用；

  5）参与国际标准化活动所需费用；

  6）与运行管理人员职责相关的其他工作费用；

  7）工业化建筑标准体系信息平台的建设及相应硬件设施的购置费用。

二、标准体系运行过程的管控

标准体系的核心是标准，因此标准体系运行的核心就是标准的实施，工业化建筑标准体系中每一个标准能够落地实施并发挥作用，是构建标准体系的终极目标。工业化建筑标准体系实施的具体步骤一般包括制定标准体系实施计划、标准体系的宣传和推广及对标准体系的实施进行监督和检查等。

1. 标准体系实施计划的制定

首先，要制定完备的工业化建筑标准体系实施计划。一个相对完善的标准体系实施计划要能够包括标准体系实施的目标及分解、标准体系实施的具体措施、必要的保障措施等。制定工业化建筑标准体系实施目标时，要注意确保这些目标可以层层分解到各个部门，以增强其可操作性；要制定保障标准实施的相关措施，为工业化建筑标准体系能够顺利落地创造条件，标准体系的实施离不开人、财、物的投入。

2. 标准体系的宣传和推广

工业化建筑标准体系宣传和推广的主要目的在于让与工业化建筑相关的企业和部门都能够掌握标准体系，并能够按标准体系的指导去开展工作。在工业化建筑标准体系运行的过程中，可以通过新闻发布、媒体宣传、试点示范等多种方式，进一步强化标准体系宣传和推广，并在宣传和推广过程中注意反馈信息的收集和整理，及时总结宣传和推广经验，在时机成熟时面向全国推广和宣传工业化建筑标准体系。

3. 标准体系的监督检查

工业化建筑标准体系运行监督检查是确保标准体系能够顺利运行的重要手段，为标准体系的持续改进打下基础。为确保工业化建筑标准体系运行的充分性、适宜性和有效性，管理者负责对标准体系运行实施情况进行监督检查，将标准体系的实施运行情况及时上报。标准体系监督检查的主要任务是：

（1）确立工业化建筑标准体系实施检查的制度；

（2）确定工业化建筑标准体系实施检查的机构、人员，并应明确相关职责和权限；

（3）制定开展工业化建筑标准体系实施检查的工作计划或程序；

（4）检查过程中要形成工业化建筑标准体系实施检查的记录和处理问题的记录。

三、标准体系信息平台建设管理

1. 建设目标

工业化建筑标准体系平台建设目标旨在通过标准信息的分类集成提供专业性服务，为标准实施者提供网上便捷的标准检索、指标对比、标准查询、标准跟踪、标准体系建设、数据共享、信息推送等服务内容。搭建完善的标准信息资讯平台，实现平台系统建设的可扩展性和可移植性，适应产业发展的可持续性要求，提高标准化的质量效益。

2. 研究内容

基于互联网的工业化建筑标准规范体系制定、实施、评估、信息反馈、更新维护技术研究；面向工业化建筑标准规范使用对象的信息化综合服务平台定位、功能分析与策划；工业化建筑标准规范体系信息化综合服务平台建设与维护。

3. 关键技术

面向工业化建筑标准规范使用对象的信息化综合服务平台。

4. 考核指标

工业化建筑标准信息化服务平台1项，平台数据包括工业化建筑标准规范体系信息资源，界面友好，运营稳定，促进工业化建筑标准化宣传推广，软件著作权登记，提供第三方测试报告。

5. 网站功能需求与模块设置

首先在建立网站前需明确建设网站的目的，网站具备的功能、网站规模、投入费用等。经市场分析，确定网站的系统功能应该包括：通过指定的建筑标准信息网站、相关频道、社区等信息源，利用网络爬虫技术进行自动采集，对采集的信息进行自动过滤、去重、去噪，并进行自动分类，建立"建筑标准行业智能信息平台"。平台可通过网站门户（pc端）、webapp（移动端）等形式，为用户提供精准的、经过筛选的有效信息服务，并实现简单的互动评论等。根据网站功能需求，将网站设置为九大模块，见表 19-1。

网站功能需求与模块设置 表 19-1

模块设置	网站功能需求
资讯	综合新闻、政策法规、标准化(工程建设标准化,工业化建筑标准化)现行标准、(标准征求意见、标准公告)工业化建筑行业资讯、招标信息、典型工程案例、相关研究课题信息展示
标准体系	包括标准体系的多种方式展示、现行标准查询、检索、强制性标准全文查询(支持内容检索)
标准评估	在线调查、年度报告
标准服务	鼓励标准主编注册账号,用户提出的问题可以请求主编回答(个人名义或企业名义),再链接到淘宝作为两方交易平台,标准化研究课题定制
标准定制	提供标准定制服务、提供标准化及建筑工业化相关专题信息展示平台定制服务标准化研究课题定制
产品与技术	企业产品、技术展示、装配式混凝土结构、钢结构、木结构、围护系统、建筑设计、建筑部品、装饰装修、信息化技术等
产业链供求信息	产业链供求信息整理发布
资料下载	涉及权限管理、用户管理、流量监测、统计报表及系统日志等;可以通过微博、QQ、微信等方式分享;访问量统计及添加相关链接
建筑工业化产业技术创新战略联盟	创新战略机制

第四节 工业化建筑标准体系持续改进管理

一、工业化建筑标准体系的评价与改进

工业化建筑标准体系管理人员往往只注重标准体系的建立，而忽视标准体系的动态管理和持续改进。分析评估工业化建筑标准体系对工业化建筑标准化工作的指导作用，收集工业化建筑标准体系及标准实施反馈的问题，对工业化建筑标准体系运行状况进行评价，改进完善标准体系，建立标准体系动态更新维护机制，实行工业化建筑标准体系逐年滚动更新，如图 19-6 所示。

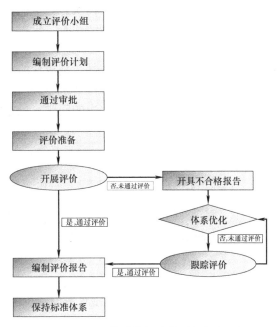

图 19-6 工业化建筑标准体系评价流程图

1. 标准体系评价的重点

首先应组织工业化建筑标准体系评价机构和人员，设定合理的评价程序和方法、确定评价内容和要求。工业化建筑标准体系的评价内容包括标准体系的文件评价、标准实施评价、标准体系实施效果评价。标准体系的文件评价主要包括体系完整性评价、体系规范性评价、体系协调性评价和体系有效性评价。标准的实施评价主要包括符合性评价和实施效果评价。

2. 标准体系评价的方法

工业化建筑标准体系是由很多个标准有机组合而成的，标准体系的实施归根结底要落到标准的实施上，因此，在上述标准体系运行效果的评价过程中，不仅要对标准体系的运行状况进行评价，还应对标准实施效果进行评价。首先通过目标分解建立工业化建筑标准体系的评价指标体系，然后对标准体系评价结果的数据进行收集和整理，最后通过数据结果分析影响工业化建筑标准体系运行的因素。

3. 标准体系的改进过程

工业化建筑标准体系构建完成并正式运行之后，应根据评价的结果，运用质量管理的PDCA理念对标准体系进行持续改进，不断对标准体系进行修正、完善、改进和促进执行。工业化建筑标准体系建立并伴随内外部环境的变化而不断改进的过程是一个运用PDCA循环改进方法的过程，在这个过程中，标准体系的构建只是第一步，运行和评价才会真正告诉我们标准体系的效果究竟在哪里，是多少，问题出在哪里，如何改进，进而在不断的循环过程中产生出更大的效益。

PDCA循环法的主要包括8个步骤，在工业化建筑标准体系持续改进工作中，应结合标准体系运行的实际情况运用这8个步骤，不要拘于形式，机械地套用。PDCA循环的工

作流程如图 19-7 所示。

（1）调查研究分析标准体系现状，找出标准体系中存在的问题；

（2）诊断分析出影响标准体系现状的各种因素或建设标准体系的内容；

（3）找出影响标准体系的主要因素或确定建设标准体系的内容；

（4）针对影响标准体系的主要因素或内容，制定措施，提出建设计划方案，并预测其效果；

（5）按既定的措施和计划贯彻实施，对执行计划过程中出现的各种问题要及时处理；

（6）检验执行后的效果，即"检查"阶段。建立和实施标准体系之后，开展对标准体系的评价、确认与改进；

（7）根据检查的结果进行总结，把成功的经验纳入有关的标准、制度和规定之中，防止重蹈覆辙；

（8）找出这一循环中尚未解决的问题，把它们转到下一次 PDCA 循环中解决。

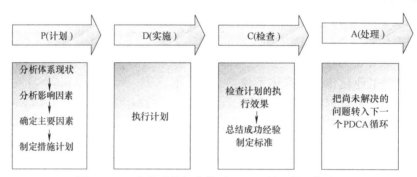

图 19-7　工业化建筑标准体系 PDCA 循环的工作流程

二、基于标准制修订的持续改进管理

我国标准处于快速发展阶段，制定的工业化建筑的相关标准数量众多，难免会出现标准分散，且系统性、协调性差、主要内容重复、标龄长等问题。对于问题标准，在工业化建筑标准体系快速发展的同时，需要有专业的团队及时对其进行集中清理、修订。因此为了满足建筑行业快速发展的需要，需对原有标准体系进行梳理，对交叉重复的标准进行删除、合并、修订，对缺失标准以及新兴产业标准及时补充，对工业化建筑标准体系及时进行更新和完善。改进途径主要包括：

（1）注重标准的识别、收集及适用性评价。积极拓展标准信息渠道，对工业化建筑适用的标准要及时纳入标准体系表中，对标准的有效性、适用性进行动态跟踪管理。

（2）加强工业化建筑标准的编制、适时评审与修订。按照标准制定、修订计划，严格按照多次审核定标准的原则编制标准，标准应符合标准的结构和编写规则的要求，对标准进行适时评价与修订，如图 19-8 所示。

（3）加强标准的推广应用。可充分利用工业化建筑标准体系的信息管理系统，实现标准的查询、检索、更新，剔除废止标准，确保标准的时效性。

三、基于新技术发展的持续改进管理

工业化建筑标准体系不是永恒不变的，它随着科学技术的进步、管理的改进在不断变

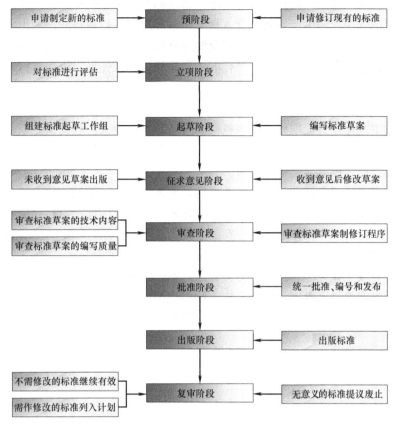

图 19-8 标准制修订的流程图

化。而且标准本身也在发展、变化，不会停留在一个水平上，随着技术经济的发展及政策环境的变化，标准的适用周期变得越来越短，一般是 5 年或更短的时间。因此已建立的标准体系文件，要随着科技的进步，不断修订和改进，使其适合行业和企业发展需求，不断改进工业化建筑标准体系才能帮助工业化建筑行业在激烈的市场竞争中做出快速反应，制定纠正措施，以提高工业化建筑行业的产品质量和服务质量。改进途径主要包括：

（1）对工业化建筑标准体系实行动态管理。工业化建筑标准体系本身是在连续的、动态的活动中形成的，总体是动态的，随着社会经济的发展和人们需求的日益丰富，新的政策会不断制定，因此要注重对工业化建筑标准体系的动态管理，持续修订标准，保持标准体系对变化的敏感性。

（2）保持工业化建筑标准体系的开放性和可扩充性。为新的标准项目预留空间，同时结合工业化建筑的发展形势和需求，定期对体系内标准适用范围和内容进行优化完善，提高工业化建筑标准体系的适用性。

（3）寻求政府的政策和制度支持。标准化工作是国家经济和科技发展的基础设施，在市场经济条件下，应该积极寻求政府的政策和制度支持，为标准化活动创造好的外部政策和法制环境，为参与标准化活动的各方提供优越条件。

四、基于目标演化的持续改进管理

目前工业化建筑标准体系覆盖广，涉及标准多，但存在部分标准制定原则性不强、目标不明确、与其他产品标准衔接不足等问题。目前标准体系中的标准重视最终产品的质量安全，对生产过程涉及的生产控制和投入量没有过多规定，以覆盖面广为出发点，对普适性还不够重视。随着以后目标演化的需要及制定标准侧重点的改变，需对现有标准体系进行完善改进，构建一套科学、合理、可行的工业化建筑标准体系，以用于指导建筑行业的发展。

改进途径主要包括：

（1）增加工业化建筑标准体系管理机构和人员的资源投入。要确保工业化建筑标准体系的经费投入，营造有利于标准化工作目标实施的良好内部环境，激励员工积极参与到标准化工作中来，提高标准化工作的效率。

（2）建立和实施工业化建筑标准体系之后，开展对标准体系的评价。通过工业化建筑标准体系行政主管部门认可的评价机构对标准体系运行状况的评价，得到全面、完整、有效的评价结果，发现和找出标准体系存在的不足和缺陷，并通过制定纠正措施和持续改进达到进一步完善标准体系的目的。

（3）充分听取工业化建筑标准化相关者的意见。在对工业化建筑标准体系的改进过程中，应充分听取相关科研机构、检测机构、标准化技术组织、专家学者的建议和意见，注重工业化建筑标准体系的先进性、科学性和合理性。

第二十章

工业化建筑标准体系实施保障体系

第一节 组织保障体系

纵观国际建筑标准化发展趋势和我国的实际情况，在我国发展工业化建筑标准化的过程中有必要建立起一批从事标准化工作的专业组织机构，同时争取形成一批标准化联盟，以更有效地促进标准化事业的发展。

为了加快工业化建筑标准化的发展，各主体需要明确自身定位，政府在工业化建筑团体标准发展中是作为团体标准的监督者而非实际制定审批者，并应建立统一协调的专业组织机构，主要包括行业协会与科研院所等中介机构和企业自身的标准化部门。同样社会团体也应明确自身定位。应该从以下几方面着手：

（1）政府作为团体标准的监督者，要加大对团体标准质量的监管，建立第三方评价机制，对团体标准建立的全过程进行监管，提高团体标准的质量。而社会团体自身也要加强管理监督，如闪联的认证模式，对采用团体标准的产品进行二次认证，形成团体标准品牌效应，能够有效提升标准的质量。

（2）社会团体需明确自身定位，才能走得更远。例如 ASTM 的定位是标准化组织，因此其组织架构要围绕标准化工作布局；UIC 的定位是行业组织，其标准化工作要服务于行业的发展；IEEE 的定位是前沿学术组织，其标准化的工作要服务于新技术的研发；UL 的定位是安全认证机构，其标准化工作要服务于认证工作的开展。这些组织的标准化管理机制与标准研制模式虽各有不同，但其共同特点是符合其组织的自身定位。

（3）第三方评价机构应具有公正性、代表性、专业性，应具备检验检测、评估认证等所具备的基础实验条件及专业人员配备，应由政府对第三方评价机构的资质出具相关的引导政策或直接予以认可、授权，以确保评价结果的公信力。第三方评价应围绕团体标准的编制和管理是否符合国家有关法律法规的合法性、团体标准的技术先进性、团体标准与现行政府标准的适用性、是否具有可操作性、是否具有良好的实施效果等方面进行评价和相关的测试验证。

（4）加大人才培养力度，提高中介机构的专业性。标准化所需的人才是复合性的人才，既需要对标准化充分了解，又需要对技术专业比较熟悉。因此建立专业化人才队伍，提高中介机构的专业性，使其更好地推动标准化进程。

（5）充分发挥中介机构的沟通、协同作用。积极引导中介组织的纽带作用，促进政府和企业以及企业与企业之间的沟通，通过组织的协调，有效提高主体间的合作效率。只有中介组织充分发挥其应有的价值，才能够使工业化建筑标准化快速发展。

（6）加大工业化建筑标准化联盟的培养。为减少外部性、提高合作效率，标准化联盟是很好的形式，应当借助中介组织的协调功能，积极组建和培养企业之间建立起相互信任的标准化联盟，有助于促进标准化发展中以企业为主体的机制的形成。组建标准化联盟不仅仅需从微观上进行改革，而且要超出部门、地方的界限，从整个行业层面上对现有的企业之间、部门之间、地方之间相互割裂的体系进行一种新的架构。建立一个以企业、政府、中介机构等参加的工业化建筑标准化机构，负责建筑工业化标准化的推进和实施，并协调各方主体之间的关系，解决标准化发展过程中的困难和问题，督促落实有利于工业化建筑标准化发展的各项政策。

第二节　政策保障体系

一、政策与激励措施极大地推动了装配式建筑的发展

政策与激励措施极大地推动了装配式建筑的发展，可以认为，2016 年是中国的装配式建筑年，政策环境连续改善，如表 20-1 所示。目前包括北京、上海在内的 30 多个省市均出台了针对装配式建筑的指导意见和相关配套激励措施，越来越多的市场主体加入到装配式建筑的建设大军中，新规划的建筑工业化产业园、新增的预制构件厂、新开工的装配式建筑层出不穷。显然，政策环境的不断升级，已使装配式建筑成为建筑工业化的最佳载体。

2016 年以来装配式建筑相关的会议及文件　　　　　　　　表 20-1

日期	会议或文件名称	核心内容
2 月 6 日	中共中央国务院《关于进一步加强城市规划建设管理工作的若干意见》	大力推广装配式建筑,建设国家级装配式建筑生产基地。加大政策支持力度,力争用 10 年左右时间,使装配式建筑占新建建筑的比例达到 30%
3 月 5 日	《政府工作报告》	大力发展钢结构和装配式建筑,提高建筑工程标准和质量
9 月 14 日	国务院常务会议	大力发展装配式建筑,推动产业结构调整升级
9 月 27 日	国务院办公厅《关于大力发展装配式建筑的指导意见》(国办发〔2016〕71 号)	明确了大力发展装配式建筑的目标及八项任务
9 月 30 日	国务院新闻办公室举行关于装配式建筑政策例行吹风会	
10 月 17 日	住房城乡建设部办公厅关于征求装配式建筑工程消耗量定额意见的函(建办标函〔2016〕919 号)	同时在上海召开全国装配式建筑现场会
11 月 16 日	住房城乡建设部办公厅关于征求装配式混凝土结构建筑等 3 项装配式建筑技术规范(征求意见稿)意见的函(建办标函〔2016〕991 号)	包括装配式混凝土结构、钢结构和木结构建筑技术规范,已通过审批,2017 年 6 月 1 日起施行

日期	会议或文件名称	核心内容
12 月 5 日	住房城乡建设部办公厅关于开展 2016 年度建筑节能、绿色建筑与装配式建筑实施情况专项检查的通知(建办科函〔2016〕1054 号)	重点检查的内容之一是装配式建筑实施情况
12 月 7 日	住房城乡建设部标准定额司关于征求国家标准《装配式建筑评价标准(征求意见稿)》意见的函(建标标函〔2016〕248 号)	装配式建筑评价标准

二、政策层面的保障措施

行业协会与标准化技术委员会、专业标准化研究机构形成以标准项目为纽带的合作关系。政府机构改革催生下的行业协会缺乏标准研发的技术力量,将行业标准的相关权力由政府转移到行业协会后,行业协会必然要依托专业的标准研发力量,才能制定出高质量的标准。行业协会在发现有制定某项标准的社会需求时,以项目合作的形式与标准化技术委员会、专业标准化研究机构开展标准制定活动。

企业的技术标准研发工作除了与原先的行业标准化技术委员会及行业标准标准化机构合作外,将可以通过全国性工程建设标准化技术委员会与国家级工程建设标准化研发机构建立合作。同时,根据地域的特点,企业还可以与当地的标准化研究机构建立协作,这对提高企业的技术标准研发工作水平是十分有利的。

国家宏观调控机制与市场主导推动机制并不是完全互相独立的机制,两者之间存在着相互影响的互动关系。这种互动主要通过中国标准化研究院、地方标准化研究院与行业协会的相互合作、相互影响来实现。例如,对于一些国家引导型产业的有关标准,工程建设主管部门可以向行业协会提出建议,或与行业协会合作,走市场化道路,制定协会的行业标准,即实现了国家对行业的引导,又通过市场筹措了标准制修订经费,缓解了国家标准制修订经费不足的问题。行业协会在标准化工作中发现有市场需求但需要国家支持、组织或引导的标准制修订项目时,可以与科研院所沟通和合作,通过纳入国家宏观调控轨道来开展标准制修订工作。

三、鼓励社团及民间组织积极参与标准制修订

目前我国的工业化建筑标准化技术委员会成员大多是由科研院所的学者组成的,来自协会和企业的专家很少。鼓励社团及民间组织积极参与标准制修订,是我国标准化发展的重要策略和改革方向。科研院所的学者有理论,协会和企业的专家有经验,理论结合实际方可实现创新。可尝试在工业化建筑标准制修订工作中邀请社团或民间组织的专家参加,使我们制定的标准更加贴近市场,针对市场的需要将那些能提升产品水平和质量的科研成果纳入标准,转化成生产力。

四、建立健全标准执行的监督检查机制

随着经济社会的快速发展和技术创新的层出不穷,需要不断提高工业化建筑技术标准的水平和先进性,编制新标准或修订旧标准,并将一批落后的标准淘汰出局。进一步建立

完善合理的工业化建筑标准废止和制（修）订制度，尽快建立一种符合我国国情的工业化建筑标准体系运行和维护机制。信息化技术可为标准体系运维机制的公开、透明、可控制、可监督创造条件，为提高标准制修订速度打下基础。所以应该加快工业化建筑标准体系的信息化建设，实现标准体系的信息化管理，从而规范标准体系的管理运行程序。

需尽快建立工业化建筑标准体系的信息反馈机制，确保工业化建筑标准体系管理者和使用者对标准体系的运行状况及实施情况进行实时掌握，使管理者和使用者等人员的意见及时、有效地反馈到标准化管理机构，得到快速地答复和响应，使标准体系运维机制根据市场需求得到及时完善，实现我国标准化活动以市场为导向的战略目标。

工业化建筑标准化工作是一个庞大的系统工程，涉及机构、人员、资金、软硬件设施等各项资源，这离不开政府的支持和扶持。优良的政策环境有着巨大的激励和调控作用：

（1）大力宣传工业化建筑标准化对于行业及企业可持续发展的作用，引导企业将标准化和自身发展战略相结合。

（2）对于标准化活动，尤其是团体标准工作应由市场自主开展，完全走政府规制之路将无法实现标准化改革目标，但是完全依靠社会团体的自我治理，也会导致标准内容鱼龙混杂，标准质量参差不齐等问题的产生。因此，需要开辟以社会团体自我治理为主，政府规制为指引和规范的新型标准化管理路径。供给行之有效的政策、推动相关的法制化进程，从而为我国团体标准的可持续性发展以指引和规范。

（3）在促进、引导各方积极参与标准化活动方面，给予一系列政策支持。团体标准可以通过政府采购上升为地方标准、行业标准或国家标准，也可以通过政府在国际上的影响力成为国际标准。因此，通过完善团体标准的转化机制，有助于实现团体标准的转化功能，增强团体标准的生命力。

（4）积极推进国内社团组织与相关国际标准化组织的合作，及时反馈中国经济社会发展的标准化需求，实现从"标准追随"向"标准主导"的战略转变。现阶段，"一带一路"国家战略的实施为中国标准国际化提供了契机。通过"一带一路"战略的实施，把中国各种产品等"硬实力"带出国门的同时，也可把中国标准的"软实力"带出国门，走向"一带一路"沿线国家和地区，进一步走向世界。

（5）对有自主知识产权或技术优势领域的企业给予政策支持，促进企业将优势核心技术和方法，以标准的形式推广，充分发挥技术的作用，提高资源的利用效率。

（6）引导产学研的相互结合，使各方积极参与标准化工作，给予鼓励和支持，加速工业化建筑标准化的发展。

第三节　创新保障体系

一、注重创新投入，构建与完善科技投入机制

关注和跟踪关键重大技术，加大关键技术跟踪及其标准化投入，在技术研发初期就进行技术标准化的潜力分析的投入，为成果标准化奠定基础，并在成果研发的整个生命周期内，不断完善标准转化的过程。努力提高技术标准中的自主创新力度，保证标准化的顺利进行。

二、加强产学研结合，促进创新技术的标准化

支持企业、教育、科研等部门（单位）充分交流合作，发挥各自优势，建立内部技术开发和标准化机构，完善与标准化要求相适应的组织机构、新型管理制度、决策机制、运行程序，鼓励采用现代化的标准化管理方式和手段。

三、加强与国内外标准化机构交流，吸取先进经验

标准化工作不是一项闭门造车的工作，而是一个协调统一的过程。在标准化进程中，不仅要关注和跟踪国内外相关技术发展的前沿，同时要吸取发达国家经验，结合我国实际情况，建立起我国建筑工业化标准体系以及与之相配套的标准化机制，有效促进关键技术成果的标准化，以提升成果以及标准的竞争力。

四、加强国际技术合作交流

目前，我国的工业化建筑相关的标准数量不少、门类也较齐全，一些标准已达到国际先进技术水平，应用效果也比较好。建议工业化建筑标准化行政主管部门，每年安排一定的经费，支持标准化技术人员出国参加有关国际标准化活动，以便及时了解和掌握国际标准和国外先进标准的制定、采用和实施情况，以及相关领域的技术发展状况，从而为制定我国工业化建筑法规和标准提供技术信息，以提高我国工业化建筑标准化的整体水平。

工业化建筑标准化在发展过程中，需要保持标准的先进性，这要求在发展标准化的同时，跟踪重要的技术创新，关注关键技术的推广，使创新性的技术所带来的效用快速推广。政府标准化主管部门也应该关注建筑领域中在建筑工业化中的新技术和关键技术，建立与技术创新体系相配套的标准化的有效机制，促进科学技术成果有效及时转化为技术标准，使成果快速推广。要以重大关键技术为创新对象，通过重大项目带动形成市场化利益共享机制，推动技术创新，组织政产学研各方，建立激励与约束相结合，研究、开发、标准化为一体的行业技术创新机构，通过优势互补加快形成技术标准。在标准化过程中关注创新需要把握住三个方向，一是围绕重大工程开展标准转化跟踪研究；二是持续发展不断科技创新，提高标准技术水平和市场竞争能力；三是把握技术发展趋势，开展代表发展方向和水平的前瞻性研究，保持标准的技术领先和发展后劲。建立起与技术创新机制相配套的工业化建筑标准化工作需要着重开展以下几方面工作：

（1）注重创新投入，构建与完善科技投入机制。关注和跟踪关键重大技术，加大关键技术跟踪及其标准化投入，在技术研发初期就进行技术标准化的潜力分析的投入，为成果标准化奠定基础，并在成果研发的整个生命周期内，不断完善标准转化的过程。努力提高技术标准中的自主创新力度，保证标准化的顺利进行。

（2）加强产学研结合，促进创新技术的标准化。要支持企业、教育、科研等部门充分交流合作，发挥各自优势，建立内部技术开发和标准化机构，完善与标准化要求相适应的组织机构、新型管理制度、决策机制、运行程序，鼓励采用现代化的标准化管理方式和手段。

（3）加强与国内外交流，吸取先进经验。标准化工作不是一项闭门造车的工作，而是一个协调统一的过程。在工业化建筑标准化进程中，不仅要关注和跟踪国内外相关技术发展的前沿，同时要吸取发达国家经验，结合我国实际情况，建立起我国相应的建筑领域技

术创新体制以及与之相配套的标准化机制，有效促进关键技术成果的标准化，以提升成果以及标准的竞争力。

（4）从国际上看，专利等新技术通过与团体标准的绑定，为创新企业带来了行业地位、经济利润与市场竞争力，是推动技术创新的重要动力。譬如，DVD/BD等多媒体技术、3G/4G/5G等移动通信技术等，均采取了专利技术与标准绑定的方式。从国内来看，新标准化法和相关法规、政策等均对"专利和科技成果融入团体标准"持认可态度，为标准和专利绑定提供了支持。近年来我国创新文化与环境逐步成熟，团体标准的发展，将和创新技术的研发结合，形成良好的互相促进作用。

第四节　人才保障体系

一、标准化人才数量、质量不能满足要求

工程建设标准化研发人才匮乏也是制约我国标准化工作的一个瓶颈问题。一个产业在竞争中生存与发展的关键是人才，今天，技术标准研发已经超出了地域、国家，也超出了具体的专业，不但要求懂技术，懂标准，懂外语，还要了解如何通过标准研发活动为本国的企业赢得竞争优势和附带技术专利的主动权。

目前，我国标准化人才匮乏，能够满足上述要求的凤毛麟角，问题的产生在于我国标准研发的整体体制不利于人才成长，标准研发人员待遇低，标准研究人员数量较少，不注意培养后备人才，标准研发人员不注重国际化培训。同时由于标准化工作是多学科专业，从业者不但要有标准化知识，还要有一定的技术背景作支撑，外语、计算机等也都是从业者必不可少的要求，而由于缺少系列的、系统的培训及学术交流等机会，现有研发人员的专业素质并不能满足制定各级标准的需要。

二、标准化人才培养方案

标准化人才是指在国家机关、企事业单位或中介服务机构中，以国家、地方、行业、企业标准的制修订、宣贯、咨询服务、组织实施和管理为主要工作领域或职业要素的所有人员统称为标准化人才。同时，本研究也将高等教育中以标准化为其主要学习、研究领域和方向的学生作为标准化人才的组成部分，并在以下有些时候，为了叙述的方便，将之称为标准化的后备人才。

1. 本研究的主要支撑理论

现代管理学中的人力资源管理和开发，具体体现在通过标准化相关工作分析（一道程序，通过该程序），确定标准化工作的任务和性质是什么，以及哪些类型的人才（从技能和经验的角度来说）适合被雇佣来从事标准化工作。

西方经济学中贝克尔的人力资本理论，主要从投资收益层面分析标准化人才（人力资本）的培养问题是市场经济条件下人才培养的必然选择。

2. 标准化人才分类框架体系

标准化人才依据其功能、专业领域等而可能有不同的分类层次和体系。我们认为，标准化工作不是一个专业或者一个传统意义的领域，因为标准化工作涉及几乎所有的行业、

领域或专业，覆盖社会、经济生活的每一个方面。标准化本身在一个具体的领域或行业中起一种"统领"和"拔高"的作用，因此，在本方案中我们做出这样的假定：（某一方面的）标准化人才必然首先是专业技术人才或管理人才，也就是对某个领域的知识、技术具备了一定的基础后才有可能培养成为合格标准化人才。也正是基于这种假设，本方案在研究和论证过程中抽象掉了标准化人才的专业属性，仅从一般意义上对标准化理论研究和标准化实务工作的性质、特点进行比较，分析的基础上，着重讨论标准化理论人才、综合管理型人才、高级复合型人才、一般专业型标准化人才和标准化后备人才的概念和范围界定。

3. 不同类型标准化人才的功能与作用

标准化人才培养的重点是高级复合型人才的培养，高级复合型人才在于提高国家在世界范围标准化中的整体地位，全面提升我国标准化的国际竞争能力，并最终实现在重要、核心领域关键技术标准的领先水平和领导地位。标准化人才培养的基础和基本着力点是一般专业性人才，该类人才将是整个标准化战略、技术法规、标准和相关体系得以在全国范围广泛、有效实施的人力资源支撑和保障。标准化综合管理型人才，在于能够发挥自身的管理优势，高效、有序地组织相关标准化人才在相关领域的技术研发、人力和财力资源管理，从而促进标准化系统自身以及相关经济、社会领域的良性、持续发展。同时，与高级复合型人才一起，能就标准化新出现领域和特点做出迅速、敏捷的判断和反应，组织研发力量进行科研攻关，并在尽可能短的周期内提出和制定出相关的标准化规范，以指导新领域的有关工作。

4. 标准化人才的培养方案

在我国工程建设标准化人才培养方案的确立过程需要考虑的几个方面：①培养对象的确立，培养体系准入条件；②培养管理机构的确立，相关机构提出资格申请，国家考核，并对符合条件者给予授权；③师资力量的选用原则的确立及培训者资格给予和授权；④教材体系建设；⑤培养方案实施效果评价体系的建立。

培养对象进入培养体系的条件因培养层次的不同而会有不同的准入条件，我们将在具体的每类人才培养模式中予以细化和阐明。

工程建设标准化人才培养教材体系应包括：工程建设标准化基本理论、原则和方法；工程建设不同专业领域标准的理论、原则和方法以及标准体系；国际、国家标准化管理体制、机制、流程、模式和基本结构；国家、国际标准制修订的流程以及相关环节的管理制度工程建设标准化工作基本工具的应用。

5. 标准化人才培养方案实施的措施保障

确立市场经济条件下人才培养方案实施、机构建立以及相应地国家财政经费来源的法律依据和基础。同时出台相应支持政策和标准化人才培养的优惠政策。近期重点保证高级复合型人才的培养经费和培养模式，以及一般专业型标准化人才职业资格制度研究、制度论证、建设和实施方案的资金需要和研究组织的筹建。

明确标准化人才培养过程中相关方（政府、企业、学校、科研机构、个人）合作模式及相关方的职责。

尽快建立标准化人才的评价体系，确保高素质的人才能够进入标准化人才培养体系，并通过职业资格的取得进入标准化研发领域。

标准化人才管理模式应考虑建立：以产业化为导向，强调规模效益，着力实现专业化培养，以企业为主体，实现市场化操作（成本效益分析）的指导思想，并研究在实际工作中考虑操作性等方面的具体问题。

为满足工业化建筑标准化要求而建立的人才队伍是保证标准化事业持续、健康发展的根本措施。人才队伍的建设主要从引进人才、留住人才、培养人才来着手，以充分发挥团队的力量，促进标准化的发展。

（1）引进人才　标准化中各主体通过自身对标准化的理念、制度和效益等宣传，引进所需的各种人才，包括技术人才、标准化人才以及复合型人才。满足标准化各个环节对技术、知识的需求。

（2）留住人才　人才的流动是正常现象，但频繁的工作变动，尤其是关键技术作业岗位的变动，会不同程度地影响标准化目标实现，甚至导致某个项目或计划的脱节，给标准化的发展带来巨大损失。针对不同人员，应该采取满足其物质或精神需求，采用不同方式留住人才，才能有效支撑工业化建筑标准化的长远发展。

（3）培养人才　企业的人才包括现有人才和潜在人才，人力资源管理也包括两层含义，一是充分发挥现有人才的作用，准确地选拔人才，合理地使用人才，科学地管理人才等；二是挖掘潜在人才，培养和造就未来人才。发掘现有人才的潜能，保障标准化人才供给的稳定性和连续性，是工业化建筑标准化持续提高效率的重要途径之一。在人才培养上可以从以下三个层次进行：

1）以科研、标准制修订项目为核心，建立标准化专家队伍，形成标准化专家网络和信息库。

2）通过政策引导，使企业的技术人员、科研机构研究人员逐渐成为标准工作的主力军，从而使科技成果转化技术标准与市场紧密结合。

3）通过院校培养，科研机构培养和企业培养相结合，对人才进行系统培养，重点对具有专业技术背景和一定管理经验、水平的人员进行标准化的培训。

第五节　资金保障体系

要促进工业化建筑标准化快速发展，不仅关系到理念、人才、信息和管理模式等多个方面的转变，更涉及资金保障的问题，从经济的角度刺激标准化的发展。为此要加大对企业标准化工作的专项投入。

（1）标准的编制过程，有相应的资料费、调研费、劳务费、材料费、差旅费、会议费等经费支出。然而，目前团体标准缺乏专项经费的支持，不利于团体标准的发展，也会带来一系列问题。今后，激发社会团体在团体标准化工作方面的活力、加强团体标准的管理与监督、加大团体标准编制的专项经费支持力度等将是团体标准工作的重要内容。

（2）建立可靠的评价机制还需要相关方的配合，政府要出台相关政策并给予足够的资金保障。同时，应扩大宣传力度，鼓励社会组织自主参与第三方评价。

（3）要努力提高经费的使用效率。经费投入应主要用于企业从事标准化的经费补贴；相关法律法规的建立；公共设施及服务的建设；各主体的协调合作；对行业及市场当前情况的研究；对关键技术的跟踪；人才的培养和保留；信息系统和标准技术平台及相应硬件设施建设；国外先进标准和相关技术信息的获取和研究等。

第六节　宣贯保障体系

一、充分发挥标委会以及各级管理层的作用

标委会作为标准的管理方，是标准宣贯工作的发动者和组织者，宣贯工作能否收到预期的效果，在一定程度上取决于标委会的态度和行动力。标委会可对已有标准尤其是新标准进行分类梳理，了解什么标准是急需的、什么标准宣贯不到位，进而结合业界的实际需求，每年列出详细的宣贯计划，制定好宣贯方案，这将对标准的宣贯起到至关重要的作用。

另外，标准宣贯要想达到一个良好的效果，单单依靠标准管理部门的宣贯是不够的，更重要的是标准的具体执行单位，即所有需要使用标准的单位，都能将标准宣贯工作重视起来，才可能达到预期目标。

二、结合行政检查，加强企业对标准的认识

工业化建筑标准都是结合业界的实际需求，通过住房和城乡建设部审核的。在对相关领域进行检查时，如果把是否符合标准规范作为其中一个条件，将会促使各施工企业重视标准，进行能依照标准规范企业的技术、生产、管理等。如果能通过检查与宣贯让相关出版企业遵循这些标准，将会促进工业化建筑的生产与发展。

三、认真编制标准宣贯教材，科学制定培训计划

标准宣贯教材是标准使用者及时、准确掌握标准的依据，包括标准文本、授课PPT，以及相关材料案例等。按照标准规范的编写要求，标准条款只强调"做什么"和"如何做"，而对于一些具体指标的依据以及相关案例分析都没有具体讲。因此在宣贯工作中，为了便于标准使用者的实施，编写宣贯教材就需要对这些方面作详细阐述。

每期培训要有不同的侧重点，因为不同人员的需求是不同的。如图书、期刊需求不同，发行人员、编辑需求不同，传统编辑、数字编辑、美术编辑需求也不同。在对标准进行分类、整合的基础上，应考虑同一类标准集中宣贯，设计不同的标准培训内容。另外，针对不同的标准，要确定合理的宣讲时间，否则时间太短可能难以讲深讲透，时间太长则会拖沓，学员会感觉冗长乏味，宣贯效果反而不好。

四、采取多种渠道、多种形式开展标准宣贯工作

为了便于更多的建筑行业从业人员正确地理解标准和实施标准，在标准的宣贯工作中可采取网络宣贯和现场培训相结合的多种形式。

网络宣贯就是通过标准化网络管理平台，及时发布标准动态信息、制修订信息、宣贯信息以及发布实施信息，让想学习、了解标准的技术人员可以随时方便地得到相关的标准信息。同时，我们可以把标准的电子版放在平台上，让企业免费或支付少量费用，就能从网上下载到标准的电子版，毕竟推广使用才是标准制定的根本目的。

第七节 信息化保障措施

加强标准化工作的信息化建设，努力用信息化统领、覆盖、服务、支撑标准化的各项工作。标准化工作的信息化建设走企业化道路，以解决国家经费不足问题和政府标准化管理部门人员编制不足的问题。具体措施如下：

1. 标准化工作的信息化建设走企业化道路

（1）建立标准信息化的企业化建设与管理运作的配套机制；

（2）由企业参股或将标准化信息化事业采用企业运作方式，建立新的中介服务公司，解决标准信息化的日常管理维护的人员问题、资金问题等。

（3）鼓励企业投资标准信息化建设，解决信息化建设需要大量资金的问题。

2. 整合我国现有工业化建筑标准信息资源

形成集中、统一、信息准确、完整的标准化中央信息系统，使之发挥出信息集成所能带来的巨大经济效益和社会效益。

（1）抓紧时间，进行我国标准化工作各项数据的收集与整理，为不久的将来推广实施无纸化办公和远距离遥控办公打好基础；

（2）建立功能完善的标准信息数据库和国家标准管理运行数据库，并在组织机构和技术人员配备上加以保证；保证该数据库的数据正常更新、维护等。

3. 建立标准管理运行信息化

提高工业化建筑标准的社会服务水平和信息化水平，拟采取的措施：

（1）建立完善的标准信息数据库、我国技术标准的法律法规数据库、专家咨询数据库等基础设施；

（2）培养、建立一批有条件开展此项业务的中介服务机构或服务企业；

（3）为适应网络化无纸化办公，国家标准化管理委员会在组织结构上是否也需要进行一定的调整；

（4）推广和鼓励实施计算机网络化、电子化办公，对现有人员进行技术培训，以适应网络化办公的需要。

（5）研究制定与"标准服务信息化"相适应的法律法规，包括：收费标准、服务承担的法律责任、管理办法等规定。

（6）规范和优化我国标准制定、颁布、实施、监督的信息化流程。

第八节 标准国际化措施

一、建立完善工程建设标准化战略

美国、法国等发达国家都建立了宏观层面的国家标准化战略。以《美国国家标准化战略》为例，其目的是为了加大美国参加国际标准化活动的力度，推进与科学技术发展相适应，提高美国的竞争力，给美国带来安全、健康及优美的环境。其核心是：加强国际标准化活动，使得国际标准反映美国技术；承担更多的 ISO、IEC 秘书处工作。

我国应研究制定工程建设标准化战略，突出国际标准战略，把争夺国际标准，提高标准的国际竞争力放在重中之重的位置，并可在以下方面进行探索推进：

（1）制定国际标准的对策。要在 ISO/IEC 中发挥重要作用，积极参加 ISO/IEC 国际标准的审议，充分反映我国的意见。根据我国的需要，与具有国际影响力的美国标准制定机构（ASME、ASTM、API）、英国标准化协会等积极配合。当预料到有的国际标准很有可能成为 ISO/IEC 标准时，原则上要迅速制定与之一致的中国标准。对于存在问题的 ISO/IEC 标准，应要求其迅速修订，并以中国标准（包括与亚太地区标准制定机构联合开发的标准）为基础递交国际标准提案。

（2）从建筑产业链提出战略性的国际标准提案。充分利用国际标准化活动基金等制度，积极支持产业界提出的可能获得世界市场的、技术领先的、具有战略性的国际标准提案。我国提出具有战略性国际标准草案，对于保证我国产业的竞争力非常重要。

（3）创造良好的参加国际标准化活动的环境。积极争取承担更多的 ISO/IEC 各委员会（TC/SC/WG）主席、召集人和干事的职务。培养一批熟悉 ISO/IEC 国际标准审议规则并具有专业知识的人才和国际标准化专家。在企业内外创造良好的环境，建立起企业和跨行业国际标准推进体制，扩大产业界参与国际标准化活动。对于中长期的国际标准化活动，必须保证同一专家能够长期持续参与。一揽子推进国际标准和国内标准的对策，实现 ISO/ IEC 国内审议团体和中国标准草案制定团体一体化。相关领域的我国国内审议委员会之间要建立密切的合作关系，形成确保国家利益的体制。

（4）通过加强与亚太地区国家和"一带一路"沿线国家的合作，推进国际标准化战略。通过亚太区域标准会议（PASC）等加强亚太区域各国标准化机构间的合作关系，或联合"一带一路"沿线国家开展共性标准研制，促进技术合作，联合制定国际标准草案。

二、改革标准体系，建立健全标准国际化运行机制

改革政府单一供给的现行标准体系，稳步推进建立由政府主导制定的标准和市场自主制定的标准共同构成的新型标准体系。在技术发展快、市场创新活跃的领域培育和发展一批具有国际影响力的工业化建筑团体标准。以关键建筑工业化项目为契机，推动优先领域的中国标准在重点国家的应用实施。

进一步研究并制修订翻译出版工业化建筑标准外文版快速程序、标准海外授权使用版权政策，完善相关管理办法，健全国际化体制机制。

1. 研究制定完善标准外文版管理制度。研究制定翻译出版国家标准外文版快速程序、中国标准海外授权使用版权政策等相关管理办法等，优化制度环境。

2. 系统翻译工程建设标准外文版。以行业协会为平台，充分发挥标准编制单位的作用，开展系列关键标准规范的翻译工作，实现与国际接轨，推动工程建设标准规范国际化，从技术层面消除贸易壁垒。

3. 翻译研究"一带一路"沿线国家工程建设法规标准。做好收集、翻译和研究"一带一路"沿线主要国家的工程建设技术法规与标准，开展技术法规、标准的翻译对比和跟踪工作，做到知己知彼，有的放矢，掌握我国工程建设标准国际化的主动权。

三、积极主动参与国际标准化工作

全面谋划和参与国际标准化战略、政策和规则的制定修改，更多、更有效地反映中国

的原则和见解，提供中国方案，提升我国对国际标准化活动的贡献度和影响力。鼓励、支持我国专家和机构担任国际标准化技术机构职务和承担秘书处工作。建立以企业为主体、相关方协同参与国际标准化活动的工作机制，培育、发展和推动我国优势、特色技术标准成为国际标准，服务我国企业和产业走出去。加大国际标准跟踪、评估力度，加快转化适合我国国情的国际标准。

四、深化与其他国家标准互认合作

从地方、国家、区域各层面推动标准的互认合作，政府层面和民间层面同时推动合作、交流及互认。畅通企业参与国际标准化工作渠道，帮助企业实质性参与国际标准化活动，提升企业国际影响力和竞争力。

深化与欧盟国家、美国、俄罗斯等在经贸、科技合作框架内的标准化合作机制。推进太平洋地区、东盟、东北亚等区域标准化合作，服务亚太经济一体化。探索建立金砖国家标准化合作新机制。

五、开展项目示范，鼓励企业推广

在我国承建或融资的境外项目中，结合当地市场需要、用户需求、经济社会环境、地理条件、气候特点等，对中国工业化建筑标准进行适应性优化，使中国标准满足有关国家工程条件的差异性要求，打造优质工程项目和先进标准示范项目，让沿线国家用户全面认识、逐渐习惯应用中国标准，建立"事实标准"，而后争取上升成为正式的国际标准。鼓励企业结合本单位涉外项目的特点，在保证结构安全、耐久的前提下争取采用我国的规范标准，提升我国工业化建筑标准规范在国外的影响力，鼓励企业组织相关设计人员把我国的一些行业标准和规范，翻译成英文译本，组织当地雇员中的设计人员学习。鼓励企业向当地的监理部门以及业主部门积极推荐我国的行业建设标准，让他们逐渐认识和学习，甚至最后能够接纳我国标准。鼓励企业通过采用符合标准的新工艺、新材料，提高工程质量，起到示范作用，提高对中国标准的认可度。

六、因国施策，探索标准互联互通多元方案

尊重各国实际情况，因国施策，实现共赢。考虑到"一带一路"沿线国家众多且经济发展水平、国情社情、政治制度等存在巨大差异，必须针对每个国家情况，制定不同的标准互联互通战略战术：对于拥有完善标准体系的发达国家，可联合制定国际标准、开展标准互认，或通过标准化合作交流来达到互联互通的目的；对于欠发达国家，应聚焦重点领域，从重点标准规范着手，并采取相应的措施推动我国标准的应用实施。

（1）推动共同制定国际标准，提升标准国际化水平。鼓励建筑信息模型、健康低碳、新型建材等行业参与国际性、区域性的标准化活动，并发挥重点骨干企业的带头作用，主动联系沿线重点国家开展国际标准研究，共同制定国际标准，提升标准国际化水平。

（2）建立工程建设标准化信息链。建立工程建设标准化的信息链，包括政府、行业、企业三个层面。一是政府层面：签订标准互认协议、合作备忘录、数据库和平台搭建，及时将收集到的技术性标准和措施翻译并公告；二是民间层面：互动交流、协会标准互认、标准化合作研究、成立标准化组织；三是企业层面：采用高标准与国外互认，如检测机构

与国外建立战略伙伴或合作实验室，取得检测认证数据国际互认。

（3）实施标准化互联互通重点项目和示范试点项目。推进标准化互联互通重点项目的实施，尤其是直接采用我国技术标准的项目，加强沟通协作，推动项目示范试点建设，做好舆论宣传，营造中国标准高质量发展的环境氛围，建设中国标准国际品牌。已经实施的重点项目，加强总结经验教训，探索工程项目的标准化推进机制和双边沟通合作机制，为产业合作和互联互通提供标准支撑。

（4）高质量履约。在引入中国标准的项目实施过程中，采取有效措施，对合同履约过程中的环境、健康、安全、质量、工期等因素进行严格把控，通过提高履约质量树立中国标准的良好形象，达到以点带面的推动效果。

（5）与科研创新紧密结合，提升标准技术水平。通过政策引导，使标准研制体系与科技研发体系形成有机整体，使标准研制体系成为国家知识创新体系的一个重要组成部分，实现人才、资金、信息等资源的整合和优化配置。逐步形成科技研发与标准研制的自协调机制，使标准和科技研发在人员上相互参与、过程中彼此渗透、信息上相互共享。

七、制定相关财政支持政策

欧美国家对以标准化为目的的研究开发工作采取了积极的财政支持政策，通过加强相关研究工作，取得制定标准的先机，从而主导国际标准，达到确立本国产业技术的领先地位。我国在"一带一路"建设上，要对工程建设标准化提供资金支持，对企业标准研制、承担重要的国内和国际标准化活动、技术性贸易措施研究、标准联盟机制培育、标准化人才培养等重点环节提供经费资助。建立以国家财政支持为基础的标准化经费多方筹措机制，建立标准销售、合格评定收益反馈机制，从标准销售、使用、认证、检测等收入中提取一定比例的标准版权费，用于标准制修订工作，促进标准化工作良性循环。

附　录

附录1　现行标准对工业化建筑适用性评估技术导则

前　　言

为切实落实《国务院办公厅关于大力发展装配式建筑的指导意见》（国办发〔2016〕71号）和《国务院办公厅关于促进建筑业持续健康发展的意见》（国办发〔2017〕19号），2017年3月，住房和城乡建设部印发《"十三五"装配式建筑行动方案》，提出"建立完善覆盖设计、生产、施工和使用维护全过程的装配式建筑标准规范体系。"在加快编制工业化建筑标准规范的同时，如何更好地评估现行标准对工业化建筑发展的支撑作用，并提出具有针对性、可操作性的提升改进方案，显得尤为重要和迫切。

为更好地继承、发展和完善现有标准，尽快创建覆盖工业化建筑全过程、主要产业链的标准规范体系，国家重点研发计划"建筑工业化技术标准体系与标准化关键技术"项目组重点开展了现行标准对工业化建筑适用性评估方法研究，并编制了《现行标准对工业化建筑适用性评估技术导则（试行）》（以下简称《导则》）。

《导则》主要内容有：总则、术语、基本规定、有效性评估、支撑度评估、匹配性评估和综合评估。《导则》可作为国家重点研发计划"建筑工业化技术标准体系与标准化关键技术"项目开展现行标准对工业化建筑适用性评估工作的依据和准则。

《导则》实施过程中如有需要修改、补充，请与项目管理办公室联系（中国建筑科学研究院新科研试验楼A1611，邮编：100013，电话：010-64517615，邮箱：lixiaoyang2008@126.com）。

《导则》编制单位：中国建筑科学研究院有限公司，南京工业大学，同济大学。

"建筑工业化技术标准体系与标准化关键技术"项目组

2017年6月

1　总　　则

1.1 【目的作用】为规范现行标准对工业化建筑适用性评估工作，协调评估方法，更好地继承和发展现行标准，促进工业化建筑标准规范体系建立完善，制定本导则。

1.2 【适用范围】本导则适用于现行工程建设标准对工业化建筑的适用性评估。

1.3 【评估原则1】现行标准对工业化建筑的适用性评估应遵循客观全面、公平公正、科学严谨的原则。

1.4 【评估原则2】现行标准对工业化建筑的适用性评估应综合考虑标准的专业分类、级别、类别、适用范围等因素。

1.5 【评估原则3】对某一标准进行工业化建筑适用性评估时，宜对与其密切相关的一组标准同时进行评估，以评估该组标准的内容配套性、结构合理性。

【说明】单一标准往往仅对标准化对象的某一方面或某一个环节做出规定，因此可将描述相同对象的一组标准放在一起评估，总体上得到有关该对象的标准化内容是否全面、合理的结论；另外，从标准体系的角度出发，不仅需要考察标准的有无、标准之间的相关关系，而且需要对一定范围内包含的所有技术标准进行评估，以从总体上评判内容配套性、结构合理性。

2　术　语

2.1　工业化建筑

以标准化设计、工厂化生产、装配化施工、一体化装修、信息化管理和智能化应用等为主要特征的工业化生产方式建造的建筑。

2.2　装配式建筑

用预制构件、部品部件在施工现场装配而成的建筑。包括装配式混凝土建筑、装配式钢结构建筑、装配式木结构建筑。

2.3　标准适用性

标准在规定条件下满足规定用途的能力。

2.4　现行标准对工业化建筑适用性

现行标准按照适用、经济、绿色、美观的要求，推动建造方式变革，促进节约资源能源、减少施工污染、提升劳动生产效率和质量安全水平，促进建筑业与信息化工业化深度融合的能力。

2.5　基础类标准

在一定范围内作为其他标准的基础，具有普遍指导意义和普遍适用特征的标准。主要有模数、公差、符号、图形、术语、代码、分类和等级标准。

2.6　通用类标准

针对某一类标准化对象制定的覆盖面较大的共性标准，常作为制定专用标准的依据。如通用的工程勘察、设计、施工及验收标准。

2.7　专用类标准

针对某一具体标准化对象或作为通用标准的补充、延伸制定的专项标准。如某种具体工程的设计、施工标准。

2.8　标准自身有效性

标准内容完整性、结构合理性、可操作性、技术水平、功能作用等的综合评价指标。

2.9　标准内容支撑度

标准内容对实现工业化建筑目标（标准化设计、工厂化生产、装配化施工、一体化装修、信息化管理和智能化应用）的支撑程度。

2.10　标准条款匹配性

标准条款是否能应用于工业化建筑产业链中某一环节或某一工序或是否与其相适应的判定指标。

3　基　本　规　定

3.1　【工作内容】现行标准对工业化建筑适用性评估应包括下列主要工作：

1　梳理并选定待评标准，对标准进行分类；

2　确定各类标准评估内容，建立评估指标体系；

3　确定评估方法和程序，组建评估工作组；

4　评估及综合分析，编制评估报告。

3.2　【评估方法和程序示意】现行标准对工业化建筑适用性评估方法和程序如图 3.2-1 所示。

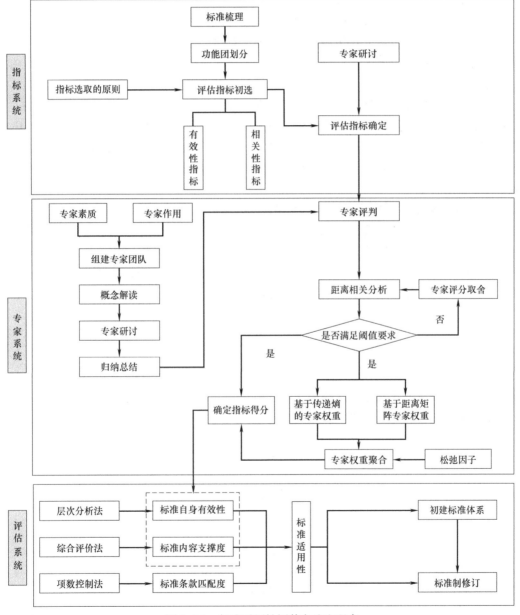

图 3.2-1　标准适用性评估方法和程序

3.3　【标准分类】根据标准的性质和适用范围，可将标准划分为基础类、通用类和专用类；同时，通用类、专用类标准又可分为设计类、生产类、施工类、管理类、综合类及其他类。

【说明】产品标准很难按统一的指标进行评估，因此，产品标准可通过专家研讨直接确定其适用性。

3.4 【评估内容和指标体系】标准适用性评估应包括标准自身有效性、内容支撑度和条款匹配性三类评估。基础类标准可不进行内容支撑度评估，其适用性计算权重系数按原比例进行相应调整。自身有效性、内容支撑度、条款匹配性的具体评估指标和确定方法分别按本导则第 4、5、6 章的规定进行。

【说明】基础类标准不进行内容支撑度评估，其有效性评估按 4.1 进行，其条款匹配性评估主要评估是否包含工业化建筑相关图形、符号、术语、模数等内容。《民用建筑设计通则》、《建筑设计防火规范》等非专门针对装配式建筑的通用类标准，也可不进行内容支撑度评估，仅评估其自身有效性和条款匹配性。专用类标准进行以上三项内容评估。

3.5 【评估方法】标准自身有效性、内容支撑度分别采用李克特 5 级量表法进行评估。

3.6 【专家权重计算】专家评分完成后，应先采用社会科学统计软件（Solutions Statistical Package for the Social Sciences，简称 SPSS 软件）对专家的评价值进行距离相关分析，并剔除与"最优专家"的 Pearson 相关系数小于 0.4 的专家评分，然后基于传递熵和距离矩阵确定专家权重。

3.7 基于传递熵的专家权重可按下列程序计算确定：

（1）设有 m 位评估专家 S_1，S_2，$\cdots$，S_m，n 个评价指标 B_1，B_2，$\cdots$，B_n，第 i 位专家对第 j 个评价指标的评价值为 x_{ij}（$i=1$，2，$\cdots$，m；$j=1$，2，$\cdots$，n）。取与专家群体有最高一致性（最具权威）的专家 S_* 为最优专家，用各专家的评价结果与 S_* 的差异大小来度量参与评价的专家评价值的优劣，专家的评价水平向量为：

$$E_i = (e_{i1}, e_{i2}, \cdots, e_{im}) \tag{3.7-1}$$

$$e_{ij} = 1 - \frac{|x_{ij} - x_{*j}|}{\max x_{ij}} \tag{3.7-2}$$

式中　e_{ij}——专家 S_i 对指标 B_j 所做的评价结论的水平，$i=1$，2，$\cdots$，m。

x_{*j}——最优专家在第 j 个指标上的评价值。

（2）基于传递熵的专家评价评定模型为：

$$H_i = \sum_{j=1}^{n} h_{ij} \tag{3.7-3}$$

$$h_{ij} = \begin{cases} -e_{ij} \ln e_{ij}, & 1/e \leqslant e_{ij} \leqslant 1 \\ 2/e - e_{ij} |\ln e_{ij}|, & 0 < e_{ij} < 1/e \end{cases} \quad i=1,2,\cdots,m; j=1,2,\cdots,n \tag{3.7-4}$$

注：熵值 H_i 的大小表示专家 S_i 的专家评价的不确定程度。熵值 H_i 越小，专家 S_i 的决策水平越高，给出的评价越科学；反之熵值 H_i 越大的专家给出的评价结果可信度越低。

（3）第 i 位专家的评分权重应按下式计算：

$$c_i = \frac{1/H_i}{\sum_{i=1}^{m} 1/H_i}, i=1,2,\cdots,m \tag{3.7-5}$$

注：c_i 越大，表示专家 i 在评价中的比重越大。

3.8 基于距离矩阵的专家权重可按下列程序计算确定：

（1）B_i 与 B_j 之间的距离可用下式计算：

$$d(B_i, B_j) = \sqrt{\frac{1}{2} \sum_{k=1}^{n} (b_{i,k} - b_{j,k})^2} \qquad (3.8-1)$$

式中　B_i、B_j——分别为两位专家的评价值。

注：$d(B_i, B_j)$ 反映专家 i 和专家 j 评价的差异程度，i，$j=1$，2，$\cdots$，m，$i \neq j$，m 为专家的人数，n 为指标的个数。

（2）专家评价差异程度的距离矩阵 D 为：

$$D_{m \times m} = \begin{bmatrix} 0 & d(B_1, B_2) & d(B_1, B_3) & \cdots & d(B_1, B_m) \\ & 0 & d(B_i, B_3) & \cdots & d(B_i, B_m) \\ & & 0 & \cdots & d(B_j, B_m) \\ & & & 0 & d(B_{m-1}, B_m) \\ & symmetry & & & 0 \end{bmatrix} \qquad (3.8-2)$$

（3）专家 i 的客观权重 o_i^3 可按下列公式计算：

$$o_i^3 = \frac{1/d_i}{\sum_{i=1}^{m} (1/d_i)} \qquad (3.8-3)$$

$$d_i = \sum_{j=1}^{m} d(B_i, B_j) \qquad (3.8-4)$$

式中　d_i——专家 i 与其他专家评价的差异程度。

注：o_i^3 越大，表示专家 i 在评价中的比重越大。

3.9 基于松弛因子的专家权重聚合应符合下列规定：

（1）专家 i 的评价权重 α_i 可按下式计算：

$$\alpha_i = \beta c_i + (1-\beta) o_i^3 \qquad (3.9-1)$$

式中　β——松弛因子系数，$0 \leqslant \beta \leqslant 1$，$i=1$，$2$，$\cdots$，$m$；

$\quad\quad c_i$——传递熵模型给出的专家权重；

$\quad\quad o_i^3$——距离矩阵模型给出的专家权重。

（2）对于两个客观权重 c_i 和 o_i^3，松弛因子系数 β 也应是客观的。根据经松弛因子调整后的权重与两个模型给出的权重相差最小的基本原则，通过离差方程（公式 3.8-11、公式 3.8-12）计算极值，确定松弛因子系数 β 的取值。

$$\sum_{i=1}^{m} [\beta c_i - (1-\beta) o_i^3]^2 = y \quad i=1,2,\cdots,m \qquad (3.9-2)$$

$$\frac{dy}{d\beta} = \sum_{i=1}^{m} 2[(c_i + o_i^3)^2 \beta - o_i^3 (c_i + o_i^3)] = 0 \qquad (3.9-3)$$

3.10 【评估工作组】评估工作组的人员构成应根据所评估标准的性质和内容确定，应覆盖所评估标准涉及的主要专业和业务领域，人数以 6~10 人为宜。

3.11 【修订标准评估】评估过程中，当所评估标准进行了修订或局部修订时，评估工作组应分析论证修订内容对评估结果产生的影响；当修订或局部修订对评估结果影响较大时，应重新进行评估。

3.12 【评估报告】完成评估工作后，评估工作组应进行综合分析，起草评估工作报告。

4 自身有效性评估

4.1 【基础类标准评估内容】基础类标准的自身有效性评估内容应符合表 4.1 的规定。

基础类标准自身有效性评估内容　　　　　　表 4.1

	评估内容
自身有效性	1. 标准内容是否得到行业的广泛认同、达成共识； 2. 标准是否满足其他标准和相关使用的需求； 3. 标准内容是否清晰合理、条文严谨准确、简练易懂； 4. 标准所规定内容是否与其他标准相协调配套； 5. 标准的实施能否为工程建设提供依据和便利

注：基础类标准的评估宜采用专家研讨和调研的形式进行。

4.2 【通用类、专用类标准评估内容】通用类、专用类标准的自身有效性宜按表 4.2-1 规定的指标进行评估，并按表 4.2-2 确定评分等级。

指标权重应依据表 4.2-3 所规定的层次分析法重要性标度含义，通过专家打分计算确定。

标准自身有效性评估指标　　　　　　表 4.2-1

目标层	准则层			指标层			
	编号	准则	权重	编号	指标	权重	组合权重
标准自身有效性	A	标准编制水平	0.6	A1	标准内容完整性	0.1215	0.0729
				A2	标准结构合理性	0.1215	0.0729
				A3	标准可操作性	0.4799	0.2879
				A4	与相关标准的协调配套性	0.2771	0.1662
	B	标准的先进性	0.2	B1	标准时效性（标龄）	0.1429	0.0286
				B2	与国内技术水平的适应性	0.4286	0.0857
				B3	标准的主导地位（标准的应用程度）	0.4286	0.0857
	C	标准的功能	0.2	C1	保障工程质量和安全	0.7143	0.1429
				C2	节约能源资源，环境保护	0.1429	0.0286
				C3	提高劳动生产效率	0.1429	0.0286

注：指标权重由评估专家依据层次分析法原理进行打分，借助 yaahp 层次分析法软件计算得出。

有效性评估指标说明及评分等级　　　　　　表 4.2-2

编号	指标层	指标说明	评分等级				
			好	较好	一般	较差	差
A1	标准内容完整性	标准是否涵盖了标题所涉及的主要内容，是否有新的内容需要补充	5	4	3	2	1
A2	标准结构合理性	标准的结构是否需要调整；标准的内容是否需要整合	5	4	3	2	1

编号	指标层	指标说明	评分等级				
			好	较好	一般	较差	差
A3	标准可操作性	标准的内容是否清晰、准确、合理;标准应用是否方便、可行	5	4	3	2	1
A4	与相关标准的协调配套性	协调性指标准与相关标准在主要内容上是否相互协调、没有矛盾;配套性指标准与相关标准是否互相关联、能够配套使用	5	4	3	2	1
B1	标准时效性(标龄)	2014-2016、2011-2013、2008-2010、2005-2007、1980-2004 依次为 5、4、3、2、1 等级	5	4	3	2	1
B2	与国内技术水平的适应性	标准所规定的技术内容与当前我国在该领域的主流或平均技术水平是否相适应	5	4	3	2	1
B3	标准的主导地位(标准应用程度)	标准在使用过程中的地位如何,是否为工程实践中的主要依据	5	4	3	2	1
C1	保障工程质量和安全	标准的实施是否有利于保障工程建设质量和生产活动安全	5	4	3	2	1
C2	节约能源资源,环境保护	标准在能源资源合理利用、保护环境方面所起到的作用	5	4	3	2	1
C3	提高劳动生产效率	标准的实施是否有助于提高劳动生产效率,促进生产方式的转变	5	4	3	2	1

层次分析法重要性标度含义　　　　　　　　　　　　　表 4.2-3

重要性标度	含义	重要性标度	含义
1	两个因素相比,具有同等重要性	4	两个因素相比,前者比后者重要得多
2	两个因素相比,前者比后者稍微重要	5	两个因素相比,前者比后者绝对重要
3	两个因素相比,前者比后者重要		

4.3 【分值计算】 标准自身有效性分值宜按下式计算:

$$Q_V = 20 \sum_{i=1}^{n} \alpha_i S_i \qquad (4.3)$$

式中　Q_V——标准自身有效性分值;

　　　　n——评价指标的个数,此处 n 取 10;

　　　　α_i——评估指标的权重,按表 4.2-1 中的组合权重确定;

　　　　S_i——评估指标的实际得分,按第 3 章对专家权重的规定和专家评分计算取值。

4.4 【有效性评估等级确定】 根据标准自身有效性分值 Q_V 的计算结果,可按表 4.4 确定标准自身有效性评估等级。

标准有效性评估等级　　　　　　　　　　　　　　　表 4.4

自身有效性	优	良	中	差
Q_V 值区间	90~100	75~89	60~74	0~59

注:标准自身有效性分值 Q_V 取整数,小数部分四舍五入。

5 内容支撑度评估

5.1 一 般 规 定

5.1.1 【评估内容】通用类和专用类标准的内容支撑度评估指标评分等级采用李克特 10 级量表法确定。

5.1.2 【分值计算】标准内容支撑度分值宜按下式计算：

$$Q_A = 10\frac{1}{n}\sum_{i=1}^{n}S_i' \tag{5.1.2}$$

式中　Q_A——标准内容支撑度分值；

　　　　n——评价指标的个数，此处 n 会随不同的标准发生变动；

　　　　S_i'——评估指标的实际得分，按第 3 章对专家权重的规定和专家评分计算取值。

5.1.3 【内容支撑度评估等级确定】根据标准内容支撑度分值 Q_A 的计算结果，可按表 5.1.3 确定标准对发展装配式建筑内容支撑度评估等级。

标准对发展装配式建筑内容支撑度评估等级　　　表 5.1.3

内容支撑度	很强	较强	一般	较差
Q_A 值区间	90～100	75～89	60～74	0～59

注：标准内容支撑度分值 Q_A 取整数，小数部分四舍五入。

5.2 装配式混凝土结构建筑

5.2.1 【评估内容】装配式混凝土结构建筑通用类和专用类标准的内容支撑度评估指标应符合表 5.2.1 的规定，其评分等级采用李克特 10 级量表法按表 5.2.1 判别确定。

标准对发展装配式混凝土结构建筑内容支撑度评估指标及评分等级　　表 5.2.1

阶段	评估指标	评分等级										
设计	集成设计	0	1	2	3	4	5	6	7	8	9	10
	构造设计	0	1	2	3	4	5	6	7	8	9	10
	连接设计	0	1	2	3	4	5	6	7	8	9	10
	楼盖设计	0	1	2	3	4	5	6	7	8	9	10
	预制构件设计	0	1	2	3	4	5	6	7	8	9	10
	外挂墙板设计	0	1	2	3	4	5	6	7	8	9	10
	机电设计	0	1	2	3	4	5	6	7	8	9	10
	内装设计	0	1	2	3	4	5	6	7	8	9	10
生产	预制构件生产	0	1	2	3	4	5	6	7	8	9	10
	预制构件检验	0	1	2	3	4	5	6	7	8	9	10
	构件运输与堆放	0	1	2	3	4	5	6	7	8	9	10
	部品部件生产	0	1	2	3	4	5	6	7	8	9	10

阶段	评估指标	评分等级										
施工	预制构件安装	0	1	2	3	4	5	6	7	8	9	10
	节点连接	0	1	2	3	4	5	6	7	8	9	10
	机电安装	0	1	2	3	4	5	6	7	8	9	10
	建筑部品安装	0	1	2	3	4	5	6	7	8	9	10
验收	预制构件验收	0	1	2	3	4	5	6	7	8	9	10
	安装与连接验收	0	1	2	3	4	5	6	7	8	9	10
	机电安装验收	0	1	2	3	4	5	6	7	8	9	10
	部品安装验收	0	1	2	3	4	5	6	7	8	9	10

【说明】当某一指标不适用于某项标准的评估，即所评标准不涉及该指标所规定内容时，该指标不参评，所评标准在该指标上得分为零。

5.3 装配式钢结构建筑

5.3.1 【评估内容】装配式钢结构建筑通用类和专用类标准的内容支撑度评估指标应符合表5.3.1的规定，其评分等级采用李克特10级量表法按表5.3.1判别确定。

标准对发展装配式钢结构建筑内容支撑度评估指标及评分等级　　　表5.3.1

阶段	评估指标	评分等级										
设计	集成设计	0	1	2	3	4	5	6	7	8	9	10
	建筑设计	0	1	2	3	4	5	6	7	8	9	10
	构件设计	0	1	2	3	4	5	6	7	8	9	10
	节点设计	0	1	2	3	4	5	6	7	8	9	10
	构造设计	0	1	2	3	4	5	6	7	8	9	10
	楼板和屋面板设计	0	1	2	3	4	5	6	7	8	9	10
	外挂墙板设计	0	1	2	3	4	5	6	7	8	9	10
	机电设计	0	1	2	3	4	5	6	7	8	9	10
	内装设计	0	1	2	3	4	5	6	7	8	9	10
生产	构件生产	0	1	2	3	4	5	6	7	8	9	10
	构件检验	0	1	2	3	4	5	6	7	8	9	10
	构件运输与堆放	0	1	2	3	4	5	6	7	8	9	10
	部品部件生产	0	1	2	3	4	5	6	7	8	9	10
施工	构件安装	0	1	2	3	4	5	6	7	8	9	10
	节点连接	0	1	2	3	4	5	6	7	8	9	10
	外围护系统安装	0	1	2	3	4	5	6	7	8	9	10
	机电安装	0	1	2	3	4	5	6	7	8	9	10
	建筑部品安装	0	1	2	3	4	5	6	7	8	9	10

续表

阶段	评估指标	评分等级										
	构件验收	0	1	2	3	4	5	6	7	8	9	10
	安装与连接验收	0	1	2	3	4	5	6	7	8	9	10
验收	外围护系统验收	0	1	2	3	4	5	6	7	8	9	10
	机电安装验收	0	1	2	3	4	5	6	7	8	9	10
	建筑部品安装验收	0	1	2	3	4	5	6	7	8	9	10

【说明】当某一指标不适用于某项标准的评估，即所评标准不涉及该指标所规定内容时，该指标不参评，所评标准在该指标上得分为零。

5.4 装配式木结构建筑

5.4.1 【评估内容】装配式木结构建筑通用类和专用类标准的内容支撑度评估指标应符合表 5.4.1 的规定，其评分等级采用李克特 10 级量表法按表 5.4.1 判别确定。

标准对发展装配式木结构建筑内容支撑度评估指标及评分等级　　表 5.4.1

阶段	评估指标	评分等级										
	集成设计	0	1	2	3	4	5	6	7	8	9	10
	构造设计	0	1	2	3	4	5	6	7	8	9	10
	连接设计	0	1	2	3	4	5	6	7	8	9	10
设计	楼盖设计	0	1	2	3	4	5	6	7	8	9	10
	预制构件设计	0	1	2	3	4	5	6	7	8	9	10
	外挂墙板设计	0	1	2	3	4	5	6	7	8	9	10
	机电设计	0	1	2	3	4	5	6	7	8	9	10
	内装设计	0	1	2	3	4	5	6	7	8	9	10
	预制构件生产	0	1	2	3	4	5	6	7	8	9	10
生产	预制构件检验	0	1	2	3	4	5	6	7	8	9	10
	构件运输与堆放	0	1	2	3	4	5	6	7	8	9	10
	部品部件生产	0	1	2	3	4	5	6	7	8	9	10
	预制构件安装	0	1	2	3	4	5	6	7	8	9	10
施工	节点连接	0	1	2	3	4	5	6	7	8	9	10
	机电安装	0	1	2	3	4	5	6	7	8	9	10
	建筑部品安装	0	1	2	3	4	5	6	7	8	9	10
	预制构件验收	0	1	2	3	4	5	6	7	8	9	10
验收	安装与连接验收	0	1	2	3	4	5	6	7	8	9	10
	机电安装验收	0	1	2	3	4	5	6	7	8	9	10
	部品安装验收	0	1	2	3	4	5	6	7	8	9	10

【说明】当某一指标不适用于某项标准的评估，即所评标准不涉及该指标所规定内容时，该指标不参评，所评标准在该指标上得分为零。

5.5 围护结构

5.5.1 【评估内容】装配式建筑围护结构通用类和专用类标准的内容支撑度评估指标应符合表5.5.1的规定，其评分等级采用李克特10级量表法按表5.5.1判别确定。

标准对发展装配式建筑围护结构内容支撑度评估指标及评分等级　　表5.5.1

阶段	评估指标	评分等级										
设计	构造设计	0	1	2	3	4	5	6	7	8	9	10
	连接设计	0	1	2	3	4	5	6	7	8	9	10
	预制构件设计	0	1	2	3	4	5	6	7	8	9	10
	外挂墙板设计	0	1	2	3	4	5	6	7	8	9	10
生产	预制构件生产	0	1	2	3	4	5	6	7	8	9	10
	预制构件检验	0	1	2	3	4	5	6	7	8	9	10
	构件运输与堆放	0	1	2	3	4	5	6	7	8	9	10
施工	预制构件安装	0	1	2	3	4	5	6	7	8	9	10
	节点连接	0	1	2	3	4	5	6	7	8	9	10
验收	预制构件验收	0	1	2	3	4	5	6	7	8	9	10
	安装与连接验收	0	1	2	3	4	5	6	7	8	9	10

【说明】当某一指标不适用于某项标准的评估，即所评标准不涉及该指标所规定内容时，该指标不参评，所评标准在该指标上得分为零。

6 条款匹配性评估

6.1 【评估方式】标准与工业化建筑条款匹配性评估，应对标准逐条进行。

【说明】标准与工业化建筑条款匹配性评估仅做标准中现有相关条款数量上占比的评价，这些条款能支撑工业化建筑发展（或满足工业化建筑参照使用要求）的程度即第5章所规定的标准内容支撑度评估。

6.2 【评估步骤】标准与工业化建筑条款匹配性评估可按下列步骤进行：

1 将条款匹配类型划分为：A匹配、C不匹配、其余为B（不完全匹配或条款存在问题）；

2 对标准条款内容逐条进行评估，评估条款是否能应用于工业化建筑产业链中某一环节或某一工序或是否与其相适应，进行判别并确定条款匹配类型；

3 统计A型条款数量并计算其在相关章节条款总数中的比例；

4 对于B型条款给出说明及建议。

6.3 【分值计算】标准条款匹配性分值宜按下式确定：

$$Q_M = \frac{m}{n} \times 100 \tag{6.3}$$

式中　Q_M——标准条款匹配性分值；

　　　m——能应用于工业化建筑或与其相适应的条款数量；

　　　n——相关章节标准条款总数。

6.4 【条款匹配性评估等级确定】根据标准条款匹配性分值 Q_M 的计算结果，可按表 6.4 确定标准与工业化建筑条款匹配性评估等级。

标准与工业化建筑条款匹配性评估等级   表 6.4

条款匹配性	很强	较强	一般	较差
Q_M 值区间	90～100	75～89	60～74	0～59

注：标准条款匹配性分值 Q_M 取整数，小数部分四舍五入。

7 综合评估

7.1 【综合评估程序】现行标准对工业化建筑适用性等级，应在标准自身有效性、内容支撑度和条款匹配性评估的基础上综合得出。根据适用性等级，确定所评标准能否纳入工业化建筑标准规范体系，进而对重点标准进行分析，提出提升改进方案和修编建议。

7.2 【适用性分值计算】现行标准对工业化建筑适用性的分值可按下式确定：

$$T = Q_V \times \lambda_1 + Q_A \times \lambda_2 + Q_M \times \lambda_3 \tag{7.2}$$

式中　　T——标准对工业化建筑适用性的分值；

　　　　Q_V——标准自身有效性分值；

　　　　Q_A——标准内容支撑度分值；

　　　　Q_M——标准条款匹配性分值；

λ_1、λ_2、λ_3——标准自身有效性、内容支撑度和条款匹配性的分值权重，按表 7.2 取值。

标准自身有效性、内容支撑度和条款匹配性权重系数   表 7.2

λ_1	λ_2	λ_3
0.1	0.6	0.3

7.3 【适用性等级确定】标准对工业化建筑适用性等级可按表 7.3 确定。

标准对工业化建筑适用性等级   表 7.3

等级	完全适用	较为适用	基本适用	暂不适用
T 值区间	90～100	75～89	60～74	0～59

注：标准对工业化建筑适用性的分值 T 取整数，小数部分四舍五入。

7.4 【评价结论处理】确定标准对工业化建筑适用性等级后，应按下列规定进行处理：

　　1 适用性等级为"完全适用"时，进行全面总结；

　　2 适用性等级为"较为适用"时，进行全面分析，提出补充条款或改进措施；

　　3 适用性等级为"基本适用"时，进行全面分析，提出改进措施或修编建议；

　　4 适用性等级为"暂不适用"时，提出修编建议，或另行编制相关标准。

7.5 【评估工作报告】评估工作报告应文字简洁、客观准确，论点明确，论据充分，应包括下列主要内容：

　　1 评估概况，包括评估背景、评估目的、被评估标准概括、评估实施方案等；

　　2 评估工作组组成及工作情况，包括评估方法、评估组织模式及评估工作组组成、评估工作过程等。

    3 专项评估分析，根据建立的指标体系对各项指标开展分析和评估，得出某一指标或某一类别指标评估结果；

    4 综合评估分析，对所有指标评估结果综合评估，得出最终结果；

    5 结论和建议。

附录2　工业化建筑标准规范体系建设技术导则

前　言

为切实落实《国务院办公厅关于大力发展装配式建筑的指导意见》（国办发〔2016〕71号）和《国务院办公厅关于促进建筑业持续健康发展的意见》（国办发〔2017〕19号），2017年3月，住房和城乡建设部印发《"十三五"装配式建筑行动方案》，提出"建立完善覆盖设计、生产、施工和使用维护全过程的装配式建筑标准规范体系。"国家重点研发计划"建筑工业化技术标准体系与标准化关键技术"项目重点开展了工业化建筑标准规范体系建设方法研究，并编制了《工业化建筑标准规范体系建设技术导则（试行）》（以下简称《导则》）。

《导则》主要内容有：总则、术语、总体要求、体系建设。《导则》可作为指导国家重点研发计划项目"建筑工业化技术标准体系与标准化关键技术"现阶段工业化建筑标准规范体系建设工作的工作准则。

《导则》实施过程中如有需要修改、补充，请与项目管理办公室联系（中国建筑科学研究院新科研试验楼A1611，邮编：100013，电话：010-64517615，邮箱：lixiaoyang2008@126.com）。

《导则》编制单位：中国建筑科学研究院有限公司，南京工业大学。

"建筑工业化技术标准体系与标准化关键技术"项目组

2018年8月

1　总　　则

1.1　【制定目的】为科学建立工业化建筑标准规范体系，指导工业化建筑标准化工作，促进标准水平提升，制定本导则。

1.2　【适用范围】本导则提出了工业化建筑标准规范体系建设的指导思想、编制原则、建设目标，规定了标准体系结构与组成、表达与编码方式，以及编制程序等内容。

本导则适用于工业化建筑标准规范体系的构建、维护和动态更新。

2　术　　语

2.1　标准 standard

为了在一定范围内获得最佳秩序，经协商一致制定并由公认机构批准，共同使用的和重复使用的一种规范性文件。

2.2　标准体系 standard system

一定范围内的标准按其内在联系形成的科学的有机整体。

注：标准体系中标准包括现行标准、在编标准及待制订的标准。

2.3 子标准体系 sub standard system

可以独立存在，且具有相对完整功能的标准体系子集。

2.4 标准体系表 diagram of standard system

标准体系内的标准按其内在联系排列起来的图表。

注：标准体系表用以表达标准体系的构思、设想、整体规划，是表达标准体系概念的模型。

2.5 工业化建筑 industrialized building

采用以标准化设计、工厂化生产、装配化施工、一体化装修和信息化管理等为主要特征的工业化生产方式建造的建筑。按施工方式分为装配式建筑和工具式模板现浇式建筑两类。

注：装配式建筑是工业化建筑的最重要组成部分，本导则以装配式建筑作为主体。

2.6 装配式建筑 prefabricated building

由预制部品部件在工地装配而成的建筑。按结构形式，可分为装配式混凝土结构建筑、装配式钢结构建筑、装配式木结构建筑。

2.7 装配式混凝土建筑 prefabricated building with concrete structure

结构系统由混凝土部件（预制构件）构成，外围护系统、设备与管线系统、内装系统的主要部分采用预制部品部件集成的建筑。

2.8 装配式钢结构建筑 prefabricated building with steel structure

结构系统由钢部（构）件构成，外围护系统、设备与管线系统、内装系统的主要部分采用预制部品部件集成的建筑。

2.9 装配式木结构建筑 prefabricated timber building

结构系统由木结构承重构件组成，外围护系统、设备与管线系统、内装系统的主要部分采用预制部品部件集成的建筑。

3 总 体 要 求

3.1 指 导 思 想

3.1.1 工业化建筑标准体系建设，应充分发挥标准化在全面推进我国建筑工业化、发展装配式建筑以及加快建筑业产业转型升级中的基础性和引导性作用，着力建立政府主导制定的标准与市场自主制定的标准协同发展、协调配套的新型标准体系。

3.1.2 工业化建筑标准体系建设，应加强标准的统筹规划与宏观指导，注重对标准的实施与对标准实施的监督，加强标准与科技创新融合发展，借鉴国际先进经验，建立动态完善和维护机制，逐步形成发展装配式建筑强有力的技术支撑。

3.2 基 本 原 则

3.2.1 坚持全面系统，重点突出。

标准体系要覆盖工业化建筑全过程、主要产业链，把握当前和今后一个时期内工业化建筑标准化建设工作的重点任务，做好顶层设计，确保工业化建筑标准规范体系总体布局合理、覆盖全面、系统完整、重点突出。

3.2.2 坚持层次恰当，划分明确。

标准项目应根据适用范围和技术内容安排在适宜的层次上，使标准体系组成应层次分明、简化合理。

适用范围较宽的标准，应尽量安排在高层次上。标准体系内不同专业、门类标准宜按规定对象的同一性，或按标准的特点进行划分。同一标准同时列入两个以上体系或子体系内，应标识其唯一性，避免同一标准由两个以上机构同时制订。

3.2.3 坚持开放兼容，动态优化。

保持标准体系的开放性和可扩充性，为新的标准项目预留空间，同时结合装配式建筑的发展形势和需求，定期对体系内标准适用范围和内容进行优化完善，提高工业化建筑标准体系的适用性。

3.2.4 坚持立足现实，创新引领。

既要立足当前建筑工业化的标准需求，解决目前装配式建筑标准化发展的迫切问题，又要面对新形势新任务，跟踪国际建筑工业化技术和标准化的新进展，分析未来发展趋势，建立适度超前、具有可操作性的标准体系。

3.2.5 坚持落实改革，协同发展。

标准体系的建立和优化完善，要贯彻落实当前及今后一个时期国家标准化深化改革和工程建设标准化深化改革精神，推动建立政府主导制定的标准与市场自主制定的标准协同发展、协调配套的新型标准体系，健全统一协调、运行高效、政府与市场共治的标准化管理体制，形成政府引导、市场驱动、社会参与、协同推进的标准化工作格局，让标准成为建筑工业化发展的动力增大器和倍增器，推动我国建筑业持续健康发展。

3.3 建 设 目 标

3.3.1 【总体目标】十三五期间，基本建成覆盖工业化建筑全过程、主要产业链，具有系统性、协调性、先进性、适用性和前瞻性，以全文强制规范为约束准则、以通用技术标准为实施指导、以专用技术标准为落地支撑，由政府主导制定的标准和市场自主制定的标准共同构成的新型标准体系；基础标准和关键技术标准基本完成制定，标准体系对工业化建筑标准化工作的指导作用得到发挥。

4 标准体系建设

4.1 一 般 规 定

4.1.1 工业化建筑标准体系按照新建、完善优化等阶段进行构建，具体流程（见图4.1.1）包括：

    1 标准体系目标分析；

    2 标准需求分析；

    3 标准适用性分析；

    4 标准体系结构设计；

    5 标准体系表编制；

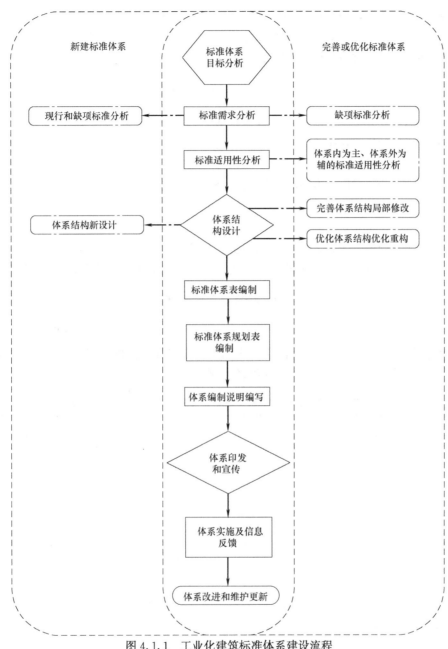

图 4.1.1　工业化建筑标准体系建设流程

6　标准体系编制说明撰写；

7　标准体系印发、宣传；

8　标准体系反馈信息处理；

9　标准体系改进和维护更新。

4.2　标准体系目标分析

4.2.1　工业化建筑标准体系目标分析包括下列主要内容：

1 新建标准体系，应分析确定体系的目标、内容和边界；

2 完善或优化标准体系，应在原标准体系的基础上，分析确定完善和优化和原标准体系的目标内容，填补标准体系的空白。

4.3 标准体系需求分析

4.3.1 工业化建筑标准体系现状需求分析包括下列主要内容：

1 标准现状分析，包括相关国家标准、行业标准、地方标准、团体标准、企业标准的现状分析，强制性标准和推荐性标准分析，标准体系结构和布局分析，标准数量和质量分析，子体系之间或标准之间的协调性分析，标准的缺失和滞后分析等；

2 产业发展分析，包括分析研究产业发展现状与趋势，提出适宜的技术体系、产品体系和管理体系；

3 发展环境分析，包括发展的法制环境、政策环境、科技环境和标准化环境分析；

4 标准化需求分析，包括标准需求、支撑标准发展的工作建议和改进措施。

4.4 标准适用性分析

4.4.1 标准适用性，除应按《现行标准对工业化建筑适用性评估技术导则》进行评估分析外，尚应对与其密切相关的一组标准按表 4.4.1 规定的评估指标和内容进行该组标准内容配套性、层次结构合理性、功能划分明确性评估。

标准内容配套性、层次结构合理性、功能划分明确性评估内容 表 4.4.1

指标	评价内容
内容配套性	该组标准是否对所涉及的领域或专业实行有效覆盖,标准之间是否协调配套
层次结构合理性	该组标准所包含的标准是否处于合理的层次,是否构成一个科学、合理、简化的体系,不存在复杂、混乱和重复现象
功能划分的明确性	该组标准从领域和功能上是否目标明确,是否与其他分组标准具有严格划定的界限

4.4.2 新建工业化建筑标准体系时，应对工业化建筑全过程、主要产业链涉及的相关标准进行适用性分析，并根据适用性评估结论，确定所评标准能否纳入工业化建筑标准规范体系。

4.4.3 完善或优化标准体系时，除应对体系内的现行标准进行分析外，尚应对体系外的相关标准进行收集和适用性分析。

4.5 标准体系结构设计

4.5.1 标准体系根据标准维度、标准属性、标准化要素等进行结构设计。

4.5.2 工业化建筑标准体系（含子标准体系，以下统称工业化建筑标准体系）建设以全寿命期理论、霍尔三维结构理论为基础，可从层级维、级别维、种类维、功能维、专业维、阶段维等进行构建。当要表述三维标准体系框架结构时，可将某一个或几个维度（如层级、种类、专业）看作已知项，其他维度为可变项（如目标（六化）、阶段（生命周期或阶段）），进行多维度的分析、研究和构建。

4.5.3 工业化建筑标准体系结构可采用上下层次结构，或采用按一定的逻辑顺序排列起来的"序列"结构，或采用由以上两种结构相结合的组合结构。

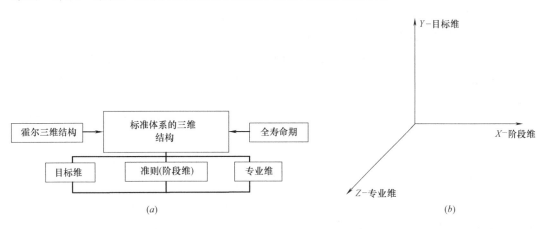

图4.5.2　工业化建筑标准体系结构

4.5.4　工业化建筑标准体系的上下层次结构（以技术内容和作用效力为主线）可为：以全文强制规范为约束准则层，通用技术标准为实施指导层，专用技术标准为落地支撑层的新型标准体系：

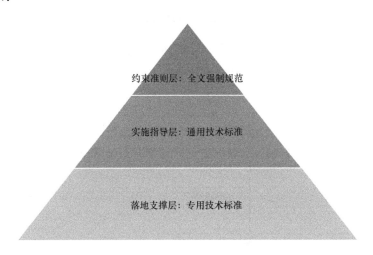

图4.5.4　工业化建筑标准体系的上下层次结构示意

1　作为约束准则层的全文强制规范由政府部门制定的技术性法规组成，具体指住房城乡建设部《关于深化工程建设标准化工作改革的意见》提出的全文强制性标准及《标准化法》提出的强制性国家标准；

2　作为实施指导层的通用技术标准，是指在一定范围内，作为其他标准的基础并普遍使用的、具有广泛指导意义的标准，通常包括通用方法、通用技术和通用管理等通用性和重要的政府标准或团体标准；

3　作为落地支撑层的专用技术标准，是指针对某一具体标准化对象或作为通用标准的补充、延伸制定的专项标准，其覆盖面一般不大，通常包括某种具体工程的设计、施工标准，某种试验方法标准等政府推荐性标准和团体标准。

4.5.5 全文强制规范由政府主导制定，具有强制约束力，是保障人民生命财产安全、人身健康、工程安全、生态环境安全、公众权益和公共利益，以及促进能源资源节约利用、满足社会经济管理等方面的控制性底线要求。

4.5.6 推荐性标准是除强制性标准之外，由政府主导制定的国家、行业、地方标准。

 1 推荐性国家标准重点制定基础性、通用性和重大影响的标准，突出公共服务的基本要求；

 2 推荐性行业标准重点制定本行业的基础性、通用性和重要的标准，推动产业政策、战略规划贯彻实施；

 3 推荐性地方标准重点制定具有地域特点的标准，突出资源禀赋和民俗习惯，促进特色经济发展、生态资源保护、文化和自然遗产传承。

4.5.7 团体标准是指由依法成立且具备相应能力的社会团体（包括学会、协会、商会、联合会等社会组织和产业技术联盟）协调相关市场主体共同制定满足市场和创新需要的标准。

4.5.8 工业化建筑标准体系的序列结构（以阶段维为主线）：按照工业化建筑规划、勘察、设计、施工、运行维护、改造、拆除等全生命期对应的阶段排列的序列状标准体系结构。

4.6　标准体系表编制

4.6.1 标准体系表包括标准体系结构图、标准体系表、标准统计表和编制说明。

4.6.2 标准体系结构图可由总结构方框图和若干子方框图组成，如图 4.6.2 所示。

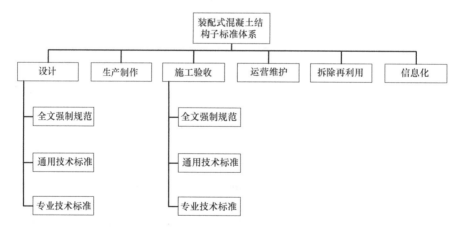

图 4.6.2　装配式混凝土结构子标准体系子方框图示意

4.6.3 每个方框可编上图号，并按图号编制标准体系表。

4.6.4 体系表内，表示层次间共性标准与个性标准间有主从关系的连线用实线，无主从关系的连线用虚线。

4.6.5 标准体系表的一般格式如表 4.6.5 所示。

4.6.6 标准统计表的格式根据统计目的，可设置不同的标准类别及统计项，一般格式如表 4.6.6 所示。

标准体系表

表 4.6.5

标准体系编码	标准名称	标准编号	级别	类别	适用阶段	状态	评估建议	备注

注:"子标准体系的代码"是指子标准体系代码:装配式混凝土结构(PC)、钢结构(SS)、木结构(WS)、围护系统(BE)、建筑设计(BD)、建筑设备(BS)、装饰装修(DR)、信息技术(BI);

"标准编号"是指标准号,对待编标准,可不填写;

"级别"是指国家标准(GB)、行业标准(HB)、地方标准(DB)、团体标准(TB)或企业标准(QB);对待编标准,可不填写;

"类别"是指标准的类别,分为工程标准(GC)、产品标准(CP)、方法标准(FF)、管理标准(GL);

"状态",分为"现行"、"在编"或"待编";

"评估建议"是指现有标准的有效性评价,包括:继续有效(1)、需要修订(2)、整合(3)、转化为团体标准(4)、上升为政府标准(5)、转化为推荐性标准(6)等。(2)(3)可与(4)(5)(6)进行组合,且如果是整合,则需注明被整合的所有标准名称和编号。

标准统计表

表 4.6.6

统计项	应有数(个)	现有数(个)	现有数/应有数(%)
标准类别			
工程标准			
产品标准			
方法标准			
管理标准			
适用阶段(可选)			
规划			
勘察			
设计			
生产制造			
施工			
运行维护			
拆除			
目标(可选)			
标准化设计			
工厂化生产			
装配化施工			
一体化装修			
信息化管理			
智能化应用			

续表

标准级别(可选)			
国家标准			
行业标准			
地方标准			
团体标准			
企业标准			

4.7 标准体系编码

4.7.1 标准体系编码是标准体系各标准项目的唯一标识代码。代码采用 3 位代码，编码结构如图 4.7.1 所示。

当子标准体系建设中，设置专用子标准体系时，可设置专用子标准体系代码为"体系代码＋阿拉伯数字"，如装配式混凝土剪力墙结构子标准体系，体系代码可设置为 PC1

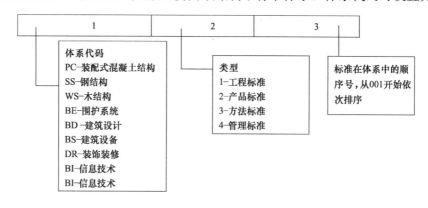

图 4.7.1 标准体系编码结构图

4.7.2 当标准体系中某些维度还需要进一步细化，标准体系编码可以参照本规则进行扩展，中间用"-"分隔。

4.8 标准体系编制说明

4.8.1 标准体系表应同时包括编制说明，其内容一般包括：

1 编制体系表的依据和目标；

2 国内外标准概况；

3 结合统计表，分析现行标准与国际、国外的差距和薄弱环节，明确今后的主攻方向；

4 专业划分依据和划分情况；

5 与其他体系交叉情况和处理意见；

6 需要其他体系协调配套的意见；

7 标准项目的具体说明（适用范围、主要内容等）；

8 其他事项。

4.9 标准体系实施与改进

4.9.1 标准体系表编制完成后，宜印发并组织宣传。

4.9.2 应当积极协调处理相关标准的制修订，有条件时应及时安排制修订工作。

4.9.3 分析评估标准体系对工业化建筑标准化工作的指导作用，收集标准体系及标准实施反馈的问题，改进完善标准体系。

4.9.4 建立标准体系动态更新维护机制，实行标准体系逐年滚动修订。

5 标准体系建设实施

5.1 工业化建筑标准规范体系建设坚持整体推进与分步实施相结合，按照逐步调整、不断完善的方法，协同有序推进各项工作任务。具体分两个阶段实施。

1 【第一阶段：2016～2017年】开展标准体系构架设计、标准现状分析和适用性评估，研制重要标准。到2017年底，初步建立工业化建筑标准规范体系，制订10项以上重点标准。

2 【第二阶段：2018～2019年】开展标准体系集成优化完善，推进标准体系在工业化建筑领域推广实施。到2019年底，建成较为完善的工业化建筑标准规范体系，制修订20项以上标准，基础标准和关键技术标准制修订基本完成。工业化建筑标准体系运行维护机制基本建立。

5.2 贯彻落实绿色建筑及建筑工业化重点专项建筑工业化项目群协同创新工作机制的要求，做好建筑工业化项目群标准协同创新工作，统筹标准化需求，协调项目间标准的制定和协调。

5.3 加强"建筑工业化技术标准体系与标准化关键技术"项目组的管理，项目管理办公室将定期不定期赴各课题组开展督导检查，并同时采取定期报告、情况通报、责任追究等不同形式，强化各课题组的责任意识，确保研究任务保质及时完成、目标落地。

附录3　国家标准化改革政策汇编

中华人民共和国标准化法

第一章　总　　则

第一条　为了加强标准化工作，提升产品和服务质量，促进科学技术进步，保障人身健康和生命财产安全，维护国家安全、生态环境安全，提高经济社会发展水平，制定本法。

第二条　本法所称标准（含标准样品），是指农业、工业、服务业以及社会事业等领域需要统一的技术要求。

标准包括国家标准、行业标准、地方标准和团体标准、企业标准。国家标准分为强制性标准、推荐性标准，行业标准、地方标准是推荐性标准。

强制性标准必须执行。国家鼓励采用推荐性标准。

第三条　标准化工作的任务是制定标准、组织实施标准以及对标准的制定、实施进行监督。

县级以上人民政府应当将标准化工作纳入本级国民经济和社会发展规划，将标准化工作经费纳入本级预算。

第四条　制定标准应当在科学技术研究成果和社会实践经验的基础上，深入调查论证，广泛征求意见，保证标准的科学性、规范性、时效性，提高标准质量。

第五条　国务院标准化行政主管部门统一管理全国标准化工作。国务院有关行政主管部门分工管理本部门、本行业的标准化工作。

县级以上地方人民政府标准化行政主管部门统一管理本行政区域内的标准化工作。县级以上地方人民政府有关行政主管部门分工管理本行政区域内本部门、本行业的标准化工作。

第六条　国务院建立标准化协调机制，统筹推进标准化重大改革，研究标准化重大政策，对跨部门跨领域、存在重大争议标准的制定和实施进行协调。

设区的市级以上地方人民政府可以根据工作需要建立标准化协调机制，统筹协调本行政区域内标准化工作重大事项。

第七条　国家鼓励企业、社会团体和教育、科研机构等开展或者参与标准化工作。

第八条　国家积极推动参与国际标准化活动，开展标准化对外合作与交流，参与制定国际标准，结合国情采用国际标准，推进中国标准与国外标准之间的转化运用。

国家鼓励企业、社会团体和教育、科研机构等参与国际标准化活动。

第九条　对在标准化工作中做出显著成绩的单位和个人，按照国家有关规定给予表彰和奖励。

第二章　标准的制定

第十条　对保障人身健康和生命财产安全、国家安全、生态环境安全以及满足经济社会管理基本需要的技术要求，应当制定强制性国家标准。

国务院有关行政主管部门依据职责负责强制性国家标准的项目提出、组织起草、征求意见和技术审查。国务院标准化行政主管部门负责强制性国家标准的立项、编号和对外通报。国务院标准化行政主管部门应当对拟制定的强制性国家标准是否符合前款规定进行立项审查，对符合前款规定的予以立项。

省、自治区、直辖市人民政府标准化行政主管部门可以向国务院标准化行政主管部门提出强制性国家标准的立项建议，由国务院标准化行政主管部门会同国务院有关行政主管部门决定。社会团体、企业事业组织以及公民可以向国务院标准化行政主管部门提出强制性国家标准的立项建议，国务院标准化行政主管部门认为需要立项的，会同国务院有关行政主管部门决定。

强制性国家标准由国务院批准发布或者授权批准发布。

法律、行政法规和国务院决定对强制性标准的制定另有规定的，从其规定。

第十一条 对满足基础通用、与强制性国家标准配套、对各有关行业起引领作用等需要的技术要求，可以制定推荐性国家标准。

推荐性国家标准由国务院标准化行政主管部门制定。

第十二条 对没有推荐性国家标准、需要在全国某个行业范围内统一的技术要求，可以制定行业标准。

行业标准由国务院有关行政主管部门制定，报国务院标准化行政主管部门备案。

第十三条 为满足地方自然条件、风俗习惯等特殊技术要求，可以制定地方标准。

地方标准由省、自治区、直辖市人民政府标准化行政主管部门制定；设区的市级人民政府标准化行政主管部门根据本行政区域的特殊需要，经所在地省、自治区、直辖市人民政府标准化行政主管部门批准，可以制定本行政区域的地方标准。地方标准由省、自治区、直辖市人民政府标准化行政主管部门报国务院标准化行政主管部门备案，由国务院标准化行政主管部门通报国务院有关行政主管部门。

第十四条 对保障人身健康和生命财产安全、国家安全、生态环境安全以及经济社会发展所急需的标准项目，制定标准的行政主管部门应当优先立项并及时完成。

第十五条 制定强制性标准、推荐性标准，应当在立项时对有关行政主管部门、企业、社会团体、消费者和教育、科研机构等方面的实际需求进行调查，对制定标准的必要性、可行性进行论证评估；在制定过程中，应当按照便捷有效的原则采取多种方式征求意见，组织对标准相关事项进行调查分析、实验、论证，并做到有关标准之间的协调配套。

第十六条 制定推荐性标准，应当组织由相关方组成的标准化技术委员会，承担标准的起草、技术审查工作。制定强制性标准，可以委托相关标准化技术委员会承担标准的起草、技术审查工作。未组成标准化技术委员会的，应当成立专家组承担相关标准的起草、技术审查工作。标准化技术委员会和专家组的组成应当具有广泛代表性。

第十七条 强制性标准文本应当免费向社会公开。国家推动免费向社会公开推荐性标准文本。

第十八条 国家鼓励学会、协会、商会、联合会、产业技术联盟等社会团体协调相关市场主体共同制定满足市场和创新需要的团体标准，由本团体成员约定采用或者按照本团体的规定供社会自愿采用。

制定团体标准，应当遵循开放、透明、公平的原则，保证各参与主体获取相关信息，反映各参与主体的共同需求，并应当组织对标准相关事项进行调查分析、实验、论证。

国务院标准化行政主管部门会同国务院有关行政主管部门对团体标准的制定进行规范、引导和监督。

第十九条 企业可以根据需要自行制定企业标准，或者与其他企业联合制定企业标准。

第二十条 国家支持在重要行业、战略性新兴产业、关键共性技术等领域利用自主创新技术制定团体标准、企业标准。

第二十一条 推荐性国家标准、行业标准、地方标准、团体标准、企业标准的技术要求不得低于强制性国家标准的相关技术要求。

国家鼓励社会团体、企业制定高于推荐性标准相关技术要求的团体标准、企业标准。

第二十二条 制定标准应当有利于科学合理利用资源，推广科学技术成果，增强产品的安全性、通用性、可替换性，提高经济效益、社会效益、生态效益，做到技术上先进、经济上合理。

禁止利用标准实施妨碍商品、服务自由流通等排除、限制市场竞争的行为。

第二十三条 国家推进标准化军民融合和资源共享，提升军民标准通用化水平，积极推动在国防和军队建设中采用先进适用的民用标准，并将先进适用的军用标准转化为民用标准。

第二十四条 标准应当按照编号规则进行编号。标准的编号规则由国务院标准化行政主管部门制定并公布。

第三章　标准的实施

第二十五条 不符合强制性标准的产品、服务，不得生产、销售、进口或者提供。

第二十六条 出口产品、服务的技术要求，按照合同的约定执行。

第二十七条 国家实行团体标准、企业标准自我声明公开和监督制度。企业应当公开其执行的强制性标准、推荐性标准、团体标准或者企业标准的编号和名称；企业执行自行制定的企业标准的，还应当公开产品、服务的功能指标和产品的性能指标。国家鼓励团体标准、企业标准通过标准信息公共服务平台向社会公开。

企业应当按照标准组织生产经营活动，其生产的产品、提供的服务应当符合企业公开标准的技术要求。

第二十八条 企业研制新产品、改进产品，进行技术改造，应当符合本法规定的标准化要求。

第二十九条 国家建立强制性标准实施情况统计分析报告制度。

国务院标准化行政主管部门和国务院有关行政主管部门、设区的市级以上地方人民政府标准化行政主管部门应当建立标准实施信息反馈和评估机制，根据反馈和评估情况对其制定的标准进行复审。标准的复审周期一般不超过五年。经过复审，对不适应经济社会发展需要和技术进步的应当及时修订或者废止。

第三十条　国务院标准化行政主管部门根据标准实施信息反馈、评估、复审情况，对有关标准之间重复交叉或者不衔接配套的，应当会同国务院有关行政主管部门作出处理或者通过国务院标准化协调机制处理。

第三十一条　县级以上人民政府应当支持开展标准化试点示范和宣传工作，传播标准化理念，推广标准化经验，推动全社会运用标准化方式组织生产、经营、管理和服务，发挥标准对促进转型升级、引领创新驱动的支撑作用。

第四章　监督管理

第三十二条　县级以上人民政府标准化行政主管部门、有关行政主管部门依据法定职责，对标准的制定进行指导和监督，对标准的实施进行监督检查。

第三十三条　国务院有关行政主管部门在标准制定、实施过程中出现争议的，由国务院标准化行政主管部门组织协商；协商不成的，由国务院标准化协调机制解决。

第三十四条　国务院有关行政主管部门、设区的市级以上地方人民政府标准化行政主管部门未依照本法规定对标准进行编号、复审或者备案的，国务院标准化行政主管部门应当要求其说明情况，并限期改正。

第三十五条　任何单位或者个人有权向标准化行政主管部门、有关行政主管部门举报、投诉违反本法规定的行为。

标准化行政主管部门、有关行政主管部门应当向社会公开受理举报、投诉的电话、信箱或者电子邮件地址，并安排人员受理举报、投诉。对实名举报人或者投诉人，受理举报、投诉的行政主管部门应当告知处理结果，为举报人保密，并按照国家有关规定对举报人给予奖励。

第五章　法律责任

第三十六条　生产、销售、进口产品或者提供服务不符合强制性标准，或者企业生产的产品、提供的服务不符合其公开标准的技术要求的，依法承担民事责任。

第三十七条　生产、销售、进口产品或者提供服务不符合强制性标准的，依照《中华人民共和国产品质量法》、《中华人民共和国进出口商品检验法》、《中华人民共和国消费者权益保护法》等法律、行政法规的规定查处，记入信用记录，并依照有关法律、行政法规的规定予以公示；构成犯罪的，依法追究刑事责任。

第三十八条　企业未依照本法规定公开其执行的标准的，由标准化行政主管部门责令限期改正；逾期不改正的，在标准信息公共服务平台上公示。

第三十九条　国务院有关行政主管部门、设区的市级以上地方人民政府标准化行政主管部门制定的标准不符合本法第二十一条第一款、第二十二条第一款规定的，应当及时改正；拒不改正的，由国务院标准化行政主管部门公告废止相关标准；对负有责任的领导人员和直接责任人员依法给予处分。

社会团体、企业制定的标准不符合本法第二十一条第一款、第二十二条第一款规定的，由标准化行政主管部门责令限期改正；逾期不改正的，由省级以上人民政府标准化行政主管部门废止相关标准，并在标准信息公共服务平台上公示。

违反本法第二十二条第二款规定，利用标准实施排除、限制市场竞争行为的，依照《中华人民共和国反垄断法》等法律、行政法规的规定处理。

第四十条 国务院有关行政主管部门、设区的市级以上地方人民政府标准化行政主管部门未依照本法规定对标准进行编号或者备案，又未依照本法第三十四条的规定改正的，由国务院标准化行政主管部门撤销相关标准编号或者公告废止未备案标准；对负有责任的领导人员和直接责任人员依法给予处分。

国务院有关行政主管部门、设区的市级以上地方人民政府标准化行政主管部门未依照本法规定对其制定的标准进行复审，又未依照本法第三十四条的规定改正的，对负有责任的领导人员和直接责任人员依法给予处分。

第四十一条 国务院标准化行政主管部门未依照本法第十条第二款规定对制定强制性国家标准的项目予以立项，制定的标准不符合本法第二十一条第一款、第二十二条第一款规定，或者未依照本法规定对标准进行编号、复审或者予以备案的，应当及时改正；对负有责任的领导人员和直接责任人员可以依法给予处分。

第四十二条 社会团体、企业未依照本法规定对团体标准或者企业标准进行编号的，由标准化行政主管部门责令限期改正；逾期不改正的，由省级以上人民政府标准化行政主管部门撤销相关标准编号，并在标准信息公共服务平台上公示。

第四十三条 标准化工作的监督、管理人员滥用职权、玩忽职守、徇私舞弊的，依法给予处分；构成犯罪的，依法追究刑事责任。

第六章 附 则

第四十四条 军用标准的制定、实施和监督办法，由国务院、中央军事委员会另行制定。

第四十五条 本法自 2018 年 1 月 1 日起施行。

国务院关于印发深化标准化工作改革方案的通知

国发〔2015〕13号

各省、自治区、直辖市人民政府，国务院各部委、各直属机构：

现将《深化标准化工作改革方案》印发给你们，请认真贯彻执行。

国务院

2015年3月11日

（此件公开发布）

深化标准化工作改革方案

为落实《中共中央关于全面深化改革若干重大问题的决定》、《国务院机构改革和职能转变方案》和《国务院关于促进市场公平竞争维护市场正常秩序的若干意见》（国发〔2014〕20号）关于深化标准化工作改革、加强技术标准体系建设的有关要求，制定本改革方案。

一、改革的必要性和紧迫性

党中央、国务院高度重视标准化工作，2001年成立国家标准化管理委员会，强化标准化工作的统一管理。在各部门、各地方共同努力下，我国标准化事业得到快速发展。截至目前，国家标准、行业标准和地方标准总数达到10万项，覆盖一二三产业和社会事业各领域的标准体系基本形成。我国相继成为国际标准化组织（ISO）、国际电工委员会（IEC）常任理事国及国际电信联盟（ITU）理事国，我国专家担任ISO主席、IEC副主席、ITU秘书长等一系列重要职务，主导制定国际标准的数量逐年增加。标准化在保障产品质量安全、促进产业转型升级和经济提质增效、服务外交外贸等方面起着越来越重要的作用。但是，从我国经济社会发展日益增长的需求来看，现行标准体系和标准化管理体制已不能适应社会主义市场经济发展的需要，甚至在一定程度上影响了经济社会发展。

一是标准缺失老化滞后，难以满足经济提质增效升级的需求。 现代农业和服务业标准仍然很少，社会管理和公共服务标准刚刚起步，即使在标准相对完备的工业领域，标准缺失现象也不同程度存在。特别是当前节能降耗、新型城镇化、信息化和工业化融合、电子商务、商贸物流等领域对标准的需求十分旺盛，但标准供给仍有较大缺口。我国国家标准制定周期平均为3年，远远落后于产业快速发展的需要。标准更新速度缓慢，"标龄"高出德、美、英、日等发达国家1倍以上。标准整体水平不高，难以支撑经济转型升级。我国主导制定的国际标准仅占国际标准总数的0.5%，"中国标准"在国际上认可度不高。

二是标准交叉重复矛盾，不利于统一市场体系的建立。 标准是生产经营活动的依据，是重要的市场规则，必须增强统一性和权威性。目前，现行国家标准、行业标准、地方标准中仅名称相同的就有近2000项，有些标准技术指标不一致甚至冲突，既造成企业执行标准困难，也造成政府部门制定标准的资源浪费和执法尺度不一。特别是强制性标准涉及健康安全环保，但是制定主体多，28个部门和31个省（区、市）制定发布强制性行业标准和地方标准；数量庞大，强制性国家、行业、地方三级标准万余项，缺乏强有力的组织协调，交叉重复矛盾难以避免。

三是标准体系不够合理，不适应社会主义市场经济发展的要求。国家标准、行业标准、地方标准均由政府主导制定，且70％为一般性产品和服务标准，这些标准中许多应由市场主体遵循市场规律制定。而国际上通行的团体标准在我国没有法律地位，市场自主制定、快速反映需求的标准不能有效供给。即使是企业自己制定、内部使用的企业标准，也要到政府部门履行备案甚至审查性备案，企业能动性受到抑制，缺乏创新和竞争力。

四是标准化协调推进机制不完善，制约了标准化管理效能提升。标准反映各方共同利益，各类标准之间需要衔接配套。很多标准技术面广、产业链长，特别是一些标准涉及部门多、相关方立场不一致，协调难度大，由于缺乏权威、高效的标准化协调推进机制，越重要的标准越"难产"。有的标准实施效果不明显，相关配套政策措施不到位，尚未形成多部门协同推动标准实施的工作格局。

造成这些问题的根本原因是现行标准体系和标准化管理体制是20世纪80年代确立的，政府与市场的角色错位，市场主体活力未能充分发挥，既阻碍了标准化工作的有效开展，又影响了标准化作用的发挥，必须切实转变政府标准化管理职能，深化标准化工作改革。

二、改革的总体要求

标准化工作改革，要紧紧围绕使市场在资源配置中起决定性作用和更好发挥政府作用，着力解决标准体系不完善、管理体制不顺畅、与社会主义市场经济发展不适应问题，改革标准体系和标准化管理体制，改进标准制定工作机制，强化标准的实施与监督，更好发挥标准化在推进国家治理体系和治理能力现代化中的基础性、战略性作用，促进经济持续健康发展和社会全面进步。

改革的基本原则：一是坚持简政放权、放管结合。把该放的放开放到位，培育发展团体标准，放开搞活企业标准，激发市场主体活力；把该管的管住管好，强化强制性标准管理，保证公益类推荐性标准的基本供给。**二是坚持国际接轨、适合国情。**借鉴发达国家标准化管理的先进经验和做法，结合我国发展实际，建立完善具有中国特色的标准体系和标准化管理体制。**三是坚持统一管理、分工负责。**既发挥好国务院标准化主管部门的综合协调职责，又充分发挥国务院各部门在相关领域内标准制定、实施及监督的作用。**四是坚持依法行政、统筹推进。**加快标准化法治建设，做好标准化重大改革与标准化法律法规修改完善的有机衔接；合理统筹改革优先领域、关键环节和实施步骤，通过市场自主制定标准的增量带动现行标准的存量改革。

改革的总体目标：建立政府主导制定的标准与市场自主制定的标准协同发展、协调配套的新型标准体系，健全统一协调、运行高效、政府与市场共治的标准化管理体制，形成政府引导、市场驱动、社会参与、协同推进的标准化工作格局，有效支撑统一市场体系建设，让标准成为对质量的"硬约束"，推动中国经济迈向中高端水平。

三、改革措施

通过改革，把政府单一供给的现行标准体系，转变为由政府主导制定的标准和市场自主制定的标准共同构成的新型标准体系。政府主导制定的标准由6类整合精简为4类，分别是强制性国家标准和推荐性国家标准、推荐性行业标准、推荐性地方标准；市场自主制定的标准分为团体标准和企业标准。政府主导制定的标准侧重于保基本，市场自主制定的标准侧重于提高竞争力。同时建立完善与新型标准体系配套的标准化管理体制。

（一）**建立高效权威的标准化统筹协调机制。**建立由国务院领导同志为召集人、各有关部门负责同志组成的国务院标准化协调推进机制，统筹标准化重大改革，研究标准化重大政策，对跨部门跨领域、存在重大争议标准的制定和实施进行协调。国务院标准化协调推进机制日常工作由国务院标准化主管部门承担。

（二）**整合精简强制性标准。在标准体系上**，逐步将现行强制性国家标准、行业标准和地方标准整合为强制性国家标准。**在标准范围上**，将强制性国家标准严格限定在保障人身健康和生命财产安全、国家安全、生态环境安全和满足社会经济管理基本要求的范围之内。**在标准管理上**，国务院各有关部门负责强制性国家标准项目提出、组织起草、征求意见、技术审查、组织实施和监督；国务院标准化主管部门负责强制性国家标准的统一立项和编号，并按照世界贸易组织规则开展对外通报；强制性国家标准由国务院批准发布或授权批准发布。强化依据强制性国家标准开展监督检查和行政执法。免费向社会公开强制性国家标准文本。建立强制性国家标准实施情况统计分析报告制度。

法律法规对标准制定另有规定的，按现行法律法规执行。环境保护、工程建设、医药卫生强制性国家标准、强制性行业标准和强制性地方标准，按现有模式管理。安全生产、公安、税务标准暂按现有模式管理。核、航天等涉及国家安全和秘密的军工领域行业标准，由国务院国防科技工业主管部门负责管理。

（三）**优化完善推荐性标准。在标准体系上**，进一步优化推荐性国家标准、行业标准、地方标准体系结构，推动向政府职责范围内的公益类标准过渡，逐步缩减现有推荐性标准的数量和规模。**在标准范围上**，合理界定各层级、各领域推荐性标准的制定范围，推荐性国家标准重点制定基础通用、与强制性国家标准配套的标准；推荐性行业标准重点制定本行业领域的重要产品、工程技术、服务和行业管理标准；推荐性地方标准可制定满足地方自然条件、民族风俗习惯的特殊技术要求。**在标准管理上**，国务院标准化主管部门、国务院各有关部门和地方政府标准化主管部门分别负责统筹管理推荐性国家标准、行业标准和地方标准制修订工作。充分运用信息化手段，建立制修订全过程信息公开和共享平台，强化制修订流程中的信息共享、社会监督和自查自纠，有效避免推荐性国家标准、行业标准、地方标准在立项、制定过程中的交叉重复矛盾。简化制修订程序，提高审批效率，缩短制修订周期。推动免费向社会公开公益类推荐性标准文本。建立标准实施信息反馈和评估机制，及时开展标准复审和维护更新，有效解决标准缺失滞后老化问题。加强标准化技术委员会管理，提高广泛性、代表性，保证标准制定的科学性、公正性。

（四）**培育发展团体标准。在标准制定主体上**，鼓励具备相应能力的学会、协会、商会、联合会等社会组织和产业技术联盟协调相关市场主体共同制定满足市场和创新需要的标准，供市场自愿选用，增加标准的有效供给。**在标准管理上**，对团体标准不设行政许可，由社会组织和产业技术联盟自主制定发布，通过市场竞争优胜劣汰。国务院标准化主管部门会同国务院有关部门制定团体标准发展指导意见和标准化良好行为规范，对团体标准进行必要的规范、引导和监督。在工作推进上，选择市场化程度高、技术创新活跃、产品类标准较多的领域，先行开展团体标准试点工作。支持专利融入团体标准，推动技术进步。

（五）放开搞活企业标准。 企业根据需要自主制定、实施企业标准。鼓励企业制定高于国家标准、行业标准、地方标准，具有竞争力的企业标准。建立企业产品和服务标准自我声明公开和监督制度，逐步取消政府对企业产品标准的备案管理，落实企业标准化主体责任。鼓励标准化专业机构对企业公开的标准开展比对和评价，强化社会监督。

（六）提高标准国际化水平。 鼓励社会组织和产业技术联盟、企业积极参与国际标准化活动，争取承担更多国际标准组织技术机构和领导职务，增强话语权。加大国际标准跟踪、评估和转化力度，加强中国标准外文版翻译出版工作，推动与主要贸易国之间的标准互认，推进优势、特色领域标准国际化，创建中国标准品牌。结合海外工程承包、重大装备设备出口和对外援建，推广中国标准，以中国标准"走出去"带动我国产品、技术、装备、服务"走出去"。进一步放宽外资企业参与中国标准的制定。

四、组织实施

坚持整体推进与分步实施相结合，按照逐步调整、不断完善的方法，协同有序推进各项改革任务。标准化工作改革分三个阶段实施。

（一）第一阶段（2015—2016年），积极推进改革试点工作。

——加快推进《中华人民共和国标准化法》修订工作，提出法律修正案，确保改革于法有据。修订完善相关规章制度。（2016年6月底前完成）

——国务院标准化主管部门会同国务院各有关部门及地方政府标准化主管部门，对现行国家标准、行业标准、地方标准进行全面清理，集中开展滞后老化标准的复审和修订，解决标准缺失、矛盾交叉等问题。（2016年12月底前完成）

——优化标准立项和审批程序，缩短标准制定周期。改进推荐性行业和地方标准备案制度，加强标准制定和实施后评估。（2016年12月底前完成）

——按照强制性标准制定原则和范围，对不再适用的强制性标准予以废止，对不宜强制的转化为推荐性标准。（2015年12月底前完成）

——开展标准实施效果评价，建立强制性标准实施情况统计分析报告制度。强化监督检查和行政执法，严肃查处违法违规行为。（2016年12月底前完成）

——选择具备标准化能力的社会组织和产业技术联盟，在市场化程度高、技术创新活跃、产品类标准较多的领域开展团体标准试点工作，制定团体标准发展指导意见和标准化良好行为规范。（2015年12月底前完成）

——开展企业产品和服务标准自我声明公开和监督制度改革试点。企业自我声明公开标准的，视同完成备案。（2015年12月底前完成）

——建立国务院标准化协调推进机制，制定相关制度文件。建立标准制修订全过程信息公开和共享平台。（2015年12月底前完成）

——主导和参与制定国际标准数量达到年度国际标准制定总数的50%。（2016年完成）

（二）第二阶段（2017—2018年），稳妥推进向新型标准体系过渡。

——确有必要强制的现行强制性行业标准、地方标准，逐步整合上升为强制性国家标

准。（2017 年完成）

——进一步明晰推荐性标准制定范围，厘清各类标准间的关系，逐步向政府职责范围内的公益类标准过渡。（2018 年完成）

——培育若干具有一定知名度和影响力的团体标准制定机构，制定一批满足市场和创新需要的团体标准。建立团体标准的评价和监督机制。（2017 年完成）

——企业产品和服务标准自我声明公开和监督制度基本完善并全面实施。（2017 年完成）

——国际国内标准水平一致性程度显著提高，主要消费品领域与国际标准一致性程度达到 95％以上。（2018 年完成）

（三）第三阶段（2019－2020 年），基本建成结构合理、衔接配套、覆盖全面、适应经济社会发展需求的新型标准体系。

——理顺并建立协同、权威的强制性国家标准管理体制。（2020 年完成）

——政府主导制定的推荐性标准限定在公益类范围，形成协调配套、简化高效的推荐性标准管理体制。（2020 年完成）

——市场自主制定的团体标准、企业标准发展较为成熟，更好满足市场竞争、创新发展的需求。（2020 年完成）

——参与国际标准化治理能力进一步增强，承担国际标准组织技术机构和领导职务数量显著增多，与主要贸易伙伴国家标准互认数量大幅增加，我国标准国际影响力不断提升，迈入世界标准强国行列。（2020 年完成）

国务院办公厅关于印发国家标准化体系建设发展规划
（2016—2020 年）的通知

国办发〔2015〕89 号

各省、自治区、直辖市人民政府，国务院各部委、各直属机构：

《国家标准化体系建设发展规划（2016—2020 年)》已经国务院同意，现印发给你们，请认真贯彻执行。

国务院办公厅

2015 年 12 月 17 日

（此件公开发布）

国家标准化体系建设发展规划（2016—2020 年）

标准是经济活动和社会发展的技术支撑，是国家治理体系和治理能力现代化的基础性制度。改革开放特别是进入 21 世纪以来，我国标准化事业快速发展，标准体系初步形成，应用范围不断扩大，水平持续提升，国际影响力显著增强，全社会标准化意识普遍提高。但是，与经济社会发展需求相比，我国标准化工作还存在较大差距。为贯彻落实《中共中央关于制定国民经济和社会发展第十三个五年规划的建议》和《国务院关于印发深化标准化工作改革方案的通知》（国发〔2015〕13 号）精神，推动实施标准化战略，加快完善标准化体系，提升我国标准化水平，制定本规划。

一、总体要求

（一）指导思想。认真落实党的十八大和十八届二中、三中、四中、五中全会精神，按照"四个全面"战略布局和党中央、国务院决策部署，落实深化标准化工作改革要求，推动实施标准化战略，建立完善标准化体制机制，优化标准体系，强化标准实施与监督，夯实标准化技术基础，增强标准化服务能力，提升标准国际化水平，加快标准化在经济社会各领域的普及应用和深度融合，充分发挥"标准化＋准效应"，为我国经济社会创新发展、协调发展、绿色发展、开放发展、共享发展提供技术支撑。

（二）基本原则。

需求引领，系统布局。围绕经济、政治、文化、社会和生态文明建设重大部署，合理规划标准化体系布局，科学确定发展重点领域，满足产业结构调整、社会治理创新、生态环境保护、文化繁荣发展、保障改善民生和国际经贸合作的需要。

深化改革，创新驱动。全面落实标准化改革要求，完善标准化法制、体制和机制。强化以科技创新为动力，推进科技研发、标准研制和产业发展一体化，提升标准技术水平。以管理创新为抓手，加大标准实施、监督和服务力度，提高标准化效益。

协同推进，共同治理。坚持"放、管、治"相结合，发挥市场对标准化资源配置的决定性作用，激发市场主体活力；更好发挥政府作用，调动各地区、各部门积极性，加强顶层设计和统筹管理；强化社会监督作用，形成标准化共治新格局。

包容开放，协调一致。 坚持各类各层级标准协调发展，提高标准制定、实施与监督的系统性和协调性；加强标准与法律法规、政策措施的衔接配套，发挥标准对法律法规的技术支撑和必要补充作用。坚持与国际接轨，统筹引进来与走出去，提高我国标准与国际标准一致性程度。

（三）发展目标。 到 2020 年，基本建成支撑国家治理体系和治理能力现代化的具有中国特色的标准化体系。标准化战略全面实施，标准有效性、先进性和适用性显著增强。标准化体制机制更加健全，标准服务发展更加高效，基本形成市场规范有标可循、公共利益有标可保、创新驱动有标引领、转型升级有标支撑的新局面。"中国标准"国际影响力和贡献力大幅提升，我国迈入世界标准强国行列。

——**标准体系更加健全。** 政府主导制定的标准与市场自主制定的标准协同发展、协调配套，强制性标准守底线、推荐性标准保基本、企业标准强质量的作用充分发挥，在技术发展快、市场创新活跃的领域培育和发展一批具有国际影响力的团体标准。标准平均制定周期缩短至 24 个月以内，科技成果标准转化率持续提高。在农产品消费品安全、节能减排、智能制造和装备升级、新材料等重点领域制修订标准 9000 项，基本满足经济建设、社会治理、生态文明、文化发展以及政府管理的需求。

——**标准化效益充分显现。** 农业标准化生产覆盖区域稳步扩大，农业标准化生产普及率超过 30％。主要高耗能行业和终端用能产品实现节能标准全覆盖，主要工业产品的标准达到国际标准水平。服务业标准化试点示范项目新增 500 个以上，社会管理和公共服务标准化程度显著提高。新发布的强制性国家标准开展质量及效益评估的比例达到 50％以上。

——**标准国际化水平大幅提升。** 参与国际标准化活动能力进一步增强，承担国际标准化技术机构数量持续增长，参与和主导制定国际标准数量达到年度国际标准制修订总数的 50％，着力培养国际标准化专业人才，与"一带一路"沿线国家和主要贸易伙伴国家的标准互认工作扎实推进，主要消费品领域与国际标准一致性程度达到 95％以上。

——**标准化基础不断夯实。** 标准化技术组织布局更加合理，管理更加规范。按照深化中央财政科技计划管理改革的要求，推进国家技术标准创新基地建设。依托现有检验检测机构，设立国家级标准验证检验检测点 50 个以上，发展壮大一批专业水平高、市场竞争力强的标准化科研机构。标准化专业人才基本满足发展需要。充分利用现有网络平台，建成全国标准信息网络平台，实现标准化信息互联互通。培育发展标准化服务业，标准化服务能力进一步提升。

二、主要任务

（一）优化标准体系。

深化标准化工作改革。 把政府单一供给的现行标准体系，转变为由政府主导制定的标准和市场自主制定的标准共同构成的新型标准体系。整合精简强制性标准，范围严格限定在保障人身健康和生命财产安全、国家安全、生态环境安全以及满足社会经济管理基本要求的范围之内。优化完善推荐性标准，逐步缩减现有推荐性标准的数量和规模，合理界定各层级、各领域推荐性标准的制定范围。培育发展团体标准，鼓励具备相应能力的学会、协会、商会、联合会等社会组织和产业技术联盟协调相关市场主体共同制定满足市场和创新需要的标准，供市场自愿选用，增加标准的有效供给。建立企业产品和服务标准自我声明公开和监督制度，逐步取消政府对企业产品标准的备案管理，落实企业标准化主体责任。

完善标准制定程序。广泛听取各方意见，提高标准制定工作的公开性和透明度，保证标准技术指标的科学性和公正性。优化标准审批流程，落实标准复审要求，缩短标准制定周期，加快标准更新速度。完善标准化指导性技术文件和标准样品等管理制度。加强标准验证能力建设，培育一批标准验证检验检测机构，提高标准技术指标的先进性、准确性和可靠性。

落实创新驱动战略。加强标准与科技互动，将重要标准的研制列入国家科技计划支持范围，将标准作为相关科研项目的重要考核指标和专业技术资格评审的依据，应用科技报告制度促进科技成果向标准转化。加强专利与标准相结合，促进标准合理采用新技术。提高军民标准通用化水平，积极推动在国防和军队建设中采用民用标准，并将先进适用的军用标准转化为民用标准，制定军民通用标准。

发挥市场主体作用。鼓励企业和社会组织制定严于国家标准、行业标准的企业标准和团体标准，将拥有自主知识产权的关键技术纳入企业标准或团体标准，促进技术创新、标准研制和产业化协调发展。

（二）推动标准实施。

完善标准实施推进机制。发布重要标准，要同步出台标准实施方案和释义，组织好标准宣传推广工作。规范标准解释权限管理，健全标准解释机制。推进并规范标准化试点示范，提高试点示范项目的质量和效益。建立完善标准化统计制度，将能反映产业发展水平的企业标准化统计指标列入法定的企业年度统计报表。

强化政府在标准实施中的作用。各地区、各部门在制定政策措施时要积极引用标准，应用标准开展宏观调控、产业推进、行业管理、市场准入和质量监管。运用行业准入、生产许可、合格评定/认证认可、行政执法、监督抽查等手段，促进标准实施，并通过认证认可、检验检测结果的采信和应用，定性或定量评价标准实施效果。运用标准化手段规范自身管理，提高公共服务效能。

充分发挥企业在标准实施中的作用。企业要建立促进技术进步和适应市场竞争需要的企业标准化工作机制。根据技术进步和生产经营目标的需要，建立健全以技术标准为主体、包括管理标准和工作标准的企业标准体系，并适应用户、市场需求，保持企业所用标准的先进性和适用性。企业应严格执行标准，把标准作为生产经营、提供服务和控制质量的依据和手段，提高产品服务质量和生产经营效益，创建知名品牌。充分发挥其他各类市场主体在标准实施中的作用。行业组织、科研机构和学术团体以及相关标准化专业组织要积极利用自身有利条件，推动标准实施。

（三）强化标准监督。

建立标准分类监督机制。健全以行政管理和行政执法为主要形式的强制性标准监督机制，强化依据标准监管，保证强制性标准得到严格执行。建立完善标准符合性检测、监督抽查、认证等推荐性标准监督机制，强化推荐性标准制定主体的实施责任。建立以团体自律和政府必要规范为主要形式的团体标准监督机制，发挥市场对团体标准的优胜劣汰作用。建立企业产品和服务标准自我声明公开的监督机制，保障公开内容真实有效，符合强制性标准要求。

建立标准实施的监督和评估制度。国务院标准化行政主管部门会同行业主管部门组织开展重要标准实施情况监督检查，开展标准实施效果评价。各地区、各部门组织开展重要行业、地方标准实施情况监督检查和评估。完善标准实施信息反馈渠道，强化对反馈信息的分类处理。

加强标准实施的社会监督。进一步畅通标准化投诉举报渠道，充分发挥新闻媒体、社会组织和消费者对标准实施情况的监督作用。加强标准化社会教育，强化标准意识，调动社会公众积极性，共同监督标准实施。

（四）提升标准化服务能力。

建立完善标准化服务体系。拓展标准研发服务，开展标准技术内容和编制方法咨询，为企业制定标准提供国内外相关标准分析研究、关键技术指标试验验证等专业化服务，提高其标准的质量和水平。提供标准实施咨询服务，为企业实施标准提供定制化技术解决方案，指导企业正确、有效执行标准。完善全国专业标准化技术委员会与相关国际标准化技术委员会的对接机制，畅通企业参与国际标准化工作渠道，帮助企业实质性参与国际标准化活动，提升企业国际影响力和竞争力。帮助出口型企业了解贸易对象国技术标准体系，促进产品和服务出口。加强中小微企业标准化能力建设服务，协助企业建立标准化组织架构和制度体系、制定标准化发展策略、建设企业标准体系、培养标准化人才，更好促进中小微企业发展。

加快培育标准化服务机构。支持各级各类标准化科研机构、标准化技术委员会及归口单位、标准出版发行机构等加强标准化服务能力建设。鼓励社会资金参与标准化服务机构发展。引导有能力的社会组织参与标准化服务。

（五）加强国际标准化工作。

积极主动参与国际标准化工作。充分发挥我国担任国际标准化组织常任理事国、技术管理机构常任成员等作用，全面谋划和参与国际标准化战略、政策和规则的制定修改，提升我国对国际标准化活动的贡献度和影响力。鼓励、支持我国专家和机构担任国际标准化技术机构职务和承担秘书处工作。建立以企业为主体、相关方协同参与国际标准化活动的工作机制，培育、发展和推动我国优势、特色技术标准成为国际标准，服务我国企业和产业走出去。吸纳各方力量，加强标准外文版翻译出版工作。加大国际标准跟踪、评估力度，加快转化适合我国国情的国际标准。加强口岸贸易便利化标准研制。服务高标准自贸区建设，运用标准化手段推动贸易和投资自由化便利化。

深化标准化国际合作。积极发挥标准化对"一带一路"战略的服务支撑作用，促进沿线国家在政策沟通、设施联通、贸易畅通等方面的互联互通。深化与欧盟国家、美国、俄罗斯等在经贸、科技合作框架内的标准化合作机制。推进太平洋地区、东盟、东北亚等区域标准化合作，服务亚太经济一体化。探索建立金砖国家标准化合作新机制。加大与非洲、拉美等地区标准化合作力度。

（六）夯实标准化工作基础。

加强标准化人才培养。推进标准化学科建设，支持更多高校、研究机构开设标准化课程和开展学历教育，设立标准化专业学位，推动标准化普及教育。加大国际标准化高端人才队伍建设力度，加强标准化专业人才、管理人才培养和企业标准化人员培训，满足不同层次、不同领域的标准化人才需求。

加强标准化技术委员会管理。优化标准化技术委员会体系结构，加强跨领域、综合性联合工作组建设。增强标准化技术委员会委员构成的广泛性、代表性，广泛吸纳行业、地方和产业联盟代表，鼓励消费者参与，促进军、民标准化技术委员会之间相互吸纳对方委员。利用信息化手段规范标准化技术委员会运行，严格委员投票表决制度。建立完善标准化技术委员会考核评价和奖惩退出机制。

加强标准化科研机构建设。支持各类标准化科研机构开展标准化理论、方法、规划、政策研究，提升标准化科研水平。支持符合条件的标准化科研机构承担科技计划和标准化科研项目。加快标准化科研机构改革，激发科研人员创新活力，提升服务产业和企业能力，鼓励标准化科研人员与企业技术人员相互交流。加强标准化、计量、认证认可、检验检测协同发展，逐步夯实国家质量技术基础，支撑产业发展、行业管理和社会治理。加强各级标准馆建设。

加强标准化信息化建设。充分利用各类标准化信息资源，建立全国标准信息网络平台，实现跨部门、跨行业、跨区域标准化信息交换与资源共享，加强民用标准化信息平台与军用标准化信息平台之间的共享合作、互联互通，全面提升标准化信息服务能力。

三、重点领域

（一）加强经济建设标准化，支撑转型升级。

以统一市场规则、调整产业结构和促进科技成果转化为着力点，加快现代农业和新农村建设标准化体系建设，完善工业领域标准体系，加强生产性服务业标准制定及试点示范，推进服务业与工业、农业在更高水平上有机融合，强化标准实施，促进经济提质增效升级，推动中国经济向中高端水平迈进。

着重健全战略性新兴产业标准体系，加大关键技术标准研制力度，深入推进《战略性新兴产业标准化发展规划》实施，促进战略性新兴产业的整体创新能力和产业发展水平提升。

专栏1　农业农村标准化重点
农业 　　制定和实施高标准农田建设、现代种业发展、农业安全种植和健康养殖、农兽药残留限量及检测、农业投入品合理使用规范、产地环境评价等领域标准，以及动植物疫病预测诊治、农业转基因安全评价、农业资源合理利用、农业生态环境保护、农业废弃物综合利用等重要标准。继续完善粮食、棉花等重要农产品分级标准，以及纤维检验技术标准。推动现代农业基础设施标准化建设，继续健全和完善农产品质量安全标准体系，提高农业标准化生产普及程度。
林业 　　制修订林木种苗、新品种培育、森林病虫害和有害生物防治、林产品、野生动物驯养繁殖、生物质能源、森林功能与质量、森林可持续经营、林业机械、林业信息化等领域标准。研制森林用材林、经营模式规范、抚育效益评价等标准。制定林地质量评价、林地保护利用、经济林评价、速生丰产林评价、林产品质量安全、资源综合利用等重要标准，保障我国林业资源的可持续利用。
水利 　　制定和实施农田水利、水文、中小河流治理、灌区改造、农村水电、防汛抗旱减灾等标准，研制高效节水灌溉技术、江河湖库水系连通、地下水严重超采区综合治理、水源战略储备工程等配套标准，提高我国水旱灾害综合防御能力、水资源合理配置和高效利用能力、水资源保护和河湖健康保障能力。
粮食 　　制修订和实施粮油产品质量、粮油收购、粮油储运、粮油加工、粮油追溯、粮油检测、品种品质评判等领域标准，研制粮油质量安全控制、仪器化检验、现代仓储流通、节粮减损、粮油副产品综合利用、粮油加工机械等标准，健全我国粮食质量标准体系和检验监测体系。

农业社会化服务
开展农资供应、农业生产、农技推广、动植物疫病防控、农产品质量监管和质量追溯、农产品流通、农业信息化、农业金融、农业经营等领域的管理、运行、维护、服务及评价等标准的制修订,增强农业社会化服务能力。
美丽乡村建设
加强农村公共服务、农村社会管理、农村生态环境保护和农村人居环境改善等标准的制修订,提高农业农村可持续发展能力,促进城乡经济社会发展一体化新格局的形成。

专栏2 工业标准化重点
能源
研制页岩气工厂化作业、水平井钻井、水力压裂和环保方面标准。研制海上油气勘探开发与关键设备等关键技术标准。优化天然气产品标准,开展天然气能量计量、上游领域取样、分析测试、湿气计量的标准研究。研制煤炭清洁高效利用、石油高效与清洁转化、天然气与煤层气加工技术等标准。研究整体煤气化联合循环发电系统、冷热电联供分布式电流系统等技术标准。研制油气长输管道建设及站场关键设备、大型天然气液化处理储运及设备、超低硫成品油储运等标准。加强特高压及柔性直流输电、智能电网、微电网及分布式电源并网、电动汽车充电基础设施标准制修订,研制大规模间歇式电源并网和储能技术等标准。研制风能太阳能气候资源测量和评估等标准。研制先进压水堆核电技术、高温气冷堆技术、快堆技术标准,全面提升能源开发转化和利用效率。
机械
加强关键基础零部件标准研制,制定基础制造工艺、工装、装备及检测标准,从全产业链条综合推进数控机床及其应用标准化工作,重点开展机床工具、内燃机、农业机械等领域的标准体系优化,提高机械加工精度、使用寿命、稳定性和可靠性。
材料
完善钢铁、有色金属、石化、化工、建材、黄金、稀土等原材料工业标准,加快标准制修订工作,充分发挥标准的上下游协同作用,加快传统材料升级换代步伐。全面推进新材料标准体系建设,重点开展新型功能材料、先进结构材料和高性能复合材料等标准研制,积极开展前沿新材料领域标准预研,有效保障新材料推广应用,促进材料工业结构调整。
消费品
加强跨领域通用、重点领域专用和重要产品等三级消费品安全标准和配套检验方法标准的制定与实施。研制消费品标签标识、全产业链质量控制、质量监管、特殊人群适用型设计和个性化定制等领域标准。加强化妆品和口腔护理用品领域标准制定。
医疗器械
开展生物医学工程、新型医用材料、高性能医疗仪器设备、医用机器人、家用健康监护诊疗器械、先进生命支持设备以及中医特色诊疗设备等领域的标准化工作。
仪器仪表及自动化
开展智能传感器与仪器仪表、工业通信协议、数字工厂、制造系统互操作、嵌入式制造软件、全生命周期管理以及工业机器人、服务机器人和家用机器人的安全、测试和检测等领域标准化工作,提高我国仪器仪表及自动化技术水平。
电工电气
加强核电、风电、海洋能、太阳热能、光伏发电用装备和产品标准制修订,开展低压直流系统及设备、输变电设备、储能系统及设备、燃料电池发电系统、火电系统脱硫脱硝和除尘、电力电子系统和设备、高速列车电气系统、电气设备安全环保技术等标准化工作,提高我国电工电气产品的国际竞争力。
空间及海洋
推进空间科学与环境安全,遥感、超导、纳米等领域标准化工作,促进科技成果产业化。制定海域海岛综合管理、海洋生态环境保护、海洋观测预报与防灾减灾、海洋经济监测与评估、海洋安全保障与权益维护、生物资源保护与开发、海洋调查与科技研究、海洋资源开发等领域标准。研制极地考察、大洋矿产资源勘探与开发、深海探测、海水淡化与综合利用、海洋能开发、海洋卫星遥感及地面站建设等技术标准。
电子信息制造与软件
加强集成电路、传感器与智能控制、智能终端、北斗导航设备与系统、高端服务器、新型显示、太阳能光伏、锂离子电池、LED、应用电子产品、软件、信息技术服务等标准化工作,服务和引领产业发展。
信息通信网络与服务
开展新一代移动通信、下一代互联网、三网融合、信息安全、移动互联网、工业互联网、物联网、云计算、大数据、智慧城市、智慧家庭等标准化工作,推动创新成果产业化进程。

生物技术

加强生物样本、生物资源、分析方法、生物工艺、生物信息、生物计量与质量控制等基础通用标准的研制。开展基因工程技术、蛋白工程技术、细胞工程技术、酶工程技术、发酵工程技术和实验动物、生物芯片，以及生物农业、生物制造、生物医药、生物医学工程、生物服务等领域标准的研制，促进我国生物技术自主创新能力显著提升。

汽车船舶

制修订车船安全、节能、环保及新能源车船、关键系统部件等领域标准，加强高技术船舶、智能网联汽车及相关部件等关键技术标准研究，促进我国汽车及船舶技术提升和产业发展。

专栏 3　服务业标准化重点

交通运输

制定经营性机动车营运安全标准，研制交通基础设施和综合交通枢纽的建设、维护、管理标准。开展综合运输、节能环保、安全应急、管理服务、城市客运关键技术标准研究，重点加强旅客联程运输和货物多式联运领域基础设施、转运装卸设备和运输设备的标准研制，提高交通运输效率、降低交通运输能耗。

金融

开展银行业信用融资、信托、理财、网上银行等金融产品及监管标准的研制，开展证券业编码体系、接口协议、信息披露、信息安全、信息技术治理、业务规范以及保险业消费者保护、巨灾保险、健康医疗保险、农业保险、互联网保险等基础和服务标准制修订，增强我国金融业综合实力、国际竞争力和抗风险能力。

商贸和物流

加强批发零售、住宿餐饮、居民服务、重要商品交易、移动商务以及物流设施设备、物流信息和管理等相关标准的研制，强化售后服务重要标准制定，加快建立健全现代国内贸易体系。开展运输技术、配送技术、装卸搬运技术、自动化技术、库存控制技术、信息交换技术、物联网技术等现代物流技术标准的研制，提高物流效率。

旅游

开展网络在线旅游、度假休闲旅游、生态旅游、中医药健康旅游等新业态标准研制。制修订旅行社、旅游住宿、旅游目的地和旅游安全、红色旅游、文明旅游、景区环境保护和旅游公共服务标准，提高旅游业服务水平。

高技术等新兴服务领域

加强信息技术服务、研发设计、知识产权、检验检测、数字内容、科技成果转化、电子商务、生物技术、创业孵化、科技咨询、标准化服务等服务业标准化体系建设及重要标准研制，研制会展、会计、审计、税务、法律等商务服务标准，全面提高新兴服务领域标准化水平。

人力资源服务

加强人力资源服务业、人力资源服务机构评价、人力资源服务从业人员、人力资源产业园管理与服务、产业人才信息平台、培训等标准研制，提升人力资源服务质量。

（二）加强社会治理标准化，保障改善民生。

以改进社会治理方式、优化公共资源配置和提高民生保障水平为着力点，建立健全教育、就业、卫生、公共安全等领域标准体系，推进食品药品安全标准清理整合与实施监督（完善食品安全国家标准体系工作，在国家食品安全监管体系"十三五"规划中另行要求），深化安全生产标准化建设，加强防灾减灾救灾标准体系建设，加快社会信用标准体系建设，提高社会管理科学化水平，促进社会更加公平、安全、有序发展。

专栏 4　社会领域标准化重点

公共教育

完善学校建设标准、学科专业和课程体系标准、教师队伍建设标准、学校运行和管理标准、教育质量标准、教育装备标准、教育信息化标准，制定学前教育、职业教育、特殊教育等重点领域标准，开展国家通用语言文字、少数民族语言文字、特殊语言文字、涉外语言文字、语言文字信息化标准制修订，加快城乡义务教育公办学校标准化建设，基本建成具有国际视野、适合中国国情、涵盖各级各类教育的国家教育标准体系。

劳动就业和社会保险

建立健全劳动就业公共服务国家标准体系,加快就业服务和管理、劳动关系等劳动就业公共服务的标准研制与推广实施,研制职业技能培训、劳动关系协调、劳动人事争议调解仲裁和劳动保障监察标准,加强就业信息公共服务网络建设标准研制,制修订人力资源社会保障系统信用体系建设、机关事业单位养老保险经办、待遇审核、服务规范、社会保险风险防控、医保经办、工伤康复经办等领域的标准,提高社会保障服务和管理的规范化、信息化、专业化水平。

基本医疗卫生

制修订卫生、中医药相关标准,包括卫生信息、医疗机构管理、医疗服务、中医特色优势诊疗服务和"治未病"预防保健服务、临床检验、血液、医院感染控制、护理、传染病、寄生虫病、地方病、病媒生物控制、职业卫生、环境卫生、放射卫生、营养、学校卫生、消毒、卫生应急管理、卫生检疫等领域的标准。制定重要相关产品标准,包括中药材种子种苗标准、中药材和中药饮片分级标准、道地药材认证标准,提高基本医疗卫生服务的公平性、可及性和质量水平。

食品及相关产品

开展食品基础通用标准以及重要食品产品和相关产品、食品添加剂、生产过程管理与控制、食品品质检测方法、食品检验检疫、食品追溯技术、地理标志产品等领域标准制定,支撑食品产业持续健康发展。

公共安全

建立健全公共安全基础国家标准体系,开展全国视频联网与应用和人体生物特征识别应用、警用爆炸物防护装备设计与安全评估、公共场所防爆炸技术等领域的标准研究,研究编制信息安全、社会消防安全管理、社会消防技术服务、消防应急救援、消防应急通信、刑事科学技术系列标准,研制危险化学品管理、化学品安全生产、废弃化学品管理和资源化利用、安全生产监管监察、职业健康与防护、事故应急救援、工矿商贸安全技术以及核应急、安防和电气防火等标准,完善优化特种设备质量安全标准,提高我国公共安全管理水平。

基本社会服务

制定和实施妇女儿童保护、优抚安置、社会救助、基层民主、社区建设、地名、社会福利、慈善与志愿服务、康复辅具、老龄服务、婚姻、收养、殡葬、社会工作等领域标准,提高基本社会服务标准化水平,保障基本社会服务的规模和质量。

地震和气象

研制地震预警技术系统建设与管理、地震灾情快速评估与发布、地震基础探测与抗震防灾应用等服务领域标准,制修订气象仪器与观测方法、气象数据格式与接口、天气预报、农业气象等基础标准,重点研制气象灾害监测预警评估、气候影响评估、大气成分监测预警服务、人工影响天气作业等技术标准和服务标准,针对气象服务市场发展需求,加强市场准入、行为规范、共享共用等配套标准的研究与制定,提升我国防震减灾和气象预测的准确性、及时性与有效性。

测绘地理信息

重点研制地理国情普查与监测、测绘基准建设及应用、地理信息资源建设与应用、应急测绘与地图服务、地下空间测绘与管理、地理信息共享与交换、导航与位置服务、地理信息公共服务等标准,加速提升测绘地理信息保障服务能力。

社会信用体系

加快社会信用标准体系建设,制定和实施实名制、信用信息采集和信用分类管理标准,完善信贷、纳税、合同履约、产品质量等重点领域信用标准建设,规范信用评价、信息共享和应用,服务政务诚信、商务诚信、社会诚信和司法公信建设。

物品编码

完善和拓展国家物品编码体系及应用,加快物品信息资源体系建设,制定基于统一产品编码的电子商务交易产品质量信息发布系列标准,加强商品条码在电子商务产品监管中的应用研究,加强条码信息在质量监督抽样中的应用,加快物联网标识研究、二维条码标准研究,加强物品编码技术在产品质量追溯中的应用研究,加大商品条码数据库建设力度,支撑产品质量信用信息平台建设。

统一社会信用代码

研制跨部门跨领域统一社会信用代码应用的通用安全标准,加快统一社会信用代码地理信息采集、服务接口、数据安全、数据元、赋码规范、数据管理、交换接口等关键标准的制定和实施,初步实现相关部门法人单位信息资源的实时共享,推动统一社会信用代码在电子政务和电子商务领域应用。

城镇化和城市基础设施

重点开展城市和小城镇给排水、污水处理、节水、燃气、城镇供热、市容和环境卫生、风景园林、邮政、城市导向系统、城镇市政信息技术应用及服务等领域的标准制修订,提升城市管理标准化、信息化、精细化水平。提高建筑节能标准,推广绿色建筑和建材。

（三）加强生态文明标准化，服务绿色发展。

以资源节约、节能减排、循环利用、环境治理和生态保护为着力点，推进森林、海洋、土地、能源、矿产资源保护标准化体系建设，加强重要生态和环境标准研制与实施，提高节能、节水、节地、节材、节矿标准，加快能效能耗、碳排放、节能环保产业、循环经济以及大气、水、土壤污染防治标准研制，推进生态保护与建设，提高绿色循环低碳发展水平。

专栏 5　生态保护与节能减排领域标准化重点
自然生态系统保护 　加强森林、湿地、荒漠、海洋等自然生态系统与生物多样性保护、修复、检测、评价以及生态系统服务、外来生物入侵预警、生态风险评估、生态环境影响评价、野生动植物及濒危物种保护、水土保持、自然保护区、环境承载力等领域的标准制定与实施,实现生态资源的可持续开发与利用。
土地资源保护 　制修订土地资源规划、调查、监测和评价,耕地保护、土地整治、高标准基本农田建设、永久基本农田红线划定,土地资源节约集约利用等领域的关键技术标准,制定不动产统一登记、不动产权籍调查以及不动产登记信息管理基础平台等领域的关键技术标准,制修订土地资源信息化领域标准,提高国土资源保障能力和保护水平。
水资源保护 　制修订水资源规划、评价、监测以及水源地保护、取用水管理等标准,研制水资源开发利用控制、用水效率控制、水功能区限制纳污"三条红线"配套标准和重点行业节水标准、水资源承载能力监测预警标准,开展实施最严格水资源管理制度相关标准研究。
地质和矿产资源保护 　制修订地质调查、地质矿产勘查、矿产资源储量、矿产资源开发与综合利用、地质矿产实验测试、矿产资源信息化等领域的关键技术标准以及石油、天然气、页岩气、煤层气等勘查与开采关键技术标准,研制水文地质、工程地质、地质环境和地质灾害等领域标准,制修订珠宝玉石领域基础性、通用性技术标准,提高地质、矿产资源开发利用效率和水平。
环境保护 　制修订环境质量、污染物排放、环境监测方法、放射性污染防治标准,开展海洋环境保护和城市垃圾处理技术标准的研究,开展防腐蚀领域标准制定。研制工业品生态设计标准体系,制修订电子电气产品、汽车等相关有毒有害物质管控标准,制修订再制造、大宗固体废物综合利用、园区循环化改造、资源再生利用、废旧产品回收、餐厨废弃物资源化等标准,为建设资源节约型和环境友好型社会提供技术保障。
节能低碳 　制修订能效、能耗限额等强制性节能标准以及在线监测、能效检测、能源审计、能源管理体系、合同能源管理、经济运行、节能量评估、节能技术评估、能源绩效评价等节能基础与管理标准,制修订高效能环保产品、环保设施运行效果评价相关标准,制修订碳排放核算与报告审核、碳减排量评估与审核、产品碳足迹、低碳园区、企业及产品评价、碳资产管理、碳汇交易、碳金融服务相关标准。

（四）加强文化建设标准化，促进文化繁荣。

以优化公共文化服务、推动文化产业发展和规范文化市场秩序为着力点，建立健全文化行业分类指标体系，加快文化产业技术标准、文化市场产品标准与服务规范建设，完善公共文化服务标准体系，建立和实施国家基本公共文化服务指导标准，制定文化安全管理和技术标准，促进基本公共文化服务标准化、均等化，保障文化环境健康有序发展，建设社会主义文化强国。

专栏 6　文化领域标准化重点
文化艺术 　重点开展公共文化服务、文化市场产品与服务术语、分类、文化内容管理、服务数量和质量要求、运行指标体系、评价体系,以及公共图书馆、文化馆(站)、博物馆、美术馆、艺术场馆和临时搭建舞台看台公共服务技术、质量、服务设施、服务信息、术语与语言资源等领域重要标准制修订与实施工作,推动文化创新,繁荣文化事业,发展文化产业。

| **新闻出版** |
| 加强新闻出版领域相关内容资源标识与管理标准制修订,加快研制版权保护与版权运营相关标准,推进数字出版技术与管理、新闻出版产品流通、信息标准的研制与应用,完善绿色印刷标准体系,开展全民阅读等新闻出版公共服务领域相关标准研制,丰富新闻出版服务供给,满足多样化需求。 |
| **广播电影电视** |
| 开展新一代网络制播、超高清电视、高效视音频编码、广播电视媒体融合、下一代广播电视网、三网融合、数字音频广播、新一代地面数字电视、卫星广播电视、应急广播、数字电影与数字影院等标准的研制,提高影视服务质量。 |
| **文物保护** |
| 开展文化遗产保护与利用标准研究,制定与实施文物保护专用设施以及可移动文物、不可移动文物、文物调查与考古发掘等文物保护标准,重点制定文物保存环境质量检测、文物分类、文物病害评估等标准,加强文物风险管理标准的制定,提高文物保护水平。开展中国文化传承标准研究。 |
| **体育** |
| 加强公共体育服务、体育竞赛、全民健身、体育场馆设施以及国民体质监测等标准的研制与应用,重点推动体育产业标准化工作的开展,加快体育项目经营活动、竞赛表演业、健身娱乐业、中介活动、体育用品、信息产业等标准的制修订工作,促进体育事业又好又快发展。 |

(五)加强政府管理标准化,提高行政效能。

以推进各级政府事权规范化、提升公共服务质量和加快政府职能转变为着力点,固化和推广政府管理成熟经验,加强权力运行监督、公共服务供给、执法监管、政府绩效管理、电子政务等领域标准制定与实施,构建政府管理标准化体系,树立依法依标管理和服务意识,建设人民满意政府。

专栏7 政府管理领域标准化重点
权力运行监督
探索建立权力运行监督标准化体系,推进各级政府事权规范化。研究制定行政审批事项分类编码、行政审批取消和下放效果评估、权力行使流程等标准,实现依法行政、规范履职、廉洁透明、高效服务的政府建设目标。
基本公共服务
完善基本公共服务分类与供给、质量控制与绩效评估标准,研制政府购买公共服务、社区服务标准,制定实施综合行政服务平台建设、检验检测共用平台建设、基本公共服务设施分级分类管理、服务规范等标准,培育基本公共服务标准化示范项目,提高基本公共服务保障能力。
执法监管
强化节能节地节水、安全等市场准入标准和公共卫生、生态环境保护、消费者安全等领域强制性标准的实施监督,开展基层执法设备设施、行为规范、抽样技术等标准研制,提高执法效率和规范化水平,促进市场公平竞争。
政府绩效管理
加强政府工作标准的制定实施,制定实施政府服务质量控制、绩效评估、满意度测评方法和指标体系标准,促进政府行政效能与工作绩效的提升。
电子政务服务
推进电子公文管理、档案信息化与电子档案管理、电子监察、电子审计等标准体系建设,加强互联网政务信息数据服务、便民服务平台、行业数据接口、电子政务系统可用性、政务信息资源共享等政务信息标准化工作,制定基于大数据、云计算等信息技术应用的舆情分析和风险研判标准,促进电子政务标准化水平提升。
信息安全保密
进一步完善国家保密标准体系,加强涉密信息系统分级保护、保密检查监管、安全保密产品等标准化工作,开展虚拟化、移动互联网、物联网等信息技术应用的安全保密标准研究,增强信息安全保密技术能力。

四、重大工程

(一)农产品安全标准化工程。 结合国家农业发展规划和重点领域实际,以保障粮食等重要农产品安全为目标,全面提升农业生产现代化、规模化、标准化水平,保障国家粮食安全、维护社会稳定。

围绕安全种植、健康养殖、绿色流通、合理加工，构建科学、先进、适用的农产品安全标准体系和标准实施推广体系。重点加强现代农业基础设施建设，种质资源保护与利用，"米袋子"、"菜篮子"产品安全种植、畜禽、水产健康养殖，中药材种植，新型农业投入品安全控制，粮食流通，鲜活农产品及中药材流通溯源，粮油产品品质提升和节约减损，动植物疫病预防控制等领域标准制定，制修订相关标准 3000 项以上，进一步完善覆盖农业产前、产中、产后全过程，从农田到餐桌全链条的农产品安全保障标准体系，有效保障农产品安全。围绕农业综合标准化示范、良好农业操作规范试点、公益性农产品批发市场建设、跨区域农产品流通基础设施提升等，大力开展以建立现代农业生产体系为目标的标准化示范推广工作，建设涵盖农产品生产、加工、流通各环节的各类标准化示范项目 1000 个以上，组织农业标准化技术机构、行业协会、科研机构、产业联盟，构建农业标准化区域服务与推广平台 50 个，建立现代农业标准化示范和推广体系。

（二）消费品安全标准化工程。以保障消费品安全为目标，建立完善消费品安全标准体系，促进我国消费品安全和质量水平不断提高。

开展消费品安全标准"筑篱"专项行动，围绕化学安全、机械物理安全、生物安全和使用安全，建立跨领域通用安全标准、重点领域专用安全标准和重要产品安全标准相互配套、相互衔接的消费品安全标准体系。在家用电器、纺织服装、家具、玩具、鞋类、电器附件、纸制品、体育用品、化妆品、涂料、建筑卫生陶瓷等 30 个重点领域，开展 1000 项国内外标准比对评估。加快制定消费品设计、关键材料、重要零部件、生产制造等产业技术基础标准，加强消费品售后服务、标签标识、质量信息揭示、废旧消费品再利用等领域标准研制，制定相关标准 1000 项以上。建设消费品标准信息服务平台，完善产业发展、产品质量监督、进出口商品检验、消费维权等多环节信息与标准化工作的衔接互动机制，加强对消费品标准化工作的信息共享和风险预警。在重点消费品领域，扶持建立一批团体标准制定组织，整合产业链上下游产学研资源，合力研究制定促进产业发展的设计、材料、工艺、检测等关键共性标准。结合现有各级检验检测实验力量，建设一批标准验证检验检测机构，探索建立重要消费品关键技术指标验证制度。

（三）节能减排标准化工程。落实节能减排低碳发展有关规划及《国家应对气候变化规划（2014—2020 年)》，以有效降低污染水平为目标，开展治污减霾、碧水蓝天标准化行动，实现主要高耗能行业、主要终端用能产品的能耗限额和能效标准全覆盖。

滚动实施百项能效标准推进工程，加快能效与能耗标准制修订速度，加强与能效领跑者制度的有效衔接，适时将领跑者指标纳入能效、能耗强制性标准体系中。重点研究制定能源在线监测、能源绩效评价、合同能源管理、节能量及节能技术评估、能源管理与审计、节能监察等节能基础与管理标准，为能源在线监测、固定资产投资项目节能评估和审查等重要节能管理制度提供技术支撑。针对钢铁、水泥、电解铝等产能过剩行业，实施化解产能过剩标准支撑工程，重点制定节能、节水、环保、生产设备节能、高效节能型产品、节能技术、再制造等方面标准，加速淘汰落后产能，引导产业结构转型升级。研究制定环境质量、污染物排放、环境监测与检测服务、再利用及再生利用产品、循环经济评价、碳排放评估与管理等领域的标准。制修订相关标准 500 项以上，有效支撑绿色发展、循环发展和低碳发展。围绕国家生态文明建设的总体要求，开展 100 家循环经济标准化试点示范。加强标准与节能减排政策的有效衔接，针对 10 个行业研究构建节能减排成套标准工具包，推动系列标准在行业的整体实施。完善节能减排标准有效实施的政策机制。

（四）基本公共服务标准化工程。 围绕国家基本公共服务体系规划，聚焦城乡一体化发展中的基层组织和特殊人群保护等重点领域，加快推进基本公共服务标准化工作，促进基本公共服务均等化。

围绕基本公共服务的资源配置、运行管理、绩效评价，农村、社区等基层基本公共服务，老年人、残疾人等特殊人群的基本公共服务，研制 300 项以上标准，健全公共教育、劳动就业、社会保险、医疗卫生、公共文化等基本公共服务重点领域标准体系。鼓励各地区、各部门紧贴政府职能转变，开展基本公共服务标准宣传贯彻和培训，利用网络、报刊等公开基本公共服务标准，协同推动基本公共服务标准实施。开展 100 项以上基本公共服务领域的标准化试点示范项目建设，总结推广成功经验。加强政府自我监督，探索创新社会公众监督、媒体监督等方式，强化基本公共服务标准实施的监督，畅通投诉、举报渠道。加强基本公共服务供给模式、标准实施评价、政府购买公共服务等基础标准研究，不断完善基本公共服务标准化理论方法体系。

（五）新一代信息技术标准化工程。 编制新一代信息技术标准体系规划，建立面向未来、服务产业、重点突出、统筹兼顾的标准体系，支撑信息产业创新发展，推动各行业信息化水平全面提升，保障网络安全和信息安全自主可控。

围绕集成电路、高性能电子元器件、半导体照明、新型显示、新型便携式电源、智能终端、卫星导航、操作系统、人机交互、分布式存储、物联网、云计算、大数据、智慧城市、数字家庭、电子商务、电子政务、新一代移动通信、超宽带通信、个人信息保护、网络安全审查等领域，研究制定关键技术和共性基础标准，制定相关标准 1000 项以上，推动 50 项以上优势标准转化为国际标准，提升国际竞争力。搭建国产软硬件互操作、数据共享与服务、软件产品与系统检测、信息技术服务、云服务安全、办公系统安全、国家信息安全标准化公共服务平台。建立国家网络安全审查技术标准体系并试点应用。发布实施信息技术服务标准化工作行动计划，创建 20 个信息技术服务标准化示范城市（区）。开展标准化创新服务机制研究，推动"科技、专利、标准"同步研发的新模式，助力企业实现创新发展。

（六）智能制造和装备升级标准化工程。 围绕"中国制造 2025"，立足国民经济发展和国防安全需求，制定智能制造和装备升级标准的规划，研制关键技术标准，显著提升智能制造和装备制造技术水平和国际竞争力，保障产业健康、有序发展。

建立智能制造标准体系，研究制定智能制造关键术语和词汇表、企业间联网和集成、智能制造装备、智能化生产线和数字化车间、智慧工厂、智能传感器、高端仪表、智能机器人、工业通信、工业物联网、工业云和大数据、工业安全、智能制造服务架构等 200 项以上标准。搭建标准化验证测试公共服务平台，重点针对流程制造、离散制造、智能装备和产品、智能制造新业态新模式、智能化管理和智能服务 5 个领域开展标准化试点示范。组织编制制造业标准化提升计划，制修订 2000 项以上技术标准。聚焦清洁发电设备、核电装备、石油石化装备、节能环保装备、航空装备、航天装备、海洋工程装备、海洋深潜和极地考察装备、高技术船舶、轨道交通装备、工程机械、数控机床、安全生产及应急救援装备等重大产业领域，开展装备技术标准研究。重点制定关键零部件所需的钢铁、有色、有机、复合等基础材料标准，铸造、锻压、热处理、增材制造等绿色工艺及基础制造装备标准，提高国产轴承、齿轮、液气密等关键零部件性能、可靠性和寿命标准指标。加快重大成套装备技术标准研制，在高铁、发动机、大飞机、发电和输变电、冶金及石油石化成套设备等领域，建立一批标准综合体。结合新型工业化产业示范，发挥地方积极性，加大推动装备制造产业标准化试点力度。通过产业链之间协作，开展优势装备"主制造商＋典型用户＋供应商"模式的标准化试点。组织编制《中国装备走出去标准名录》，服务促进一批重大技术装备制造企业走出去。

（七）新型城镇化标准化工程。 依据《国家新型城镇化规划（2014—2020 年）》，建立层次分明、科学合理、适用有效的标准体系，基本覆盖新型城镇建设各环节，满足城乡规划、建设与管理的需要。

围绕推进农业转移人口市民化、优化城镇化布局和形态、提高城市可持续发展能力、推动城乡发展一体化等改革重点领域，研究编制具有中国特色的新型城镇化标准体系，组织制定相关标准 700 项以上。加快制定用于指导和评价新型城镇化进程的量化指标、测算依据、数据采集、监测与评价方法等基础通用标准。加强新型城镇化规划建设、资源配置、管理评价以及与统筹城乡一体化发展相配套的标准制定。选择 10 个省、市开展新型城镇化标准化试点，推动标准在新型城镇化发展过程中的应用和实施，提升新型城镇化发展过程中的标准化水平。建设一批新型城镇化标准化示范城市，总结经验，形成可复制、可推广的发展模式，支撑和促进新型城镇化规范、有序发展。

（八）现代物流标准化工程。 落实《物流业发展中长期规划（2014—2020 年）》，系统推进物流标准研制、实施、监督、国际化等各项任务，满足物流业转型升级发展的需要。

完善物流标准体系，加大物流安全、物流诚信、绿色物流、物流信息、先进设施设备和甩挂运输、城市共同配送、多式联运等物流业发展急需的重要标准研制力度，制定 100 项基础类、通用类及专业类物流标准。加强重要物流标准宣传贯彻和培训，促进物流标准实施。实施商贸物流标准化专项行动计划，推广标准托盘及循环共用。选择大型物流企业、配送中心、售后服务平台、物流园区、物流信息平台等，开展 100 个物流标准化试点。针对危险货物仓储运输、物流装备安全要求等强制性标准，推进物流设备和服务认证，推动行业协会、媒体和社会公众共同监督物流标准实施，加大政府监管力度。积极采用适合我国物流业发展的国际先进标准，在电子商务物流、快递物流等优势领域争取国际标准突破，支撑物流业国际化发展。

（九）中国标准走出去工程。 按照"促进贸易、统筹协作、市场导向、突出重点"的要求，大力推动中国标准走出去，支撑我国产品和服务走出去，服务国家构建开放型经济新体制的战略目标。

围绕节能环保、新一代信息技术、高端装备制造、新能源、新材料、新能源汽车、船舶、农产品、玩具、纺织品、社会管理和公共服务等优势、特色领域以及战略性新兴产业领域，平均每年主导和参与制定国际标准 500 项以上。围绕实施"一带一路"战略，按照《标准联通"一带一路"行动计划（2015—2017）》的要求，以东盟、中亚、海湾、蒙俄等区域和国家为重点，深化标准化互利合作，推进标准互认；在基础设施、新兴和传统产业领域，推动共同制定国际标准；组织翻译 1000 项急需的国家标准、行业标准英文版，开展沿线国家大宗进出口商品标准比对分析；在水稻、甘蔗和果蔬等特色农产品领域，开展东盟农业标准化示范区建设；在电力电子设备、家用电器、数字电视广播、半导体照明等领域，开展标准化互联互通项目；加强沿线国家和区域标准化研究，推动建立沿线重点国家和区域标准化研究中心。

（十）**标准化基础能力提升工程。**以整体提升标准化发展的基础能力为目标，推进标准化核心工作能力、人才培养模式和技术支撑体系建设，发挥好标准在国家质量技术基础建设及产业发展、行业管理和社会治理中的支撑作用。

围绕标准化技术委员会建设和标准制修订全过程管理，推进标准化核心工作能力建设。整合优化技术委员会组织体系，引入项目委员会、联合工作组等多种技术组织形式；建立技术委员会协调、申诉和退出等机制，加强技术委员会工作考核评价。推动标准从立项到复审的信息化管理，将标准制定周期缩短至 24 个月以内；加强标准审查评估工作，围绕标准立项、研制、实施开展全过程评估；依托现有检验检测机构，设立国家级标准验证检验检测点 50 个以上，加强对标准技术指标的实验验证；加快强制性标准整合修订和推荐性标准体系优化，集中开展滞后老化标准复审工作。

围绕标准化知识的教育、培训和宣传，完善标准化人才培养模式。开展标准化专业学历学位教育，推动标准化学科建设；开展面向专业技术人员的标准化专业知识培训；开展面向企业管理层和员工的标准化技能培训；开展面向政府公务人员和社会公众的标准化知识宣传普及。实施我国国际标准化人才培育计划，着力培养懂技术、懂规则的国际标准化专业人才；依托国际交流和对外援助，开展面向发展中国家的标准化人才培训与交流项目。

围绕标准化科研机构、标准创新基地和标准化信息化建设，加强标准化技术支撑体系建设。加强标准化科研机构能力建设，系统开展标准化理论、方法和技术研究，夯实标准化发展基础。加强标准研制与科技创新的融合，针对京津冀、长三角、珠三角等区域以及现代农业、新兴产业、高技术服务业等领域发展需求，按照深化中央财政科技计划管理改革的要求，推进国家技术标准创新基地建设。进一步加强标准化信息化建设，利用大数据技术凝练标准化需求，开展标准实施效果评价，建成支撑标准化管理和全面提供标准化信息服务的全国标准信息网络平台。

五、保障措施

（一）**加快标准化法治建设。**加快推进《中华人民共和国标准化法》及相关配套法律法规、规章的制修订工作，夯实标准化法治基础。加大法律法规、规章、政策引用标准的力度，在法律法规中进一步明确标准制定和实施中有关各方的权利、义务和责任。鼓励地方立法推进标准化战略实施，制定符合本行政区域标准化事业发展实际的地方性配套法规、规章。完善支持标准化发展的政策保障体系。充分发挥标准对法律法规的技术支撑和补充作用。

（二）**完善标准化协调推进机制。**进一步健全统一管理、分工负责、协同推进的标准化管理体制。加强标准化工作的部门联动，完善农业、服务业、社会管理和公共服务等领域标准化联席会议制度，充分发挥国务院各有关部门在标准制定、实施及监督中的作用。地方各级政府要加强对标准化工作的领导，建立完善地方政府标准化协调推进机制，加强督查、强化考核，加大重要标准推广应用的协调力度。在长江经济带、京津冀等有条件的地区建立区域性标准化协作机制，协商解决跨区域跨领域的重大标准化问题。加强标准化省部合作。建立健全军民融合标准化工作机制，促进民用标准化与军用标准化之间的相互协调与合作。

（三）**建立标准化多元投入机制。**各级财政应根据工作实际需要统筹安排标准化工作经费。制定强制性标准和公益类推荐性标准以及参与国际标准化活动的经费，由同级财政予以安排。探索建立市场化、多元化经费投入机制，鼓励、引导社会各界加大投入，促进标准创新和标准化服务业发展。

（四）**加大标准化宣传工作力度。**各地区、各部门要通过多种渠道，大力宣传标准化方针政策、法律法规以及标准化先进典型和突出成就，扩大标准化社会影响力。加强重要舆情研判和突发事件处置。广泛开展世界标准日、质量月、消费者权益保护日等群众性标准化宣传活动，深入企业、机关、学校、社区、乡村普及标准化知识，宣传标准化理念，营造标准化工作良好氛围。

（五）**加强规划组织实施。**国务院标准化行政主管部门牵头组织，各地区、各部门分工负责，组织和动员社会各界力量推进规划实施。做好相关专项规划与本规划的衔接，抓好发展目标、主要任务和重大工程的责任分解和落实，将规划实施情况纳入地方政府和相关部门的绩效考核。健全标准化统一管理和协调推进机制，完善各项配套政策措施，确保规划落到实处。适时开展规划实施的效果评估和监督检查，跟踪分析规划的实施进展。根据外部因素和内部条件变化，对规划进行中期评估和调整、优化，提高规划科学性和有效性。

各地区、各部门可依据本规划，制定本地区、本部门标准化体系建设发展规划。

关于深化工程建设标准化工作改革的意见

我国工程建设标准（以下简称标准）经过 60 余年发展，国家、行业和地方标准已达 7000 余项，形成了覆盖经济社会各领域、工程建设各环节的标准体系，在保障工程质量安全、促进产业转型升级、强化生态环境保护、推动经济提质增效、提升国际竞争力等方面发挥了重要作用。但与技术更新变化和经济社会发展需求相比，仍存在着标准供给不足、缺失滞后，部分标准老化陈旧、水平不高等问题，需要加大标准供给侧改革，完善标准体制机制，建立新型标准体系。

一、总体要求

（一）指导思想。

贯彻落实党的十八大和十八届二中、三中、四中、五中全会精神，按照《国务院关于印发深化标准化工作改革方案的通知》（国发〔2015〕13 号）等有关要求，借鉴国际成熟经验，立足国内实际情况，在更好发挥政府作用的同时，充分发挥市场在资源配置中的决定性作用，提高标准在推进国家治理体系和治理能力现代化中的战略性、基础性作用，促进经济社会更高质量、更有效率、更加公平、更可持续发展。

（二）基本原则。

坚持放管结合。转变政府职能，强化强制性标准，优化推荐性标准，为经济社会发展"兜底线、保基本"。培育发展团体标准，搞活企业标准，增加标准供给，引导创新发展。

坚持统筹协调。完善标准体系框架，做好各领域、各建设环节标准编制，满足各方需求。加强强制性标准、推荐性标准、团体标准，以及各层级标准间的衔接配套和协调管理。

坚持国际视野。完善标准内容和技术措施，提高标准水平。积极参与国际标准化工作，推广中国标准，服务我国企业参与国际竞争，促进我国产品、装备、技术和服务输出。

（三）总体目标。

标准体制适应经济社会发展需要，标准管理制度完善、运行高效，标准体系协调统一、支撑有力。按照政府制定强制性标准、社会团体制定自愿采用性标准的长远目标，到 2020 年，适应标准改革发展的管理制度基本建立，重要的强制性标准发布实施，政府推荐性标准得到有效精简，团体标准具有一定规模。到 2025 年，以强制性标准为核心、推荐性标准和团体标准相配套的标准体系初步建立，标准有效性、先进性、适用性进一步增强，标准国际影响力和贡献力进一步提升。

二、任务要求

（一）改革强制性标准。

加快制定全文强制性标准，逐步用全文强制性标准取代现行标准中分散的强制性条文。新制定标准原则上不再设置强制性条文。

强制性标准具有强制约束力，是保障人民生命财产安全、人身健康、工程安全、生态环境安全、公众权益和公共利益，以及促进能源资源节约利用、满足社会经济管理等方面的控制性底线要求。强制性标准项目名称统称为技术规范。

技术规范分为工程项目类和通用技术类。工程项目类规范，是以工程项目为对象，以总量规模、规划布局，以及项目功能、性能和关键技术措施为主要内容的强制性标准。通用技术类规范，是以技术专业为对象，以规划、勘察、测量、设计、施工等通用技术要求为主要内容的强制性标准。

（二）构建强制性标准体系。

强制性标准体系框架，应覆盖各类工程项目和建设环节，实行动态更新维护。体系框架由框架图、项目表和项目说明组成。框架图应细化到具体标准项目，项目表应明确标准的状态和编号，项目说明应包括适用范围、主要内容等。

国家标准体系框架中未有的项目，行业、地方根据特点和需求，可以编制补充性标准体系框架，并制定相应的行业和地方标准。国家标准体系框架中尚未编制国家标准的项目，可先行编制行业或地方标准。国家标准没有规定的内容，行业标准可制定补充条款。国家标准、行业标准或补充条款均没有规定的内容，地方标准可制定补充条款。

制定强制性标准和补充条款时，通过严格论证，可以引用推荐性标准和团体标准中的相关规定，被引用内容作为强制性标准的组成部分，具有强制效力。鼓励地方采用国家和行业更高水平的推荐性标准，在本地区强制执行。

强制性标准的内容，应符合法律和行政法规的规定但不得重复其规定。

（三）优化完善推荐性标准。

推荐性国家标准、行业标准、地方标准体系要形成有机整体，合理界定各领域、各层级推荐性标准的制定范围。要清理现行标准，缩减推荐性标准数量和规模，逐步向政府职责范围内的公益类标准过渡。

推荐性国家标准重点制定基础性、通用性和重大影响的专用标准，突出公共服务的基本要求。推荐性行业标准重点制定本行业的基础性、通用性和重要的专用标准，推动产业政策、战略规划贯彻实施。推荐性地方标准重点制定具有地域特点的标准，突出资源禀赋和民俗习惯，促进特色经济发展、生态资源保护、文化和自然遗产传承。

推荐性标准不得与强制性标准相抵触。

（四）培育发展团体标准。

改变标准由政府单一供给模式，对团体标准制定不设行政审批。鼓励具有社团法人资格和相应能力的协会、学会等社会组织，根据行业发展和市场需求，按照公开、透明、协商一致原则，主动承接政府转移的标准，制定新技术和市场缺失的标准，供市场自愿选用。

团体标准要与政府标准相配套和衔接，形成优势互补、良性互动、协同发展的工作模式。要符合法律、法规和强制性标准要求。要严格团体标准的制定程序，明确制定团体标准的相关责任。

团体标准经合同相关方协商选用后，可作为工程建设活动的技术依据。鼓励政府标准引用团体标准。

（五）全面提升标准水平。

增强能源资源节约、生态环境保护和长远发展意识，妥善处理好标准水平与固定资产投资的关系，更加注重标准先进性和前瞻性，适度提高标准对安全、质量、性能、健康、节能等强制性指标要求。

要建立倒逼机制，鼓励创新，淘汰落后。通过标准水平提升，促进城乡发展模式转变，提高人居环境质量；促进产业转型升级和产品更新换代，推动中国经济向中高端发展。

要跟踪科技创新和新成果应用，缩短标准复审周期，加快标准修订节奏。要处理好标准编制与专利技术的关系，规范专利信息披露、专利实施许可程序。要加强标准重要技术和关键性指标研究，强化标准与科研互动。

根据产业发展和市场需求，可制定高于强制性标准要求的推荐性标准，鼓励制定高于国家标准和行业标准的地方标准，以及具有创新性和竞争性的高水平团体标准。鼓励企业结合自身需要，自主制定更加细化、更加先进的企业标准。企业标准实行自我声明，不需报政府备案管理。

（六）强化标准质量管理和信息公开。

要加强标准编制管理，改进标准起草、技术审查机制，完善政策性、协调性审核制度，规范工作规则和流程，明确工作要求和责任，避免标准内容重复矛盾。对同一事项做规定的，行业标准要严于国家标准，地方标准要严于行业标准和国家标准。

充分运用信息化手段，强化标准制修订信息共享，加大标准立项、专利技术采用等标准编制工作透明度和信息公开力度，严格标准草案网上公开征求意见，强化社会监督，保证标准内容及相关技术指标的科学性和公正性。

完善已发布标准的信息公开机制，除公开出版外，要提供网上免费查询。强制性标准和推荐性国家标准，必须在政府官方网站全文公开。推荐性行业标准逐步实现网上全文公开。团体标准要及时公开相关标准信息。

（七）推进标准国际化。

积极开展中外标准对比研究，借鉴国外先进技术，跟踪国际标准发展变化，结合国情和经济技术可行性，缩小中国标准与国外先进标准技术差距。标准的内容结构、要素指标和相关术语等，要适应国际通行做法，提高与国际标准或发达国家标准的一致性。

要推动中国标准"走出去"，完善标准翻译、审核、发布和宣传推广工作机制，鼓励重要标准与制修订同步翻译。加强沟通协调，积极推动与主要贸易国和"一带一路"沿线国家之间的标准互认、版权互换。

鼓励有关单位积极参加国际标准化活动，加强与国际有关标准化组织交流合作，参与国际标准化战略、政策和规则制定，承担国际标准和区域标准制定，推动我国优势、特色技术标准成为国际标准。

三、保障措施

（一）强化组织领导。

各部门、各地方要高度重视标准化工作，结合本部门、本地区改革发展实际，将标准化工作纳入本部门、本地区改革发展规划。要完善统一管理、分工负责、协同推进的标准化管理体制，充分发挥行业主管部门和技术支撑机构作用，创新标准化管理模式。要坚持整体推进与分步实施相结合，逐步调整、不断完善，确保各项改革任务落实到位。

（二）加强制度建设。

各部门、各地方要做好相关文件清理，有计划、有重点地调整标准化管理规章制度，加强政策与前瞻性研究，完善工作机制和配套措施。积极配合《标准化法》等相关法律法规修订，进一步明确标准法律地位，明确标准管理相关方的权利、义务和责任。要加大法律法规、规章、政策引用标准力度，充分发挥标准对法律法规的技术支撑和补充作用。

（三）加大资金保障。

各部门、各地方要加大对强制性和基础通用标准的资金支持力度，积极探索政府采购标准编制服务管理模式，严格资金管理，提高资金使用效率。要积极拓展标准化资金渠道，鼓励社会各界积极参与支持标准化工作，在保证标准公正性和不损害公共利益的前提下，合理采用市场化方式筹集标准编制经费。

住房城乡建设部办公厅关于培育和发展工程建设团体标准的意见

国务院有关部门，各省、自治区住房和城乡建设厅，直辖市建委及有关部门，新疆生产建设兵团建设局，国家人防办，中央军委后勤保障部军事设施建设局，各有关协会：

为落实《国务院关于印发深化标准化工作改革方案的通知》（国发〔2015〕13号），促进社会团体批准发布的工程建设团体标准（以下简称团体标准）健康有序发展，建立工程建设国家标准、行业标准、地方标准（以下简称政府标准）与团体标准相结合的新型标准体系，提出以下意见。

一、总体要求

（一）指导思想。

贯彻党的十八大和十八届三中、四中、五中、六中全会精神，借鉴国际成熟经验，立足国内实际情况，以满足市场需求和创新发展为出发点，加大工程建设标准供给侧结构性改革，激发社会团体制定标准活力，解决标准缺失滞后问题，支撑保障工程建设持续健康发展。

（二）基本原则。

——坚持市场主导，政府引导。发挥市场对资源配置的决定性作用，通过竞争机制促进团体标准发展。政府积极培育团体标准，引导鼓励使用团体标准，为团体标准发展营造良好环境。

——坚持诚信自律，公平公开。加强团体标准制定主体的诚信体系和自律机制建设，提高团体标准公信力。团体标准制定应遵循公共利益优先原则，做到行为规范、程序完备。

——坚持创新驱动，国际接轨。团体标准制定要积极采用创新成果，促进科技成果市场化，推动企业转型升级。鼓励团体标准制定主体积极参与国际标准化活动，提升中国标准国际化水平，促进中国标准"走出去"。

（三）总体目标。

到2020年，培育一批具有影响力的团体标准制定主体，制定一批与强制性标准实施相配套的团体标准，团体标准化管理制度和工作机制进一步健全和完善。到2025年，团体标准化发展更为成熟，团体标准制定主体获得社会广泛认可，团体标准被市场广泛接受，力争在优势和特色领域形成一些具有国际先进水平的团体标准。

二、营造良好环境，增加团体标准有效供给

（一）放开团体标准制定主体。

团体标准是指由社会团体批准发布、服务于工程建设的标准。对团体标准制定主体资格，不得设置行政许可，鼓励具有社团法人资格、具备相应专业技术和标准化能力的协会、学会等社会团体制定团体标准，供社会自愿采用。发布的团体标准，不需行政备案。团体标准的著作权由团体标准制定主体享有，并自行组织出版。标准版式应与国际惯例接轨。

（二）扩大团体标准制定范围。

在没有国家标准、行业标准的情况下，鼓励团体标准制定主体及时制定团体标准，填补政府标准空白。根据市场需求，团体标准制定主体可通过制定团体标准，细化现行国家标准、行业标准的相关要求，明确具体技术措施，也可制定严于现行国家标准、行业标准的团体标准。团体标准包括各类标准、规程、导则、指南、手册等。

（三）推进政府推荐性标准向团体标准转化。

住房城乡建设主管部门原则上不再组织制定推荐性标准。政府标准批准部门要按照《关于深化工程建设标准化工作改革的意见》（建标〔2016〕166号），加强标准复审，全面清理现行标准，向社会公布可转化成团体标准的项目清单，对确需政府完善的标准，应进行局部修订或整合修订。鼓励有关社会团体主动承接可转化成团体标准的政府标准，对已根据实际情况修订为团体标准的，政府标准批准部门应及时废止相应标准，并向社会公布相关信息。

三、完善实施机制，促进团体标准推广应用

（一）推动使用团体标准。

团体标准经建设单位、设计单位、施工单位等合同相关方协商同意并订立合同采用后，即为工程建设活动的依据，必须严格执行。政府有关部门应发挥示范作用，在行政监督管理和政府投资工程项目中，积极采用更加先进、更加细化的团体标准，推动团体标准实施。鼓励社会第三方认证、检测机构积极采用团体标准开展认证、检测工作，提高认证、检测的可靠性和水平。

（二）鼓励引用团体标准。

政府相关部门在制定行业政策和标准规范时，可直接引用具有自主创新技术、具备竞争优势的团体标准。被强制性标准引用的团体标准应与该强制性标准同步实施。引用团体标准可全文引用或部分条文引用，同时要加强动态管理，增强责任意识，及时掌握被引用标准的时效性，做好引用与被引用规定的衔接，避免产生矛盾。

（三）加强团体标准宣传和信息服务。

团体标准制定主体要加强团体标准的宣传和推广工作，建立或优化现有信息平台，做好对已发布标准的信息公开，以及标准解释、咨询、培训、技术指导和人才培养等服务。鼓励团体标准制定主体在其他媒体上公布其批准发布的标准目录，以及各标准的编号、适用范围、专利应用、主要技术内容等信息，供工程建设人员和社会公众查询。

四、规范编制管理，提高团体标准质量和水平

（一）加强团体标准制度建设。

团体标准制定主体应建立健全团体标准管理制度，明确标准编制程序、经费管理、技术审查、咨询解释、培训服务、实施评估等相关要求。团体标准编号遵循全国统一规则，依次由团体标准代号（T/）、社会团体代号、团体标准顺序号和年代号组成，其中社会团体代号应合法且唯一。

（二）严格团体标准编制管理。

团体标准制定主体应遵循开放、公平、透明和协商一致原则，吸纳利益相关方广泛参

与。要切实加强标准起草、征求意见、审查、批准等过程管理，确保团体标准技术内容符合其适用地域范围内的法规规定和强制性标准要求。对标准的实施情况要跟踪评价，定期开展团体标准复审，及时开展标准的修订工作，对不符合行业发展和市场需要的团体标准应及时废止。

（三）提高团体标准技术含量。

团体标准在内容上应体现先进性。结合国家重大政策贯彻落实和科技专项推广应用，鼓励将具有应用前景和成熟先进的新技术、新材料、新设备、新工艺制定为团体标准，支持专利融入团体标准。对技术水平高、有竞争力的企业标准，在协商一致的前提下，鼓励将其制定为团体标准。鼓励团体标准制定主体借鉴国际先进经验，制定高水平团体标准，积极开展与主要贸易国的标准互认。

五、加强监督管理，严格团体标准责任追究

（一）加强内部监督。

团体标准制定主体要完善团体标准自主制定、自主管理、自我约束机制，落实各环节责任，强化责任追究。鼓励团体标准制定主体实施标准化良好行为规范和团体标准化良好行为指南，加强诚信自律建设，规范内部管理，及时回应和处理社会公众的意见和建议、投诉和举报，营造诚实、守信、自律的团体标准信用环境，以高标准、严要求开展标准化工作。

（二）强化社会监督。

鼓励团体标准制定主体将团体标准有关管理制度、工作信息向社会公开，接受社会监督。要在各自网站上设置社会公众参与监督窗口，畅通社会公众特别是团体标准使用者发表意见和建议、投诉和举报的渠道。对违反法律法规和强制性标准的团体标准，有关部门要严肃认真作出相应处理，并在政府门户网站公开处理结果。

中华人民共和国住房和城乡建设部办公厅

2016 年 11 月 15 日

团体标准管理规定

第一章 总 则

第一条 为规范、引导和监督团体标准化工作，根据《中华人民共和国标准化法》，制定本规定。

第二条 团体标准的制定、实施和监督适用本规定。

第三条 团体标准是依法成立的社会团体为满足市场和创新需要，协调相关市场主体共同制定的标准。

第四条 社会团体开展团体标准化工作应当遵守标准化工作的基本原理、方法和程序。

第五条 国务院标准化行政主管部门统一管理团体标准化工作。国务院有关行政主管部门分工管理本部门、本行业的团体标准化工作。

县级以上地方人民政府标准化行政主管部门统一管理本行政区域内的团体标准化工作。县级以上地方人民政府有关行政主管部门分工管理本行政区域内本部门、本行业的团体标准化工作。

第六条 国家实行团体标准自我声明公开和监督制度。

第七条 鼓励社会团体参与国际标准化活动，推进团体标准国际化。

第二章 团体标准的制定

第八条 社会团体应当依据其章程规定的业务范围进行活动，规范开展团体标准化工作，应当配备熟悉标准化相关法律法规、政策和专业知识的工作人员，建立具有标准化管理协调和标准研制等功能的内部工作部门，制定相关的管理办法和标准知识产权管理制度，明确团体标准制定、实施的程序和要求。

第九条 制定团体标准应当遵循开放、透明、公平的原则，吸纳生产者、经营者、使用者、消费者、教育科研机构、检测及认证机构、政府部门等相关方代表参与，充分反映各方的共同需求。支持消费者和中小企业代表参与团体标准制定。

第十条 制定团体标准应当有利于科学合理利用资源，推广科学技术成果，增强产品的安全性、通用性、可替换性，提高经济效益、社会效益、生态效益，做到技术上先进、经济上合理。

制定团体标准应当在科学技术研究成果和社会实践经验总结的基础上，深入调查分析，进行实验、论证，切实做到科学有效、技术指标先进。

禁止利用团体标准实施妨碍商品、服务自由流通等排除、限制市场竞争的行为。

第十一条 团体标准应当符合相关法律法规的要求，不得与国家有关产业政策相抵触。

对于术语、分类、量值、符号等基础通用方面的内容应当遵守国家标准、行业标准、地方标准，团体标准一般不予另行规定。

第十二条 团体标准的技术要求不得低于强制性标准的相关技术要求。

第十三条　制定团体标准应当以满足市场和创新需要为目标，聚焦新技术、新产业、新业态和新模式，填补标准空白。

国家鼓励社会团体制定高于推荐性标准相关技术要求的团体标准；鼓励制定具有国际领先水平的团体标准。

第十四条　制定团体标准的一般程序包括：提案、立项、起草、征求意见、技术审查、批准、编号、发布、复审。

征求意见应当明确期限，一般不少于 30 日。涉及消费者权益的，应当向社会公开征求意见，并对反馈意见进行处理协调。

技术审查原则上应当协商一致。如需表决，不少于出席会议代表人数的 3/4 同意方为通过。起草人及其所在单位的专家不能参加表决。

团体标准应当按照社会团体规定的程序批准，以社会团体文件形式予以发布。

第十五条　团体标准的编写参照 GB/T 1.1《标准化工作导则　第 1 部分：标准的结构和编写》的规定执行。

团体标准的封面格式应当符合要求，具体格式见附件。

第十六条　社会团体应当合理处置团体标准中涉及的必要专利问题，应当及时披露相关专利信息，获得专利权人的许可声明。

第十七条　团体标准编号依次由团体标准代号、社会团体代号、团体标准顺序号和年代号组成。团体标准编号方法如下：

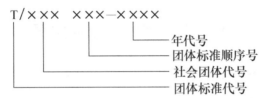

社会团体代号由社会团体自主拟定，可使用大写拉丁字母或大写拉丁字母与阿拉伯数字的组合。社会团体代号应当合法，不得与现有标准代号重复。

第十八条　社会团体应当公开其团体标准的名称、编号、发布文件等基本信息。团体标准涉及专利的，还应当公开标准涉及专利的信息。鼓励社会团体公开其团体标准的全文或主要技术内容。

第十九条　社会团体应当自我声明其公开的团体标准符合法律法规和强制性标准的要求，符合国家有关产业政策，并对公开信息的合法性、真实性负责。

第二十条　国家鼓励社会团体通过标准信息公共服务平台自我声明公开其团体标准信息。

社会团体到标准信息公共服务平台上自我声明公开信息的，需提供社会团体法人登记证书、开展团体标准化工作的内部工作部门及工作人员信息、团体标准制修订程序等相关文件，并自我承诺对以上材料的合法性、真实性负责。

第二十一条　标准信息公共服务平台应当提供便捷有效的服务，方便用户和消费者查询团体标准信息，为政府部门监督管理提供支撑。

第二十二条　社会团体应当合理处置团体标准涉及的著作权问题，及时处理团体标准的著作权归属，明确相关著作权的处置规则、程序和要求。

第二十三条 鼓励社会团体之间开展团体标准化合作，共同研制或发布标准。

第二十四条 鼓励标准化研究机构充分发挥技术优势，面向社会团体开展标准研制、标准化人员培训、标准化技术咨询等服务。

第三章 团体标准的实施

第二十五条 团体标准由本团体成员约定采用或者按照本团体的规定供社会自愿采用。

第二十六条 社会团体自行负责其团体标准的推广与应用。社会团体可以通过自律公约的方式推动团体标准的实施。

第二十七条 社会团体自愿向第三方机构申请开展团体标准化良好行为评价。

团体标准化良好行为评价应当按照团体标准化系列国家标准（GB/T 20004）开展，并向社会公开评价结果。

第二十八条 团体标准实施效果良好，且符合国家标准、行业标准或地方标准制定要求的，团体标准发布机构可以申请转化为国家标准、行业标准或地方标准。

第二十九条 鼓励各部门、各地方在产业政策制定、行政管理、政府采购、社会管理、检验检测、认证认可、招投标等工作中应用团体标准。

第三十条 鼓励各部门、各地方将团体标准纳入各级奖项评选范围。

第四章 团体标准的监督

第三十一条 社会团体登记管理机关责令限期停止活动的社会团体，在停止活动期间不得开展团体标准化活动。

第三十二条 县级以上人民政府标准化行政主管部门、有关行政主管部门依据法定职责，对团体标准的制定进行指导和监督，对团体标准的实施进行监督检查。

第三十三条 对于已有相关社会团体制定了团体标准的行业，国务院有关行政主管部门结合本行业特点，制定相关管理措施，明确本行业团体标准发展方向、制定主体能力、推广应用、实施监督等要求，加强对团体标准制定和实施的指导和监督。

第三十四条 任何单位或者个人有权对不符合法律法规、强制性标准、国家有关产业政策要求的团体标准进行投诉和举报。

第三十五条 社会团体应主动回应影响较大的团体标准相关社会质疑，对于发现确实存在问题的，要及时进行改正。

第三十六条 标准化行政主管部门、有关行政主管部门应当向社会公开受理举报、投诉的电话、信箱或者电子邮件地址，并安排人员受理举报、投诉。

对举报、投诉，标准化行政主管部门和有关行政主管部门可采取约谈、调阅材料、实地调查、专家论证、听证等方式进行调查处理。相关社会团体应当配合有关部门的调查处理。

对于全国性社会团体，由国务院有关行政主管部门依据职责和相关政策要求进行调查处理，督促相关社会团体妥善解决有关问题；如需社会团体限期改正的，移交国务院标准化行政主管部门。对于地方性社会团体，由县级以上人民政府有关行政主管部门对本行政区域内的社会团体依据职责和相关政策开展调查处理，督促相关社会团体妥善解决有关问题；如需限期改正的，移交同级人民政府标准化行政主管部门。

第三十七条 社会团体制定的团体标准不符合强制性标准规定的，由标准化行政主管部门责令限期改正；逾期不改正的，由省级以上人民政府标准化行政主管部门废止相关团体标准，并在标准信息公共服务平台上公示，同时向社会团体登记管理机关通报，由社会团体登记管理机关将其违规行为纳入社会团体信用体系。

第三十八条 社会团体制定的团体标准不符合"有利于科学合理利用资源，推广科学技术成果，增强产品的安全性、通用性、可替换性，提高经济效益、社会效益、生态效益，做到技术上先进、经济上合理"的，由标准化行政主管部门责令限期改正；逾期不改正的，由省级以上人民政府标准化行政主管部门废止相关团体标准，并在标准信息公共服务平台上公示。

第三十九条 社会团体未依照本规定对团体标准进行编号的，由标准化行政主管部门责令限期改正；逾期不改正的，由省级以上人民政府标准化行政主管部门撤销相关标准编号，并在标准信息公共服务平台上公示。

第四十条 利用团体标准实施排除、限制市场竞争行为的，依照《中华人民共和国反垄断法》等法律、行政法规的规定处理。

第五章　附　　则

第四十一条 本规定由国务院标准化行政主管部门负责解释。

第四十二条 本规定自发布之日起实施。

第四十三条 《团体标准管理规定（试行）》自本规定发布之日起废止。

附录4 工业化建筑国家政策汇编

国务院办公厅关于促进建筑业持续健康发展的意见

国办发〔2017〕19号

各省、自治区、直辖市人民政府，国务院各部委、各直属机构：

建筑业是国民经济的支柱产业。改革开放以来，我国建筑业快速发展，建造能力不断增强，产业规模不断扩大，吸纳了大量农村转移劳动力，带动了大量关联产业，对经济社会发展、城乡建设和民生改善作出了重要贡献。但也要看到，建筑业仍然大而不强，监管体制机制不健全、工程建设组织方式落后、建筑设计水平有待提高、质量安全事故时有发生、市场违法违规行为较多、企业核心竞争力不强、工人技能素质偏低等问题较为突出。为贯彻落实《中共中央 国务院关于进一步加强城市规划建设管理工作的若干意见》，进一步深化建筑业"放管服"改革，加快产业升级，促进建筑业持续健康发展，为新型城镇化提供支撑，经国务院同意，现提出以下意见：

一、总体要求

全面贯彻党的十八大和十八届二中、三中、四中、五中、六中全会以及中央经济工作会议、中央城镇化工作会议、中央城市工作会议精神，深入贯彻习近平总书记系列重要讲话精神和治国理政新理念新思想新战略，认真落实党中央、国务院决策部署，统筹推进"五位一体"总体布局和协调推进"四个全面"战略布局，牢固树立和贯彻落实创新、协调、绿色、开放、共享的发展理念，坚持以推进供给侧结构性改革为主线，按照适用、经济、安全、绿色、美观的要求，深化建筑业"放管服"改革，完善监管体制机制，优化市场环境，提升工程质量安全水平，强化队伍建设，增强企业核心竞争力，促进建筑业持续健康发展，打造"中国建造"品牌。

二、深化建筑业简政放权改革

（一）**优化资质资格管理**。进一步简化工程建设企业资质类别和等级设置，减少不必要的资质认定。选择部分地区开展试点，对信用良好、具有相关专业技术能力、能够提供足额担保的企业，在其资质类别内放宽承揽业务范围限制，同时，加快完善信用体系、工程担保及个人执业资格等相关配套制度，加强事中事后监管。强化个人执业资格管理，明晰注册执业人员的权利、义务和责任，加大执业责任追究力度。有序发展个人执业事务所，推动建立个人执业保险制度。大力推行"互联网＋政务服务"，实行"一站式"网上审批，进一步提高建筑领域行政审批效率。

（二）**完善招标投标制度**。加快修订《工程建设项目招标范围和规模标准规定》，缩小并严格界定必须进行招标的工程建设项目范围，放宽有关规模标准，防止工程建设项目实行招标"一刀切"。在民间投资的房屋建筑工程中，探索由建设单位自主决定发包方式。将依法必须招标的工程建设项目纳入统一的公共资源交易平台，遵循公平、公正、公开和诚信的原则，规范招标投标行为。进一步简化招标投标程序，尽快实现招标投标交易全过程电子化，推行网上异地评标。对依法通过竞争性谈判或单一来源方式确定供应商的政府采购工程建设项目，符合相应条件的应当颁发施工许可证。

三、完善工程建设组织模式

（三）加快推行工程总承包。 装配式建筑原则上应采用工程总承包模式。政府投资工程应完善建设管理模式，带头推行工程总承包。加快完善工程总承包相关的招标投标、施工许可、竣工验收等制度规定。按照总承包负总责的原则，落实工程总承包单位在工程质量安全、进度控制、成本管理等方面的责任。除以暂估价形式包括在工程总承包范围内且依法必须进行招标的项目外，工程总承包单位可以直接发包总承包合同中涵盖的其他专业业务。

（四）培育全过程工程咨询。 鼓励投资咨询、勘察、设计、监理、招标代理、造价等企业采取联合经营、并购重组等方式发展全过程工程咨询，培育一批具有国际水平的全过程工程咨询企业。制定全过程工程咨询服务技术标准和合同范本。政府投资工程应带头推行全过程工程咨询，鼓励非政府投资工程委托全过程工程咨询服务。在民用建筑项目中，充分发挥建筑师的主导作用，鼓励提供全过程工程咨询服务。

四、加强工程质量安全管理

（五）严格落实工程质量责任。 全面落实各方主体的工程质量责任，特别要强化建设单位的首要责任和勘察、设计、施工单位的主体责任。严格执行工程质量终身责任制，在建筑物明显部位设置永久性标牌，公示质量责任主体和主要责任人。对违反有关规定、造成工程质量事故的，依法给予责任单位停业整顿、降低资质等级、吊销资质证书等行政处罚并通过国家企业信用信息公示系统予以公示，给予注册执业人员暂停执业、吊销资格证书、一定时间直至终身不得进入行业等处罚。对发生工程质量事故造成损失的，要依法追究经济赔偿责任，情节严重的要追究有关单位和人员的法律责任。参与房地产开发的建筑业企业应依法合规经营，提高住宅品质。

（六）加强安全生产管理。 全面落实安全生产责任，加强施工现场安全防护，特别要强化对深基坑、高支模、起重机械等危险性较大的分部分项工程的管理，以及对不良地质地区重大工程项目的风险评估或论证。推进信息技术与安全生产深度融合，加快建设建筑施工安全监管信息系统，通过信息化手段加强安全生产管理。建立健全全覆盖、多层次、经常性的安全生产培训制度，提升从业人员安全素质以及各方主体的本质安全水平。

（七）全面提高监管水平。 完善工程质量安全法律法规和管理制度，健全企业负责、政府监管、社会监督的工程质量安全保障体系。强化政府对工程质量的监管，明确监管范围，落实监管责任，加大抽查抽测力度，重点加强对涉及公共安全的工程地基基础、主体结构等部位和竣工验收等环节的监督检查。加强工程质量监督队伍建设，监督机构履行职能所需经费由同级财政预算全额保障。政府可采取购买服务的方式，委托具备条件的社会力量进行工程质量监督检查。推进工程质量安全标准化管理，督促各方主体健全质量安全管控机制。强化对工程监理的监管，选择部分地区开展监理单位向政府报告质量监理情况的试点。加强工程质量检测机构管理，严厉打击出具虚假报告等行为。推动发展工程质量保险。

五、优化建筑市场环境

(八) 建立统一开放市场。打破区域市场准入壁垒，取消各地区、各行业在法律、行政法规和国务院规定外对建筑业企业设置的不合理准入条件；严禁擅自设立或变相设立审批、备案事项，为建筑业企业提供公平市场环境。完善全国建筑市场监管公共服务平台，加快实现与全国信用信息共享平台和国家企业信用信息公示系统的数据共享交换。建立建筑市场主体黑名单制度，依法依规全面公开企业和个人信用记录，接受社会监督。

(九) 加强承包履约管理。引导承包企业以银行保函或担保公司保函的形式，向建设单位提供履约担保。对采用常规通用技术标准的政府投资工程，在原则上实行最低价中标的同时，有效发挥履约担保的作用，防止恶意低价中标，确保工程投资不超预算。严厉查处转包和违法分包等行为。完善工程量清单计价体系和工程造价信息发布机制，形成统一的工程造价计价规则，合理确定和有效控制工程造价。

(十) 规范工程价款结算。审计机关应依法加强对以政府投资为主的公共工程建设项目的审计监督，建设单位不得将未完成审计作为延期工程结算、拖欠工程款的理由。未完成竣工结算的项目，有关部门不予办理产权登记。对长期拖欠工程款的单位不得批准新项目开工。严格执行工程预付款制度，及时按合同约定足额向承包单位支付预付款。通过工程款支付担保等经济、法律手段约束建设单位履约行为，预防拖欠工程款。

六、提高从业人员素质

(十一) 加快培养建筑人才。积极培育既有国际视野又有民族自信的建筑师队伍。加快培养熟悉国际规则的建筑业高级管理人才。大力推进校企合作，培养建筑业专业人才。加强工程现场管理人员和建筑工人的教育培训。健全建筑业职业技能标准体系，全面实施建筑业技术工人职业技能鉴定制度。发展一批建筑工人技能鉴定机构，开展建筑工人技能评价工作。通过制定施工现场技能工人基本配备标准、发布各个技能等级和工种的人工成本信息等方式，引导企业将工资分配向关键技术技能岗位倾斜。大力弘扬工匠精神，培养高素质建筑工人，到 2020 年建筑业中级工技能水平以上的建筑工人数量达到 300 万，2025 年达到 1000 万。

(十二) 改革建筑用工制度。推动建筑业劳务企业转型，大力发展木工、电工、砌筑、钢筋制作等以作业为主的专业企业。以专业企业为建筑工人的主要载体，逐步实现建筑工人公司化、专业化管理。鼓励现有专业企业进一步做专做精，增强竞争力，推动形成一批以作业为主的建筑业专业企业。促进建筑业农民工向技术工人转型，着力稳定和扩大建筑业农民工就业创业。建立全国建筑工人管理服务信息平台，开展建筑工人实名制管理，记录建筑工人的身份信息、培训情况、职业技能、从业记录等信息，逐步实现全覆盖。

(十三) 保护工人合法权益。全面落实劳动合同制度，加大监察力度，督促施工单位与招用的建筑工人依法签订劳动合同，到 2020 年基本实现劳动合同全覆盖。健全工资支付保障制度，按照谁用工谁负责和总承包负总责的原则，落实企业工资支付责任，依法按月足额发放工人工资。将存在拖欠工资行为的企业列入黑名单，对其采取限制市场准入等惩戒措施，情节严重的降低资质等级。建立健全与建筑业相适应的社会保险参保缴费方式，大力推进建筑施工单位参加工伤保险。施工单位应履行社会责任，不断改善建筑工人的工作环境，提升职业健康水平，促进建筑工人稳定就业。

七、推进建筑产业现代化

（十四）**推广智能和装配式建筑。**坚持标准化设计、工厂化生产、装配化施工、一体化装修、信息化管理、智能化应用，推动建造方式创新，大力发展装配式混凝土和钢结构建筑，在具备条件的地方倡导发展现代木结构建筑，不断提高装配式建筑在新建建筑中的比例。力争用10年左右的时间，使装配式建筑占新建建筑面积的比例达到30％。在新建建筑和既有建筑改造中推广普及智能化应用，完善智能化系统运行维护机制，实现建筑舒适安全、节能高效。

（十五）**提升建筑设计水平。**建筑设计应体现地域特征、民族特点和时代风貌，突出建筑使用功能及节能、节水、节地、节材和环保等要求，提供功能适用、经济合理、安全可靠、技术先进、环境协调的建筑设计产品。健全适应建筑设计特点的招标投标制度，推行设计团队招标、设计方案招标等方式。促进国内外建筑设计企业公平竞争，培育有国际竞争力的建筑设计队伍。倡导开展建筑评论，促进建筑设计理念的融合和升华。

（十六）**加强技术研发应用。**加快先进建造设备、智能设备的研发、制造和推广应用，提升各类施工机具的性能和效率，提高机械化施工程度。限制和淘汰落后、危险工艺工法，保障生产施工安全。积极支持建筑业科研工作，大幅提高技术创新对产业发展的贡献率。加快推进建筑信息模型（BIM）技术在规划、勘察、设计、施工和运营维护全过程的集成应用，实现工程建设项目全生命周期数据共享和信息化管理，为项目方案优化和科学决策提供依据，促进建筑业提质增效。

（十七）**完善工程建设标准。**整合精简强制性标准，适度提高安全、质量、性能、健康、节能等强制性指标要求，逐步提高标准水平。积极培育团体标准，鼓励具备相应能力的行业协会、产业联盟等主体共同制定满足市场和创新需要的标准，建立强制性标准与团体标准相结合的标准供给体制，增加标准有效供给。及时开展标准复审，加快标准修订，提高标准的时效性。加强科技研发与标准制定的信息沟通，建立全国工程建设标准专家委员会，为工程建设标准化工作提供技术支撑，提高标准的质量和水平。

八、加快建筑业企业"走出去"

（十八）**加强中外标准衔接。**积极开展中外标准对比研究，适应国际通行的标准内容结构、要素指标和相关术语，缩小中国标准与国外先进标准的技术差距。加大中国标准外文版翻译和宣传推广力度，以"一带一路"战略为引领，优先在对外投资、技术输出和援建工程项目中推广应用。积极参加国际标准认证、交流等活动，开展工程技术标准的双边合作。到2025年，实现工程建设国家标准全部有外文版。

（十九）**提高对外承包能力。**统筹协调建筑业"走出去"，充分发挥我国建筑业企业在高铁、公路、电力、港口、机场、油气长输管道、高层建筑等工程建设方面的比较优势，有目标、有重点、有组织地对外承包工程，参与"一带一路"建设。建筑业企业要加大对国际标准的研究力度，积极适应国际标准，加强对外承包工程质量、履约等方面管理，在援外住房等民生项目中发挥积极作用。鼓励大企业带动中小企业、沿海沿边地区企业合作"出海"，积极有序开拓国际市场，避免恶性竞争。引导对外承包工程企业向项目融资、设计咨询、后续运营维护管理等高附加值的领域有序拓展。推动企业提高属地化经营水平，实现与所在国家和地区互利共赢。

（二十）加大政策扶持力度。 加强建筑业"走出去"相关主管部门间的沟通协调和信息共享。到 2025 年，与大部分"一带一路"沿线国家和地区签订双边工程建设合作备忘录，同时争取在双边自贸协定中纳入相关内容，推进建设领域执业资格国际互认。综合发挥各类金融工具的作用，重点支持对外经济合作中建筑领域的重大战略项目。借鉴国际通行的项目融资模式，按照风险可控、商业可持续原则，加大对建筑业"走出去"的金融支持力度。

各地区、各部门要高度重视深化建筑业改革工作，健全工作机制，明确任务分工，及时研究解决建筑业改革发展中的重大问题，完善相关政策，确保按期完成各项改革任务。加快推动修订建筑法、招标投标法等法律，完善相关法律法规。充分发挥协会商会熟悉行业、贴近企业的优势，及时反映企业诉求，反馈政策落实情况，发挥好规范行业秩序、建立从业人员行为准则、促进企业诚信经营等方面的自律作用。

国务院办公厅

2017 年 2 月 21 日

（此件公开发布）

国务院办公厅关于大力发展装配式建筑的指导意见

国办发〔2016〕71号

各省、自治区、直辖市人民政府，国务院各部委、各直属机构：

装配式建筑是用预制部品部件在工地装配而成的建筑。发展装配式建筑是建造方式的重大变革，是推进供给侧结构性改革和新型城镇化发展的重要举措，有利于节约资源能源、减少施工污染、提升劳动生产效率和质量安全水平，有利于促进建筑业与信息化工业化深度融合、培育新产业新动能、推动化解过剩产能。近年来，我国积极探索发展装配式建筑，但建造方式大多仍以现场浇筑为主，装配式建筑比例和规模化程度较低，与发展绿色建筑的有关要求以及先进建造方式相比还有很大差距。为贯彻落实《中共中央 国务院关于进一步加强城市规划建设管理工作的若干意见》和《政府工作报告》部署，大力发展装配式建筑，经国务院同意，现提出以下意见：

一、总体要求

（一）**指导思想。**全面贯彻党的十八大和十八届三中、四中、五中全会以及中央城镇化工作会议、中央城市工作会议精神，认真落实党中央、国务院决策部署，按照"五位一体"总体布局和"四个全面"战略布局，牢固树立和贯彻落实创新、协调、绿色、开放、共享的发展理念，按照适用、经济、安全、绿色、美观的要求，推动建造方式创新，大力发展装配式混凝土建筑和钢结构建筑，在具备条件的地方倡导发展现代木结构建筑，不断提高装配式建筑在新建建筑中的比例。坚持标准化设计、工厂化生产、装配化施工、一体化装修、信息化管理、智能化应用，提高技术水平和工程质量，促进建筑产业转型升级。

（二）**基本原则。**

坚持市场主导、政府推动。适应市场需求，充分发挥市场在资源配置中的决定性作用，更好发挥政府规划引导和政策支持作用，形成有利的体制机制和市场环境，促进市场主体积极参与、协同配合，有序发展装配式建筑。

坚持分区推进、逐步推广。根据不同地区的经济社会发展状况和产业技术条件，划分重点推进地区、积极推进地区和鼓励推进地区，因地制宜、循序渐进、以点带面、试点先行，及时总结经验，形成局部带动整体的工作格局。

坚持顶层设计、协调发展。把协同推进标准、设计、生产、施工、使用维护等作为发展装配式建筑的有效抓手，推动各个环节有机结合，以建造方式变革促进工程建设全过程提质增效，带动建筑业整体水平的提升。

（三）**工作目标。**以京津冀、长三角、珠三角三大城市群为重点推进地区，常住人口超过300万的其他城市为积极推进地区，其余城市为鼓励推进地区，因地制宜发展装配式混凝土结构、钢结构和现代木结构等装配式建筑。力争用10年左右的时间，使装配式建筑占新建建筑面积的比例达到30%。同时，逐步完善法律法规、技术标准和监管体系，推动形成一批设计、施工、部品部件规模化生产企业，具有现代装配建造水平的工程总承包企业以及与之相适应的专业化技能队伍。

二、重点任务

（四）健全标准规范体系。 加快编制装配式建筑国家标准、行业标准和地方标准，支持企业编制标准、加强技术创新，鼓励社会组织编制团体标准，促进关键技术和成套技术研究成果转化为标准规范。强化建筑材料标准、部品部件标准、工程标准之间的衔接。制修订装配式建筑工程定额等计价依据。完善装配式建筑防火抗震防灾标准。研究建立装配式建筑评价标准和方法。逐步建立完善覆盖设计、生产、施工和使用维护全过程的装配式建筑标准规范体系。

（五）创新装配式建筑设计。 统筹建筑结构、机电设备、部品部件、装配施工、装饰装修，推行装配式建筑一体化集成设计。推广通用化、模数化、标准化设计方式，积极应用建筑信息模型技术，提高建筑领域各专业协同设计能力，加强对装配式建筑建设全过程的指导和服务。鼓励设计单位与科研院所、高校等联合开发装配式建筑设计技术和通用设计软件。

（六）优化部品部件生产。 引导建筑行业部品部件生产企业合理布局，提高产业聚集度，培育一批技术先进、专业配套、管理规范的骨干企业和生产基地。支持部品部件生产企业完善产品品种和规格，促进专业化、标准化、规模化、信息化生产，优化物流管理，合理组织配送。积极引导设备制造企业研发部品部件生产装备机具，提高自动化和柔性加工技术水平。建立部品部件质量验收机制，确保产品质量。

（七）提升装配施工水平。 引导企业研发应用与装配式施工相适应的技术、设备和机具，提高部品部件的装配施工连接质量和建筑安全性能。鼓励企业创新施工组织方式，推行绿色施工，应用结构工程与分部分项工程协同施工新模式。支持施工企业总结编制施工工法，提高装配施工技能，实现技术工艺、组织管理、技能队伍的转变，打造一批具有较高装配施工技术水平的骨干企业。

（八）推进建筑全装修。 实行装配式建筑装饰装修与主体结构、机电设备协同施工。积极推广标准化、集成化、模块化的装修模式，促进整体厨卫、轻质隔墙等材料、产品和设备管线集成化技术的应用，提高装配化装修水平。倡导菜单式全装修，满足消费者个性化需求。

（九）推广绿色建材。 提高绿色建材在装配式建筑中的应用比例。开发应用品质优良、节能环保、功能良好的新型建筑材料，并加快推进绿色建材评价。鼓励装饰与保温隔热材料一体化应用。推广应用高性能节能门窗。强制淘汰不符合节能环保要求、质量性能差的建筑材料，确保安全、绿色、环保。

（十）推行工程总承包。 装配式建筑原则上应采用工程总承包模式，可按照技术复杂类工程项目招投标。工程总承包企业要对工程质量、安全、进度、造价负总责。要健全与装配式建筑总承包相适应的发包承包、施工许可、分包管理、工程造价、质量安全监管、竣工验收等制度，实现工程设计、部品部件生产、施工及采购的统一管理和深度融合，优化项目管理方式。鼓励建立装配式建筑产业技术创新联盟，加大研发投入，增强创新能力。支持大型设计、施工和部品部件生产企业通过调整组织架构、健全管理体系，向具有工程管理、设计、施工、生产、采购能力的工程总承包企业转型。

（十一）确保工程质量安全。 完善装配式建筑工程质量安全管理制度，健全质量安全责任体系，落实各方主体质量安全责任。加强全过程监管，建设和监理等相关方可采用驻厂监造等方式加强部品部件生产质量管控；施工企业要加强施工过程质量安全控制和检验检测，完善装配施工质量保证体系；在建筑物明显部位设置永久性标牌，公示质量安全责任主体和主要责任人。加强行业监管，明确符合装配式建筑特点的施工图审查要求，建立全过程质量追溯制度，加大抽查抽测力度，严肃查处质量安全违法违规行为。

三、保障措施

（十二）**加强组织领导**。各地区要因地制宜研究提出发展装配式建筑的目标和任务，建立健全工作机制，完善配套政策，组织具体实施，确保各项任务落到实处。各有关部门要加大指导、协调和支持力度，将发展装配式建筑作为贯彻落实中央城市工作会议精神的重要工作，列入城市规划建设管理工作监督考核指标体系，定期通报考核结果。

（十三）**加大政策支持**。建立健全装配式建筑相关法律法规体系。结合节能减排、产业发展、科技创新、污染防治等方面政策，加大对装配式建筑的支持力度。支持符合高新技术企业条件的装配式建筑部品部件生产企业享受相关优惠政策。符合新型墙体材料目录的部品部件生产企业，可按规定享受增值税即征即退优惠政策。在土地供应中，可将发展装配式建筑的相关要求纳入供地方案，并落实到土地使用合同中。鼓励各地结合实际出台支持装配式建筑发展的规划审批、土地供应、基础设施配套、财政金融等相关政策措施。政府投资工程要带头发展装配式建筑，推动装配式建筑"走出去"。在中国人居环境奖评选、国家生态园林城市评估、绿色建筑评价等工作中增加装配式建筑方面的指标要求。

（十四）**强化队伍建设**。大力培养装配式建筑设计、生产、施工、管理等专业人才。鼓励高等学校、职业学校设置装配式建筑相关课程，推动装配式建筑企业开展校企合作，创新人才培养模式。在建筑行业专业技术人员继续教育中增加装配式建筑相关内容。加大职业技能培训资金投入，建立培训基地，加强岗位技能提升培训，促进建筑业农民工向技术工人转型。加强国际交流合作，积极引进海外专业人才参与装配式建筑的研发、生产和管理。

（十五）**做好宣传引导**。通过多种形式深入宣传发展装配式建筑的经济社会效益，广泛宣传装配式建筑基本知识，提高社会认知度，营造各方共同关注、支持装配式建筑发展的良好氛围，促进装配式建筑相关产业和市场发展。

国务院办公厅

2016 年 9 月 27 日

（此件公开发布）

"十三五"装配式建筑行动方案

为深入贯彻《国务院办公厅关于大力发展装配式建筑的指导意见》（国办发〔2016〕71号）和《国务院办公厅关于促进建筑业持续健康发展的意见》（国办发〔2017〕19号），进一步明确阶段性工作目标，落实重点任务，强化保障措施，突出抓规划、抓标准、抓产业、抓队伍，促进装配式建筑全面发展，特制定本行动方案。

一、确定工作目标

到2020年，全国装配式建筑占新建建筑的比例达到15％以上，其中重点推进地区达到20％以上，积极推进地区达到15％以上，鼓励推进地区达到10％以上。鼓励各地制定更高的发展目标。建立健全装配式建筑政策体系、规划体系、标准体系、技术体系、产品体系和监管体系，形成一批装配式建筑设计、施工、部品部件规模化生产企业和工程总承包企业，形成装配式建筑专业化队伍，全面提升装配式建筑质量、效益和品质，实现装配式建筑全面发展。

到2020年，培育50个以上装配式建筑示范城市，200个以上装配式建筑产业基地，500个以上装配式建筑示范工程，建设30个以上装配式建筑科技创新基地，充分发挥示范引领和带动作用。

二、明确重点任务

（一）编制发展规划。

各省（区、市）和重点城市住房城乡建设主管部门要抓紧编制完成装配式建筑发展规划，明确发展目标和主要任务，细化阶段性工作安排，提出保障措施。重点做好装配式建筑产业发展规划，合理布局产业基地，实现市场供需基本平衡。

制定全国木结构建筑发展规划，明确发展目标和任务，确定重点发展地区，开展试点示范。具备木结构建筑发展条件的地区可编制专项规划。

（二）健全标准体系。

建立完善覆盖设计、生产、施工和使用维护全过程的装配式建筑标准规范体系。支持地方、社会团体和企业编制装配式建筑相关配套标准，促进关键技术和成套技术研究成果转化为标准规范。编制与装配式建筑相配套的标准图集、工法、手册、指南等。

强化建筑材料标准、部品部件标准、工程建设标准之间的衔接。建立统一的部品部件产品标准和认证、标识等体系，制定相关评价通则，健全部品部件设计、生产和施工工艺标准。严格执行《建筑模数协调标准》、部品部件公差标准，健全功能空间与部品部件之间的协调标准。

积极开展《装配式混凝土建筑技术标准》《装配式钢结构建筑技术标准》《装配式木结构建筑技术标准》以及《装配式建筑评价标准》宣传贯彻和培训交流活动。

（三）完善技术体系。

建立装配式建筑技术体系和关键技术、配套部品部件评估机制，梳理先进成熟可靠的新技术、新产品、新工艺，定期发布装配式建筑技术和产品公告。

加大研发力度。研究装配率较高的多高层装配式混凝土建筑的基础理论、技术体系和施工工艺工法，研究高性能混凝土、高强钢筋和消能减震、预应力技术在装配式建筑中的应用。突破钢结构建筑在围护体系、材料性能、连接工艺等方面的技术瓶颈。推进中国特色现代木结构建筑技术体系及中高层木结构建筑研究。推动"钢-混""钢-木""木-混"等装配式组合结构的研发应用。

（四）提高设计能力。

全面提升装配式建筑设计水平。推行装配式建筑一体化集成设计，强化装配式建筑设计对部品部件生产、安装施工、装饰装修等环节的统筹。推进装配式建筑标准化设计，提高标准化部品部件的应用比例。装配式建筑设计深度要达到相关要求。

提升设计人员装配式建筑设计理论水平和全产业链统筹把握能力，发挥设计人员主导作用，为装配式建筑提供全过程指导。提倡装配式建筑在方案策划阶段进行专家论证和技术咨询，促进各参与主体形成协同合作机制。

建立适合建筑信息模型（BIM）技术应用的装配式建筑工程管理模式，推进 BIM 技术在装配式建筑规划、勘察、设计、生产、施工、装修、运行维护全过程的集成应用，实现工程建设项目全生命周期数据共享和信息化管理。

（五）增强产业配套能力。

统筹发展装配式建筑设计、生产、施工及设备制造、运输、装修和运行维护等全产业链，增强产业配套能力。

建立装配式建筑部品部件库，编制装配式混凝土建筑、钢结构建筑、木结构建筑、装配化装修的标准化部品部件目录，促进部品部件社会化生产。采用植入芯片或标注二维码等方式，实现部品部件生产、安装、维护全过程质量可追溯。建立统一的部品部件标准、认证与标识信息平台，公开发布相关政策、标准、规则程序、认证结果及采信信息。建立部品部件质量验收机制，确保产品质量。

完善装配式建筑施工工艺和工法，研发与装配式建筑相适应的生产设备、施工设备、机具和配套产品，提高装配施工、安全防护、质量检验、组织管理的能力和水平，提升部品部件的施工质量和整体安全性能。

培育一批设计、生产、施工一体化的装配式建筑骨干企业，促进建筑企业转型发展。发挥装配式建筑产业技术创新联盟的作用，加强产学研用等各种市场主体的协同创新能力，促进新技术、新产品的研发与应用。

（六）推行工程总承包。

各省（区、市）住房城乡建设主管部门要按照"装配式建筑原则上应采用工程总承包模式，可按照技术复杂类工程项目招投标"的要求，制定具体措施，加快推进装配式建筑项目采用工程总承包模式。工程总承包企业要对工程质量、安全、进度、造价负总责。

装配式建筑项目可采用"设计-采购-施工"（EPC）总承包或"设计-施工"（D-B）总承包等工程项目管理模式。政府投资工程应带头采用工程总承包模式。设计、施工、开发、生产企业可单独或组成联合体承接装配式建筑工程总承包项目，实施具体的设计、施工任务时应由有相应资质的单位承担。

（七）推进建筑全装修。

推行装配式建筑全装修成品交房。各省（区、市）住房城乡建设主管部门要制定政策措施，明确装配式建筑全装修的目标和要求。推行装配式建筑全装修与主体结构、机电设备一体化设计和协同施工。全装修要提供大空间灵活分隔及不同档次和风格的菜单式装修方案，满足消费者个性化需求。完善《住宅质量保证书》和《住宅使用说明书》文本关于装修的相关内容。

加快推进装配化装修，提倡干法施工，减少现场湿作业。推广集成厨房和卫生间、预制隔墙、主体结构与管线相分离等技术体系。建设装配化装修试点示范工程，通过示范项目的现场观摩与交流培训等活动，不断提高全装修综合水平。

（八）促进绿色发展。

积极推进绿色建材在装配式建筑中应用。编制装配式建筑绿色建材产品目录。推广绿色多功能复合材料，发展环保型木质复合、金属复合、优质化学建材及新型建筑陶瓷等绿色建材。到 2020 年，绿色建材在装配式建筑中的应用比例达到 50％以上。

装配式建筑要与绿色建筑、超低能耗建筑等相结合，鼓励建设综合示范工程。装配式建筑要全面执行绿色建筑标准，并在绿色建筑评价中逐步加大装配式建筑的权重。推动太阳能光热光伏、地源热泵、空气源热泵等可再生能源与装配式建筑一体化应用。

（九）提高工程质量安全。

加强装配式建筑工程质量安全监管，严格控制装配式建筑现场施工安全和工程质量，强化质量安全责任。

加强装配式建筑工程质量安全检查，重点检查连接节点施工质量、起重机械安全管理等，全面落实装配式建筑工程建设过程中各方责任主体履行责任情况。

加强工程质量安全监管人员业务培训，提升适应装配式建筑的质量安全监管能力。

（十）培育产业队伍。

开展装配式建筑人才和产业队伍专题研究，摸清行业人才基数及需求规模，制定装配式建筑人才培育相关政策措施，明确目标任务，建立有利于装配式建筑人才培养和发展的长效机制。

加快培养与装配式建筑发展相适应的技术和管理人才，包括行业管理人才、企业领军人才、专业技术人员、经营管理人员和产业工人队伍。开展装配式建筑工人技能评价，引导装配式建筑相关企业培养自有专业人才队伍，促进建筑业农民工转化为技术工人。促进建筑劳务企业转型创新发展，建设专业化的装配式建筑技术工人队伍。

依托相关的院校、骨干企业、职业培训机构和公共实训基地，设置装配式建筑相关课程，建立若干装配式建筑人才教育培训基地。在建筑行业相关人才培养和继续教育中增加装配式建筑相关内容。推动装配式建筑企业开展企校合作，创新人才培养模式。

三、保障措施

（十一）落实支持政策。

各省（区、市）住房城乡建设主管部门要制定贯彻国办发［2016］71 号文件的实施方案，逐项提出落实政策和措施。鼓励各地创新支持政策，加强对供给侧和需求侧的双向支持力度，利用各种资源和渠道，支持装配式建筑的发展，特别是要积极协调国土部门在土地出让或划拨时，将装配式建筑作为建设条件内容，在土地出让合同或土地划拨决定书中明确具体要求。装配式建筑工程可参照重点工程报建流程纳入工程审批绿色通道。各地可将装配率水平作为支持鼓励政策的依据。

强化项目落地，要在政府投资和社会投资工程中落实装配式建筑要求，将装配式建筑工作细化为具体的工程项目，建立装配式建筑项目库，于每年第一季度向社会发布当年项目的名称、位置、类型、规模、开工竣工时间等信息。

在中国人居环境奖评选、国家生态园林城市评估、绿色建筑等工作中增加装配式建筑方面的指标要求，并不断完善。

（十二）创新工程管理。

各级住房城乡建设主管部门要改革现行工程建设管理制度和模式，在招标投标、施工许可、部品部件生产、工程计价、质量监督和竣工验收等环节进行建设管理制度改革，促进装配式建筑发展。

建立装配式建筑全过程信息追溯机制，把生产、施工、装修、运行维护等全过程纳入信息化平台，实现数据即时上传、汇总、监测及电子归档管理等，增强行业监管能力。

（十三）建立统计上报制度。

建立装配式建筑信息统计制度，搭建全国装配式建筑信息统计平台。要重点统计装配式建筑总体情况和项目进展、部品部件生产状况及其产能、市场供需情况、产业队伍等信息，并定期上报。按照《装配式建筑评价标准》规定，用装配率作为装配式建筑认定指标。

（十四）强化考核监督。

住房城乡建设部每年4月底前对各地进行建筑节能与装配式建筑专项检查，重点检查各地装配式建筑发展目标完成情况、产业发展情况、政策出台情况、标准规范编制情况、质量安全情况等，并通报考核结果。

各省（区、市）住房城乡建设主管部门要将装配式建筑发展情况列入重点考核督查项目，作为住房城乡建设领域一项重要考核指标。

（十五）加强宣传推广。

各省（区、市）住房城乡建设主管部门要积极行动，广泛宣传推广装配式建筑示范城市、产业基地、示范工程的经验。充分发挥相关企事业单位、行业学协会的作用，开展装配式建筑的技术经济政策解读和宣传贯彻活动。鼓励各地举办或积极参加各种形式的装配式建筑展览会、交流会等活动，加强行业交流。

要通过电视、报刊、网络等多种媒体和售楼处等多种场所，以及宣传手册、专家解读文章、典型案例等各种形式普及装配式建筑相关知识，宣传发展装配式建筑的经济社会环境效益和装配式建筑的优越性，提高公众对装配式建筑的认知度，营造各方共同关注、支持装配式建筑发展的良好氛围。

各省（区、市）住房城乡建设主管部门要切实加强对装配式建筑工作的组织领导，建立健全工作和协商机制，落实责任分工，加强监督考核，扎实推进装配式建筑全面发展。

装配式建筑示范城市管理办法

第一章　总　　则

第一条　为贯彻《中共中央　国务院关于进一步加强城市规划建设管理工作的若干意见》《国务院办公厅关于大力发展装配式建筑的指导意见》（国办发〔2016〕71号）关于发展新型建造方式，大力推广装配式建筑的要求，规范管理国家装配式建筑示范城市，根据《中华人民共和国建筑法》《中华人民共和国科技成果转化法》《建设工程质量管理条例》《民用建筑节能条例》和《住房城乡建设部科学技术计划项目管理办法》等有关法律法规和规定，制定本管理办法。

第二条　装配式建筑示范城市（以下简称示范城市）是指在装配式建筑发展过程中，具有较好的产业基础，并在装配式建筑发展目标、支持政策、技术标准、项目实施、发展机制等方面能够发挥示范引领作用，并按照本管理办法认定的城市。

第三条　示范城市的申请、评审、认定、发布和监督管理，适用本办法。

第四条　各地在制定实施相关优惠支持政策时，应向示范城市倾斜。

第二章　申　　请

第五条　申请示范的城市向当地省级住房城乡建设主管部门提出申请。

第六条　申请示范的城市应符合下列条件：

1. 具有较好的经济、建筑科技和市场发展等条件；

2. 具备装配式建筑发展基础，包括较好的产业基础、标准化水平和能力、一定数量的设计生产施工企业和装配式建筑工程项目等；

3. 制定了装配式建筑发展规划，有较高的发展目标和任务；

4. 有明确的装配式建筑发展支持政策、专项管理机制和保障措施；

5. 本地区内装配式建筑工程项目一年内未发生较大及以上生产安全事故；

6. 其他应具备的条件。

第七条　申请示范的城市需提供以下材料：

1. 装配式建筑示范城市申请表；

2. 装配式建筑示范城市实施方案（以下简称实施方案）；

3. 其他应提供的材料。

第三章　评审和认定

第八条　住房城乡建设部根据各地装配式建筑发展情况确定各省（区、市）示范城市推荐名额。

第九条 省级住房城乡建设主管部门组织专家评审委员会，对申请示范的城市进行评审。

第十条 评审专家委员会一般由5-7名专家组成，专家委员会设主任委员1人，副主任委员1人，由主任委员主持评审工作。专家委员会应客观、公正，遵循回避原则，并对评审结果负责。

第十一条 评审内容主要包括：

1. 当地的经济、建筑科技和市场发展等基础条件；

2. 装配式建筑发展的现状：政策出台情况、产业发展情况、标准化水平和能力、龙头企业情况、项目实施情况、组织机构和工作机制等；

3. 装配式建筑的发展规划、目标和任务；

4. 实施方案和下一步将要出台的支持政策和措施等。

各地可结合实际细化评审内容和要求。

第十二条 省级住房城乡建设主管部门按照给定的名额向住房城乡建设部推荐示范城市。

第十三条 住房城乡建设部委托部科技与产业化发展中心（住宅产业化促进中心）复核各省（区、市）推荐城市和申请材料，必要时可组织专家和有关管理部门对推荐城市进行现场核查。复核结果经住房城乡建设部认定后公布示范城市名单，并纳入部科学技术计划项目管理。对不符合要求的城市不予认定。

第四章 管理与监督

第十四条 示范城市应按照实施方案组织实施，及时总结经验，向上级住房城乡建设主管部门提供年度报告并接受检查。

第十五条 示范城市应加强经验交流与宣传推广，积极配合其他城市参观学习，发挥示范引领作用。

第十六条 省级住房城乡建设主管部门负责本地区示范城市的监督管理，定期组织检查和考核。

第十七条 住房城乡建设部对示范城市的工作目标、主要任务和政策措施落实执行情况进行抽查，通报抽查结果。

第十八条 示范城市未能按照实施方案制定的工作目标组织实施的，住房城乡建设部商当地省级住房城乡建设部门提出处理意见，责令限期改正，情节严重的给予通报，在规定整改期限内仍不能达到要求的，由住房城乡建设部撤销示范城市认定。

第十九条 住房城乡建设部定期对示范城市进行全面评估，评估合格的城市继续认定为示范城市，评估不合格的城市由住房城乡建设部撤销其示范城市认定。

第五章 附 则

第二十条 本管理办法自发布之日起实施，原《国家住宅产业化基地试行办法》（建住房〔2006〕150号）同时废止。

第二十一条 本办法由住房城乡建设部建筑节能与科技司负责解释，住房城乡建设部科技与产业化发展中心（住宅产业化促进中心）协助组织实施。

装配式建筑产业基地管理办法

第一章 总 则

第一条 为贯彻《中共中央 国务院关于进一步加强城市规划建设管理工作的若干意见》《国务院办公厅关于大力发展装配式建筑的指导意见》（国办发〔2016〕71号）关于发展新型建造方式，大力推广装配式建筑的要求，规范管理国家装配式建筑产业基地，根据《中华人民共和国建筑法》《中华人民共和国科技成果转化法》《建设工程质量管理条例》《民用建筑节能条例》和《住房城乡建设部科学技术计划项目管理办法》等有关法律法规和规定，制定本管理办法。

第二条 装配式建筑产业基地（以下简称产业基地）是指具有明确的发展目标、较好的产业基础、技术先进成熟、研发创新能力强、产业关联度大、注重装配式建筑相关人才培养培训、能够发挥示范引领和带动作用的装配式建筑相关企业，主要包括装配式建筑设计、部品部件生产、施工、装备制造、科技研发等企业。

第三条 产业基地的申请、评审、认定、发布和监督管理，适用本办法。

第四条 产业基地优先享受住房城乡建设部和所在地住房城乡建设管理部门的相关支持政策。

第二章 申 请

第五条 申请产业基地的企业向当地省级住房城乡建设主管部门提出申请。

第六条 申请产业基地的企业应符合下列条件：

1. 具有独立法人资格；

2. 具有较强的装配式建筑产业能力；

3. 具有先进成熟的装配式建筑相关技术体系，建筑信息模型（BIM）应用水平高；

4. 管理规范，具有完善的现代企业管理制度和产品质量控制体系，市场信誉良好；

5. 有一定的装配式建筑工程项目实践经验，以及与产业能力相适应的标准化水平和能力，具有示范引领作用；

6. 其他应具备的条件。

第七条 申请产业基地的企业需提供以下材料：

1. 产业基地申请表；

2. 产业基地可行性研究报告；

3. 企业营业执照、资质等相关证书；

4. 其他应提供的材料。

第三章 评审和认定

第八条 住房城乡建设部根据各地装配式建筑发展情况确定各省（区、市）产业基地推荐名额。

第九条 省级住房城乡建设主管部门组织评审专家委员会，对申请的产业基地进行评审。

第十条 评审专家委员会一般由 5-7 名专家组成，应根据参评企业类型选择装配式建筑设计、部品部件生产、施工、装备制造、科技研发、管理等相关领域的专家。专家委员会设主任委员 1 人，副主任委员 1 人，由主任委员主持评审工作。专家委员会应客观、公正，遵循回避原则，并对评审结果负责。

第十一条 评审内容主要包括：产业基地的基础条件；人才、技术和管理等方面的综合实力；实际业绩；发展装配式建筑的目标和计划安排等。

各地可结合实际细化评审内容和要求。

第十二条 省级住房城乡建设主管部门按照给定的名额向住房城乡建设部推荐产业基地。

第十三条 住房城乡建设部委托部科技与产业化发展中心复核各省（区、市）推荐的产业基地和申请材料，必要时可组织专家和有关管理部门对推荐的产业基地进行现场核查。复核结果经住房城乡建设部认定后公布产业基地名单，并纳入部科学技术计划项目管理。对不符合要求的产业基地不予认定。

第四章　监督管理

第十四条 产业基地应制定工作计划，做好实施工作，及时总结经验，向上级住房城乡建设主管部门报送年度发展报告并接受检查。

第十五条 省级住房城乡建设主管部门负责本地区产业基地的监督管理，定期组织检查和考核。

第十六条 住房城乡建设部对产业基地工作目标、主要任务和计划安排的完成情况等进行抽查，通报抽查结果。

第十七条 未完成工作目标和主要任务的产业基地，由住房城乡建设部商当地省级住房城乡建设主管部门提出处理意见，责令限期整改，情节严重的给予通报，在规定整改期限内仍不能达到要求的，由住房城乡建设部撤销产业基地认定。

第十八条 住房城乡建设部定期对产业基地进行全面评估，评估合格的继续认定为产业基地，评估不合格的由住房城乡建设部撤销其产业基地认定。

第五章　附　　则

第十九条 本管理办法自发布之日起实施，原《国家住宅产业化基地试行办法》（建住房〔2006〕150 号）同时废止。

第二十条 本办法由住房城乡建设部建筑节能与科技司负责解释，住房城乡建设部科技与产业化发展中心（住宅产业化促进中心）协助组织实施。

附录5 工业化建筑标准规范体系表

总序号	分序号	标准名称	标准编号	标准级别	标准类别	状态
A 综合共性						
AA 强制性工程规范						
AA-A 项目规范						
1	AA-A-1	住宅项目规范		国家标准	工程标准	在编
2	AA-A-2	非住宅居住建筑规范		国家标准	工程标准	在编
AA-B 技术通用规范						
3	AA-B-1	城乡规划通用规范		国家标准	工程标准	在编
4	AA-B-2	工程勘察通用规范		国家标准	工程标准	在编
5	AA-B-3	城乡测量通用规范		国家标准	工程标准	在编
6	AA-B-4	工程设计通用规范		国家标准	工程标准	在编
7	AA-B-5	无障碍通用规范		国家标准	工程标准	在编
8	AA-B-6	建筑地基基础通用规范		国家标准	工程标准	在编
9	AA-B-7	混凝土结构通用规范		国家标准	工程标准	在编
10	AA-B-8	砌体结构通用规范		国家标准	工程标准	在编
11	AA-B-9	钢结构通用规范		国家标准	工程标准	在编
12	AA-B-10	木结构通用规范		国家标准	工程标准	在编
13	AA-B-11	组合结构通用规范		国家标准	工程标准	在编
14	AA-B-12	建筑工程抗震通用规范		国家标准	工程标准	在编
15	AA-B-13	建筑防火通用规范		国家标准	工程标准	在编
16	AA-B-14	建筑环境通用规范		国家标准	工程标准	在编
17	AA-B-15	建筑节能与可再生能源利用通用规范		国家标准	工程标准	在编
18	AA-B-16	建筑电气与智能化通用规范		国家标准	工程标准	在编
19	AA-B-17	建筑给水排水与节水通用规范		国家标准	工程标准	在编
20	AA-B-18	施工脚手架通用规范		国家标准	工程标准	在编
21	AA-B-19	建筑与市政工程施工质量控制通用规范		国家标准	工程标准	在编
22	AA-B-20	施工安全卫生与职业健康通用规范		国家标准	工程标准	在编
23	AA-B-21	既有建筑鉴定与加固通用规范		国家标准	工程标准	在编
24	AA-B-22	既有建筑维护与改造通用规范		国家标准	工程标准	在编
25	AA-B-23	建筑安全防范通用规范		国家标准	工程标准	在编
AB 基础标准						
AB-A 术语标准						
26	AB-A-1	民用建筑设计术语标准	GB/T 50504—2009	国家标准	工程标准	现行

总序号	分序号	标准名称	标准编号	标准级别	标准类别	状态
27	AB-A-2	建筑地基基础术语标准	GB/T 50941—2014	国家标准	工程标准	现行
28	AB-A-3	工程测量基本术语标准	GB/T 50228—2011	国家标准	工程标准	现行
29	AB-A-4	供暖通风与空气调节术语标准	GB/T 50155—2015	国家标准	工程标准	现行
30	AB-A-5	建筑节能基本术语标准	GB/T 51140—2015	国家标准	工程标准	现行
31	AB-A-6	给水排水工程基本术语标准	GB/T 50125—2010	国家标准	工程标准	现行
32	AB-A-7	工程结构设计基本术语标准	GB/T 50083—2014	国家标准	工程标准	现行
33	AB-A-8	岩土工程勘察术语标准	JGJ/T 84—2015	行业标准	工程标准	现行
34	AB-A-9	工程抗震术语标准	JGJ/T 97—2011	行业标准	工程标准	现行
35	AB-A-10	建筑照明术语标准	JGJ/T 119—2008	行业标准	工程标准	现行
36	AB-A-11	建筑材料术语标准	JGJ/T 191—2009	行业标准	工程标准	现行
37	AB-A-12	建设领域信息技术应用基本术语标准	JGJ/T 313—2013	行业标准	工程标准	现行
AB-B	模数协调					
38	AB-B-1	建筑模数协调标准	GB/T 50002—2013	国家标准	工程标准	现行
39	AB-B-2	住宅厨房模数协调标准	JGJ/T 262—2012	行业标准	工程标准	现行
40	AB-B-3	住宅卫生间模数协调标准	JGJ/T 263—2012	行业标准	工程标准	现行
41	AB-B-4	厂房建筑模数协调标准	GB/T 50006—2010	国家标准	工程标准	现行
42	AB-B-5	房屋建筑制图统一标准	GB/T 50001—2017	国家标准	工程标准	现行
43	AB-B-6	总图制图标准	GB/T 50103—2010	国家标准	工程标准	在编
44	AB-B-7	建筑制图标准	GB/T 50104—2010	国家标准	工程标准	在编
45	AB-B-8	建筑结构制图标准	GB/T 50105—2010	国家标准	工程标准	现行
46	AB-B-9	工程结构设计通用符号标准	GB/T 50132—2014	国家标准	工程标准	现行
AB-C	荷载标准					
47	AB-C-1	建筑结构荷载规范	GB 50009—2012	国家标准	工程标准	现行
48	AB-C-2	建筑振动荷载标准	GB/T 51228—2017	国家标准	工程标准	现行
49	AB-C-3	建筑火灾荷载规程		行业标准	工程标准	在编
AB-D	尺寸偏差					
50	AB-D-1	混凝土预制构件尺寸偏差标准		团体标准	工程标准	在编
AC	建筑功能					
AC-A	建筑空间					
51	AC-A-1	民用建筑设计统一标准	GB 50352—2019	国家标准	工程标准	现行
52	AC-A-2	室内混响时间测量规范	GB/T 50076—2013	国家标准	工程标准	现行
53	AC-A-3	建筑工程建筑面积计算规范	GB/T 50353—2013	国家标准	工程标准	现行
54	AC-A-4	无障碍设计规范	GB 50763—2012	国家标准	工程标准	现行
55	AC-A-5	民用建筑隔声设计规范	GB 50118—2010	国家标准	工程标准	现行
56	AC-A-6	建筑采光设计标准	GB 50033—2013	国家标准	工程标准	现行
57	AC-A-7	民用建筑室内热湿环境评价标准	GB/T 50785—2012	国家标准	工程标准	现行

续表

总序号	分序号	标准名称	标准编号	标准级别	标准类别	状态
58	AC-A-8	城市居住区热环境设计标准	JGJ 286—2013	国家标准	工程标准	现行
59	AC-A-9	民用建筑工程室内环境污染控制规范（2013 版）	GB 50325—2010	国家标准	工程标准	现行
60	AC-A-10	住宅建筑室内振动限值及其测量方法标准	GB/T 50355—2005	国家标准	工程标准	现行
61	AC-A-11	民用建筑氡防治技术规程	JGJ/T 349—2015	国家标准	工程标准	现行
62	AC-A-12	建筑热环境测试方法标准	JGJ/T 347—2014	行业标准	工程标准	现行
63	AC-A-13	被动式太阳能建筑技术规范	JGJ/T 267—2012	行业标准	工程标准	现行
64	AC-A-14	建筑气象参数标准	JGJ 35—1987	行业标准	工程标准	现行
65	AC-A-15	公共建筑节能设计标准	GB 50189—2015	国家标准	工程标准	现行
66	AC-A-16	可再生能源建筑应用工程评价标准	GB/T 50801—2013	国家标准	工程标准	现行
67	AC-A-17	农村居住建筑节能设计标准	GB/T 50824—2013	国家标准	工程标准	现行
68	AC-A-18	民用建筑能耗标准	GB/T 51161—2016	国家标准	工程标准	现行
69	AC-A-19	夏热冬暖地区居住建筑节能设计标准	JGJ 75—2012	行业标准	工程标准	现行
70	AC-A-20	既有居住建筑节能改造技术规程	JGJ/T 129—2012	行业标准	工程标准	现行
71	AC-A-21	居住建筑节能检测标准	JGJ/T 132—2009	行业标准	工程标准	现行
72	AC-A-22	夏热冬冷地区居住建筑节能设计标准	JGJ 134—2010	行业标准	工程标准	现行
73	AC-A-23	民用建筑能耗数据采集标准	JGJ/T 154—2007	行业标准	工程准	现行
74	AC-A-24	公共建筑节能改造技术规范	JGJ 176—2009	行业标准	工程标准	现行
75	AC-A-25	公共建筑节能检测标准	JGJ/T 177—2009	行业标准	工程标准	现行
76	AC-A-26	民用建筑绿色设计规范	JGJ/T 229—2010	行业标准	工程标准	现行
77	AC-A-27	建筑能效标识技术标准	JGJ/T 288—2012	行业标准	工程标准	现行
78	AC-A-28	严寒和寒冷地区居住建筑节能设计标准	JGJ 26—2018	行业标准	工程标准	现行
79	AC-A-29	住宅建筑规范	GB 50368—2005	国家标准	工程标准	现行
80	AC-A-30	住宅设计规范	GB 50096—2011	国家标准	工程标准	现行
81	AC-A-31	宿舍建筑设计规范	JGJ 36—2016	行业标准	工程标准	现行
82	AC-A-32	老年人照料设施建筑设计标准	JGJ 450—2018	行业标准	工程标准	现行
83	AC-A-33	防灾避难场所设计规范	GB 51143—2015	国家标准	工程标准	现行
84	AC-A-34	科学实验建筑设计规范	JGJ 91—1993	行业标准	工程标准	现行
85	AC-A-35	殡仪馆建筑设计规范	JGJ 124—1999	行业标准	工程标准	现行
86	AC-A-36	体育建筑设计规范	JGJ 31—2003	行业标准	工程标准	现行
87	AC-A-37	饮食建筑设计标准	JGJ 64—2017	行业标准	工程标准	现行
88	AC-A-38	特殊教育学校建筑设计规范	JGJ 76—2003	行业标准	工程标准	现行
89	AC-A-39	电影院建筑设计规范	JGJ 58—2008	行业标准	工程标准	现行
90	AC-A-40	疗养院建筑设计标准	JGJ/T 40—2019	行业标准	工程标准	现行
91	AC-A-41	办公建筑设计规范	JGJ 67—2006	行业标准	工程标准	现行
92	AC-A-42	镇（乡）村文化中心建筑设计规范	JGJ 156—2008	行业标准	工程标准	现行

总序号	分序号	标准名称	标准编号	标准级别	标准类别	状态
93	AC-A-43	文化馆建筑设计规范	JGJ/T 41—2014	行业标准	工程标准	现行
94	AC-A-44	商店建筑设计规范	JGJ 48—2014	行业标准	工程标准	现行
95	AC-A-45	展览建筑设计规范	JGJ 218—2010	行业标准	工程标准	现行
96	AC-A-46	物流建筑设计规范	GB 51157—2016	国家标准	工程标准	现行
97	AC-A-47	档案馆建筑设计规范	JGJ 25—2010	行业标准	工程标准	现行
98	AC-A-48	博物馆建筑设计规范	JGJ 66—2015	行业标准	工程标准	现行
99	AC-A-49	交通客运站建筑设	JGJ/T 60—2012	行业标准	工程标准	现行
100	AC-A-50	图书馆建筑设计规范	JGJ 38—2015	行业标准	工程标准	现行
101	AC-A-51	托儿所、幼儿园建筑设计规范	JGJ 39—2016	行业标准	工程标准	现行
102	AC-A-52	剧场建筑设计规范	JGJ 57—2016	行业标准	工程标准	现行
103	AC-A-53	旅馆建筑设计规范	JGJ 62—2014	行业标准	工程标准	现行
104	AC-A-54	车库建筑设计规范	JGJ 100—2015	行业标准	工程标准	现行
105	AC-A-55	中小学校设计规范	GB 50099—2011	国家标准	工程标准	现行
106	AC-A-56	中小学校体育设施技术规程	JGJ/T 280—2012	行业标准	工程标准	现行
107	AC-A-57	机械式停车库工程技术规范	JGJ/T 326—2014	行业标准	工程标准	现行
108	AC-A-58	公共建筑标识系统技术规范	GB/T 51223—2017	国家标准	工程标准	现行
109	AC-A-59	数据中心设计规范	GB 50174—2017	国家标准	工程标准	现行
AC-B	建筑设备					
110	AC-B-1	建筑给水排水制图标准	GB/T 50106—2010	国家标准	工程标准	现行
111	AC-B-2	给水排水工程基本术语标准	GB/T 50125—2010	国家标准	工程标准	现行
112	AC-B-3	城市居民生活用水量标准	GB/T 50331—2002	国家标准	工程标准	现行
113	AC-B-4	建筑给水排水设计规范(2009 年版)	GB 50015—2003	国家标准	工程标准	现行
114	AC-B-5	建筑同层排水工程技术规程	CJJ 232—2016	行业标准	工程标准	现行
115	AC-B-6	民用建筑节水设计标准	GB 50555—2010	国家标准	工程标准	现行
116	AC-B-7	二次供水工程技术规程	CJJ 140—2010	行业标准	工程标准	现行
117	AC-B-8	建筑机电工程抗震设计规范	GB 50981—2014	国家标准	工程标准	现行
118	AC-B-9	民用建筑太阳能热水系统应用技术标准	GB 50364—2018	国家标准	工程标准	现行
119	AC-B-10	建筑与小区管道直饮水系统技术规程	CJJ/T 110—2017	行业标准	工程标准	现行
120	AC-B-11	游泳池给水排水工程技术规程	CJJ 122—2017	行业标准	工程标准	现行
121	AC-B-12	公共浴场给水排水工程技术规程	CJJ 160—2011	行业标准	工程标准	现行
122	AC-B-13	建筑给水排水及采暖工程施工质量验收规范	GB 50242—2002	国家标准	工程标准	现行
123	AC-B-14	建筑给水金属管道工程技术规程	CJJ/T 154—2011	行业标准	工程标准	现行
124	AC-B-15	建筑排水金属管道工程技术规程	CJJ 127—2009	行业标准	工程标准	现行
125	AC-B-16	建筑给水复合管道工程技术规程	CJJ/T 155—2011	行业标准	工程标准	现行
126	AC-B-17	建筑排水复合管道工程技术规程	CJJ/T 165—2011	行业标准	工程标准	现行
127	AC-B-18	建筑排水塑料管道工程技术规程	CJJ/T 29—2010	行业标准	工程标准	现行

总序号	分序号	标准名称	标准编号	标准级别	标准类别	状态
128	AC-B-19	建筑给水塑料管道工程技术规程	CJJ/T 98—2014	行业标准	工程标准	现行
129	AC-B-20	住宅生活排水系统立管排水能力测试标准	CJJ/T 245—2016	行业标准	工程标准	现行
130	AC-B-21	民用建筑太阳能热水系统应用技术标准	GB 50364—2018	国家标准	工程标准	现行
131	AC-B-22	民用建筑太阳能热水系统评价标准	GB/T 50604—2010	国家标准	工程标准	现行
132	AC-B-23	建筑中水设计标准	GB 50336—2018	国家标准	工程标准	现行
133	AC-B-24	建筑与小区雨水控制与利用工程技术规范	GB 50400—2016	国家标准	工程标准	现行
134	AC-B-25	模块化户内中水集成系统技术规程	JGJ/T 409—2017	行业标准	工程标准	现行
135	AC-B-26	自动喷水灭火系统施工及验收规范	GB 50261—2017	国家标准	工程标准	现行
136	AC-B-27	自动喷水灭火系统设计规范	GB 50084—2017	国家标准	工程标准	现行
137	AC-B-28	建筑气候区划标准	GB 50178—1993	国家标准	工程标准	现行
138	AC-B-29	民用建筑热工设计规范	GB 50176—2016	国家标准	工程标准	现行
139	AC-B-30	民用建筑供暖通风与空气调节设计规范	GB 50736—2012	国家标准	工程标准	现行
140	AC-B-31	通风与空调工程施工质量验收规范	GB 50243—2016	国家标准	工程标准	现行
141	AC-B-32	建筑给水排水及采暖工程施工质量验收规范	GB 50242—2002	国家标准	工程标准	现行
142	AC-B-33	焊接作业厂房供暖通风与空气调节设计规范	JGJ 353—2017	行业标准	工程标准	现行
143	AC-B-34	空调通风系统运行管理规范	GB 50365—2005	国家标准	工程标准	现行
144	AC-B-35	蓄冷空调工程技术标准	JGJ 158—2018	行业标准	工程标准	现行
145	AC-B-36	太阳能供热采暖工程技术规范	GB 50495—2009	国家标准	工程标准	现行
146	AC-B-37	地源热泵系统工程技术规范（2009年版）	GB 50366—2005	国家标准	工程标准	现行
147	AC-B-38	通风与空调工程施工规范	GB 50738—2011	国家标准	工程标准	现行
148	AC-B-39	民用建筑太阳能空调工程技术规范	GB 50787—2012	国家标准	工程标准	现行
149	AC-B-40	辐射供暖供冷技术规程	JGJ 142—2012	行业标准	工程标准	现行
150	AC-B-41	多联机空调系统工程技术规程	JGJ 174—2010	行业标准	工程标准	现行
151	AC-B-42	采暖通风与空气调节工程检测技术规程	JGJ/T 260—2011	行业标准	工程标准	现行
152	AC-B-43	建筑通风效果测试与评价标准	JGJ/T 309—2013	行业标准	工程标准	现行
153	AC-B-44	低温辐射电热膜供暖系统应用技术规程	JGJ 319—2013	行业标准	工程标准	现行
154	AC-B-45	蒸发冷却制冷系统工程技术规程	JGJ 342—2014	行业标准	工程标准	现行
155	AC-B-46	变风量空调系统工程技术规程	JGJ343—2014	行业标准	工程标准	现行
156	AC-B-47	通风管道技术规程	JGJ/T 141—2017	行业标准	工程标准	现行
157	AC-B-48	建筑电气制图标准	GB/T 50786—2012	国家标准	工程标准	现行
158	AC-B-49	民用建筑电气设计规范	JGJ 16—2008	行业标准	工程标准	现行
159	AC-B-50	智能建筑设计标准	GB 50314—2015	国家标准	工程标准	现行
160	AC-B-51	建筑电气工程施工质量验收规范	GB 50303—2015	国家标准	工程标准	现行

总序号	分序号	标准名称	标准编号	标准级别	标准类别	状态
161	AC-B-52	智能建筑工程质量验收规范	GB 50339—2013	国家标准	工程标准	现行
162	AC-B-53	建筑照明设计标准	GB 50034—2013	国家标准	工程标准	现行
163	AC-B-54	住宅建筑电气设计规范	JGJ 242—2011	行业标准	工程标准	现行
164	AC-B-55	交通建筑电气设计规范	JGJ 243—2011	行业标准	工程标准	现行
165	AC-B-56	金融建筑电气设计规范	JGJ 284—2012	行业标准	工程标准	现行
166	AC-B-57	教育建筑电气设计规范	JGJ 310—2013	行业标准	工程标准	现行
167	AC-B-58	医疗建筑电气设计规范	JGJ 312—2013	行业标准	工程标准	现行
168	AC-B-59	会展建筑电气设计规范	JGJ 333—2014	行业标准	工程标准	现行
169	AC-B-60	体育建筑电气设计规范	JGJ 354—2014	行业标准	工程标准	现行
170	AC-B-61	商店建筑电气设计规范	JGJ 392—2016	行业标准	工程标准	现行
171	AC-B-62	农村民居雷电防护工程技术规范	GB 50952—2013	国家标准	工程标准	现行
172	AC-B-63	古建筑防雷工程技术规范	GB 51017—2014	国家标准	工程标准	现行
173	AC-B-64	建筑物电子信息系统防雷技术规范	GB 50343—2012	国家标准	工程标准	现行
174	AC-B-65	建筑物防雷工程施工与质量验收规范	GB 50601—2010	国家标准	工程标准	现行
175	AC-B-66	体育场馆照明设计及检测标准	JGJ 153—2016	行业标准	工程标准	现行
176	AC-B-67	建筑电气照明装置施工与验收规范	GB 50617—2010	国家标准	工程标准	现行
177	AC-B-68	智能建筑工程施工规范	GB 50606—2010	国家标准	工程标准	现行
178	AC-B-69	建筑智能化系统运行维护技术规范	JGJ/T 417—2017	行业标准	工程标准	现行
179	AC-B-70	体育建筑智能化系统工程技术规程	JGJ/T 179—2009	行业标准	工程标准	现行
180	AC-B-71	民用建筑太阳能光伏系统应用技术规范	JGJ 203—2010	行业标准	工程标准	现行
181	AC-B-72	太阳能光伏玻璃幕墙电气设计规范	JGJ/T 365—2015	行业标准	工程标准	现行
182	AC-B-73	光伏建筑一体化系统运行与维护规范	JGJ/T 264—2012	行业标准	工程标准	现行
183	AC-B-74	矿物绝缘电缆敷设技术规程	JGJ 232—2011	行业标准	工程标准	现行
184	AC-B-75	建筑电气工程电磁兼容技术规范	GB 51204—2016	国家标准	工程标准	现行
185	AC-B-76	1kV 及以下配线工程施工与验收规范	GB 50575—2010	国家标准	工程标准	现行
186	AC-B-77	建筑设备监控系统工程技术规范	JGJ/T 334—2014	行业标准	工程标准	现行
187	AC-B-78	城镇燃气工程基本术语标准	GB/T 50680—2012	国家标准	工程标准	现行
188	AC-B-79	燃气工程制图标准	CJJ/T 130—2009	行业标准	工程标准	现行
189	AC-B-80	城镇燃气技术规范	GB 50494—2009	国家标准	工程标准	现行
190	AC-B-81	城镇燃气设计规范	GB 50028—2006	国家标准	工程标准	现行
191	AC-B-82	燃气热泵空调系统工程技术规程	CJJ/T 216—2014	行业标准	工程标准	现行
192	AC-B-83	燃气冷热电三联供工程技术规程	CJJ 145—2010	行业标准	工程标准	现行
193	AC-B-84	聚乙烯燃气管道工程技术标准	CJJ 63—2018	行业标准	工程标准	现行
194	AC-B-85	家用燃气燃烧器具安装及验收规程	CJJ 12—2013	行业标准	工程标准	现行
AC-C	规划配套					
195	AC-C-1	城市用地分类与规划建设用地标准	GB 50137—2011	国家标准	工程标准	现行

续表

总序号	分序号	标准名称	标准编号	标准级别	标准类别	状态
196	AC-C-2	城市居住区规划设计标准	GB 50180—2018	国家标准	工程标准	现行
197	AC-C-3	镇规划标准	GB 50188—2007	国家标准	工程标准	现行
198	AC-C-4	城市给水工程规划规范	GB 50282—2016	国家标准	工程标准	现行
199	AC-C-5	城市工程管线综合规划规范	GB 50289—2016	国家标准	工程标准	现行
200	AC-C-6	城市电力规划规范	GB/T 50293—2014	国家标准	工程标准	现行
201	AC-C-7	城市环境卫生设施规划标准	GB/T 50337—2018	国家标准	工程标准	现行
202	AC-C-8	历史文化名城保护规划标准	GB/T 50357—2018	国家标准	工程标准	现行
203	AC-C-9	城市抗震防灾规划标准	GB 50413—2007	国家标准	工程标准	现行
204	AC-C-10	城镇老年人设施规划规范(2018 年版)	GB 50437—2007	国家标准	工程标准	现行
205	AC-C-11	城市公共设施规划规范	GB 50442—2008	国家标准	工程标准	现行
206	AC-C-12	城市水系规划规范(2016 年版)	GB 50513—2009	国家标准	工程标准	现行
207	AC-C-13	城市道路交叉口规划规范	GB 50647—2011	国家标准	工程标准	现行
208	AC-C-14	城乡建设用地竖向规划规范	CJJ 83—2016	行业标准	工程标准	现行
209	AC-C-15	城乡用地评定标准	CJJ 132—2009	行业标准	工程标准	现行

AD　建筑性能

AD-A　建筑防火

总序号	分序号	标准名称	标准编号	标准级别	标准类别	状态
210	AD-A-1	建筑设计防火规范(2018 年版)	GB 50016—2014	国家标准	工程标准	现行
211	AD-A-2	农村防火规范	GB 50039—2010	国家标准	工程标准	现行
212	AD-A-3	防火卷帘、防火门、防火窗施工及验收规范	GB 50877—2014	国家标准	工程标准	现行
213	AD-A-4	建筑钢结构防火技术规范	GB 51249—2017	国家标准	工程标准	现行
214	AD-A-5	建筑内部装修设计防火规范	GB 50222—2017	国家标准	工程标准	现行
215	AD-A-6	建筑内部装修防火施工及验收规范	GB 50354—2005	国家标准	工程标准	现行
216	AD-A-7	汽车库、修车库、停车场设计防火规范	GB 50067—97	国家标准	工程标准	现行
217	AD-A-8	建筑外墙外保温防火隔离带技术规程	JGJ 289—2014	行业标准	工程标准	现行
218	AD-A-9	保温防火复合板应用技术规程	JGJ/T 350—2015	行业标准	工程标准	现行

AD-B　建筑节能

总序号	分序号	标准名称	标准编号	标准级别	标准类别	状态
219	AD-B-1	公共建筑节能设计标准	GB 50189—2015	国家标准	工程标准	现行
220	AD-B-2	夏热冬暖地区居住建筑节能设计标准	JGJ 75—2012	行业标准	工程标准	现行
221	AD-B-3	严寒和寒冷地区居住建筑节能设计标准	JGJ 26—2010	行业标准	工程标准	现行
222	AD-B-4	夏热冬冷地区居住建筑节能设计标准	JGJ 134—2010	行业标准	工程标准	现行
223	AD-B-5	既有居住建筑节能改造技术规程	JGJ/T 129—2012	行业标准	工程标准	现行
224	AD-B-6	民用建筑能耗标准	GB/T 51161—2016	国家标准	工程标准	现行
225	AD-B-7	建筑能效标识技术标准	JGJ/T 288—2012	行业标准	工程标准	现行
226	AD-B-8	公共建筑节能改造技术规范	JGJ 176—2009	行业标准	工程标准	现行
227	AD-B-9	地源热泵系统工程技术规范(2009 年版)	GB 50366—2005	国家标准	工程标准	现行
228	AD-B-10	硬泡聚氨酯保温防水工程技术规范	GB 50404—2017	国家标准	工程标准	现行

总序号	分序号	标准名称	标准编号	标准级别	标准类别	状态
229	AD-B-11	建筑节能工程施工质量验收规范	GB 50411—2007	国家标准	工程标准	现行
230	AD-B-12	太阳能供热采暖工程技术规范	GB 50495—2009	国家标准	工程标准	现行
231	AD-B-13	民用建筑供暖通风与空气调节设计规范	GB 50736—2012	国家标准	工程标准	现行
232	AD-B-14	民用建筑太阳能空调工程技术规范	GB 50787—2012	国家标准	工程标准	现行
233	AD-B-15	外墙外保温工程技术规程	JGJ 144—2004	行业标准	工程标准	现行
AD-C	建筑环境					
234	AD-C-1	民用建筑采暖通风与空气调节设计规范	GB 50736—2012	国家标准	工程标准	现行
235	AD-C-2	民用建筑隔声设计规范	GB 50118—2010	国家标准	工程标准	现行
236	AD-C-3	建筑采光设计标准	GB 50033—2013	国家标准	工程标准	现行
237	AD-C-4	民用建筑工程室内环境污染控制规范（2013 年版）	GB 50325—2010	国家标准	工程标准	现行
238	AD-C-5	建筑照明设计标准	GB 50034—2013	国家标准	工程标准	现行
239	AD-C-6	体育场馆照明设计及检测标准	JGJ 153—2016	行业标准	工程标准	现行
AE	认证评价					
AE-A	人员能力认证					
240	AE-A-1	装配式建筑从业人员岗位能力认证标准			工程标准	待编
AE-B	部品部件认证					
241	AE-B-1	建筑产品认证标准编制导则		团体标准	工程标准	在编
242	AE-B-2	槽式预埋件性能评价标准		团体标准	工程标准	在编
243	AE-B-3	建筑用系统门窗认证实施指南		行业标准	工程标准	在编
244	AE-B-4	被动式超低能耗建筑用门窗认证标准		行业标准	工程标准	在编
245	AE-B-5	建筑用系统门窗认证标准		行业标准	工程标准	在编
246	AE-B-6	装配式建筑部品与部件认证通用规范		行业标准	工程标准	在编
247	AE-B-7	钢筋机械连接接头认证标准		团体标准	工程标准	在编
248	AE-B-8	支吊架认证标准		团体标准	工程标准	在编
AE-C	生产能力认证					
249	AE-C-1	预制构件厂生产能力认证标准			工程标准	待编
250	AE-C-2	密封胶等装配式建筑配套产品生产厂生产能力认证标准			工程标准	待编
AE-D	建筑评价					
251	AE-D-1	装配式建筑评价标准	GB/T 51129—2017	国家标准	工程标准	现行
252	AE-D-2	工业化钢结构建筑评价标准		团体标准	工程标准	在编
253	AE-D-3	绿色建筑评价标准	GB/T 50378—2014	国家标准	工程标准	现行
254	AE-D-4	节能建筑评价标准	GB/T 50668—2011	国家标准	工程标准	现行
255	AE-D-5	既有建筑绿色改造评价标准	GB/T 51141—2015	国家标准	工程标准	现行
256	AE-D-6	建筑隔声评价标准	GB/T 50121—2005	国家标准	工程标准	现行
257	AE-D-7	建筑工程绿色施工评价标准	GB/T 50640—2010	国家标准	工程标准	现行

总序号	分序号	标准名称	标准编号	标准级别	标准类别	状态
258	AE-D-8	装配式钢结构评价标准		团体标准	工程标准	在编
259	AE-D-9	绿色工业建筑评价标准	GB/T 50878—2013	国家标准	工程标准	现行
260	AE-D-10	绿色办公建筑评价标准	GB/T 50908—2013	国家标准	工程标准	现行
261	AE-D-11	绿色商店建筑评价标准	GB/T 51100—2015	国家标准	工程标准	现行
262	AE-D-12	绿色博览建筑评价标准	GB/T 51148—2016	国家标准	工程标准	现行
263	AE-D-13	建筑隔声评价标准	GB/T 50121—2005	国家标准	工程标准	现行
264	AE-D-14	绿色饭店建筑评价标准	GB/T 51165—2016	国家标准	工程标准	现行

AF　管理标准

AF-A　工程管理与信息化

总序号	分序号	标准名称	标准编号	标准级别	标准类别	状态
265	AF-A-1	装配式建筑工程消耗量定额	TY 01—01(01)—2016	国家标准	工程标准	现行
266	AF-A-2	工业化建筑关键构件与部品生产定额		国家标准	工程标准	在编
267	AF-A-3	装配式混凝土结构建筑工期定额		国家标准	工程标准	在编
268	AF-A-4	建设工程造价咨询规范	GBT 51095—2015	国家标准	工程标准	现行
269	AF-A-5	建设工程工程量清单计价规范	GB 50500—2013	国家标准	工程标准	现行
270	AF-A-6	房屋建筑与装饰工程工程量计算规范	GB 50854—2013	国家标准	工程标准	现行
271	AF-A-7	通用安装工程工程量计算规范	GB 50856—2013	国家标准	工程标准	现行
272	AF-A-8	建设工程计价设备材料划分标准	GBT 50531—2009	国家标准	工程标准	现行
273	AF-A-9	建设工程监理规范	GBT 50319—2013	国家标准	工程标准	现行
274	AF-A-10	建设工程项目管理规范	GBT 50326—2017	国家标准	工程标准	现行
275	AF-A-11	建筑工程资料管理规程	JGJ 185—2009	行业标准	工程标准	现行
276	AF-A-12	建筑工程施工现场视频监控技术规范	JGJ/T 292—2012	行业标准	工程标准	现行
277	AF-A-13	建设项目工程总承包管理规范	GB/T 50358—2017	国家标准	工程标准	现行
278	AF-A-14	工程建设勘察企业质量管理规范	GB/T 50379—2006	国家标准	工程标准	现行
279	AF-A-15	工程建设设计企业质量管理规范	GBT 50380—2006	国家标准	工程标准	现行
280	AF-A-16	工程建设施工企业质量管理规范	GB/T 50430—2017	国家标准	工程标准	现行
281	AF-A-17	施工企业工程建设技术标准化管理规范	JGJ/T 198—2010	行业标准	工程标准	现行

AF-B　人才与专业队伍

总序号	分序号	标准名称	标准编号	标准级别	标准类别	状态
282	AF-B-1	建筑装饰装修职业技能标准	JGJ/T 315—2016	行业标准	工程标准	现行
283	AF-B-2	建筑工程施工职业技能标准	JGJ/T 314—2016	行业标准	工程标准	现行
284	AF-B-3	建筑工程安装职业技能标准	JGJ/T 306—2016	行业标准	工程标准	现行

AF-C　全专业协同

总序号	分序号	标准名称	标准编号	标准级别	标准类别	状态
285	AF-C-1	建筑工程施工协同管理统一标准		团体标准	工程标准	在编
286	AF-C-2	装配式混凝土建筑工程总承包管理标准		团体标准	工程标准	在编
287	AF-C-3	装配式建筑协同设计标准			工程标准	待编

B　关键技术

BA　装配式混凝土结构

BAA　设计标准

BAA-1　结构体系标准

总序号	分序号	标准名称	标准编号	标准级别	标准类别	状态
288	BAA-1-1	装配式混凝土结构技术规程	JGJ 1—2014	行业标准	工程标准	现行

总序号	分序号	标准名称	标准编号	标准级别	标准类别	状态
289	BAA-1-2	装配式混凝土建筑技术标准	GB/T 51231—2016	国家标准	工程标准	现行
290	BAA-1-3	装配式多层混凝土结构技术规程		行业标准	工程标准	在编
291	BAA-1-4	多层装配混凝土框架结构应用技术标准		团体标准	工程标准	在编
292	BAA-1-5	预制预应力混凝土装配整体式框架结构技术规程	JGJ 224—2010	行业标准	工程标准	现行
293	BAA-1-6	预制混凝土柱-钢梁混合框架结构技术规程		团体标准	工程标准	待编
294	BAA-1-7	全装配式预应力混凝土框架及框架-剪力墙结构技术规程		团体标准	工程标准	在编
295	BAA-1-8	多层装配式混凝土框架-剪力墙结构应用技术标准		团体标准	工程标准	在编
296	BAA-1-9	多层装配式混凝土剪力墙结构应用技术标准		团体标准	工程标准	在编
297	BAA-1-10	多层装配式双面叠合剪力墙结构技术规程		团体标准	工程标准	待编
298	BAA-1-11	叠合板式混凝土剪力墙结构技术规程		团体标准	工程标准	在编
299	BAA-1-12	装配式环筋扣合锚接混凝土剪力墙结构技术规程		行业标准	工程标准	在编
300	BAA-1-13	预制空心板剪力墙结构工程技术规程		团体标准	工程标准	在编
301	BAA-1-14	机械连接多层装配式剪力墙结构技术规程		团体标准	工程标准	在编
302	BAA-1-15	整体预应力装配式板柱结构技术规程	CECS 52：2010	团体标准	工程标准	现行
303	BAA-1-16	低层全干法装配式混凝土墙板结构技术规程		团体标准	工程标准	在编
304	BAA-1-17	村镇低多层装配式混凝土建筑技术规程		团体标准	工程标准	在编
305	BAA-1-18	装配式混凝土消能减框架结构技术规程		团体标准	工程标准	待编
306	BAA-1-19	装配复合模壳体系混凝土剪力墙结构技术规程	TCECS 522—2018	团体标准	工程标准	现行
307	BAA-1-20	装配整体式混凝土结构技术规程		行业标准	工程标准	待编
308	BAA-1-21	轻钢轻混凝土结构技术规程	JGJ 383—2016	行业标准	工程标准	现行
309	BAA-1-22	装配式混凝土结构技术规程	JGJ 1—2014	行业标准	工程标准	现行
310	BAA-1-23	装配式木-混凝土组合结构技术规程		团体标准	工程标准	待编
311	BAA-1-24	预制装配整体式模块化建筑隔震技术规程		团体标准	工程标准	在编
312	BAA-1-25	混凝土3D打印技术规程		团体标准	工程标准	在编
313	BAA-1-26	装配被动式混凝土居住建筑技术规程		团体标准	工程标准	在编
314	BAA-1-27	多螺旋箍筋柱应用技术规程	T/CECS 512—2018	团体标准	工程标准	现行
315	BAA-1-28	装配式混凝土结构设计标准		行业标准	工程标准	待编
316	BAA-1-29	装配式混凝土结构耐久性设计标准		团体标准	工程标准	待编

总序号	分序号	标准名称	标准编号	标准级别	标准类别	状态
317	BAA-1-30	装配式混凝土结构防火设计标准		团体标准	工程标准	待编
318	BAA-1-31	预制装配整体式模块化建筑设计规程		团体标准	工程标准	在编
319	BAA-1-32	装配式开孔钢板组合剪力墙设计标准		团体标准	工程标准	在编
320	BAA-1-33	多层装配式混凝土框架-剪力墙结构设计规程		团体标准	工程标准	待编
BAA-2　板、楼盖标准						
321	BAA-2-1	装配箱混凝土空心楼盖结构技术规程	JGJ/T 207—2010	行业标准	工程标准	现行
322	BAA-2-2	预制混凝土外挂墙板应用技术标准	JGJ/T 458—2018	行业标准	工程标准	现行
323	BAA-2-3	预制带肋底板混凝土叠合楼板技术规程	JGJ/T 258—2011	行业标准	工程标准	现行
324	BAA-2-4	预应力混凝土倒双T形叠合楼盖应用技术标准		团体标准	工程标准	待编
325	BAA-2-5	预应力混凝土双T板楼盖应用技术标准		团体标准	工程标准	待编
326	BAA-2-6	预应力混凝土空心板楼盖应用技术标准		团体标准	工程标准	待编
327	BAA-2-7	预制混凝土墙板工程技术规程		行业标准	工程标准	在编
328	BAA-2-8	轻型钢丝网架聚苯板混凝土构件应用技术规程	JGJ/T 269—2012	行业标准	工程标准	现行
329	BAA-2-9	钢丝网架混凝土复合板结构技术规程	JGJ/T 273—2012	行业标准	工程标准	现行
330	BAA-2-10	钢骨架轻型预制板应用技术规程		行业标准	工程标准	在编
331	BAA-2-11	装配式发泡水泥复合板建筑结构技术规程		团体标准	工程标准	在编
332	BAA-2-12	装配式轻钢混凝土组合板技术规程		团体标准	工程标准	在编
333	BAA-2-13	桁架钢筋叠合板应用技术标准		团体标准	工程标准	在编
334	BAA-2-14	预制轻混凝土承重凹槽墙板结构技术规程		团体标准	工程标准	在编
335	BAA-2-15	装配式玻璃纤维增强水泥保温复合墙板应用技术规程		团体标准	工程标准	在编
336	BAA-2-16	装配式混凝土结构的刚性楼盖设计规程		团体标准	工程标准	待编
BAA-3　节点连接标准						
337	BAA-3-1	钢筋混凝土装配整体式框架节点与连接设计规程	CECS 43：1992	团体标准	工程标准	现行
338	BAA-3-2	装配式混凝土结构节点设计标准		团体标准	工程标准	待编
339	BAA-3-3	槽式预埋件应用设计标准		团体标准	工程标准	待编
BAB　部品部件标准						
BAB-1　生产及管理标准						
340	BAB-1-1	预制混凝土构件工厂管理标准		团体标准	工程标准	在编
341	BAB-1-2	预制混凝土构件生产工艺设计标准		团体标准	工程标准	在编
342	BAB-1-3	预制混凝土构件工厂建造标准		团体标准	工程标准	在编
343	BAB-1-4	预制构件结合面生产工艺标准		团体标准	工程标准	待编

总序号	分序号	标准名称	标准编号	标准级别	标准类别	状态
344	BAB-1-5	工厂预制混凝土构件质量管理标准		行业标准	工程标准	在编
345	BAB-1-6	预制混凝土构件质量验收标准		团体标准	工程标准	在编
346	BAB-1-7	预制混凝土构件尺寸偏差		团体标准	工程标准	在编
347	BAB-1-8	预制预应力混凝土双 T 板		团体标准	产品标准	在编
348	BAB-1-9	预制构件运输技术标准		国家标准	工程标准	待编
349	BAB-1-10	预制混凝土构件设计标准		团体标准	工程标准	待编
350	BAB-1-11	预制混凝土构件统一标准		团体标准	工程标准	待编
BAB-2	预制结构构件标准					
351	BAB-2-1	叠合装配式预制混凝土构件		团体标准	产品标准	在编
352	BAB-2-2	预应力混凝土空心板	GB/T 14040—2007	国家标准	产品标准	现行
353	BAB-2-3	叠合板用预应力混凝土底板	GB/T 16727—2007	国家标准	产品标准	现行
354	BAB-2-4	预应力混凝土肋形屋面板	GB/T 16728—2007	国家标准	产品标准	现行
355	BAB-2-5	预应力混凝土双 T 板构件		团体标准	产品标准	待编
356	BAB-2-6	预应力混凝土倒双 T 板构件		团体标准	产品标准	待编
357	BAB-2-7	预应力混凝土空心板构件		团体标准	产品标准	待编
358	BAB-2-8	预制混凝土阳台			产品标准	待编
359	BAB-2-9	预制混凝土梁构件			产品标准	待编
360	BAB-2-10	预制混凝土柱构件			产品标准	待编
361	BAB-2-11	预制混凝土剪力墙构件			产品标准	待编
362	BAB-2-12	预制混凝土楼梯		团体标准	产品标准	在编
BAB-3	预制非结构构件					
363	BAB-3-1	预制混凝土填充墙构件			产品标准	待编
364	BAB-3-2	预制混凝土外挂墙板			产品标准	待编
365	BAB-3-3	预制混凝土女儿墙			产品标准	待编
BAB-4	预制部品					
366	BAB-4-1	预制混凝土整体式卫生间			产品标准	待编
367	BAB-4-2	预制混凝土整体式厨房			产品标准	待编
BAB-5	相关配件					
368	BAB-5-1	预制混凝土构件用金属预埋吊件		团体标准	产品标准	在编
369	BAB-5-2	预制混凝土构件用金属预埋吊件实验方法		团体标准	产品标准	在编
370	BAB-5-3	钢筋连接用套筒灌浆料	JG/T 408—2013	行业标准	产品标准	现行
371	BAB-5-4	混凝土接缝用建筑密封胶	JC/T 881—2017	行业标准	产品标准	现行
372	BAB-5-5	钢筋连接用灌浆金属波纹管		团体标准	产品标准	在编
373	BAB-5-6	预制节段拼装结构拼缝胶		团体标准	产品标准	在编
374	BAB-5-7	预制混凝土构件螺栓连接件			产品标准	待编

总序号	分序号	标准名称	标准编号	标准级别	标准类别	状态
375	BAB-5-8	预制混凝土外挂板连接件			产品标准	待编
376	BAB-5-9	支座垫片			产品标准	待编
BAC 施工及验收标准						
BAC-1 组织管理						
377	BAC-1-1	装配混凝土结构施工组织标准			工程标准	待编
378	BAC-1-2	装配式混凝土建筑工程总承包管理标准		团体标准	工程标准	在编
BAC-2 构件进场						
379	BAC-2-1	预制混凝土构件结构性能检验标准			工程标准	待编
380	BAC-2-2	预制混凝土构件外观质量验收标准			工程标准	待编
BAC-3 安装连接						
381	BAC-3-1	装配式混凝土结构施工及验收标准		团体标准	工程标准	在编
382	BAC-3-2	预制混凝土构件安装标准			工程标准	待编
383	BAC-3-3	预制混凝土构件安装允许尺寸偏差标准			工程标准	待编
384	BAC-3-4	装配式混凝土连接节点技术规程		行业标准	工程标准	待编
385	BAC-3-5	钢筋机械连接装配式混凝土结构技术规程		团体标准	工程标准	在编
386	BAC-3-6	预制混凝土构件螺栓连接件应用技术规程		团体标准	工程标准	在编
387	BAC-3-7	装配式建筑密封胶应用技术规程		团体标准	工程标准	在编
388	BAC-3-8	预制混凝土外挂板连接件应用技术规程		团体标准	工程标准	待编
389	BAC-3-9	钢筋机械连接技术规程	JGJ 107—2016	行业标准	工程标准	现行
390	BAC-3-10	钢筋套筒灌浆连接应用技术规程	JGJ 355—2015	行业标准	工程标准	现行
391	BAC-3-11	钢筋连接用套筒灌浆料实体强度检验技术规程		团体标准	工程标准	在编
392	BAC-3-12	装配整体式混凝土结构套筒灌浆质量检测技术规程		团体标准	工程标准	在编
393	BAC-3-13	钢筋连接器应用技术规程		团体标准	工程标准	在编
394	BAC-3-14	预制混凝土夹心保温墙体纤维增强复合材料连接件应用技术规程		团体标准	工程标准	在编
395	BAC-3-15	预制混凝土夹心保温墙板金属拉结件应用技术规程		团体标准	工程标准	在编
396	BAC-3-16	预制混凝土夹心墙板用非金属连接件应用技术规程		团体标准	工程标准	在编
397	BAC-3-17	预制混凝土构件用金属预埋吊件应用技术规程		团体标准	工程标准	在编
398	BAC-3-18	预制夹心保温墙体用不锈钢连接件		团体标准	工程标准	在编
399	BAC-3-19	装配式开孔钢板组合剪力墙施工及验收标准		团体标准	工程标准	在编

总序号	分序号	标准名称	标准编号	标准级别	标准类别	状态
400	BAC-3-20	装配式混凝土结构的刚性楼盖施工及验收规程		团体标准	工程标准	待编
401	BAC-3-21	预制装配整体式模块化建筑施工及验收规程		团体标准	工程标准	在编
402	BAC-3-22	聚苯免拆模板应用技术规程		团体标准	工程标准	在编
403	BAC-3-23	聚苯模板混凝土楼盖技术规程		行业标准	工程标准	在编
404	BAC-3-24	混凝土预制构件外墙防水工程技术规程		行业标准	工程标准	在编
405	BAC-3-25	装配式混凝土结构工具式支撑与安全防护技术标准		团体标准	工程标准	在编
406	BAC-3-26	预制混凝土构件预埋锚固件应用技术规程		团体标准	工程标准	在编

BAD 检测鉴定标准

BAD-1 结构检测

407	BAD-1-1	装配式混凝土结构检测技术标准			工程标准	待编

BAD-2 结构鉴定

408	BAD-2-1	装配式混凝土结构鉴定规程			工程标准	待编
409	BAD-2-2	装配式混凝土结构可靠性评定标准			工程标准	待编

BAE 运营维护标准

410	BAE-0-1	装配式混凝土结构运营管理规程			工程标准	待编
411	BAE-0-2	装配式混凝土结构维护加固技术规范			工程标准	待编
412	BAE-0-3	装配式混凝土结构加固技术标准(规范)			工程标准	待编
413	BAE-0-4	装配式混凝土建筑使用维护规程			工程标准	待编

BAF 拆除及再利用标准

414	BAF-0-1	装配式混凝土结构拆除再利用标准			工程标准	待编
415	BAF-0-2	装配式混凝土结构改造技术规程			工程标准	待编
416	BAF-0-3	装配式混凝土结构拆除技术规程			工程标准	待编
417	BAF-0-4	预制混凝土构件回收再利用技术规程			工程标准	待编
418	BAF-0-5	装配式混凝土框架结构拆除技术规程			工程标准	待编
419	BAF-0-6	装配式混凝土剪力墙结构拆除技术规程			工程标准	待编
420	BAF-0-7	装配式空间框架—剪力结构拆除技术规程			工程标准	待编
421	BAF-0-8	装配式混凝土框架结构改造技术规程			工程标准	待编
422	BAF-0-9	装配式混凝土剪力墙结构改造技术规程			工程标准	待编
423	BAF-0-10	装配式空间框架—剪力结构改造技术规程			工程标准	待编

BB 钢结构

BBA 设计标准

BBA-1 结构体系标准

424	BBA-1-1	装配式钢结构建筑技术标准	GB/T 51232—2016	国家标准	工程标准	现行

总序号	分序号	标准名称	标准编号	标准级别	标准类别	状态
425	BBA-1-2	不锈钢结构技术规范	CECS 410:2015	团体标准	工程标准	现行
426	BBA-1-3	冷弯薄壁型钢结构技术规范	GB 50018—2002	国家标准	工程标准	现行
427	BBA-1-4	轻型钢结构技术规程	DG/T J08—2089—2012	地方标准	工程标准	现行
428	BBA-1-5	高层民用建筑钢结构技术规程	JGJ 99—2015	行业标准	工程标准	现行
429	BBA-1-6	空间网格结构技术规程	JGJ 7—2010	行业标准	工程标准	现行
430	BBA-1-7	天津市空间网格结构技术规程	DB29—140—2005	地方标准	工程标准	现行
431	BBA-1-8	膜结构技术规程	CECS 158:2015	团体标准	工程标准	现行
432	BBA-1-9	索结构技术规程	JGJ 257—2012	行业标准	工程标准	现行
433	BBA-1-10	低张拉控制应力拉索技术规程	JGJ/T 226—2011	行业标准	工程标准	现行
434	BBA-1-11	预应力钢结构技术规程	CECS 212:2006	团体标准	工程标准	现行
435	BBA-1-12	拱形钢结构技术规程	JGJ/T 249—2011	行业标准	工程标准	现行
436	BBA-1-13	钢板剪力墙技术规程	JGJ/T 380—2015	行业标准	工程标准	现行
437	BBA-1-14	轻钢构架固模剪力墙结构技术规程	CECS 283:2010	团体标准	工程标准	现行
438	BBA-1-15	钢结构单管通信塔技术规程	CECS 236:2008	团体标准	工程标准	现行
439	BBA-1-16	钢管混凝土结构技术规范	GB 50936—2014	国家标准	工程标准	现行
440	BBA-1-17	钢-混凝土混合结构技术规程	DBJ 13—61—2004	地方标准	工程标准	现行
441	BBA-1-18	实心与空心钢管混凝土结构技术规程	CECS 254:2012	团体标准	工程标准	现行
442	BBA-1-19	矩形钢管混凝土结构技术规程	CECS 159:2004	团体标准	工程标准	现行
443	BBA-1-20	轻钢轻混凝土结构技术规程	JGJ 383—2016	行业标准	工程标准	现行
444	BBA-1-21	钢骨混凝土结构技术规程	YB 9082—2006	行业标准	工程标准	现行
445	BBA-1-22	低层冷弯薄壁型钢房屋建筑技术规程	JGJ 227—2011	行业标准	工程标准	现行
446	BBA-1-23	门式刚架轻型房屋钢结构技术规范	GB 51022—2015	国家标准	工程标准	现行
447	BBA-1-24	轻型钢结构住宅技术规程	JGJ 209—2010	行业标准	工程标准	现行
448	BBA-1-25	端板式半刚性连接钢结构技术规程	CECS 260:2009	团体标准	工程标准	现行

BBA-2　板、楼盖设计标准

449	BBA-2-1	开合屋盖结构技术规程	CECS 417:2015	团体标准	工程标准	现行
450	BBA-2-2	拱形波纹钢屋盖结构技术规程	CECS 167:2004	团体标准	工程标准	现行
451	BBA-2-3	采光顶与金属屋面技术规程	JGJ 255—2012	行业标准	工程标准	现行
452	BBA-2-4	钢-混凝土组合楼盖结构设计与施工规程	YB 9238—92	行业标准	工程标准	现行
453	BBA-2-5	组合楼板设计与施工规范	CECS 273:2010	团体标准	工程标准	现行
454	BBA-2-6	压型金属板工程应用技术规范	GB 50896—2013	国家标准	工程标准	现行
455	BBA-2-7	波浪腹板钢结构应用技术规程	CECS 290:2011	团体标准	工程标准	现行
456	BBA-2-8	波纹腹板钢结构技术规程	CECS 291:2011	团体标准	工程标准	现行

BBA-3　节点连接标准

457	BBA-3-1	单边螺栓节点技术规程		团体标准	工程标准	在编
458	BBA-3-2	标准化钢结构节点应用技术导则		团体标准	工程标准	在编

总序号	分序号	标准名称	标准编号	标准级别	标准类别	状态
BBB	部品部件标准					
BBB-1	材料产品标准					
459	BBB-1-1	金属材料 拉伸试验 第1部分:室温试验方法	GB/T 228.1—2010	国家标准	方法标准	现行
460	BBB-1-2	金属材料 弯曲试验方法	GB/T 232—2010	国家标准	方法标准	现行
461	BBB-1-3	低合金高强度结构钢	GB/T 1591—2018	国家标准	产品标准	现行
462	BBB-1-4	耐候结构钢	GB/T 4171—2008	国家标准	产品标准	现行
463	BBB-1-5	热轧型钢	GB/T 706—2016	国家标准	产品标准	现行
464	BBB-1-6	热轧 H 型钢和剖分 T 型钢	GB/T 11263—2017	国家标准	产品标准	现行
465	BBB-1-7	结构用高频焊接薄壁 H 型钢	JG/T 137—2007	行业标准	产品标准	现行
466	BBB-1-8	建筑结构用冷弯薄壁型钢	JG/T 380—2012	行业标准	产品标准	现行
467	BBB-1-9	结构用冷弯空心型钢	GB/T 6728—2017	国家标准	产品标准	现行
468	BBB-1-10	通用冷弯开口型钢	GB/T 6723—2017	国家标准	产品标准	现行
469	BBB-1-11	冷弯型钢通用技术要求	GB/T 6725—2017	国家标准	产品标准	现行
470	BBB-1-12	焊接 H 型钢	GB/T 33814—2017	国家标准	产品标准	现行
471	BBB-1-13	焊接 H 型钢	YB/T 3301—2005	行业标准	产品标准	现行
472	BBB-1-14	建筑结构用钢板	GB/T 19879—2015	国家标准	产品标准	现行
473	BBB-1-15	建筑用压型钢板	GB/T 12755—2008	国家标准	产品标准	现行
474	BBB-1-16	厚度方向性能钢板	GB/T 5313—2010	国家标准	产品标准	现行
475	BBB-1-17	冷轧高强度建筑结构用薄钢板	JG/T 378—2012	行业标准	产品标准	现行
476	BBB-1-18	冷弯波形钢板	YB/T 5327—2006	行业标准	产品标准	现行
477	BBB-1-19	铝及铝合金花纹板	GB/T 4438—2006	国家标准	产品标准	现行
478	BBB-1-20	钛—不锈钢复合板	GB/T 8546—2017	国家标准	产品标准	现行
479	BBB-1-21	铝及铝合金压型板	GB/T 6891—2018	国家标准	产品标准	现行
480	BBB-1-22	钢格栅板及配套件 第1部分:钢格栅板	YB/T 4001.1—2007	行业标准	产品标准	现行
481	BBB-1-23	建筑用金属面绝热夹芯板	GB/T 23932—2009	国家标准	产品标准	现行
482	BBB-1-24	耐热钢钢板与钢带	GB/T 4238—2015	国家标准	产品标准	现行
483	BBB-1-25	不锈钢热轧钢板和钢带	GB/T 4237—2015	国家标准	产品标准	现行
484	BBB-1-26	不锈钢冷轧钢板和钢带	GB/T 3280—2015	国家标准	产品标准	现行
485	BBB-1-27	不锈钢复合钢板和钢带	GB/T 8165—2008	国家标准	产品标准	现行
486	BBB-1-28	碳素结构钢和低合金结构钢热轧钢带	GB/T 3524—2015	国家标准	产品标准	现行
487	BBB-1-29	碳素结构钢和低合金结构钢热轧钢板和钢带	GB/T 3274—2017	国家标准	产品标准	现行
488	BBB-1-30	碳素结构钢冷轧薄钢板及钢带	GB/T 11253—2007	国家标准	产品标准	现行
489	BBB-1-31	碳素结构钢冷轧钢带	GB/T 716—1991	国家标准	产品标准	现行
490	BBB-1-32	连续热镀锌钢板及钢带	GB/T 2518—2008	国家标准	产品标准	现行
491	BBB-1-33	彩色涂层钢板及钢带	GB/T 12754—2006	国家标准	产品标准	现行

续表

总序号	分序号	标准名称	标准编号	标准级别	标准类别	状态
492	BBB-1-34	热轧钢板和钢带的尺寸、外形、重量及允许偏差	GB/T 709—2006	国家标准	产品标准	现行
493	BBB-1-35	冷轧钢板和钢带的尺寸、外形、重量及允许偏差	GB/T 708—2006	国家标准	产品标准	现行
494	BBB-1-36	热轧钢棒尺寸、外形、重量及允许偏差	GB/T 702—2017	国家标准	产品标准	现行
495	BBB-1-37	建筑结构用铸钢管	JG/T 300—2011	行业标准	产品标准	现行
496	BBB-1-38	建筑结构用冷弯矩形钢管	JG/T 178—2005	行业标准	产品标准	现行
497	BBB-1-39	结构用无缝钢管	GB/T 8162—2018	国家标准	产品标准	现行
498	BBB-1-40	结构用不锈钢无缝钢管	GB/T 14975—2012	国家标准	产品标准	现行
499	BBB-1-41	直缝电焊钢管	GB/T 13793—2016	国家标准	产品标准	现行
500	BBB-1-42	冷拔异型钢管	GB/T 3094—2012	国家标准	产品标准	现行
501	BBB-1-43	建筑用轻钢龙骨	GB/T 11981—2008	国家标准	产品标准	现行
502	BBB-1-44	焊接结构用铸钢件	GB/T 7659—2010	国家标准	产品标准	现行
503	BBB-1-45	一般工程用铸造碳钢件	GB/T 11352—2009	国家标准	产品标准	现行
504	BBB-1-46	碳素结构钢	GB/T 700—2006	国家标准	产品标准	现行
505	BBB-1-47	钢网架焊接空心球节点	JG/T 11—2009	行业标准	产品标准	现行
506	BBB-1-48	钢网架螺栓球节点	JG/T 10—2009	行业标准	产品标准	现行
507	BBB-1-49	优质碳素结构钢	GB/T 4237—2015	国家标准	产品标准	现行
BBB-2	预制部品标准					
508	BBB-2-1	预制构件标准			产品标准	待编
509	BBB-2-2	建筑用钢质拉杆构件	JG/T 389—2012	行业标准	产品标准	现行
510	BBB-2-3	钢桁架构件	JG/T 8—2016	行业标准	产品标准	现行
511	BBB-2-4	门式刚架轻型房屋钢构件	JG/T 144—2016	行业标准	产品标准	现行
512	BBB-2-5	钢结构预制构件标准			产品标准	待编
BBB-3	相关配件标准					
513	BBB-3-1	钢结构用高强度大六角螺母	GB/T 1229—2006	国家标准	产品标准	现行
514	BBB-3-2	钢结构用高强度大六角头螺栓	GB/T 1228—2006	国家标准	产品标准	现行
515	BBB-3-3	钢网架螺栓球节点用高强度螺栓	GB/T 16939—2016	国家标准	产品标准	现行
516	BBB-3-4	电弧螺柱焊用圆柱头焊钉	GB/T 10433—2002	国家标准	产品标准	现行
517	BBB-3-5	储能焊用焊接螺柱	GB/T 902.3—2008	国家标准	产品标准	现行
518	BBB-3-6	手工焊用焊接螺柱	GB/T 902.1—2008	国家标准	产品标准	现行
519	BBB-3-7	电弧螺柱焊用焊接螺柱	GB/T 902.2—2010	国家标准	产品标准	现行
520	BBB-3-8	钢结构用高强度垫圈	GB/T 1230—2006	国家标准	产品标准	现行
521	BBB-3-9	钢结构用扭剪型高强度螺栓连接副	GB/T 3632—2008	国家标准	产品标准	现行
522	BBB-3-10	钢结构用高强度大六角头螺栓、大六角螺母、垫圈技术条件	GB/T 1231—2006	国家标准	产品标准	现行
523	BBB-3-11	装配式钢结构用折叠型单边螺栓		团体标准	产品标准	在编

总序号	分序号	标准名称	标准编号	标准级别	标准类别	状态
524	BBB-3-12	建筑用钢结构防腐涂料	JG/T 224—2007	行业标准	产品标准	现行
525	BBB-3-13	钢结构防火涂料	GB 14907—2018	国家标准	产品标准	现行

BBC　施工及验收标准

BBC-1　施工安装标准

总序号	分序号	标准名称	标准编号	标准级别	标准类别	状态
526	BBC-1-1	钢结构工程施工规范	GB 50755—2012	国家标准	工程标准	现行
527	BBC-1-2	铝合金结构工程施工规程	JGJ/T 216—2010	行业标准	工程标准	现行
528	BBC-1-3	钢结构装配化施工技术标准			工程标准	待编
529	BBC-1-4	钢结构制作工艺规程	DG/TJ 08—216—2007	地方标准	工程标准	现行
530	BBC-1-5	钢结构钢材选用与检验技术规程	CECS 300：2011	团体标准	工程标准	现行
531	BBC-1-6	钢结构焊接规范	GB 50661—2011	国家标准	工程标准	现行
532	BBC-1-7	栓钉焊接技术规程	CECS 226：2007	团体标准	工程标准	现行
533	BBC-1-8	钢结构焊接热处理技术规程	CECS 330：2013	团体标准	工程标准	现行
534	BBC-1-9	钢结构防腐蚀涂装技术规程	CECS 343：2013	团体标准	工程标准	现行
535	BBC-1-10	钢结构、管道涂装技术规程	YB/T 9256—1996	行业标准	工程标准	现行
536	BBC-1-11	钢结构防火涂料应用技术规范	CECS 24—90	团体标准	工程标准	现行
537	BBC-1-12	钢结构高强度螺栓连接技术规程	JGJ 82—2011	行业标准	工程标准	现行

BBC-2　工程验收标准

总序号	分序号	标准名称	标准编号	标准级别	标准类别	状态
538	BBC-2-1	钢结构工程施工质量验收规范	GB 50205—2001	国家标准	工程标准	现行
539	BBC-2-2	铝合金结构工程施工质量验收规范	GB 50576—2010	国家标准	工程标准	现行
540	BBC-2-3	高耸结构工程施工质量验收规范	GB 51203—2016	国家标准	工程标准	现行
541	BBC-2-4	塔桅钢结构工程施工质量验收规程	CECS 80：2006	团体标准	工程标准	现行

BBD　检测鉴定标准

BBD-1　检测标准

总序号	分序号	标准名称	标准编号	标准级别	标准类别	状态
542	BBD-1-1	钢结构现场检测技术标准	GB/T 50621—2010	国家标准	工程标准	现行
543	BBD-1-2	建筑结构检测技术标准（附条文说明）	GB/T 50344—2004	国家标准	工程标准	现行
544	BBD-1-3	钢结构检测评定及加固技术规程（附条文说明）	YB 9257—1996	行业标准	工程标准	现行
545	BBD-1-4	焊缝无损检测超声波检测技术、检测等级和评定	GB/T 11345—2013	国家标准	工程标准	现行
546	BBD-1-5	无损检测　接触式超声斜射检测方法	GB/T 11343—2008	国家标准	方法标准	现行
547	BBD-1-6	无损检测　术语　超声检测	GB/T 12604.1—2005	国家标准	方法标准	现行
548	BBD-1-7	无损检测　术语　射线检测	GB/T 12604.2—2005	国家标准	方法标准	现行
549	BBD-1-8	无损检测　术语　渗透检测	GB/T 12604.3—2005	国家标准	方法标准	现行
550	BBD-1-9	无损检测　术语　声发射检测	GB/T 12604.4—2005	国家标准	方法标准	现行
551	BBD-1-10	无损检测　符号表示法	GB/T 14693—2008	国家标准	方法标准	现行
552	BBD-1-11	铸钢件渗透检测	GB/T 9443—2007	国家标准	方法标准	现行
553	BBD-1-12	铸钢件磁粉检测	GB/T 9444—2007	国家标准	方法标准	现行

续表

总序号	分序号	标准名称	标准编号	标准级别	标准类别	状态
554	BBD-1-13	复合钢板超声检测方法	GB/T 7734—2015	国家标准	方法标准	现行
BBD-2	鉴定标准					
555	BBD-2-1	钢结构超声波探伤及质量分级法	JG/T 203—2007	行业标准	方法标准	现行
556	BBD-2-2	无缝钢管超声波探伤检验方法	GB/T 5777—2008	国家标准	方法标准	现行
557	BBD-2-3	无损检测 金属管道熔化焊环向对接接头射线照相检测方法	GB/T 12605—2008	国家标准	方法标准	现行
558	BBD-2-4	危险房屋鉴定标准	JGJ 125—2016	行业标准	工程标准	现行
559	BBD-2-5	构筑物抗震鉴定标准	GB 50117—2014	国家标准	工程标准	现行
560	BBD-2-6	工业建(构)筑物钢结构防腐蚀涂装质量检测、评定标准	YBT 4390—2013	行业标准	工程标准	现行
561	BBD-2-7	火灾后建筑结构鉴定标准(附条文说明)	CECS 252：2009	团体标准	工程标准	现行
BBE	运营管理标准					
562	BBE-0-1	钢结构加固技术规范	CECS 77：1996	团体标准	工程标准	现行
563	BBE-0-2	钢结构检测评定及加固技术规程	YB 9257—1996	行业标准	工程标准	现行
BBF	拆除及再利用标准					
564	BBF-0-1	拆除回收标准			工程标准	待编
565	BBF-0-2	钢结构装配化建筑拆除标准			工程标准	待编
566	BBF-0-3	钢结构装配化建筑回收与再利用标准			工程标准	待编
BC	木结构					
BCA	材料产品标准					
BCA-1	工程用材料					
567	BCA-1-1	结构用集成材	GB/T 26899—2011	国家标准	产品标准	现行
568	BCA-1-2	单板层积材	GB/T 20241—2006	国家标准	产品标准	现行
569	BCA-1-3	定向刨花板	LY/T 1580—2010	行业标准	产品标准	现行
570	BCA-1-4	木结构覆板用胶合板	GB/T 22349—2008	国家标准	产品标准	现行
571	BCA-1-5	建筑结构用木工字梁	GB/T 28985—2012	国家标准	产品标准	现行
BCB	试验方法标准					
BCB-1	试验方法标准					
572	BCB-1-1	木结构试验方法标准	GB/T 50329—2012	国家标准	方法标准	现行
BCC	设计标准					
573	BCC-0-1	木结构设计标准	GB 50005—2017	国家标准	工程标准	现行
574	BCC-0-2	木骨架组合墙体技术标准	GB/T 50361—2018	国家标准	工程标准	现行
BCC-1	胶合木结构					
575	BCC-1-1	胶合木结构技术规范	GB/T 50708—2012	国家标准	工程标准	现行
BCC-2	多高层木结构					
576	BCC-2-1	多高层木结构建筑技术标准	GB/T 51226—2017	国家标准	工程标准	现行

总序号	分序号	标准名称	标准编号	标准级别	标准类别	状态
BCC-3	轻型木结构					
577	BCC-3-1	轻型木桁架技术规范	JGJ/T 265—2012	行业标准	工程标准	现行
578	BCC-3-2	轻型木结构建筑技术规程	DG/T J08—2059—2009	地方标准	工程标准	现行
579	BCC-3-3	轻型木结构采血屋	Q_1001WYG 009—2015	企业标准	工程标准	现行
BCD	部品部件标准					
BCD-1	预制构件					
580	BCD-1-1	预制构件标准			产品标准	待编
581	BCD-1-2	梁柱式木结构居住建筑质量标准	Q_KXTZ 01—2016	企业标准	产品标准	现行
582	BCD-1-3	木结构预制构件标准			产品标准	待编
583	BCD-1-4	工业化木结构构件质量控制标准			工程标准	待编
BCD-2	标准化节点					
584	BCD-2-1	标准化木结构节点技术标准			工程标准	待编
BCE	施工及验收标准					
BCE-1	施工组装技术					
585	BEC-1-1	木结构工程施工规范	GB/T 50772—2012	国家标准	工程标准	现行
BCE-2	工程验收					
586	BCE-2-1	木结构工程施工质量验收规范	GB 50206—2012	国家标准	工程标准	现行
BCF	运营管理标准					
587	BCF-0-1	木结构检测技术标准			工程标准	待编
BCG	拆除及再利用标准					
588	BCG-0-1	木结构拆除与再利用技术标准				待编
BD	围护系统					
BDA	金属围护系统					
BDA-1	金属板材料					
589	BDA-1-1	彩色涂层钢板及钢带	GB/T 12754—2006	国家标准	产品标准	现行
590	BDA-1-2	建筑屋面和幕墙用冷轧不锈钢钢板和钢带	GB/T 34200—2017	国家标准	产品标准	现行
591	BDA-1-3	建筑结构用冷弯薄壁型钢	JG/T 380—2012	行业标准	产品标准	现行
592	BDA-1-4	绝热用玻璃棉及其制品	GB/T 13350—2017	国家标准	产品标准	现行
593	BDA-1-5	弹性体改性沥青防水卷材	GB 18242—2008	国家标准	产品标准	现行
594	BDA-1-6	聚氯乙烯(PVC)防水卷材	GB 12952—2011	国家标准	产品标准	现行
595	BDA-1-7	氯化聚乙烯防水卷材	GB 12953—2003	国家标准	产品标准	现行
596	BDA-1-8	隔热防水垫层	JC/T 2290—2014	行业标准	产品标准	现行
597	BDA-1-9	透汽防水垫层	JC/T 2291—2014	行业标准	产品标准	现行
598	BDA-1-10	种植屋面用耐根穿刺防水卷材	JC/T 1075—2008	行业标准	产品标准	现行
599	BDA-1-11	自钻自攻螺钉	GB/T 15856.4—2002	国家标准	产品标准	现行
600	BDA-1-12	紧固件机械性能　自攻螺钉	GB/T 3098.5—2016	国家标准	产品标准	现行

续表

总序号	分序号	标准名称	标准编号	标准级别	标准类别	状态
601	BDA-1-13	十字槽盘头自钻自攻螺钉	GB/T 15856.1—2002	国家标准	产品标准	现行
602	BDA-1-14	硅酮和改性硅酮建筑密封胶	GB/T 14683—2017	国家标准	产品标准	现行
603	BDA-1-15	丁基橡胶防水密封胶粘带	JC/T 942—2004	行业标准	产品标准	现行
604	BDA-1-16	建筑用压型钢板	GB/T 12755—2018	国家标准	产品标准	现行
605	BDA-1-17	铝及铝合金压型板	GB/T 6891—2018	国家标准	产品标准	现行
606	BDA-1-18	铝及铝合金波纹板	GB/T 4438—2006	国家标准	产品标准	现行
607	BDA-1-19	热反射金属屋面板	JG/T 402—2013	行业标准	产品标准	现行
608	BDA-1-20	建筑用不锈钢压型板	GB/T 36145—2018	国家标准	产品标准	现行
609	BDA-1-21	建筑用金属面绝热夹芯板	GB/T 23932—2009	国家标准	产品标准	现行
610	BDA-1-22	建筑用金属面酚醛泡沫夹芯板	JC/T 2155—2012	行业标准	产品标准	现行
611	BDA-1-23	单层卷材屋面系统抗风揭试验方法	GB/T 31543—2015	国家标准	方法标准	现行
612	BDA-1-24	冷弯薄壁型钢结构技术规范	GB 50018—2002	国家标准	工程标准	现行

BDA-0(2、3、4、5 构造、设计、生产、施工验收)

总序号	分序号	标准名称	标准编号	标准级别	标准类别	状态
613	BDA-0-1	门式刚架轻型房屋钢结构技术规范	GB 51022—2015	国家标准	工程标准	现行
614	BDA-0-2	压型金属板工程应用技术规范	GB 50896—2013	国家标准	工程标准	现行
615	BDA-0-3	装配式钢结构建筑技术标准	GB/T 51232—2016	国家标准	工程标准	现行
616	BDA-0-4	建筑金属围护系统工程技术标准		行业标准	工程标准	在编
617	BDA-0-5	金属夹心板应用技术规程		行业标准	工程标准	在编
618	BDA-0-6	现场属屋面系统抗风揭检测方法			方法标准	待编
619	BDA-0-7	建筑金属围护系统抗风揭检测方法			方法标准	待编
620	BDA-0-8	装配式金属屋面系统 检测与认证			方法标准	待编

BDA-3 运营维护标准

总序号	分序号	标准名称	标准编号	标准级别	标准类别	状态
621	BDA-3-1	建筑金属板围护系统检测鉴定及加固技术标准		国家标准	工程标准	在编

BDB 混凝土围护系统

BDB-1 混凝土材料

总序号	分序号	标准名称	标准编号	标准级别	标准类别	状态
622	BDB-1-1	蒸压加气混凝土砌块	GB/T 11968—2006	国家标准	产品标准	现行
623	BDB-1-2	蒸压加气混凝土板	GB/T 15762—2008	国家标准	产品标准	现行
624	BDB-1-3	建筑材料及制品燃烧分级	GB 8624—2012	国家标准	产品标准	现行
625	BDB-1-4	墙板自攻螺钉	GB/T 14210—1993	国家标准	产品标准	现行
626	BDB-1-5	硅酮和改性硅酮建筑密封胶	GB/T 14683—2017	国家标准	产品标准	现行
627	BDB-1-6	轻集料混凝土小型空心砌块	GB/T 15229—2011	国家标准	产品标准	现行
628	BDB-1-7	预应力混凝土肋形屋面板	GB/T 16728—2007	国家标准	产品标准	现行
629	BDB-1-8	玻璃纤维增强水泥轻质多孔隔墙条板	GB/T 19631—2005	国家标准	产品标准	现行
630	BDB-1-9	建筑用轻质隔墙条板	GB/T 23451—2009	国家标准	产品标准	现行
631	BDB-1-10	建筑外墙外保温用岩棉制品	GB/T 25975—2018	国家标准	产品标准	现行
632	BDB-1-11	砂浆和混凝土用硅灰	GB/T 27690—2011	国家标准	产品标准	现行

总序号	分序号	标准名称	标准编号	标准级别	标准类别	状态
633	BDB-1-12	蒸压泡沫混凝土砖和砌块	GB/T 29062—2012	国家标准	产品标准	现行
634	BDB-1-13	混凝土结构用成型钢筋制品	GB/T 29733—2013	国家标准	产品标准	现行
635	BDB-1-14	预应力混凝土用中强度钢丝	GB/T 30828—2014	国家标准	产品标准	现行
636	BDB-1-15	混凝土防腐阻锈剂	GB/T 31296—2014	国家标准	产品标准	现行
637	BDB-1-16	活性粉末混凝土	GB/T 31387—2015	国家标准	产品标准	现行
638	BDB-1-17	彩色沥青混凝土	GB/T 32984—2016	国家标准	产品标准	现行
639	BDB-1-18	钢板网	GB/T 33275—2016	国家标准	产品标准	现行
640	BDB-1-19	金属尾矿多孔混凝土夹芯系统复合墙板	GB/T 33600—2017	国家标准	产品标准	现行
641	BDB-1-20	钢筋混凝土用耐蚀钢筋	GB/T 33953—2017	国家标准	产品标准	现行
642	BDB-1-21	钢筋混凝土用不锈钢钢筋	GB/T 33959—2017	国家标准	产品标准	现行
643	BDB-1-22	预应力混凝土用钢绞线	GB/T 5224—2014	国家标准	产品标准	现行
644	BDB-1-23	泡沫混凝土砌块	JC/T 1062—2007	行业标准	产品标准	现行
645	BDB-1-24	屋面保温隔热用泡沫混凝土	JC/T 2125—2012	行业标准	产品标准	现行
646	BDB-1-25	泡沫混凝土用泡沫剂	JC/T 2199—2013	行业标准	产品标准	现行
647	BDB-1-26	硅镁加气混凝土空心轻质隔墙板	JC/T 680—1997	行业标准	产品标准	现行
648	BDB-1-27	纤维水泥夹芯复合墙板	JC/T 1055—2007	行业标准	产品标准	现行
649	BDB-1-28	玻璃纤维增强水泥外墙板	JC/T 1057—2007	行业标准	产品标准	现行
650	BDB-1-29	轻质混凝土吸声板	JC/T 2122—2012	行业标准	产品标准	现行
651	BDB-1-30	聚氨酯建筑密封胶	JC/T 482—2003	行业标准	产品标准	现行
652	BDB-1-31	聚硫建筑密封胶	JC/T 483—2006	行业标准	产品标准	现行
653	BDB-1-32	玻璃纤维增强水泥(GRC)外墙内保温板	JC/T 893—2001	行业标准	产品标准	现行
654	BDB-1-33	玻璃纤维增强水泥(GRC)装饰制品	JC/T 940—2004	行业标准	产品标准	现行
655	BDB-1-34	墙板挤压机技术条件	JC/T 969—2005	行业标准	产品标准	现行
656	BDB-1-35	泡沫混凝土	JG/T 266—2011	行业标准	产品标准	现行
657	BDB-1-36	建筑隔墙用轻质条板通用技术要求	JG/T 169—2016	行业标准	产品标准	现行
658	BDB-1-37	纤维增强混凝土装饰墙板	JG/T 348—2011	行业标准	产品标准	现行
659	BDB-1-38	混凝土轻质条板	JG/T 350—2011	行业标准	产品标准	现行
660	BDB-1-39	钢筋连接用灌浆套筒	JG/T 398—2012	行业标准	产品标准	现行
661	BDB-1-40	预制混凝土构件质量检验标准	DB11/T 968—2013	地方标准	产品标准	现行
662	BDB-1-41	改性粉煤灰实心保温墙板	DB13/T 1058—2009	地方标准	产品标准	现行
663	BDB-1-42	蒸压陶粒混凝土墙板	DB44/T 1075—2012	地方标准	产品标准	现行
664	BDB-1-43	建筑复合保温墙板	DB52/T 887—2014	地方标准	产品标准	现行
665	BDB-1-44	预制夹心保温墙体用纤维塑料连接件			产品标准	待编
666	BDB-1-45	装配式玻纤增强无机材料复合保温墙板预制复合墙体			产品标准	待编
667	BDB-1-46	装配式墙体用外墙板			产品标准	待编
668	BDB-1-47	预制保温墙体用不锈钢连接件			产品标准	待编

续表

总序号	分序号	标准名称	标准编号	标准级别	标准类别	状态
669	BDB-1-48	蒸压轻质加气混凝土板			产品标准	待编
670	BDB-1-49	轻骨料混凝土一体化轻型屋面板			产品标准	待编
671	BDB-1-50	农牧建筑用夹芯保温屋面板			产品标准	待编
672	BDB-1-51	钢筋焊接网			产品标准	待编
673	BDB-1-52	GRC玻璃纤维增强水泥保温外墙板			产品标准	待编
674	BDB-1-53	预应力轻质保温屋面板			产品标准	待编
675	BDB-1-54	轻质复合保温屋面板			产品标准	待编
676	BDB-1-55	集成墙板			产品标准	待编
677	BDB-1-56	轻质钢边框复合保温外墙板、屋面板			产品标准	待编
678	BDB-1-57	轻质蒸压加气混凝土板（砂加气）			产品标准	待编
679	BDB-1-58	预制自保温陶粒混凝土外墙板			产品标准	待编
680	BDB-1-59	预制混凝土夹心保温外挂墙板			产品标准	待编
681	BDB-1-60	装配式轻钢结构复合外墙板			产品标准	待编
682	BDB-1-61	建筑用保温一体化外墙板、屋面板			产品标准	待编
683	BDB-1-62	蒸压瓷渣粉加气混凝土板			产品标准	待编
684	BDB-1-63	产品标准轻质复合节能墙板			产品标准	待编
685	BDB-1-64	欧克轻质屋面板			产品标准	待编
686	BDB-1-65	外挂墙板			产品标准	待编
687	BDB-1-66	绝热墙板			产品标准	待编
688	BDB-1-67	预制混凝土夹芯保温外墙板			产品标准	待编
689	BDB-1-68	轻质蒸压加气混凝土板（砂加气）			产品标准	待编
690	BDB-1-69	FR复合保温墙板			产品标准	待编
691	BDB-1-70	预制钢筋混凝土夹芯外墙板	Q_AEJ B001—2017	企业	产品标准	现行
692	BDB-1-71	建筑用轻质混凝土围护墙板		团体	产品标准	在编
693	BDB-1-72	混凝土强度检验评定标准	GB/T 50107—2010	国家标准	方法标准	现行
694	BDB-1-73	建筑围护结构整体节能性能评价方法	GB/T 34606—2017	国家标准	方法标准	现行
695	BDB-1-74	蒸压加气混凝土性能试验方法	GB/T 11969—2008	国家标准	方法标准	现行
696	BDB-1-75	建筑墙板试验方法	GB/T 30100—2013	国家标准	方法标准	现行
697	BDB-1-76	建筑物围护结构传热系数及采暖供热量检测方法	GB/T 23483—2009	国家标准	方法标准	现行
698	BDB-1-77	建筑外墙外保温系统的防火性能试验方法	GB/T 29416—2012	国家标准	方法标准	现行
699	BDB-1-78	蒸压加气混凝土板钢筋涂层防锈性能试验方法	JC/T 855—1999	行业标准	方法标准	现行
700	BDB-1-79	普通混凝土拌合物性能试验方法标准	GB/T 50080—2016	国家标准	方法标准	现行
701	BDB-1-80	钢筋混凝土用钢材试验方法	GB/T 28900—2012	国家标准	方法标准	现行
702	BDB-1-81	纤维混凝土试验方法标准	CECS 13：2009	团体标准	方法标准	现行

总序号	分序号	标准名称	标准编号	标准级别	标准类别	状态
703	BDB-1-82	建筑围护结构保温性能现场快速测试方法标准		团体标准	方法标准	在编

BDB- 0(2、3、4、5 构造、设计、生产、施工验收)

总序号	分序号	标准名称	标准编号	标准级别	标准类别	状态
704	BDB-0-1	墙体材料应用统一技术规范	GB 50574—2010	国家标准	工程标准	现行
705	BDB-0-2	纤维增强复合材料建设工程应用技术规范	GB 50608—2010	国家标准	工程标准	现行
706	BDB-0-3	低温环境混凝土应用技术规范	GB 51081—2015	国家标准	工程标准	现行
707	BDB-0-4	粉煤灰混凝土应用技术规范	GB/T 50146—2014	国家标准	工程标准	现行
708	BDB-0-5	装配式混凝土建筑技术标准	GB/T 51231—2016	国家标准	工程标准	现行
709	BDB-0-6	混凝土结构工程施工质量验收规范	GB 50204—2015	国家标准	工程标准	现行
710	BDB-0-7	建筑装饰装修工程质量验收标准	GB 50210—2018	国家标准	工程标准	现行
711	BDB-0-8	住宅装饰装修工程施工规范	GB 50327—2001	国家标准	工程标准	现行
712	BDB-0-9	玻璃纤维增强水泥(GRC)屋面防水应用技术规程	JC/T 2279—2014	国家标准	工程标准	现行
713	BDB-0-10	点挂外墙板装饰工程技术规程	JGJ 321—2014	行业标准	工程标准	现行
714	BDB-0-11	建筑轻质条板隔墙技术规程	JGJ/T 157—2014	行业标准	工程标准	现行
715	BDB-0-12	围护结构传热系数现场检测技术规程	JGJ/T 357—2015	行业标准	工程标准	现行
716	BDB-0-13	蒸压加气混凝土建筑应用技术规程	JGJ/T 17—2008	行业标准	工程标准	现行
717	BDB-0-14	轻骨料混凝土结构技术规程	JGJ 12—2006	行业标准	工程标准	现行
718	BDB-0-15	外墙外保温工程技术标准	JGJ 144—2019	行业标准	工程标准	现行
719	BDB-0-16	纤维石膏空心大板复合墙体结构技术规程	JGJ 217—2010	行业标准	工程标准	现行
720	BDB-0-17	轻质复合板应用技术规程	CECS 258:2009	团体标准	工程标准	现行
721	BDB-0-18	预制塑筋水泥聚苯保温墙板应用技术规程	CECS 272:2010	团体标准	工程标准	现行
722	BDB-0-19	蒸压加气混凝土砌块砌体结构技术规范	CECS 289:2011	团体标准	工程标准	现行
723	BDB-0-20	乡村建筑屋面泡沫混凝土应用技术规程	CECS 299:2011	团体标准	工程标准	现行
724	BDB-0-21	乡村建筑外墙板应用技术规程	CECS 302:2011	团体标准	工程标准	现行
725	BDB-0-22	纤维混凝土结构技术规程	CECS 38:2004	团体标准	工程标准	现行
726	BDB-0-23	装配式玻纤增强无机材料复合保温墙板应用技术规程	CECS 396:2015	团体标准	工程标准	现行
727	BDB-0-24	低层蒸压加气混凝土承重建筑技术规程	DB11/T 1031—2013	地方标准	工程标准	现行
728	BDB-0-25	W-LC轻质高强镁质复合墙板施工及验收规程	DB32/T 458—2001	地方标准	工程标准	现行
729	BDB-0-26	蒸压加气混凝土砌块工程技术规程	DB42/T 268—2012	地方标准	工程标准	现行
730	BDB-0-27	装配式轻质混凝土围护结构技术规程		团体标准	工程标准	在编
731	BDB-0-28	装配式自保温墙体低层建筑技术规程		团体标准	工程标准	在编
732	BDB-0-29	预制混凝土夹心保温墙体纤维增强复合材料连接件应用技术规程		团体标准	工程标准	在编

总序号	分序号	标准名称	标准编号	标准级别	标准类别	状态
733	BDB-0-30	低层全干法装配式混凝土墙板结构技术规程		团体标准	工程标准	在编
734	BDB-0-31	透气性无机保温装饰板应用技术规程		团体标准	工程标准	在编
735	BDB-0-32	透气性真石漆应用技术规程		团体标准	工程标准	在编
736	BDB-0-33	轻钢结构预制石膏复合保温墙板房屋应用技术规程		团体标准	工程标准	在编
737	BDB-0-34	装配式轻钢混凝土组合板技术规程		团体标准	工程标准	在编
738	BDB-0-35	装配式保温装饰组合外墙应用技术规程		团体标准	工程标准	在编
BDB-3	运营管理标准					
739	BDB-3-1	建筑混凝土围护系统检测鉴定技术标准			工程标准	待编
BDC	木围护系统					
BDC-1	工程用木材					
740	BDC-1-1	定向刨花板	LY/T 1580—2010	行业标准	产品标准	现行
741	BDC-1-2	木结构覆板用胶合板	GB/T 22349—2008	国家标准	产品标准	现行
742	BDC-1-3	结构用集成材	GB/T 26899—2011	国家标准	产品标准	现行
743	BDC-1-4	木材顺纹抗拉强度试验方法	GB/T 1938—2009	国家标准	方法标准	现行
744	BDC-1-5	木材横纹抗压强度试验方法	GB/T 1939—2009	国家标准	方法标准	现行
745	BDC-1-6	木材顺纹抗压强度试验方法	GB/T 1935—2009	国家标准	方法标准	现行
746	BDC-1-7	结构用规格材特征值的测试方法	GB/T 28987—2012	国家标准	方法标准	现行
BDC-0(2、3、4、5 构造、设计、生产、施工验收)						
747	BDC-0-1	木骨架组合墙体技术标准	GB/T 50361—2018	国家标准	工程标准	现行
748	BDC-0-2	装配式木结构建筑技术标准	GB/T 51233—2016	国家标准	工程标准	现行
749	BDC-0-3	木骨架组合墙体产品认证标准			方法标准	待编
750	BDC-0-4	木骨架屋面板产品认证标准			方法标准	待编
751	BDC-0-5	装配式木围护系统技术标准			工程标准	待编
BDC-3	运营管理标准					
752	BDC-0-6	装配式木围护系统检测鉴定加固标准			工程标准	待编
BDD	幕墙门窗					
BDD-1	材料及试验方法					
753	BDD-1-1	铝合金建筑型材　第1部分:基材	GB/T 5237.1—2017	国家标准	产品标准	现行
754	BDD-1-2	铝合金建筑型材　第2部分:阳极氧化、着色型材	GB/T 5237.2—2017	国家标准	产品标准	现行
755	BDD-1-3	铝合金建筑型材　第3部分:电泳涂漆型材	GB/T 5237.3—2017	国家标准	产品标准	现行
756	BDD-1-4	铝合金建筑型材　第4部分:粉末喷涂型材	GB/T 5237.4—2017	国家标准	产品标准	现行
757	BDD-1-5	铝合金建筑型材　第5部分:氟碳漆喷涂型材	GB/T 5237.5—2017	国家标准	产品标准	现行

续表

总序号	分序号	标准名称	标准编号	标准级别	标准类别	状态
758	BDD-1-6	铝合金建筑型材　第6部分:隔热型材	GB/T 5237.6—2017	国家标准	产品标准	现行
759	BDD-1-7	建筑用隔热铝合金型材	JG/T 175—2011	行业标准	产品标准	现行
760	BDD-1-8	建筑用安全玻璃　第1部分:防火玻璃	GB 15763.1—2009	国家标准	产品标准	现行
761	BDD-1-9	建筑用安全玻璃　第2部分:钢化玻璃	GB 15763.2—2005	国家标准	产品标准	现行
762	BDD-1-10	建筑用安全玻璃　第3部分:夹层玻璃	GB 15763.3—2009	国家标准	产品标准	现行
763	BDD-1-11	建筑用安全玻璃　第4部分:均质钢化玻璃	GB 15763.4—2009	国家标准	产品标准	现行
764	BDD-1-12	建筑门窗幕墙用钢化玻璃	JG/T 455—2014	行业标准	产品标准	现行
765	BDD-1-13	建筑屋面和幕墙用冷轧不锈钢钢板和钢带	GB/T 34200—2017	行业标准	产品标准	现行
766	BDD-1-14	建筑用硬质塑煌隔热条	JG/T 174—2014	行业标准	产品标准	现行
767	BDD-1-15	建筑门窗用密封胶条	JG/T 187—2006	行业标准	产品标准	现行
768	BDD-1-16	聚硫建筑密封胶	JC/T 483—2006	行业标准	产品标准	现行
769	BDD-1-17	建筑用硅酮结构密封胶	GB 16776—2005	国家标准	产品标准	现行
770	BDD-1-18	干挂石材幕墙用环氧胶粘剂	JC 887—2001	行业标准	产品标准	现行
771	BDD-1-19	建筑表面用有机硅防水剂	JC/T 902—2002	行业标准	产品标准	现行
772	BDD-1-20	建筑幕墙用硅酮结构密封胶	JG/T 475—2015	行业标准	产品标准	现行
773	BDD-1-21	幕墙玻璃接缝用密封胶	JC/T 882—2001	行业标准	产品标准	现行
774	BDD-1-22	硅酮和改性硅酮建筑密封胶	GB/T 14683—2017	国家标准	产品标准	现行
775	BDD-1-23	建筑窗用弹性密封胶	JC/T 485—2007	行业标准	产品标准	现行
776	BDD-1-24	中空玻璃用弹性密封胶	JC/T 486—2001	行业标准	产品标准	现行
777	BDD-1-25	中空玻璃用丁基热熔密封胶	JC/T 914—2014	行业标准	产品标准	现行
778	BDD-1-26	防火封堵材料	GB 23864—2009	国家标准	产品标准	现行
779	BDD-1-27	建筑用阻燃密封胶	GB/T 24267—2009	国家标准	产品标准	现行
780	BDD-1-28	建筑幕墙用铝塑复合板	GB/T 17748—2016	国家标准	产品标准	现行
781	BDD-1-29	铝幕墙板　第2部分:有机聚合物喷涂铝单板	YS/T 429.2—2012	行业标准	产品标准	现行
782	BDD-1-30	点支式玻璃幕墙支承装置	JG/T 138—2010	行业标准	产品标准	现行
783	BDD-1-31	建筑幕墙用瓷板	JG/T 217—2007	行业标准	产品标准	现行
784	BDD-1-32	吊挂式玻璃幕墙用吊夹	JG/T 139—2017	行业标准	产品标准	现行
785	BDD-1-33	建筑幕墙用陶板	JG/T 324—2011	行业标准	产品标准	现行
786	BDD-1-34	干挂饰面石材及其金属挂件[合订本]	JC/T 830.1～830.2—2005	行业标准	产品标准	现行
787	BDD-1-35	吊挂式玻璃幕墙用吊夹	JG/T 139—2017	行业标准	产品标准	现行
788	BDD-1-36	建筑用仿幕墙合成树脂涂层	GB/T 29499—2013	国家标准	产品标准	现行
789	BDD-1-37	建筑幕墙用钢索压管接头	JG/T 201—2007	行业标准	产品标准	现行
790	BDD-1-38	小单元建筑幕墙	JG/T 216—2007	国家标准	产品标准	现行
791	BDD-1-39	合成树脂幕墙	JG/T 205—2007	国家标准	产品标准	现行

续表

总序号	分序号	标准名称	标准编号	标准级别	标准类别	状态
792	BDD-1-40	建筑幕墙用高压热固化木纤维板	JG/T 260—2009	国家标准	产品标准	现行
793	BDD-1-41	建筑玻璃采光顶技术要求	JG/T 231—2018	国家标准	产品标准	现行
794	BDD-1-42	建筑幕墙	GB/T 21086—2007	国家标准	产品标准	现行
795	BDD-1-43	铝合金门窗	GB/T 8478—2008	国家标准	产品标准	现行
796	BDD-1-44	自动门	JG/T 177—2005	行业标准	产品标准	现行
797	BDD-1-45	建筑门窗五金件　插销	JG/T 214—2017	行业标准	产品标准	现行
798	BDD-1-46	建筑门窗五金件　传动机构用执手	JG/T 124—2017	行业标准	产品标准	现行
799	BDD-1-47	建筑门窗五金件　合页（铰链）	JG/T 125—2017	行业标准	产品标准	现行
800	BDD-1-48	建筑门窗五金件　传动锁闭器	JG/T 126—2017	行业标准	产品标准	现行
801	BDD-1-49	建筑门窗五金件　滑撑	JG/T 127—2017	行业标准	产品标准	现行
802	BDD-1-50	建筑门窗五金件　滑轮	JG/T 129—2017	行业标准	产品标准	现行
803	BDD-1-51	建筑门窗五金件　通用要求	JG/T 212—2007	行业标准	产品标准	现行
804	BDD-1-52	建筑门窗密封毛条	JC/T 635—2011	行业标准	产品标准	现行
805	BDD-1-53	建筑门窗用通风器	JG/T 233—2017	行业标准	产品标准	现行
806	BDD-1-54	防火窗	GB 16809—2008	国家标准	产品标准	现行
807	BDD-1-55	钢门窗	GB/T 20909—2017	国家标准	产品标准	现行
808	BDD-1-56	建筑门窗五金件　旋压执手	JG/T 213—2017	行业标准	产品标准	现行
809	BDD-1-57	建筑门窗五金件　多点锁闭器	JG/T 215—2017	行业标准	产品标准	现行
810	BDD-1-58	建筑门窗五金件　撑挡	JG/T 128—2007	行业标准	产品标准	现行
811	BDD-1-59	建筑门窗五金件　通用要求	JG/T 212—2007	行业标准	产品标准	现行
812	BDD-1-60	建筑门窗五金件　单点锁闭器	JG/T 130—2017	行业标准	产品标准	现行
813	BDD-1-61	钢塑共挤门窗	JG/T 207—2007	行业标准	产品标准	现行
814	BDD-1-62	建筑窗用内平开下悬五金系统	GB/T 24601—2009	国家标准	产品标准	现行
815	BDD-1-63	建筑用闭门器	JG/T 268—2010	行业标准	产品标准	现行
816	BDD-1-64	建筑疏散用门开门推杠装置	JG/T 290—2010	行业标准	产品标准	现行
817	BDD-1-65	建筑门用提升推拉五金系统	JG/T 308—2011	行业标准	产品标准	现行
818	BDD-1-66	人行自动门安全要求	JG/T 305—2011	行业标准	产品标准	现行
819	BDD-1-67	平开玻璃门用五金件	JG/T 326—2011	行业标准	产品标准	现行
820	BDD-1-68	电动采光排烟天窗	GB/T 28637—2012	国家标准	产品标准	现行
821	BDD-1-69	建筑智能门锁通用技术条件	JG/T 394—2012	行业标准	产品标准	现行
822	BDD-1-70	建筑门复合密封条	JG/T 386—2012	行业标准	产品标准	现行
823	BDD-1-71	建筑门窗五金件　双面执手	JG/T 393—2012	行业标准	产品标准	现行
824	BDD-1-72	木门窗	GB/T 29498—2013	国家标准	产品标准	现行
825	BDD-1-73	建筑用钢木室内门	JG/T 392—2012	行业标准	产品标准	现行
826	BDD-1-74	建筑用塑料门	GB/T 28886—2012	国家标准	产品标准	现行
827	BDD-1-75	建筑用塑料窗	GB/T 28887—2012	国家标准	产品标准	现行

总序号	分序号	标准名称	标准编号	标准级别	标准类别	状态
828	BDD-1-76	建筑用节能门窗 第1部分:铝木复合门窗	GB/T 29734.1—2013	国家标准	产品标准	现行
829	BDD-1-77	建筑用节能门窗 第2部分:铝塑复合门窗	GB/T 29734.2—2013	国家标准	产品标准	现行
830	BDD-1-78	推闩式逃生门锁通用技术要求	GB 30051—2013	国家标准	产品标准	现行
831	BDD-1-79	人行自动门安全要求	JG/T 305—2011	行业标准	产品标准	现行
832	BDD-1-80	医用推拉式自动门	JG/T 257—2009	行业标准	产品标准	现行
833	BDD-1-81	人行自动门用传感器	JG/T 310—2011	行业标准	产品标准	现行
834	BDD-1-82	上滑道车库门	JG/T 153—2012	行业标准	产品标准	现行
835	BDD-1-83	车库门电动开门机	JG/T 227—2016	行业标准	产品标准	现行
836	BDD-1-84	工业滑升门	JG/T 353—2012	行业标准	产品标准	现行
837	BDD-1-85	卷帘门窗	JG/T 302—2011	行业标准	产品标准	现行
838	BDD-1-86	彩钢整版卷门	JG/T 306—2011	行业标准	产品标准	现行
839	BDD-1-87	电动平开、推开围墙大门	JG/T 155—2014	行业标准	产品标准	现行
840	BDD-1-88	电动伸缩围墙大门	JG/T 154—2013	行业标准	产品标准	现行
841	BDD-1-89	平开门和推拉门电动开门机	JG/T 462—2014	行业标准	产品标准	现行
842	BDD-1-90	窗的启闭力试验方法	GB/T 29048—2012	国家标准	方法标准	现行
843	BDD-1-91	建筑门窗防沙尘性能分级及检测方法	GB/T 29737—2013	国家标准	方法标准	现行
844	BDD-1-92	整樘门 垂直荷载试验	GB/T 29049—2012	国家标准	方法标准	现行
845	BDD-1-93	建筑幕墙和门窗抗风携碎物冲击性能分级及检测方法	GB/T 29738—2013	国家标准	方法标准	现行
846	BDD-1-94	整樘门软重物体撞击试验	GB/T 14155 —2008	国家标准	方法标准	现行
847	BDD-1-95	门窗反复启闭耐久性试验方法	GB/T 29739—2013	国家标准	方法标准	现行
848	BDD-1-96	建筑外窗气密、水密、抗风压性能现场检测方法	JG/T 211—2007	行业标准	方法标准	现行
849	BDD-1-97	建筑幕墙气密、水密、抗风压性能检测方法	GB/T 15227—2007	国家标准	方法标准	现行
850	BDD-1-98	建筑幕墙层间变形性能分级及检测方法	GB/T 18250—2015	国家标准	方法标准	现行
851	BDD-1-99	建筑幕墙抗震性能振动台试验方法	GB/T 18575—2017	国家标准	方法标准	现行
852	BDD-1-100	建筑幕墙热循环试验方法	JG/T 397—2012	行业标准	方法标准	现行
853	BDD-1-101	建筑幕墙工程检测方法标准	JGJ/T 324—2014	行业标准	方法标准	现行
854	BDD-1-102	建筑门窗、幕墙中空玻璃性能现场检测方法	JG/T 454—2014	行业标准	方法标准	现行
855	BDD-1-103	建筑幕墙保温性能分级及检测方法	GB/T 29043—2012	国家标准	方法标准	现行
856	BDD-1-104	建筑密封胶材料试验方法	GB/T 13477.1~13477.20	国家标准	方法标准	现行
857	BDD-1-105	铝及铝合金阳极氧化氧化膜厚度的测量方法	GB/T 8014.1~8014.3—2005	国家标准	方法标准	现行
858	BDD-1-106	硫化橡胶或热塑性橡胶撕裂强度的测定(裤形,直角形和新月形试样)	GB/T 529—2008	国家标准	方法标准	现行

总序号	分序号	标准名称	标准编号	标准级别	标准类别	状态
859	BDD-1-107	天然饰面石材试验方法	GB/T 9966.1~9966.8	国家标准	方法标准	现行
860	BDD-1-108	玻璃幕墙光热性能	GB/T 18091—2015	国家标准	方法标准	现行
861	BDD-1-109	双层玻璃幕墙热特性检测 示踪气体法	GB/T 30594—2014	国家标准	方法标准	现行
862	BDD-1-110	建筑幕墙动态风压作用下水密性能检测方法	GB/T 29907—2013	国家标准	方法标准	现行
863	BDD-1-111	未增塑聚氯乙烯塑料门窗力学性能及耐候性试验方法	GB/T 11793—2008	国家标准	方法标准	现行
864	BDD-1-112	门扇 抗硬物撞击性能检测方法	GB/T 22632—2008	国家标准	方法标准	现行
865	BDD-1-113	建筑幕墙和门窗防爆炸冲击波性能分级及检测方法	GB/T 29908—2013	国家标准	方法标准	现行
866	BDD-1-114	建筑幕墙层间变形性能分级及检测方法	GB/T 18250—2015	国家标准	方法标准	现行
867	BDD-1-115	建筑外门窗气密、水密、抗风压性能等级及检测方法	GB/T 7106—2008	国家标准	方法标准	现行
868	BDD-1-116	建筑外门窗保温性能分级及检测方法	GB/T 8484—2008	国家标准	方法标准	现行
869	BDD-1-117	建筑门窗空气隔声性能分级及检测方法	GB/T 8485—2008	国家标准	方法标准	现行
870	BDD-1-118	建筑外窗采光性能分级及检测方法	GB/T 11976—2015	国家标准	方法标准	现行
871	BDD-1-119	建筑门窗力学性能检测方法	GB/T 9158—2015	国家标准	方法标准	现行

BDD-0(2、3、4、5 构造、设计、生产、施工验收)

总序号	分序号	标准名称	标准编号	标准级别	标准类别	状态
872	BDD-0-1	装配式幕墙工程技术规程		团体标准	工程标准	在编
873	BDD-0-2	工业化住宅建筑外窗系统技术规程		团体标准	工程标准	在编
874	BDD-0-3	装配式建筑用门窗技术规程		团体标准	工程标准	在编
875	BDD-0-4	玻璃幕墙工程技术规范	JGJ 102—2003	行业标准	工程标准	现行
876	BDD-0-5	建筑幕墙、门窗通用技术条件	GB/T 31433—2015	国家标准	工程标准	现行
877	BDD-0-6	金属与石材幕墙工程技术规范	JGJ 133—2001	行业标准	工程标准	现行
878	BDD-0-7	建筑门窗玻璃幕墙热工计算规程	JGJ/T 151—2008	行业标准	工程标准	现行
879	BDD-0-8	防火卷帘、防火门、防火窗施工及验收规范	GB 50877—2014	国家标准	工程标准	现行
880	BDD-0-9	自动门应用技术规程	CECS 211:2006	团体标准	工程标准	现行
881	BDD-0-10	点支式玻璃幕墙工程技术规程	CECS 127:2001	团体标准	工程标准	现行
882	BDD-0-11	铝塑复合板幕墙工程施工及验收规程	CECS 231:2007	团体标准	工程标准	现行
883	BDD-0-12	合成树脂幕墙装饰工程施工及验收规程	CECS 157:2004	团体标准	工程标准	现行
884	BDD-0-13	人造板材幕墙工程技术规范	JGJ 336—2016	行业标准	工程标准	现行
885	BDD-0-14	建筑装饰装修工程质量验收标准	GB 50210—2018	国家标准	工程标准	现行
886	BDD-0-15	玻璃幕墙工程质量检验标准	JGJ/T 139—2001	行业标准	工程标准	现行
887	BDD-0-16	建筑闭门器	JG/T 268—2010	行业标准	工程标准	现行
888	BDD-0-17	建筑玻璃应用技术规程	JGJ 113—2015	行业标准	工程标准	现行
889	BDD-0-18	塑料门窗工程技术规程	JGJ 103—2008	行业标准	工程标准	现行
890	BDD-0-19	铝合金门窗工程技术规范	JGJ 214—2010	行业标准	工程标准	现行

总序号	分序号	标准名称	标准编号	标准级别	标准类别	状态
891	BDD-0-20	人造板材幕墙工程技术规范	JGJ/T 336—2016	行业标准	工程标准	现行
892	BDD-0-21	建筑幕墙和门窗抗风致碎屑冲击性能分级及检测方法		国家标准	方法标准	在编
893	BDD-0-22	建筑门、窗（幕墙）节能技术条件及评价方法		国家标准	方法标准	在编
894	BDD-0-23	建筑幕墙热工性能检测方法		国家标准	方法标准	在编
895	BDD-0-24	建筑光伏幕墙采光顶检测方法		国家标准	方法标准	在编
896	BDD-0-25	光热幕墙工程技术规范		行业标准	工程标准	在编
BDD-3	运营管理标准					
897	BDD-3-1	既有建筑幕墙可靠性鉴定及加固规程		行业标准	工程标准	在编
BE	模块化设计					
BEA	空间布局模块设计					
898	BEA-0-1	建筑模块化设计标准			工程标准	待编
899	BAE-0-2	住宅功能模块划分标准			工程标准	待编
900	BAE-0-3	公共建筑功能模块划分标准			工程标准	待编
BEB	立面模块化设计					
901	BEB-0-1	建筑立面模块化设计技术标准				待编
BEC	部品部件模块化设计					
902	BEC-0-1	工业化建筑功能部品设计标准		团体标准	工程标准	在编
903	BEC-0-2	模块化户内中水集成系统技术规程	JGJ/T 409—2017	行业标准	工程标准	现行
904	BEC-0-3	公共建筑模块化设计技术标准			工程标准	待编
BED	各专业协调设计					
905	BED-0-1	预制装配整体式模块化建筑设计规程		团体标准	工程标准	在编
906	BED-0-2	轻型模块化钢结构组合房屋技术标准		行业标准	工程标准	在编
907	BED-0-3	集装箱模块化组合房屋技术规程	CECS 334:2013	团体标准	工程标准	现行
908	BED-0-4	建筑模块化设计评价标准			工程标准	待编
909	BED-0-5	模块化建筑技术规程		团体标准	工程标准	在编
BF	设备与管线集成					
BFA	建筑给水排水					
910	BFA-0-1	建筑给水排水制图标准	GB/T 50106—2010	国家标准	工程标准	现行
BFB	暖通空调					
911	BFB-0-1	民用建筑供暖通风与空气调节设计规范	GB 50736—2012	国家标准	工程标准	现行
BFC	建筑电气					
912	BFC-0-1	工业化建筑机电管线集成设计标准		团体标准	工程标准	在编
913	BFC-0-2	工业化建筑机电管线通用接口设计标准		团体标准	工程标准	在编
BFD	建筑设备监控系统					
914	BFD-0-1	建筑设备监控系统技术标准				待编

总序号	分序号	标准名称	标准编号	标准级别	标准类别	状态
BFF		燃气供应				
915	BFE-0-1	燃气-蒸汽联合循环的新型能源供应系统集成				待编
BG		装饰装修				
BGA		一体化集成设计标准				
916	BGA-0-1	住宅室内装饰装修设计规范	JGJ 367—2015	行业标准	工程标准	现行
917	BGA-0-2	住宅厨房建筑装修一体化技术规程	T/CECS 464—2017	团体标准	工程标准	现行
918	BGA-0-3	装配式内装修技术标准		行业标准	工程标准	在编
919	BGA-0-4	住宅装配式装修技术规程		团体标准	工程标准	在编
920	BGA-0-5	公共建筑室内装饰装修设计标准			工程标准	待编
921	BGA-0-6	民用建筑工程室内环境污染控制规范	GB 50325—2010	国家标准	工程标准	现行
922	BGA-0-7	装配式装修设计标准			工程标准	待编
923	BGA-0-8	建筑装饰装修模块化设计标准			工程标准	待编
924	BGA-0-9	建筑装饰装修尺寸协调标准			工程标准	待编
925	BGA-0-10	建筑内部装修设计防火规范	GB 50222—2017	国家标准	工程标准	现行
BGB		集成厨房				
926	BGB-0-1	装配式整体厨房应用技术标准		行业标准	工程标准	在编
927	BGB-0-2	住宅厨房模数协调标准	JGJ/T 262—2012	行业标准	工程标准	现行
928	BGB-0-3	厨房装饰装修技术标准			工程标准	待编
929	BGB-0-4	住宅排气道系统工程技术标准		行业标准	工程标准	在编
930	BGB-0-5	厨房部品通用技术要求			产品标准	待编
BGC		集成卫生间				
931	BGC-0-1	卫生间装修技术标准			工程标准	待编
932	BGC-0-2	整体式整体卫生间应用技术标准		行业标准	工程标准	在编
933	BGC-0-3	住宅卫生间模数协调标准	JGJ/T 263—2012	行业标准	工程标准	现行
934	BGC-0-4	卫生间部品通用技术要求			产品标准	待编
935	BGC-0-5	装配式适老化卫生间		团体标准	工程标准	在编
BGD		墙面和隔墙				
936	BGD-0-1	建筑内隔墙设计标准			工程标准	待编
937	BGD-0-2	纤维石膏空心大板复合墙体结构技术规程	JGJ 217—2010	行业标准	工程标准	现行
938	BGD-0-3	石膏砌块砌体技术规程	JGJ/T 201—2010	行业标准	工程标准	现行
939	BGD-0-4	建筑轻质条板隔墙技术规程	JGJ 157—2014	行业标准	工程标准	现行
940	BGD-0-5	木丝水泥板应用技术规程	JGJ/T 377—2016	行业标准	工程标准	现行
941	BGD-0-6	无机轻集料砂浆保温系统技术标准	JGJ 253—2019	行业标准	工程标准	现行
942	BGD-0-7	建筑外墙外保温防火隔离带技术规程	JGJ 289—2012	行业标准	工程标准	现行
943	BGD-0-8	保温防火复合板应用技术规程	JGJ/T 350—2015	行业标准	工程标准	现行

总序号	分序号	标准名称	标准编号	标准级别	标准类别	状态
944	BGD-0-9	围护结构传热系数现场检测技术规程	JGJ/T 357—2015	行业标准	工程标准	现行
945	BGD-0-10	外墙外保温工程技术标准	JGJ 144—2019	行业标准	工程标准	现行
946	BGD-0-11	无机轻集料砂浆保温系统技术标准	JGJ 253—2019	行业标准	工程标准	现行
947	BGD-0-12	墙体材料应用统一技术规范	GB 50574—2010	国家标准	工程标准	现行
948	BGD-0-13	建筑工程饰面砖粘结强度检验标准	JGJ/T 110—2017	行业标准	工程标准	现行
949	BGD-0-14	红外热像法检测建筑外墙饰面粘结质量技术规程	JGJ/T 277—2012	行业标准	工程标准	现行
950	BGD-0-15	现浇金属尾矿多孔混凝土复合墙体技术规程	JGJ/T 418—2017	行业标准	工程标准	现行
951	BGD-0-16	建筑用真空绝热板应用技术规程	JGJ/T 416—2017	行业标准	工程标准	现行
952	BGD-0-17	建筑工程饰面砖粘接强度检验标准	JGJ/T 110—2017	行业标准	工程标准	现行
953	BGD-0-18	点挂外墙板装饰工程技术规程	JGJ 321—2014	行业标准	工程标准	现行
954	BGD-0-19	聚苯模块保温墙体应用技术规程	JGJ/T 420—2017	行业标准	工程标准	现行
955	BGD-0-20	外墙内保温工程技术规程	JGJ/T 261—2011	行业标准	工程标准	现行
956	BGD-0-21	建筑内隔墙部品通用技术要求			产品标准	待编
BGE 吊顶标准						
957	BGE-0-1	公共建筑吊顶工程技术规程	JGJ 345—2014	行业标准	工程标准	现行
958	BGE-0-2	住宅吊顶工程技术标准			工程标准	待编
959	BGE-0-3	建筑吊顶部品通用技术要求			产品标准	待编
BGF 楼地面标准						
960	BGF-0-1	建筑楼地面工程技术标准			工程标准	待编
961	BGF-0-2	自流平地面工程技术标准	JGJ/T 175—2018	行业标准	工程标准	现行
962	BGF-0-3	建筑地面工程防滑技术规程	JGJ/T 331—2014	行业标准	工程标准	现行
963	BGF-0-4	超大面积混凝土地面无缝施工技术规范	GB/T 51025—2016	国家标准	工程标准	现行
964	BGF-0-5	架空楼地面工程技术标准			工程标准	待编
965	BGF-0-6	建筑楼地面材料与部品通用技术要求			工程标准	待编
BGG 整体收纳标准						
966	BGG-1-1	整体收纳设计标准			工程标准	待编
967	BGG-1-2	整体收纳模数协调标准			工程标准	待编
968	BGG-1-3	整体收纳部门通用技术要求			产品标准	待编
BGH 门窗标准						
969	BGH-0-1	铝合金门窗工程技术规范	JGJ 214—2010	行业标准	工程标准	现行
970	BGH-0-2	建筑门窗玻璃幕墙热工计算规程	JGJ/T 151—2008	行业标准	工程标准	现行
971	BGH-0-3	塑料门窗工程技术规程	JGJ 103—2008	行业标准	工程标准	现行
972	BGH-0-4	建筑玻璃应用技术规程	JGJ 113—2015	行业标准	工程标准	现行
973	BGH-0-5	建筑遮阳工程技术规范	JGJ 237—2011	行业标准	工程标准	现行
974	BGH-0-6	建筑门窗工程检测技术规程	JGJ/T 205—2010	行业标准	工程标准	现行

总序号	分序号	标准名称	标准编号	标准级别	标准类别	状态
975	BGH-0-7	塑料门窗设计及组装技术规程	JGJ 362—2016	行业标准	工程标准	现行
976	BGH-0-8	建筑门窗通用技术要求			产品标准	待编
977	BGH-0-9	住宅室内防水工程技术规范	JGJ 298—2013	行业标准	工程标准	现行
978	BGH-0-10	公共建筑室内防水工程技术标准			工程标准	待编
979	BGH-0-11	建筑防水工程现场检测技术规范	JGJ/T 299—2013	行业标准	工程标准	现行
980	BGH-0-12	防水材料通用技术要求			产品标准	待编
BH 建筑信息模型						
BHA 应用标准						
BHA-1 应用统一标准						
981	BHA-1-1	建筑工程信息模型应用统一标准	GB/T 51212—2016	国家标准	工程标准	现行
BHA-2 施工应用标准						
982	BHA-2-1	建筑信息模型施工应用标准	GB/T 51235—2017	国家标准	工程标准	现行
983	BHA-2-2	制造工业工程设计信息模型应用标准		国家标准	工程标准	在编
984	BHA-2-3	装配式建筑信息模型应用标准		团体标准	工程标准	在编
985	BHA-2-4	装配式建筑部品部件数控加工接口标准		团体标准	工程标准	在编
BHB 数据标准						
BHB-1 分类和编码标准						
986	BHB-1-1	建筑信息模型分类和编码标准	GB/T 51269—2017	国家标准	工程标准	现行
987	BHB-1-2	装配式建筑部品部件分类和编码标准		团体标准	工程标准	在编
BHB-2 存储标准						
988	BHB-2-1	建筑工程信息模型存储标准		国家标准	工程标准	在编
BHB-3 制图标准						
989	BHB-3-1	建筑工程设计信息模型制图标准		行业标准	工程标准	在编
BHB-4 交付标准						
990	BHB-4-1	建筑工程设计信息模型交付标准		国家标准	工程标准	在编
BHC 实施标准						
BHC-1 策划阶段 BIM 标准						
991	BHC-1-1	装配式建筑全过程信息化管理平台建设标准		团体标准	工程标准	在编
992	BHC-1-2	建筑工程信息交换实施标准		团体标准	工程标准	在编
BHC-2 规划阶段 BIM 标准						
993	BHC-2-1	规划和报建 P-BIM 软件功能与信息交换标准	T/CECS—CBIMU 1 —2017	团体标准	工程标准	现行
994	BHC-2-2	规划审批 P-BIM 软件功能与信息交换标准	T/CECS—CBIMU 2 —2017	团体标准	工程标准	现行
BHC-3 设计阶段 BIM 标准						
995	BHC-3-1	项目设计 P-BIM 软件功能与信息交换标准		团体标准	工程标准	待编

总序号	分序号	标准名称	标准编号	标准级别	标准类别	状态
996	BHC-3-2	总图设计 P-BIM 软件功能与信息交换标准		团体标准	工程标准	待编
997	BHC-3-3	岩土工程勘察 P-BIM 软件功能与信息交换标准	T/CECS—CBIMU 3—2017	团体标准	工程标准	现行
998	BHC-3-4	建筑设计 P-BIM 软件功能与信息交换标准		团体标准	工程标准	现行
999	BHC-3-5	建筑基坑设计 P-BIM 软件功能与信息交换标准		团体标准	工程标准	在编
1000	BHC-3-6	地基基础设计 P-BIM 软件功能与信息交换标准	T/CECS—CBIMU 5—2017	团体标准	工程标准	现行
1001	BHC-3-7	地下结构设计 P-BIM 软件功能与信息交换标准		团体标准	工程标准	待编
1002	BHC-3-8	混凝土结构设计 P-BIM 软件功能与信息交换标准	T/CECS—CBIMU 7—2017	团体标准	工程标准	现行
1003	BHC-3-9	钢结构设计 P-BIM 软件功能与信息交换标准	T/CECS—CBIMU 8—2017	团体标准	工程标准	现行
1004	BHC-3-10	木结构设计 P-BIM 软件功能与信息交换标准		团体标准	工程标准	待编
1005	BHC-3-11	装配式混凝土结构设计 P-BIM 软件功能与信息交换标准		团体标准	工程标准	在编
1006	BHC-3-12	给排水设计 P-BIM 软件功能与信息交换标准	T/CECS—CBIMU 10—2017	团体标准	工程标准	现行
1007	BHC-3-13	供暖通风与空气调节设计 P-BIM 软件功能与信息交换标准	T/CECS—CBIMU 11—2017	团体标准	工程标准	现行
1008	BHC-3-14	建筑电气设计 P-BIM 软件功能与信息交换标准		团体标准	工程标准	现行
1009	BHC-3-15	建筑智能化设计 P-BIM 软件功能与信息交换标准		团体标准	工程标准	待编
1010	BHC-3-16	冷弯薄壁结构设计 P-BIM 软件功能与信息交换标准		团体标准	工程标准	在编
1011	BHC-3-17	混凝土结构施工图审查 P-BIM 软件功能与信息交换标准		团体标准	工程标准	在编
1012	BHC-3-18	绿色建筑设计评价 P-BIM 软件功能与信息交换标准	T/CECS—CBIMU 13—2017	团体标准	工程标准	现行
1013	BHC-3-19	协同工作 P-BIM 软件功能与信息交换标准		团体标准	工程标准	待编
1014	BHC-3-20	内部装修设计 P-BIM 软件功能与信息交换标准		团体标准	工程标准	待编
1015	BHC-3-21	外装设计 P-BIM 软件功能与信息交换标准		团体标准	工程标准	待编
1016	BHC-3-22	幕墙工程设计 P-BIM 软件功能与信息交换标准		团体标准	工程标准	在编

总序号	分序号	标准名称	标准编号	标准级别	标准类别	状态
1017	BHC-3-23	室外设计 P-BIM 软件功能与信息交换标准		团体标准	工程标准	待编
BHC-4	合约阶段 BIM 标准					
1018	BHC-4-1	地基合约 P-BIM 软件功能与信息交换标准		团体标准	工程标准	待编
1019	BHC-4-2	结构合约 P-BIM 软件功能与信息交换标准		团体标准	工程标准	待编
1020	BHC-4-3	钢结构合约 P-BIM 软件功能与信息交换标准		团体标准	工程标准	在编
1021	BHC-4-4	机电合约 P-BIM 软件功能与信息交换标准		团体标准	工程标准	待编
1022	BHC-4-5	内部装修合约 P-BIM 软件功能与信息交换标准		团体标准	工程标准	待编
1023	BHC-4-6	外部装修合约 P-BIM 软件功能与信息交换标准		团体标准	工程标准	待编
1024	BHC-4-7	室外合约 P-BIM 软件功能与信息交换标准		团体标准	工程标准	待编
BHC-5	施工阶段 BIM 标准					
1025	BHC-5-1	总承包项目管理平台 P-BIM 软件功能与信息交换标准		团体标准	工程标准	在编
1026	BHC-5-2	住建局项目管理平台 P-BIM 软件功能与信息交换标准			工程标准	待编
1027	BHC-5-3	质监站项目管理平台 P-BIM 软件功能与信息交换标准			工程标准	待编
1028	BHC-5-4	安监站项目管理平台 P-BIM 软件功能与信息交换标准			工程标准	待编
1029	BHC-5-5	地基施工 P-BIM 软件功能与信息交换标准		团体标准	工程标准	待编
1030	BHC-5-6	钻孔灌注桩工程施工 P-BIM 软件功能与信息交换标准		团体标准	工程标准	在编
1031	BHC-5-7	预制桩工程施工 P-BIM 软件功能与信息交换标准		团体标准	工程标准	在编
1032	BHC-5-8	混凝土结构施工 P-BIM 软件功能与信息交换标准		团体标准	工程标准	在编
1033	BHC-5-9	钢结构施工 P-BIM 信息交换标准		团体标准	工程标准	在编
1034	BHC-5-10	机电施工 P-BIM 软件功能与信息交换标准		团体标准	工程标准	在编
1035	BHC-5-11	室内装修施工 P-BIM 软件功能与信息交换标准		团体标准	工程标准	待编
1036	BHC-5-12	室外装修施工 P-BIM 软件功能与信息交换标准		团体标准	工程标准	待编

总序号	分序号	标准名称	标准编号	标准级别	标准类别	状态
1037	BHC-5-13	室外施工 P-BIM 软件功能与信息交换标准		团体标准	工程标准	待编
1038	BHC-5-14	地基工程监理 P-BIM 软件功能与信息交换标准	T/CECS—CBIMU 6—2017	团体标准	工程标准	现行
1039	BHC-5-15	工程造价管理 P-BIM 软件功能与信息交换标准		团体标准	工程标准	在编
1040	BHC-5-16	竣工验收管理 P-BIM 软件功能与信息交换标准		团体标准	工程标准	在编
BHC-6	运维阶段 BIM 标准					
1041	BHC-6-1	建筑空间管理 P-BIM 软件功能与信息交换标准		团体标准	工程标准	现行
1042	BHC-6-2	监测管理平台 P-BIM 软件功能与信息交换标准			工程标准	待编
1043	BHC-6-3	试验检测管理平台 P-BIM 软件功能与信息交换标准			工程标准	待编
1044	BHC-6-4	业主项目管理 P-BIM 软件功能与信息交换标准		团体标准	工程标准	在编
C	行业应用					
1045	C-0-1	装配式混凝土建筑技术标准	GB/T 51231—2016	国家标准	工程标准	现行
1046	C-0-2	装配式钢结构建筑技术标准	GB/T 51232—2016	国家标准	工程标准	现行
1047	C-0-3	装配式木结构建筑技术标准	GB/T 51233—2016	国家标准	工程标准	现行
1048	C-0-4	轻型钢结构住宅技术规程		行业标准	工程标准	在编
1049	C-0-5	装配式综合健身馆技术规程		行业标准	工程标准	在编
1050	C-0-6	准纤维增强覆面木基结构装配式房屋技术规程	T/CECS 495—2017	团体标准	工程标准	现行
1051	C-0-7	装配式混凝土结构停车库技术规程			工程标准	待编
1052	C-0-8	装配式地铁车站技术标准			工程标准	待编
1053	C-0-9	预制拼装桥墩技术规程		团体标准	工程标准	在编

参 考 文 献

[1] 曾令荣，吴雪樵，张彦林. 建筑工业化——我国绿色建筑发展的主要途径与必然选择 [J]. 居业，2012（03）：94-96.

[2] 李忠富，李晓丹，韩叙. 我国工业化建筑领域研究热点及发展趋势 [J]. 土木工程与管理学报，2017，34（05）：8-14.

[3] 纪颖波. 建筑工业化发展研究 [M]. 北京：中国建筑工业出版社，2011.

[4] 顾泰昌. 国内外装配式建筑发展现状 [J]. 工程建设标准化，2014（08）：48-51.

[5] 张向达，赵建国. 公共经济学 [M]. 大连：东北财经大学出版社，2006.

[6] Samuelson P A. The Pure Theory of Public Expenditure [J]. Review of Economics and Statistics，1954，36（4）：387-389.

[7] Liao P，O'Brien W，Thomas S，Dai J，and Mulva S. Factors Affecting Engineering Productivity [J]. Manage Eng，2011，27（4）：229-235.

[8] 张维明. 体系工程理论与方法 [M]. 北京：科学出版社，2010.

[9] 孙智. 我国工程建设标准体系的构建研究 [D]. 哈尔滨：哈尔滨工业大学，2010.

[10] 胡海波. 复杂网络拓扑结构的研究 [D]. 西安：西安理工大学，2006.

[11] https：//www. ansi. org/about_ansi/introduction/introduction? menuid=1

[12] https：//www. ansi. org/about_ansi/organization_chart/chart? menuid=1

[13] https：//www. din. de/de

[14] http：//www. din. de/blob/66888/8b3e0e203310453b01cea431d58337c6/organigramm-en-data. pdf

[15] Christopher M. Logistics and supply chain management：creating value-added networks. Pearson education，2005.

[16] Gosling J，and Naim M M. Engineer-to-order supply chain management：A literature review and research agenda [J]. International Journal of Production Economics，2009，122（2）：741-754.

[17] Pero M，StöBlein M，and Cigolini R. Linking product modularity to supply chain integration in the construction and shipbuilding industries [J]. International Journal of Production Economics，2015，170：602-615.

[18] Gann，D M. Construction as a manufacturing process? Similarities and differences between industrialized housing and car production in Japan. Construction Management，1996.

[19] Broekhuizen T L J，and Alsem K J Success factors for mass customization：a conceptual model [J]. Market-Focused Management，2002，5（4）：309-330.

[20] Fogliatto F S，Da Silveira G J C，and Borenstein D. The mass customization decade：An updated review of the literature [J]. International Journal of Production Economics，2012，138（1）：14-25.

[21] Meng X. The effect of relationship management on project performance in construction [J]. International Journal of Project Management，2012，30（2）：188-198.

[22] Ma Z，Zhenhua W，Wu S，et al. Application and extension of the IFC standard in construction cost estimating for tendering in China [C]// the First International Conference on Sustainable Urbanization (ICSU 2010). Elsevier B. V. 2010.

[23] Meng X，Sun M，and Jones M Maturity Model for Supply Chain Relationships in Construction [J]. Journal of Management in engineering，2011，27（2）：97-105.

[24] Gross J G. Harmonization of Standards and Regulations：Problem and Opportunities for the United States [J]. Building Standards，1990（3/4）：32-34.

[25] Bygballe L E, Jahre M, and Swärd A. Partnering relationships in construction: A literature review [J]. Journal of Purchasing and Supply Management, 2010, 16 (4): 239-253.

[26] Nahmens I, and Mullens M. Lean Homebuilding: Lessons Learned from a Precast Concrete Panelizer [J]. Journal of Architectural Engineering, 2011, 17 (4): 155-161.

[27] Bildsten, L. Buyer-supplier relationships in industrialized building [J]. Construction Management and Economics, 2014, 32 (1/2): 146-159.

[28] Hofman E, Voordijk H, and Halman J. Matching supply networks to a modular product architecture in the house-building industry [J] Building Research AND Information, 2009, 37 (1): 31-42.

[29] Doran D, and Giannakis M. An examination of a modular supply chain: a construction sector perspective [J]. Supply Chain Management: An International Journal, 2011, 16 (4): 260-270.

[30] Wang Y J. A criteria weighting approach by combining fuzzy quality function deployment with relative preference relation [J]. Applied Soft Computing Journal, 2014, 14 (1): 419-430.

[31] Oral E L, M1st1koglu G, and Erdis E. JIT in developing countries—a case study of the Turkish prefabrication sector [J]. Building and Environment, 2003, 38 (6): 853-860.

[32] Christophe N. Bredillet. Genesis and Role of Standards: Theoretical Foundations and Socio-Economical Model for the Construction and Use of Standards [J]. International Journal of Project Management, 2003 (21): 463-470.

[33] Pheng L S, and Chuan C J. Just-in-time management of precast concrete components [J]. Journal of Construction Engineering and Management, 2001, 127 (6): 494-501.

[34] David PA, and GRothwell. Standardization, diversity and learning: Strategies for the of technology and industrial capacity [J]. International Journal of Industrial. 1996, 14 (2): 181-201.

[35] Akintoye A, and Main J. Collaborative Relationships in Construction: the UK contractors' perception [J]. Engineering Construction and Architectural Management, 2007, 14 (6): 597-617.

[36] Briscoe G H, Dainty ARJ, Millett S J, and Neale R H. Client-led strategies for construction supply chain improvement [J]. Construction Management and Economics, 2004, 22 (2): 193-201.

[37] Graebig K. Introduction of new DIN-standard on quality management systems [J]. Qualitaetund Zuverlaessigkeit, 2007 (2): 213-215.

[38] Gibb A G, and Isack F. Re-engineering through pre-assembly-client expectations and drivers [J]. Building Research and Information, 2003, 31: 146-160.

[39] Goodier C, and Gibb A. Future opportunities for offsite in the UK [J]. Construction Management and Economics, 2007, 25 (6): 585-595.

[40] Blismas NG, Pendlebury M, Gibb A, and Pasquire C Constraints to the Use of Off-site Production on Construction Projects [J]. Architectural Engineering and Design Management, 2005, 1 (3): 153-162.

[41] Pan W, Gibb AGF, and Dainty A R J. Perspectives of UK housebuilders on the use of offsite modern methods of construction [J]. Construction Management and Economics, 2007, 25 (2): 183-194.

[42] Fernie S, and Thorpe A Exploring change in construction: supply chain management. [J] Engineering Construction and Architectural Management, 2017, 14 (4): 319-333.

[43] David C, Mc Clelland. Testing for Competency Rather Than Intelligence [J]. American Psychologist, 1973 (28): 1-14.

[44] Krislov S. How nations choose product standards and standards change nations [J]. 1998, 27

(2)：169-170.

[45] Tam V W Y., Tam C M, and Ng W C Y. On prefabrication implementation for different project types and procurement methods in Hong Kong [J]. Journal of Engineering Design and Technology, 2007, 5：68-80.

[46] Olhager, J. Strategic positioning of the order penetration point [J]. International Journal of Production Economics, 2003, 85 (3)：319-329.

[47] Winch, G. Models of manufacturing and the construction process：the genesis of reengineering construction [J]. Building Research and Information, 2003, 31 (2)：107-118.

[48] Isatto E L, Azambuja M, and Formoso C T. The Role of Commitments in the Management of Construction Make-to-Order Supply Chains [J]. Journal of Management in Engineering, 2015, 31 (4)：4014053. 1-4014053. 10.

[49] Richard, R B. Industrialised building systems：reproduction before automation and robotics [J]. Automation in contruction 2005, 442-451.

[50] Cheng J C P., Law K H, Bjornsson H, Jones A, and Sriram R D. Modeling and monitoring of construction supply chains [J]. Advanced Engineering Informatics, 2010, 24 (4)：435-455.

[51] Vrijhoef R, and Koskela L. The four roles of supply chain management in construction [J]. European Journal of Purchasing and Supply Management, 2000, 6 (3/4)：169-178.

[52] Kamat V R, Lipman R R. Evaluation of standard product models for supporting automated erection of structural steelwork [J]. Automation in Construction, 2007, 16 (2)：232-241.

[53] Norman Murray, Terrence Fernando, Ghassan Aouad. A Virtual Environment for Design and Simulated Construction of Prefabricated Buildings [J]. Virtual the Reality, 2003, 6 (4)：244-256.

[54] Ergen E, Akinci B, and Sacks R. Life-cycle data management of engineered-to-order components using radio frequency identification [J]. Advanced Engineering Informatics, 2007, 21 (4)：356-366.

[55] Song J, Fagerlund W R, Haas C T, Tatum C B, Vanegas J A, and Song Jongchul, Fagerlund Walter R, Haas Carl T, Tatum, Clyde B, and Vanegas J A. Considering prework on industrial projects [J]. Journal of Construction Engineering and Management, 2005, 131 (6)：723-733.

[56] Hoiilngsworth J R, Schmitter Philippe C and Stereck W. Governing Capitalist Economies：Performance and Contorl of Economics. Oxford University, 1994.

[57] Segerstedt A, and Olofsson T. Supply chains in the construction industry [J]. Supply Chain Management：An International Journal, 2010, 15 (5)：347-353.

[58] Huff, E. Standardization of Construction Documents [J]. Manage. Eng, 987, 3 (3)：232-238.

[59] Tassey G • Standardization in technology-based markets [J]. Research Policy, 2000, 29 (4)：587-602.

[60] Jiao J, Simpson T W and Siddique Z. Product family design and platform-based product development：A state-of-the-art review [J]. Journal of Intelligent Manufacturing, 2007, 18 (1)：5-29.

[61] Ergen E and Akinci B. Formalization of the Flow of Component-Related Information in Precast Concrete Supply Chains [J]. Journal of Construction Engineering and Management, 2008, 134 (2)：112-121.

[62] Shang C, Wang Y, Liu H, et al. Study on the standard system of the application of information technology in China's construction industry [J]. Automation in Construction, 2004, 13 (5)：591-596.

[63] Zhang Z G, Kim I, Springer M, Cai G, and Yu, Y. Dynamic pooling of make-to-stock and make-to-order operations [J]. International Journal of Production Economics, 2013, 144 (1): 44-56.

[64] Lambert D M, Cooper M C. Issues in Supply Chain Management [J]. Industrial Marketing Management, 2000, 29 (1): 65-83.

[65] Court P F, Pasquire C L, Gibb G F, and Bower D. Modular Assembly with Postponement to Improve Health, Safety, and Productivity in Construction [J]. Practice Periodical on Structural Design and Construction, 2009, 14 (2): 81-89.

[66] Benjaafar S, ElHafsi M. Production and Inventory Control of a Single Product Assemble-to-Order System with Multiple Customer Classes [J]. Management Science, 2006, 52 (12): 1896-1912.

[67] Shin Y, An S-H, Cho H-H, Kim, G-H, and Kang K-I. Application of information technology for mass customization in the housing construction industry in Korea [J]. Automation in Construction, 2008, 17 (7): 831-838.

[68] Noguchi, M. The effect of the quality-oriented production approach on the delivery of prefabricated homes in Japan [J]. Journal of Housing and the Built Environment, 2003, 18: 353-364.

[69] Barlow J, Childerhouse P, Gann D, Hong-Minh S, Naim M, and Ozaki R. Choice and delivery in housebuilding: lessons from Japan for UK housebuilders [J]. Building Research and Information, 2003, 31 (2): 134-145.

[70] Roy R, Brown J, and Gaze C. Re-engineering the construction process in the speculative housebuilding sector [J]. Construction Management and Economics, 2003, 21 (2): 137-146.

[71] Gann, D M. Construction as a manufacturing process? Similarities and differences between industrialized housing and car production in Japan [J]. Construction Management and Economics, 1996, 14 (5): 437-450.

[72] Barlow J, Ozaki R. Are you being served? Japanese lessons on customer-focused housebuilding. Brighton, Sussex, 2001.

[73] Chandra S, Moyer N, Beal Deta1. The Building durability and America Industrialized Housing Partnership housing [J]. enhancing energy efficiency, indoor air quality of industrialized International Journal for Housing Science and Its Applications, 2001.

[74] Streeck W, Schmitter Philippe C. Community market state and association. The prospective conttibution of interest governance to social or der. In Streeck, W. Schmitter, Philippe C. (ed) (1985), Private Interest Government : Beyond Market and State (pp. 1-29). Sage Pulications Ltd, 1985.

[75] Barlow J, Ozaki R. Building mass customised housing through innovation in the production system: Lessons from Japan [J]. Environment and Planning A, 2005, 37 (1): 9-20.

[76] National Institute of Standards and Technology etc. (U. S. A). UNIFORMAT II Elemental Classification for Building Specification, Cost Estimating and Cost Analysis [R]. 1999.

[77] Zhang Xiaoling, Martin Skitmore, Yi Peng. Exploring the challenges to industrialized residential building in China [J]. Habitat International, 2014 (41) : 176-184.

[78] Fiona Patterson. A new competency model for general practice: implications for selection training and careers [J]. British Journal of General Practice, 2013 (5): 331-337.

[79] Steffen Lehmann. Low carbon construction systems using prefabricated engineered solid wood panels for urban infill to significantly reduce greenhouse gas emissions [J]. Sustainable Cities and Society, 2013, 6.

［80］ Briscoe G，Dainty A. Construction supply chain integration：an elusive goal？［J］. Supply Chain Management：An International Journal，2005，10（4）：319-326.

［81］ Koul A K. Guide to the WTO and GATT：economics［J］. law and politics Kluwer Law International，2005（5）：203-207.

［82］ Moon S，Zekavat P R，and Bernold L E. Dynamic Control of Construction Supply Chain to Improve Labor Performance［J］. Journal of Construction Engineering and Management，2015，141（6）：5015002. 1-5015002. 12.

［83］ Demiralp G，Guven G，and Ergen E. Analyzing the benefits of RFID technology for cost sharing in construction supply chains：A case study on prefabricated precast components［J］. Automation in Construction，2012，24：120-129.

［84］ Li S H A，Tserng H P，Yin S Y L，and Hsu CW. A production modeling with genetic algorithms for a stationary pre-cast supply chain［J］. Expert Systems with Applications，2010，37（12）：8406-8416.

［85］ Yates JK. Aniftos S. International standards and construction［J］. Journal of construction engineering and management，1997，123（2）：127-137.

［86］ Gibb A G F. Standardization and pre-assembly- distinguishing myth from reality using case study research［J］. Construction Management and Economics，2001，19（3）：307-315.

［87］ Schneiberg，Makr，and Hoiilngsworth，J. Rogers. Can Transaction Economics Explain Trade In Aoki，Bo Gustattaon（eds），The Firm as aNexus of Treaties（pp. 320-346）. Lon and Beverly Hills；Sage Pulications，1990.

［88］ Love P E D. Auditing the indirect consequences of rework in construction：a case based approach［J］. Managerial Auditing Journal，2002，17：138-146.

［89］ Yin S Y L，Tserng H P，Wang J C，and Tsai S C. Developing a precast production management system using RFID technology［J］. Automation in Construction，2009，18（5）：677-691.

［90］ Ikonen J，Knutas A，Hämäläinen H，Ihonen M，Porras J，and Kallonen T. Use of embedded RFID tags in concrete element supply chains［J］. Journal of Information Technology in Construction，2013，18：119-147.

［91］ Kim Y W，Bae J W. Assessing the Environmental Impacts of a Lean Supply System：Case Study of High-Rise Condominium Construction in Korea［J］. Journal of Architectural Engineering，2010，16（4）：144-150.

［92］ Goldfinch D. Health centre design；prefabricated construction［J］. Hospital and health management 2008，12.

［93］ Behera P，Mohanty R P，and Prakash A. Understanding Construction Supply Chain Management［J］. Production Planning and Control，2015，7287：1-19.

［94］ Blismas N，Wakefield R. Drivers Constraints and the Future of Offsite Manufacture in Australia［J］. Construction Innovation，2009，9（1）：72-83.

［95］ Mao C，Shen Q，Pan W，and Ye K. Major Barriers to Off-Site Construction：The Developer's Perspective in China［J］. Journal of Management in Engineering，2014，8：1-8.

［96］ Zhai X，Reed R，and Mills A. Factors impeding the offsite production of housing construction in China：an investigation of current practice［J］. Construction Management and Economics，2014，32（1/2）：40-52.

［97］ Plume J，Mitchell J. Collaborative design using a shared IFC building model—Learning from experience［J］. Automation in Construction，2007，16（1）：28-36.

[98] Kamar K，Hamid Z. Supply chain strategy for contractor in adopting industrialized building system (IBS) [J]. Australian Journal of Basic and Applied，2011，5 (12)，2552-2557.

[99] Koul Autar Krishan. Guide to the WTO and GATT: economics，law and polities Kluwer Law International，2005.

[100] Wu P，Low S P. Barriers to achieving green precast concrete stock management - A survey of current stock management practices in Singapore [J]. International Journal of Construction Management，2014，14 (2): 78-89.

[101] Wu P，Low S P. Lean Management and Low Carbon Emissions in Precast Concrete Factories in Singapore [J]. Jounrnal of Architectural Enginnering，2012，18 (2): 176-186.

[102] Xue X，Li X，Shen Q，and Wang Y. An agent-based framework for supply chain coordination in construction [J]. Automation in Construction，2005，14 (3): 413-430.

[103] Grossman G M，Helpman E. Innovation and Growth in the Global Economy [M]// Innovation and growth in the global economy /. MIT Press，1991: 323-324.

[104] Sandberg E，Bildsten L. Coordination and waste in industrialised housing [J]. Construction Innovation: Information，Process，Management，2011，11 (1): 77-91.

[105] Kai Jakobs. Information Technology Standards and Standardization: A Global Perspective [M]. USA: Idea GroupPublishing，2000.

[106] Hong S W. Korea-China cooperation inhousing construction，98 Beijing International Engineering Contractor Symposium，297-338，China.

[107] Sun Zhi，Zhang Shoujian. Research on the Building Process of Construction Standard System Based on the Cycle of Standard lifetime. 2010 International Conference on Construction and Real Estate Management. 2010: 566-570.

[108] Hawlcins R. Determining the Signifiance of Industrial Standards as Indicators of Technical Change，Science Policy Research Unit，final report [M]. Brighton: University of Sussex，1996.

[109] Reza Mohajeri Borje Ghaleha; Javad Majrouhi Sardroudb. Approaching Industrialization of Buildings and Integrated Construction Using Building Information Modeling，2016.

[110] Nawari，N O. BIM Standard in Off-Site Construction [J]. Journal of Architectural Engineering，2012，18 (2): 107-113.

[111] Irizarry J，Karan，E P，and Jalaei F. Integrating BIM and GIS to improve the visual monitoring of construction supply chain management [J]. Automation in Construction，2013，31: 241-254.

[112] Abedi M，Rawai N M，Fathi M S，and Mirasa A K. Cloud Computing as a Construction Collaboration Tool for Precast Supply [J]. Jurnal Teknologi，2014，70 (7): 1-7.

[113] Xingyingcao. Study on factors that inhibit the promotion of SI housing system in China

[114] Akkermans Ha，Bogerd P，Yücesan E，and Van Wassenhove LN. The impact of ERP on supply chain management: Exploratory findings from a European Delphi study [J]. European Journal of Operational Research，2003，146 (2): 284-301.

[115] Bergström M，Stehn L. Benefits and disadvantages of ERP in industrialised timber frame housing in Sweden [J]. Construction Management and Economics，2005，23 (8): 831-838.

[116] Toole T M. Uncertainty and home builders' adoption of technological innovations [J]. Journal of Construction Engineering and Management，1998，124 (4): 323-332.

[117] Bossomaier T，Barnett L，Harré M，et al. Transfer Entropy [M]. An Introduction to Transfer Entropy: Springer International Publishing，2016.

[118] Chiang Y，Tang B，and Wong F K W. Volume building as competitive strategy [J]. Construc-

tion Management and Economics，2008，26：161-176.

[119] Forsman S，Björngrim，N，Bystedt A，Laitila L，Bomark P，and Öhman M. Need for innova-
tion in supplying engineer-to-order joinery products to construction：A case study in Sweden [J].
Construction Innovation：Information，Process，Management，2012，12（4）：464-491.

[120] Blismas N，Wakefield R，and Hauser B. Concrete prefabricated housing via advances in systems
technologies：Development of a technology roadmap [J]. Engineering，Construction and Archi-
tectural Management，2010，17（1）：99-110.

[121] 申文. 住宅产业化研究及发展策略分析 [D]. 重庆：重庆交通大学，2014.

[122] 住建部科技与产业化发展中心. 美国的工业化建筑 [R].

[123] 宗德林，楚先锋，谷明旺. 美国装配式建筑发展研究 [J]. 住宅产业，2016，（06）：20-25.

[124] 王庄林，约翰·K·史密斯. 美国住宅大规模定制发展趋势（上）[J]. 住宅与房地产，2016
（02）：75-79.

[125] 王庄林. 美国住宅大规模定制发展趋势 [N]. 中国建设报，2016-01-14（005）.

[126] 深圳住宅产业化标准体系的构建思路 [J]. 住宅产业，2013（09）：17-18.

[127] 王庄林，约翰·K·史密斯. 美国住宅大规模定制发展趋势（下）[J]. 住宅与房地产，2016
（Z2）：128-134.

[128] Trosset. M W Distance Matrix Completion by Numerical Optimization [J]. Comput. Optim，
2000（17）：11-22.

[129] Ahlemann F，Teuteberg F，Vogelsang K. Project management standards - Diffusion and applica-
tion in Germany and Switzerland [J]. International Journal of Project Management，2009，27
（3）：292-303.

[130] Thomas Hutzschenreuter，Ingo Kleindienst. Strategy-Process Research：What Have We Learned
and What Is Still to Be Explored [J]. Journal of Management，2006，（10）：673-720.

[131] Arslan M H，Korkmaz H H，Gulay F G. Damage and failure pattern of prefabricated structures
after major earthquakes in Turkey and shortfalls of the Turkish Earthquake code [J]. Engineer-
ing Failure Analysis，2006，13（4）：537-557.

[132] Ton van der Wiele，Jos van Iwaarden，Roger Williams，Barrie Dale. Perceptions about the ISO
9000（2000）quality system standard revision and its value：the Dutch experience [J]. Interna-
tional Journal of Quality and Reliability Management，2005，22（2）：101-119.

[133] 郝桐平，刘少瑜，张智栋，冯宜萱，沈埃迪. 香港工业化建筑进程回顾——以香港公共房屋建
设为主线 [J]. 城市住宅，2016（05）：22-28.

[134] 岑岩，邓文敏. 我国香港地区装配式建筑发展研究 [J]. 住宅产业，2016（06）：52-56.

[135] 麦耀荣. 香港公共房屋预制装配建筑方法的演进 [J]. 混凝土世界，2015（09）：20-25.

[136] 仇保兴. 关于装配式住宅发展的思考 [J]. 住宅产业，2014（Z1）：10-16.

[137] https：//portal. hud. gov/hudportal/HUD? src＝/hudprograms/mhcss

[138] https：//www. federalregister. gov/documents/2016/02/09/2016-02387/manufactured-home-
procedural-and-enforcement-regulations-revision-of-exemption-for-recreational

[139] 宗德林. 美国预制-预应力协会（PCI）的回顾与美国预制业的现况 [C] //.《第一届预制混凝土
技术论坛会刊》，2011.

[140] 谢力生. 日本木结构的发展历程与现状 [J]. 木材工业，2009，23（3）：20-23.

[141] 杨家骥，刘美霞. 我国装配式建筑的发展沿革 [J]. 住宅产业，2016，08：007.

[142] 住房和城乡建设部强制性条文协调委员会，中国建筑科学研究院. 建筑技术法规形成机制和监
管模式研究 [R]. 2015. 07.

[143] 成宝英. 新型工业化环境下科技需求理论与实证研究 [D]. 吉林：吉林大学，2004.

[144] 邬建国，郭晓川，杨稶，钱贵霞，牛建明，梁存柱，张庆，李昂. 什么是可持续性科学？[J]. 应用生态学报，2014（01）：1-11.

[145] 李春田. 标准化概论 [M]. 北京：中国人民大学出版社，2014.

[146] 赓金洲. 技术标准化与技术创新、经济增长的互动机理及测度研究 [D]. 吉林：吉林大学，2012.

[147] 任冠华，魏宏，刘碧松，詹俊峰. 标准适用性评价指标体系研究 [J]. 世界标准化与质量管理，2005（03）：15-18.

[148] 联合国粮食及农业组织（FAO）. 土地评价纲要第三节 土地适宜性评价：[EB/OL]. http：// jpkc. cugb. edu. cn/tdzyx/3-1/ja5-3. htm

[149] 中国建筑标准设计研究院. 装配式建筑系列标准应用实施指南之装配式混凝土结构建筑 [M]. 北京：中国计划出版社，2016.

[150] 中国建筑标准设计研究院. 装配式混凝土建筑技术标准 GB/T 51231—2016 [S]. 北京：中国建筑工业出版社，2016.

[151] 中国建筑标准设计研究院. 装配式混凝土结构技术规程 JGJ 1—2014 [S]. 北京：中国建筑工业出版社，2014.

[152] 鲍仲平. 标准体系的原理和实践（第一版）[M]. 北京：中国标准出版社，1998.

[153] 周曼，沈涛，周荣坤. 模糊层次分析法在综合电子信息系统标准适用性分析中的应用 [J]. 电子学报，2010，38（03）：654-657.

[154] 齐蕊，王娜娜，李桂兰，郭义，陈泽林. 运用层次分析法评价针灸技术操作规范标准的临床适用性 [J]. 标准科学，2013（03）：59-63.

[155] 尹彦，宋黎. 社会信用标准适用性分析指标体系框架研究 [J]. 标准科学，2010（07）：44-47.

[156] 章坚青，王根生. 核电厂安全级电力系统设计标准适用性分析研究 [J]. 核标准计量与质量，2010（02）：17-21.

[157] 刘家伟. 浅谈如何提高标准适用性 [J]. 中国民用航空，2011（12）：62-64.

[158] 谢秀丽，邓静文，周赫，李慧. 适用性评价应用于中医诊疗指南的探讨 [J]. 时珍国医国药，2013，24（04）：991-992.

[159] 焦贺娟，强毅，王长林，权养科. 我国法庭科学标准适用性评价分析 [J]. 刑事技术，2016，41（06）：476-481.

[160] 俞宏熙，王书灵，张明辉. 基于系统工程方法论的北京交通运输节能减排标准体系构建研究 [J]. 中国标准化，2016（01）：121-127.

[161] 邢权兴，孙虎，管滨，郑金凤. 基于模糊综合评价法的西安市免费公园游客满意度评价 [J]. 资源科学，2014（08）：1645-1651.

[162] 陈晓红，杨志慧. 基于改进模糊综合评价法的信用评估体系研究——以我国中小上市公司为样本的实证研究 [J]. 中国管理科学，2015（01）：146-153.

[163] 李鸿吉. 模糊数学的基础及实用算法 [M]. 北京：科学出版社，2005.

[164] 谢季坚，刘承平. 模糊数学方法及其运用 [M]. 武汉：华中科技大学出版社，2006.

[165] 叶珍. 基于 AHP 的模糊综合评价方法研究及应用 [D]. 广州：华南理工大学，2010.

[166] 周辉仁，郑丕谔，张扬，秦万峰. 基于熵权法的群决策模糊综合评价 [J]. 统计与决策，2008（08）：34-36.

[167] 万俊，邢焕革，张晓晖. 基于熵理论的多属性群决策专家权重的调整算法 [J]. 控制与决策，2010，25（06）：907-910.

[168] 王林昌，刘华龙，贾增科. 基于熵的群决策专家选择研究 [J]. 数学的实践与认识，2010，40

(18)：51-55.

[169] 鲍君忠. 面向综合安全评估的多属性专家决策模型研究［D］. 大连：大连海事大学，2011.

[170] Marmolo E. A constitutional theory of public goods［J］. Journal of Economic Behavior and Organization，1999，38（1）：27-42.

[171] Hayden，T. L.，Tarazaga. P. Distance Matrices and Regular Figures［J］. Linear Algebra Appl，1993，(195)：9-16.

[172] Goluchowicz K，Blind K. Identification of future fields of standardisation：An explorative application of the Delphi methodology［J］. Technological Forecasting and Social Change，2011，78（9）：1526-1541.

[173] Bapat R B. Determinant of the distance matrix of a tree with matrix weights［J］. Linear Algebra and Its Applications. 2006，416（1）：2-7.

[174] 陈超. 战争设计工程中群体专家智慧集成研究［D］. 长沙：国防科学技术大学，2007.

[175] 韩通. 城市旅游标准体系构建研究——以苏州为例［D］. 苏州：苏州大学，2013.

[176] 吴珺. 上海旅游标准体系构建研究［D］. 上海：复旦大学，2014.

[177] 王肖文. 装配式住宅供应链整合管理研究［D］. 北京：北京交通大学，2016

[178] 夏侯遐逯，李启明，岳一博，等. 推进建筑产业现代化的思考与对策——以江苏省为例［J］. 建筑经济，2016（2）：18-22.

[179] 宋歌. 基于系统工程方法的农用地整治标准体系研究［D］. 南京：南京大学，2013.

[180] 杨鲁豫. 工程建设标准体系（城乡规划、城镇建设、房屋建筑部分）［M］. 北京：中国建筑工业出版社，2003.

[181] 楚杰. 中国低碳木材工业标准体系的构建研究［D］. 北京：中国林业科学研究院，2014.

[182] 李丽云. 改进熵权法在工程项目评标方案选择决策中的应用研究［D］. 天津：天津财经大学，2012.

[183] Braa J，Hanseth O，Heywood A，et al. Developing Health Information Systems in Developing Countries：The Flexible Standards Strategy［J］. MIS Quarterly，2007，31（2）：381-402.

[184] 侯新毅. 我国竹子技术标准体系的构建研究［D］. 北京：中国林业科学研究院，2010.

[185] 孙玺菁，司守奎. 复杂网络算法与应用［M］. 北京：国防工业出版社，2015.

[186] 张健沛，李泓波，杨静，等. 基于拓扑势的网络社区结点重要度排序算法［J］. 哈尔滨工程大学学报，2012，33（6）：745-752.

[187] 钱明军，万亦强. 基于复杂网络的城市公交枢纽选址研究［J］. 科技资讯，2012（12）：243-244.

[188] 任晓龙. 网络节点重要性排序算法及其应用研究［D］. 杭州：杭州师范大学，2015.

[189] 司晓静. 复杂网络中节点重要性排序的研究［D］. 西安：西安电子科技大学，2012.

[190] 孙康，吴翔华，李薇. 基于霍尔三维结构绿色建筑标准体系构建研究［J］. 工业安全与环保，2014，40（11）：85-88.

[191] 张洁，任旭. 我国住宅产业化标准体系构建研究［J］. 工程管理学报，2017，31（3）：81-86.

[192] 张志清. 确定标准完整性、适宜性、适用性的见解［J］. 中国医疗器械信息，2011，17（07）：42-44.

[193] 邹瑜，郭伟，汤亚军，等. 建筑环境与节能标准体系现状与发展［J］. 建筑科学，2013，29（10）：10-19.

[194] 刘三江，刘辉. 中国标准化体制改革思路及路径［J］. 中国软科学，2015（07）：1-12.

[195] 成于思，成虎. 工程系统分解结构的概念和作用研究［J］. 土木工程学报，2014，47（04）：125-130.

[196] 王乾坤. 建设项目集成管理三维结构与系统再造 [J]. 武汉理工大学学报，2006（03）：134-137.

[197] 周德群. 系统工程方法与应用 [M]. 北京：电子工业出版社，2015.

[198] 凤亚红. 基于模糊 QFD 的工程项目过程协同管理 [J]. 软科学，2013，27（03）：55-58.

[199] 吴慧，王道平，张茜，张志东. 基于云模型的国际邮轮港口竞争力评价与比较研究 [J]. 中国软科学，2015（02）：166-174.

[200] 徐晓静，付光辉. 政策调整中的社会稳定风险评估——基于南京市集体土地上房屋征收政策调整的实证研究 [J]. 科技与管理，2015，17（06）：27-31.

[201] Liebowitz, S. J. and Margolis, Stephen E. Market Progresses and The Selection of standards [J]. Harvard Journal of Law and Technology，1996，9：283-318.

[202] 耿秀丽，徐轶才. 基于云模型 QFD 的产品服务系统工程特性重要度分析 [J]. 计算机集成制造系统，2018，24（06）：1494-1502.

[203] 严薇，曹永红，李国荣. 装配式结构体系的发展与建筑工业化 [J]. 重庆建筑大学学报，2004（05）：131-136.

[204] 曾庆臻，韩鑫，黎荣，武浩远，刘兴中. 基于联合分析和 QFD 构建高速列车需求模型 [J]. 机械设计与研究，2018，34（02）：154-158.

[205] 曹衍龙，赵奎，杨将新，郑金忠. 质量屋技术特性自冲突识别与消除方法 [J]. 浙江大学学报（工学版），2014，48（11）：1994-2001.